中国农业标准经典收藏系列

最新中国农业行业标准

第十二辑

畜牧兽医分册

农业标准编辑部 编

中国农业出版社

编　委　会

出 版 说 明

近年来，农业标准编辑部陆续出版了《中国农业标准经典收藏系列·最新中国农业行业标准》，将2004—2014年由我社出版的3 300多项标准汇编成册，共出版了11辑，得到了广大读者的一致好评。无论从阅读方式还是从参考使用上，都给读者带来了很大方便。为了加大农业标准的宣贯力度，扩大标准汇编本的影响，满足和方便读者的需要，我们在总结以往出版经验的基础上策划了《最新中国农业行业标准·第十二辑》。

本次汇编对2015年出版的339项农业标准进行了专业细分与组合，根据专业不同分为种植业、畜牧兽医、植保、农机、综合和水产6个分册。

本书收录了饲料中物质的测定、肉制品和蜂产品的评价、草种质资源、青贮设施、牧草病害防治、畜禽病害检测诊断等方面的国家标准和农业行业标准79项。并在书后附有2015年发布的7个标准公告供参考。

特别声明：

1. 汇编本着尊重原著的原则，除明显差错外，对标准中所涉及的有关量、符号、单位和编写体例均未做统一改动。

2. 从印制工艺的角度考虑，原标准中的彩色部分在此只给出黑白图片。

3. 本辑所收录的个别标准，由于专业交叉特性，故同时归于不同分册当中。

本书可供农业生产人员、标准管理干部和科研人员使用，也可供有关农业院校师生参考。

农业标准编辑部

2016年10月

目　录

出版说明

第一部分　畜牧类标准

NY/T 635—2015　天然草地合理载畜量的计算 …… 3
NY/T 843—2015　绿色食品　畜禽肉制品 …… 11
NY/T 1160—2015　蜜蜂饲养技术规范 …… 23
NY/T 2690—2015　蒙古羊 …… 39
NY/T 2691—2015　内蒙古细毛羊 …… 45
NY/T 2696—2015　饲草青贮技术规程　玉米 …… 51
NY/T 2697—2015　饲草青贮技术规程　紫花苜蓿 …… 57
NY/T 2698—2015　青贮设施建设技术规范　青贮窖 …… 63
NY/T 2699—2015　牧草机械收获技术规程　苜蓿干草 …… 67
NY/T 2700—2015　草地测土施肥技术规程　紫花苜蓿 …… 73
NY/T 2701—2015　人工草地杂草防除技术规范　紫花苜蓿 …… 79
NY/T 2702—2015　紫花苜蓿主要病害防治技术规程 …… 87
NY/T 2703—2015　紫花苜蓿种植技术规程 …… 93
NY/T 2711—2015　草原监测站建设标准 …… 99
NY/T 2763—2015　淮猪 …… 107
NY/T 2764—2015　金陵黄鸡配套系 …… 115
NY/T 2765—2015　獭兔饲养管理技术规范 …… 125
NY/T 2766—2015　牦牛生产性能测定技术规范 …… 131
NY/T 2767—2015　牧草病害调查与防治技术规程 …… 137
NY/T 2768—2015　草原退化监测技术导则 …… 147
NY/T 2769—2015　牧草中15种生物碱的测定　液相色谱—串联质谱法 …… 153
NY/T 2771—2015　农村秸秆青贮氨化设施建设标准 …… 163
NY/T 2774—2015　种兔场建设标准 …… 183
NY/T 2778—2015　骨素 …… 191
NY/T 2781—2015　羊胴体等级规格评定规范 …… 199
NY/T 2782—2015　风干肉加工技术规范 …… 207
NY/T 2783—2015　腊肉制品加工技术规范 …… 213
NY/T 2791—2015　肉制品加工中非肉类蛋白质使用导则 …… 221
NY/T 2792—2015　蜂产品感官评价方法 …… 227
NY/T 2793—2015　肉的食用品质客观评价方法 …… 235
NY/T 2797—2015　肉中脂肪无损检测方法　近红外法 …… 249
NY/T 2799—2015　绿色食品　畜肉 …… 257
NY/T 2821—2015　蜂胶中咖啡酸苯乙酯的测定　液相色谱—串联质谱法 …… 265

NY/T 2822—2015 蜂产品中砷和汞的形态分析 原子荧光法 …… 273
NY/T 2823—2015 八眉猪 …… 283
NY/T 2824—2015 五指山猪 …… 289
NY/T 2825—2015 滇南小耳猪 …… 297
NY/T 2826—2015 沙子岭猪 …… 305
NY/T 2827—2015 简州大耳羊 …… 313
NY/T 2828—2015 蜀宣花牛 …… 325
NY/T 2829—2015 甘南牦牛 …… 333
NY/T 2830—2015 山麻鸭 …… 341
NY/T 2831—2015 伊犁马 …… 347
NY/T 2832—2015 汶上芦花鸡 …… 357
NY/T 2833—2015 陕北白绒山羊 …… 365
NY/T 2834—2015 草品种区域试验技术规程 豆科牧草 …… 371
NY/T 2835—2015 奶山羊饲养管理技术规范 …… 385
NY/T 2836—2015 肉牛胴体分割规范 …… 395
NY/T 2837—2015 蜜蜂瓦螨鉴定方法 …… 401

第二部分 兽医类标准

NY/T 538—2015 鸡传染性鼻炎诊断技术 …… 413
NY/T 544—2015 猪流行性腹泻诊断技术 …… 429
NY/T 546—2015 猪传染性萎缩性鼻炎诊断技术 …… 441
NY/T 548—2015 猪传染性胃肠炎诊断技术 …… 463
NY/T 553—2015 禽支原体 PCR 检测方法 …… 477
NY/T 561—2015 动物炭疽诊断技术 …… 485
NY/T 562—2015 动物衣原体病诊断技术 …… 497
NY/T 576—2015 绵羊痘和山羊痘诊断技术 …… 517
NY/T 2692—2015 奶牛隐性乳房炎快速诊断技术 …… 529
NY/T 2695—2015 牛遗传缺陷基因检测技术规程 …… 537
NY/T 2838—2015 禽沙门氏菌病诊断技术 …… 555
NY/T 2839—2015 致仔猪黄痢大肠杆菌分离鉴定技术 …… 573
NY/T 2840—2015 猪细小病毒间接 ELISA 抗体检测方法 …… 589
NY/T 2841—2015 猪传染性胃肠炎病毒 RT - nPCR 检测方法 …… 597
NY/T 2842—2015 动物隔离场所动物卫生规范 …… 607
NY/T 2843—2015 动物及动物产品运输兽医卫生规范 …… 615

第三部分 饲料类标准

NY/T 2694—2015 饲料添加剂氨基酸锰及蛋白锰络（螯）合强度的测定 …… 625
NY/T 2770—2015 有机铬添加剂（原粉）中有机形态铬的测定 …… 631
农业部 2224 号公告—1—2015 饲料中赛地卡霉素的测定 高效液相色谱法 …… 637
农业部 2224 号公告—2—2015 饲料中炔雌醇的测定 高效液相色谱法 …… 643
农业部 2224 号公告—3—2015 饲料中雌二醇的测定 液相色谱—串联质谱法 …… 651
农业部 2224 号公告—4—2015 饲料中苯丙酸诺龙的测定 高效液相色谱法 …… 659
农业部 2349 号公告—1—2015 饲料中妥曲珠利的测定 高效液相色谱法 …… 665

农业部 2349 号公告—2—2015　饲料中赛杜霉素钠的测定　柱后衍生高效液相色谱法 ……… 671
农业部 2349 号公告—3—2015　饲料中巴氯芬的测定　高效液相色谱法 ……………………… 677
农业部 2349 号公告—4—2015　饲料中可乐定和赛庚啶的测定　高效液相色谱法 …………… 683
农业部 2349 号公告—5—2015　饲料中磺胺类和喹诺酮类药物的测定
液相色谱—串联质谱法 ……………………………………………………………………… 691
农业部 2349 号公告—6—2015　饲料中硝基咪唑类、硝基呋喃类和喹噁啉类药物的测定
液相色谱—串联质谱法 ……………………………………………………………………… 701
农业部 2349 号公告—7—2015　饲料中司坦唑醇的测定　液相色谱—串联质谱法 …………… 709
农业部 2349 号公告—8—2015　饲料中二甲氧苄氨嘧啶、三甲氧苄氨嘧啶和二甲氧甲基
苄氨嘧啶的测定　液相色谱—串联质谱法 ……………………………………………… 717

附录

中华人民共和国农业部公告　第 2224 号 ………………………………………………………… 724
中华人民共和国农业部公告　第 2227 号 ………………………………………………………… 726
中华人民共和国农业部公告　第 2258 号 ………………………………………………………… 729
中华人民共和国农业部公告　第 2259 号 ………………………………………………………… 733
中华人民共和国农业部公告　第 2307 号 ………………………………………………………… 735
中华人民共和国农业部公告　第 2349 号 ………………………………………………………… 738
中华人民共和国农业部公告　第 2350 号 ………………………………………………………… 740

第一部分

畜牧类标准

ICS 65.020.01
B 40

中华人民共和国农业行业标准

NY/T 635—2015
代替 NY/T 635—2002

天然草地合理载畜量的计算

Calculation of rangeland carrying capacity

2015-05-21 发布　　2015-08-01 实施

中华人民共和国农业部　发布

前　　言

本标准按照 GB/T 1.1—2009 给出的规则起草。

本标准代替 NY/T 635—2002 《天然草地合理载畜量的计算》。与 NY/T 635—2002 相比，除编辑性修改外，主要技术变化如下：

——删除了 8 个术语；

——修改了羊单位定义，将“1 只体重 50 kg 并哺半岁以内单羔，日消耗 1.8 kg 标准干草的成年母绵羊”为 1 个羊单位，改为“1 只体重 45 kg、日消耗 1.8kg 草地标准干草的成年绵羊”为 1 个羊单位；

——修改了草地产草量的测定与计算，增加了遥感估产测定产草量的内容，删除了产草量年变率的内容，删除了割草地使用率及割草地轮割使用的产草量计算，修改不同草地类型牧草再生率；

——修改了草地标准干草折算系数，将标准干草折算系数由幅度值修改为固定值；

——优化、合并了计算公式，由原 18 个计算公式缩减、合并为 7 个计算公式；

——删除了由时间单位表示的草地合理载畜量的计算；

——删除了草地类型的合理承载量计算；

——将附录现存家畜的折算放入正文。修改了绵羊、山羊、黄牛、水牛、马、骆驼等家畜换算成羊单位的折算系数，减少了家畜体重分类档次数，增加了畜种体重级别的代表性品种。

本标准由农业部畜牧业司提出。

本标准由全国畜牧业标准化技术委员会(SAC/TC 274)归口。

本标准起草单位：中国科学院地理科学与资源研究所、农业部草原监理中心、全国畜牧总站。

本标准起草人：苏大学、杨智、贠旭疆。

本标准的历次版本发布情况为：

——NY/T 635—2002。

天然草地合理载畜量的计算

1 范围

本标准规定了天然草地的合理载畜量及其计算指标和方法。

本标准适用于计算各类天然草地的合理载畜量。

2 规范性引用文件

下列文件对于本文件的应用是必不可少的。凡是注日期的引用文件，仅注日期的版本适用于本文件。凡是不注日期的引用文件，其最新版本(包括所有的修改单)适用于本文件。

NY/T 1233—2006 草原资源与生态监测规程

3 术语和定义

下列术语和定义适用于本文件。

3.1

可食牧草产量 edible forage yield

除毒草及不可食草以外，草地地上生物量的总和(含饲用灌木和饲用乔木之嫩枝叶)。

3.2

牧草再生率 forage regrowth percentage

草地首次达到盛草期最高产草量进行放牧或刈割后，牧草继续生长的地上生物量占首次盛草期地上最高生物量的百分比。

3.3

草地合理利用率 proper utilization rate of rangeland

为维护草地生态良性循环，在既充分合理利用又不发生草地退化的放牧(或割草)强度下，可供利用的草地牧草产草量占草地牧草年产草量的百分比。

3.4

标准干草 standard hay

在禾本科牧草为主的温性草原或山地草甸草地，于盛草期收割后含水量为14%的干草。

3.5

标准干草折算系数 conversion coefficient of standard hay

不同地区、不同品质的草地牧草，折合成含等量营养物质的标准干草的折算比例。

3.6

羊单位 sheep unit

1只体重45 kg、日消耗1.8 kg标准干草的成年绵羊，或与此相当的其他家畜。

3.7

合理载畜量 carrying capacity

一定的草地面积，在某一利用时段内，在适度放牧(或割草)利用并维持草地可持续生产的前提下，满足家畜正常生长、繁殖、生产的需要，所能承载的最多家畜数量。合理载畜量又称理论载畜量。

3.8

实际载畜量 stocking rate

一定面积的草地，在一定的利用时间段内，实际承养的家畜数量。

4 草地产草量的测定与计算

4.1 草地地上生物量测定

4.1.1 北方草地可以在盛草期产草量达到最高峰时，一次性测定草地地上部生物量。同步使用遥感数据估测草地产草量，测定按 NY/T 1233—2006 中的第 6.3.1 条执行。

4.1.2 南方草地、枯草期草地、低覆盖度草地，使用不同草地类型地上生物量结合草原面积计算。南亚热带和热带草地地上生物量的测定，按表 1 规定的测定次数和时间测定。

4.2 牧草再生率的确定

再生牧草产草量应计入草地可食产草量，草地牧草再生率见表 1。

表 1 不同热量带和不同类型草地的牧草再生率

单位为百分率

草地类型	牧草再生率	草地类型	牧草再生率
中亚热带草地	40	温带草原和温带草甸草地	15
北亚热带草地	30	温带荒漠、寒温带草地	5
暖温带次生草地	20	山地亚寒带的高寒草地	0

注 1：南亚热带草地牧草再生率，在盛草期首次刈割测产后，于 8 月末和 11 月中旬二次刈割实测确定；热带草地牧草再生率，在盛草期首次刈割测产后，于 8 月上旬、10 月上旬、11 月末三次刈割实测确定。

注 2：生长期内不利用的草地，再生率为 0。

4.3 生长季可食牧草产量计算

4.3.1 可食牧草单产计算

可食牧草单产按式(1)计算。

$$Y_1 = Y_m \times (1 + G) \quad \cdots\cdots (1)$$

式中：

Y_1——可食牧草单产，单位是千克每公顷(kg/hm^2)；

Y_m——首次盛草期单产，单位是千克每公顷(kg/hm^2)；

G——牧草再生率，单位是百分率(%)。

4.3.2 一定面积草地可食牧草产量计算

一定面积草地可食牧草产量按式(2)计算。

$$Y = Y_1 \times S \quad \cdots\cdots (2)$$

式中：

Y——一定面积草地可食牧草产量，单位是千克(kg)；

S——草地面积，单位是公顷(hm^2)。

4.4 枯草期可食牧草产量的测定与计算

4.4.1 枯草期可食牧草产量的测定

冷季草地地上生物量采用地面样地测定法，在枯草期的中期一次性测定，按 NY/T 1233—2006 中的附录 D 中第 D.1.2 条款执行。

4.4.2 冷季草地可食牧草产量的计算

将一次性测定的枯草期地上生物量扣除毒草和不可食草。

5 草地合理利用率和标准干草的计算

5.1 草地合理利用率

5.1.1 不同草地的合理利用率见表2。

表2 草地合理利用率

单位为百分率

草地类型	暖季放牧利用率	春秋季放牧利用率	冷季放牧利用率	四季放牧利用率
低地草甸类	50～55	40～50	60～70	50～55
温性山地草甸类、高寒沼泽化草甸亚类	55～60	40～45	60～70	55～60
高寒草甸类	55～65	40～45	60～70	50～55
温性草甸草原类	50～60	30～40	60～70	50～55
温性草原类、高寒草甸草原类	45～50	30～35	55～65	45～50
温性荒漠草原类、高寒草原类	40～45	25～30	50～60	40～45
高寒荒漠草原类	35～40	25～30	45～55	35～40
沙地草原(包括各种沙地温性草原和沙地高寒草原)	20～30	15～25	20～30	20～30
温性荒漠类和温性草原化荒漠类	30～35	15～20	40～45	30～35
沙地荒漠亚类	15～20	10～15	20～30	15～20
高寒荒漠类	0～5	0	0	0～5
暖性草丛、灌草丛草地	50～60	45～55	60～70	50～60
热性草丛、灌草丛草地	55～65	50～60	65～75	55～65
沼泽类	20～30	15～25	40～45	25～30
注1:采用小区轮牧利用方式的草地,其利用率取利用率上限;采用连续自由放牧利用方式的草地,其利用率取下限。 **注2**:轻度退化草地的利用率取表中利用率的80%;中度退化草地的利用率取表中利用率的50%;严重退化草地停止利用,实行休割、休牧或禁牧。				

5.1.2 割草地的牧草利用率按齐地面剪割实测产草量的85%计算。

5.2 标准干草的折算

各类型草地牧草的标准干草折算系数见表3。

表3 草地标准干草折算系数

草地类型	折算系数	草地类型	折算系数
禾草温性草原和山地草甸	1.00	禾草高寒草甸	1.05
暖性草丛、灌草丛草地	0.85	禾草低地草甸	0.95
热性草丛、灌草丛草地	0.80	杂类草草甸和杂类草沼泽	0.80
嵩草高寒草甸	1.00	禾草沼泽	0.85
杂类草高寒草地和荒漠草地	0.90	改良草地	1.05
禾草高寒草原	0.95	人工草地	1.20

5.3 可利用标准干草量计算

可利用标准干草量按式(3)计算。

$$F = Y \times U \times H \quad (3)$$

式中:

F—— 一定面积草地可合理利用标准干草量,单位是千克(kg);

U——草地合理利用率,单位是百分率(%);

H——草地标准干草折算系数。

5.4 单位面积草地可利用标准干草量的计算

单位面积草地可利用标准干草按式(4)计算。

$$F_1 = \frac{F}{S} \tag{4}$$

式中：

F_1——单位面积草地可合理利用标准干草量，单位是千克每公顷(kg/hm^2)；

S ——草地面积，单位是公顷(hm^2)。

6 草地合理载畜量的计算

6.1 不同利用时期草地合理载畜量的计算

6.1.1 合理载畜量的家畜单位计算

单位面积草地合理载畜量按式(5)计算。

$$A_1 = \frac{F_1}{I \times D} \tag{5}$$

式中：

A_1——单位面积草地合理载畜量，单位是羊单位每公顷(羊单位/hm^2)；

I ——1羊单位日食量，值为1.8 kg/(羊单位·日)；

D ——放牧天数，或从割草地刈割牧草饲喂家畜的天数，单位是日(d)。

6.1.2 合理载畜量的面积单位计算

1羊单位合理载畜量所需草地面积按式(6)计算。

$$S_1 = \frac{I \times D}{F_1} \tag{6}$$

式中：

S_1——1羊单位合理载畜量所需草地面积，单位是公顷(hm^2)。

6.2 区域草地全年总合理载畜量的计算

6.2.1 计算方法

在一定区域、特别是较大区域内，草地类型、利用方式复杂多样，不同地块草地利用时段和利用天数不同，各地块间的合理载畜量不能进行简单相加计算，需要统一到相同放牧时间进行加权计算。区域草地全年总合理载畜量按式(7)计算。

$$A_y = \frac{A_w \times D_w}{365} + \frac{A_s \times D_s}{365} + \frac{A_c \times D_c}{365} + \frac{A_h \times D_h}{365} + A_f \tag{7}$$

式中：

A_y ——区域内全部草地全年总合理载畜量，单位是羊单位；

A_w ——暖季放牧草地合理载畜量，单位是羊单位；

D_w ——暖季放牧草地利用天数，单位是日(d)；

A_s ——春秋季放牧草地合理载畜量，单位是羊单位；

D_s ——春秋季放牧草地利用天数，单位是日(d)；

A_c ——冷季放牧草地合理载畜量，单位是羊单位；

D_c ——冷季放牧草地利用天数，单位是日(d)；

A_h ——割草地刈割牧草饲喂牲畜数量，单位是羊单位；

D_h ——割草地刈割牧草饲喂牲畜天数，单位是日(d)；

A_f ——四季放牧利用草地合理载畜量，单位是羊单位。

6.2.2 日期限定

计算全年草地总合理载畜量，对各种草地利用期的取值如下：

a) 无割草地、放牧草地按冷、暖二种季节转场放牧的草地区域，其冷季和暖季放牧期之和必须为

365 d；

b） 无割草地、放牧草地按冷季、暖季、春秋季三种季节转场放牧的草地区域，其冷季、暖季、春秋季三种季节放牧期之和必须为 365 d；

c） 季节放牧草地和割草地的区域，其区域内各季节放牧草地的放牧天数与区域内割草地牧草可投饲的天数之和必须为 365 d。

7 区域草地实际载畜量的计算

7.1 计算方法

按表 4 和表 5 将区域内草地实际承载的不同牲畜折算为标准羊单位相加。暖季草地实际载畜量为当年 6 月 30 日草地家畜存栏数。冷季草地实际载畜量为当年 12 月 31 日草地家畜存栏数。全年利用草地实际载畜量为冷、暖季实际载畜量与其放牧时间占全年时间的比例相加。其他利用时期草地的实际载畜量，按该草地利用截止时的草地实际载畜量计算。

7.2 折算系数

成年畜按表 4 的标准家畜单位折算系数换算；幼畜先按表 5 的折算系数换算为同类家畜的成年畜，然后按表 4 换算为标准家畜单位。

表 4 各种成年家畜折合为标准家畜单位的折算系数

畜种	体重 kg	羊单位 折算系数	代表性品种
绵羊	大型： ＞50	1.2	中国美利奴羊（军垦型、科尔沁型、吉林型、新疆型）、敖汉细毛羊、山西细毛羊、甘肃细毛羊、鄂尔多斯细毛羊、进口细毛羊和半细羊及 2 代以上的高代杂种、阿勒泰羊、哈萨克羊、大尾寒羊、小尾寒羊、乌珠穆沁羊、塔什库尔干羊
	中型： 40～50	1.0	巴音布鲁克羊、藏北草地型藏羊、中国卡拉库尔羊、兰州大尾羊、广灵大尾羊、蒙古羊、高原型藏羊、滩羊、和田羊、青海高原半细毛羊、欧拉羊、同羊、柯尔克孜羊
	小型： ＜40	0.8	雅鲁藏布江型藏羊、西藏半细毛羊、贵德黑羔皮羊、云贵高原小型山地型绵羊、湖羊
山羊	大型： ＞40	0.9	关中奶山羊、崂山奶山羊、雅安奶山羊、辽宁绒山羊
	中型： 35～40	0.8	内蒙古山羊、新疆山羊、亚东山羊、雷州山羊、龙凌山羊、燕山无角山羊、马头山羊、阿里绒山羊
	小型： ＜35	0.7	中卫山羊、济宁山羊、成都麻羊、西藏山羊、柴达木山羊、太行山山羊、陕西白山羊、槐山羊、贵州白山羊、福青山羊、子午岭黑山羊、东山羊、阿尔巴斯绒山羊
黄牛	大型： ＞500	8.0	进口纯种肉用型牛、短角牛、西门塔尔牛、黑白花牛、中国草原红牛、三河牛、进口大型肉用型牛和兼用品种的二代以上高代杂种牛
	中型： 400～500	6.5	秦川牛、南阳牛、鲁西牛、晋南牛、延边牛、荡脚牛、进口肉用及兼用型品种低代杂种
	小型： ＜400	5.0	蒙古牛、哈萨克牛、新疆褐牛、关岭牛、海南高峰牛、大别山牛、邓川牛、湘西黄牛、西藏黄牛、华南黄牛、南方山地黄牛
水牛	大型： ＞ 500	8.0	上海水牛、海子水牛、摩拉水牛和尼里水牛及其高代杂种等
	中型： 400～500	7.0	滨湖水牛、江汉水牛、德昌水牛、兴隆水牛、德宏水牛、摩拉水牛和尼里水牛的低代杂种

表 4（续）

畜种	体重 kg	羊单位 折算系数	代表性品种
水牛	小型： <400	6.0	温州水牛、福安水牛、信阳水牛、西林水牛及其他南方山地品种水牛
牦牛	大型： >350	5.0	横断山型牦牛、玉树牦牛、九龙牦牛、大通牦牛
	中型： 300～350	4.5	青海高原型牦牛、西藏牦牛
	小型： <300	4.0	藏北阿里牦牛、新疆牦牛
马	大型： >370	6.0	伊犁马、三河马、山丹马、铁岭马
	中型： 300～370	5.5	蒙古马、哈萨克马、河曲马、大通马
	小型： <300	5.0	藏马、建昌马、丽江马、乌蒙马、云贵高原小型山地马
驴	大型： >200	4.0	关中驴、德州驴、佳米驴
	中型： 130～200	3.0	凉州驴、庆阳驴、汝阳驴、晋南驴
	小型： <130	2.5	西藏驴、新疆驴、内蒙古驴
骆驼	大型： >570	9.0	阿拉善驼、苏尼特驼
	小型： <570	8.0	新疆驼、帕米尔高原驼、柴达木驼

表 5　幼畜折合为同类成年畜的折算系数

畜种	幼畜年龄	相当于同类成年家畜当量
绵羊、山羊	断奶前羔羊	0.2
	断奶～1 岁	0.6
	1 岁～1.5 岁	0.8
马、牛、驴	断奶～1 岁	0.3
	1 岁～2 岁	0.7
骆驼	断奶～1 岁	0.3
	1 岁～2 岁	0.6
	2 岁～3 岁	0.8

ICS 67.120.10
X 22

中华人民共和国农业行业标准

NY/T 843—2015
代替 NY/T 843—2009,NY/T 843—2004

绿色食品 畜禽肉制品

Green food—Meat products

2015-05-21 发布 2015-08-01 实施

中华人民共和国农业部 发布

前　　言

本标准按照 GB/T 1.1—2009 给出的规则起草。

本标准代替 NY/T 843—2009《绿色食品　肉及肉制品》。与 NY/T 843—2009 相比，除编辑性修改外，主要技术变化如下：

——修改了标准名称以及标准适用范围；

——修改了规范性引用文件以及部分术语和定义；

——删除了畜肉产品、熏煮香肠火腿制品，增设了调制肉制品；

——修改了肉制品的部分污染物、食品添加剂和微生物指标，具体为：将肉制品中无机砷≤0.05 mg/kg 修改为总砷≤0.5 mg/kg；增设了铬的限量指标≤1 mg/kg；增设了 N-二甲基亚硝胺的限量指标≤3 μg/kg；删除了铜、锌的限量；将腌腊肉制品中山梨酸及其钾盐≤75 mg/kg 修改为不得检出(＜1.2 mg/kg)；致病菌的种类修改为金黄色葡萄球菌、沙门氏菌、单核细胞增生李斯特氏菌、大肠埃希氏菌 O157：H7；

——修改了部分检验方法，具体为：山梨酸、苯甲酸和糖精钠的检验方法修改为 GB/T 23459；苯并(a)芘的检验方法修改为 NY/T 1666；盐酸克伦特罗、沙丁胺醇和莱克多巴胺的检验方法修改为 GB/T 22286；己烯雌酚的检验方法修改为 GB/T 20766；氯霉素的检验方法修改为 GB/T 20756；

——删除了鲜冻肉的运输贮存条件，增设了调制肉制品的运输贮存条件。

本标准由农业部农产品质量安全监管局提出。

本标准由中国绿色食品发展中心归口。

本标准起草单位：河南省农业科学院农业质量标准与检测技术研究所、农业部农产品质量监督检验测试中心(郑州)。

本标准主要起草人：钟红舰、刘进玺、董小海、周玲、张军锋、魏红、冯书惠、王会锋、蔡敏、赵光华、司敬沛、尚兵。

本标准的历次版本发布情况为：

——NY/T 843—2004；NY/T 843—2009。

绿色食品　畜禽肉制品

1　范围

本标准规定了绿色食品畜禽肉制品的术语和定义、产品分类、要求、检验规则、标签、包装、运输和贮存。

本标准适用于绿色食品畜禽肉制品(包括调制肉制品、腌腊肉制品、酱卤肉制品、熏烧焙烤肉制品、肉干制品及肉类罐头制品),不适用于畜肉、禽肉、辐照畜禽肉制品和可食用畜禽副产品。

2　规范性引用文件

下列文件对于本文件的应用是必不可少的。凡是注日期的引用文件,仅注日期的版本适用于本文件。凡是不注日期的引用文件,其最新版本(包括所有的修改单)适用于本文件。

GB/T 191　包装储运图示标志

GB 2762　食品安全国家标准　食品中污染物限量

GB 4789.2　食品安全国家标准　食品微生物学检验　菌落总数测定

GB 4789.3　食品安全国家标准　食品微生物学检验　大肠菌群计数

GB 4789.4　食品安全国家标准　食品微生物学检验　沙门氏菌检验

GB 4789.10　食品安全国家标准　食品微生物学检验　金黄色葡萄球菌检验

GB 4789.26　食品安全国家标准　食品微生物学检验　商业无菌检验

GB 4789.30　食品安全国家标准　食品微生物学检验　单核细胞增生李斯特氏菌检验

GB/T 4789.36　食品卫生微生物学检验　大肠埃希氏菌 O157:H7/NM 检验

GB 5009.3　食品安全国家标准　食品中水分的测定

GB/T 5009.11　食品中总砷及无机砷的测定

GB 5009.12　食品安全国家标准　食品中铅的测定

GB/T 5009.15　食品中镉的测定

GB/T 5009.16　食品中锡的测定

GB/T 5009.17　食品中总汞及有机汞的测定

GB/T 5009.26　食品中 N-亚硝胺类的测定

GB 5009.33　食品安全国家标准　食品中亚硝酸盐与硝酸盐的测定

GB/T 5009.37　食用植物油卫生标准的分析方法

GB/T 5009.44　肉与肉制品卫生标准的分析方法

GB/T 5009.97　食品中环已基氨基磺酸钠的测定

GB/T 5009.123　食品中铬的测定

GB 7718　食品安全国家标准　预包装食品标签通则

GB 8950　罐头厂卫生规范

GB/T 9695.7　肉与肉制品　总脂肪含量测定

GB/T 9695.11　肉与肉制品　氮含量测定

GB/T 9695.14　肉制品　淀粉含量测定

GB/T 9695.31　肉制品　总糖含量测定

GB/T 12457　食品中氯化钠的测定

GB 13100　肉类罐头卫生标准

GB 14881　食品安全国家标准　食品生产通用卫生规范

GB 19303　熟肉制品企业生产卫生规范

GB/T 19480　肉与肉制品术语

GB/T 20746　牛、猪的肝脏和肌肉中卡巴氧、喹乙醇及代谢物残留量的测定　液相色谱—串联质谱法

GB/T 20756　可食动物肌肉、肝脏和水产品中氯霉素、甲砜霉素和氟苯尼考残留量的测定　液相色谱—串联质谱法

GB/T 20766　牛猪肝肾和肌肉组织中玉米赤霉醇、玉米赤霉酮、己烯雌酚、己烷雌酚、双烯雌酚残留量的测定　液相色谱—串联质谱法

GB/T 21317　动物源性食品中四环素类兽药残留量检测方法　液相色谱-质谱/质谱法与高效液相色谱法

GB/T 22286　动物源性食品中多种β-受体激动剂残留量的测定　液相色谱串联质谱法

GB/T 23495　食品中苯甲酸、山梨酸和糖精钠的测定　高效液相色谱法

农业部781号公告—4—2006　动物源食品中硝基呋喃类代谢物残留量的测定　高效液相色谱-串联质谱法

JJF 1070　定量包装商品净含量计量检验规则

NY/T 392　绿色食品　食品添加剂使用准则

NY/T 471　绿色食品　畜禽饲料及饲料添加剂使用准则

NY/T 472　绿色食品　兽药使用准则

NY/T 473　绿色食品　动物卫生准则

NY/T 658　绿色食品　包装通用准则

NY/T 1055　绿色食品　产品检验规则

NY/T 1056　绿色食品　贮藏运输准则

NY/T 1666　肉制品中苯并(a)芘的测定　高效液相色谱法

SN/T 1050　进出口油脂中抗氧化剂的测定　液相色谱法

国家质量监督检验检疫总局令2005年第75号　定量包装商品计量监督管理办法

中华人民共和国农业部公告　第235号　动物性食品中兽药最高残留限量

3　术语和定义

GB/T 19480界定的以及下列术语和定义适用于本文件。

3.1

肉制品　meat products

以畜禽肉为主要原料，添加或不添加辅料，经腌、腊、卤、酱、蒸、煮、熏、烤、烘焙、干燥、油炸、成型、发酵、调制等有关工艺加工而成的生或熟的肉类制品。

3.2

腌腊肉制品　cured meat products

以畜禽肉为原料，添加或不添加辅料，经腌制、晾晒(或不晾晒)、烘焙(或不烘焙)等工艺制成的调制肉制品。

3.3

熏烧焙烤肉制品　burnt or roasted meat products

以畜禽肉为原料，添加相关辅料，经腌、煮等工序进行前处理，再以烟气、热空气、火苗或热固体等介质进行熏烧、焙烤等工艺制成的肉制品。

3.4

肉类罐头制品　canned meat

以畜禽肉为原料，经选料、修整、烹调（或不经烹调）、灌装、密封、杀菌、冷却而制成的具有一定真空度的食品。

4　产品分类

畜禽肉制品按主要加工工艺分类见表1。

表1　畜禽肉制品分类

种类名称	分类名称	代表产品
调制肉制品	冷藏调制肉类	鱼香肉丝等菜肴式肉制品
	冷冻调制肉类	肉丸、肉卷、肉糕、肉排、肉串等
腌腊肉制品	咸肉类	腌咸肉、板鸭、酱封肉等
	腊肉类	腊猪肉、腊牛肉、腊羊肉、腊鸡、腊鸭、腊兔、腊乳猪等
	腊肠类	腊肠、风干肠、枣肠、南肠、香肚、发酵香肠等
	风干肉类	风干牛肉、风干羊肉、风干鸡等
酱卤肉制品	卤肉类	盐水鸭、嫩卤鸡、白煮羊头、肴肉等
	酱肉类	酱肘子、酱牛肉、酱鸭、扒鸡等
熏烧焙烤肉制品	熏烤肉类	熏肉、熏鸡、熏鸭等
	烧烤肉类	盐焗鸡、烤乳猪、叉烧肉等
	熟培根类	五花培根、通脊培根等
肉干制品	肉干	牛肉干、猪肉干、灯影牛肉等
	肉松	猪肉松、牛肉松、鸡肉松等
	肉脯	猪肉脯、牛肉脯、肉糜脯等
肉类罐头制品	肉类罐头	不包括内脏类的所有肉罐头

5　要求

5.1　原料及加工过程

5.1.1　畜禽养殖应符合 NY/T 471、NY/T 472 和 NY/T 473 的规定。原料应是健康畜禽，并有产地检疫合格标志。食品添加剂的使用应符合 NY/T 392 的规定。

5.1.2　畜禽屠宰和加工应符合 NY/T 473 和 GB 14881 的规定；熟肉制品加工应符合 GB 19303 的规定；罐头制品加工应符合 GB 8950 和 GB 13100 的规定。

5.2　感官要求

应符合表2的规定。

表2　畜禽肉制品感官要求

项　目	要　求			检验方法
	调制肉制品	腌腊肉制品、酱卤肉制品、熏烧焙烤肉制品、肉干制品	肉类罐头	
色泽	具有该产品应有的色泽			罐头制品：在自然光下，目视检查产品的外观、容器内壁、色泽、组织状态以及肉眼可见异物，闻气味，尝滋味 其他肉制品：将样品置一洁净白色托盘中，在自然光下，目视检查外观、色泽、组织状态、杂质，用鼻嗅其气味，熟肉品尝其滋味
组织状态	具有该产品应有的组织状态			
滋味和气味	具有该品种应有的气味和滋味，无酸败等异味			
杂质	外表及内部均无肉眼可见杂质			
外观	裹浆或调料均匀分布	—	无泄漏、胖听现象存在；容器内外表面无锈蚀、内壁涂料完整	

5.3 理化指标

5.3.1 调制肉制品

应符合表3的规定。

表3 调制肉制品理化指标

项目	指标	检验方法
挥发性盐基氮,mg/100 g	≤10	GB/T 5009.44

5.3.2 腌腊肉制品

应符合表4的规定。

表4 腌腊肉制品理化指标

项目	指标						检验方法
	腊肠类		咸肉类	腊肉类	板鸭、咸鸭	风干肉类	
	广式	中式					
水分,%	≤25		—	≤25	≤45	≤38	GB 5009.3
食盐(以NaCl计),%	≤6		≤6	≤10	≤8	≤7	GB/T 12457
蛋白质,%	≥22		—				GB/T 9695.11
脂肪,%	≤35		—				GB/T 9695.7
总糖(以蔗糖计),%	≤20	≤22	—				GB/T 9695.31
过氧化值(以脂肪计),g/100 g	≤0.50				≤2.50	—	GB/T 5009.37
酸价(以脂肪计),(KOH)mg/g	≤4				≤1.6	—	GB/T 5009.37

5.3.3 肉干制品

应符合表5的规定。

表5 肉干制品理化指标

项目	指标								检验方法
	肉松			肉干			肉脯		
	肉松	油酥肉松	肉粉松	牛肉干	猪肉干	肉糜干	肉脯	肉糜脯	
水分,%	≤20	≤6	≤18	≤20			≤19	≤20	GB 5009.3
蛋白质,%	≥28	≥25	≥20	≥34	≥28	≥23	≥30	≥25	GB/T 9695.11
脂肪,%	≤10	≤30	≤20	≤10	≤12	≤10	≤14	≤18	GB/T 9695.7
总糖(以蔗糖计),%	≤30	≤35	≤35	≤35			≤38		GB/T 9695.31
淀粉,%	—		≤30	—					GB/T 9695.14
食盐(以NaCl计),%	≤7			≤5					GB/T 12457

5.3.4 肉类罐头制品

应符合表6的规定。

表6 肉罐头类理化指标

项目	指标	检验方法
食盐(以NaCl计),%	≤2.5	GB/T 12457

5.4 污染物限量、兽药残留限量、食品添加剂限量

5.4.1 调制肉制品

污染物、兽药残留和食品添加剂限量应符合 GB 2762、中华人民共和国农业部公告第 235 号等食品安全国家标准及相关规定，同时符合表 7 的规定。

表 7 调制肉制品污染物、兽药残留限量

项目	指标	检验方法
铅(以 Pb 计)，mg/kg	≤0.1	GB 5009.12
总汞(以 Hg 计)，mg/kg	≤0.05	GB/T 5009.17
土霉素(terramycin)/金霉素(chlortetracycline)/四环素(tetracycline)(单个或复合物)，μg/kg	≤100	GB/T 21317
强力霉素(doxycycline)，μg/kg	≤100	GB/T 21317
己烯雌酚(diethylstilbestrol)，μg/kg	不得检出(<1.0)	GB/T 20766
喹乙醇代谢物[a](MQCA)，μg/kg	不得检出(<0.5)	GB/T 20746
盐酸克伦特罗(clenbuterol)，μg/kg	不得检出(<0.5)	GB/T 22286
莱克多巴胺(ractopamine)，μg/kg	不得检出(<0.5)	GB/T 22286
沙丁胺醇(salbutamol)，μg/kg	不得检出(<0.5)	GB/T 22286
西马特罗(cimaterol)，μg/kg	不得检出(<0.5)	GB/T 22286
氯霉素(chloramphenicol)，μg/kg	不得检出(<0.1)	GB/T 20756
氟苯尼考(florfenicol)，mg/kg	≤0.1	GB/T 20756
呋喃唑酮代谢物(AOZ)，μg/kg	不得检出(<0.25)	农业部 781 号公告—4—2006
呋喃它酮代谢物(AMOZ)，μg/kg	不得检出(<0.25)	农业部 781 号公告—4—2006
呋喃妥因代谢物(AHD)，μg/kg	不得检出(<0.25)	农业部 781 号公告—4—2006
呋喃西林代谢物(SEM)，μg/kg	不得检出(<0.25)	农业部 781 号公告—4—2006
各兽药项目除采用表中所列检测方法外，如有其他国家标准、行业标准及公告的检测方法，且其检出限或定量限能满足要求时，在检测时可采用。		
[a] 喹乙醇代谢物仅适用于猪肉。		

5.4.2 腌腊肉制品、酱卤肉制品、熏烧焙烤肉制品、肉干制品和肉类罐头制品

污染物、兽药残留和食品添加剂限量应符合 GB 2762、中华人民共和国农业部公告第 235 号等食品安全国家标准及相关规定，同时符合表 8 的规定。

表 8 腌腊肉制品、酱卤肉制品、熏烧焙烤肉制品、肉干制品及肉类罐头制品污染物、食品添加剂残留限量

单位为毫克每千克

项目	指标	检验方法
铅(以 Pb 计)	≤0.1	GB 5009.12
总汞(以 Hg 计)	≤0.05	GB/T 5009.17
锡[a](以 Sn 计)	≤100	GB/T 5009.16
亚硝酸盐(以 $NaNO_2$ 计)	<4	GB 5009.33
[a] 锡仅适用于镀锡罐头。		

5.5 微生物限量

5.5.1 调制肉制品

应符合表 9 的规定。

表 9 调制肉制品微生物限量

项 目	指 标		检验方法
	冷藏调制肉类	冷冻调制肉类	
菌落总数,CFU/g	≤1×10^6	≤3×10^6	GB 4789.2
大肠菌群,MPN/g	≤3		GB 4789.3
金黄色葡萄球菌	0/25 g		GB 4789.10

5.5.2 腌腊肉制品

应符合表 10 的规定。

表 10 腌腊肉制品微生物限量

项 目	指 标					检验方法
	腊肠类	咸肉类	腊肉类	板鸭、咸鸭	风干肉类	
菌落总数,CFU/g	≤5×10^5				≤1×10^4 [a]	GB 4789.2
大肠菌群,MPN/g	≤64				≤3[a]	GB 4789.3
金黄色葡萄球菌	0/25 g					GB 4789.10
[a] 仅适用于风干肉类熟制品。						

5.5.3 酱卤肉制品、熏烧焙烤肉制品

应符合表 11 的规定。

表 11 酱卤肉制品、熏烧焙烤肉制品微生物限量

项 目	指 标		检验方法
	酱卤肉制品	熏烧焙烤肉制品	
菌落总数,CFU/g	≤8×10^4	≤5×10^4	GB 4789.2
大肠菌群,MPN/g	≤15	≤9.4	GB 4789.3
金黄色葡萄球菌	0/25 g		GB 4789.10

5.5.4 肉干制品

应符合表 12 的规定。

表 12 肉干制品微生物限量

项 目	指 标			检验方法
	肉 松	肉 干	肉 脯	
菌落总数,CFU/g	≤3×10^4	≤1×10^4		GB 4789.2
大肠菌群,MPN/g	≤3.6	≤3		GB 4789.3
金黄色葡萄球菌	0/25 g			GB 4789.10

5.5.5 肉类罐头制品

应符合表 13 的规定。

表 13 肉类罐头制品微生物要求

项 目	指 标	检验方法
商业无菌	商业无菌	GB 4789.26

5.6 净含量

应符合国家质量监督检验检疫总局令2005第75号的规定，检验方法按JJF 1070执行。

6 检验则

申报绿色食品应按照本标准中5.2～5.6以及附录A所确定的项目进行检验。其他要求应符合NY/T 1055的规定。

7 标签

应符合GB 7718的规定。

8 包装、运输和贮存

8.1 包装

按GB/T 191和NY/T 658的规定执行。

8.2 运输和贮存

运输和贮存应符合NY/T 1056的规定。冷藏类调制肉的贮存温度应控制在0℃～4℃，冷冻类调制肉的贮存温度应控制在−18℃以下，冷库温度一昼夜升降幅度不得超过1℃。运输冷藏类调制肉的车辆厢内温度应控制在0℃～4℃，运输冷冻类调制肉的车辆厢内温度应控制在−10℃以下。

附　录　A
（规范性附录）
绿色食品畜禽肉制品产品申报检验项目

表 A.1～ 表 A.4 规定了除本标准 5.2～5.6 所列项目外，依据食品安全国家标准和绿色食品生产实际情况，绿色食品申报检验还应检验的项目。

表 A.1　依据食品安全国家标准绿色食品调制肉制品产品申报检验必检项目

序号	检验项目	限量值	检验方法
1	总砷（以 As 计），mg/kg	≤0.5	GB/T 5009.11
2	镉（以 Cd 计），mg/kg	≤0.1	GB/T 5009.15
3	铬（以 Cr 计），mg/kg	≤1.0	GB/T 5009.123
4	N-二甲基亚硝胺，μg/kg	≤3.0	GB/T 5009.26
5	亚硝酸盐（以 $NaNO_2$ 计），mg/kg	<4	GB 5009.33
6	苯甲酸及其钠盐（以苯甲酸计），mg/kg	不得检出（<1.8）	GB/T 23495
7	山梨酸及其钾盐（以山梨酸计），mg/kg	不得检出（<1.2）	GB/T 23495
8	糖精钠，mg/kg	不得检出（<3.0）	GB/T 23495
9	环己基氨基磺酸钠，g/kg	不得检出（<0.002）	GB/T 5009.97
10	沙门氏菌	0/25 g	GB 4789.4
11	单核细胞增生李斯特氏菌	0/25 g	GB 4789.30
12	大肠埃希氏菌 O157：H7[a]	0/25 g	GB/T 4789.36
[a] 大肠埃希氏菌 O157：H7 仅适用于牛肉制品。			

表 A.2　依据食品安全国家标准绿色食品腌腊肉制品产品申报检验必检项目

序号	检验项目	限量值	检验方法
1	总砷（以 As 计），mg/kg	≤0.5	GB/T 5009.11
2	镉（以 Cd 计），mg/kg	≤0.1	GB/T 5009.15
3	铬（以 Cr 计），mg/kg	≤1.0	GB/T 5009.123
4	N-二甲基亚硝胺，μg/kg	≤3.0	GB/T 5009.26
5	苯并(a)芘[a]，μg/kg	≤5.0	NY/T 1666
6	苯甲酸及其钠盐（以苯甲酸计），mg/kg	不得检出（<1.8）	GB/T 23495
7	山梨酸及其钾盐（以山梨酸计），mg/kg	不得检出（<1.2）	GB/T 23495
8	糖精钠[b]，mg/kg	不得检出（<3.0）	GB/T 23495
9	环己基氨基磺酸钠，g/kg	不得检出（<0.002）	GB/T 5009.97
10	丁基羟基茴香醚（BHA），mg/kg	≤200	SN/T 1050
11	二丁基羟基甲苯（BHT），mg/kg	≤200	SN/T 1050

表 A.2（续）

序号	检验项目	限量值	检验方法
12	特丁基对苯二酚(TBHQ),mg/kg	≤200	SN/T 1050
13	没食子酸丙酯(PG),mg/kg	≤100	SN/T 1050
14	沙门氏菌	0/25 g	GB 4789.4
15	单核细胞增生李斯特氏菌	0/25 g	GB 4789.30
16	大肠埃希氏菌 O157:H7[c]	0/25 g	GB/T 4789.36
注:BHA、BHT、TBHQ 和 PG 测定值占各自限量值的比例之和不应超过 1。			
[a] 苯并(a)芘仅适用于烟熏的腌腊肉制品。 [b] 糖精钠仅适用于腊肠类和腊肉类。 [c] 大肠埃希氏菌 O157:H7 仅适用于牛肉制品。			

表 A.3 依据食品安全国家标准绿色食品酱卤肉、熏烧焙烤肉制品、肉干制品产品申报检验必检项目

序号	检验项目	限量值	检验方法
1	总砷(以 As 计),mg/kg	≤0.5	GB/ T 5009.11
2	镉(以 Cd 计),mg/kg	≤0.1	GB/T 5009.15
3	铬(以 Cr 计),mg/kg	≤1.0	GB/T 5009.123
4	N-二甲基亚硝胺,μg/kg	≤3.0	GB/T 5009.26
5	苯并(a)芘[a],μg/kg	≤5.0	NY/T 1666
6	苯甲酸及其钠盐(以苯甲酸计),mg/kg	不得检出(<1.8)	GB/T 23495
7	山梨酸及其钾盐(以山梨酸计),mg/kg	≤75	GB/T 23495
8	糖精钠,mg/kg	不得检出(<3.0)	GB/T 23495
9	环己基氨基磺酸钠,g/kg	不得检出(<0.002)	GB/T 5009.97
10	沙门氏菌	0/25 g	GB 4789.4
11	单核细胞增生李斯特氏菌	0/25 g	GB 4789.30
12	大肠埃希氏菌 O157:H7[b]	0/25 g	GB/T 4789.36
[a] 苯并(a)芘不适用于酱卤肉类。 [b] 大肠埃希氏菌 O157:H7 仅适用于牛肉制品。			

表 A.4 依据食品安全国家标准绿色食品肉罐头类产品申报检验必检项目

序号	检验项目	限量值	检验方法
1	总砷(以 As 计),mg/kg	≤0.5	GB/T 5009.11
2	镉(以 Cd 计),mg/kg	≤0.1	GB/T 5009.15
3	铬(以 Cr 计),mg/kg	≤1.0	GB/T 5009.123
4	苯并(a)芘[a],μg/kg	≤5.0	NY/T 1666
5	苯甲酸及其钠盐(以苯甲酸计),mg/kg	不得检出(<1.8)	GB/T 23495
6	山梨酸及其钾盐(以山梨酸计),mg/kg	≤75	GB/T 23495
7	糖精钠,mg/kg	不得检出(<3.0)	GB/T 23495
8	环己基氨基磺酸钠,g/kg	不得检出(<0.002)	GB/T 5009.97
[a] 苯并(a)芘仅适用于烧烤和烟熏肉罐头。			

ICS 65.140
B 47

中华人民共和国农业行业标准

NY/T 1160—2015
代替 NY/T 1160—2006

蜜蜂饲养技术规范

Technical specification of beekeeping management

2015-05-21 发布　　2015-08-01 实施

中华人民共和国农业部　发布

前　言

本标准按照GB/T 1.1—2009给出的规则起草。

本标准代替NY/T 1160—2006《蜜蜂饲养技术规范》，与NY/T 1160—2006相比，除编辑性修改外，主要技术性修改内容如下：

——增加蜂种选择相关内容；

——增加了“记录”相关内容；

——删除强群饲养技术（“双箱体养蜂”和“双王群饲养”）一节，并入增长阶段管理一节；

——修改了术语和定义；

——修改了“蜂场保洁和消毒”、“蜂机具及卫生消毒”内容；

——修改了“蜜蜂病敌害防治”相关内容。

本标准由农业部畜牧业司提出。

本标准由全国畜牧业标准化技术委员会（SAC/TC 274）归口。

本标准主要起草单位：中国农业科学院蜜蜂研究所、农业部蜂产品质量监督检验测试中心（北京）。

本标准主要起草人：吴黎明、韩胜明、周婷、石巍、赵静、陈黎红。

本标准的历次版本发布情况为：

——NY/T 1160—2006。

蜜蜂饲养技术规范

1 范围

本标准规定了蜜蜂饲养的养蜂场地、蜂场卫生保洁和消毒、蜂种、饲料、蜂机具及卫生消毒、蜂群饲养管理的常用技术、增长阶段管理、蜂产品生产阶段管理、越夏阶段管理、越冬准备阶段管理、越冬阶段管理、蜜蜂病敌害防治、记录等技术方法。

本标准适用于西方蜜蜂(*Apis mellifera*)的活框饲养。

2 规范性引用文件

下列文件对于本文件的应用是必不可少的。凡是注日期的引用文件,仅注日期的版本适用于本文件。凡是不注日期的引用文件,其最新版本(包括所有的修改单)适用于本文件。

GB 3095 环境空气质量标准

GB/T 19168 蜜蜂病虫害综合防治规范

NY/T 637 蜂花粉生产技术规范

NY/T 638 蜂王浆生产技术规范

NY/T 639 蜂蜜生产技术规范

NY 5027 无公害食品 畜禽饮用水水质

农业部农医发〔2010〕41 号 蜜蜂检疫规程

农业部公告第 193 号 食品动物禁用的兽药及其他化合物清单

中华人民共和国国务院令第 404 号 兽药管理条例

3 术语和定义

下列术语和定义适用于本文件。

3.1

蜂群 colony

蜜蜂的社会性群体。是蜜蜂自然生存和人工饲养管理的基本单位。一个自然蜂群通常由 1 只蜂王、数千至数万只工蜂和数百至上千只雄蜂(季节性出现)组成。

3.2

巢脾 comb

蜂巢的组成部分,是由蜜蜂筑造的、双面布满六角形巢房的蜡质结构,是蜜蜂生活、繁殖、发育和储存食物的场所。

3.3

群势 power of colony

衡量蜂群强弱的主要指标,通常用强、中、弱表示。

3.4

蜂路 bee space

蜂箱内巢脾与巢脾、巢脾与箱壁之间蜜蜂活动的空间。

3.5

蜂脾关系 bee density

蜜蜂在巢脾上附着的密集程度。常用蜂少于脾、蜂脾相称或蜂多于脾来表述。

3.6

蜂脾相称　proportionality between bees and comb

每个巢脾两面均匀又不重叠地附着约 2 500 只工蜂，其间没有空隙。

3.7

主要蜜粉源植物　main nectar plant，main pollen plant

数量多、分布广、面积大、花期长、蜜粉丰富，能生产商品蜂蜜或蜂花粉的植物。

3.8

辅助蜜粉源植物　subordinate nectar plant，subordinate pollen plant

能分泌花蜜或产生花粉，并被蜜蜂采集利用，对维持蜜蜂生活和蜂群发展起作用的植物。

3.9

有毒蜜粉源植物　poisonous nectar plant，poisonous pollen plant

产生的花蜜或花粉会造成蜜蜂或人畜中毒的蜜粉源植物。主要有雷公藤（*Tripterygium wildford*）、博落回（*Macleaya cordata*）、狼毒（*Stellera chamaejasme*）、羊踯躅（*Rhododendron molle*）、藜芦（*Veratrum nigrum*）、紫金藤（*Tripterygium hypoglaucum*）、苦皮藤（*Celastrus angulatus*）、乌头（*Aconitum carmic haeli*）、断肠草（*Gelsemium elegans*）等。

4　养蜂场地

4.1　蜜粉源植物

4.1.1　距蜂场半径 3 km 范围内应具备丰富的蜜粉源植物。定地蜂场附近至少要有 1 种以上主要蜜粉源植物和种类较多、花期不一的辅助蜜粉源植物。

4.1.2　距蜂场半径 5 km 范围内有毒蜜粉源植物分布数量多的地区，有毒蜜粉源开花期，不能放蜂。

4.2　蜂场环境和用水

4.2.1　蜂场周围空气质量符合 GB 3095 中环境空气质量功能区二类区要求。

4.2.2　蜂场附近有便于蜜蜂采集的良好水源，水质符合 NY 5027 中幼畜禽的饮用水标准。

4.2.3　蜂场场址选择符合 GB/T 19168 3.1 的要求。

5　蜂场卫生保洁和消毒

按照 GB/T 19168—2003 3.2 和 4.2 的要求执行。

6　蜂种

6.1　选用适合当地环境条件和蜂场生产要求的蜂种。

6.2　不应从疫区引进蜂群、生产用蜂王或输入送育王卵虫。

7　饲料

7.1　用蜜脾、分离蜜或优质白砂糖作为蜜蜂的糖饲料；用蜂花粉或花粉代用品作为蜜蜂蛋白质饲料。不明来源的蜂蜜、蜂花粉或未经消毒的蜂花粉不能喂蜂。

7.2　重金属污染、发酵变质的蜂蜜，陈旧、污染、发霉变质的蜂花粉或花粉代用品不能喂蜂。

7.3　不从疫区购买蜂蜜、蜂花粉或其他蜜蜂饲料。

8　蜂机具及卫生消毒

8.1　蜂机具

8.1.1 饲养西方蜜蜂选用郎氏标准蜂箱或符合当地饲养习惯的各式蜂箱。

8.1.2 蜂箱、隔王板、饲喂器、脱粉器、集胶器、取毒器、台基条、移虫针、取浆器具、起刮刀、蜂扫、幽闭蜂王和脱蜂器具等应无毒、无异味。

8.1.3 割蜜刀和分蜜机应使用不锈钢或无毒塑料制成。

8.1.4 蜂产品储存器具应无毒、无害、无污染、无异味。

8.2 蜂机具的卫生消毒

按 GB/T 19168 中蜂机具的卫生消毒要求执行。

9 蜂群饲养管理的常用技术

9.1 蜂群排列

9.1.1 蜂箱排列应根据场地的大小和地形地势摆放。蜂箱排列可采用单箱排列、双箱排列、一字形排列、环形排列。

9.1.2 蜂箱放置稳定,左右平衡,后部略高于前部。

9.1.3 交尾箱巢门互相错开,并使相邻交尾箱前部颜色不同。

9.2 蜂群检查

9.2.1 箱外观察

观察蜜蜂飞翔、巢门前活动、死蜂及蜜粉采集情况,判断蜂群是否中毒,是否有盗蜂、螨害、白垩病、爬蜂综合征、分蜂热,是否失王等。

9.2.2 箱内检查

9.2.2.1 局部检查

选择部分巢脾进行检查。重点检查边脾储蜜情况,中心巢脾卵、虫和病害情况,是否失王和蜂脾关系等。

9.2.2.2 全面检查

逐脾检查。重点了解蜂群群势、蜂王产卵、子脾、蜜粉储存量、蜂脾关系、健康状况等。

9.3 蜂群饲喂

9.3.1 糖饲料饲喂

9.3.1.1 奖励饲喂

配制蜜水(蜜∶水＝2∶1)或糖水(糖∶水＝1∶1),于傍晚饲喂蜂群,视蜂群强弱每次饲喂量100 g～500 g,以促进蜂王产卵和调动工蜂工作积极性。

9.3.1.2 补助饲喂

蜂群储蜜不足时,可把蜜脾添加到边脾与隔板间或隔板外,或用蜜水(蜜∶水＝4∶1),或糖水(糖∶水＝2∶1),傍晚饲喂蜂群,直至喂足。

9.3.2 蛋白质饲料饲喂

9.3.2.1 加粉脾

直接将花粉脾加在边脾与隔板间。

9.3.2.2 灌脾

用蜜水或糖水拌和蜂花粉或花粉代用品,抹入空巢房内,放入蜂群的隔板内饲喂。

9.3.2.3 框梁饲喂

用蜜水或糖水将蜂花粉或花粉代用品调制成花粉饼,视蜂群强弱每次取 50 g ～100 g 放于上框梁供蜜蜂取食,花粉饼上部用塑料薄膜或蜡纸覆盖。

9.3.3 喂水

可采用巢门、巢内、蜂场饲水器喂水等。在水中添加少许食盐，浓度不超过0.05%。

9.4 **蜂群合并**

9.4.1 **直接合并**

9.4.1.1 早春、晚秋气温较低，蜜蜂活动性较弱或大流蜜期蜜蜂对群味不太敏感时，可直接合并蜂群。

9.4.1.2 蜂群直接合并就近进行，弱群并入强群，无王群并入有王群。

9.4.1.3 被并群若有蜂王，合并前1 d将蜂王去除。合并前，彻底检查无王群，并清除王台。对失王已久的蜂群，合并前补给失王群1张～2张幼虫脾，1 d ～2 d后再并入它群。

9.4.2 **间接合并**

非流蜜期或失王较久，老蜂多、子脾少的蜂群进行合并时，应间接合并蜂群，并对蜂王采取保护措施。

9.5 **分蜂热控制和自然分蜂处理**

9.5.1 **分蜂热控制**

9.5.1.1 及时用优良新蜂王更换老蜂王。

9.5.1.2 蜂群增长阶段，适时加空脾或巢础，及时加继箱，扩大蜂巢。

9.5.1.3 生产蜂王浆。

9.5.1.4 及时取蜜，避免蜜压子脾。

9.5.1.5 抽调有分蜂热蜂群的封盖子脾给弱群或替换弱群中的卵虫脾。

9.5.1.6 每隔5 d ～7 d检查一次蜂群，毁净自然王台。

9.5.1.7 外界蜜粉源充足时，及时加巢础造脾。

9.5.2 **自然分蜂处理**

9.5.2.1 自然分蜂刚开始，蜂王尚未飞离蜂巢时，立即关闭巢门，打开蜂箱大盖，从纱盖上向巢内适当喷水。待蜂群安静后，开箱检查，囚闭蜂王，毁净群内自然王台。

9.5.2.2 蜂王已飞出蜂巢，在附近树枝或建筑物上结团时，用收蜂笼或带有少量储蜜的巢脾接近蜂团，招引蜜蜂爬入蜂笼或巢脾上。待收到蜂王，将收回的蜜蜂和蜂王置于有巢础框、粉蜜脾的空箱中组成新蜂群；或者临时放在原群边，彻底检查原群，清除王台后并入原群。

9.6 **人工分群**

9.6.1 **单群平分**

9.6.1.1 将原群向一侧移动0.5 m ～1 m，在原位一侧放置一个空蜂箱。

9.6.1.2 从原群中抽出约一半的带蜂幼虫脾、封盖子脾、蜜粉脾，放入空蜂箱中，不要将蜂王带出。子脾放置在蜂巢中心，边脾外加隔板，并将原群剩下的巢脾布置整齐。

9.6.1.3 次日，给新分群诱入一只产卵蜂王。

9.6.2 **混合分群**

9.6.2.1 从多个蜂群中各抽出1框～2框带蜂的成熟封盖子脾或蜜粉脾，放置在一空蜂箱中，并抖入一些幼蜂，组成一个新分蜂群。

9.6.2.2 次日，诱入1只产卵蜂王。

9.7 **蜂王诱入**

9.7.1 **直接诱王**

9.7.1.1 当外界蜜源条件较好，蜂群失王不久或新组织蜂群，各龄幼虫正常，幼蜂多、老蜂少，诱入的蜂王产卵能力强，可直接将蜂王诱入无王群。

9.7.1.2 诱入蜂王前，毁净无王群中的王台。

9.7.2 间接诱王

9.7.2.1 在外界蜜源不足或蜂群失王已久,用间接诱入法给无王群诱王。

9.7.2.2 间接诱入法包括诱入器、纸筒、扣脾等诱入法。

9.8 被围蜂王解救

9.8.1 向围王球上喷以蜜水、清水或烟雾;也可将围王球投入清水中,驱散围住蜂王的工蜂。

9.8.2 利用间接诱入法将被解救出的蜂王诱入蜂群。

9.8.3 如被解救蜂王已伤残,应及时淘汰。

9.9 巢脾修造和保存

9.9.1 巢脾修造

9.9.1.1 使用24号~26号铁线,拉直拉紧,每个巢框拉3道~4道,并保持在一个平面上。

9.9.1.2 将巢础的一边插入巢框上梁内侧的槽沟内,同时将巢础放入拉好线的巢框内,安装牢固、平整。

9.9.1.3 使用埋线器等工具将巢础框上的拉线埋入巢础,保证巢础平整并不破损。

9.9.1.4 巢础框多加在蜜粉脾与子脾之间。在群强蜜足、气温较高时,也可将巢础框加在子脾之间。巢础框的数量应根据蜂群群势大小和蜜粉源情况而定。

9.9.2 巢脾保存

9.9.2.1 按蜜脾、粉脾、空脾分类装箱。巢脾须保存在干燥的房间内,堵严蜂箱裂缝。

9.9.2.2 密闭熏杀防治巢虫,熏杀方法参照GB/T 19168的规定执行。

9.9.2.3 有条件的蜂场可采用冷冻保存。

9.10 防止盗蜂

9.10.1 盗蜂预防

9.10.1.1 流蜜期结束前,调整或合并弱群,使蜂场内蜂群群势保持平衡。

9.10.1.2 堵严箱缝,缩小巢门。

9.10.1.3 蜂场周围不暴露白糖、蜂蜜、蜂蜡和巢脾等。

9.10.1.4 饲喂蜂群时,不要把糖液滴到箱外。滴到箱外的糖液,要及时用水冲洗或用土掩埋。

9.10.1.5 在蜜源缺乏时,一般不做开箱检查。必要时,在早、晚进行。

9.10.1.6 长年保持箱内有充足的蜜粉饲料。

9.10.1.7 放蜂场地蜂群密度较大时,蜜源开始流蜜后进场,花期结束后及时退场。

9.10.2 制止盗蜂

9.10.2.1 当少数蜂群被盗时,将其巢门缩小到只能容1只~2只蜜蜂出入,虚掩被盗群巢门。

9.10.2.2 将被盗群搬离原位,放到阴凉处隐藏,原址放一个空蜂箱,内放2张~3张空脾。巢门内插一根内径约1 cm、长约20 cm的细管,外口与巢门平齐,堵严巢门缝隙。

9.10.2.3 2 d后将该蜂箱搬走,打开箱盖让蜜蜂飞走,同时将原群搬回原处。

9.10.2.4 全场互盗,立即将整个蜂场迁移到离原场地5 km之外的地方。

9.11 蜂群移动

蜂群进行数米内的移动。每天清晨或傍晚移动一次,每次前后移位不超过1 m,左右移位不超过0.5 m。

9.12 转地放蜂

9.12.1 调查放蜂目的地的蜜源面积、花期、长势、载蜂量、泌蜜情况和花期的天气情况,确定摆放蜂群的位置等,规划好运输路线。

9.12.2　出省放蜂的蜂场，蜜蜂检疫按照农业部农医发〔2010〕40 号的规定执行。

9.12.3　在转地前 1 d～2 d 做好蜂群的包装，调整强、弱群间的子脾、蜜脾及群势，并进行巢脾固定和蜂箱装钉。

9.12.4　汽车运蜂装车，先装蜜蜂，后装用具；强群放车两侧，弱群放中间，绑扎固定。

9.12.5　火车运蜂，要留好通道，空箱、生活用品、蜂机具装在车厢前部，强群装在通风好的地方，巢门朝向通道。

9.12.6　转运途中，保持蜂群安静，注意遮阳、通风、喂水、洒水降温。骚动严重的蜂群，打开巢门放走部分老蜂。

9.12.7　到达目的地后，尽快把蜂群搬到放蜂场地排列好，待蜂群安静后打开巢门。傍晚或翌日早晨调节巢门，拆除包装，检查、处理死蜂、无王群和缺蜜群。

10　增长阶段管理

10.1　促进蜜蜂排泄

10.1.1　在当地最早的蜜粉源植物开花前 20 d 左右，选择气温 8℃以上、晴暖微风的天气，促进蜜蜂出巢飞翔、排泄。

10.1.2　室内越冬的蜂群，搬出越冬室排泄时，放在高燥背风向阳处，单箱排列或双箱排列，预防蜜蜂偏集。排泄后，一般不再搬回室内，直接包装保温。

10.1.3　在蜜蜂飞翔排泄时进行箱外观察，及时发现蜂群存在的问题，对不正常的蜂群及时开箱检查处理。

10.2　整理蜂巢

10.2.1　在排泄飞翔后，结合第一次蜂群全面检查进行。

10.2.2　清除蜂箱底部的蜂尸、蜡屑等物。若蜂箱、巢脾被毁坏或受潮霉变，则更换蜂箱、巢脾。

10.2.3　抽出多余巢脾，加入花粉脾，对缺蜜群补充蜜脾，保证蜂多于脾。

10.2.4　对于无王群，视其群势大小，或诱入储备蜂王，或并入有王群。

10.2.5　对于弱群则并入他群，或双群同箱饲养。

10.3　调节巢温

10.3.1　进行箱外保温和箱内保温。箱内保温物随着加脾扩巢逐步撤出。当外界气温稳定在 12℃以上时，逐步撤去包装物。

10.3.2　晴天中午气温高时，将巢门放大；早晚和温度低温时缩小巢门。

10.4　治螨防病

10.4.1　在蜂群内无封盖子时治螨。若有少量封盖子，先切开封盖子房盖。

10.4.2　患病蜂群进行隔离治疗或销毁。

10.5　饲喂

10.5.1　保证巢内储蜜充足。对储蜜不足的蜂群进行补助饲喂。

10.5.2　为了促进蜂群恢复和快速增长、造脾等，无论巢内是否有储蜜，均需奖励饲喂。

10.5.3　蜜蜂在外界采水困难时，需给蜂群喂水。

10.5.4　巢内缺粉时，应及时加入花粉脾或补饲蜂花粉或花粉代用品。

10.6　扩大蜂巢

10.6.1　扩大产卵圈

每 12 d 检查一次。当蜂王产卵受到存蜜的限制时，割开蜜房盖。

10.6.2 加脾扩巢

蜂巢内巢脾上的子圈扩大到巢脾下沿时，适当增加巢脾。

10.6.3 加继箱

10.6.3.1 巢箱子脾满箱后加继箱，从巢箱提取3张～4张封盖子脾或大幼虫脾及1张蜜粉脾放在继箱一侧，外加隔板，其余子脾和蜜粉脾保留在巢箱，并补加1张～2张空巢脾，在巢箱和继箱之间加隔王板。

10.6.3.2 每10 d～12 d调整一次蜂巢，将空脾和正在出房的封盖子脾调到巢箱中供蜂王产卵，将刚封盖的子脾和大幼虫脾调整到继箱中。根据蜂脾关系，适当增减巢脾数量。

10.7 双王同箱

10.7.1 将巢箱用闸板隔成两区，每区各开一巢门，每区各有一只蜂王，形成双王同箱。

10.7.2 两区加满巢脾，蜂量达8成以上，子脾大都封盖时可以加继箱。从每区各提1张～2张封盖子脾放入继箱中部，子脾两侧各加1张蜜脾或灌满糖浆的巢脾，并给巢箱两区分别补入1张～2张空脾。巢、继箱之间加上隔王板，限制蜂王在巢箱各区中产卵，继箱为生产区。

10.7.3 每5 d～7 d调整一次蜂巢，把巢箱各区的封盖子脾或大幼虫脾调入继箱，继箱中已经或正在出房的巢脾调入巢箱或给巢箱添加空脾。

10.7.4 大流蜜期前2周停止调整蜂群，限制蜂王产卵，集中采蜜。

11 蜂产品生产阶段管理

11.1 蜂蜜采收阶段管理

按NY/T 639的规定执行。

11.2 蜂王浆采收阶段管理

按NY/T 638的规定执行。

11.3 蜂花粉采收阶段管理

按NY/T 637的规定执行。

12 越夏阶段管理

12.1 越夏前，应大量培育适龄越夏蜂。

12.2 将蜂群摆放在树荫下，或在蜂箱上架设凉棚，覆盖草帘，打开通气孔、窗，扩大蜂路、巢门，加脾扩巢，以利于蜂群降温。气温超过35℃时，给蜂群箱内饲水和箱外洒水，为蜂群降温。

12.3 非常炎热的地区，如有条件可把蜂群转移到山区凉爽地带度夏。

12.4 就地越夏蜂群，进入越夏期前，给蜂群留足饲料蜜。没有自然蜜源，要以优质白砂糖提前喂足。

12.5 防止胡蜂、蟾蜍、大蜡螟、小蜡螟等蜜蜂敌害为害蜂群。

13 越冬准备阶段管理

13.1 最后一个蜜源流蜜期，留足越冬饲料。

13.2 用新蜂王更换老劣蜂王。

13.3 在最后一个蜜源将结束时，调整群势，用强群的蜂和封盖子脾补充弱群，撤出多余巢脾，保持蜂脾相称或蜂略多于脾。

13.4 保持巢内充足的产卵空间和蜜粉饲料，并进行奖励饲喂。若出现严重的粉压子脾现象，要用脱粉器脱粉。

13.5 注意防止盗蜂，及时捕杀胡蜂等蜜蜂敌害。

13.6 适龄越冬蜂培育前和全部越冬蜂出房后均需要彻底治螨。

13.7 停卵日期的确定,要确保最后一批出房的工蜂在入冬前能充分排泄。

13.8 补足越冬饲料。

14 越冬阶段管理

14.1 室外越冬

14.1.1 南方室外越冬的蜂场,选择无蜜粉源、地势高燥、避风、安静、阴冷、避免阳光直射的地方摆放蜂群,避免阳光直射巢门,控制蜜蜂出巢。越冬初期,只需在副盖上加保温物。越冬中、后期,进行巢内保温。

14.1.2 北方室外越冬蜂场,选择地势高燥、背风向阳、安静的场所摆放蜂群。华北地区,用保温物将蜂箱包裹严实,留出巢门即可;东北、西北严寒地区,包装时,蜂箱上、下、前、后、左、右分别填充保温物。巢门前放凹型板桥,作为蜜蜂出入巢门。

14.1.3 越冬前期,根据气温变化情况及时调节巢门大小,清理杂物、死蜂等,保持巢门畅通。

14.2 室内越冬

14.2.1 保持越冬室内安静、黑暗、洁净、通风、地面干燥,室内温湿度适宜并相对稳定。

14.2.2 当外界气温基本稳定,白天最高气温下降到0℃以下时,将蜂群搬入越冬室。

14.2.3 越冬蜂群摆放在高 40 cm～50 cm 的架子上,可选择 2 排多层或 4 排多层方式摆放蜂群。

14.2.4 2 排摆放时,蜂箱巢门相对,中间留出通道。4 排蜂箱摆放时,边排蜂箱背靠墙壁,中间蜂箱背靠背,所有蜂箱巢门均朝向通道,每排叠放 3 层～4 层,强群放在下层,弱群放在中、上层。放蜂密度每立方米不超过 1 箱。待蜂群安静后,打开巢门和气窗。

14.2.5 室内越冬,保证室内黑暗;将温度控制在 0℃左右,短时间高温不超过 6℃,最低不低于－5℃;保持室内相对湿度在 75％～85％之间。

14.2.6 越冬期间,不宜过度保温。

14.3 越冬蜂群管理

14.3.1 每 10 d～15 d 进行一次箱外观察,及时发现和处理越冬蜂群的异常状况。

14.3.2 越冬后期,注意每隔 2 周～3 周清理一次箱底死蜂。

15 蜜蜂病敌害防治

15.1 蜜蜂病敌害防治以预防为主,主要通过蜂群饲养管理手段和蜂群、蜂场的卫生消毒措施,提高蜂群本身的抵抗力来实现。

15.2 必要时可以用药物进行治疗和消毒,所用的药物在符合 GB/T 19168 要求的条件下,同时符合农业部公告第 193 号等的相关规定。所用药物的标签应符合中华人民共和国国务院令第 404 号的规定。严格执行停药期的规定。

16 花粉、花蜜、化学物质中毒防治

按 GB/T 19168 的规定执行。

17 蜂场记录与建档

17.1 建立并保持记录。

17.2 记录包括以下内容:蜂场基本情况、蜂场场地环境、蜂群养殖基本情况、病虫害防治基本情况、蜂产品采收和贮运情况等。参见附录 A。

17.3　记录应真实、清晰。

17.4　养蜂者可以自愿向县级人民政府养蜂主管部门登记备案，免费领取“养蜂证”。养蜂证格式参见附录B。

附　录　A
(资料性附录)
蜂　场　记　录

A.1　蜂场基本情况表

见表 A.1。

表 A.1　蜂场基本情况表

<table>
<tr><td>蜂场名称</td><td colspan="2"></td><td rowspan="2">蜂场所属地</td><td colspan="3" rowspan="2">省　　市　　县(区)</td></tr>
<tr><td>蜂场编号</td><td colspan="2"></td></tr>
<tr><td>负责人</td><td></td><td rowspan="3">蜂场规模
群</td><td rowspan="3"><50□　50～80□
80～120□　120□</td><td rowspan="3">养蜂员数量</td><td colspan="2" rowspan="3"></td></tr>
<tr><td>身份证号</td><td></td></tr>
<tr><td>联系电话</td><td></td></tr>
<tr><td colspan="7">饲养蜂种:意大利蜂□　卡尼鄂拉蜂□　高加索蜂□　黑蜂□　本地意蜂□　浙江浆蜂□
其他蜂种□(请注明:　　　　　　　　)</td></tr>
<tr><td colspan="7">蜂种来源:购自种蜂场□　来自邻近蜂场□　自己繁育□　其他□(请注明:　　　　　　　　)</td></tr>
<tr><td>蜂场是否
转地</td><td colspan="2">定地□　转地□
小转地□</td><td>蜂场生产
产品类型</td><td colspan="3">蜂蜜□　王浆□　花粉□
蜂胶□　其他□</td></tr>
<tr><td colspan="3">蜂场是否参加合作社或为企业的生产基地(请填写合作社或企业名称)</td><td colspan="4">是□(　　　　　　　　　　　　)
否□</td></tr>
<tr><td colspan="3">是否签订相关购货合同</td><td colspan="4">是□　　否□</td></tr>
<tr><td colspan="3">近一年是否参加相关业务培训,参加时间和地点</td><td colspan="4">是□(时间:　　　　地点:
组织者:　　　　　　　　　　)
否□</td></tr>
<tr><td colspan="3">蜂场工作人员是否有健康证</td><td colspan="4">是□　　否□</td></tr>
</table>

填表人　　　　　　　　　　　　　　　　　　　　　　　　　　　　　　　填表日期

A.2　蜂场场地环境情况表

见表 A.2。

表 A.2　蜂场场地环境情况表

<table>
<tr><td>蜂场地址</td><td colspan="6">市(县、区)　　　　　乡　　　　　村</td></tr>
<tr><td>主要蜜源植物</td><td colspan="2"></td><td colspan="2">与交通主干道距离</td><td colspan="2"><100 m　□
100 m～500 m　□
>500 m　□</td></tr>
<tr><td>蜜源地是否施用农药,何时施用</td><td colspan="2">开花前 7 d 以上　□
开花前 7 d 以内　□
开花期内　□
不施用　□</td><td colspan="2">施用农药名称</td><td colspan="2"></td></tr>
<tr><td>蜂场附近水源清洁状况</td><td>干净□
一般□
较差□
很差□</td><td>附近是否有化肥厂、农药厂、糖厂</td><td>是□
否□</td><td colspan="2">附近是否有垃圾填埋场等污染源</td><td>是□
否□</td></tr>
<tr><td>其他</td><td colspan="6"></td></tr>
</table>

填表人　　　　　　　　　　　　　　　　　　　　　　　　　　　　　　　填表日期

A.3 蜂群养殖基本情况表(一)

见表 A.3。

表 A.3 蜂群养殖基本情况表(一)

天气		气温,℃		地点	
蜜源					
蜂场基本活动记录					

填表人　　　　　　　　　　　　　　　　　　　　填表日期

A.4 蜂群养殖基本情况表(二)

见表 A.4。

表 A.4 蜂群养殖基本情况表(二)

蜂群和用具消毒日期		常用消毒剂名称、厂家	
蜂群饲喂 糖饲料	白砂糖□ 蜂蜜□(是否发酵:是□　否□) 其他□(请注明:　　　　)	来　源 (请注明厂家名称)	
蜂群饲喂 蛋白饲料	花粉□(是否生虫、霉变:是□ 否□) 花粉代用品□ (请注明:　　　　　　)	来源(代用品请注明厂家名称)	
糖饲料储存环境	低温干燥□　常温干燥□ 常温潮湿□　低温潮湿□	蛋白饲料 储存环境	干燥□ 潮湿□
是否使用添加剂,名称及来源		巢础来源	
		巢础厂家	

填表人　　　　　　　　　　　　　　　　　　　　填表日期

A.5 病虫敌害防治基本情况表

见表 A.5。

表 A.5 病虫敌害防治基本情况表

防治日期			
蜂群是否有蜂螨危害	是□　否□	防治措施	生物防治(断子治螨□　雄蜂蛹诱集□　割雄蜂蛹□) 药物防治(喷杀螨剂□　挂螨扑□ 主要成分:　　　　　)
螨扑名称、成分及生产厂家		施用于蜂群时间	流蜜期前 4 周~6 周之前 □ 流蜜期前 4 周~6 周　□ 流蜜期内　□
杀螨剂名称、成分及生产厂家		最后一次喷洒时间	流蜜前 1 月□　流蜜前 15 d~30 d□ 流蜜前 7 d~15 d □ 流蜜前 0 d~7 d□　流蜜期内□
蜂群发生过或正在发生何种疾病	白垩病□　微孢子虫病□　美洲幼虫腐臭病□　欧洲幼虫腐臭病□ 囊状幼虫病□　麻痹病□ 其他疾病□(请注明:　　　　　　)		
防治措施	隔离□　销毁□ 用药□	药物名称、成分及生产厂家	
施用方式	混入饲料□　喷洒□　饲喂器□　其他□(请注明:　　　　)		
蜂场如何预防病虫敌害,请简要说明			

填表人　　　　　　　　　　　　　　　　　　　　填表日期

A.6 蜂产品采收和贮运情况表

见表 A.6。

表 A.6 蜂产品采收和贮运情况表

采蜜日期			
摇蜜机、割蜜刀等工具使用前是否消毒	是□ 否□	消毒剂类型及厂家	
大流蜜前是否先摇出含有饲料糖的蜜	是□ 否□	含糖蜂蜜和用药蜂群所产蜂蜜是否单独存放	是□ 否□
摇蜜机材质	不锈钢□ 塑料□ 镀锌板□ 其他□(请注明：)	清洗摇蜜机频度	每次□ 每天□ 三天□ 每周□ 每个花期□
摇蜜地点	室内□ 室外□ 帐篷内□	场所是否预先消毒	是□ 否□
贮蜜桶	塑料□ 不锈钢□ 钢桶□ 其他□( )	钢桶内附材料	食品级涂料□ 塑料袋□ 其他 □ 无□
原料蜜含水量	波美度		
蜂蜜采集后多长时间提交		提交日期	
蜂蜜运输方式	蜂场雇车□ 企业来车□ 其他□		
其他产品采收和贮存情况			

填表人　　　　　　　　　　　　　　　　　　　　　　　　填表日期

附 录 B
（资料性附录）
养 蜂 证

养蜂证格式见表 B.1。

表 B.1 养蜂证格式

养 蜂 证

照 片
（一寸）

发证单位			
编 号			
发证日期	年	月	日
有 效 期	至 年	月	日

场主姓名		性 别	
年 龄		民 族	
身份证号			
通讯地址			
联系电话			
蜂场名称			
蜂群数量			
辅助人员	姓 名	性 别	年 龄

ICS 65.020.30
B 43

中华人民共和国农业行业标准

NY/T 2690—2015

蒙　古　羊

Mongolia sheep

2015-02-09 发布　　　　2015-05-01 实施

中华人民共和国农业部 发布

前　　言

本标准按照 GB/T 1.1—2009 给出的规则起草。

本标准由农业部畜牧业司提出。

本标准由全国畜牧业标准化技术委员会(SAC/TC 274)归口。

本标准起草单位:内蒙古自治区家畜改良工作站、内蒙古自治区锡林郭勒盟畜牧工作站。

本标准主要起草人:高雪峰、斯琴朝克图、阿拉坦沙、李忠书、陈巴特尔、包毅、斯琴巴特尔、辛满喜、毕力格巴特尔、青格乐图、牛成福、阿日贡其布日、额尔德木图。

蒙　古　羊

1　范围

本标准规定了蒙古羊的品种来源、品种特征、生产性能、等级评定及鉴定方法等。

本标准适用于蒙古羊的品种鉴定和等级评定。

2　规范性引用文件

下列文件对于本文件的应用是必不可少的。凡是注日期的引用文件，仅注日期的版本适用于本文件。凡是不注日期的引用文件，其最新版本(包括所有的修改单)适用于本文件。

NY/T 1236　绵、山羊生产性能测定技术规范

3　品种来源

蒙古羊是在蒙古高原特定的生态条件下，经过长期的自然选择和人工选育逐渐形成的一个地方品种，是脂尾肉用粗毛羊。主要分布在内蒙古，宁夏、甘肃、河北等周边省区也有不同数量的分布。

4　品种特征

4.1　体型外貌

蒙古羊体格强壮、结构匀称，头大小适中，体躯宽深，肌肉丰满，后躯发达。公羊部分有角，母羊无角。耳宽长，鼻梁微隆。胸宽而深，略呈长方形，肋骨拱圆，背腰宽平，后躯丰满。尾宽而厚，呈纵椭圆形，尾尖不过飞节。四肢端正，蹄质坚实。蒙古羊体型外貌参见附录 A。

4.2　被毛特征

被毛主要为白色，异质毛。部分羊头部、耳后、腕关节及飞节以下有黑、黄、褐色等有色毛。

4.3　体尺、体重

终年放牧条件下，18 月龄和 30 月龄羊体尺、体重见表 1。

表 1　18 月龄和 30 月龄羊体尺、体重

年龄	性别	体高，cm	体长，cm	胸围，cm	体重，kg
18 月龄	公羊	≥58	≥63	≥75	≥45
	母羊	≥53	≥59	≥70	≥30
30 月龄	公羊	≥61	≥66	≥78	≥50
	母羊	≥56	≥61	≥72	≥35

5　生产性能

5.1　产肉性能

终年放牧条件下，6 月龄、18 月龄、30 月龄羯羊产肉性能见表 2。

表 2　羯羊产肉性能指标

年龄	胴体重，kg	屠宰率，%	净肉率，%
6 月龄	≥15	≥45	≥37
18 月龄	≥18	≥46	≥39
30 月龄	≥23	≥48	≥43

5.2 产毛性能

被毛为异质毛。30 月龄羊产毛量,公羊≥1.5 kg、母羊≥1.0 kg。

5.3 繁殖性能

公、母羊适配月龄均为 18 月龄。母羊发情周期为 15 d～17 d,发情持续期为 24 h～48 h,妊娠期平均为 150 d,产羔率为 110 %左右。

6 等级评定

6.1 等级

公羊分特级、一级;母羊分特级、一级和二级。

6.1.1 体型外貌评定

体型外貌评定按附录 B 规定评出总分,按表 3 内容进行等级评定。

表 3 体型外貌评定等级

等级	公羊	母羊
特级	≥95	≥95
一级	85～94	85～94
二级	—	80～84

6.1.2 体尺、体重评定

体高、体长、胸围和体重均达到表 4 规定的一级指标的羊只评为一级羊;体高、体长、胸围和体重均达到表 4 规定的二级指标的羊只评为二级羊;体型外貌特征符合特级羊要求,且体重超过 10%以上的一级羊评为特级羊。

表 4 18 月龄和 30 月龄羊体尺、体重评定等级

年龄	性别	等级	体高,cm	体长,cm	胸围,cm	体重,kg
18 月龄	公羊	一级	≥58	≥63	≥75	≥45
	母羊	一级	≥55	≥61	≥74	≥35
		二级	≥53	≥59	≥70	≥30
30 月龄	公羊	一级	≥61	≥66	≥78	≥50
	母羊	一级	≥57	≥63	≥76	≥38
		二级	≥56	≥61	≥72	≥35

6.1.3 综合评定

按体型外貌和体尺、体重评定结果进行综合评定,体型外貌特征和体尺、体重指标均符合本级别指标要求的评为本级,见表 5。

表 5 综合评定等级

综合评定	体型外貌评定	体尺评定	体重评定
特级	特级	一级	超过一级羊体重 10%以上的
一级	一级	一级	一级
二级	二级	二级	二级

6.2 评定时间

评定时间为 9 月中旬至 10 月底。

7 生产性能测定方法

按 NY/T 1236 的规定执行。

附 录 A
(资料性附录)
蒙古羊体型外貌照片

A.1 蒙古羊公、母羊正面见图 A.1 和图 A.2。

图 A.1 公羊正面图

图 A.2 母羊正面图

A.2 蒙古羊公、母羊侧面见图 A.3 和图 A.4。

图 A.3 公羊侧面图

图 A.4 母羊侧面图

A.3 蒙古羊公、母羊后面见图 A.5 和图 A.6。

图 A.5 公羊后面图

图 A.6 母羊后面图

附　录　B
（规范性附录）
蒙古羊体型外貌评分方法

蒙古羊体型外貌评分方法见表 B.1。

表 B.1　蒙古羊体型外貌评分方法

<table>
<tr><th colspan="2" rowspan="2">项　目</th><th rowspan="2">评分要求</th><th colspan="2">满　分</th></tr>
<tr><th>公羊</th><th>母羊</th></tr>
<tr><td rowspan="5">外貌</td><td>被毛</td><td>被毛为纯白色为主</td><td>10</td><td>8</td></tr>
<tr><td>头形</td><td>头大小适中，鼻梁微隆，耳大下垂，眼大明亮，公羊有角或无角、母羊无角</td><td>6</td><td>6</td></tr>
<tr><td>头部色泽</td><td>头部毛以白、黑色为主，也有黄、褐色</td><td>6</td><td>5</td></tr>
<tr><td>外形</td><td>体格大呈长方形、结构匀称，背腰平直，体躯宽深，肋骨拱圆，后躯发达，肌肉丰满，尾大而厚</td><td>6</td><td>5</td></tr>
<tr><td>小计</td><td></td><td>28</td><td>24</td></tr>
<tr><td rowspan="7">体躯</td><td>颈部</td><td>颈部粗短，颈部有色毛不超过前 1/3</td><td>10</td><td>10</td></tr>
<tr><td>前躯</td><td>胸宽而深</td><td>8</td><td>8</td></tr>
<tr><td>中躯</td><td>肋骨拱圆，背腰宽平</td><td>6</td><td>6</td></tr>
<tr><td>后躯</td><td>后躯丰满</td><td>6</td><td>8</td></tr>
<tr><td>四肢</td><td>四肢端正，蹄质结实，腕关节及飞节以下允许有杂色毛</td><td>10</td><td>12</td></tr>
<tr><td>尾型</td><td>纵椭圆形、尾大而厚，尾尖不过飞节</td><td>8</td><td>8</td></tr>
<tr><td>小计</td><td></td><td>48</td><td>52</td></tr>
<tr><td rowspan="3">发育</td><td>外生殖器</td><td>发育良好，公羊睾丸对称，母羊外阴正常</td><td>10</td><td>10</td></tr>
<tr><td>整体结构</td><td>体质结实，各部结构匀称、紧凑</td><td>14</td><td>14</td></tr>
<tr><td>小计</td><td></td><td>24</td><td>24</td></tr>
<tr><td colspan="2">总计</td><td></td><td>100</td><td>100</td></tr>
<tr><td colspan="5">注：鉴定时，对有缺陷的项可适当减分。</td></tr>
</table>

ICS 65.020.30
B 43

中华人民共和国农业行业标准

NY/T 2691—2015

内蒙古细毛羊

Inner mongolia finewool sheep

2015-02-09 发布

2015-05-01 实施

中华人民共和国农业部 发布

前　　言

本标准按照GB/T 1.1—2009给出的规则起草。

本标准由农业部畜牧业司提出。

本标准由全国畜牧业标准化技术委员会(SAC/TC 274)归口。

本标准起草单位:内蒙古自治区家畜改良工作站、内蒙古自治区锡林郭勒盟畜牧工作站。

本标准主要起草人:高雪峰、斯琴朝克图、包毅、阿拉坦沙、斯琴巴特尔、李忠书、陈巴特尔、霍金明、李永林、巴特尔。

内蒙古细毛羊

1 范围

本标准规定了内蒙古细毛羊的品种特征、生产性能以及等级评定方法。

本标准适用于内蒙古细毛羊的品种鉴定和等级评定。

2 规范性引用文件

下列文件对于本文件的应用是必不可少的。凡是注日期的引用文件，仅注日期的版本适用于本文件。凡是不注日期的引用文件，其最新版本（包括所有的修改单）适用于本文件。

NY/T 1236 绵、山羊生产性能测定技术规范

3 品种来源

内蒙古细毛羊为20世纪70年代培育的毛肉兼用型细毛羊。主要分布于内蒙古自治区锡林郭勒盟正蓝旗、正镶白旗、镶黄旗及毗邻地区。

4 品种特征

4.1 体型外貌

体质结实，结构匀称，骨骼坚实。公羊有螺旋形角或无角，颈部有发达的皱褶；母羊无角。鬐甲宽平，胸宽深，背长平，后躯丰满，皮肤宽松，躯干无明显的皱褶；四肢结实，肢势端正。毛丛结构闭合性良好，头部着生至眼线，前肢至腕关节，后肢至飞节。外貌特征参见附录A。

4.2 被毛特征

被毛为白色，密度适中，细度与长度均匀，弯曲明显；油汗白色或乳白色，含量适中；腹毛着生良好，呈毛丛结构，无环状弯曲。

4.3 体尺、体重

16月龄和27月龄羊只的平均体尺、体重见表1。

表1 16月龄和27月龄羊只的平均体尺、体重

月龄	性别	体长 cm	体高 cm	胸围 cm	体重 kg
16月龄	公羊	65	65	85	56
	母羊	60	60	80	40
27月龄	公羊	80	75	100	89
	母羊	70	65	85	49

5 生产性能

5.1 被毛品质

5.1.1 产毛性能

16月龄和27月龄羊只的产毛性能见表2。

表 2　16 月龄和 27 月龄羊只的产毛性能

性别	16 月龄		27 月龄	
	毛丛长度 cm	剪毛量 kg	毛丛长度 cm	剪毛量 kg
公羊	≥10.5	≥5.0	≥10.0	≥9.0
母羊	≥9.5	≥4.0	≥8.5	≥5.0

5.1.2　毛纤维细度

毛纤维细度为 20.1 μm ～23.0 μm。

5.1.3　净毛率

净毛率在 43%以上。

5.2　产肉性能

6 月龄～8 月龄放牧育肥的公羔，宰前平均体重为 35 kg，屠宰率为 40%。16 月龄羯羊屠宰前平均体重为 50 kg，屠宰率为 45%。27 月龄羯羊屠宰前平均体重为 80 kg，屠宰率在 45%以上。

5.3　繁殖性能

季节性发情，母羊发情周期平均为 17 d，发情持续期为 24 h～48 h，妊娠期平均为 148 d，经产母羊产羔率在 110%以上。

性成熟：公、母羔为 6 月龄～7 月龄。初配年龄为 18 月龄。

6　分级鉴定

6.1　等级评定

6.1.1　特级、一级

体型外貌、被毛品质符合该品种要求。剪毛后体重、剪毛量、毛丛长度均达到表 3 规定的羊评为一级羊；其中，剪毛量、剪毛后体重中有一项超过一级羊最低指标 10%以上的羊评为特级羊。

表 3　一级内蒙古细毛羊最低指标

性别	16 月龄			27 月龄		
	剪毛后体重 kg	剪毛量 kg	毛丛长度 cm	剪毛后体重 kg	剪毛量 kg	毛丛长度 cm
公羊	≥50.0	≥5.0	≥10.5	≥80.0	≥9.0	≥10.0
母羊	≥34.0	≥4.0	≥9.5	≥45.0	≥5.0	≥8.5

6.1.2　二级

体型外貌符合该品种要求，且毛丛长度比一级羊短 1.5 cm 以内或剪毛后体重比一级羊低 10%以内的羊为二级羊。

6.1.3　等外

不符合以上等级要求的羊均评为等外羊。

6.2　鉴定时间

每年春季剪毛前 4 月下旬至 5 月中旬。

7　生产性能测定方法

按照 NY/T 1236 的规定执行。

附　录　A
（资料性附录）
内蒙古细毛羊体型外貌照片

A.1　内蒙古细毛羊公、母羊正面见图 A.1 和图 A.2。

图 A.1　公羊正面图

图 A.2　母羊正面图

A.2　内蒙古细毛羊公、母羊侧面见图 A.3 和图 A.4。

图 A.3　公羊侧面图

图 A.4　母羊侧面图

A.3 内蒙古细毛羊公、母羊后面见图 A.5 和图 A.6。

图 A.5　公羊后面图

图 A.6　母羊后面图

ICS 65.120
B 20

中华人民共和国农业行业标准

NY/T 2696—2015

饲草青贮技术规程 玉米

Code of practice for ensiling forage—Corn (*Zea mays*)

2015-02-09 发布 2015-05-01 实施

中华人民共和国农业部 发布

前　　言

本标准按照 GB/T 1.1—2009 给出的规则起草。

本标准由农业部畜牧业司提出。

本标准由全国畜牧业标准化技术委员会(SAC/TC 274)归口。

本标准起草单位:中国农业大学、山西农业大学、全国畜牧总站、河北省农林科学院旱作农业研究所、沈阳农业大学。

本标准主要起草人:玉柱、许庆方、杨富裕、张英俊、李存福、刘贵波、白春生。

饲草青贮技术规程　玉米

1　范围

本标准规定了玉米的贮前准备、原料、切碎、装填与压实、密封、贮后管理、取饲等技术要求。

本标准适用于全株玉米青贮饲料的生产。

2　规范性引用文件

下列文件对于本文件的应用是必不可少的。凡是注日期的引用文件，仅注日期的版本适用于本文件。凡是不注日期的引用文件，其最新版本(包括所有的修改单)适用于本文件。

GB/T 22141　饲料添加剂　复合酸化剂通用要求

GB/T 22142　饲料添加剂　有机酸通用要求

GB/T 22143　饲料添加剂　无机酸通用要求

GB/T 25882　青贮玉米品质分级

NY/T 1444　微生物饲料添加剂技术通则

3　术语和定义

下列术语和定义适用于本文件。

3.1

饲草　forage

具有饲用价值的草本植物及可饲用的半灌木和灌木。

3.2

青贮　ensiling

将青绿饲草置于密封的青贮设施设备中，在厌氧环境下进行的以乳酸菌为主导的发酵过程，导致酸度下降抑制微生物的存活，使青绿饲料得以长期保存的饲草加工方法。

3.3

青贮饲料　silage

经青贮加工后的饲草产品。

3.4

全株玉米　whole crop corn

包括果穗在内的地上部植株，作为青贮原料的玉米。

3.5

青贮设施　silo

饲草原料青贮时，为形成密封环境，有利于乳酸菌发酵，使用的各种设施设备。

3.6

青贮添加剂　silage additives

用于改善青贮饲料发酵品质，减少养分损失的添加剂。

3.7

开窖有氧变质　aerobic deterioration after opening silo

青贮饲料开窖取用过程中，暴露在空气中发生变质的现象。

4 贮前准备

4.1 宜选用青贮窖进行青贮。根据饲养规模确定青贮设施的容量。青贮前,清理青贮设施内的杂物,检查青贮设施的质量,如有损坏及时修复。

4.2 检修各类青贮用机械设备,使其运行良好。

4.3 准备青贮加工必需的材料。

5 原料

5.1 玉米原料的品质宜符合 GB/T 25882 的规定。

5.2 适宜收获期为蜡熟期,原料收获作业不早于乳熟末期,不晚于蜡熟末期,适宜的含水量为 65%~70%。

5.3 玉米收获时,留茬高度不低于 15 cm,不得带入泥土等杂物。

6 切碎

6.1 收获的原料应及时切碎,从原料收获到入窖,时间不得超过 8 h。

6.2 切碎长度为 1 cm~2 cm,宜将玉米籽粒破碎。

6.3 切碎作业不得带入泥土等杂物。

7 装填与压实

7.1 原料装填时,要迅速、均一,与压实作业交替进行。

7.2 青贮原料由内到外呈楔形分段装填。原料每装填 1 层,压实 1 次,装填厚度不得超过 30 cm,宜采用压窖机或其他大中型轮式机械压实。

7.3 原料压实后,体积缩小 50%以上,密度达到 650 kg/m^3 以上。

7.4 原料装填压实后,宜高出窖口 30 cm。

7.5 装填压实作业中,不得带入外源性异物。

7.6 可以选择性使用抑制开窖有氧变质的添加剂,添加剂的使用符合 GB/T 22141、GB/T 22142、GB/T 22143、NY/T 1444 的规定。

8 密封

8.1 装填压实作业之后,立即密封。从原料装填至密封不应超过 3 d,或需采用分段密封的作业措施,每段密封时间不超过 3 d。

8.2 宜采用塑料薄膜覆盖,塑料薄膜应无毒无害,塑料薄膜外面放置重物镇压。

9 贮后管理

经常检查青贮设施密封性,及时补漏。顶部出现积水及时排除。

10 取饲

10.1 青贮饲料密封贮藏成熟后,可开启取用,贮藏时间宜在 30 d 以上。

10.2 根据饲喂量取用,保持取用面的平整。

10.3 每天取用厚度不能少于 30 cm。

10.4　取料时防止暴晒、雨淋。

ICS 65.120
B 20

中华人民共和国农业行业标准

NY/T 2697—2015

饲草青贮技术规程 紫花苜蓿

Code of practice for ensiling forage—Alfalfa (*Medicago sativa*)

2015-02-09 发布　　2015-05-01 实施

中华人民共和国农业部 发布

前　言

本标准按照 GB/T 1.1—2009 给出的规则起草。

本标准由农业部畜牧业司提出。

本标准由全国畜牧业标准化技术委员会(SAC/TC 274)归口。

本标准起草单位:中国农业大学、内蒙古自治区农牧业科学院、全国畜牧总站、沈阳农业大学、山西农业大学。

本标准主要起草人:玉柱、杨富裕、张英俊、薛艳林、李存福、白春生、许庆方。

饲草青贮技术规程　紫花苜蓿

1　范围

本标准规定了紫花苜蓿的青贮方式、贮前准备、原料、切碎、添加剂使用、打捆或装填、裹包或密封、贮后管理等技术要求。

本标准适用于紫花苜蓿青贮饲料的生产。

2　规范性引用文件

下列文件对于本文件的应用是必不可少的。凡是注日期的引用文件，仅注日期的版本适用于本文件。凡是不注日期的引用文件，其最新版本(包括所有的修改单)适用于本文件。

GB/T 22141　饲料添加剂　复合酸化剂通用要求

GB/T 22142　饲料添加剂　有机酸通用要求

GB/T 22143　饲料添加剂　无机酸通用要求

NY/T 1444　微生物饲料添加剂技术通则

3　术语和定义

下列术语和定义适用于本文件。

3.1

饲草　forage

具有饲用价值的草本植物及可饲用的半灌木和灌木。

3.2

紫花苜蓿　alfalfa, lucerne(*Medicago sativa*)

豆科苜蓿属多年生草本植物。根粗壮，深入土层，根颈发达；茎直立、丛生以至平卧，四棱形，无毛或微被柔毛，羽状三出复叶；花序总状或头状，花冠淡黄、深蓝至暗紫色。

3.3

青贮　ensiling

将青绿饲草置于密封的青贮设施设备中，在厌氧环境下进行的以乳酸菌为主导的发酵过程，导致酸度下降抑制微生物的存活，使青绿饲料得以长期保存的饲草加工方法。

3.4

青贮饲料　silage

经青贮加工后的饲草产品。

3.5

青贮添加剂　silage additives

用于改善青贮饲料发酵品质，减少养分损失的添加剂。

3.6

现蕾期　bud stage

50%的植株出现花蕾的时期。

3.7

初花期　early-flower stage

10%的植株开花的时期。

4 青贮方式

主要可采用如下青贮方式：

——裹包青贮：将紫花苜蓿刈割、切短、打捆后，使用具有拉伸和黏着性能的薄膜将其缠绕裹包后形成密封厌氧环境进行青贮的方式；

——窖贮：利用壕式青贮窖进行青贮的方式。

5 贮前准备

5.1 根据饲养规模和设施条件选择青贮容量和青贮方式。青贮前，清理青贮设施内的杂物，检查青贮设施的质量，如有损坏及时修复。

5.2 检修各类青贮用机械设备，使其运行良好。

5.3 准备青贮加工必需的材料。

6 原料

6.1 原料的适宜收获期为现蕾期至初花期，留茬高度为 4 cm～6 cm。

6.2 青贮原料刈割后进行晾晒，晾晒至叶片卷缩，由鲜绿色变成深绿色，叶柄易折断，茎秆下半部叶片开始脱落；茎秆颜色基本未变，压迫茎时，能挤出水分，茎的表皮可用指甲刮下。含水量应为 45%～65%。

7 切碎

裹包青贮原料切碎长度不应超过 7 cm，窖贮原料切碎长度不应超过 5 cm。

8 添加剂使用

8.1 可选择性加入促进乳酸菌发酵、保证青贮成功的各种添加剂，宜在捡拾切碎时喷洒。

8.2 添加剂的使用符合 GB/T 22141、GB/T 22142、GB/T 22143、NY/T 1444 的规定。

9 打捆或装填

9.1 使用青贮打捆机对苜蓿原料进行切碎打捆，草捆密度达到 550 kg/m^3 以上。

9.2 窖贮装填时，原料装填要迅速、均一，与压实作业交替进行。青贮原料由内到外呈楔形分层装填。原料每装填 1 层压实 1 次，装填厚度不得超过 30 cm，宜采用压窖机或其他大中型轮式机械压实。原料压实后，体积缩小 50%以上，密度达到 650 kg/m^3 以上。原料装填压实后，宜高出窖口 30 cm。装填压实作业中，不得带入外源性异物。

10 裹包或密封

10.1 裹包青贮时，打捆后应迅速用 6 层以上的拉伸膜完成裹包。

10.2 窖贮时，装填压实作业之后，立即密封。从原料装填至密封不应超过 3 d，或需采用分段密封的作业措施，每段密封时间不超过 3 d。宜采用塑料薄膜覆盖，塑料薄膜应无毒无害，塑料薄膜外面放置重物镇压。

11 贮后管理

11.1 裹包青贮存放在地面平整、排水良好、没有杂物和其他尖利物的地方，经常检查裹包膜或塑料薄膜,如有破损及时修补。

11.2 窖贮应经常检查青贮设施密封性,及时补漏。顶部出现积水及时排除。

ICS 65.020.01
B 40

中华人民共和国农业行业标准

NY/T 2698—2015

青贮设施建设技术规范　青贮窖

Specification for constructing silo—Bunker silo

2015-02-09 发布　　　　2015-05-01 实施

中华人民共和国农业部　发布

前　言

本标准按照 GB/T 1.1—2009 给出的规则起草。

本标准由农业部畜牧业司提出。

本标准由全国畜牧业标准化技术委员会(SAC/TC 274)归口。

本标准起草单位:中国农业大学、内蒙古自治区农牧业科学院、全国畜牧总站、河北省农林科学院。

本标准主要起草人:玉柱、薛艳林、刘继军、杨富裕、张英俊、李存福、刘贵波、刘忠宽。

青贮设施建设技术规范　青贮窖

1　范围

本标准规定了青贮窖建设的基本要求、建设规模、施工设计、材料选择及施工技术要点等。

本标准适用于青贮窖建设。

2　规范性引用文件

下列文件对于本文件的应用是必不可少的。凡是注日期的引用文件，仅注日期的版本适用于本文件。凡是不注日期的引用文件，其最新版本(包括所有的修改单)适用于本文件。

GB 50203　砌体结构工程施工质量验收规范

GB 50209　建筑地面工程施工质量验收规范

3　术语和定义

下列术语和定义适用于本文件。

3.1

青贮　ensiling

将青绿饲草置于密封的青贮设施设备中，在厌氧环境下进行的以乳酸菌为主导的发酵过程，导致酸度下降抑制微生物的存活，使青绿饲料得以长期保存的饲草加工方法。

3.2

青贮窖　bunker silo

以砌体结构或钢筋混凝土结构建成的青贮设施。

4　基本要求

4.1　窖址选在地势高燥、地下水位低、远离水源和污染源、取料方便的地方。

4.2　青贮窖要坚固耐用、不透气、不漏水。

4.3　采用砌体结构或钢筋混凝土结构建造。

5　设计与建设

5.1　青贮窖容积

青贮饲料年需要量按式(1)计算。

$$G = A \times B \times C \tag{1}$$

式中：

G——青贮饲料年需要量，单位为千克(kg)；

A——成年家畜日需要量，单位为千克/(天・头)[kg/(d・头)]；

B——家畜数量，单位为头；

C——饲喂天数，单位为天。

青贮窖容积按式(2)计算。

$$V = G/D \tag{2}$$

式中：

V——青贮窖容积，单位为立方米(m^3)；

G——青贮饲料年需要量，单位为千克(kg)；

D——青贮饲料密度，单位为千克/立方米(kg/m^3)。

5.2 青贮窖规格

5.2.1 青贮窖高度不宜超过 4.0 m，宽度不少于 6 m 为宜，满足机械作业要求，长度 40 m 以内为宜；日取料厚度不少于 30 cm。

5.2.2 可根据青贮饲料的实际需要量建设数个连体青贮窖或将长青贮窖进行分隔处理。

5.3 青贮窖设计

5.3.1 青贮窖分为地下式、半地下式和地上式 3 种形式。

5.3.2 青贮窖墙体呈梯形，高度每增加 1 m，上口向外倾斜 5 cm～7 cm，窖的纵剖面成倒梯形。

5.3.3 青贮窖底部要有一定坡度，坡比为 1∶(0.02～0.05)，在坡底设计渗出液收集池。

5.3.4 青贮窖的墙体应采用钢筋混凝土结构，墙体顶端厚度 60 cm～100 cm；如果采用砖混结构，墙体顶端厚度 80 cm～120 cm，每隔 3 m 添加与墙体厚度一致的构造柱，墙体上下部分别建圈梁加固。窖底用混凝土结构，厚度不低于 30 cm。

5.4 施工技术要点

5.4.1 用砖混结构或混凝土结构建造墙体，按照 GB 50203 的规定执行。

5.4.2 混凝土地面，按照 GB 50209 的规定执行。

ICS 65.120
B 46

中华人民共和国农业行业标准

NY/T 2699—2015

牧草机械收获技术规程
苜蓿干草

Code of practice for mechanical harvesting—Alfalfa hay

2015-02-09 发布 2015-05-01 实施

中华人民共和国农业部 发布

前　言

本标准按照 GB/T 1.1—2009 给出的规则起草。

本标准由农业部畜牧业司提出。

本标准由全国畜牧业标准化技术委员会(SAC/TC 274)归口。

本标准起草单位:中国农业大学、石家庄鑫农机械有限公司、北京工商大学。

本标准主要起草人:王德成、王光辉、吴焕民、胡建良、高东明、付作立、袁洪方、黄文城、宫泽奇、邬备、白阳。

牧草机械收获技术规程　苜蓿干草

1　范围

本标准规定了苜蓿(*Medicago sativa* L.)干草机械收获的作业条件、作业质量、作业机械功能、收获工艺、安全作业规程。

本标准适用苜蓿干草的机械化收获。

2　规范性引用文件

下列文件对于本文件的应用是必不可少的。凡是注日期的引用文件，仅注日期的版本适用于本文件。凡是不注日期的引用文件，其最新版本(包括所有的修改单)适用于本文件。

GB/T 5262—2008　农业机械　试验条件测定方法的一般规定

GB/T 5667—2008　农业机械　生产试验方法

GB 10395.1　农林机械安全总则

GB 10395.20　捡拾打捆机安全

GB 10395.21　动力摊晒机和搂草机安全

GB 10396　农林拖拉机和机械、草坪和园艺动力机械安全标志和危险图形

GB/T 21899—2008　割草压扁机

JB/T 5165—1991　方草捆压捆机　术语

JB/T 7324—2007　搂草机　术语

JB 8520—1997　旋转式割草机安全要求

JB/T 8836—2004　往复式割草机安全技术要求

JB/T 9700　牧草收获机械试验方法通则

NY/T 991—2006　牧草收获机械　作业质量

NY/T 1170—2006　苜蓿干草捆质量

3　术语和定义

JB/T 5165—1991 和 JB/T 7324—2007 界定的以及下列术语和定义适用于本文件。

3.1

干草收获　alfalfa hay harvesting

苜蓿收获的最终目的是将苜蓿制成干草制品的收获方式。

3.2

损失率　total loss rate of alfalfa hay after harvesting

在规定含水率下，苜蓿干草收获后的割草损失率、搂草损失率和打捆损失率。

3.3

成捆率　rate of finished bale

打捆总数中成捆占打捆总数的百分比。

3.4

土壤坚实度　soil hardness

土壤抗楔入的阻力。

4 作业条件

4.1 作业地块土壤

4.1.1 地表坡度不大于 8.5°，地块内阻碍机具作业的障碍物须提前设置明显标志。

4.1.2 土壤坚实度能满足机械正常行驶和作业。

4.2 苜蓿植株状况

苜蓿的适宜收获时间为初花期之前。

5 作业质量

5.1 检测方法

按 JB/T 9700、GB/T 21899—2008、NY/T 991—2006、GB/T 5667—2008 和 GB/T 5262—2008 的规定进行测定。

5.2 作业质量指标

在 4 和 5.1 规定的条件下，苜蓿机械收获作业质量指标应符合表 1～表 5 的要求；草捆质量应符合 NY/T 1170—2006 的规定。

表 1 往复式割草机作业质量要求

序号	型　式	作业速度，km/h
1	悬挂式	3～10
2	半悬挂式	6～7
3	牵引式	5.5～10

表 2 旋转割草机作业质量要求

序号	项　　目	指　　标
1	割茬高度，mm	≤70
2	重割率，%	≤1.0
3	损失率，%	≤0.55
4	作业速度，km/h	滚筒式旋转割草机≤12
		盘式旋转割草机≤16

表 3 割草压扁机作业质量要求

序号	项　　目		指　　标
1	割茬高度，mm		≤70
2	损失率，%		≤4.75
3	压扁率，%		≥90
4	最高作业速度，km/h	往复式割草压扁机	13
		旋转式割草压扁机	15

表 4 搂草机作业质量要求

序号	型　　式	项　　目	指　　标
1	指轮式搂草机	损失率，%	≤2
2		作业速度，km/h	8～12
3	机引横向搂草机	损失率，%	<5
4		作业速度，km/h	6～9
5	旋转搂草机	损失率，%	<5
6		作业速度，km/h	6～12

表 5　方草捆打捆机作业质量要求

序号	项　　目	指　　标
1	成捆率,%	≥95
2	草捆密度,kg/m³	≥150
3	规则草捆率,%	≥95
4	损失率,%	≤3
注:适宜打捆作业的苜蓿含水率为 17%～23%,草捆密度等性能指标,按含水率为 20%计算。		

6　作业机械功能

6.1　收获机械具有调制功能

采用具有凹凸纹的橡胶辊进行压扁作业,上、下压扁辊之间的间隙应当可调,且分布一致。压扁辊之间的间隙随作业速度和喂入量的变化而调整。

6.2　割台具有前倾角调节功能

苜蓿收割装置的前倾角的调节范围应不小于 10°。

6.3　收获机械具有地表仿形机构

收获机械应具有良好的地表仿形功能,可根据地势起伏自动调节作业高度。

6.4　作业前机械准备

6.4.1　根据作业地情况,在使用前必须按照使用说明书调整、保养机器。

6.4.2　根据苜蓿生长密度及高度等情况,调整作业机械至合适的技术状态。

6.5　收获作业

根据地形和地面状况,确定作业速度和作业方式。

7　收获工艺

苜蓿机械收获采用工艺流程见图 1。

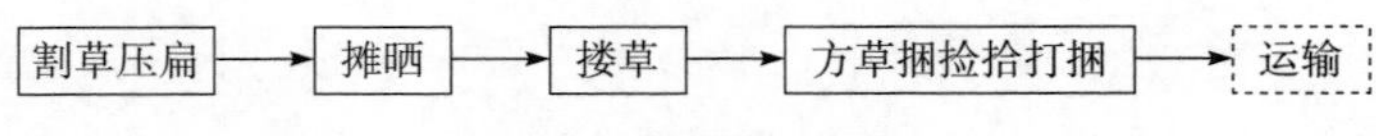

图 1　苜蓿干草收获工艺路线

8　安全作业规程

8.1　牧草收获机械安全应符合 GB 10395.1 的规定。

8.2　安全标志和危险图形应符合 GB 10396 的规定。

8.3　往复式割草机安全应符合 JB/T 8836—2004 的规定。

8.4　旋转式割草机安全应符合 JB 8520—1997 的规定。

8.5　动力摊晒机和搂草机安全应符合 GB 10395.21 的规定。

8.6　捡拾打捆机安全应符合 GB 10395.20 的规定。

ICS 65.120
B 20

中华人民共和国农业行业标准

NY/T 2700—2015

草地测土施肥技术规程 紫花苜蓿

Code of practice for soil test and fertilizer recommendation of forage fields—Alfalfa(*Medicago sativa* L.)

2015-02-09 发布　　2015-05-01 实施

中华人民共和国农业部 发布

前　言

本标准按照 GB/T 1.1—2009 给出的规则起草。

本标准由农业部畜牧业司提出。

本标准由全国畜牧业标准化技术委员会(SAC/TC 274)归口。

本标准起草单位:中国农业科学院北京畜牧兽医研究所、甘肃农业大学、中国农业大学。

本标准主要起草人:李向林、何峰、万里强、袁庆华、师尚礼、张英俊、孙洪仁、谢开云。

草地测土施肥技术规程　紫花苜蓿

1　范围

本标准规定了人工种植的紫花苜蓿(*Medicago sativa* L.)草地土壤养分测试和推荐施肥的方法和指标。

本标准适用于紫花苜蓿草地的土壤养分诊断和推荐施肥。

2　规范性引用文件

下列文件对于本文件的应用是必不可少的。凡是注日期的引用文件,仅注日期的版本适用于本文件。凡是不注日期的引用文件,其最新版本(包括所有的修改单)适用于本文件。

GB 12297　石灰性土壤有效磷测定方法

LY/T 1229　森林土壤水解性氮的测定

NY/T 889　土壤速效钾和缓效钾含量的测定

NY/T 890　土壤有效态锌、锰、铁、铜的测定

NY/T 1121.1　土壤检测　土壤样品的采集、处理和贮藏

NY/T 1121.2　土壤 pH 的测定

NY/T 1121.3　土壤机械组成

NY/T 1121.6　土壤有机质的测定

NY/T 1121.8　土壤有效硼的测定

NY/T 1121.9　土壤有效钼的测定

NY/T 1121.14　土壤有效硫的测定

3　术语和定义

下列术语和定义适用于本文件。

3.1

土壤测试　soil test

用化学分析方法对土壤中养分含量进行测定。

3.2

沙性土壤　sandy soil

黏粒(土壤机械组成中粒径小于 0.002 mm)含量小于 15%的土壤。

3.3

目标产量　yield goal

推荐施肥计划期望达到的产量。目标产量不应高于当地自然环境和其他管理条件所允许的最高产量。

4　土壤养分诊断

4.1　土壤测试指标

土壤有机质、pH、水解性氮、有效磷、速效钾为必须检测项目;沙性土壤检测有效硫含量;pH≥7.5的土壤需检测有效铁、有效锰、有效铜、有效锌。如果土壤有机质含量≤1.5%,尚需测试有效硼、有效钼。

4.2　土壤采样时间

种植前的土壤测试应在播前一个月进行。种植后定期进行的土壤测试，取样时间应在秋季停止生长后进行。

4.3　土壤采样频率

土壤水解性氮需每年测试1次，pH、有机质、有效磷和速效钾2年～4年1次，其他元素3年～5年1次。

4.4　土壤采样深度

采取0 cm～30 cm土层的混合样。

4.5　土样测定方法

4.5.1　土壤样品采集、处理和贮藏

按照NY/T 1121.1的规定执行。

4.5.2　土壤pH测定

按照NY/T 1121.2的规定执行。

4.5.3　土壤机械组成测定

按照NY/T 1121.3的规定执行。

4.5.4　土壤有机质的测定

按照NY/T 1121.6的规定执行。

4.5.5　土壤有效硼的测定

按照NY/T 1121.8的规定执行。

4.5.6　土壤有效钼的测定

按照NY/T 1121.9的规定执行。

4.5.7　土壤有效硫的测定

按照NY/T 1121.14的规定执行。

4.5.8　土壤水解性氮的测定

按照LY/T 1229的规定执行。

4.5.9　石灰性土壤有效磷测定

按照GB 12297的规定执行。

4.5.10　土壤速效钾测定

按照NY/T 889的规定执行。

4.5.11　土壤有效态锌、锰、铁、铜的测定

按照NY/T 890的规定执行。

4.6　土壤养分诊断分级

4.6.1　主要土壤养分诊断分级

见表1。

表1　紫花苜蓿草地土壤养分诊断分级

诊断指标	分级指标			
	极缺	缺乏	足够	丰富
有机质，%	<1.0	1.0～2.0	2.0～3.0	≥3.0
水解性氮，mg/kg	<15	15～30	30～50	≥50
有效磷，mg/kg	0～5	5～10	10～15	≥15
速效钾，mg/kg	0～50	50～100	100～150	≥150

表 1（续）

诊断指标	分级指标			
	极缺	缺乏	足够	丰富
有效硫，mg/kg	0～5	5～10	10～15	≥15
有效铁，mg/kg	＜2.0	2.0～4.5	4.5～10	≥10
有效锰，mg/kg	＜1.0	1.0～5	5～10	≥10
有效铜，mg/kg	＜0.2	0.2～0.4	0.4～1	≥1
有效锌，mg/kg	＜0.5	0.5～1	1～2	≥2
有效硼，mg/kg	＜0.25	0.25～0.5	0.5～1.0	≥1.0
有效钼，mg/kg	＜0.10	0.10～0.15	0.15～0.2	≥0.2

4.6.2 土壤 pH 诊断分级

见表 2。

表 2 紫花苜蓿草地土壤 pH 诊断表

诊断指标	过酸	适宜	过碱
pH	＜6.0	6.0～8.0	≥8.0

5 推荐施肥量

5.1 pH

土壤 pH 诊断为过酸或者过碱时，需要进行土壤改良。

5.2 有机肥

有机质判断为“缺乏”时，推荐施有机肥 10.5 t/hm^2～15 t/hm^2；有机质判断为“极缺”时，施有机肥 15 t/hm^2～22.5 t/hm^2。

5.3 矿物元素

干草目标产量为 5 t/hm^2、10 t/hm^2、15 t/hm^2、20 t/hm^2 的推荐施肥量分别见表 3～表 6。目标产量不同的推荐施肥量在此基础上做相应调整。商品肥料实际施用量根据其所含有效成分换算。

表 3 目标产量 5 t/hm^2 的紫花苜蓿草地推荐施肥量

单位为千克每公顷

营养元素	极缺	缺乏	足够
氮(N)	不施	不施	不施
磷（P_2O_5）	0～60	不施	不施
钾（K_2O）	0～60	不施	不施
硫（S）	0～10	不施	不施
铜（Cu）	不施	不施	不施
铁（Fe）	不施	不施	不施
锌（Zn）	不施	不施	不施
锰（Mn）	不施	不施	不施
硼（B）	不施	不施	不施
钼（Mo）	不施	不施	不施

表 4 目标产量 10 t/hm^2 的紫花苜蓿草地推荐施肥量

单位为千克每公顷

营养元素	极缺	缺乏	足够
氮(N)	15～30	不施	不施
磷（P_2O_5）	60～120	0～60	不施

表 4（续）

营养元素	极缺	缺乏	足够
钾（K_2O）	60～120	0～60	不施
硫（S）	10～20	0～10	不施
铜（Cu）	0～0.5	不施	不施
铁（Fe）	0～6	不施	不施
锌（Zn）	0～6	不施	不施
锰（Mn）	0～6	不施	不施
硼（B）	0～0.5	不施	不施
钼（Mo）	0～0.1	不施	不施

表 5　目标产量 15 t/hm² 的紫花苜蓿草地推荐施肥量

单位为千克每公顷

营养元素	极缺	缺乏	足够
氮（N）	30～45	15～30	不施
磷（P_2O_5）	120～170	60～120	0～60
钾（K_2O）	120～230	60～120	0～60
硫（S）	20～30	10～20	0～10
铜（Cu）	0.5～1.0	0～0.5	不施
铁（Fe）	6～12	0～6	不施
锌（Zn）	6～12	0～6	不施
锰（Mn）	6～12	0～6	不施
硼（B）	0.5～1.0	0～0.5	不施
钼（Mo）	0.1～0.5	0～0.1	不施

表 6　目标产量 20 t/hm² 的紫花苜蓿草地推荐施肥量

单位为千克每公顷

营养元素	极缺	缺乏	足够
氮（N）	45～60	30～45	15～30
磷（P_2O_5）	170～230	120～170	60～120
钾（K_2O）	230～300	120～230	60～120
硫（S）	30～40	20～30	10～20
铜（Cu）	1.0～1.5	0.5～1.0	0～0.5
铁（Fe）	12～18	6～12	0～6
锌（Zn）	12～18	6～12	0～6
锰（Mn）	12～18	6～12	0～6
硼（B）	1.0～1.3	0.5～1.0	0～0.5
钼（Mo）	0.5～0.8	0.1～0.5	0～0.1

ICS 65.020.01
B 15

中华人民共和国农业行业标准

NY/T 2701—2015

人工草地杂草防除技术规范　紫花苜蓿

Code of practice for weed control in alfalfa (*Medicago sativa*) field

2015-02-09 发布　　2015-05-01 实施

中华人民共和国农业部　发布

前　言

本标准按照 GB/T 1.1—2009 给出的规则起草。

本标准由农业部畜牧业司提出。

本标准由全国畜牧业标准化技术委员会(SAC/TC 274)归口。

本标准起草单位:中国农业大学、全国畜牧总站、四川省草原科学研究院。

本标准主要起草人:张英俊、林建海、李存福、郭艳萍、闫敏、李玉荣、杨慧娟、刘刚。

人工草地杂草防除技术规范　紫花苜蓿

1　范围

本标准规定了紫花苜蓿草地的杂草调查和防除方法。

本标准适用于紫花苜蓿草地管理中的杂草防除。

2　规范性引用文件

下列文件对于本文件的应用必不可少。凡注日期的引用文件，仅注日期的版本适用于本文件。凡是不注日期的引用文件，其最新版本(包括所有的修改单)适用于本文件。

GB 4285　农药安全使用标准

GB 6141—2008　豆科草种子质量分级

NY/T 1464.23—2007　农药田间药效试验准则

3　术语和定义

下列术语和定义适用于本文件。

3.1

杂草　weed

紫花苜蓿草地中非有意识栽培的植物。

3.2

单子叶杂草　endogen weed

胚具有1片子叶，叶片通常为平行脉或弧状脉，花通常为3基数，多为须根系的杂草。单子叶杂草又分为禾本科杂草和莎草科杂草。

3.3

双子叶杂草　dicotyledonous weed

胚具有2片子叶，叶片通常具网状脉，花多为4基数～5基数，一般主根发达，多为直根系，叶片圆形、心形或菱形，茎圆形或四棱形的杂草。双子叶杂草又称阔叶类杂草。

3.4

农艺防控　agronomy control

通过土地耕作、播种技术、轮作栽培等农艺措施进行的杂草防控。

3.5

化学防治　chemical control

应用化学除草剂防除杂草的方法。

3.6

茎叶处理　postemergence treatment

将除草剂直接均匀地喷洒到杂草的茎、叶上进行除草。

3.7

土壤处理　soil treatment

也称为芽前除草，指除草剂施用到土壤表面，或喷撒后通过混土操作将除草剂拌入土壤中，用以抑制或杀死正在萌发的杂草。

4 杂草调查

4.1 调查时期

在紫花苜蓿种植当年的幼苗期，返青期和生长季刈割之后的再生期。

4.2 调查方法

种植面积在 3.33 hm^2 内，采用双对角线五点取样法，见附录 A；种植面积在 3.33 hm^2 以上时，采用 Thomas 倒置“W”多点取样点及目测相结合的方法，见附录 A。

4.3 调查内容

4.3.1 种类

统计样地内杂草科、属、种，并进行单、双子叶杂草和一年生、多年生杂草的分类。

4.3.2 相对盖度

以紫花苜蓿覆盖度为 100%的杂草覆盖百分率。

4.3.3 相对多度

杂草生物量与紫花苜蓿生物量之比(%)。

4.3.4 相对高度

以紫花苜蓿植株高度为 100%的杂草高度比值。

4.4 结果测算

危害级：按照农田杂草目测五级分级法，以相对盖度、相对多度、相对高度综合评定危害度级别，分级见表 1。

表 1 杂草目测五级分级标准

危害级	危害程度	相对盖度，%	相对多度，%	相对高度，%	防治要求
5	严重危害	30～50 50 以上		100 以上 50～100	必须防治
4	较严重危害	10～30 30～50 50 以上		100 以上 50～100 50 以下	必须防治
3	中等危害	5～10 10～30 30～50 5 以下	50～100	100 以上 50～100 50 以下 50 以下	必须防治
2	轻度危害	3～5 5～10 10～30 3 以下	25～50	100 以上 50～100 50 以下 50 以下	需防治
1	有出现、不构成危害	3 以下 5 以下 10 以下	25 以下	100 以上 50～100 50 以下	无须防治
注：出现有地下茎或地上匍匐茎的杂草时，危害级别升一级。					

5 杂草防除

根据紫花苜蓿大田杂草危害级确定防除依据，当危害级为 2 级轻度危害时需要开始防除，当危害级达到 3 级中等危害以上时必须防除。对于草地上主要有毒杂草和外来入侵杂草，参见附录 B，不管危害级多大，都必须防除。

5.1 农艺防控

5.1.1 种子选择

按 GB 6141—2008 的规定，选用符合三级标准以上的种子。

5.1.2 播前处理

播种前灌溉诱发杂草出苗，然后浅旋翻 6 cm～10 cm 土壤，减轻苗期杂草危害。不可深翻以免将土壤深处的杂草种子翻到表层。

5.1.3 播期选择

紫花苜蓿播种主要在春季、夏季和秋季 3 个时期，利用杂草与紫花苜蓿生长发育对环境条件的不同要求，在当地的适宜播期内，春季播种尽量提前，夏末秋初播种避开杂草旺盛生长期，尽量减少夏季播种，减轻杂草的危害。秋播的最迟播种期为紫花苜蓿停止生长前的 60 d。

5.1.4 中耕措施

早春紫花苜蓿返青前时，沿条播方向浅耙 1 次，灭除浅根系杂草，松土保墒。

夏季紫花苜蓿刈割后，可沿条播方向中耕 1 次，利用中耕机或人工锄草，松土保墒。

5.1.5 轮作措施

紫花苜蓿种植 4 年～7 年后，与单子叶作物轮作，以防除双子叶杂草。

5.1.6 刈割防除

通过刈割作业，抑制杂草顶端生长，并防止杂草种子的产生。

5.2 化学防治

按照 GB 4285 农药安全使用标准和 NY/T 1464.23—2007 农药田间药效试验准则，根据不同时期采用如下化学防治方法。

5.2.1 播前土壤处理

在紫花苜蓿播种前 5 d～7 d，选择土壤处理剂防控杂草种子萌发；选择灭生型除草剂防除已出苗的杂草。土壤处理剂和灭生型除草剂的选择参见附录 C。

5.2.2 返青前土壤处理

在紫花苜蓿返青前，选择土壤处理剂防控杂草种子萌发，土壤处理剂的选择参见附录 C。

5.2.3 生长期茎叶处理

按单双子叶杂草可进行如下处理：

——单子叶杂草：在单子叶杂草 3 叶～5 叶期喷施除草剂，除草剂的选择参见附录 C。

——双子叶杂草：在一年生双子叶杂草 2 叶～4 叶期，多年生双子叶杂草 8 叶期前，紫花苜蓿 5 叶期以后，喷施除草剂，除草剂的选择参见附录 C。

——单、双子叶混生杂草：选择紫花苜蓿田专用除草剂防除，除草剂的选择参见附录 C。

附 录 A
(规范性附录)
紫花苜蓿田杂草发生的调查方法

A.1 双对角线五点取样法

适用于小范围进行草情调查。常规的双对角线五点取样,样面积为 0.5 m×0.5 m,调查每个样方中的杂草种类、各种杂草的相对高度、相对多度和相对盖度。

A.2 Thomas 倒置“W”多点取样点

田间调查时,将每块地调查 20 个样方调整为 9 个,样方面积为 1 m^2。如图 A.1 所示,在选定的大田里,沿田边向前走 70 步,向右转向田里走 24 步,开始倒置“W”9 点的第 1 点取样;向纵深前方走 70 步,再向右边转向田里走 24 步,开始第 2 点取样,以同样的方法完成 9 点取样。取样调查时,记载样方框内杂草种类,各种杂草的相对高度、相对多度和相对盖度。

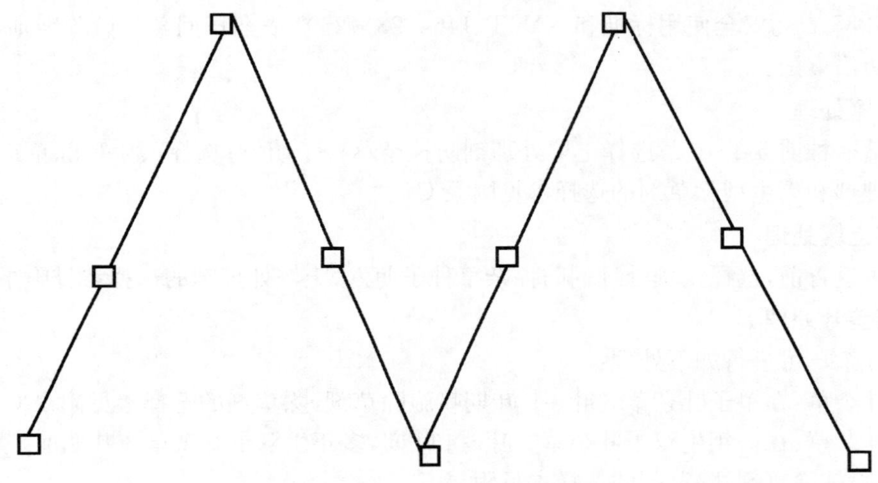

图 A.1 倒置“W”9 点取样法

附 录 B
(资料性附录)
草地上主要的有毒杂草和入侵杂草

B.1 草地上主要的有毒杂草

毛茛、乌头、北乌头、白屈菜、野罂粟、沙冬青、变异黄花、小花棘豆、毒芹、天仙子、醉马草、黎卢、问荆、木贼、龙胆、曼陀罗、毛曼陀罗、洋金花、天仙子、龙葵、贯叶连翘、阿米芹、豚草、矢车菊、毒莴苣、金光菊、苍耳、毒芹、田冠草、麦兰菜、毛地黄、密花独角金、大戟、望江南、黄花羽扇豆、苦参、打破碗花、石龙芮、春蓼、小酸模、皱叶酸模、北美独行菜、遏兰菜、亚麻、紫茎泽兰、喀西茄、马缨丹、三裂叶豚草、蓖麻、醉马草、飞燕草、天名精、苍耳、牵牛、大碗花、黄花棘豆、苦豆子、阿拉善马先蒿、毛果荨麻、骆驼蓬、露雄乌头、鸢尾属等。

B.2 草地上主要的入侵杂草

紫茎泽兰、空心莲子草、豚草、毒麦、假高粱、马樱丹、三裂叶豚草、蒺藜草、土荆芥、刺苋、加拿大一枝黄花、黄顶菊。

附 录 C
(资料性附录)
紫花苜蓿地常用除草剂种类和名称

紫花苜蓿地常用除草剂种类和名称见表 C.1。

表 C.1 紫花苜蓿地常用除草剂种类和名称

按使用方法分	除草剂类型	商品名称	通用名	英文名	剂型	施用时期	防除种类
土壤处理	土壤处理剂	氟乐宁	氟乐灵	trifluralin	48%乳油	苜蓿播种前或返青前,杂草未出苗	单子叶杂草和一年生阔叶杂草
		地乐胺、丁乐灵	双丁乐灵	butralin	48%乳油	苜蓿播种前或返青前,杂草未出苗	一年生种子繁殖的禾本科及阔叶杂草
茎叶处理	灭生性除草剂	农达	草甘膦	glyphosate	41%水剂	苜蓿播种前,杂草已出苗	所有杂草
		克芜踪	百草枯	paraquat	20%水剂	苜蓿播种前,杂草已出苗	所有杂草
	对单子叶杂草有效的除草剂	收乐通、赛乐特	烯草酮	clethodim	12%乳油	苜蓿生长期	单子叶杂草
		烯禾啶	烯禾啶	sethoxydim	12.5%乳油	苜蓿生长期	单子叶杂草
		精稳杀得	精吡氟禾草灵	fluazifop-p-butyl	15%乳油	苜蓿生长期	单子叶杂草
		精喹禾灵	精喹禾灵	quizalofop-p-ethyl	5%乳油	苜蓿生长期	单子叶杂草
		高效盖草能	高效氟吡甲禾灵	haloxyfop-R-methyl	10.8%乳油	苜蓿生长期	单子叶杂草
	对双子叶杂草有效的除草剂	灭草松	苯达松	bentazone	48%水剂	苜蓿生长期	双子叶杂草
		阔草清	唑嘧磺草胺	flumetsulam	80%水分散粒剂	苜蓿生长期	一年生、多年生双子叶杂草
	专用除草剂	普施特	咪唑乙烟酸	imazethapyr	5%水剂	苜蓿生长期	一年生单子叶杂草和双子叶杂草
		苜蓿净	苜蓿净	—	5%水剂	苜蓿生长期	一年生单子叶杂草和双子叶杂草
注:此表所列只是目前紫花苜蓿地杂草防除中常用的药剂,未来若有新的除草剂种类出现,将继续补充增加。							

ICS 65.020
B 16

中华人民共和国农业行业标准

NY/T 2702—2015

紫花苜蓿主要病害防治技术规程

Code of practice for major disease control of alfalfa(*Medicago sativa* L.)

2015-02-09 发布　　2015-05-01 实施

中华人民共和国农业部　发布

前　言

本标准按照GB/T 1.1—2009给出的规则起草。

本标准由农业部畜牧业司提出。

本标准由全国畜牧业标准化技术委员会(SAC/TC 274)归口。

本标准起草单位:兰州大学草地农业科技学院、农业部牧草与草坪草种子质量监督检验测试中心(兰州)、草地农业生态系统国家重点实验室。

本标准主要起草人:段廷玉、南志标、李春杰、李彦忠、聂斌、袁明龙、张兴旭、俞斌华、古丽君。

紫花苜蓿主要病害防治技术规程

1 范围

本标准规定了紫花苜蓿病害识别与诊断、调查、分级标准及防治技术等内容。

本标准适用于紫花苜蓿褐斑病[*Pseudopeziza medicaginis* (Lib.)Sacc]、霜霉病(*Peronospora aestivalis* Syd.)、白粉病(*Erysiphe pisi* DC.,*Leveillula leguminosarum* Golov.)、锈病(*Uromyces striatus* Schroet.)的防治。

2 规范性引用文件

下列文件对于本文件的应用是必不可少的。凡注日期的引用文件,仅注日期的版本适用于本文件。凡是不注日期的引用文件,其最新版本(包括所有的修改单)适用于本文件。

GB/T 2930.6 草种子检验规程 健康测定

GB 4285—89 农药安全使用标准

GB 8321 农药合理使用准则

3 术语和定义

下列术语和定义适用于本文件。

3.1

紫花苜蓿病害 alfalfa disease

紫花苜蓿由于生物和非生物致病因素的作用,其正常的生理和生化功能受到干扰,在生理和外观上表现异常,并造成经济损失。

3.2

苜蓿病害综合防治 integrated disease management of alfalfa

以利用抗病品种为中心,以预防为主,协调应用栽培、生物、物理和化学防治等各种措施,降低病害危害程度的生产活动。

3.3

病害普遍率 disease incidence

染病植株或器官数占调查植株或器官总数的百分比。

3.4

病害严重度 disease severity

病株器官(如叶片、茎秆、果实等)受病害侵染的面积占器官总面积的百分比。

3.5

病情指数 disease index,DI

衡量植物发病程度的综合指标,将病害普遍率与严重度两者结合。

4 苜蓿病害防治程序及方法

4.1 识别与诊断

依据表1进行病害识别与诊断。

表 1　苜蓿主要病害病原菌种类与症状

病害名称	病　原	主要症状
褐斑病	苜蓿假盘菌 *Pseudopeziza medicaginis* (Lib.)Sacc	叶片具褐色、圆形病斑，病斑大小为 0.5 mm～4 mm。发病后期病斑上有黑褐色的星状增厚物
锈病	条纹单孢锈 *Uromyces striatus* Schroet.	叶片初现褪绿斑，稍隆起，病斑近圆形或椭圆形，后表皮破裂，散出锈状粉末
霜霉病	苜蓿霜霉 *Peronospora aestivalis* Syd.	叶面出现褪绿斑，叶背有灰色或淡紫褐色的霉层。叶片多向下卷曲，茎秆扭曲，节间缩短，全株褪绿
白粉病	内丝白粉菌 *Leveillula leguminosarum* Golov. 豌豆白粉菌 *Erysiphe pisi* DC.	叶片正反两面覆盖白色霉层，生长后期，霉层内出现淡黄色，橙色至黑色的小颗粒

4.2　病害调查

4.2.1　取样方法及样本量

采用棋盘式或对角线式取样法，每种方法均不少于 5 个样点，每点随机从植株自下而上摘取 50 片叶，每田不少于 250 片叶。

4.2.2　调查时间及次数

褐斑病应在 5 月开始，每 2 周调查一次，直至生长季结束；锈病、白粉病应 7 月开始，每周调查 1 次，直至生长季结束；霜霉病分别于 5～6 月和 8～9 月两个时期调查，每周调查 1 次。

4.2.3　调查内容

调查病害普遍率和严重度，计算病情指数，根据病情指数进行防治。病情指数按式(1)计算。

$$DI = \frac{\sum (s \times n)}{N \times S} \times 100 \quad \cdots\cdots (1)$$

式中：

DI——病情指数；

s ——各病害严重度代表数值；

n ——各病害严重度病株(器官)数；

N ——调查总株(器官)数；

S ——最高病害严重度代表值。

4.3　病害严重度分级

4.3.1　褐斑病

严重度分为以下七级：

——0 级：无症状；

——1 级：病斑占叶片总面积的<1%；

——2 级：病斑占叶片总面积的 1%～5%；

——3 级：病斑占叶片总面积的 5%～20%；

——4 级：病斑占叶片总面积的 20%～50%；

——5 级：病斑占叶片总面积的 50%～70%；

——6 级：病斑占叶片总面积的 70%以上。

4.3.2　锈病

严重度分为以下六级：

——0 级：无症状表现；

——1 级：病斑覆盖叶面积 10%；

——2 级:病斑面积占叶面积 10%～30%;
——3 级:病斑面积占叶面积 30%～50%;
——4 级:病斑面积占叶面积 50%～70%;
——5 级:病斑面积占叶面积 70%以上。

4.3.3 霜霉病

严重度分为以下五级:
——0 级:无症状;
——1 级:受害叶片数小于 25%;
——2 级:受害叶片数 25%～50%;
——3 级:受害叶片数 50%～75%;
——4 级:受害叶片数 75%以上。

4.3.4 白粉病

严重度分为以下五级:
——0 级:无症状;
——1 级:白色粉状物覆盖叶面积<10%;
——2 级:白色粉状物覆盖叶面积 10%～25%;
——3 级:白色粉状物占叶面积 25%～75%;
——4 级:白色粉状物占叶面积 75%以上。

4.4 病害防治技术

4.4.1 原则

应坚持“预防为主,综合防治”的方针。

4.4.2 抗病品种

根据有关的草品种审定机构抗病性评价报告,选择适合当地种植的抗病品种。

4.4.3 栽培措施

4.4.3.1 轮作、间作

紫花苜蓿与禾本科或其他豆科牧草进行轮作或间作。

4.4.3.2 施肥

结合建植,播前施足底肥,生长季追施磷、钾肥,发生锈病和白粉病田应少施或不施氮肥。

4.4.3.3 刈割

褐斑病和白粉病在紫花苜蓿初花期前病情指数达 15%以上刈割,锈病和霜霉病在紫花苜蓿初花期前病情指数达 10%以上刈割。

4.4.3.4 焚烧

在早春、晚秋或冬季,焚烧紫花苜蓿田的残茬和枯枝落叶。

4.4.4 化学防治

4.4.4.1 农药选用原则

使用化学农药时,应执行 GB 4285 和 GB/T 8321 中的所有部分。禁止使用国家明令禁止的高毒、剧毒、高残留的农药及其混配农药品种。应合理混用、轮换、交替用药,防止和推迟病害抗药性的产生和发展。各农药品种的使用要严格遵守安全间隔期。

4.4.4.2 拌种

采用 GB/T 2930.6 对种子健康状况进行测定。根据种子带病菌情况,采用 GB 4285—89 农药安全使用标准、GB 8321 农药合理使用准则使用农药处理种子。

选用广谱或内吸性杀菌剂拌种,如多菌灵、三唑酮和甲基硫菌灵。药剂有效成分用量为种子重量的

0.1%～0.5%，晾干后播种。

4.4.4.3 喷雾

喷雾多用于种子田或科研地紫花苜蓿病害防治，产草田应在喷雾后药剂残效期后再刈割。不同病害的防治指标和药剂类型见表2。

表2 四种病害防治时期/指标及农药种类

病害名称	防治时期/指标	农药种类
褐斑病	发病初期	内吸性、灭生性杀菌剂，可用甲基硫菌灵、代森锰锌
锈病	发病初期或病情指数5%～10%	内吸性、灭生性杀菌剂，可用三唑酮、百菌清、代森锰锌
霜霉病	发病初期或病情指数5%～10%	内吸性、触杀性杀菌剂，可用三唑酮、百菌清
白粉病	发病初期	内吸性、触杀性杀菌剂，可用甲基硫菌灵、三唑酮

ICS 65.120
B 20

中华人民共和国农业行业标准

NY/T 2703—2015

紫花苜蓿种植技术规程

Code of practice for alfalfa stand establishment

2015-02-09 发布　　2015-05-01 实施

中华人民共和国农业部　发布

前　言

本标准按照 GB/T 1.1—2009 给出的规则起草。

本标准由农业部畜牧业司提出。

本标准由全国畜牧业标准化技术委员会(SAC/TC 274)归口。

本标准起草单位:中国农业科学院草原研究所、中国农业大学、中国农业科学院北京畜牧兽医研究所、甘肃农业大学、新疆农业大学。

本标准主要起草人员:孙启忠、张英俊、孙娟娟、陶雅、李向林、师尚礼、朱进忠。

紫花苜蓿种植技术规程

1 范围

本标准规定了紫花苜蓿(*Medicago sativa* L.)在饲草生产种植过程中的土壤选择、种子准备、苗床准备、播种和田间管理等内容。

本标准主要适用于北方地区紫花苜蓿种植。

2 规范性引用文件

下列文件对于本文件的应用是必不可少。凡是注日期的引用文件,仅注日期的版本适用于本文件。凡是不注日期的引用文件,其最新版本(包括所有的修改单)适用于本文件。

GB 5084 农田灌溉水质标准

GB 6141 豆科草种子质量分级

LY/T 1229 森林土壤水解性氮的测定

LY/T 1230 森林土壤硝态氮的测定

LY/T 1231 森林土壤铵态氮的测定

NY/T 148 石灰性土壤有效磷测定方法

NY/T 889 土壤速效钾和缓效钾含量的测定

NY/T 1121.2 土壤检测 第2部分:土壤pH的测定

NY/T 1121.7 土壤检测 第7部分:土壤有效磷的测定

3 术语和定义

下列术语和定义适用于本文件。

3.1

分枝期 branching stage

50%的植株产生侧枝的时期。

3.2

返青期 turning green period

越冬后50%幼苗出土的时期。

3.3

寒旱区 cold-arid region

年降水量在450 mm以下,最冷月平均气温≤-10℃的地区。

3.4

封冻水 water for protecting cold weather

土地表层结冻之前进行的灌水,宜在秋末或冬季进行。

3.5

返青水 water for sprouting

地表解冻后至返青期进行的灌水,宜在早春进行。

3.6

顶凌播种 advanced planting

宜在 2 月下旬至 3 月下旬进行。在 5 cm～10 cm 表层土壤已解冻，深层土壤未解冻，表层土壤温度为 5℃～7℃时播种。

4 种植环境条件

4.1 气候

适宜种植的气候条件为年平均气温≥5℃，极端最低气温不低于－30℃，有积雪地区极端最低气温不低于－40℃。年降水量 400 mm 以上的地区可实施旱作。

4.2 土地

土壤排水良好，土层深度达到 0.9 m 以上，土壤含盐量不超过 0.3%，地下水位在 1.5 m 以下适宜种植；黏土、重盐碱土、酸性土、低洼易积水地、pH≤6.0 或 pH≥8.2 不适于种植；忌连作。

5 种子准备

种子符合 GB 6141 规定的三级标准及以上，裸种子可进行根瘤菌接种或包衣。

6 苗床准备

6.1 土壤肥力及 pH 测定

测定 0 cm～30 cm 土层土壤的有效氮、有效磷、速效钾含量及土壤 pH。有效氮测定应符合 LY/T 1229、LY/T 1230、LY/T 1231 的规定。有效磷测定应符合 NY/T 148 和 NY/T 1121.7 的规定。速效钾测定应符合 NY/T 889 的规定。pH 测定应符合 NY/T 1121.2 的规定。

6.2 整地与施基肥

6.2.1 整地要深耕细耙，地面细碎平整，下实上虚，并彻底清除杂草和作物残茬。深翻深度 15 cm～30 cm。

6.2.2 依据土壤肥力测定结果结合整地施足基肥。施基肥后土壤有效磷含量达到 10 mg/kg～15 mg/kg，速效钾含量达到 100 mg/kg～150 mg/kg。

7 播种

7.1 播种时期

7.1.1 **春播** 宜在 3 月下旬至 5 月下旬进行，也可进行顶凌播种。

7.1.2 **夏播** 宜在 6 月～7 月进行。

7.1.3 **秋播** 在初霜前 60 d 进行，宜在 8 月～9 月进行。

7.2 播种方式

条播行距为 10 cm～30 cm，撒播要保证种子均匀。

7.3 播种量

裸种子条播播种量为 15.0 kg/hm^2～18.0 kg/hm^2；撒播播种量在条播播种量基础上增加 10%。包衣种子根据包衣后种子增重量，相应调整播种量。

7.4 播种深度

播种深度 1.0 cm～2.0 cm。

7.5 镇压

播种后及时覆土和镇压。

7.6 保苗数

播种出苗后 1 个月幼苗数达到 220 株/m^2 以上。

8 田间管理

8.1 杂草防除

8.1.1 调整播种期

避开杂草萌发和生长高峰期,延迟或提前播种。

8.1.2 播种前土壤处理

播种前选用灭生性残留期短的除草剂进行杂草防除。

8.1.3 播后土壤处理

出苗前施入适宜除草剂。

8.1.4 苗期处理

在杂草 3 片～5 片叶期施入选择性除草剂。

8.2 水肥管理

8.2.1 灌溉

苗期 0 cm～15 cm 土层含水量低于田间持水量 50%时须进行灌溉,灌溉量为 700 m^3/hm^2～900 m^3/hm^2。在寒旱区,入冬前灌 1 次封冻水,在早春灌 1 次返青水,灌溉量为 1 000 m^3/hm^2～1 200 m^3/hm^2。水质要符合 GB 5084 的规定。

8.2.2 追肥

根据 0 cm～30 cm 土层养分状况确定施肥量。分枝期以施磷肥为主,秋季以施钾肥为主。施肥后土壤有效磷含量达到 10 mg/kg～15 mg/kg,速效钾含量达到 100 mg/kg～150 mg/kg。

ICS 65.020.01
B 40

中华人民共和国农业行业标准

NY/T 2711—2015

草原监测站建设标准

The construction standard for grassland monitoring station

2015-02-09 发布　　2015-05-01 实施

中华人民共和国农业部　发布

前　言

本标准按照 GB/T 1.1—2009 给出的规则起草。

本标准由农业部发展计划司提出。

本标准由农业部农产品质量安全监管局归口。

本标准起草单位：农业部草原监理中心。

本标准主要起草人：杨智、罗健、李维薇、贠旭疆、杨季、韩天虎、李景平、刘帅、闫凯、孙斌。

草原监测站建设标准

1 范围

本标准规定了草原监测站建设条件、建设内容与规模、主要经济指标等方面的内容。

本标准适用于新建、改建草原监测站的规划、建议书、可行性研究报告和设计等文件编制以及项目的评估、立项、实施、检查和验收。

2 规范性引用文件

下列文件对于本文件的应用是必不可少的。凡是注日期的引用文件，仅注日期的版本适用于本文件。凡是不注日期的引用文件，其最新版本(包括所有的修改单)适用于本文件。

GB 24820—2009 实验室家具通用技术条件

GB 50016—2006 建筑设计防火规范

GB 50034—2004 建筑照明设计标准

GB 50057—2010 建筑物防雷设计规范

GB 50068—2001 建筑结构可靠度设计统一标准

GB 50189 公共建筑节能设计标准

GB 50223—2008 建筑工程抗震设防分类标准

JGJ 67—2006 办公建筑设计规范

JGJ 91 科学实验室建筑设计规范

3 术语和定义

下列术语和定义适用于本文件。

3.1

草原监测站 grassland monitoring station

指承担一定区域范围内草原资源和生态监测工作，具备野外监测工作能力、监测样品分析处理能力、信息分析处理能力的草原监测工作机构。草原监测站按建设级别分为国家级、省级、地市级和县级。

3.2

理化分析实验室 physical and chemical analysis laboratory

指利用理化分析仪器设备，通过物理、化学等分析手段进行植物、土壤、水分等样品处理和分析的实验室。

3.3

信息应用室 information application platform

指利用数据分析设备和软件进行草原监测数据输入、存储、加工、综合应用的场所。

4 建设条件

4.1 草原面积 4 万 hm^2(含)以上的县级区域宜建县级草原监测站，相应建地市级和省级草原监测站。农业部建国家级草原监测站。

4.2 应符合相关行业发展规划。

4.3 具有可靠的水、电、交通和通讯等外部协作条件，工程、水文地质条件良好。

4.4 应遵循国家现行的有关强制标准。

5 任务和功能

5.1 组织实施草原面积、生产能力、生态环境状况及草原保护与建设效益的监测。

5.2 组织开展草原监测培训。

5.3 组织承担草原资源调查。

5.4 编制草原监测报告及专项报告。

5.5 县级和地市级草原监测站野外监测能力应达到20样地/年,植物和土壤样品检测能力达到1 200份样品/年;省级和国家级草原监测站野外监测能力应达到100样地/年,植物和土壤样品检测能力达到2 400份样品/年,覆盖本区域遥感数据处理能力达到12次/年。

6 建设内容与规模

6.1 基础设施建设

6.1.1 建设内容

草原监测站建筑包括办公室、理化分析实验室、样本储存室、档案资料室、信息应用室等。

6.1.2 建设规模

根据各级草原监测站的人员配置情况和工作职责确定建设规模,详见表1。

表1 草原监测站基础设施建设规模表

单位为平方米

监测站级别	办公室	理化分析实验室	样本储存室	档案资料室	信息应用室	合　计
国家级	400	200	100	300	300	1 300
省　级	300	200	200	200	200	1 100
地市级	100～200	50～100	50～100	50～100	50～100	300～600
县　级	100～200	50～100	100～200	50～100	30～50	330～650

6.1.3 建筑与结构

6.1.3.1 监测站建筑结构形式应因地制宜。

6.1.3.2 结构设计使用年限应符合GB 50068—2001的1.0.5中的规定。

6.1.3.3 基础设施建设参照JGJ 67—2006中4.2办公用房设计要求,理化分析实验室建筑设计及装修工程应满足JGJ 91有关科学实验室建筑设计的一般规范要求。

6.1.3.4 建筑耐火等级应符合GB 50016—2006中3.2规定的三级耐火等级。

6.1.3.5 抗震设防类别应符合GB 50223—2008的3.0.2中乙类设防要求。

6.1.3.6 理化分析实验室家具配置参照GB 24820—2009技术参数要求。

6.1.3.7 内装修应采用防火、节能、环保型装修材料;外装修宜采用不易老化、阻燃型的装修材料。

6.1.4 配套设施

6.1.4.1 草原监测站应设置必要的给排水、通讯、网络、消防、安保设施。

6.1.4.2 位于采暖地区的草原监测站,按国家有关规定设置采暖设施,宜采用城市集中供暖,节能设计按照GB 50189或地方颁布的公共建筑节能设计标准执行。

6.1.4.3 理化分析实验室、信息应用室应具备良好的通风条件,必要时可增设机械通风设施。

6.1.4.4 草原监测站电力负荷为三级,照明光源宜采用节能灯或自然光,人工照明可参照GB 50034—2004中5.2.2的规定。

6.1.4.5 草原监测站建筑的防雷设计应符合 GB 50057—2010 中第二类防雷建筑的要求。

6.2 设备仪器配置

设备仪器包括日常办公、野外监测、数据分析、理化分析等设施设备，详见表 2～表 5。各级草原监测站根据具体情况进行设备仪器配置，草原监测站设备仪器应优先选用高效、节能、性能稳定的国产产品。

表 2 日常办公设备表

序号	设施设备	计量单位	数量				单价元	主要内容及标准
			国家级	省级	地市级	县级		
1	办公桌、椅	套					2 000	人均 1 套
2	台式计算机	台					4 000	人均 1 套
3	资料文件柜	组					2 000	防火、防潮
4	彩色激光打印机	台	2	2	1	1	8 000	A3 幅面
5	复印机	台	2	2	1	1	15 000	A3 幅面
6	投影仪	台	2	2	1	1	15 000	光通量 3 000 流明(含)以上
7	激光多功能一体机	台	1	1	0	0	5 000	A3 幅面

表 3 野外监测设备表

序号	设备仪器	计量单位	数量				单价元	主要内容及标准
			国家级	省级	地市级	县级		
1	野外监测车辆	台	2～3	3～4	1～2	2	200 000	越野车或客货两用车
2	便携式计算机	台	4～6	4～5	2	3	15 000	
3	数字照相机	台	4	4～5	2	3	12 000	单反相机，像素 1 000 万(含)以上
4	数字摄像机	台	2	4～5	1～2	2～3	10 000	
5	手持 GPS 接收机	部	2	4	2	3	4 000	精度 15 m
6	差分式 GPS 接收机	部	2～3	4	0	0	30 000	精度 1 m
7	手持对讲机	部	5	8	4	6	2 500	通讯距离 5 km(含)以上
8	卫星电话	部	2～3	4～5	0	0	20 000	
9	PDA 野外数据采集设备	部	2～3	4～5	1～2	2～3	10 000	主频 2.0 GHz(含)以上
10	望远镜	台	3	4	2	3	5 000	带照相功能
11	录音笔	支	3	4	2	3	2 000	
12	野外取样工具	套	2	6	3	4	5 000	植物、土壤、水分等取样工具
13	pH 计	台	2	4	2	3	2 000	分辨率 0.01，精度±0.02
14	便携式土壤水分/温度速测仪	台	2	4	2	3	7 500	
15	土壤养分速测仪	台	2	4	0	0	10 000	
16	土壤紧实度仪	台	2	4	0	0	40 000	
17	便携式电子天平	台	2	4	2	3	1 000	精度 0.01 g(含)以上
18	叶面积仪	台	2	2	0	0	5 000	
19	鼠虫害监测工具	套	3	5	3	4	5 000	包括捕鼠夹、地箭、鼠袋、鼠类标志环(牌)、捕鼠笼、防蚤箱、养鼠笼、鼠类解剖及测量器材(解剖剪、解剖刀、测微尺)、除蚤箱等
20	小型气象观测仪	套	0	0	0	1	50 000	常规气象要素观测设备
21	安全防护用品	套	3	5	3	4	5 000	包括野外调查防护设备、急救箱、药品箱等

表 4　数据分析设备表

序号	设备仪器	计量单位	数量				单价元	主要内容及标准
			国家级	省级	地市级	县级		
1	应用服务器	台	2	1～2	1	1	30 000	主频 3.0 GHz(含)以上
2	数据库服务器	台	2	1	0	0	50 000	主频 3.0 GHz(含)以上
3	UPS 电源	台	4	2～3	1	1	10 000	220 V
4	地理信息系统软件	套	2	1	0	0	120 000	
5	遥感影像处理软件	套	2	1	0	0	100 000	
6	数据库软件	套	2	1	0	0	30 000	
7	服务器操作系统软件	套	4	2～3	0	0	2 000	
8	大容量存储设备	套	4～6	3～4	1～2	1～2	3 000	存储容量 10 T(含)以上
9	软、硬件防火墙	套	1	0	0	0	90 000	
10	扫描仪	台	1	1	0	0	100 000	A0 幅面
11	绘图仪	台	2	1	0	0	120 000	超 A0 幅面
12	标本柜	套	4～8	12～16	4～8	8～16	2 000	防火、防潮

表 5　理化分析设备表

序号	设备仪器	主要内容及标准	备　注
1	加热仪器	电炉、电热板、水浴、沙浴、油浴、高温电炉、恒温箱、干燥箱等	
2	计量仪器	温度计、湿度计、比重计、天平、气压表、定时器等	
3	常规器皿	玻璃器皿类	
4	样品处理仪器	坩埚、研钵、粉碎机、离心机、电磁搅拌器、电动振荡器等	
5	配套设备	冰箱、冰柜、废液缸、微波炉、液氮罐、生化培养箱等	
6	精密仪器	电导仪、紫外分光光度计、火焰光度计、原子吸收分光光度计、流动分析仪、全自动凯氏定氮仪、叶绿素测定仪等	该类为省级(含)以上草原监测站选配设备仪器
7	其他	坩埚钳、试管夹、弹簧夹、试管架、铁架台、漏斗架、试剂匙、刷子、胶管、洗耳球、刀、剪、镊等	

7　主要技术及经济指标

7.1　项目投资

草原监测站建设投资包括基础建设投资和设备仪器投资两部分。基础建设投资估算指标以建设工程质量保证年限标准为基础，以编制期市场价格为测算依据，项目区工程及材料价格与本标准估算不一致时，按当地实际价格进行调整，详见表 6。设备仪器投资以政府采购价为准。

表 6　草原监测站建设投资参考额度表

单位为万元

项目名称		建设类型			
		国家级	省级	地市级	县级
基础设施	办公室	160.00	120.00	30.00～60.00	25.00～50.00
	理化分析实验室	90.00	90.00	17.50～35.00	15.00～30.00
	样本储存室	40.00	80.00	15.00～30.00	25.00～50.00
	档案资料室	120.00	80.00	15.00～30.00	12.50～25.00
	信息应用室	120.00	80.00	15.00～30.00	7.50～12.50
设备仪器	日常办公设备	30.00～33.00	23.50～27.00	9.50～16.50	10.00～16.50
	野外监测设备	88.00～118.00	124.50～151.50	38.50～60.50	71.00～73.00
	数据分析设备	116.00～120.00	60.50～66.00	48.00～56.00	56.00～72.00
	理化分析设备	103.50～128.00	83.50～108.00	12.50～17.00	12.50～17.00
总投资指标		867.50～929.00	742.00～802.50	201.00～335.00	234.50～346.00

7.2 建设工期

项目建设工期按照建筑工程的工期、进口或国产仪器设备的购置安装工期确定，通常为15个月～18个月。

7.3 劳动定员

7.3.1 从事草原监测的技术人员应具有相关专业中专以上学历，并具有草原外业监测工作经验。

7.3.2 技术负责人和质量负责人应具有中级及以上专业技术职称或同等能力，并从事草原监测相关工作5年以上。

7.3.3 法律法规另有规定的检验人员，须有相关部门的资格证明。

7.3.4 国家级和省级草原监测站技术人员和管理人员总数30人～40人，地市级和县级草原监测站技术人员和管理人员总数15人～20人，其中，县级草原监测站从事草原外业监测工作的人员不宜少于4人，从事样品处理和理化分析的人员不宜少于3人。

ICS 65.020.30
B 43

中华人民共和国农业行业标准

NY/T 2763—2015

淮　猪

Huai pig

2015-05-21 发布　　　　2015-08-01 实施

中华人民共和国农业部　发布

前　言

本标准按照 GB/T 1.1—2009 给出的规则起草。

本标准由农业部畜牧业司提出。

本标准由全国畜牧业标准化技术委员会(SAC/TC 274)归口。

本标准起草单位:安徽省畜牧技术推广总站、安徽农业大学、江苏省畜牧总站、国营江苏省东海种猪场、定远县种畜场、江苏省农业科学院畜牧研究所、河南科技大学。

本标准主要起草人:陈宏权、谢俊龙、郑久坤、朱满兴、任同苏、熊明雨、任守文、庞有志、潘雨来、陈华、郑守智、李凯、郭强。

淮　猪

1　范围

本标准规定了淮猪的产地与分布、体型外貌、生产性能、测定方法、种猪合格判定和种猪出场条件等。

本标准适用于淮猪品种鉴别。

2　规范性引用文件

下列文件对于本文件的应用是必不可少的。凡是注日期的引用文件,仅注日期的版本适用于本文件。凡是不注日期的引用文件,其最新版本(包括所有的修改单)适用于本文件。

GB 16567　种畜禽调运检疫技术规范

NY/T 820　种猪登记技术规范

NY/T 821　猪肌肉品质测定技术规范

NY/T 822　种猪生产性能测定规程

NY/T 825　瘦肉型猪胴体性状测定技术规范

3　产地与分布

淮猪原产于淮河流域,主要分布于安徽省、江苏省和河南省等地。由于各地自然生态条件差异较大,形成了如下6个类群:

a)　淮北猪,又称老淮猪,主要分布在江苏省北部,中心产区在江苏省的东海、赣榆和淮阴等地。

b)　定远猪,包括定远猪和霍寿黑猪,主要分布在滁州、六安和合肥等地区,中心产区在安徽省的定远县、霍邱县和寿县。

c)　淮南猪,主要分布于淮河上游以南、大别山以北的信阳地区,中心产区在信阳的商城、固始和光山等地。

d)　皖北猪,又称阜阳黑猪,主要分布在阜阳、亳州和宿州等市县,中心产区在安徽省阜阳市辖区、颍上县和涡阳县。

e)　灶猪,主要分布于江苏省盐城市,中心产区在大丰市和东台市。

f)　山猪,主要分布于江苏省宁镇丘陵山区,中心产区在南京市六合区北部丘陵山区。

4　体型外貌

4.1　外貌特征

4.1.1　各类群的头型有所差异,表现为额部有菱形、伞字形、介字形、牡丹型和鹰眉型等不同皱褶;面长而直;耳型有差异,部分山猪和定远猪的耳中等大、前倾,其他耳大下垂。参见附录A。

4.1.2　体型中等,较紧凑;被毛黑色,较密,冬季有褐色绒毛;身躯稍长,背腰部狭窄、微凹,臀部斜削,四肢较高、较结实;乳头7对以上。参见附录B。

4.2　体重体尺

4.2.1　成年公猪:平均体重145 kg,平均体长140 cm,平均体高75 cm。

4.2.2　成年母猪:平均体重130 kg,平均体长132 cm,平均体高70 cm。

5 生产性能

5.1 繁殖性能

5.1.1 公、母猪初情期3月龄～4月龄;母猪适配月龄5月龄～7月龄,体重40 kg～50 kg;公猪适配月龄6月龄～8月龄,体重65 kg～75 kg。

5.1.2 初产母猪总产仔数9.6头,产活仔数9.1头,初生重0.85 kg;经产母猪总产仔数13.4头,产活仔数12.6头,初生重0.86 kg。

5.1.3 初产21日龄窝重22 kg以上,经产21日龄窝重35 kg以上;初产母猪60日龄育成仔猪数9头以上,经产11头;初产60日龄断奶窝重95 kg以上,经产115 kg以上。

5.2 肥育性能

在日粮含可消化能12 MJ/kg～13 MJ/kg、粗蛋白10%～12%时,体重20 kg～80 kg阶段的日增重为384 g、饲料转化率为4.10。

5.3 胴体肌肉品质

肥育猪75 kg～80 kg屠宰时的屠宰率为71%～73%、胴体瘦肉率为42%～45%、平均背膘厚为33.5 mm～37.6 mm、眼肌面积为21.0 cm^2～34.3 cm^2、肌内脂肪含量为4.3%～5.0%。

6 测定方法

6.1 繁殖性能按照NY/T 820的规定进行测定。

6.2 肥育性能参照NY/T 822的规定进行测定。

6.3 胴体性状、肌肉品质分别参照NY/T 825、NY/T 821的规定进行测定。

7 种猪合格判定

符合本品种特征,健康状况良好;外生殖器发育正常,无遗传疾患和损征;来源和血缘清楚,系谱记录齐全。

8 种猪出场条件

8.1 符合种用要求。

8.2 出场年龄在2月龄以上,种猪来源及血缘清楚,档案系谱记录齐全。

8.3 种猪出场有合格证,并按照GB 16567的要求出具检疫合格证,耳号清楚,档案准确齐全。

8.4 有出场鉴定人员签字。

附　录　A
（资料性附录）
淮猪6个类群头型照片

A.1　淮北猪头型

见图A.1。

淮北猪(公)　　淮北猪(母)

图A.1　淮北猪头型

A.2　定远猪头型

见图A.2。

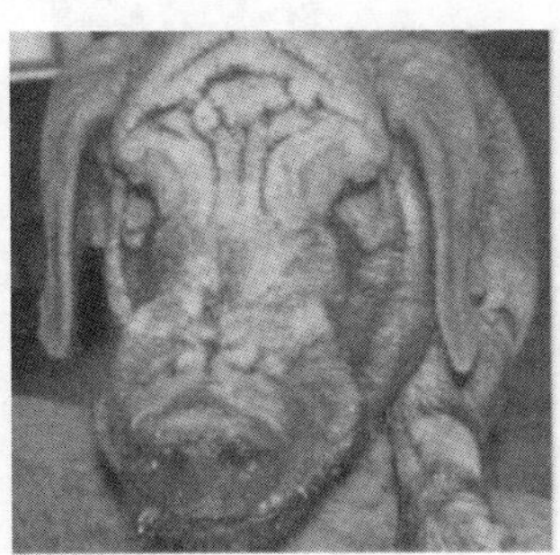

定远猪(公)

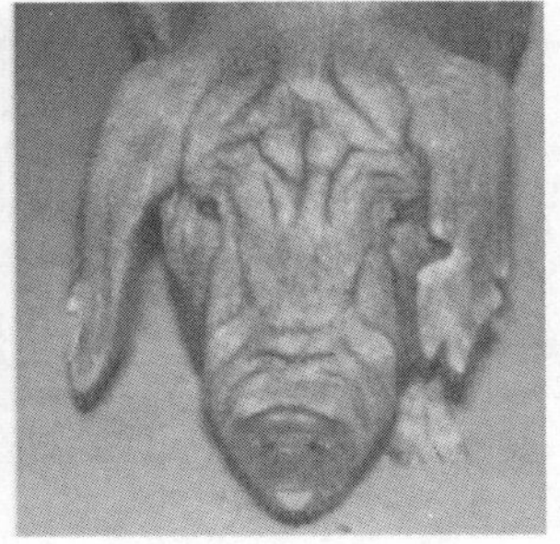

定远猪(母)

图A.2　定远猪头型

A.3　淮南猪头型

见图A.3。

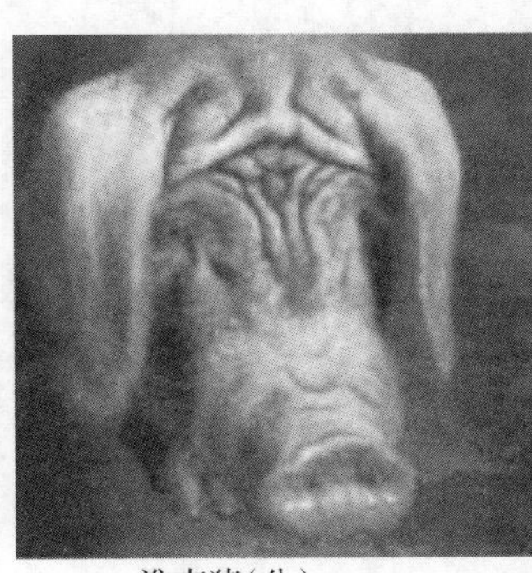

淮南猪(公)

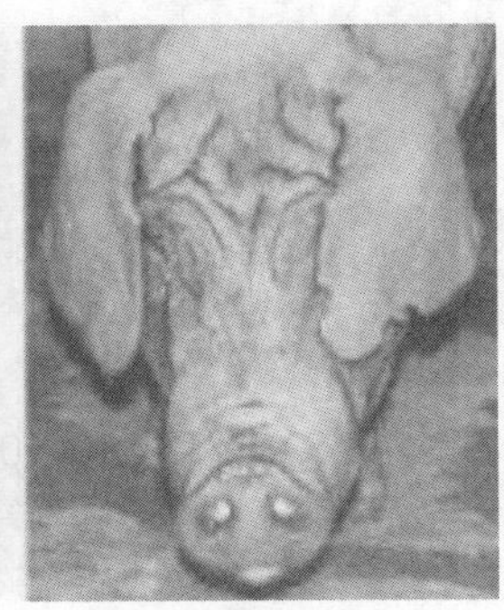

淮南猪(母)

图A.3　淮南猪头型

A.4 皖北猪头型

见图 A.4。

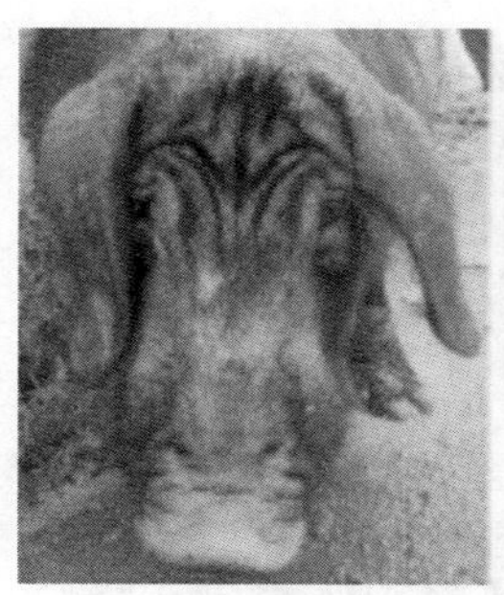

皖北猪(公)　　皖北猪(母)

图 A.4 皖北猪头型

A.5 灶猪头型

见图 A.5。

灶猪(公)

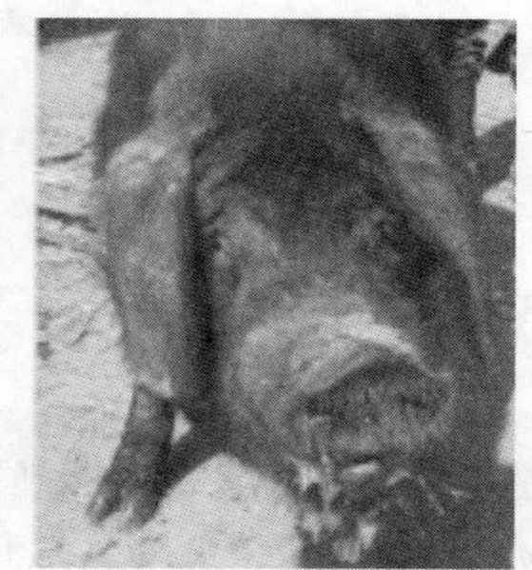

灶猪(母)

图 A.5 灶猪头型

A.6 山猪头型

见图 A.6。

山猪(公)

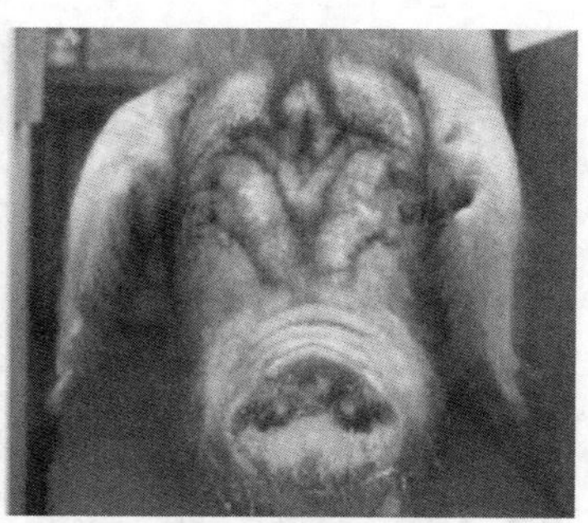

山猪(母)

图 A.6 山猪头型

附　录　B
（资料性附录）
淮猪6个类群侧面照片

B.1　淮北猪侧面照片

见图B.1、图B.2。

图B.1　淮北猪（公）侧面图

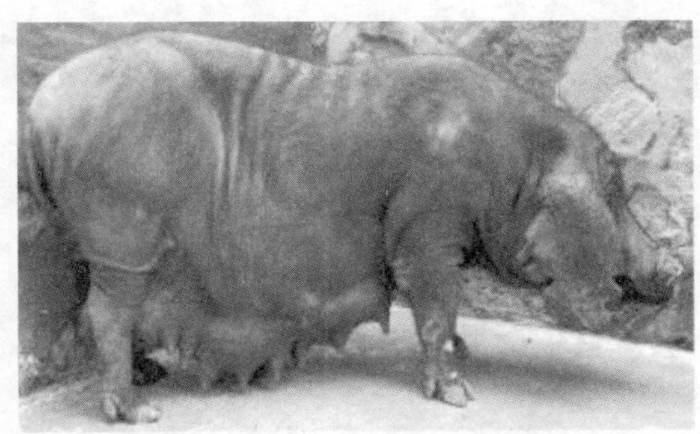

图B.2　淮北猪（母）侧面图

B.2　定远猪侧面照片

见图B.3、图B.4。

图B.3　定远猪（公）侧面图

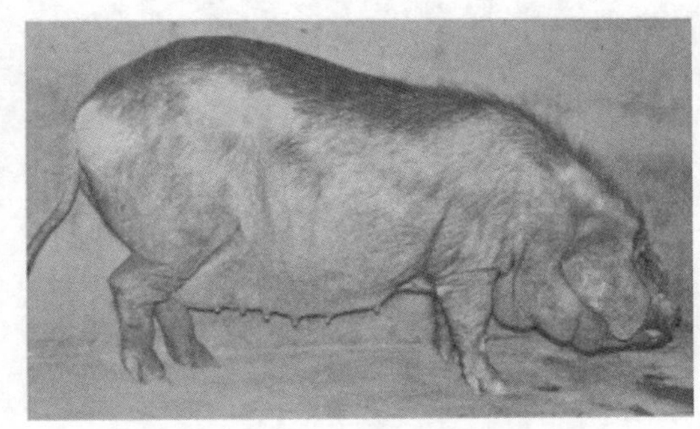

图B.4　定远猪（母）侧面图

B.3　淮南猪侧面照片

见图B.5、图B.6。

图B.5　淮南猪（公）侧面图

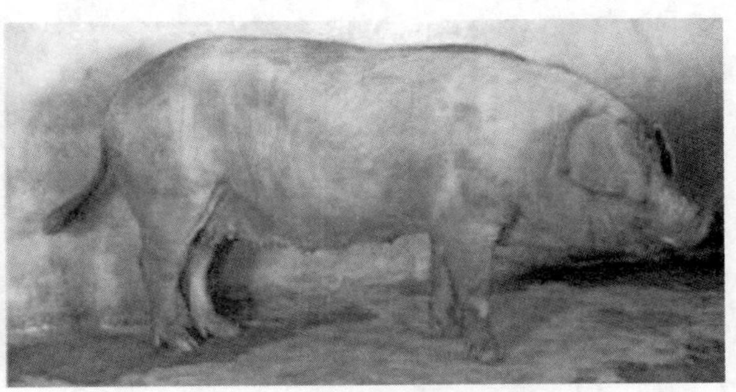

图B.6　淮南猪（母）侧面图

B.4 皖北猪侧面照片

见图 B.7、图 B.8。

图 B.7 皖北猪(公)侧面图

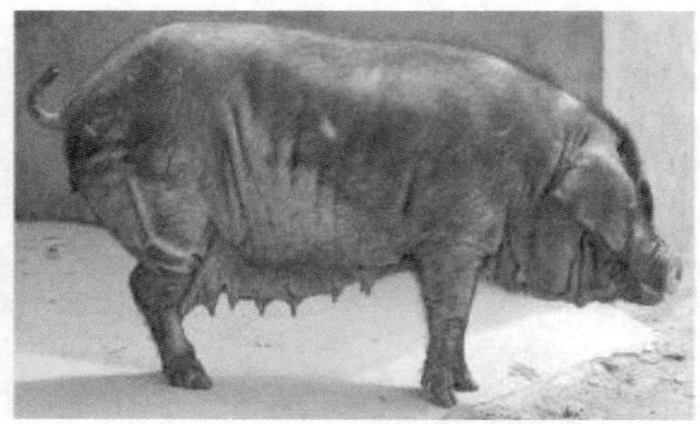

图 B.8 皖北猪(母)侧面图

B.5 灶猪侧面照片

见图 B.9、图 B.10。

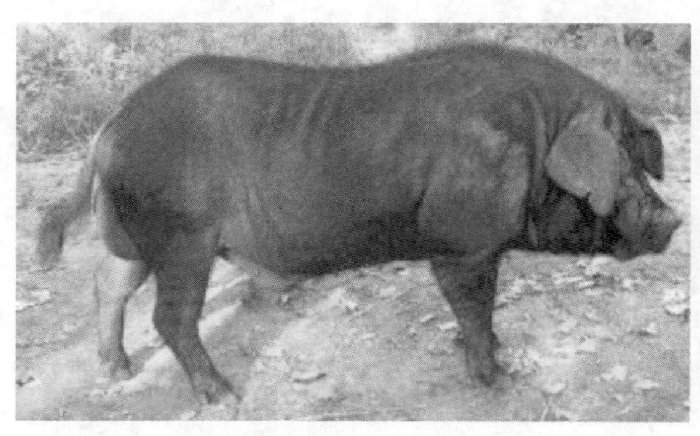

图 B.9 灶猪(公)侧面图

图 B.10 灶猪(母)侧面图

B.6 山猪侧面照片

见图 B.11、图 B.12。

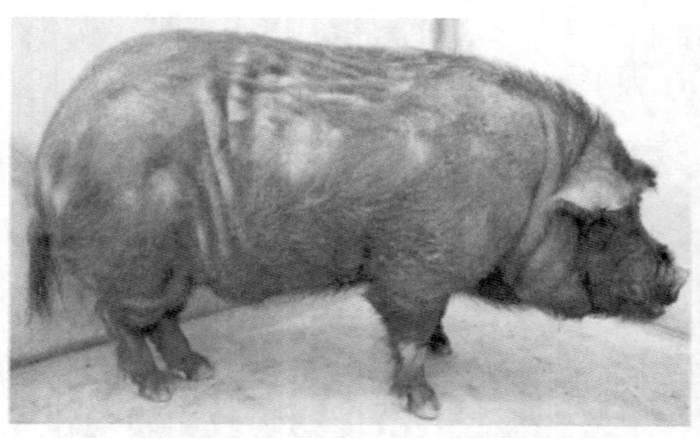

图 B.11 山猪(公)侧面图

图 B.12 山猪(母)侧面图

ICS 65.020.30
B 43

中华人民共和国农业行业标准

NY/T 2764—2015

金陵黄鸡配套系

Jinling yellow chicken

2015-05-21 发布　　　　2015-08-01 实施

中华人民共和国农业部 发布

前　　言

本标准按照 GB/T 1.1—2009 给出的规则起草。

本标准由农业部畜牧业司提出。

本标准由全国畜牧业标准化技术委员会(SAC/TC 274)归口。

本标准起草单位:广西金陵农牧集团有限公司、隆安凤鸣农牧有限公司。

本标准主要起草人:孙学高、黄雄、粟永春、陈智武、蔡日春。

金陵黄鸡配套系

1 范围

本标准规定了金陵黄鸡配套系父母代、商品代的体型外貌特征、生产性能及测定方法。

本标准适用于金陵黄鸡配套系。

2 规范性引用文件

下列文件对于本文件的应用是必不可少的。凡是注日期的引用文件，仅注日期的版本适用于本文件。凡是不注日期的引用文件，其最新版本（包括所有的修改单）适用于本文件。

NY/T 823　家禽生产性能名词术语和度量统计方法

3 体型外貌特征

3.1 父母代

3.1.1 公鸡

体型呈楔形、较小。单冠、冠齿6个～9个，喙黄色，肉髯、耳叶鲜红色；颈羽金黄色，主翼羽、鞍羽、腹羽均为红黄色、深黄色，尾羽黑色有金属光泽；皮肤黄色，胫、趾黄色；雏鸡绒毛为黄色。公鸡外貌特征参见图A.1。

3.1.2 母鸡

单冠、冠齿5个～8个，喙黄色，肉髯、耳叶红色；颈羽、主翼羽、鞍羽、腹羽为黄色，尾羽有部分黑色；皮肤黄色，胫、趾黄色；雏鸡绒毛为黄色。蛋壳颜色粉色，少数呈褐色和浅粉色。母鸡外貌特征参见图A.2。

3.2 商品代

3.2.1 公鸡

体型为方形、较大；颈羽金黄色，主翼羽、鞍羽、腹羽均为红黄色、深黄色，尾羽黑色有金属光泽；皮肤黄色；冠、肉垂、耳叶鲜红色，冠大、冠齿6个～9个，喙黄色；胫、趾黄色。公鸡外貌特征参见图A.3。

3.2.2 母鸡

体型为楔形、较小；颈羽、主翼羽、背羽、鞍羽、腹羽均为黄色、深黄色，尾羽尾部黑色；皮肤黄色；冠、肉垂、耳叶鲜红色，冠高、冠齿5个～9个，喙黄色；胫、趾黄色。母鸡外貌特征参见图A.4。

3.2.3 雏鸡

绒毛为黄色或浅黄色。雏鸡外貌特征参见图A.5。

4 生产性能

4.1 父母代

4.1.1 体重体尺

43周龄体重和体尺见表1。

表1　43周龄体重和体尺

项　目	公　鸡	母　鸡
体重，g	3 020～3 390	1 990～2 690
体斜长，cm	23.7～25.2	20.0～21.2
胸深，cm	10.4～11.8	8.7～10.7

表 1（续）

项　目	公　鸡	母　鸡
龙骨长，cm	12.0～15.0	10.0～11.8
髋骨宽，cm	7.8～9.0	6.5～8.1
胫长，cm	8.9～11.3	8.0～8.4
胫围，cm	6.5～7.2	4.5～5.2
注：以上数据在笼养条件下测定。		

4.1.2　繁殖性能

繁殖性能见表 2。

表 2　繁殖性能

项　目	范　围
5%开产日龄，d	163～177
开产体重，g	1 580～1 780
66 周龄产蛋数（HD），个	158～176
种蛋合格率，%	≥88.0
43 周龄蛋重，g	46～56
受精率，%	≥90.0
入孵蛋孵化率，%	≥85.0
注：金陵黄鸡配套系营养需要量、体重与产蛋率参见附录 B。	

4.2　商品代

4.2.1　体尺

体尺见表 3。

表 3　体　　尺

项　目	公　鸡	母　鸡
日龄，d	77	105
体斜长，cm	22.4～25.4	19.0～21.4
胸宽，cm	9.1～10.7	7.5～8.1
胸深，cm	9.3～13.3	9.0～10.6
龙骨长，cm	16.8～19.1	13.7～15.3
胫长，cm	5.8～7.6	5.1～6.5
胫围，cm	4.2～5.4	3.1～4.1

4.2.2　产肉性能

产肉性能见表 4。

表 4　产肉性能

项　目	公　鸡	母　鸡
日龄，d	77	105
体重，g	2 020～2 440	1 820～2 300
屠宰率，%	83.0～93.4	80.8～93.4
全净膛率，%	62.7～66.3	64.4～70.2
半净膛，%	79.0～84.6	80.0～85.0
胸肌率，%	11.7～14.7	14.2～17.4

表 4（续）

项　目	公　鸡	母　鸡
腿肌率,%	18.1～21.2	17.6～20.6
腹脂率,%	1.5～4.7	2.3～5.5
饲料转化比	2.36～2.88	3.19～3.53
注 1:以上数据在放养条件下测定。 注 2:商品代鸡营养需要量参见附录 C。		

5 测定方法

外貌特征的描述采用目测,体重和体尺、繁殖性能和肉用性能测定按照 NY/T 823 的规定执行。

附　录　A
（资料性附录）

金陵黄鸡配套系图片

A.1　父母代公鸡图片

见图 A.1。

图 A.1　父母代公鸡图片

A.2　父母代母鸡图片

见图 A.2。

图 A.2　父母代母鸡图片

A.3 商品代公鸡图片

见图 A.3。

图 A.3 商品代公鸡图片

A.4 商品代母鸡图片

见图 A.4。

图 A.4 商品代母鸡图片

A.5 商品代雏鸡图片

见图 A.5。

图 A.5 商品代雏鸡图片

附 录 B
(资料性附录)
金陵黄鸡配套系营养需要量、体重与产蛋率

B.1 金陵黄鸡配套系父母代种鸡各阶段的营养需要量

见表 B.1。

表 B.1 金陵黄鸡配套系父母代种鸡各阶段的营养需要量

项 目	生长阶段			
	0 周龄～3 周龄	4 周龄～6 周龄	7 周龄～23 周龄	24 周龄后
代谢能,MJ/kg	12.13	12.13	11.72	11.50
粗蛋白质,%	20.0	19.0	16.50	17.00
钙,%	1.00	0.90	0.90	3.30
总磷,%	0.70	0.65	0.65	0.65
有效磷,%	0.45	0.40	0.40	0.40
赖氨酸,%	1.10	1.00	0.90	1.00
蛋氨酸,%	0.50	0.45	0.40	0.45
蛋氨酸+胱氨酸,%	0.90	0.85	0.73	0.77

B.2 育雏育成期体重、周增重和饲料需要量

见表 B.2。

表 B.2 育雏育成期体重、周增重和饲料需要量

周龄	体重,g	周增重,g/只	耗料,g/(只·d)
1	70	35	自由采食
2	120	50	自由采食
3	180	60	自由采食
4	250	70	35
5	320	70	40
6	390	70	43
7	465	75	45
8	540	75	47
9	615	75	49
10	685	70	51
11	755	70	53
12	830	75	55
13	905	75	57
14	980	75	59
15	1 050	70	61
16	1 105	55	63
17	1 165	60	65
18	1 215	50	67
19	1 265	50	69

表 B.2（续）

周龄	体重，g	周增重，g/只	耗料，g/（只·d）
20	1 315	50	72
21	1 375	60	75
22	1 440	65	78
23	1 510	70	81
24	1 580	70	84

B.3 种鸡产蛋期各周龄产蛋率、体重和饲料需要量

见表 B.3。

表 B.3 种鸡产蛋期各周龄产蛋率、体重和饲料需要量

周龄	产蛋率 %	体重 g	耗料量 g/（只·d）	周龄	产蛋率 %	体重 g	耗料量 g/（只·d）
24	5	1 580	84	46	60	1 775	101
25	23	1 630	92	47	58	1 780	100
26	45	1 680	99	48	58	1 780	99
27	62	1 700	105	49	56	1 780	99
28	76	1 720	108	50	56	1 785	99
29	84	1 720	108	51	54	1 785	99
30	80	1 740	108	52	54	1 785	98
31	78	1 740	108	53	54	1 785	98
32	78	1 740	108	54	53	1 790	98
33	76	1 750	108	55	53	1 790	98
34	76	1 750	107	56	53	1 800	98
35	75	1 755	107	57	53	1 800	97
36	75	1 755	106	58	52	1 820	97
37	74	1 760	106	59	52	1 840	97
38	74	1 760	105	60	52	1 860	97
39	72	1 765	105	61	51	1 870	96
40	70	1 765	104	62	51	1 880	96
41	68	1 765	104	63	51	1 890	96
42	66	1 770	103	64	50	1 900	96
43	64	1 770	102	65	50	1 910	95
44	62	1 775	102	66	49	1 920	95
45	60	1 775	101				

附　录　C
（资料性附录）
商品代肉鸡营养需要量

商品代肉鸡营养标准见表 C.1。

表 C.1　商品代肉鸡各生长阶段的营养标准

项　　目	生长阶段		
	0 周龄～4 周龄	5 周龄～7 周龄	8 周龄至上市
代谢能，MJ/kg	12.13	12.55	12.97
粗蛋白质，%	21.00	19.00	17.00
钙，%	1.00	0.90	0.80
总磷，%	0.72	0.67	0.60
有效磷，%	0.45	0.40	0.35
赖氨酸，%	1.15	1.05	0.90
蛋氨酸，%	0.48	0.42	0.38
蛋氨酸+胱氨酸，%	0.78	0.72	0.66

ICS 65.020.30
B 44

中华人民共和国农业行业标准

NY/T 2765—2015

獭兔饲养管理技术规范

Technical specification for feeding and management of rex rabbit

2015-05-21 发布

2015-08-01 实施

中华人民共和国农业部 发布

前　　言

本标准按照GB/T 1.1—2009给出的规则起草。

本标准由农业部畜牧业司提出。

本标准由全国畜牧业标准化技术委员会(SAC/TC 274)归口。

本标准起草单位:四川省草原科学研究院、四川省仪陇县农牧业局。

本标准主要起草人:余志菊、刘汉中、王文艺、文斌、张凯、刘宁、汪平。

獭兔饲养管理技术规范

1 范围

本标准规定了獭兔饲养管理过程中的獭兔场环境与笼舍、引种、饲草饲料、饲养管理、种兔选留、繁殖、卫生防疫、兽药使用、商品獭兔出栏质量及生产档案要求。

本标准适用于獭兔饲养与管理。

2 规范性引用文件

下列文件对于本文件的应用是必不可少的。凡是注日期的引用文件，仅注日期的版本适用于本文件。凡是不注日期的引用文件，其最新版本(包括所有的修改单)适用于本文件。

GB 16548 病害动物和病害动物产品生物安全处理规程

GB 16549 畜禽产地检疫规范

GB 16567 种畜禽调运检疫技术规范

GB/T 18407.3 农产品安全质量 无公害畜禽肉产地环境要求

GB 18596 畜禽养殖业污染物排放标准

NY 5027 无公害食品 畜禽饮用水水质

NY 5030 无公害食品 畜禽饲养兽药使用准则

NY 5032 无公害食品 畜禽饲料和饲料添加剂使用准则

NY/T 388 畜禽场环境质量标准

NY/T 5133 无公害食品 肉兔饲养管理准则

中华人民共和国农业部公告第 193 号 食品动物禁用的兽药及其他化合物清单

中华人民共和国农业部公告第 278 号 兽药停药期的规定

中华人民共和国主席令第七十一号 中华人民共和国动物防疫法(2013 年)(最新修订)

3 术语和定义

下列术语和定义适用于本文件。

3.1

獭兔 rex rabbit

指力克斯兔，被毛长度为 1.4 cm～2.2 cm，含多个天然色型的家兔皮用品种。

4 獭兔场环境与笼舍

4.1 獭兔场环境

4.1.1 选址应符合 GB/T 18407.3 和 NY/T 5133 的规定。

4.1.2 粪污排放与处理应符合 GB 18596 的规定。

4.2 笼舍

4.2.1 建筑材料应符合 NY/T 5133 的规定。

4.2.2 舍内空气质量应符合 NY/T 388 的规定。

4.2.3 兔舍应符合 NY/T 5133 的规定。

4.2.4 种兔笼面积 0.33 m^2/只～0.40 m^2/只，商品兔笼面积 0.15 m^2/只～0.2 m^2/只。

4.2.5 笼底板平整，不易被啃咬，便于清洗和消毒；笼底板缝隙 1 cm～1.2 cm。

5 引种

5.1 引进种兔应符合品种(系)特征，健康无病，种用性能良好。

5.2 引进种兔应按照 GB 16567 的规定进行检疫，严禁从疫区引种。

5.3 引进种兔隔离观察 30 d 以上，确认健康无病后并群。

6 饲料

6.1 卫生质量

清洁、无腐烂变质、无毒和无污染。

6.2 饲料营养

饲料营养水平见表 1。

表 1 饲料营养水平

营养指标	消化能 MJ/kg	粗蛋白 %	粗纤维 %	粗脂肪 %	钙 %	钙磷比	蛋氨酸+胱氨酸 %
含量	9.5～10.5	15～18	12～14	2～3	0.8～1.2	2∶1	0.5～0.8

6.3 饲料质量

应符合 NY 5032 的规定。

7 饲养管理

7.1 采用全价颗粒饲料或部分添加青(粗)饲料的日粮结构。

7.2 饲料更换每次应不得超过 1/3，7 d～10 d 更换完毕。

7.3 饮水质量应符合 NY 5027 的规定，自由饮水。

7.4 种公兔每天饲喂量 120 g～150 g，光照 14 h～16 h，光照强度 60 lx。

7.5 种母兔空怀期维持中等体况；妊娠期保持环境安静，防止流产，日喂全价配合饲料 120 g～180 g；产仔 5 d 后自由采食，可适量添加青绿多汁饲料。

7.6 仔幼兔出生后 10 h 内喂初乳，每窝调整为 8 只以下。16 d～18 d 开始补饲，35 d～40 d 断奶。断奶后 10 d～15 d 内，饲料、环境、管理不变，3 月龄开始分笼。

7.7 商品兔单笼饲养，保持笼内清洁，日喂饲料 120 g～150 g，适时出栏。

8 种兔选留

8.1 种公兔体型外貌符合品种(系)特征，系谱清楚，被毛平整、浓密、枪毛少，健康无病，体重 3.5 kg 以上。生殖器官发育良好，配种能力强。

8.2 种母兔体型外貌符合品种(系)特征，系谱清楚，被毛平整、浓密、枪毛少，健康无病，体重 3.25 kg 以上，乳头 4 对以上，母性强。

9 繁殖

9.1 初配年龄

种母兔 6 月龄，种公兔 7 月龄。

9.2 公母比例

自然交配 1∶(5～10)，人工授精 1∶(15～30)。

9.3 种用年限

1 年～2.5 年。

9.4 配种强度

种公兔每日配种 1 次～2 次，连续配种 2 d 停配 1 d。

9.5 妊娠检查

配种后 10 d～14 d 摸胎。

9.6 接产

妊娠后第 28 d 做好接产准备工作。

10 卫生防疫

10.1 环境、兔舍、兔笼、用具和人员的卫生消毒应按 NY/T 5133 的规定执行。

10.2 仔兔 35 d～40 d 用兔病毒性出血症灭活疫苗首免，幼兔 60 d～65 d 加强免疫；种兔每 6 个月免疫 1 次。

10.3 仔兔从 18 d 开始补饲加有抗球虫病药物的配合饲料，连续饲喂 45 d，定期更换药物。

10.4 其他疾病根据疫病流行情况进行免疫接种或药物预防。

10.5 病死兔应按 GB 16548 的规定进行处理。

10.6 检疫应按 GB 16549 的规定执行。

11 兽药使用

11.1 兽药使用应按照 NY 5030 的规定执行。

11.2 休药期应按照《兽药停药期的规定》的规定执行。

11.3 禁用药应按照《食品动物禁用的兽药及其他化合物清单》的规定执行。

12 商品獭兔分级

商品獭兔分级参见表 2。

表 2 商品獭兔分级

等级	体重，kg	日龄	被毛品质
特级	≥3.5	150～180	被毛浓密、平整，无旋毛、倒毛，毛色纯正，不掉毛，腹背部绒毛长度与密度一致，枪毛不突出绒面
一	≥3.0	150～180	被毛浓密、平整，无旋毛、倒毛，毛色纯正，不掉毛，腹背部绒毛长度与密度基本一致，枪毛不突出绒面
二	≥2.75	150～180	被毛丰厚、平整，无旋毛、倒毛，毛色纯正，不掉毛，腹、背部绒毛基本一致，部分枪毛突出绒面
三	≥2.50	150～180	被毛较丰厚、较平整，无旋毛、倒毛，不掉毛，枪毛突出绒面较多
等外级	不符合特级、一级、二级、三级以外的商品兔		

13 生产档案

建立并保存獭兔饲养管理、配种繁殖、免疫及用药记录。

ICS 65.020.30
B 43

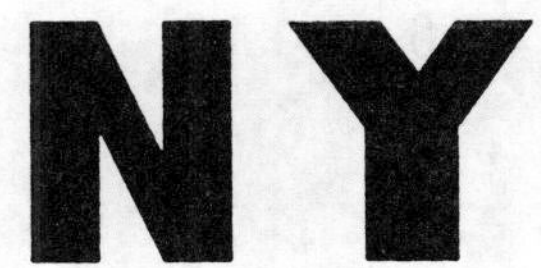

中华人民共和国农业行业标准

NY/T 2766—2015

牦牛生产性能测定技术规范

Technical specification for yak performance test

2015-05-21 发布 2015-08-01 实施

中华人民共和国农业部 发布

前　言

本标准按照 GB/T 1.1—2009 给出的规则起草。

本标准由农业部畜牧业司提出。

本标准由全国畜牧业标准化技术委员会(SAC/TC 274)归口。

本标准起草单位:中国农业科学院兰州畜牧与兽药研究所、甘肃省甘南藏族自治州畜牧科学研究所、四川省草原科学研究院。

本标准主要起草人:阎萍、郭宪、梁春年、包鹏甲、丁学智、杨勤、罗晓林、裴杰、朱新书、褚敏、曾玉峰。

牦牛生产性能测定技术规范

1 范围

本标准规定了牦牛生产性能测定的内容和方法。

本标准适用于牦牛生产性能测定。

2 规范性引用文件

下列文件对于本文件的应用是必不可少的。凡是注日期的引用文件，仅注日期的版本适用于本文件。凡是不注日期的引用文件，其最新版本(包括所有的修改单)适用于本文件。

GB 4143 牛冷冻精液

NY/T 1450 中国荷斯坦牛生产性能测定技术规范

3 测定内容

3.1 生长发育性状

3.1.1 初生、6 月龄、12 月龄、18 月龄、24 月龄、36 月龄、48 月龄、60 月龄等各月龄段的体重和体尺。体尺性状包括体高、体斜长、胸围、管围。

3.1.2 日增重。

3.2 繁殖性状

成年种公牛的阴囊围、精液产量、精液品质，母牛的总受胎率、产犊率。

3.3 产肉性状

宰前重、胴体重、净肉重、屠宰率、净肉率、肉骨比、眼肌面积。

3.4 产乳性状

挤乳量、乳脂率、乳蛋白率。

3.5 产毛、绒性状

产毛量、产绒量。

4 测定方法

4.1 生长发育性状

4.1.1 体重

停食停水 12 h 或早晨出牧前空腹称重，连续测定 2 d 取其平均值，单位为千克(kg)。牦牛体重应实际称量，在无称重条件时体重可采用式(1)进行估测。

$$W_1 = \frac{CG^2}{10000} \times L \times 70\% \quad \cdots\cdots (1)$$

式中：

W_1——体重，单位为千克(kg)；

CG——胸围，单位为厘米(cm)；

L——体斜长，单位为厘米(cm)。

4.1.2 日增重

日增重是测定牦牛生长发育或育肥效果的指标。按式(2)计算。

$$DG = \frac{W_3 - W_2}{n} \quad \cdots\cdots (2)$$

式中：

DG ——日增重，单位为千克每天(kg/d)；

W_2 ——始体重，单位为千克(kg)；

W_3 ——末体重，单位为千克(kg)；

n ——饲养或育肥天数，单位为天(d)。

4.1.3 体尺

4.1.3.1 测量用具

测量体高、体斜长用测杖。测量胸围、管围用软尺。

4.1.3.2 测量要求

测量时，使牦牛站立在平坦的地面上，四肢端正，头自然前伸，后头骨与鬐甲在一个水平面上。可将测定牦牛固定于测定栏内。

4.1.3.3 测量方法

4.1.3.3.1 体高

鬐甲最高点至地面的垂直距离，单位为厘米(cm)。

4.1.3.3.2 体斜长

肩端最前缘至同侧臀端(坐骨结节)后缘的直线距离，单位为厘米(cm)。

4.1.3.3.3 胸围

肩胛骨后缘处胸部的垂直周径，单位为厘米(cm)。

4.1.3.3.4 管围

左前肢管部(管骨)上1/3(最细处)的水平周径，单位为厘米(cm)。

4.2 繁殖性状

4.2.1 阴囊围

牦牛繁殖季节，睾丸自然完全进入阴囊的状态下，用软尺测量阴囊最大周径，单位为厘米(cm)。

4.2.2 精液产量、精液品质

按照GB 4143的规定执行。

4.2.3 总受胎率

一个年度内受胎母牛数占配种母牛数的百分比。按式(3)计算。

$$TPR = \frac{n_2}{n_1} \times 100 \quad \cdots\cdots (3)$$

式中：

TPR ——总受胎率，单位为百分率(%)；

n_1 ——配种母牛头数，单位为头；

n_2 ——受胎母牛头数，单位为头。

4.2.4 产犊率

一个年度内分娩母牛所产犊牛数占妊娠母牛数的百分比。按式(4)计算。

$$CR = \frac{n_4}{n_3} \times 100 \quad \cdots\cdots (4)$$

式中：

CR ——产犊率，单位为百分率(%)；

n_3 ——妊娠母牛数，单位为头；

n_4 ——分娩母牛所产犊牛数，单位为头。

4.3 产肉性状

4.3.1 宰前重

停食 24 h 停水 8 h 后的活重。

4.3.2 胴体重

屠宰后去头、皮、尾、内脏(不包括肾脏和肾脂肪)、腕跗关节以下的四肢、生殖器官所余体躯部分的重量。

4.3.3 净肉重

胴体除去剥离的骨后所余部分的重量。

4.3.4 屠宰率

胴体重占宰前重的百分比。按式(5)计算。

$$DP = \frac{W_5}{W_4} \times 100 \tag{5}$$

式中：

DP ——屠宰率，单位为百分率(%)；

W_4 ——宰前重，单位为千克(kg)；

W_5 ——胴体重，单位为千克(kg)。

4.3.5 净肉率

净肉重占宰前重的百分比。按式(6)计算。

$$MP = \frac{W_6}{W_4} \times 100 \tag{6}$$

式中：

MP ——净肉率，单位为百分率(%)；

W_4 ——宰前重，单位为千克(kg)；

W_6 ——净肉重，单位为千克(kg)。

4.3.6 肉骨比

净肉重与骨重的比值。按式(7)计算。

$$MBR = \frac{W_6}{W_7} \times 100 \tag{7}$$

式中：

MBR ——肉骨比，单位为百分率(%)；

W_6 ——净肉重，单位为千克(kg)；

W_7 ——骨重，单位为千克(kg)。

4.3.7 眼肌面积

左侧胴体第 13 肋与第 14 肋处背最长肌的横切面积，单位为平方厘米(cm^2)。用硫酸纸绘出眼肌横切面积的轮廓，再用求积仪或透明方格纸计算出眼肌面积。

4.4 产乳性状

4.4.1 挤乳量

4.4.1.1 日挤乳量

24 h 内挤乳量之和，单位为千克(kg)。

4.4.1.2 月挤乳量

泌乳月牦牛的挤乳量，单位为千克(kg)。每隔 9 d～11 d 测日挤乳量 1 次，以实际间隔天数乘以日挤乳量,3 次相加为月挤乳量。

4.4.2 **乳脂率、乳蛋白率**

按照 NY/T 1450 的规定执行。

4.5 **产毛、绒性状**

4.5.1 **产毛量**

体躯与尾部剪下的粗毛重量。体躯年剪毛一次,尾部 2 年剪毛一次,宜在每年 4 月～6 月进行。连续 2 年平均数为产毛量。

4.5.2 **产绒量**

体躯抓(拔)下的绒毛重量。年抓(拔)绒一次,宜在每年 4 月～6 月进行。

ICS 65.020.01
B 40

中华人民共和国农业行业标准

NY/T 2767—2015

牧草病害调查与防治技术规程

Code of practice for investigation and control of forage diseases

2015-05-21 发布　　2015-08-01 实施

中华人民共和国农业部　发布

前　　言

本标准按照 GB/T 1.1—2009 给出的规则起草。

本标准由农业部畜牧业司提出。

本标准由全国畜牧业标准化技术委员会(SAC/TC 274)归口。

本标准起草单位:中国农业大学、全国畜牧总站。

本标准主要起草人:马占鸿、贠旭疆、苏红田、王树和、王海光、刘秀峰、孙振宇、李冠林、董萍。

牧草病害调查与防治技术规程

1 范围

本标准规定了牧草病害调查方法和灾情分级标准，规范了病害防治方法及调查资料收集、汇总要求。

本标准适用于牧草侵染性病害调查和防治。

2 规范性引用文件

下列文件对于本文件的应用是必不可少的。凡是注日期的引用文件，仅注日期的版本适用于本文件。凡是不注日期的引用文件，其最新版本（包括所有的修改单）适用于本文件。

GB 4285　农药安全使用标准

GB/T 8321（所有部分）　农药合理使用准则

NY/T 496—2010　肥料合理使用准则　通则

3 术语和定义

下列术语和定义适用于本文件。

3.1

牧草病害　forage　diseases

牧草在生长过程中，由于遭受病原生物的侵染或不良环境因素的影响，牧草细胞和组织的功能失调，正常生理过程受到干扰，生长发育受阻，组织和形态上出现异常变化，导致产量下降、品质降低、甚至死亡的现象。

3.2

病原物　pathogen

引起传染性病害生物的统称，主要有真菌、细菌、植原体、病毒、类病毒等。

3.3

一般调查　general　investigation

一般调查又称普查，是对一个地区牧草病害的种类、分布及为害程度的多点调查。

3.4

系统调查　systematic　investigation

系统观察牧草病害的累积变化，交替盛衰，进行定点、定时、定方法的调查。

3.5

发病率　incidence

指发病的植株或植株器官（叶片、茎秆、穗、果实等）数占调查的总株数或总器官数的百分数，或用发病面积占调查总面积的百分比来表示。

3.6

严重度　severity

发病的植物器官面积或体积占调查的植物器官总面积或总体积的百分率，用分级法表示，设 8 级，分别用 1%、5%、10%、20%、40%、60%、80%和 100%表示，对处于等级之间的病情则取其接近值，虽已发病但严重度低于 1%，按 1%记。当我们获得若干样本的严重度数值后，可以用加权平均法计算出平均严重度（$\overline{S}$），按式（1）计算。

$$\overline{S} = \frac{\sum(s_i \times l_i)}{L} \times 100 \quad \cdots\cdots (1)$$

式中：

$\overline{S}$ ——平均严重度，单位为百分率(%)；

s_i ——各严重度值，单位为百分率(%)；

l_i ——各严重度值对应的病叶数，单位为张；

L ——调查总病叶数，单位为张。

3.7

病情指数　disease index

病害的发病率和严重程度的综合指标，用以表示病害发生的平均水平，按式(2)计算。

$$DI = I \times \overline{S} \times 100 \quad \cdots\cdots (2)$$

式中：

DI ——病情指数；

I ——发病率，单位为百分率(%)。

4　病害灾情分级标准

为便于管理，牧草病害灾情一般分级定为两级，其中发病率达到 30%，病情指数在 10～30 定为严重危害级别；发病率在 30%以下定为危害级别。

5　病害调查

5.1　病害一般调查

5.1.1　调查时间

在牧草播种或返青后、生长中期及越冬前进行调查。

5.1.2　调查地点

根据牧草常年发病情况不同，选择不同播种期的代表性草地进行调查。依据常年发病情况确定调查地块数量，调查总数不少于 10 块～30 块。

5.1.3　调查方法

确定调查地块的草地类型，在调查地块中选取若干采集样品的取样点，可以按棋盘式、双对角线式、平行线式和"Z"字形等取样(见图 A.1)，每点 10 m^2，每取样点随机检查 200 个～300 个植株，调查主要牧草种类、病害发病情况。不能确定病害种类的病株，采集典型病株，压制标本，根据症状特点，病原形态、大小，参照相关资料进行室内外对比试验，鉴定病害。将调查结果记入牧草病害一般调查表(见表 A.1)。

5.2　病害系统调查

5.2.1　调查时间

从牧草播种返青开始，在其生育期内定点定期调查，每隔 7 d 调查一次。

5.2.2　调查地点

选取有代表性的草地 3 块。

5.2.3　调查方法

用双对角线式 5 点取样，每点 10 m^2，定点调查 100 张叶片或植株，调查病害种类、发生部位、发病叶片(茎秆、果实)数和严重度，计算发病率、平均严重度和病情指数，结果记入牧草病害系统调查表(见表 A.2)。

6 调查资料收集和汇总

6.1 调查资料收集

收集牧草播种期和播种面积，灌溉草田面积及其他栽培管理资料；主要品种栽培面积、生育期和抗病性；当地主要气象要素。

6.2 调查资料汇总

对牧草病害发生期和发生量进行统计汇总，记载牧草种植和病害发生、防治情况，总结发生特点，进行原因分析。结果记入牧草病害发生情况调查统计表(见表 A.3)。

7 防治技术规范

7.1 防治原则

牧草病害防治要执行“预防为主、综合治理”的总方针。天然草地一般以合理利用为主，防治为辅；人工草地以严格植物检疫、利用抗病品种为基础，加强栽培管理，提高抗逆性，生物防治和物理防治为主要手段，必要时进行化学药剂防治。

7.2 防治措施与方法

7.2.1 加强植物检疫

牧草引种过程中必须严格执行检疫。具体检疫对象应以国家相关部门颁布的最新名单为准。

7.2.2 利用抗病品种

利用抗病或耐病品种防控牧草病害。抗病品种应多样化，避免种植单一品种，定期实行品种轮换，实行轮作或间作。

7.2.3 加强栽培管理

选择不同的牧草品种混合播种。适时刈割收获，豆科牧草在初花期刈割，留茬 3 cm～5 cm，禾本科牧草在孕穗期刈割，留茬 3 cm 左右。及时清除病残株体和野生寄主植物，减少侵染源。加强水肥管理，促进植物生长，减轻病害发生。肥料的使用参照 NY/T 496—2010 的有关规定。

7.2.4 生物防治

用于牧草病害生物防治的生物制剂主要包括拮抗微生物及其代谢产物等。

7.2.5 化学防治

化学农药防治牧草病害要实行“隐蔽施药和无公害防治”的原则。使用化学农药时，应执行 GB 4285和 GB/T 8321 的规定，合理混用、轮换交替使用不同作用机制或具有负交互抗性的药剂，克服和推迟病害抗药性的产生和发展。

附 录 A
(规范性附录)
牧草病害调查资料表册

A.1 牧草病害调查方法

见图 A.1。

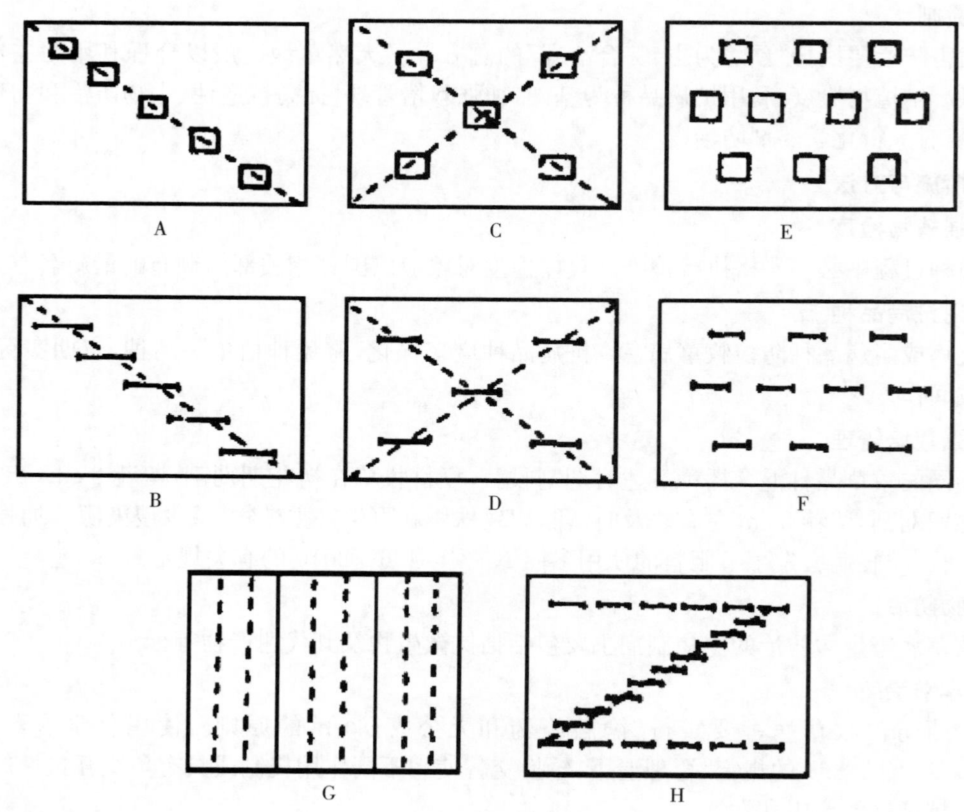

说明：

A,B——单对角线式(面积或长度)；

C,D——双对角线式或五点式(面积或长度)；

E,F——棋盘式(面积或长度)；

G——平行线式；

H——“Z”字形。

注:不同的取样方法,适用于不同的病害分布类型。一般来说,单对角线式、五点式适用于田间分布均匀的病害;棋盘式、平行线式适用于田间分布不均匀的病害;“Z”字形取样则适用于田边分布比较多的病害。

图 A.1 牧草病害调查方法

A.2 牧草病害一般调查数据采集表

见表 A.1。

表 A.1 牧草病害一般调查数据采集表

调查日期	样地编号	样点编号	经纬度	草地类型	主要牧草	病害种类	病情			样地面积 hm^2	危害面积 hm^2	损失估计 万元	备注
							调查株数 株	发病株数 株	发病率 %				

填表人：

填表日期：

A.3 牧草病害系统调查数据采集表

见表 A.2。

表 A.2 牧草病害系统调查数据采集表

调查时间	样地编号	样点编号	牧草名称	病害名称	牧草受害部位	牧草发病生育阶段	病情					危害面积 hm²	严重危害面积 hm²	损失估计 万元	备注
							调查叶片数 片	发病叶片数 片	发病率 %	严重度 %	病情指数				

填表人：

填表日期：

A.4 牧草病害发生情况调查统计表

见表 A.3。

表 A.3 牧草病害发生情况调查统计表

调查地点	牧草名称	病害种类	返青拔节期病情				生长中期病情				越冬前病情			
			病害始见日 月/日	发病率 %	严重度 %	病情指数	流行盛期 月/日—月/日	发病率 %	严重度 %	病情指数	发病面积 hm²	发病率 %	严重度 %	病情指数

填表人：

填表日期：

ICS 65.020.01
B 40

中华人民共和国农业行业标准

NY/T 2768—2015

草原退化监测技术导则

Guide of grassland deterioration monitoring

2015-05-21 发布　　　　2015-08-01 实施

中华人民共和国农业部 发布

前　言

本标准按照 GB/T 1.1—2009 给出的规则起草。

本标准由农业部畜牧业司提出。

本标准由全国畜牧业标准化技术委员会(SAC/TC 274)归口。

本标准起草单位:农业部草原监理中心。

本标准主要起草人:杨智、徐斌、杨季、杨秀春、李景平、刘帅、李金亚。

草原退化监测技术导则

1 范围

本标准规定了天然草原退化监测的方法和要求。

本标准适用于天然草原退化监测。

2 规范性引用文件

下列文件对于本文件的应用是必不可少的。凡是注日期的引用文件，仅注日期的版本适用于本文件。凡是不注日期的引用文件，其最新版本（包括所有的修改单）适用于本文件。

GB 19377—2003 天然草地退化、沙化、盐渍化的分级指标

GB/T 28419—2012 风沙源区草原沙化遥感监测技术导则

NY/T 1233—2006 草原资源与生态监测技术规程

3 术语及定义

GB/T 28419—2012 界定的以及下列术语和定义适用于本文件。

3.1

草原退化 grassland deterioration

在自然或人为因素作用下，天然草原草群成分发生改变，牧草产量、质量降低，饲用价值下降，生境恶化的过程。

3.2

草原退化监测 grassland deterioration monitoring

利用遥感和地面调查方法，获取草原退化的类型、程度及其时空分布的过程。

4 基本要求

4.1 退化分级

草原退化程度分为未退化、轻度退化、中度退化、重度退化 4 级，分级要求按 GB 19377—2003 表 1 的规定执行。

4.2 监测周期

宜为 5 年～10 年，草原退化敏感区监测周期可根据需要适当缩短。

4.3 最小上图面积

根据相应草原退化图不同比例尺确定最小上图面积。

4.4 定位精度

定位精度应在 2 个像元内。

4.5 面积平差

以相应比例尺图幅的理论面积作为控制面积进行面积量算，理论面积与实际监测面积的误差范围应小于理论面积的 1/400，差额部分应平差到每个图斑中。

5 历史资料收集

5.1 图件

应包括监测区域的植被图、草地资源图、草原退化图、土地利用图、土壤图、行政界线图、地理要素图以及生态治理工程分布图等历史图件。

5.2 统计数据及文字资料

应包括监测区域的气象数据、社会经济数据、畜牧业生产数据、草原退化统计资料、研究文献,草原保护建设文字资料等。

6 遥感判读

6.1 遥感数据

6.1.1 空间分辨率要求

草原大面积连续分布的区域,遥感数据空间分辨率应小于或等于 300 m;地形地貌复杂、草原与其他地类交错分布的地区,遥感数据空间分辨率应小于或等于 30 m。

6.1.2 时相要求

根据监测区地域位置、降水量、植被状况等确定遥感数据时相,宜选择草原生长旺季、晴天、少云(平均云量少于 10%且不能覆盖重要地物)时段的遥感数据。

6.2 遥感数据处理

6.2.1 图像纠正

根据地形图和实测确定控制点进行几何纠正,或依据已纠正的遥感影像为基准进行配准,纠正误差应小于 2 个像元。像元大小在 10 m 以内的遥感数据,需要使用数字高程模型进行正射纠正。应对遥感影像进行辐射纠正。

6.2.2 投影

全国范围草原退化监测应采用双标准纬线等积圆锥投影,省级范围草原退化监测根据情况可采用双标准纬线等积圆锥投影、高斯—克吕格投影或横轴墨卡托投影,县级范围和特定区域草原退化监测可采用高斯—克吕格投影或横轴墨卡托投影。

6.3 影像判读

6.3.1 预判

建立不同退化等级的遥感影像预判标志,并勾绘草原退化分级图斑界线,加注属性编码。

6.3.2 验证与修订

针对预判中的疑难问题进行地面勘验,修正错误。

7 地面调查

7.1 固定样地调查

7.1.1 样地设置

样地设置应具有代表性、典型性,面积应大于等于 100 hm^2,每个样地设置 5 个～10 个样方。

7.1.2 调查内容

植物种类及数量、植被覆盖度、草群高度、地上生物量、毒害植物、指示植物、裸地面积比例、土壤特征等。

7.2 路线调查

不同退化程度草原路线调查按 NY/T 1233—2006 表 I.1～表 I.7、表 I.10 的规定执行。

8 草原退化等级评定

8.1 根据地面调查数据确定样地的草原退化等级。

8.2　结合地面调查数据和遥感影像特征，建立不同草原类型各退化等级的影像解译标志或标准样本。

8.3　结合影像解译标志、标准样本、历史资料，采用目视或计算机自动判别等方法确定图斑的草原退化等级。

9　结果验证

通过地面调查或更高分辨率遥感数据验证遥感监测结果。验证图斑量为5%～10%，图斑定性及定位准确率大于等于90%视为合格。

10　监测成果

包括草原退化图，不同退化等级草原面积及变化情况等统计数据，草原退化监测报告。

ICS 65.100.01
G 23

中华人民共和国农业行业标准

NY/T 2769—2015

牧草中15种生物碱的测定 液相色谱—串联质谱法

Determination of 15 alkaloids in forage—
Liquid chromatography-tandem mass spectrometry

2015-05-21 发布　　　　2015-08-01 实施

中华人民共和国农业部　发布

前　　言

本标准按照 GB/T 1.1—2009 给出的规则起草。

本标准由农业部畜牧业司提出。

本标准由全国畜牧业标准化技术委员会(SAC/TC 274)归口。

本标准起草单位:中国农业科学院农业质量标准与检测技术研究所。

本标准主要起草人:邱静、陈爱亮、李爽跃、赵小阳、杨曙明、于洪侠。

牧草中15种生物碱的测定　液相色谱—串联质谱法

1　范围

本标准规定了牧草中双氢麦角汀、麦角柯宁碱、麦角异柯宁碱、麦角克碱、麦角异克碱、麦角隐亭、麦角异卡里碱、麦角辛、阿托品、莨卓碱、肾形千里光碱、千里光非灵、野百合碱、千里光宁和东莨菪碱15种生物碱含量的液相色谱—串联质谱测定方法。

本标准适用于牧草中上述15种生物碱单个或多个成分含量的测定。

本标准方法的检出限和定量限：上述15种生物碱的检出限均为0.005 mg/kg，定量限均为0.01 mg/kg。

2　规范性引用文件

下列文件对于本文件的应用是必不可少的。凡是注日期的引用文件，仅注日期的版本适用于本文件。凡是不注日期的引用文件，其最新版本(包括所有的修改单)适用于本文件。

GB/T 6682　分析实验室用水规格和试验方法

GB/T 14699.1　饲料　采样

3　原理

试样中的生物碱经碱性乙腈提取，基质固相分散净化后，用液相色谱—串联质谱多反应监测模式(MRM)测定，外标法定量。

4　试剂与材料

除另有说明外，在分析中使用分析纯试剂和GB/T 6682中规定的一级水。

4.1　乙腈：色谱纯。

4.2　甲酸：色谱纯。

4.3　碳酸铵。

4.4　乙酸铵：色谱纯。

4.5　碳酸铵溶液(200 mg/L)：称取100 mg碳酸铵，用水稀释至500 mL，混匀备用。

4.6　乙酸铵溶液(5 mmol/L，含0.1%甲酸)：称取193 mg乙酸铵，加入0.5 mL甲酸，用水稀释至500 mL，混匀备用。

4.7　碱性乙腈溶液：取200 mL乙腈和200 mL碳酸铵溶液(4.5)，混匀备用。

4.8　酸性乙腈溶液：取100 mL乙腈和100 mL乙酸铵溶液(4.6)，混匀备用。

4.9　标准品：双氢麦角汀、麦角柯宁碱、麦角异柯宁碱、麦角克碱、麦角异克碱、麦角隐亭、麦角异卡里碱、麦角辛、阿托品、莨卓碱、肾形千里光碱、千里光非灵、野百合碱、千里光宁和东莨菪碱，纯度≥98.0%，物质的英文名称、分子式及CAS号见附录A。

4.10　标准储备液：双氢麦角汀、麦角柯宁碱、麦角异柯宁碱、麦角克碱、麦角异克碱、麦角隐亭、麦角异卡里碱、麦角辛、阿托品、莨卓碱、肾形千里光碱、千里光非灵为干态标准品，用乙腈配制成25 mg/L(麦角异克碱、麦角异卡里碱和麦角异柯宁碱)、50 mg/L(莨卓碱、肾形千里光碱和千里光非灵)、100 mg/L(双氢麦角汀、麦角柯宁碱、麦角克碱、麦角隐亭、麦角辛和阿托品)的标准储备液，称取适量的野百合碱、千里光宁和东莨菪碱标准品(精确到0.000 1 g)，分别用乙腈稀释成1 000 mg/L的标准储备液，−18℃

保存,有效期 6 个月。

4.11 混合标准溶液:分别吸取适量 15 种生物碱标准储备液(4.10),用乙腈稀释双氢麦角汀、麦角柯宁碱、麦角异柯宁碱、麦角克碱、麦角异克碱、麦角隐亭、麦角异卡里碱、麦角辛、阿托品、惹卓碱、肾形千里光碱、千里光非灵、野百合碱、千里光宁和东莨菪碱浓度均为 1 mg/L 的混合标准溶液,−18℃保存,有效期 3 个月。

4.12 净化吸附剂:PSA(乙二胺-N-丙基硅烷),粒度 40 μm。

4.13 微孔滤膜:0.22 μm,有机相。

5 仪器和设备

5.1 液相色谱—串联质谱仪,配有电喷雾电离源(ESI)。

5.2 分析天平,感量 0.000 1 g。

5.3 粉碎机。

5.4 振荡器。

5.5 离心机,最高转速≥13 000 r/min。

5.6 氮气吹干仪。

5.7 涡旋仪。

5.8 超声波清洗器。

6 试样制备与保存

按 GB/T 14699.1 的规定采集牧草样品。

6.1 干草样品

将干草样品用四分法缩至 50 g~100 g,经粉碎机粉碎,全部通过 0.42 mm 孔径筛,混匀,常温储存备用。

6.2 鲜草样品

将鲜草样品于常温通风干燥或者自然晒干制成干草样品,然后按 6.1 方法制备和储存。

6.3 空白基质样品

取空白干草或鲜草样品,如为鲜草样品则先在 70℃通风烘干,或者自然晒干制成干草样品,然后按 6.1 方法制备和储存。

7 分析步骤

7.1 提取

称取烘干样品 1 g(精确到 0.000 1 g)试样于 50 mL 聚四氟乙烯离心管中,加入 10 mL 碱性乙腈溶液(4.7),振荡 15 min,超声提取 15 min,13 000 r/min 离心 20 min,滤纸过滤,待净化。

7.2 净化

取 4 mL 上清液于 10 mL 离心管中,35℃氮气吹干,准确加入 1 mL 酸性乙腈溶液(4.8),涡旋 1 min,加入 50 mg PSA(4.12),涡旋混合 1 min,5 000 r/min 离心 2 min,取上清液过微孔滤膜,上机测定。

7.3 基质匹配标准曲线绘制

取空白牧草样品,按上述方法处理制得其空白基质溶液,准确量取 15 种生物碱混合标准溶液适量,用空白基质溶液稀释成浓度为 0.004 μg/mL、0.01 μg/mL、0.05 mg/mL、0.1 mg/mL、0.2 mg/mL 的基质匹配混合标准工作溶液,临用现配,供液相色谱—串联质谱测定。以上述溶液中各生物碱的浓度为横坐标,相应的峰面积为纵坐标,绘制标准曲线。

7.4 测定

7.4.1 液相色谱参考条件

色谱柱：C_{18}柱，长 250 mm，内径 4.6 mm，粒度 5 μm，或相当者。

柱温：30℃。

流动相：A 为乙腈，B 为乙酸铵溶液(4.6)，梯度洗脱条件见表 1。

流速：0.3 mL/min。

进样量：10 μL。

表 1 流动相梯度洗脱条件

时间，min	A，%	B，%
0	30	70
4	70	30
6	70	30
9	90	10
10	90	10
14	70	30
15	70	30
18	30	70
26	30	70

7.4.2 质谱参考条件

电离方式：电喷雾正离子电离，+5 500 V。

离子源温度：450℃。

检测方式：多反应监测(MRM)。

使用前，应调节各气体流量，优化质谱参数，以使质谱灵敏度达到检测要求。

定性离子对、定量离子对、去簇电压及碰撞能的参考值见表 2。

表 2 15 种生物碱定性离子对、定量离子对、去簇电压及碰撞能的参考值

<table>
<tr><th>被测物名称</th><th>定性离子对
m/z</th><th>定量离子对
m/z</th><th>去簇电压(DP)
V</th><th>碰撞能(CE)
eV</th></tr>
<tr><td rowspan="2">双氢麦角汀
(dihydroergocristine)</td><td>612.5/270.5</td><td rowspan="2">612.5/270.5</td><td rowspan="2">75</td><td>48</td></tr>
<tr><td>612.5/350.2</td><td>45</td></tr>
<tr><td rowspan="2">麦角柯宁碱
(ergocornine)</td><td>562.3/223.1</td><td rowspan="2">562.3/223.1</td><td rowspan="2">75</td><td>48</td></tr>
<tr><td>562.3/268.2</td><td>45</td></tr>
<tr><td rowspan="2">麦角异柯宁碱
(ergocorninine)</td><td>562.3/223.1</td><td rowspan="2">562.3/223.1</td><td rowspan="2">75</td><td>48</td></tr>
<tr><td>562.3/305.2</td><td>45</td></tr>
<tr><td rowspan="2">麦角克碱
(ergocristine)</td><td>610.3/223.1</td><td rowspan="2">610.3/223.1</td><td rowspan="2">70</td><td>48</td></tr>
<tr><td>610.3/268.2</td><td>45</td></tr>
<tr><td rowspan="2">麦角异克碱
(ergocristinine)</td><td>610.3/223.1</td><td rowspan="2">610.3/223.1</td><td rowspan="2">70</td><td>48</td></tr>
<tr><td>610.3/305.2</td><td>45</td></tr>
<tr><td rowspan="2">麦角隐亭
(ergocryptine)</td><td>576.5/223.1</td><td rowspan="2">76.5/223.1</td><td rowspan="2">70</td><td>48</td></tr>
<tr><td>576.5/268.2</td><td>45</td></tr>
<tr><td rowspan="2">麦角异卡里碱
(ergocryptinine)</td><td>576.5/223.1</td><td rowspan="2">576.5/223.1</td><td rowspan="2">70</td><td>48</td></tr>
<tr><td>576.5/305.2</td><td>42</td></tr>
<tr><td rowspan="2">麦角辛
(ergosine)</td><td>548.3/223.1</td><td rowspan="2">548.3/223.1</td><td rowspan="2">70</td><td>45</td></tr>
<tr><td>548.3/268.2</td><td>45</td></tr>
<tr><td rowspan="2">阿托品
(atropine)</td><td>290.3/93.1</td><td rowspan="2">290.3/124.2</td><td rowspan="2">60</td><td>43</td></tr>
<tr><td>290.3/124.2</td><td>40</td></tr>
</table>

表 2（续）

被测物名称	定性离子对 m/z	定量离子对 m/z	去簇电压(DP) V	碰撞能(CE) eV
惹卓碱 (retrorsine)	352.3/120.3	352.3/120.3	60	45
	352.3/94.1			45
肾形千里光碱 (senkirkine)	366.3/150.3	366.3/168.1	60	40
	366.3/168.1			40
千里光非灵 (seneciphylline)	334.0/94.2	334.0/120.3	65	47
	334.0/120.3			47
野百合碱 (monocrataline)	326.2/94.1	326.2/120.3	60	45
	326.2/120.3			45
千里光宁 (senecionine)	336.1/120.1	336.1/120.1	60	45
	336.1/138.3			45
东莨菪碱 (scopolamine)	304.2/121.0	304.2/138.0	50	30
	304.2/138.0			32

7.4.3 定性测定

在相同试验条件下，待测物在样品中的保留时间与标准工作液中的保留时间偏差在±2.5%之内，并且色谱图中各组分定性离子对的相对丰度，与浓度接近标准工作液中相应定性离子对的相对丰度进行比较。若偏差不超过表 3 规定的范围，则可判断为样品中存在对应的待测物。

表 3 定性测定时相对离子丰度的最大允许误差

相对离子丰度，%	>50	>20～50	>10～20	≤10
允许的相对偏差，%	±20	±25	±30	±50

7.4.4 定量测定

按照上述液相色谱—串联质谱条件测定样品和基质匹配混合标准工作溶液，以定量离子对色谱峰面积进行单点或多点校正定量，样品溶液中待测物的响应值应在仪器测定的线性范围内。上述仪器条件下，生物碱标准溶液的典型色谱图参见附录 B。

7.5 结果计算

试验中待测生物碱的含量以质量分数 X_i(mg/kg)表示，按式(1)计算。

单点校准：

$$X_i = \frac{A_i \times V_1 \times C_{si} \times V_3 \times 1000}{A_{si} \times m \times V_2 \times 1000} \quad (1)$$

标准曲线校准，由

$$A_{si} = a \times C_{si} + b \quad (2)$$

求得 a 和 b，则

$$C_i = \frac{A_i - b}{a} \quad (3)$$

试样中生物碱的含量为：

$$X_i = \frac{V_1 \times C_i \times V_3 \times 1000}{m \times V_2 \times 1000} \quad (4)$$

式中：

m ——试样质量，单位为克(g)。

A_i ——试样中生物碱的峰面积；

A_{si} ——标准工作液中生物碱的峰面积；

C_{si} ——标准工作液中生物碱的浓度，单位为微克每毫升(μg/mL)；

C_i ——试样溶液中生物碱的浓度，单位为微克每毫升(μg/mL)；

V_1 ——试样提取液体积，单位为毫升(mL)；

V_2 ——净化时分取溶液的体积，单位为毫升(mL)；

V_3 ——上机前定容体积,单位为毫升(mL)。

测定结果用平行测定的计算平均值表示,结果保留三位有效数字。

8 重复性

在重复性条件下获得的两次独立测试结果的相对标准偏差不超过 20%。

附 录 A
(规范性附录)
15 种生物碱中英文名称、分子式和 CAS 号

15 种生物碱中英文名称、分子式和 CAS 号见表 A.1。

表 A.1　15 种生物碱中英文名称、分子式和 CAS 号

序号	中文名称	英文名称	分子式	CAS 号
1	双氢麦角汀	dihydroergocristine	$C_{35}H_{41}N_5O_5$	17479-19-5
2	麦角柯宁碱	ergocornine	$C_{31}H_{39}N_5O_5$	564-36-3
3	麦角异柯宁碱	ergocorninine	$C_{31}H_{39}N_5O_5$	564-37-4
4	麦角克碱	ergocristine	$C_{35}H_{39}N_5O_5$	511-08-0
5	麦角异克碱	ergocristinine	$C_{35}H_{39}N_5O_5$	511-07-9
6	麦角隐亭	ergocryptine	$C_{32}H_{41}N_5O_5$	511-09-1
7	麦角异卡里碱	ergocryptinine	$C_{32}H_{41}N_5O_5$	511-10-4
8	麦角辛	ergosine	$C_{30}H_{37}N_5O_5$	561-94-4
9	阿托品	atropine	$C_{17}H_{23}NO_5$	51-55-8
10	惹卓碱	retrorsine	$C_{18}H_{25}NO_6$	480-54-6
11	肾形千里光碱	senkirkine	$C_{19}H_{27}NO_6$	2318-18-5
12	千里光非灵	seneciphylline	$C_{18}H_{23}NO_5$	480-81-9
13	野百合碱	monocrotaline	$C_{16}H_{23}NO_6$	315-22-0
14	千里光宁	senecionine	$C_{18}H_{25}N_5O_5$	130-01-8
15	东莨菪碱	scopolamine	$C_{17}H_{21}N_5O_4$	51-34-3

附 录 B
(资料性附录)
15 种生物碱标准溶液(0.025 μg/mL)多反应监测(MRM)色谱图

15 种生物碱标准溶液多反应监测(MRM)色谱图见图 B.1。

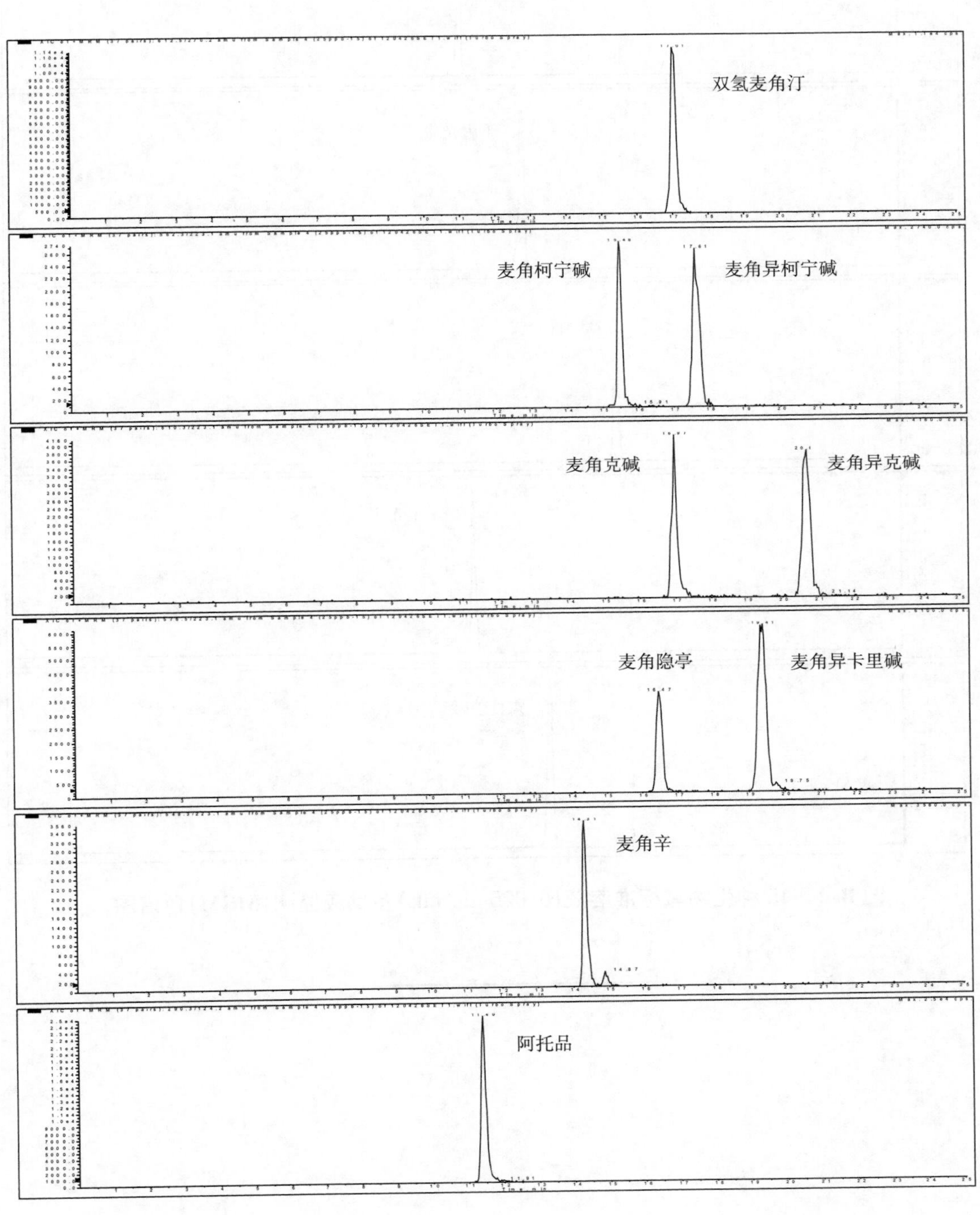

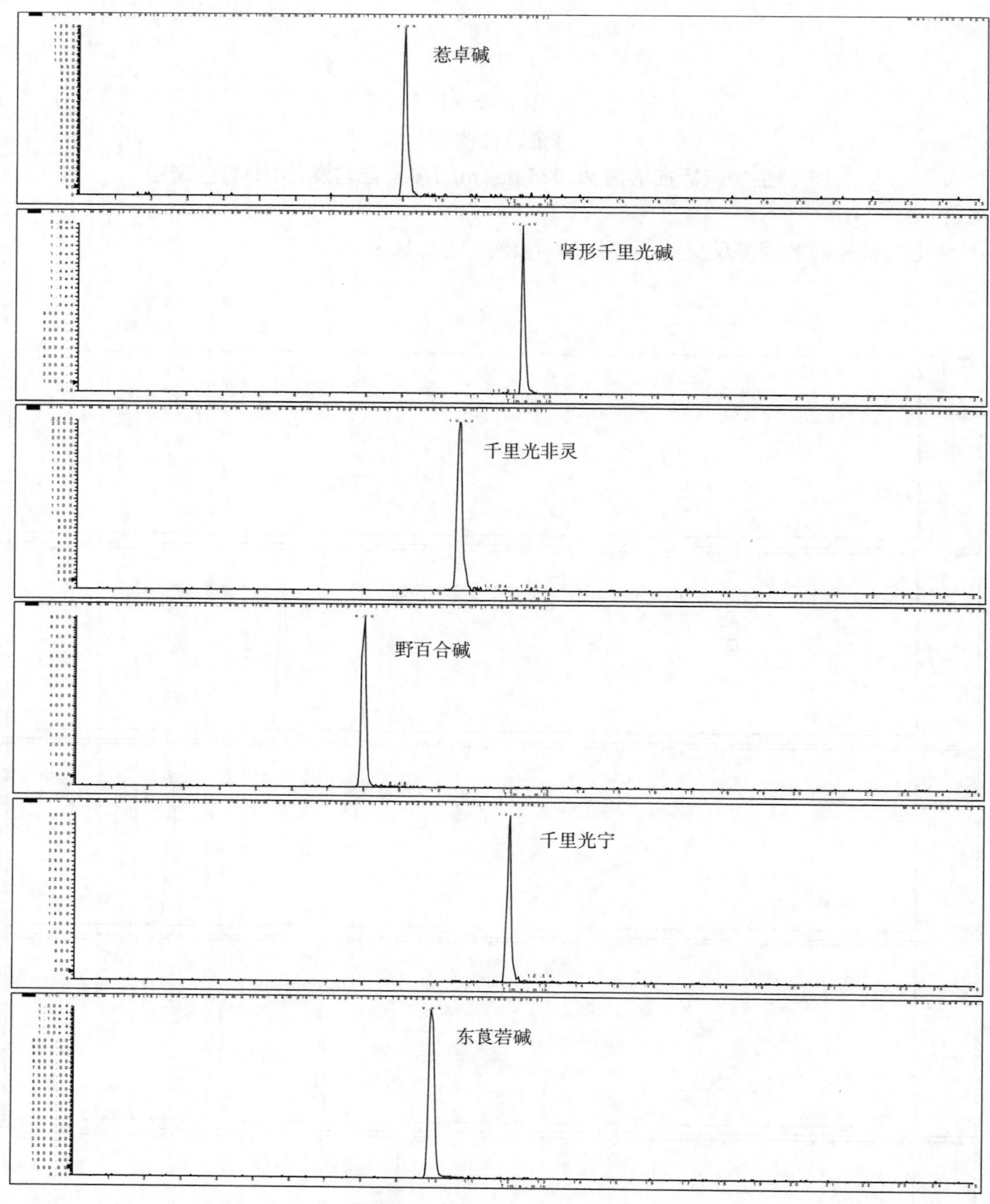

图 B.1　15 种生物碱标准溶液(0.025 μg/mL)多反应监测(MRM)色谱图

ICS 65.020.01
B 05

中华人民共和国农业行业标准

NY/T 2771—2015

农村秸秆青贮氨化设施建设标准

The construction standard of facilities for ammoniation and silage of crop straw

2015-05-21 发布　　2015-08-01 实施

中华人民共和国农业部　发布

目　次

前言
1　总则
2　规范性引用文件
3　术语和定义
4　建设规模与项目构成
5　选址与建设条件
6　建设用地与规划布局
7　建筑工程与附属设施
8　防疫隔离设施
9　环境保护
10　主要技术及经济指标
附录 A(规范性附录)　主要草食家畜青贮氨化秸秆采食量
附录 B(规范性附录)　主要青贮氨化原料的物理性能
附录 C(规范性附录)　计算公式
附录 D(资料性附录)　取料进度与青贮池容积对应关系
附录 E(规范性附录)　不同高度青贮池的墙体厚度
附录 F(规范性附录)　建筑材料规格、配合比
附录 G(资料性附录)　不同高度青贮池、氨化池单方钢筋参考用量
附录 H(规范性附录)　青贮池固定高度下的适宜联池个数和宽度

前　言

本标准按照国家住房与城乡建设部、国家发展和改革委员会印发的《工程项目建设标准编制程序规定》、《工程项目建设标准编写规定》(建标〔2007〕144 号)和 GB/T 1.1—2009 给出的规则，结合家畜养殖技术要求和生产实际完成起草。

家畜存栏量和青贮饲料日取量进度是合理设计青贮池尺寸的决定数据，只要二者已定，青贮池的截面积和总长度就是定值。决定截面积的是高和宽，青贮池高度的选择并不难。加大高度可以节约用地，但建筑费用显著增大，在 2.0 m～3.5 m 范围内酌情选择。一旦确定了高度，那么，合理的宽度随之而定。同时，确定多联池单池适当数量是 3 个～4 个。这些发现对于纠正目前普遍存在的青贮池尺寸设计不合理现象极为重要。

本标准由农业部发展计划司提出。

本标准由农业部农产品质量安全监管局归口。

本标准编制单位：河南畜牧规划设计研究院。

本标准参编单位：河南省饲草饲料站。

本标准主要起草人：徐泽君、周永亮、王彦华、王学君、晁先平、李伟、袁蕾、陈振辉、王晓佩、杨国峰、范存威、华磊、高立。

农村秸秆青贮氨化设施建设标准

1 总则

1.1 制定标准的目的

为了规范农村秸秆青贮氨化设施建设，合理确定农村秸秆青贮氨化设施建设内容、规模、水平和选址，为农村秸秆青贮氨化设施建设和项目投资决策提供依据，参照国家、行业、地方有关现行标准和技术规范，结合农村秸秆青贮氨化设施建设实际，特制定本标准。

1.2 标准的适用范围

本标准适用于新建、改(扩)建农村秸秆青贮氨化设施的建设规划、项目建议书、可行性研究报告和初步设计等文件编制，以及项目建设的评估、检查和验收。秸秆青贮池、氨化池在农村秸秆青贮氨化设施中具有代表性，青贮池也可以用于秸秆氨化。本标准适用于秸秆青贮池、氨化池，其他秸秆青贮氨化永久性设施可参照本标准。

1.3 标准的共性要求

1.3.1 体现技术先进、经济合理、安全适用、确保质量的原则。

1.3.2 农村秸秆青贮氨化设施建设内容、规模应根据实际情况因地制宜，科学合理确定。

1.3.3 农村秸秆青贮氨化设施建设应充分考虑财力、物力的可能，坚持以获得最佳秩序和最佳效益为目标。

1.3.4 对影响农村秸秆青贮氨化设施建设水平和投资效益发挥的关键设施，应按照节约、降耗、增效的原则，做出规定。

1.3.5 配套设施的设置，应与主体设施相适应。凡是有协作条件的，应充分利用，不应另行设置。

1.3.6 农村秸秆青贮氨化设施改扩建项目应充分依托既有条件，发挥原有工程设施的潜力。

1.3.7 农村秸秆青贮氨化设施建设水平应以现有实践及经验为依据，考虑发展需要，兼顾投资能力，总体要体现同类项目行业先进水平。

1.4 执行相关标准的要求

农村秸秆青贮氨化设施，除应符合本建设标准外，尚应符合国家现行有关经济、参数标准和指标及定额的规定。

2 规范性引用文件

下列文件对于本文件的应用是必不可少的。凡是注日期的引用文件，仅注日期的版本适用于本文件。凡是不注日期的引用文件，其最新版本(包括所有的修改单)适用于本文件。

GB 50010 混凝土结构设计规范

GB 50204 混凝土结构工程施工质量验收规范

GB 50209 建筑地面工程施工质量验收规范

GB 50052 供配电系统设计规范

3 术语和定义

下列术语和定义适用于本文件。

3.1

秸秆青贮 straw silage

把新鲜的青绿秸秆切短，填入一定的建筑设施内压实、封闭，经微生物发酵作用产生有机酸等物质，调制成一种具有特殊芳香气味、营养丰富的青贮饲料的制作方法。它能长期保存青绿秸秆的特性，扩大饲料资源，保证均衡供应青绿秸秆。

3.2

秸秆氨化　straw ammoniation

秸秆氨化是用氨水、液态氨或尿素溶液按一定比例喷洒在农作物秸秆上，在密封的条件下经过一段时间的发酵处理，以提高秸秆营养价值的方法。

4　建设规模与项目构成

4.1　青贮氨化设施建设规模的依据及原则

4.1.1　青贮氨化设施建设规模按畜牧场全年饲养量、畜群结构、每头每日采食量、青贮氨化饲料容重、青贮氨化饲料利用率、青贮池、氨化池年循环使用次数等指标计算确定。

4.1.2　青贮池每年循环使用次数：北方地区按 0.92 次设计，南方地区按 1.5 次设计。

4.1.3　常年使用氨化饲料的养殖场应有氨化池 3 个以上，在单个氨化池容积不低于 1 个月全场氨化秸秆需要量的情况下，每个单池每年最低循环使用 4 次。

4.2　青贮氨化设施项目构成与建设规模的度量指标、规模等级

4.2.1　青贮氨化设施构成有青贮池（或氨化池）、操作场地和通道、防雨排水设施。青贮池（或氨化池）是青贮氨化设施的主体，由底面和墙体构成；操作场地和通道由青贮池（或氨化池）周围硬化地面构成。

4.2.2　青贮氨化设施的度量指标为青贮池、氨化池的总容积，单位为立方米（m^3）。青贮氨化设施规模等级见表 1。

表 1　青贮氨化设施规模等级

规模	青贮池总容积 V，m^3	氨化池总容积 V，m^3
大型	$V \geqslant 10\,000$	$V \geqslant 2\,000$
中型	$1\,000 < V < 10\,000$	$500 < V < 2\,000$
小型	$V \leqslant 1\,000$	$V \leqslant 500$

5　选址与建设条件

青贮池、氨化池址应选在地势较高、空气干燥、地质条件较好、地下水位较低、排水良好、避风向阳的地段。应远离水井，不宜在低洼处或树荫下建池，并避开交通要道、路口、粪场、垃圾堆（场）等。供电线路到位、安全可靠，满足最大装机容量要求；青贮氨化区有停车场地、进出回路，避免交通拥堵。

6　建设用地与规划布局

6.1　各类养殖场青贮氨化设施建设用地指标

按养殖场牲畜年均饲养量推算青贮氨化设施建设用地指标为：奶牛场 4.0 m^2/头～7.0 m^2/头；肉牛育肥场 3.5 m^2/头～6.5 m^2/头；羊场 0.4 m^2/只～0.8 m^2/只。

6.2　各功能区规划布局及占地比例指标

青贮池、氨化池占 70%～80%，操作场地、通道和排水沟等占 20%～30%。

7　建筑工程与附属设施

7.1　青贮池平面布局与建筑形式

7.1.1 根据青贮池总容积、建设条件(地形条件、气候条件、地质条件等)、场区布局、制作工艺、机械化程度、饲养工艺、设备条件等因素确定青贮池、氨化池平面布局。规模养殖场常见的青贮池平面布局有以下几种形式。

a) 长方形多联池平面布局。多联池相邻两个池共用一道墙,共用墙称为间墙,非共用墙称为边墙。示意图见图 1。

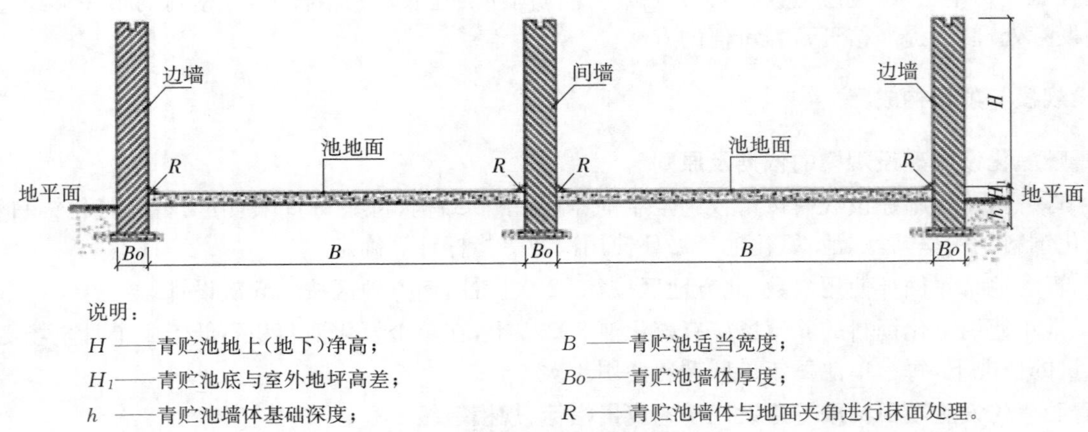

说明:

H ——青贮池地上(地下)净高;

H_1——青贮池底与室外地坪高差;

h ——青贮池墙体基础深度;

B ——青贮池适当宽度;

Bo——青贮池墙体厚度;

R ——青贮池墙体与地面夹角进行抹面处理。

图 1 多联池剖面图

b) 两端开口长方形超长池平面布局。

c) 两端开口 U 形池平面布局,是两端开口长方形超长池的变形,适用于较宽地形的大型青贮单池。

7.1.2 青贮池的建筑形式分为地下式、地上式和半地下式,示意图见图 2~图 4。

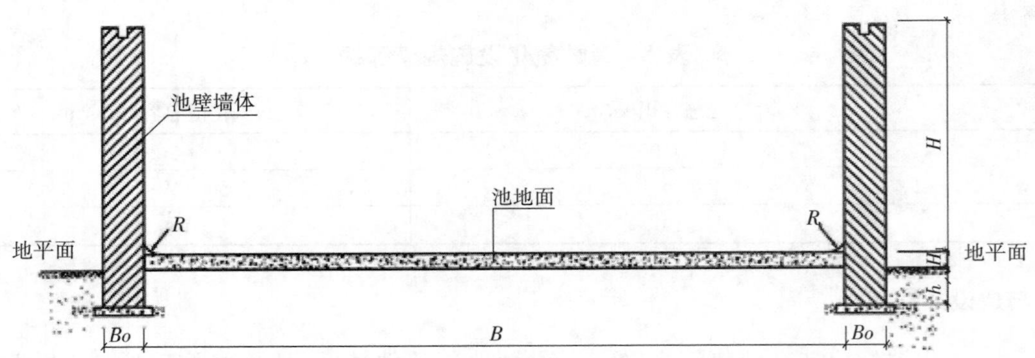

图 2 地上式青贮池、氨化池剖面图

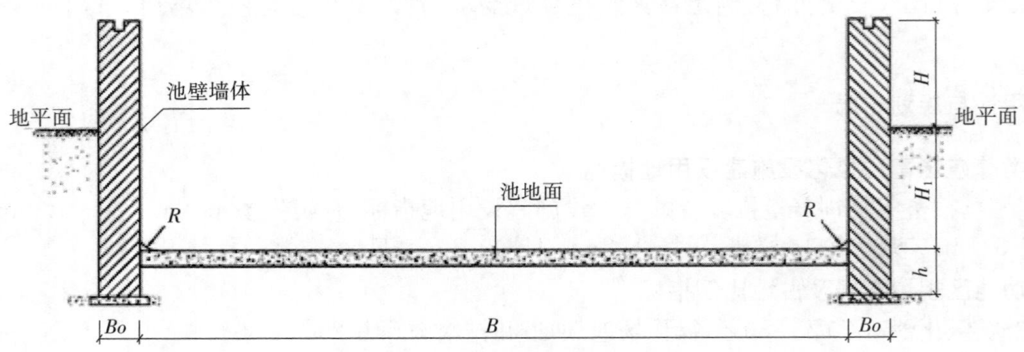

图 3 半地上式青贮池、氨化池剖面图

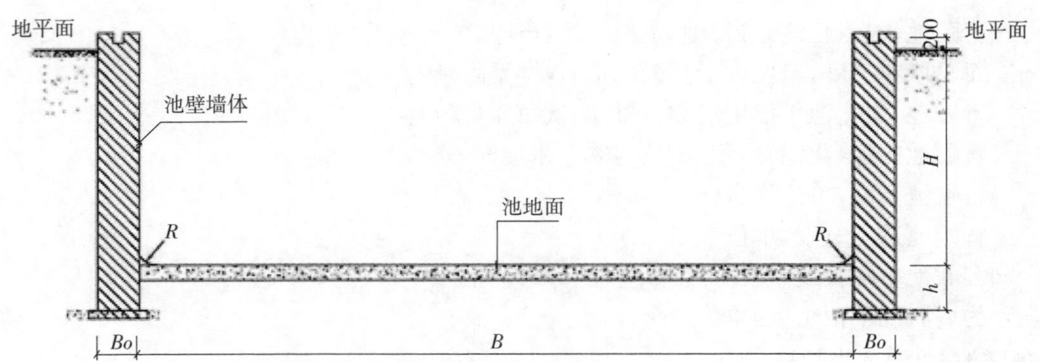

图 4　地下式青贮池、氨化池剖面图

7.2　氨化池平面布局与建筑形式

氨化池建筑布局与青贮池平面布局基本相同。氨化池建筑形式宜为地上式。

7.3　青贮池、氨化池尺寸

7.3.1　青贮池、氨化池总容积

青贮池、氨化池总容积按式(1)计算。

$$V=\frac{C\times F}{R\times U\times K} \quad\cdots\cdots(1)$$

式中：

V——青贮池、氨化池容积，单位为立方米(m^3)；

C——年平均饲养量，单位为头；

F——全群每头每年平均采食量，单位为千克每年每头[kg/(年·头)]，详见附录 A；

R——青贮氨化容重，单位为千克每立方米(kg/m^3)，详见附录 B；

U——青贮氨化饲料利用率(动物实际采食量占总量的百分比)；

K——青贮池、氨化池年使用次数，单位为次每年(次/年)。

7.3.2　青贮池、氨化池宽度

在已定青贮池(或氨化池)高度的情况下，青贮(或氨化)饲料日需要量和最低日取料进度决定青贮池(或氨化池)的合理宽度。青贮池宽度人工取料时宜为 2 m～5 m，机械化取料时宜为 5 m～20 m。氨化池宽度宜为 2 m～10 m。青贮池适宜宽度计算见式(C.1)。

7.3.3　青贮池、氨化池高度

地上式青贮池的地上部分适宜高度为 2.0 m～3.5 m。半地下及全地下青贮池的地下部分高度根据地形条件、防雨排水条件、取料工艺适当取值；氨化池地上部分适宜高度为 2.0 m～3.5 m。

7.3.4　青贮池、氨化池长度

青贮池(或氨化池)的总长度由每天取料进度和青贮池(或氨化池)年使用次数确定；或根据总容积、单池截面积、单池数量和场地条件等情况确定。青贮池(或氨化池)的总长度按式(2)或式(3)计算，单池长度按式(4)计算。

$$L=\frac{365\times\gamma_{\theta}}{K} \quad\cdots\cdots(2)$$

或

$$L=\frac{V}{H\times B} \quad\cdots\cdots(3)$$

$$L_{单}=\frac{L}{n} \quad\cdots\cdots(4)$$

式中：

L ——青贮池(或氨化池)总长度,单位为米(m);
γ_θ ——每日取料进度,单位为米每天(m/d),详见附录 D;
K ——青贮池、氨化池年使用次数,单位为次每年(次/年);
V ——青贮池(或氨化池)容积,单位为立方米(m^3);
H ——青贮池高度,单位为米(m);
B ——青贮池适当宽度,单位为米(m);
$L_{单}$——多联池单池长度,单位为米(m);
n ——为多联池单池个数,单位为个。

7.3.5 多联池、单池适当数量

多联池单池适当数量应为 3 个～5 个。多联青贮池单池适宜个数计算公式见式 C.2。

7.4 建筑物和构筑物的功能、建筑特征及特殊要求

7.4.1 池壁

7.4.1.1 青贮池、氨化池池壁宜采用砖石砌体、混凝土预制板、钢筋混凝土现浇墙体。

7.4.1.2 青贮池、氨化池池壁的内侧应光滑,大型养殖场为了便于机械化取料,青贮池、氨化池宜采用垂直墙体。为了墙体稳定和节省建材,青贮池墙体断面宜做成上窄下宽的梯形。砌体结构的墙体伸缩缝最大间距为 40 m～50 m,混凝土结构的墙体伸缩缝最大间距为 20 m～30 m,缝宽 20 mm～30 mm。并根据地质条件,地基有变化时设置沉降缝。

7.4.1.3 除岩石地基外,青贮池墙体基础埋置深度一般不宜小于 0.5 m。季节性冻土地区按相应规范规定处理。

7.4.1.4 墙体设计荷载需要考虑青贮饲料的自重、青贮饲料对墙体产生的侧压力以及青贮饲料碾压机械设备产生的压力。地下式及半地下式还应考虑覆土的侧压力。不同高度的青贮池的墙体厚度要求见附录 E。地下式与半地下式青贮池、氨化池池壁还要满足防渗的要求。

7.4.1.5 青贮池联池间墙宜做成两端闭合的空心双墙,单墙厚度为实体间墙的 1/3～1/2,里边填土夯实并用混凝土灌顶,总宽度 1 m～1.5 m。联池间墙顶端中间留一条排雨水沟,从后端到开口端有 1%的坡降。

7.4.2 池底(底板)

青贮池、氨化池底面要满足承载力和防渗的要求。底面设计和施工应符合 GB 50010、GB 50209 及 GB 50204 的规定。

青贮池、氨化池底面采用混凝土地面,底面厚度为 150 mm～250 mm。

地下式、半地下式青贮池底面从开口端缓坡向里延伸,坡度为 35%～40%,示意图见图 5。

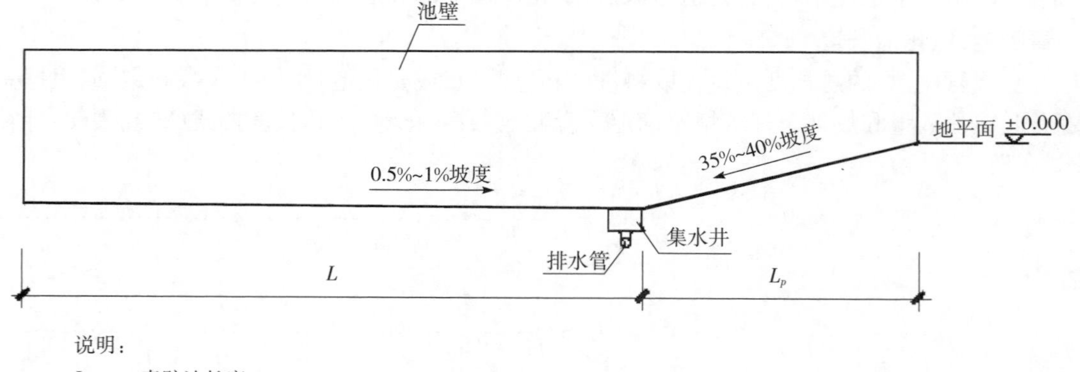

说明:
L ——青贮池长度;
L_p——地下式或半地下式青贮池斜坡长度。

图 5 地下式青贮池纵断面给排水方式示意图

地基土应进行夯实。当天然地基不能满足要求时，根据工程具体情况，因地制宜做出地基处理设计。在季节性冻土地区建造青贮池，还应将底面下的冻胀性土置换为非冻胀性土。墙体外应增加保温层或防冻沙，否则底面将因冻胀而产生裂缝。换填厚度需按照当地冻土深度和有关规范确定。

底面纵、横向伸缩缝间距不大于 6 m，伸缩缝宽度为 10 mm 左右，伸缩缝间应填防渗漏材料以防止青贮饲料流出液渗入地下。

7.4.3 排水

在设计青贮池底面时，应考虑到排水措施。地上式青贮池底面设计标高应高于池外标高 0.2 m～0.3 m。

青贮池底面整体向取料口方向倾斜，坡度宜为 0.5%～1%。地上式青贮池在开口端外侧设置横向排水沟，排水沟的宽度宜为 0.3 m～0.4 m，起点深度宜为 0.1 m～0.15 m，坡度不宜小于 1%；地下式和半地下式青贮池在开口端缓坡与池底面结合处设置集水井，集水井间距宜为 5 m～8 m，井口宜为 0.4 m×0.4 m，井深宜为 0.5 m～1.0 m，井口上边应加格栅。各个集水井之间由横向排水管连接，排水管通入蓄水池，蓄水池内水通过水泵抽出。

7.4.4 周边操作场地和道路

青贮池、氨化池周边一般应设置硬化地面，道路宽度一般不低于 6 m。路面混凝土厚度 150 mm～250 mm，混凝土路面纵、横向伸缩缝间距不大于 6 m，路宽超过 8 m 时中间设一道伸缩缝。

7.4.5 建筑材料

墙体、地面和道路的材料可选用机制砖、石材、混凝土砌块、现浇钢筋混凝土、混凝土预制板等。各种建材规格、配合比见附录 F。

由于青贮料含水量大，且有一定的酸性，所用砌筑材料应具有良好的耐水性和抗腐蚀性，寒冷地区还应具有良好的抗冻性。机制砖标号不低于 Mu10，混凝土标号不低于 C20，砌筑水泥砂浆标号不低于 M7.5。

7.4.6 青贮氨化设施设计使用年限

青贮氨化设施设计使用年限不低于 10 年。

7.4.7 建筑抗震设防类别

青贮氨化设施建筑抗震设防类别宜为丁类。

7.4.8 青贮氨化设施消防

青贮氨化设施与其他建筑物之间的防火间距为 20 m。

青贮氨化设施周边应设置消防措施，消防设施的配置按国家现行标准确定。

7.4.9 供电

设置专门供电线路，提供 220 V～380 V 的电源。宜采用地下电缆，连接配电柜。电力负荷不低于所有用电设备负荷最大值。供电设施符合 GB 50052 的规定。

8 防疫隔离设施

青贮氨化区必须独立分区，青贮池、氨化池与场区外墙间隔不低于 5 m。青贮氨化区与生产区间距 10 m～50 m，与粪污处理区间距大于 50 m。

青贮氨化区与其他功能区由围墙、栅栏或绿化带隔离。

9 环境保护

青贮(或氨化)饲料渗出液应通过池外排水沟收集到污水处理设施进行处理；青贮池(或氨化池)地面应做防渗处理；采取相应的措施防止雨淋、水浸而产生污水。

10 主要技术及经济指标

10.1 建筑工程量估算方法

根据拟建青贮池(或氨化池)的长、宽、高及数量,测算青贮池(或氨化池)建筑工程量、操作场地和通道建筑工程量、防雨排水设施建筑工程量、土方工程量。

青贮池(或氨化池)建筑总工程量=边墙建筑工程量+间墙建筑总工程量+底面建筑总体积+操作场地和通道建筑总工程量+防雨排水设施建筑总工程量

地上式青贮池(或氨化池)土方量=墙体基础体积+底面开挖土方量(或墙体基础体积+底面回填土方量)

地下式青贮池土方量=青贮池容积+青贮池建筑工程量+防雨排水设施建筑工程量

半地下式青贮池土方量=地下部分青贮池容积+地下部分青贮池建筑工程量+防雨排水设施建筑工程量

青贮池(或氨化池)建设总工程量=青贮池(或氨化池)建筑总工程量+土方工程量

10.2 青贮池、氨化池建设主要材料消耗量

表 2 提供的是 4 种规模下所需要的建设材料消耗水平。

表 2 不同规模青贮池(或氨化池)建设材料消耗量参考表

类型	结构	建筑材料	青贮池(或氨化池)总容积			
			500 m^3	1 000 m^3	5 000 m^3	10 000 m^3
地上式	钢筋混凝土	中粗砂,m^3	98.4～120.5	146.9～174.7	430.0～482.1	712.7～770.3
		石子,m^3	204.0～249.8	304.6～362.3	891.4～999.4	1 477.4～1 596.9
		水泥,t	81.4～99.6	121.5～144.5	355.5～398.6	589.2～636.9
		钢筋,t	4.4～6.2	4.7～6.3	9.7～12.7	12.6～16.1
	砖混	砖,万块	12.6～15.6	18.1～21.8	36.9～43.7	48.1～55.2
		中粗砂,m^3	83.8～102.9	124.1～146.8	382.5～425.7	650.6～698.8
		水泥,t	38.2～43.8	58.0～64.4	225.2～237.5	419.4～433.2
半地上式	钢筋混凝土	中粗砂,m^3	74.1～86.2	107.8～122.9	350.6～378.1	609.5～639.1
		石子,m^3	153.6～178.6	223.6～254.8	726.8～783.9	1 263.6～1 324.9
		水泥,t	61.3～71.3	89.2～101.6	289.8～312.6	504.0～528.4
		钢筋,t	2.4～3.2	2.5～3.4	5.3～6.9	8.7～6.9
	砖混	砖,万块	8.2～10.0	10.0～11.8	20.6～23.7	26.9～29.9
		中粗砂,m^3	95.8～108.1	138.6～151.1	551.8～575.0	1 035.1～1 060.5
		水泥,t	33.6～37.5	49.9～53.8	208.9～216.2	398.8～406.4
地下式	钢筋混凝土	中粗砂,m^3	77.7～82.0	112.5～119.4	357.4～372.0	612.9～635.3
		石子,m^3	161.0～169.9	233.3～247.5	740.9～771.3	1 270.6～1 317.0
		水泥,t	64.2～67.8	93.1～98.7	295.5～307.6	506.7～525.3
		钢筋,t	2.7～2.8	2.7～2.8	3.7～3.8	4.7
	砖混	砖,万块	7.3～8.3	11.8～13.6	23.7～27.6	29.9～35.6
		中粗砂,m^3	95.6～99.4	151.1～156.6	575.0～586.7	1 060.5～1 078.5
		水泥,t	34.6～35.1	53.8～54.4	216.2～217.8	406.4～409.3
青贮池、氨化池宽,m			3.2	5.1	12.6	20.2
青贮池、氨化池高,m			2	2.5	2.5	2.5
取料进度,m/d			0.2	0.2	0.4	0.5

注 1:本表青贮池(或氨化池)高度为选定经验值,取料进度按附录 D 取值,青贮池(或氨化池)宽度为计算值,青贮池(或氨化池)墙体为垂直墙体,厚度为附录 E 中推荐值;墙基深度 0.5 m;联池间距除地下式为 1.5 m 外,其他池间距为间墙厚度;青贮池底厚 200 mm;水泥砂浆抹面厚度 15 mm。

注 2:砖混结构砌体每立方米用砖量 545 块,砖(规格 240 mm×115 mm×53 mm)、砂浆净用量 0.23 m^3。

注 3:砌筑砂浆、抹灰砂浆、碎石混凝土材料比例见附录 F。

10.3 建设工程量与投资估算

表 3 提供的是 4 种规模下青贮池(或氨化池)建设工程量与投资估算参考值。

表 3　不同规模青贮池(或氨化池)建设工程量与投资估算参考值

类型	估算内容		青贮池(或氨化池)总容积			
			500 m³	1 000 m³	5 000 m³	10 000 m³
地上式	砖混结构	建筑工程总量,m³	294.3～369.5	431.9～522.9	1 196.9～1 369.1	1 930.4～2 122.5
		土方工程量,m³	86～101	126～141	493～522	921～954
		建设投资,万元	11.6～14.3	16.9～20.0	43.5～49.4	67.4～73.8
	混凝土结构	建筑工程总量,m³	240.1～293.9	358.4～426.2	1 048.7～1 175.8	1 738.2～1 878.7
		土方工程量,m³	76～87	114～125	469～491	890～915
		建设投资,万元	12.0～15.1	17.3～20.8	49.1～55.8	80.1～87.5
半地上式	砖混结构	建筑工程总量,m³	216.2～260.4	289.6～335.1	909.1～993.2	1 556.9～1 648.2
		土方工程量,m³	370～386	649～669	2 924～2 960	5 693～5 729
		建设投资,万元	8.7～10.3	11.6～13.2	34.9～37.8	58.7～61.7
	混凝土结构	建筑工程总量,m³	180.7～210.3	263.0～299.7	855.0～922.2	1 486.7～1 558.7
		土方工程量,m³	350～362	636～652	2 898～2 925	5 658～5 685
		建设投资,万元	9.0～10.7	12.8～14.7	40.5～44.1	69.8～73.7
地下式	砖混结构	建筑工程总量,m³	260.4～273.7	335.1～355.7	993.2～1 037.7	1 648.2～1 716.8
		土方工程量,m³	740～750	1 304～1 322	5 851～5 890	11 371～11 432
		建设投资,万元	10.4～11.2	13.4～14.6	38.7～41.2	63.4～67.2
	混凝土结构	建筑工程总量,m³	210.3～221.6	274.5～291.2	871.6～907.4	1 494.8～1 549.4
		土方工程量,m³	691～699	1 245～1 258	5 733～5 761	11 221～11 266
		建设投资,万元	10.5～11.0	13.2～14.0	41.5～43.1	71.4～73.4
青贮池、氨化池宽,m			3.2	5.1	12.6	20.2
青贮池、氨化池高,m			2.0	2.5	2.5	2.5
取料进度,m/d			0.2	0.2	0.4	0.5

注 1:本表青贮池(或氨化池)高度为选定经验值,取料进度按附录 D 取值,青贮池(或氨化池)宽度为计算值,青贮池(或氨化池)墙体为垂直墙体,厚度为附录 E 中推荐值;墙基深度 0.5 m;联池间距除地下式为 1.5 m 外,其他池间距为间墙厚度;青贮池底厚 200 mm;水泥砂浆抹面厚度 15 mm。

注 2:2012 年 9 月混凝土综合建筑单价 440 元/m³、砖混综合建筑单价 385 元/m³、土方工程单价 3 元/m³。以后进行投资估算时应参照当地当时市场价格。

10.4　建设工期

青贮氨化设施建设工期一般为 2 个月～6 个月。宜避开冬季和雨季施工。

附　录　A
（规范性附录）
主要草食家畜青贮氨化秸秆采食量

A.1　主要草食家畜青贮氨化秸秆日平均采食量

见表A.1。

表A.1　主要草食家畜青贮氨化秸秆日平均采食量

单位为千克每头

家畜种类	成乳牛	肉牛	山羊	绵羊	备注
青贮秸秆平均采食量	20～25	10～20	1.5～2	2～2.5	饲用时含水量60%～65%
氨化秸秆平均采食量	—	2～10	0.3～0.8	0.5～1.0	饲用时含水量45%～55%

A.2　主要草食家畜青贮氨化秸秆全群年平均采食量

见表A.2。

表A.2　主要草食家畜青贮氨化秸秆全群年平均采食量

单位为千克每头

养殖场类型	青贮秸秆		氨化秸秆	
	下限值	上限值	下限值	上限值
奶牛场	5 500	6 000	1 000	1 500
肉牛育肥场	5 500	7 000	1 800	2 200
山羊自繁自养场	350	450	150	250
绵羊自繁自养场	400	500	200	300

附 录 B
(规范性附录)
主要青贮氨化原料的物理性能

主要青贮氨化原料的物理性能见表B.1。

表B.1 主要青贮氨化原料的物理性能

原料名称	制作时容重,kg/m³	利用时容重,kg/m³
乳熟至蜡熟期全株玉米	550～650	650～700
青贮玉米秸秆	450～500	550～650
牧草、野草、甘蔗叶梢	500～550	550～600
块根类、叶类鲜蔬菜	650～700	750～800
红薯藤	600～650	700～750
萝卜叶、蔓菁叶、苦荬菜	550～600	600～650
氨化干秸秆	100～200	150～250

附 录 C
（规范性附录）
计 算 公 式

C.1 青贮池适宜宽度

按式(C.1)计算。

$$B=\frac{V_{\theta}}{H\times\gamma_{\theta}} \text{ 或 } B=\frac{V\times K}{H\times 365\times\gamma_{\theta}} \quad \cdots\cdots (C.1)$$

式中：

B ——青贮池适当宽度，单位为米(m)；

V_{θ} ——每日取料的体积，单位为立方米(m^3)[$V_{\theta}=C\times F/(365\times R)$]；

V ——青贮池、氨化池容积，单位为立方米(m^3)；

H ——青贮池高度，单位为米(m)；

K ——青贮池、氨化池年使用次数，单位为次每年(次/年)；

γ_{θ} ——每日取料进度，单位为米每日(m/d)。

C.2 多联青贮池单池适宜个数

多联池总宽度与长度基本相等时建筑面积最小，即 $n\approx L_{单}/B$ 时最经济。考虑到多联池开口端有一定宽度的操作场地和通道，多联池单池适当数量按式(C.2)计算。

$$n\approx\sqrt{L/B}+1 \quad \cdots\cdots (C.2)$$

式中：

n——为多联池单池适宜个数，单位为个；

L——青贮池、氨化池总长度，单位为米(m)；

B——青贮池适当宽度，单位为米(m)。

附　录　D
（资料性附录）
取料进度与青贮池容积对应关系

取料进度与青贮池容积的对应关系见表 D.1。

表 D.1　取料进度与青贮池容积对应关系

容积，m^3	500	1 000	5 000	10 000
取料进度，m/d	0.2	0.2	0.4	0.5

附 录 E
（规范性附录）
不同高度青贮池的墙体厚度

不同高度青贮池的墙体厚度见表E.1。

表E.1 不同高度青贮池的墙体厚度

青贮池、氨化池形式	墙体高度，m	垂直墙体厚度，mm		梯形墙体顶端厚度，mm	
		砖砌	全混	砖砌	全混
地上式	2	≥630	≥450	≥250	≥200
	2.5	≥740	≥550	≥350	≥300
	3	≥840	≥650	≥450	≥400
	3.5	≥1 100	≥850	≥550	≥500
半地上式	2	≥370	≥250	—	—
	2.5	≥370	≥300	—	—
	3	≥500	≥350	—	—
	3.5	≥630	≥400	—	—
地下式	2	≥370	≥250	—	—
	2.5	≥370	≥250	—	—
	3	≥500	≥300	—	—
	3.5	≥500	≥300	—	—

注1：通过调研国内大量青贮池列出此表。表中数据为计算推荐值，具体项目可根据所采用墙体结构形式进行计算。

注2：梯形墙体边坡坡度的经验设计值为1∶(0.08～0.1)。

附 录 F
（规范性附录）
建筑材料规格、配合比

建筑材料规格、配合比见表 F.1。

表 F.1 建筑材料规格、配合比

原 料	规 格	配合比		
		碎石混凝土（C25）	砌筑砂浆（水泥砂浆）（水泥砂浆 M5.0）	抹灰砂浆（1：1.5）
水泥，t	32.5＃	0.387	0.220	0.627
中粗砂，m^3	中粗	0.400	1.020	0.793
碎石，m^3	20 mm～40 mm	0.840		
水，m^3		0.184	0.220	0.300

附　录　G
（资料性附录）
不同高度青贮池、氨化池单方钢筋参考用量

不同高度青贮池、氨化池单方钢筋参考用量见表 G.1。

表 G.1　不同高度青贮池、氨化池单方钢筋参考用量

青贮池、氨化池高度，m	单方钢筋重，kg/m^3
2	34.2
2.5	23.4
3	25.6
3.5	19.5

附 录 H
(规范性附录)
青贮池固定高度下的适宜联池个数和宽度

青贮池固定高度下的适宜联池个数和宽度见表 H.1。

表 H.1 青贮池固定高度下的适宜联池个数和宽度

固定池高 m	总容积 500 m^3		总容积 1 000 m^3		总容积 5 000 m^3		总容积 10 000 m^3	
	联池数量 个	宽度 m	联池数量 个	宽度 m	联池数量 个	宽度 m	联池数量 个	宽度 m
2.0	3～5	3.2	3～5	6.3	3～5	15.8	3～5	25.3
2.5	3～5	2.5	3～5	5.1	3～5	12.6	3～5	20.2
3.0	—	—	3～5	4.2	3～5	10.5	3～5	16.9
3.5	—	—	3～5	3.6	3～5	9.0	3～5	14.4

ICS 65.020.30
B 40

中华人民共和国农业行业标准

NY/T 2774—2015

种兔场建设标准

Construction criterion for breeding rabbit farm

2015-05-21 发布　　2015-08-01 实施

中华人民共和国农业部 发布

前　言

本标准按照GB/T 1.1—2009给出的规则起草。

本标准由农业部发展计划司提出。

本标准由农业部农产品质量安全监管局归口。

本标准起草单位：农业部规划设计研究院、中国农业大学动物科技学院。

本标准主要起草人：耿如林、张庆东、穆钰、吴中红、陈林、邹永杰、曹楠、杜孝明。

种兔场建设标准

1 总则

1.1 为加强工程项目决策和建设的科学管理,规范种兔场建设,合理确定建设规模,推进技术进步,全面提高投资效益,特制定本标准。

1.2 本标准是编制、评估和审批种兔场工程项目可行性研究报告的重要依据,也是有关部门审查工程项目初步设计和监督、检查项目建设过程的尺度。

1.3 本标准适用于肉用兔种兔场的新建、改建及扩建工程,毛用兔场、皮用兔场的建设可参照执行。

1.4 种兔场建设应遵守国家有关法律、法规,贯彻执行节能、节水、节约用地和环境保护等政策法规,并符合国家及地区畜牧业发展规划。

1.5 种兔场建设除执行本建设标准外,尚应符合国家现行的有关强制性标准、定额或指标的规定。

2 规范性引用文件

下列文件对本文件的应用是必不可少的。凡是注日期的引用文件,仅注日期的版本适用于本文件。凡是不注日期的引用文件,其最新版本(包括所有的修改单)适用于本文件。

GB 5084 农田灌溉水质标准

GB 16548 病害动物和病害动物产品生物安全处理规程

GB 50016 建筑设计防火规范

GB 50039 农村防火规范

GB 50052 供配电系统设计规范

GB 50068 建筑结构可靠度设计统一标准

GB 50223 建筑工程抗震设防分类标准

HJ/T 81 畜禽养殖业污染防治技术规范

NY/T 388 畜禽场环境质量标准

NY/T 1168 畜禽粪便无害化处理技术规范

NY 5027 无公害食品畜禽饮用水水质

3 术语和定义

下列术语和定义适用于本文件。

3.1

有窗式兔舍 rabbit house with windows

由屋面、外墙、门窗等围护结构形成的饲养空间,可人工调控舍内环境的兔舍。

3.2

半开敞式兔舍 semi - open rabbit house

由墙、矮墙和屋面等外围护结构形成的半开敞空间,可通过卷帘等临时措施调控舍内环境的兔舍。

3.3

开敞式兔舍 open rabbit house

四周无墙,外围护结构仅为屋面和立柱,不能人工调控舍内环境的兔舍。又称棚式兔舍。

4 场址选择

4.1 应符合国家相关法律法规、地方土地利用规划和村镇建设规划。

4.2 应满足工程建设需要的水文地质和工程地质条件。

4.3 应选择在地势高燥、背风、向阳、交通便利的地点。环境质量应符合 NY/T 388 的规定。

4.4 应符合动物防疫条件,场址距离居民点、公路铁路等主要交通干线 1 000 m 以上,距离其他畜牧场、畜产品加工厂、大型工厂等 3 000 m 以上。

4.5 应选在最近居民点常年主导风向的下风向处或侧风向处。

4.6 应水源充足、排水畅通、供电可靠,具备就地消纳粪污的条件。

4.7 以下地段或地区严禁建设种兔场:

a) 自然保护区、水源保护区、风景旅游区;

b) 受洪水或山洪威胁及泥石流、滑坡等自然灾害多发地带;

c) 污染严重的地区。

5 场区布局

5.1 种兔场分区

5.1.1 生活管理区

包括办公室、接待室等管理设施及职工宿舍、食堂等生活设施,应位于场区全年主导风向的上风向或侧风向处。

5.1.2 辅助生产区

包括饲料仓库、饲料加工车间、供水、配电等公用设施,宜与生活管理区并列或布置在生活管理区与生产区之间。

5.1.3 生产区

与其他区之间应用实体围墙或绿化隔离带分开,生产建筑与其他建筑间距应大于 20 m。生产区入口应设置人员消毒间和车辆消毒设施。

5.1.3.1 兔舍朝向应兼顾通风与采光,兔舍长轴应以东西向为主,偏转不超过 15°,与常年主导风向呈 30°～60°为宜。

5.1.3.2 兔舍之间应平行排列,兔舍前后间距宜为 8.0 m～15.0 m,左右间距宜为 8.0 m～12.0 m。由上风向到下风向各类兔舍的排列顺序为种公兔舍、种母兔舍、仔兔舍、后备兔舍。

5.1.4 隔离区

应位于场区全年主导风向的下风向处和场区地势最低处,用实体围墙或绿化带与生产区隔离。隔离区主要布置病兔隔离舍、粪尿及死兔处理设施。隔离区与生产区通过污道连接。

5.2 场区绿化

应选择适合当地生长、对人畜无害的花草树木,绿地率应大于 25%。

5.3 场区道路

种兔场与外界应有专用道路相连。场区道路应分净道和污道,两者不应交叉与混用。净道宽度宜为 3.5 m～5.0 m,污道宽度宜为 2.0 m～3.0 m,路面应硬化。

6 建设规模与内容

6.1 种兔场建设规模

以存栏种母兔只数表示,种兔场的建设规模应参考表 1 的规定。

表 1 种兔场建设规模

单位为只

类别		指标			
肉用兔种兔场	种母兔存栏量	1 000～2 000	2 000～3 000	3 000～4 000	4 000～5 000
	总存栏量	6 200～12 500	12 500～18 700	18 700～25 000	25 000～31 000
皮用兔种兔场	种母兔存栏量	800～1 500	1 500～2 000	2 000～3 000	3 000～4 000
	总存栏量	6 000～12 500	12 500～17 000	17 000～25 000	25 000～33 000
毛用兔种兔场	种母兔存栏量	1 500～2 500	2 500～4 000	4 000～6 000	6 000～8 000
	总存栏量	6 200～12 000	12 000～17 000	17 000～25 000	25 000～33 000

6.2 种兔场建设内容

包括生产设施、公用配套及管理设施、防疫设施和无害化处理设施等，建设内容可参考表 2。具体工程可根据工艺设计、饲养规模及实际需要建设。

表 2 种兔场建设内容

建设项目	生产设施	公用配套及管理设施	防疫设施	无害化处理设施
建设内容	种公兔舍、种母兔舍、仔兔舍、后备兔舍、精液处理间、性能测定舍、饲料仓库、饲料加工车间	围墙、大门、门卫、宿舍、办公室、档案室、食堂餐厅、锅炉房、变配电室、消防水池、水泵房、卫生间、水井、场区道路、兽医室	(淋浴)消毒间、消毒池、隔离兔舍、清洗消毒池	发酵间、污水处理设施、安全填埋井、焚烧间

7 工艺和设备

7.1 种兔场工艺

应采用 1 层～3 层笼养的饲养方式，采用颗粒料饲喂、阶段饲养、分群饲养等工艺。宜采用人工授精方式配种，全进全出制饲养工艺。

7.1.1 种兔场应采用自动饮水装置。要求饮水器质量好，不跑、漏、滴水，以防止饮水器漏水产生过量污水。

7.1.2 种兔场宜采用机械上料或人工上料工艺，自动下料槽供料。饲槽要求坚固耐啃咬，易清洗消毒。

7.1.3 有窗式兔舍宜采用风机、湿帘降温系统或空调降温系统。开敞式、半开敞式兔舍宜采用可移动风机通风。

7.1.4 清粪可采用人工清粪或机械清粪，种兔场宜采用刮板式机械清粪或传送带清粪。

7.2 种兔场设备

主要包括兔笼、喂料、饮水、通风、降温、供暖、清洗消毒、兽医防疫、人工授精、饲料加工、清粪等设备。设备选型应技术先进、经济实用、性能可靠。

7.2.1 种兔场兔笼宜采用热镀锌金属笼或预制构件兔笼。兔笼形式宜为单层、半阶梯双层或三层重叠式兔笼。兔笼尺寸应符合表 3 的规定。

表 3 各类兔笼尺寸

单位为厘米

类别	宽度	深度	高度
大型品种、种公兔	65～70	60	45
种母兔、后备兔	55～60	50～55	40
仔兔、幼兔	45	50	30

7.2.2 兔舍内兔笼的排列可采用单列式、双列式或多列式布局。

7.2.3 种兔场宜配套饲料粉碎机、搅拌机、制粒机等饲料加工设备。

8 建筑和结构

8.1 兔舍的建筑形式

应根据当地自然气候条件，因地制宜采用开敞式、半开敞式或有窗式兔舍。

8.2 兔舍建筑高度

以笼具形式和气候特点而定。檐口高度宜大于 2.7 m，舍内地面标高应高于舍外地坪 0.15 m～0.45 m，并与场区道路标高相协调。

8.3 兔舍跨度

有窗式兔舍建筑跨度以笼具放置形式而定，双列式以 6.0 m 为宜，三列式以 9.0 m 为宜，一般跨度宜控制在 12.0 m 以内；半开敞式或开敞式兔舍跨度宜控制在 9.0 m 以内。

8.4 兔舍屋面

应采取保温隔热和防水措施。

8.5 舍内地面

应硬化、防滑、耐腐蚀，便于清扫。

8.6 兔舍排污

采用刮板式清粪工艺排污沟坡度宜小于 0.5%；人工清粪工艺排污沟坡度宜控制在 0.5%～1.0%。

8.7 兔舍墙面

有窗式兔舍外墙应保温隔热；内墙面应平整光滑、便于清洗消毒。

8.8 有窗式兔舍建筑

应具备防鼠、防蚊蝇、防虫和防鸟设施。

8.9 种兔场建筑耐火等级和防火间距

8.9.1 生产建筑、公用配套及管理建筑

不低于三级耐火等级。

8.9.2 生产建筑与周边建筑的防火间距

应按 GB 50016 戊类厂房的相关规定执行。

8.10 建筑类型

根据现场条件，兔舍建筑可采用砖混结构、轻钢结构或砖木结构。

8.11 抗震设防类别

兔舍宜为适度设防类(简称丁类)，其他建筑应按照 GB 50223 的规定执行。

8.12 生产建筑的结构

设计使用年限 25 年，结构安全等级二级。其他建筑应按 GB 50068 的规定执行。

9 配套工程

9.1 给水和排水

9.1.1 种兔场供水应采用生活、生产、消防合一的给水系统，由水源、水泵、水塔、供水管网和饮水设备组成。种兔场用水水质应符合 NY 5027 的规定。

9.1.2 管理建筑的给水、排水按工业与民用建筑有关规定执行。

9.1.3 兔用饮水设备包括过滤器、减压装置、饮水器及其附属管路，要求密封性好，使用方便，持久耐用。

9.1.4 场区排水应采用雨污分流制，雨水宜采用明沟排放，污水应采用暗管排入污水处理设施。

9.2 供暖、通风与降温

9.2.1 有窗式兔舍供暖措施包括集中供热(锅炉供暖)、局部供热(火炉、红外线灯等)或单独的供暖育仔间等。开敞式、半开敞兔舍可采用塑料膜、草帘、围席等遮封的办法,达到保温的目的。

9.2.2 兔舍应以自然通风方式为主,跨度较大时宜采用机械通风。有窗式和半开敞式兔舍夏季应设置降温设施。

9.3 供电与照明

9.3.1 种兔场供电负荷等级为三级。电源宜由当地供电网络引入 10 kV 电源。

9.3.2 兔舍照明以自然光为主、补充光源照明为辅。光源应采用节能灯,每平方米照度 60 lx～100 lx,灯高距离地面 2.0 m～2.5 m。

9.3.3 种兔场场区宜设路灯照明系统、电话与网络系统。

9.3.4 种兔场宜设视频安防监控系统、出入口控制系统。

9.3.5 种兔场电气设计应符合 GB 50052 的规定。

9.4 消防设施

消防设施按 GB 50039 的规定执行。

10 粪污无害化处理

10.1 种兔场的粪污处理设施应与生产设施同步设计、同时施工、同时投产使用,其处理能力和处理效率应与生产规模相匹配。

10.2 种兔场粪污应进行无害化处理与资源化利用,宜采用高温堆肥发酵处理方式对固体粪污进行无害化处理。处理结果应符合 NY/T 1168 的要求。

10.3 种兔场生产污水必须采取有效措施进行净化处理,包括机械、物理、化学、生物学等多种方式。污水排放应符合 GB 5084 的规定。

11 防疫设施

11.1 种兔场四周应建封闭实体围墙,各功能区之间设绿化隔离带。场区大门口、生产区入口设车辆消毒池及人员消毒间,进入生产区的车辆和人员应严格消毒。

11.2 种兔场应建设安全填埋井或焚烧间,非传染性病死兔尸体、胎盘、死胎等的处理与处置应符合 HJ/T 81 的规定。传染性病死兔尸体及器官组织等处理按 GB 16548 的规定执行。

11.3 种兔场分期建设时,各期工程应形成独立的生产区域,各区间设置隔离沟、障及有效的防疫措施。

12 主要技术经济指标

12.1 种兔场建设总投资和分项工程建设投资应参考表 4 的规定。表 4 的投资指标仅限于生产建筑为有窗式种兔舍的种兔场,半开敞式种兔场投资在此基础上生产设施下调 10%～15%,开敞式种兔场投资在此基础上生产设施下调 15%～20%。

表 4 种兔场建设投资控制额度表

项目名称	种母兔存栏量,只			
	1 000～2 000	2 000～3 000	3 000～4000	4 000～5 000
总投资指标,万元	350～580	580～780	770～1 000	1 000～1 250
生产设施,万元	200～395	395～550	550～715	715～860
公用配套及管理设施,万元	130～155	155～190	190～250	250～310
防疫设施,万元	15～17	17～18	18～21	21～28
粪污无害化处理设施,万元	8～12	12～17	17～23	23～35

12.2 种兔场占地面积及建筑面积指标应参考表 5 的规定。

表 5　种兔场占地面积及建筑面积指标

项目名称	种母兔存栏量，只			
	1 000～2 000	2 000～3 000	3 000～4000	4 000～5 000
占地面积，m^2	12 000～15 000	15 000～20 000	20 000～28 000	28 000～32 000
总建筑面积，m^2	2 300～4 200	4 200～5 800	5 800～7 600	7 600～9 400
生产建筑面积，m^2	1 800～3 600	3 600～5 000	5 000～6 600	6 600～7 900
其他建筑面积，m^2	500～550	550～750	750～1 000	1 000～1 500

12.3　种兔场劳动定员应参考表 6 的规定，条件较好、管理水平较高的地区，应尽量减少劳动定额。生产人员应进行上岗培训。

表 6　种兔场劳动定额

项目名称	种母兔存栏量，只			
	1 000～2 000	2 000～3 000	3 000～4000	4 000～5 000
劳动定员，人	7～13	13～16	16～18	18～20
劳动生产率，只/人	140～150	150～190	190～220	220～250

12.4　种兔场经济技术指标以存栏种母兔数量估算，指标平均至每只种母兔，各项指标应参考表 7 的规定。

表 7　种兔场经济技术指标

项目名称	消耗指标
占地面积，m^2/只	8～12
建筑面积，m^2/只	1.8～2.2
投资额，万元/只	0.25～0.35
年用水量，m^3/只	1.5～2.0
年用电量，kWh/只	80～100
年颗粒饲料用量，kg/只	450～500

ICS 67.120.10
X 22

中华人民共和国农业行业标准

NY/T 2778—2015

骨　素

Defatted bone extracts

2015-05-21 发布　　2015-08-01 实施

中华人民共和国农业部　发布

前　言

本标准按照GB/T 1.1—2009给出的规则起草。

本标准由农业部农产品加工标准化技术委员会提出并归口。

本标准主要起草单位：中国农业科学院农产品加工研究所、甘肃农业大学、山东悦一生物科技有限公司、雏鹰农牧集团股份有限公司、河南众品食业股份有限公司、白象集团食品有限公司、鹤壁普乐泰生物科技有限公司。

本标准起草人：张春晖、王金枝、张德权、余群力、贾伟、李侠、金凤、景晓亮、谢小雷、莫海珍、杜桂红、唐春红、刘真理、韩迎生、张建林、刘菊燕。

骨　素

1　范围

本标准规定了骨素的术语和定义、产品分类、生产加工过程的卫生要求、原辅料要求、产品要求、试验方法、检验规则、标志、标签、包装、运输、储存。

本标准适用于以畜禽骨和鱼骨为原料生产的骨素产品。

2　规范性引用文件

下列文件对于本文件的应用是必不可少的。凡是注日期的引用文件，仅注日期的版本适用于本文件。凡是不注日期的引用文件，其最新版本(包括所有的修改单)适用于本文件。

GB/T 191　包装储运图示标志

GB 2707　鲜(冻)畜肉卫生标准

GB 2733　鲜、冻动物性水产品卫生标准

GB 2760　食品安全国家标准　食品添加剂使用标准

GB 2762　食品安全国家标准　食品中污染物限量

GB 4789.2　食品安全国家标准　食品微生物学检验　菌落总数测定

GB 4789.3　食品安全国家标准　食品微生物学检验　大肠菌群计数

GB 4789.4　食品安全国家标准　食品微生物学检验　沙门氏菌检验

GB 4789.5　食品安全国家标准　食品微生物学检验　志贺氏菌检验

GB 4789.10　食品安全国家标准　食品微生物学检验　金黄色葡萄球菌检验

GB 4789.15　食品安全国家标准　食品微生物学检验　霉菌和酵母计数

GB 5009.3　食品安全国家标准　食品中水分的测定

GB 5009.5　食品安全国家标准　食品中蛋白质的测定

GB/T 5009.6　食品中脂肪的测定

GB/T 5009.39　酱油卫生标准的分析方法

GB 5461　食用盐

GB/T 5538　动植物油脂　过氧化值测定

GB 5749　生活饮用水卫生标准

GB/T 6543　运输包装用单瓦楞纸箱和双瓦楞纸箱

GB 7718　食品安全国家标准　预包装食品标签通则

GB 9683　复合食品包装袋卫生标准

GB 9687　食品包装用聚乙烯成型品卫生标准

GB 9688　食品包装用聚丙烯成型品卫生标准

GB 9959.1　鲜、冻片猪肉

GB/T 9961　鲜、冻胴体羊肉

GB/T 12315　感官分析　方法学　排序法

GB/T 12457　食品中氯化钠的测定

GB/T 12729.2　香辛料和调味品　取样方法

GB 14881　食品安全国家标准　食品生产通用卫生规范

GB 16869　鲜、冻禽产品

GB/T 17238　鲜、冻分割牛肉

GB 19303　熟肉制品企业生产卫生规范

GB/T 25006　感官分析　包装材料引起食品风味改变的评价方法

GB 28050　食品安全国家标准　预包装食品营养标签通则

GB 29921　食品安全国家标准　食品中致病菌限量

GB 29938　食品安全国家标准　食品用香料通则

GB 30616　食品安全国家标准　食品用香精

JJF 1070　定量包装商品净含量计量检验规则

国家质量监督检验检疫总局令(2005)第 75 号　定量包装商品计量监督管理办法

3　术语和定义

下列术语和定义适用于本文件。

3.1

骨素　defatted bone extracts

指以畜禽骨、鱼骨为原料,采用分离提取技术,经脱脂、浓缩或不浓缩等处理,获取骨胶原蛋白、矿物质等成分,得到的产品,即去脂的可食性骨抽提物。

3.2

液态骨素　defatted liquid bone extracts

指固形物含量小于等于 25%的骨素产品。

3.3

半固态骨素　defatted semisolid bone extracts

指固形物含量大于 25%的骨素产品。

3.4

固态骨素　defatted solid bone extracts

指水分含量小于 10%的骨素产品。

4　产品分类

4.1　产品按原料来源分类

例如,以猪骨为原料加工的骨素命名为猪骨素,类似的包括牛骨素、羊骨素、鸡骨素和鱼骨素等。

4.2　产品按形态分

分为液态骨素、半固态骨素和固态骨素。

4.3　产品按含盐量分

分为加盐骨素和不加盐骨素。

5　生产加工过程的卫生要求

应符合 GB 19303 和 GB 14881 的规定。

6　原辅料要求

6.1　鲜(冻)猪骨、牛骨、羊骨、鸡骨(架)、鱼骨

应符合 GB 2707、GB 9959.1、GB/T 17238、GB/T 9961、GB 16869、GB 2733 的规定,其他来源的骨应符合相关规定。

6.2　食用盐

应符合 GB 5461 的规定。

6.3 生产用水

应符合 GB 5749 的规定。

6.4 其他辅料

应符合相关规定。

7 产品要求

7.1 理化指标

应符合表 1 的规定。

表 1 理化指标

项目	液态骨素	半固态骨素	固态骨素
蛋白质,%	≥5	≥15	≥65
食盐(以 NaCl 计),g/100 g	≤18	≤18	≤18
脂肪,%	≤5	≤6.5	≤25
水分,%	≤85	≤65	≤10
氨基酸态氮(以 N 计),g/100 g	≥0.1	≥0.13	≥0.5
过氧化值,g/100 g	≤0.2	≤0.2	≤0.2

7.2 感官要求

应符合表 2 的要求。

表 2 感官要求

项目	液态骨素	半固态骨素	固态骨素
形态	呈流动状的液体	呈黏稠状、膏状	呈块状、颗粒、粉末状
色泽	呈淡黄色	呈淡黄、褐色	呈淡黄、乳白色
滋味	具有该产品独特滋味	具有该产品独特滋味	具有该产品独特滋味
气味	具有该产品独特气味	具有该产品独特气味	具有该产品独特气味
杂质	无肉眼可见的杂质	无肉眼可见的杂质	无肉眼可见的杂质

7.3 微生物指标

微生物指标应符合表 3 的规定,其他致病菌限量应符合 GB 29921 的规定。

表 3 微生物指标

项目	指标
菌落总数,CFU/g(mL)	≤30 000
大肠菌群,MPN/g(mL)	≤30
沙门氏菌	不得检出
志贺氏菌	不得检出
金黄色葡萄球菌	不得检出
霉菌	不得检出

7.4 卫生要求

7.4.1 重金属及污染物的要求

应符合 GB 2762 的规定。

7.4.2 食品添加剂的要求

应符合 GB 2760 的规定。

7.5 净含量要求

应符合国家质量监督检验检疫总局令(2005)第 75 号的规定。

8 试验方法

8.1 感官分析

感官分析按照 GB/T 12315、GB/T 25006 和 GB 30616 规定的有关方法进行，其中，色泽、滋味和气味按照 GB 30616 的规定进行。

8.2 理化指标测定

8.2.1 蛋白质

按 GB 5009.5 规定的方法测定。

8.2.2 氯化钠

按 GB/T 12457 规定的方法测定。

8.2.3 脂肪

按 GB/T 5009.6 规定的酸水解法测定。

8.2.4 水分

按 GB 5009.3 规定的方法测定。

8.2.5 氨基酸态氮

按 GB/T 5009.39 规定的方法测定。

8.2.6 过氧化值

按 GB/T 5538 规定的方法测定。

8.2.7 重金属及污染物

按 GB 2762 规定的方法执行。

8.3 微生物指标测定

8.3.1 菌落总数

按 GB 4789.2 规定的方法测定。

8.3.2 大肠菌群

按 GB 4789.3 规定的方法测定。

8.3.3 沙门氏菌

按 GB 4789.4 规定的方法测定。

8.3.4 志贺氏菌

按 GB 4789.5 规定的方法测定。

8.3.5 金黄色葡萄球菌

按 GB 4789.10 规定的第二法测定。

8.3.6 霉菌

按照 GB 4789.15 规定的方法测定。

8.4 净含量

按 JJF 1070 规定的方法进行。

9 检验规则

9.1 组批规则

同一次投料、同一班次、同一生产线生产的同一规格包装良好的产品为一批，按批号抽样。

9.2 抽样方法

产品取样按该产品的千分之三随机抽样，每次抽样量不得低于 1.2 kg。把样品平均分成 3 份进行封样，一份用于检验，一份用于复检，另一份留样用作仲裁；其他要求按照 GB/T 12729.2 规定的方法执行。

9.3 产品检验

9.3.1 出厂检验

出厂检验项目为感官、水分、食盐、氨基酸态氮、净含量、菌落总数、大肠菌群；出厂检验为批批检验。

9.3.2 型式检验

型式检验每半年进行一次，检验项目包括本标准中规定的全部要求。有下列情况之一，也应进行型式检验：

a） 新产品定型投产时；
b） 原料产地、供应商或生产工艺发生重大变化，可能影响产品质量时；
c） 停产 3 个月以上，恢复生产时；
d） 出厂检验结果与上次型式检验有较大差异时；
e） 国家质量监督机构提出进行型式检验要求时。

9.4 判定规则

产品经检验所有项目合格则判定该批产品合格。检验结果如有一项或一项以上指标不合格时，可以从该批产品中加倍抽取样品进行复检，复检合格则判定为合格品。复检结果仍有一项不合格，则判定该批产品不合格。微生物指标不得进行复检。

10 标志、标签、包装、运输、储存

10.1 标志、标签

产品标志、标签应符合 GB/T 191、GB 28050 和 GB 7718 的规定。标明产品名称、厂名、厂址、执行标准号、净含量、生产日期、保质期、储存方法及必要的储运图示标志等。

10.2 包装

本产品内包装物应符合 GB 9683、GB 9687 和 GB 9688 及相关规定。外包装物应符合 GB/T 6543 之规定。

10.3 运输

运输工具应清洁卫生；产品在运输过程中不应与有毒有害、有异味、易挥发、有污染的物品混装混运；应有防潮措施，避免日晒、雨淋、受热撞击，搬运装卸应轻拿轻放；未加盐骨素应储存于不高于－18℃。

10.4 储存

加盐骨素产品应常温、避光、通风、干燥储存，离墙 20 cm、离地 10 cm 以上，按向上箭头堆放，中间留有通道。切忌靠近水源、热源，不得与有毒有害、有异味、易挥发、易腐蚀等物品同库储存。未加盐骨素应存于不高于－18℃的冷库中。

ICS 67.120.10
X 22

中华人民共和国农业行业标准

NY/T 2781—2015

羊胴体等级规格评定规范

Evaluation specification of sheep/goat carcass grades

2015-05-21 发布

2015-08-01 实施

中华人民共和国农业部 发布

前　　言

本标准按照GB/T 1.1—2009给出的规则起草。

本标准由农业部农产品加工局提出。

本标准由农业部农产品加工标准化技术委员会归口。

本标准起草单位：中国农业科学院农产品加工研究所、内蒙古蒙都羊业食品有限公司、蒙羊牧业股份有限公司、阜新关东肉业有限公司。

本标准起草人：张德权、陈丽、张春晖、王振宇、李欣、高远、丁楷、许录、李猛、李志勇、孟庆财。

羊胴体等级规格评定规范

1 范围

本标准规定了羊胴体等级规格的术语和定义、等级规格、评定方法。

本标准适用于羊胴体等级规格的评定。

2 规范性引用文件

下列文件对于本文件的应用是必不可少的。凡是注日期的引用文件，仅注日期的版本适用于本文件。凡是不注日期的引用文件，其最新版本（包括所有的修改单）适用于本文件。

NY/T 630　羊肉质量分级

3 术语和定义

NY/T 630界定的以及下列术语和定义适用于本文件。

3.1

胴体　carcass

肉羊经宰杀、放血后除去毛、头、蹄、尾（或不去尾）和内脏后的带皮或去皮躯体。

3.2

羔羊胴体　lamb carcass

屠宰12月龄以内，完全是乳齿的羊获得的羊胴体。

3.3

大羊胴体　sheep/goat carcass

屠宰12月龄以上，并已更换一对以上乳齿的羊获得的羊胴体。

3.4

肋脂厚度　rib fat thickness

羊胴体12肋骨～13肋骨间截面，距离脊柱中心11 cm处肋骨上脂肪的厚度。

3.5

大理石纹　marbling

背最长肌中肌内脂肪的含量和分布状态。

4 等级规格

4.1 胴体等级

4.1.1 羔羊胴体等级

羔羊胴体等级由肋脂厚度、胴体重量指标评定，从高到低分为特等级、优等级、良好级、普通级4个级别，评定标准见表A.1。

4.1.2 大羊胴体等级

大羊胴体等级由肋脂厚度、胴体重量指标评定，从高到低分为特等级、优等级、良好级、普通级4个级别，评定标准见表A.2。

4.2 肌肉颜色等级

根据图B.1将肌肉颜色分为6个等级，其中3级、4级划为A级，其余级别划为B级。

4.3 大理石纹等级

根据图 B. 2 将大理石纹分为 6 个等级，其中 1 级、2 级、3 级划为 A 级，其余级别划为 B 级。图 B. 2 大理石纹标准板给出的是每级中大理石纹的最低标准。

4.4 羊胴体等级规格

羊胴体等级以肌肉颜色和大理石纹为辅助分级指标，将特等级、优等级、良好级、普通级羊胴体分为 16 个规格，评定标准见表 A. 3。

5 评定方法

5.1 生理成熟度

生理成熟度依据恒切齿数目、前小腿关节和肋骨形态确定。按照生理成熟度，羊胴体分为羔羊胴体和大羊胴体。

a） 羔羊胴体：无恒切齿，前小腿有折裂关节，折裂关节湿润，颜色鲜红，肋骨略圆。

b） 大羊胴体：有恒切齿，前小腿至少有一个控制关节，肋骨宽、平。

5.2 胴体重量

用称量器具称量羊胴体的重量。单位为千克（kg），精确到 0. 1 kg。

5.3 肋脂厚度

用测量工具测量羊胴体 12 肋骨～13 肋骨间截面，距离脊柱中心 11 cm 处肋骨上脂肪的厚度。单位为毫米（mm），精确到 1 mm，测定位置见图 C. 1。

5.4 肌肉颜色

胴体分割 0. 5 h 后，在 660 lx 白炽灯照明的条件下，按照图 B. 1 判断背最长肌 12 肋骨～13 肋骨间眼肌横切面的颜色等级。

5.5 大理石纹

按照图 B. 2 判断背最长肌 12 肋骨～13 肋骨间眼肌横切面的大理石纹等级。

附　录　A
（规范性附录）
羊胴体分级标准

A.1　羔羊胴体分级标准

见表A.1。

表A.1　羔羊胴体分级标准

级别	羔羊胴体分级	
	肋脂厚度(H),mm	胴体重量(W),kg
特等级	$8\leqslant H\leqslant 20$	绵羊 $W\geqslant 18$ 山羊 $W\geqslant 15$
优等级	$8\leqslant H\leqslant 20$	绵羊 $15\leqslant W<18$ 山羊 $12\leqslant W<15$
良好级	$8\leqslant H\leqslant 20$	绵羊 $8\leqslant W<15$ 山羊 $8\leqslant W<12$
	$5\leqslant H<8$	绵羊 $W\geqslant 12$ 山羊 $W\geqslant 10$
普通级	$5\leqslant H<8$	绵羊 $8\leqslant W<12$ 山羊 $8\leqslant W<10$
	$H<5$	绵羊 $W\geqslant 8$ 山羊 $W\geqslant 8$
	$H>20$	绵羊 $W\geqslant 8$ 山羊 $W\geqslant 8$

A.2　大羊胴体分级标准

见表A.2。

表A.2　大羊胴体分级标准

级别	大羊胴体分级	
	肋脂厚度(H),mm	胴体重量(W),kg
特等级	$8\leqslant H\leqslant 20$	绵羊 $W\geqslant 25$ 山羊 $W\geqslant 20$
优等级	$8\leqslant H\leqslant 20$	绵羊 $19\leqslant W<25$ 山羊 $14\leqslant W<20$
良好级	$8\leqslant H\leqslant 20$	绵羊 $16\leqslant W<19$ 山羊 $11\leqslant W<14$
	$5\leqslant H<8$	绵羊 $W\geqslant 19$ 山羊 $W\geqslant 14$
普通级	$5\leqslant H<8$	绵羊 $16\leqslant W<19$ 山羊 $11\leqslant W<14$
	$H<5$	绵羊 $W\geqslant 16$ 山羊 $W\geqslant 11$
	$H>20$	绵羊 $W\geqslant 16$ 山羊 $W\geqslant 11$

A.3 羊胴体等级规格

见表 A.3。

表 A.3 羊胴体等级规格

等级	规格			
特等级	AA	AB	BA	BB
优等级	AA	AB	BA	BB
良好级	AA	AB	BA	BB
普通级	AA	AB	BA	BB
注:第一个字母表示肌肉颜色级别;第二个字母表示大理石花纹级别。如特等级 AA,表示色泽为 A 级、大理石纹为 A 级的特等级羊肉。				

附 录 B
(规范性附录)
肌肉颜色和大理石纹标准板

B.1 肌肉颜色标准板

见图 B.1。

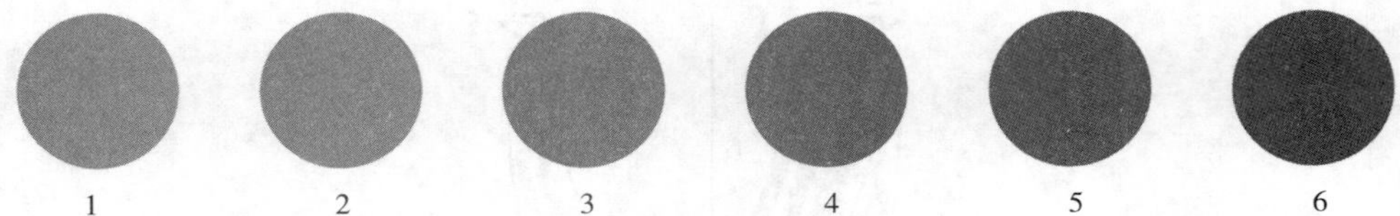

图 B.1 肌肉颜色标准板

B.2 大理石纹标准板

见图 B.2。

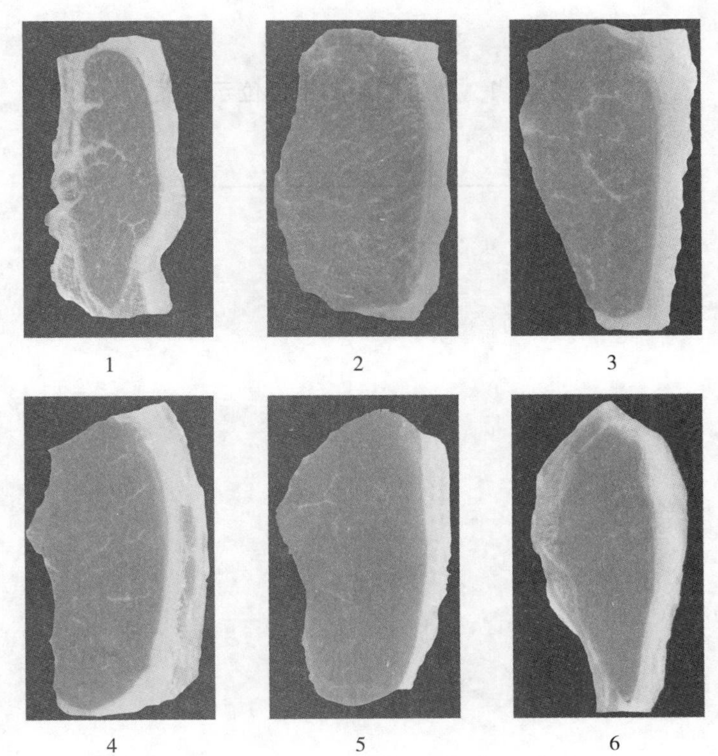

说明：

1——大理石纹极丰富；
2——大理石纹丰富；
3——大理石纹较丰富；
4——大理石纹中等；
5——大理石纹少量；
6——大理石纹几乎没有。

图 B.2 大理石纹标准板

附　录　C
（规范性附录）
肋脂厚度测定部位示意图

肋脂厚度测定部位示意图见图 C.1。

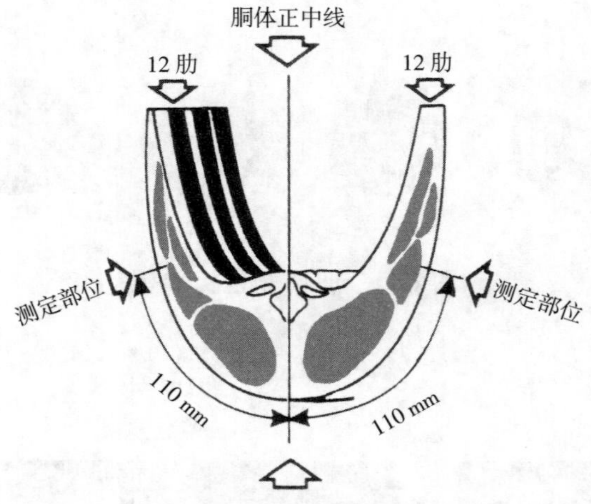

图 C.1　肋脂厚度测定部位示意图

ICS 67.120.10
X 22

中华人民共和国农业行业标准

NY/T 2782—2015

风干肉加工技术规范

Technical specification on processing of air-dried meat

2015-05-21 发布 2015-08-01 实施

中华人民共和国农业部 发布

前　言

本标准按照 GB/T 1.1—2009 给出的规则起草。

本标准由农业部农产品加工局提出。

本标准由农业部农产品加工标准化技术委员会归口。

本标准主要起草单位：中国农业科学院农产品加工研究所、中国肉类食品综合研究中心、中国农业科学院北京畜牧兽医研究所、内蒙古蒙都羊业食品有限公司、云南东恒经贸集团有限公司、青海可可西里肉食品有限公司。

本标准主要起草人：张德权、王振宇、张春晖、乔晓玲、高远、陈丽、李欣、丁楷、康宁、孙宝忠、林祖松、许录、穆国锋。

风干肉加工技术规范

1 范围

本标准规定了风干肉加工的术语和定义、基本要求、加工技术要求、包装与标识要求、储存和运输要求。

本标准适用于风干肉加工的质量管理，不适用于干腌火腿、腊肉、腊肠加工的质量管理。

2 规范性引用文件

下列文件对于本文件的应用是必不可少的。凡是注日期的引用文件，仅注日期的版本适用于本文件。凡是不注日期的引用文件，其最新版本(包括所有的修改单)适用于本文件。

GB/T 191 包装储运图示标志

GB 2707 鲜(冻)畜肉卫生标准

GB 2710 鲜(冻)禽肉卫生标准

GB 2717 酱油卫生标准

GB 2721 食用盐卫生标准

GB 2726 熟肉制品卫生标准

GB 2760 食品安全国家标准 食品添加剂使用卫生标准

GB/T 6543 运输包装用单瓦楞纸箱和双瓦楞纸箱

GB 7718 食品安全国家标准 预包装食品标签通则

GB 9681 食品包装用聚氯乙烯成型品卫生标准

GB 9683 复合食品包装袋卫生标准

GB 9687 食品包装用聚乙烯成型品卫生标准

GB 9688 食品包装用聚丙烯成型品卫生标准

GB 9689 食品包装用聚苯乙烯成型品卫生标准

GB 12694 肉类加工厂卫生规范

GB 14881 食品生产通用卫生规范

GB 14930.1 食品工具、设备用洗涤剂卫生标准

GB 14930.2 食品安全国家标准 消毒剂

GB/T 19480 肉与肉制品术语

GB 28050 食品安全国家标准 预包装食品营养标签通则

3 术语和定义

GB/T 19480 界定的以及下列术语和定义适用于本文件。

3.1

风干肉 air-dried meat

鲜(冻)肉经修整和腌制后，置于通风良好的风干环境中，去除肉中的部分水分后，经熟制或不经熟制加工而成的肉制品，分为风干生肉和风干熟肉。

3.2

风干生肉 air-dried uncooked meat

不经熟制直接包装上市的风干肉制品，如板鸭、风鸡和风鹅等。

3.3

风干熟肉 **air-dried cooked meat**

经蒸煮、烘烤或油炸等熟制工艺加工而成的风干肉制品，如风干牛肉、风干羊肉等。

4 基本要求

4.1 风干肉加工企业应符合 GB 12694 和 GB 14881 的规定。

4.2 原辅料要求

4.2.1 原料肉应符合 GB 2707、GB 2710 的规定。

4.2.2 酱油应符合 GB 2717 的规定。

4.2.3 食盐应符合 GB 2721 的规定。

4.2.4 食品添加剂应符合 GB 2760 的规定。

4.3 加工过程中使用的容器、刀具、挂钩、风干架等工具应消毒后使用，避免交叉污染。

5 加工技术要求

5.1 工艺流程

工艺流程见图 1。

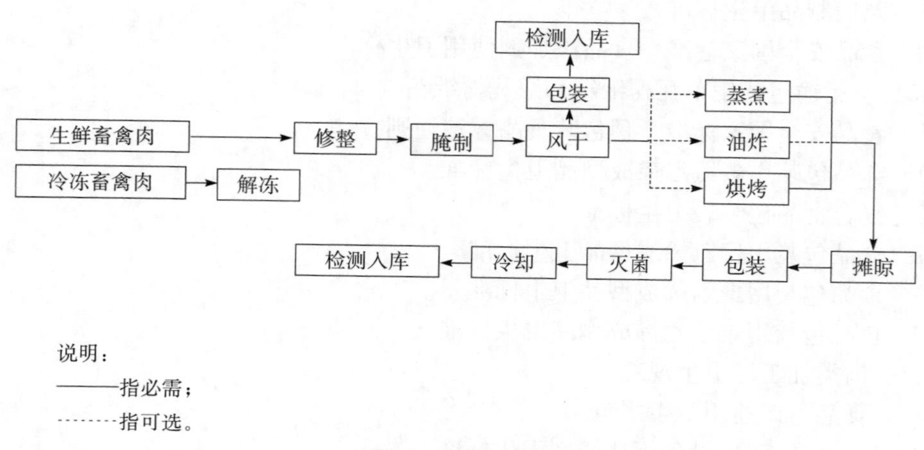

图 1 工艺流程

5.2 解冻

按生产要求将冷冻原料肉置于解冻间进行解冻，使冷冻原料肉的中心温度缓慢升到 2℃～4℃，且解冻后的原料肉应保持正常色泽、质构和系水能力；生鲜肉可直接进入修整工艺。

5.3 修整

按照产品和加工要求对原料肉进行修整，使之成条(片、块、粒)等所需形状或整胴体。

5.4 腌制

根据生产实际选择不同的腌制方式进行腌制，腌制环境温度应在 0℃～4℃，腌制后原料肉中盐分应分布均匀。

5.5 风干

5.5.1 风干室地面应保持干燥，无积水。

5.5.2 肉条宜通过挂钩挂在悬链上送至风干室风干。肉条应挂直、无滴水、不触地，肉条与肉条距离以 10 cm 为宜。

5.5.3 肉块(片、粒)宜置于风干架上送进风干室风干，摆放时应防止粘连和重叠。肉条、整胴体及其他形状的原料肉也可置于风干架上风干。

5.5.4 根据生产实际可选择不同的风干方式风干。

风干方式一：在温度4℃～15℃、湿度50%～80%、大于1.0 m/s的风速下风干3 d以上。

风干方式二：在温度15℃～25℃、湿度50%～80%、大于1.0 m/s的风速下风干1 d～3 d。

风干方式三：在温度35℃～40℃、湿度50%～80%、大于1.0 m/s的风速下风干18 h～24 h。

风干方式四：在温度40℃、湿度60%～70%、大于1.0 m/s的风速下风干8 h后，再在温度60℃～70℃、湿度40%～50%、大于1 m/s的风速下风干4 h。

5.5.5 随时检查原料肉的风干程度，风干结束时原料肉应失重30%以上，水分含量应低于60%，且其外表颜色为暗红色，手捏干燥微硬。

5.5.6 风干之后不同尺寸的原料肉应进行二次修整，使形状、大小一致。

5.6 熟制

5.6.1 风干后的原料肉可经过蒸煮(或烘烤或油炸)等单一方式进行熟制，或采用几种方式进行联合熟制；也可不经熟制直接包装为成品。

5.6.2 蒸煮。风干好的原料肉整齐地平铺在蒸煮盘中，置于蒸煮箱中在80℃～85℃下蒸煮30 min～50 min，使肉的中心温度达到75℃后维持3 min以上。

5.6.3 烘烤。风干好的原料肉在180℃～220℃下烘烤3 min～5 min，使肉的中心温度达到75℃后维持1 min以上。

5.6.4 油炸。经蒸煮或不蒸煮、烘烤或不烘烤的风干肉，在不高于200℃下油炸2 min～5 min，使肉的中心温度达到75℃后维持30 s以上。

5.7 摊晾

经蒸煮(或烘烤或油炸)后的风干肉应摊晾至中心温度低于25℃。

5.8 装袋

摊晾后的风干肉应尽快装袋、包装、封口，每袋应大小一致、均匀。

5.9 灭菌

常温流通的风干肉宜采用以下方式进行灭菌处理。

灭菌方式一：灭菌温度为95℃，灭菌时间40 min以上；

灭菌方式二：灭菌温度121℃，灭菌时间30 min以上。

5.10 冷却

杀菌后的风干肉应迅速用流水冷却或冷风干燥机冷却，30 min内将产品中心温度冷却到20℃以下，吹干风干肉包装表面水滴和杂物。

5.11 检测

生产企业应建立检测部门，负责监督、指导本企业风干肉生产的卫生操作和产品的质量检测、检验。生产车间、班组应配备质量检验人员，加强生产各环节的质量检验。每批产品检验合格后附产品检验合格证，检测记录留档1年备查。

5.12 入库

对检测合格的产品进行外包装、入库。产品卫生应符合GB 2726的要求。

6 包装与标识要求

6.1 包装标识应符合GB 7718和GB 28050的要求；外包装标志应符合GB/T 191的规定。

6.2 风干肉的包装材料应符合GB 9681、GB 9683、GB 9687、GB 9688、GB 9689、GB/T 6543的规定。

7 储存

7.1 风干生肉宜冷藏储存,温度宜为0℃～10℃,冷藏储存期不超过6个月。

7.2 风干肉应储存于清洁、干燥、通风、阴凉并有防尘、防蝇、防鼠设施的仓库中;不应与有毒、有害、有异味、易挥发、易腐蚀、易污染的物品混放混存。

7.3 不同品种、批次、规格的风干肉应分开码放,码放应稳固、整齐、适量;货垛离墙、离地20 cm以上,并满足"先进先出"原则。

8 运输

8.1 风干生肉宜冷链运输,温度宜为0℃～10℃,运输过程中做好温度控制。

8.2 运输设备每次用毕应进行清洗消毒,做好消毒记录,保持清洁卫生。清洗消毒剂应符合GB 14930.1和GB 14930.2的规定。

8.3 运输时,应防止日晒、雨淋。运输工具应清洁、干燥、无异味;装卸时应轻装轻卸。

ICS 67.120.10
X 22

中华人民共和国农业行业标准

NY/T 2783—2015

腊肉制品加工技术规范

Technical specification for the production of cured and uncooked meat products

2015-05-21 发布 2015-08-01 实施

中华人民共和国农业部 发布

前　　言

本标准按照GB/T 1.1—2009给出的规则起草。

本标准由农业部农产品加工局提出。

本标准由农业部农产品加工标准化技术委员会归口。

本标准主要起草单位：中国农业科学院农产品加工研究所、湖南唐人神肉制品有限公司、江西国鸿集团股份有限公司、广州皇上皇集团有限公司、四川高金食品股份有限公司、金字火腿股份有限公司。

本标准主要起草人：张泓、张春江、胡宏海、黄峰、张雪、刘倩楠、宋忠祥、周永昌、刘永强、吴雪松。

腊肉制品加工技术规范

1 范围

本标准规定了腊肉制品加工的术语和定义、产品分类、加工企业基本条件要求、原辅料要求、加工技术要求、标识与标志、储存和运输、召回等要求。

本标准适用于腊肉制品的加工。

2 规范性引用文件

下列文件对于本文件的应用是必不可少的。凡是注日期的引用文件,仅注日期的版本适用于本文件。凡是不注日期的引用文件,其最新版本(包括所有的修改单)适用于本文件。

GB/T 191 包装储运图示标志

GB 317 白砂糖

GB 2707 鲜(冻)畜肉卫生标准

GB 2730 腌腊肉制品卫生标准

GB 2757 食品安全国家标准 蒸馏酒及其配制酒

GB 2760 食品安全国家标准 食品添加剂使用标准

GB 2762 食品安全国家标准 食品中污染物限量

GB 5461 食用盐

GB 5749 生活饮用水卫生标准

GB 7718 食品安全国家标准 预包装食品标签通则

GB/T 8967 谷氨酸钠(味精)

GB 9959.1 鲜、冻片猪肉

GB/T 9959.2 分割鲜、冻猪瘦肉

GB/T 9961 鲜、冻胴体羊肉

GB 12694 肉类加工厂卫生规范

GB/T 15691 香辛料调味品通用技术条件

GB 16869 鲜、冻禽产品

GB/T 17238 鲜、冻分割牛肉

GB/T 17239 鲜、冻兔肉

GB 18186 酿造酱油

GB/T 19480 肉与肉制品术语

GB/T 20809 肉制品生产 HACCP 应用规范

GB/T 20940 肉类制品企业良好操作规范

GB/T 21735 肉与肉制品物流规范

GB/T 27301 食品安全管理体系 肉及肉制品生产企业要求

GB 28050 食品安全国家标准 预包装食品营养标签通则

GB/T 29342 肉制品生产管理规范

国家质量监督检验检疫总局令〔2007〕第 98 号 食品召回管理规定

国家质量监督检验检疫总局令〔2007〕第 102 号 食品标识管理规定

卫法监发〔2003〕180 号 散装食品卫生管理规范

3 术语和定义

GB/T 19480 界定的以及下列术语和定义适用于本文件。

3.1

腊肉制品 cured and uncooked meat products

以鲜、冻畜禽肉或可食性畜禽副产品为原料，经分割或不分割、整形，配以相应腌制辅料，经腌制、滚揉（或不滚揉）、干制（烘烤、晾晒或风干）、烟熏（或不烟熏）、冷却、包装（或不包装）等工艺加工而成的生肉制品。

3.2

腌制 curing

用食盐或以食盐为主并添加其他腌制辅料对原料肉进行处理的过程，包括干腌法、湿腌法（含变压静态腌制法）、混合腌法和注射腌制法等。

3.3

干腌 dry curing

在修整分割后的原料肉表面用食盐和其他腌制辅料擦透，平置于腌制容器内，装紧压实，上表面撒食盐和辅料。腌制中要经常翻动，翻动次数以每 24 h 1 次～2 次为宜。根据肉块重量和大小，腌制时间控制在 3 d 以上。

3.4

湿腌 immersion curing

按配方将各种腌制辅料溶解配制成腌制液，冷却后将修整分割后的原料肉放入，使腌制剂均匀渗入肉坯内部，直至腌制均匀。常用于分割肉、肋部肉的腌制。

3.5

静态变压腌制 static curing under variable pressure

在密闭容器中，通过施以负压、常压或加压转换，促使腌制液快速渗入肉坯内部，直至腌制均匀，提高腌制效率。

3.6

注射腌制 injection curing

先用泵将配制好的食盐水或腌制液注入经修整分割后的原料肉内，再滚揉或放入盐水中腌制，直至腌制均匀。

3.7

混合腌制 combined curing

先干腌再湿腌，或者综合采用 2 种或 3 种以上的腌制方法，直至腌制均匀。

3.8

滚揉 tumbling

利用滚揉机械，将肉坯进行翻滚和揉搓，使加入的腌制辅料迅速均匀地扩散到内部肌肉纤维组织的过程。

3.9

烟熏 smoking

使用熏房或烟熏炉等设备或设施，利用木材、木屑、茶叶、糖等材料不完全燃烧而产生的熏烟和热量赋予肉制品特有的烟熏风味的一种方法；或者将木材干馏去掉有害成分，保留并收集熏烟的有效成分并进行浓缩，制成水溶性或脂溶性的烟熏液，通过喷淋或喷雾添加到产品中，或将产品浸泡其中赋予烟熏风味的方法。

3.10

冷熏　cold-smoking

温度在12℃～25℃条件下，进行长时间烟熏的方法。

3.11

温熏　warm-smoking

温度在25℃～45℃条件下的烟熏方法。

3.12

热熏　hot-smoking

温度在45℃～70℃条件下的烟熏方法。

4　产品分类

4.1　按照原料不同分为腊畜肉制品（包括排骨、腿肉、五花肉等）、腊禽肉制品、腊畜禽杂制品（包括头、蹄、肝、心、肾等）等。

4.2　按照包装与否分为预包装产品和散装产品。

4.3　按照生产地域和风味特点可分为湘式腊肉、广式腊肉、川式腊肉、江西腊肉、云南腊肉和黔式腊肉等。

5　加工企业基本条件要求

5.1　加工企业人员、环境、生产设备、车间及设施应符合GB 12694和GB/T 27301的要求。

5.2　生产用水应符合GB 5749的规定。

6　原辅料要求

6.1　原料

不同品种的鲜、冻畜肉应分别符合GB 2707、GB 9959.1、GB/T 9959.2、GB/T 9961、GB/T 17238、GB/T 17239的规定。鲜、冻禽肉应符合GB 16869的规定。

6.2　辅料

6.2.1　白砂糖应符合GB 317的规定。

6.2.2　蒸馏酒应符合GB 2757的规定。

6.2.3　食用盐应符合GB 5461的规定。

6.2.4　味精应符合GB/T 8967的规定。

6.2.5　酱油应符合GB 18186的规定。

6.2.6　香辛料应符合GB/T 15691的规定。

6.2.7　其他辅料（包括食品添加剂）应符合相关质量要求。

7　加工技术要求

7.1　工艺流程

应符合图1的规定。

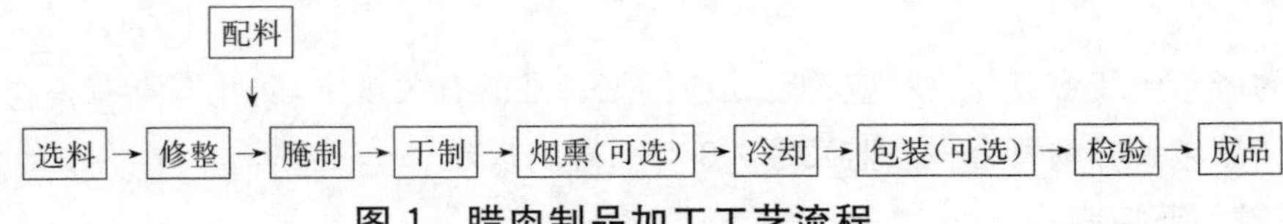

图1　腊肉制品加工工艺流程

7.2 原料温度要求

生鲜原料肉温度应控制在0℃～7℃;冷冻原料需要进行解冻后使用,解冻间温度保持低于18℃,原料肉解冻后中心温度控制在4℃以下。

7.3 原料预处理

7.3.1 对于腊畜肉制品,按照各地传统习惯修整分割原料,割去碎脂肪,去净碎肉和剥离筋膜,洗掉血污、肉表浮油,沥干表面水分。

7.3.2 对于腊禽肉制品,可以采用整只原料或分割后部分。

7.3.3 对于腊畜禽杂制品,按照原料形态进行相应分割。

7.4 辅料配制

7.4.1 属于食品添加剂的辅料,其使用范围和用量应符合GB 2760的规定。

7.4.2 严格按照产品加工配方和工艺进行辅料配比。

7.4.3 固体腌制材料保持室温,液态腌制剂配制好后温度不超过10℃。

7.5 腌制

7.5.1 腌制温度

腌制温度一般应控制在0℃～10℃,广式腊肉腌制温度应不超过25℃。

7.5.2 腌制时间

根据腌制方法的不同,腌制时间在4 h以上。

7.5.3 腌制方法

根据产品的不同,可采用干腌、湿腌、注射腌制或混合腌制等方法。腌制中采取必要措施以防止外来污染和微生物繁殖。应做好腌制过程的控制记录。

7.6 干制

7.6.1 晾晒

腌制好的肉坯悬挂于晾架上晾晒,晒至肉面干燥、出油、皮面红亮为止。晾晒时,需要采用安全方法防虫防蝇。

7.6.2 风干

腌制好的肉坯挂在阴凉通风处,直接阴干、风干。

7.6.3 烘烤

温度应控制在40℃～70℃,烘烤时间为8 h～72 h,至产品皮干、瘦肉呈玫瑰红色、肥肉透明或呈乳白色即可。

7.7 烟熏

7.7.1 木屑等烟熏材料不完全燃烧产生的烟,经过滤后进入烟熏室进行烟熏;或采用烟熏液雾化后在产品表面直接喷涂;或将烟熏液置于加热器上蒸发熏制;或者采用烟熏液对产品进行浸泡,赋予产品烟熏风味。

7.7.2 烟熏可以单独进行,也可以与干制工艺结合进行。

7.8 冷却

热加工后的产品,应转移至干燥、低温、通风的冷却间,使产品温度快速降至室温。

7.9 包装

7.9.1 使用的产品包装容器与材料应符合相应国家标准的有关规定,防止有毒有害物质的污染。

7.9.2 散装产品包装必须符合卫法监发〔2003〕180号的规定。

7.10 加工关键环节控制

应包括但不限于：

a） 原辅料（包括食品添加剂）的选用；

b） 腌制工序；

c） 干制、烟熏工序中环境参数控制；

d） 包装。

7.11 生产管理

应符合 GB/T 20809、GB/T 20940、GB/T 29342 的规定。

7.12 产品卫生要求

应符合 GB 2730、GB 2762 的规定。

8 标识与标志

8.1 产品的预包装标志

应符合 GB 7718、GB 28050 和国家质量监督检验检疫总局令〔2007〕第 102 号的规定。

8.2 散装产品的标识

应符合国家质量监督检验检疫总局令〔2007〕第 102 号的规定。

8.3 外包装标志

应标明产品名称、公司名称、地址、产品标准号、配料、规格、数量、生产日期、生产许可证号等信息。

8.4 运输包装

应符合 GB/T 191 的规定。

9 储存和运输

9.1 预包装产品的储存、运输

应符合 GB/T 21735 的相关规定。

9.2 散装产品的储存、运输

应使用专用运输工具，并在符合食品保存条件的状态下进行储存，防止二次污染。

10 召回

按国家质量监督检验检疫总局令〔2007〕第 98 号的规定执行。

ICS 67.120.10
X 22

中华人民共和国农业行业标准

NY/T 2791—2015

肉制品加工中非肉类蛋白质使用导则

Guidelines for the use of non-meat protein in processed meat products

2015-05-21 发布　　2015-08-01 实施

中华人民共和国农业部　发布

前 言

本标准按照 GB/T 1.1—2009 给出的规则起草。

本标准由农业部农产品加工局提出。

本标准由农业部农产品加工标准化技术委员会归口。

本标准主要起草单位:中国肉类食品综合研究中心、河南双汇投资发展股份有限公司、南京雨润食品有限公司、河南众品食业股份有限公司、山东得利斯食品股份有限公司、山东新希望六和集团有限公司、北京顺鑫农业股份有限公司、中国农业大学。

本标准主要起草人:王守伟、乔晓玲、臧明伍、李丹、张凯华、张建林、陈松、姜惠、李兴民、李宝臻、郑高峰。

肉制品加工中非肉类蛋白质使用导则

1 范围

本标准规定了肉制品加工中非肉类蛋白质的术语和定义、基本要求、标签标识原则及质量要求。

本标准适用于以鲜(冻)畜、禽肉为主要原料制成的肉制品。

2 规范性引用文件

下列文件对于本文件的应用是必不可少的。凡是注日期的引用文件,仅注日期的版本适用于本文件。凡是不注日期的引用文件,其最新版本(包括所有的修改单)适用于本文件。

GB 7718 食品安全国家标准 预包装食品标签通则

GB 11674 食品安全国家标准 乳清粉和乳清蛋白粉

GB/T 20371 食品工业用大豆蛋白

GB/T 21924 谷朊粉

GB/T 22493 大豆蛋白粉

GB 28050 食品安全国家标准 预包装食品营养标签通则

SB/T 10453 膨化豆制品

3 术语和定义

下列术语和定义适用于本文件。

3.1

非肉类蛋白质 non-meat proteins

来源于畜禽肉以外的可食用蛋白质。

4 基本要求

4.1 使用的非肉类蛋白质应符合附录 A 的规定。

4.2 使用时不能替代产品标准所要求的畜禽肉的含量。

4.3 使用时不应降低肉制品本身的营养价值。

4.4 实际使用量中蛋白质的含量应不高于肉制品成品的 8%(质量分数)。

5 标签标识原则

5.1 产品标签标识应符合 GB 7718 和 GB 28050 的规定。

5.2 配料表中各种非肉类蛋白质应按使用量的递减顺序排列。

5.3 配料表中应明确标注所含非肉类蛋白质的通用名称,通用名称包括其来源(如大豆、花生)和形态(如组织状、纤维状、粉状),并标示出成品中的含量(质量分数),参见附录 B。

6 非肉类蛋白质质量要求

6.1 乳清蛋白粉应符合 GB 11674 的要求。

6.2 大豆蛋白粉应符合 GB/T 22493 的要求。

6.3 大豆浓缩蛋白、大豆分离蛋白应符合 GB/T 20371 的要求。

6.4 大豆组织蛋白应符合 SB/T 10453 的要求。

6.5 谷朊粉(活性小麦蛋白)应符合 GB/T 21924 的要求。

6.6 按照本标准使用的非肉类蛋白质应符合相应的质量规格要求。

附 录 A
(规范性附录)
适用的非肉类蛋白质

A.1 乳蛋白质

指脱脂后干物质中蛋白质含量不小于25%(质量分数)的乳和乳制品。

适用的乳蛋白质包括液态奶、全脂乳粉、脱脂乳粉、乳清蛋白粉、酸性酪蛋白、凝乳酶酪蛋白、酪蛋白酸盐等。

A.2 植物蛋白质

指以一定方式减少或去除植物原料中某些含量高的非蛋白成分(水分、脂肪、淀粉、其他碳水化合物),使蛋白质含量达到40%(质量分数)以上的可食用蛋白质。蛋白质含量以去除添加的维生素、氨基酸和食品添加剂外的干重为基数计。

适用的植物蛋白质包括:

a) 大豆蛋白粉:蛋白质含量在50%以上(含50%);

b) 大豆浓缩蛋白:蛋白质含量在65%以上(含65%);

c) 大豆分离蛋白:蛋白质含量在90%以上(含90%);

d) 大豆组织蛋白:蛋白质含量在44%以上(含44%);

e) 谷朊粉(活性小麦蛋白)和非活性小麦蛋白:蛋白质含量在80%以上(含80%);

f) 水溶性小麦蛋白:蛋白质含量在60%以上(含60%);

g) 花生蛋白:蛋白质含量在48%以上(含48%);

h) 豌豆蛋白:蛋白质含量在40%以上(含40%);

i) 玉米蛋白:蛋白质含量在60%以上(含60%);

j) 植物拉丝蛋白:蛋白质含量在44%以上(含44%)。

注:液态制品以干基计。

A.3 其他非肉类蛋白质

指以畜禽骨血、禽蛋和水产品等食用原料为基质以一定方式减少或去除某些主要的非蛋白成分,使蛋白质含量达到30%(质量分数)以上的可食用蛋白质。蛋白质含量以去除添加的维生素、氨基酸和食品添加剂外的干重为基数计。

附　录　B
（资料性附录）
非肉类蛋白质在配料表中的标示形式

非肉类蛋白质在配料表中的标示形式见示例。

示例：

配料：猪肉、水、淀粉、大豆分离蛋白（≤2.5%）、豌豆蛋白粉（≤2%）、食品添加剂（食用香精、卡拉胶、三聚磷酸钠、山梨酸钾、D-异抗坏血酸钠、红曲红、亚硝酸钠）、白砂糖、食用盐、味精、香辛料。

ICS 67.180.10
B 47

中华人民共和国农业行业标准

NY/T 2792—2015

蜂产品感官评价方法

Sensory evaluation for bee products

2015-05-21 发布　　　　2015-08-01 实施

中华人民共和国农业部　发布

前　言

本标准按照GB/T 1.1—2009给出的规则起草。

本标准由农业部农产品加工局提出。

本标准由农业部农产品加工标准化技术委员会归口。

本标准起草单位：中国农业科学院蜜蜂研究所。

本标准起草人：董捷、张红城、孙丽萍、彭文君、徐响、韩胜明、田文礼。

蜂产品感官评价方法

1 范围

本标准规定了蜂产品感官评价的术语和定义、评价条件、参比样品的制备与保存、评价方法和依据以及结果计算与判定。

本标准适用于蜂蜜、蜂王浆、蜂花粉和蜂胶4种蜂产品的感官评价。

2 规范性引用文件

下列文件对于本文件的应用是必不可少的。凡是注日期的引用文件，仅注日期的版本适用于本文件。凡是不注日期的引用文件，其最新版本(包括所有的修改单)适用于本文件。

GB 5749 生活饮用水卫生标准

GB 9697—2008 蜂王浆

GB/T 10220—2012 感官分析 方法学 总论

GB/T 13868—2009 感官分析 建立感官分析实验室的一般导则

GB/T 24283—2009 蜂胶

GB/T 25006—2010 感官分析 包装材料引起食品风味改变的评价方法

GB/T 30359—2013 蜂花粉

GH/T 18796—2012 蜂蜜

NY/T 637—2002 蜂花粉生产技术规范

NY/T 638 蜂王浆生产技术规范

NY/T 639 蜂蜜生产技术规范

3 术语和定义

下列术语和定义适用于本文件。

3.1

流蜜期 period of secreting-honey

外界有一种或多种主要蜜源植物开花，蜂群能生产大量蜂蜜的时期。

3.2

参比样品 control sample

选择用做参照值的被检样品。所有其他样品都与其做比较。

4 评价条件

4.1 评审人员

按照GB/T 10220—2012中4.4的规定执行。

4.2 环境

按照GB/T 13868—2009中6.1的规定执行。

4.3 用水

用水按照GB 5749的规定执行。同一批蜂产品评价用水的水质应一致。

4.4 仪器和设备

4.4.1 容器

按照 GB/T 25006—2010 中 B.2 的规定执行。

4.4.2 称量用具

天平，感量 0.1 g。

4.4.3 其他

4.4.3.1 玻璃棒：直径 4 mm，长度 30 cm。

4.4.3.2 不锈钢药匙：容量为 10 mL。

5 参比样品的制备与保存

5.1 蜂蜜参比样品的制备与保存

5.1.1 制备

在流蜜期到来之前一天，将巢脾及时清底。花期较长的蜂蜜，在第二次摇蜜时制备参比样品。参比样品应选用 1/3 的储蜜巢房封盖的蜜脾摇蜜。其他生产要求按照 NY/T 639 的规定执行。

5.1.2 保存

蜂蜜的参比样品应储放在－18℃的条件下保存。蜂蜜的参比样品应标注品名、产地、蜜源种类、制作时间、制作人、数量。蜂蜜的参比样品有效时间为 12 个月。

5.2 蜂王浆参比样品的制备与保存

5.2.1 制备

要求群势达到 8 框蜂的健康蜂群生产蜂王浆。其他生产要求按照 NY/T 638 的规定执行。蜂王浆采收后，应在不超过 2 h 内－18℃储存。

5.2.2 保存

蜂王浆参比样品应储放在－18℃的条件下保存。蜂王浆的参比样品应标注品名、产地、制作时间、制作人、数量。蜂王浆的参比样品有效时间为 12 个月。

5.3 蜂花粉参比样品的制备与保存

5.3.1 制备

按照 NY/T 637—2002 的规定执行。蜂花粉的干燥方法按照 NY/T 637—2002 中 7.4 的规定执行，采用热风干燥法。

5.3.2 保存

蜂花粉的参比样品应储放在－18℃的条件下保存。蜂花粉的参比样品应标注品名、产地、粉源种类、制作时间、制作人、数量。蜂花粉的参比样品有效时间为 12 个月。

5.4 蜂胶参比样品的制备与保存

5.4.1 制备

应收集健康蜂群的蜂胶。蜂胶从采胶器、巢框上梁中刮取。去除杂质后，放入食品级带封口的塑料袋中密封。

5.4.2 保存

蜂胶的参比样品应储放在－18℃的条件下保存。蜂胶的参比样品应标注品名、产地、制作时间、制作人、数量。蜂胶的参比样品有效时间为 12 个月。

6 评价方法和依据

6.1 评价因子

以色泽、气味、滋味、状态 4 个指标作为蜂产品感官的评价因子。

6.2 评价方法

以蜂产品参比样品相应的色泽、气味、滋味、状态的品质要求为水平依据，按规定的评价因子，将蜂产品参比样品对比待测样品进行评价，按“七档制”(见表1)方法进行评分。

6.2.1 蜂蜜的评价方法

6.2.1.1 色泽

在24℃～26℃条件下，取50 g蜂蜜样品到100 mL透明玻璃烧杯中，从不同角度目测蜂蜜颜色。对照参比样品，按照GH/T 18796—2012中4.1和GH/T 18796—2012附录A中规定的内容评价蜂蜜色泽。

6.2.1.2 气味

在24℃～26℃条件下，取50 g蜂蜜样品到100 mL透明玻璃烧杯中，将杯口靠近鼻孔，吸入从杯中散发出来的香气，由口腔呼出。每次持续2 s～3 s，可反复3次。对照参比样品，按照GH/T 18796—2012中4.1和GH/T 18796—2012附录A中规定的内容评价蜂蜜气味。

6.2.1.3 滋味

在24℃～26℃条件下，取50 g蜂蜜样品到100 mL透明玻璃烧杯中。取一不锈钢药匙的蜂蜜于口内，用舌头让蜂蜜在口腔内循环打转，使蜂蜜与舌头各部位充分接触，并感受蜂蜜对味觉的刺激。随后将蜂蜜咽下，再缓缓向外呼气，仔细品味蜂蜜对喉咙和口腔的香味与甜味刺激。对照参比样品，按照GH/T 18796—2012中4.1和GH/T 18796—2012附录A中规定的内容评价蜂蜜滋味。如有必要，可重复2次～3次，每次滋味评价后及时用清凉水漱口3次。

6.2.1.4 状态

在24℃～26℃条件下，取50 g蜂蜜样品到100 mL透明玻璃烧杯中，在背光下观察烧杯中蜂蜜样品的透明度、混浊度、黏稠度或结晶状况、气泡。对照参比样品，按照GH/T 18796—2012中4.1和GH/T 18796—2012附录A中规定的内容评价蜂蜜状态。

6.2.2 蜂王浆的评价方法

6.2.2.1 色泽

在24℃～26℃条件下，取50 g蜂王浆样品到100 mL透明玻璃烧杯中，从不同角度目测蜂王浆的颜色、光泽和亮度。对照参比样品，按照GB 9697—2008中4.1规定的内容评价蜂王浆的色泽。

6.2.2.2 气味

在24℃～26℃条件下，取50 g蜂王浆样品到100 mL透明玻璃烧杯中，将杯口靠近鼻孔，吸入从杯中散发出来的香气，由口腔呼出。每次持续2 s～3 s。对照参比样品，按照GB 9697—2008中4.1的规定的内容评价蜂王浆的气味。

6.2.2.3 滋味

在24℃～26℃条件下，取50 g蜂王浆样品到100 mL透明玻璃烧杯中，取一不锈钢药匙的蜂王浆于口内，用舌头让蜂王浆在口腔内循环打转，使蜂王浆与舌头各部位充分接触。随后将蜂王浆咽下，并感受刺激。对照参比样品，按照GB 9697—2008中4.1规定的内容评价蜂王浆的滋味。

6.2.2.4 状态

在24℃～26℃条件下，取50 g蜂王浆样品到100 mL透明玻璃烧杯中，观察蜂王浆样品的流动性、黏度和稠度状况。可取少许样品用中指和拇指轻轻搓动，感觉黏度和稠度以及与质量相关的各种性状。参照参比样品，按照GB 9697—2008中4.1中规定的内容评价蜂王浆的状态。

6.2.3 蜂花粉的评价方法

6.2.3.1 色泽

在24℃～26℃条件下，取50 g蜂花粉样品到100 mL透明玻璃烧杯中，从不同角度目测蜂花粉的颜色、光泽和亮度，应注意光线对蜂花粉评价结果的影响。对照参比样品，按照GB/T 30359—2013中

4.1 和 5.1 中规定的内容评价蜂花粉的色泽。

6.2.3.2 气味

在 24℃～26℃条件下，取 50 g 蜂花粉样品到 100 mL 透明玻璃烧杯中。评价气味时，端起烧杯，将蜂花粉靠近鼻孔，嗅评蜂花粉散发出来的气味，每次持续 5 s～8 s，对照参比样品，按照 GB/T 30359—2013 中 4.1 和 5.1 中规定的内容评价蜂花粉的气味。

6.2.3.3 滋味

在 24℃～26℃条件下，取 50 g 蜂花粉样品到 100 mL 透明玻璃烧杯中。评价滋味时，取一不锈钢药匙的蜂花粉于口内，充分咀嚼，用舌头让蜂花粉在口腔内循环打转，使蜂花粉与舌头各部位充分接触、随后将蜂花粉吐出，并感受刺激。对照参比样品，按照 GB/T 30359—2013 中 4.1 和 5.1 中规定的内容评价蜂花粉的滋味。

6.2.3.4 状态

在 24℃～26℃条件下，取 50 g 蜂花粉样品到 100 mL 透明玻璃烧杯中。评价状态时，应注意蜂花粉团的形状、新鲜度和含水量。先观察蜂花粉形状和大小，再取少许蜂花粉用中指和拇指轻轻搓动，感觉蜂花粉含水量等与质量相关的各种性状。对照参比样品，按照 GB/T 30359—2013 中 4.1 和 5.1 中规定的内容评价蜂花粉的状态。

6.2.4 蜂胶的评价方法

6.2.4.1 色泽

在 24℃～26℃条件下，取 50 g 蜂胶样品到 100 mL 透明玻璃烧杯中，从不同角度目测蜂胶的颜色、光泽和亮度。对照参比样品，按照 GB/T 24283—2009 中表 1 和 5.2.1 中规定的内容评价蜂胶的色泽。

6.2.4.2 气味

在 24℃～26℃条件下，取 50 g 蜂胶样品到 100 mL 透明玻璃烧杯中。端起烧杯，靠近鼻孔，嗅评蜂胶中散发出来的气味，每次持续 2 s～3 s。可反复 1 次～3 次。参照参比样品，按照 GB/T 24283—2009 中表 1 和 5.2.1 中规定的内容评价蜂胶的气味。

6.2.4.3 滋味

在 24℃～26℃条件下，取 50 g 蜂胶样品到 100 mL 透明玻璃烧杯中。评价滋味时，取一不锈钢药匙的蜂胶于口内，充分咀嚼，随后将蜂胶吐出，并感受刺激。对照参比样品，按照 GB/T 24283—2009 中表 1 和 5.2.1 中规定的内容评价蜂胶的滋味。

6.2.4.4 状态

在 24℃～26℃条件下，取 50 g 蜂胶样品到 100 mL 透明玻璃烧杯中。取一不锈钢药匙的蜂胶于手中，握蜂胶块 5 min，观察蜂胶样品随着温度的提高，其软硬程度和黏度的变化情况。对照参比样品，按照 GB/T 24283—2009 中表 1 和 5.2.1 中规定的内容评价蜂胶的状态。

6.3 七档制评价方法

见表 1。

表 1 七档制评价方法

七档制	评分	说明排列
高	+3	差异大，明显好于参比样品
较高	+2	差异较大，好于参比样品
稍高	+1	仔细辨别才能区分，稍好于参比样品
相当	0	参比样品的水平
稍低	−1	仔细辨别才能区分，稍差于参比样品
较低	−2	差异较大，差于参比样品
低	−3	差异大，明显差于参比样品

7 结果计算与判定

7.1 结果计算

蜂产品评价结果按式(1)计算。

$$Y = A + B + C + D \quad \cdots\cdots (1)$$

式中：

Y ——蜂产品评价总得分；

A ——色泽评价因子的得分；

B ——气味评价因子的得分；

C ——滋味评价因子的得分；

D ——状态评价因子的得分。

7.2 结果判定

根据计算结果评价的名次按表1评分，分数从高到低的次序排列。如遇到分数相同者，则按色泽、气味、滋味、状态的次序比较单一因子得分的高低，高者居前。

ICS 67.120
X 22

中华人民共和国农业行业标准

NY/T 2793—2015

肉的食用品质客观评价方法

Objective methods for evaluating eating quality attributes of meat

2015-05-21 发布 2015-08-01 实施

中华人民共和国农业部 发布

前　言

本标准按照 GB/T 1.1—2009 给出的规则起草。

本标准由农业部农产品加工局提出。

本标准由农业部农产品加工标准化技术委员会归口。

本标准起草单位：南京农业大学、中国农业科学院农产品加工所、山东农业大学、河南农业大学、中国农业科学院农业质量与检测标准化研究所、青岛农业大学、江苏雨润肉类产业集团有限公司、江苏省食品集团有限公司、山东新希望六和集团有限公司。

本标准主要起草人：周光宏、徐幸莲、李春保、王鹏、罗欣、张德权、张万刚、叶可萍、赵改名、汤晓艳、孙京新、王虎虎、徐宝才、张楠、唐勇。

肉的食用品质客观评价方法

1 范围

本标准规定了肉的食用品质指标的术语和定义、客观评价方法。

本标准适用于生鲜猪肉、牛肉、羊肉和鸡肉食用品质指标的客观评价。

2 规范性引用文件

下列文件对于本文件的应用是必不可少的。凡是注日期的引用文件，仅注日期的版本适用于本文件。凡是不注日期的引用文件，其最新版本(包括所有的修改单)适用于本文件。

3 术语和定义

下列术语和定义适用于本文件。

3.1

食用品质 eating quality

指反映肉质量优劣的属性，鲜肉的食用品质指标主要包括肉的 pH、颜色、剪切力和保水性等。

3.2

颜色 color

指肌肉中肌红蛋白的含量和氧化/氧合状态及其分布的一种综合光学特征。

注：通常采用国际照明委员会(Commission Internationale de L'Eclairage，CIE)L＊a＊b＊颜色空间，L＊称为明度系数，L＊＝0 表示黑色，L＊＝100 表示白色。a＊为红度值，值为正时表示红色，负时表示绿色。b＊为黄度值，值为正时表示黄色，负时表示蓝色。

3.3

剪切力 shear force

指测试仪器的刀具切断被测肉样时所用的力，反映肉的嫩度。

注：通常采用 Warner Bratzler 剪切法。剪切力的单位是千克力(kgf)或牛顿(N)，两个单位可相互转换，转换关系为 1.0 kgf 等于 9.8 N。

3.4

保水性 water holding capacity

也叫持水性，指鲜肉在加压、加热、重力等作用下保持其原有水分的能力。衡量肌肉保水性的指标主要有贮藏损失、汁液流失、蒸煮损失、加压失水率和离心损失。

3.5

汁液流失 drip loss

指一定大小的肉条在－1.5℃～7.0℃下吊挂 24 h 所发生的重量损失。

3.6

贮藏损失 purge loss

指一定大小的肉块真空包装后，在－1.5℃～7.0℃下放置 48 h 所发生的重量损失。

3.7

蒸煮损失 cooking loss

指一定大小的肉块在 72℃水浴中加热至肉块中心温度 70℃时发生的重量损失。

3.8

加压失水率　**pressing loss**

指一定大小的肉样在 35 kg 压力下保持特定时间所发生的重量损失。

3.9

离心损失　**centrifuging loss**

指一定大小的肉样在 4.0℃下，转速 9 000 r/min 下离心 10 min 所发生的重量损失。

4　肉的食用品质客观评价

4.1　生鲜猪肉的食用品质客观评价

4.1.1　生鲜猪肉的 pH、颜色、剪切力和保水性的测定分别按照 A.2、A.3、A.4 和 A.5 实施。

4.1.2　生鲜猪肉的 pH、颜色、剪切力和保水性的测量值在下列范围内的为食用品质正常，超出范围的为食用品质较差。

4.1.2.1　pH 的正常范围：宰后 24 h 时介于 5.45 和 5.80 之间。

4.1.2.2　颜色的正常范围：L＊值介于 35 和 53 之间，a＊值不超过 15，b＊值不超过 10。

4.1.2.3　剪切力的正常范围：宰后 48 h 不超过 45 N。

4.1.2.4　保水性的正常范围：汁液流失不超过 2.5%；贮藏损失不超过 3.0%；蒸煮损失不超过 30.0%；加压损失不超过 35.0%；离心损失不超过 30.0%。

4.2　生鲜牛肉、羊肉的食用品质客观评价

4.2.1　生鲜牛肉、羊肉的 pH、颜色、剪切力和保水性的测定分别按照 A.2、A.3、A.4 和 A.5 实施。

4.2.2　生鲜牛肉、羊肉 pH、颜色、剪切力和保水性的测量值在下列范围内的为食用品质正常，超出范围的为食用品质较差。

4.2.2.1　pH 的正常值范围：宰后 24 h 时介于 5.50 和 5.90 之间。

4.2.2.2　颜色的正常值范围：L＊值介于 30 和 45 之间；a＊值介于 10 和 25 之间；b＊值介于 5 和 15 之间。

4.2.2.3　剪切力的正常值范围：宰后 72 h 不超过 60 N。

4.2.2.4　保水性的正常值范围：汁液流失不超过 2.5%；贮藏损失不超过 3.0%；蒸煮损失不超过 35.0%；加压损失不超过 35.0%；离心损失不超过 30.0%。

4.3　生鲜鸡肉的食用品质客观评价

4.3.1　生鲜鸡肉的 pH、颜色、剪切力和保水性的测定分别按照 B.2、B.3、B.4 和 B.5 实施。

4.3.2　生鲜鸡肉 pH、颜色、剪切力和保水性的测量值在下列范围内的为品质正常，超出范围的为品质较差。

4.3.2.1　pH 的正常值范围：宰后 24 h 时介于 5.70 和 6.10 之间。

4.3.2.2　颜色的正常值范围：L＊值介于 44 和 53 之间；a＊值介于 2.5 和 6.0 之间；b＊值介于 7 和 14 之间。

4.3.2.3　剪切力的正常值范围：宰后 24 h 不超过 40 N。

4.3.2.4　保水性的正常值范围：汁液流失不超过 3.0%；蒸煮损失不超过 20.0%；加压损失不超过 40.0%；离心损失不超过 15.0%。

附 录 A
(规范性附录)
猪牛羊肉食用品质的客观测定

A.1 取样

A.1.1 推荐使用宰后 24 h、48 h 或 72 h 的猪、牛、羊背最长肌胸段后端(位于第十一胸椎至第十三胸椎),或腰段前端(位于第一腰椎至第三腰椎)来测定肉的 pH、颜色、剪切力和保水性。

A.1.2 可根据测定需要,选择宰后不同时间点和不同分割肉块进行测定,但应注明具体时间和分割部位。

A.2 pH 测定

A.2.1 仪器

A.2.1.1 便携手持式 pH 计或台式 pH 计

A.2.1.2 高速匀浆器

A.2.2 样品制备

A.2.2.1 使用便携手持式 pH 计时,适合于胴体在线测定和肉块的实验室测定,肉块厚度不应小于 2.0 cm,直径不得低于 3.0 cm。

A.2.2.2 使用台式 pH 计时,肉的质量不应小于 10.0 g。

A.2.3 测定

A.2.3.1 pH 计的校准

A.2.3.1.1 采用标准溶液进行两点(pH 4.01 和 pH 7.01)或三点校准(pH 4.01、pH 7.01 和 pH 10.00)。

A.2.3.1.2 校准时,应将 pH 计设定温度与标准溶液的实际温度保持一致。

A.2.3.2 便携式 pH 计测定

A.2.3.2.1 将校准后的 pH 计玻璃电极套上金属刀头,直接插入肉块或胴体中。

A.2.3.2.2 用温度计测量肉块或胴体的实际温度。

A.2.3.2.3 将 pH 计的温度调为肉块或胴体实际温度,待 pH 计读数稳定(15 s～20 s 稳定不变)后即为所测 pH。

A.2.3.2.4 每块肉测 3 次,取 3 次的平均值作为最终结果。

A.2.3.3 台式 pH 计直接测定

A.2.3.3.1 取 10.0 g 肉样绞碎,称取 1.0 g,加入 9 mL 预冷匀浆缓冲液(5 mmol/L 碘乙酸钠、150 mmol/L 氯化钾,pH 7.0)6 000 r/min 匀浆 15 s。间隙 5 s。在相同转速下匀浆 15 s,将已校准的电极插入匀浆液中,待读数稳定(15 s～20 s 稳定不变)后即为所测 pH。

A.2.3.3.2 当 pH 计带有温度感应探头和自动调节功能时,无须另外测定温度。

A.2.3.3.3 当 pH 计没有自动测温功能,应使用温度计测定溶液温度。之后,pH 计的温度调节至溶液实测温度。

A.2.3.3.4 每个样品重复测定 3 次,取平均值。

A.3 肉的颜色测定

A.3.1 仪器

便携式或台式色差仪。

A.3.2 样品制备

A.3.2.1 样品表面应平整。测量时,应避开结缔组织、血瘀和可见脂肪。

A.3.2.2 沿肌纤维垂直的方向切取厚度不低于 2.0 cm 的肉块。将肉样平放在红色塑料板或托盘上,新切面朝上。之后,置于−1.5℃～7.0℃环境中避光静置 25 min～30 min。

A.3.3 测定

A.3.3.1 仪器校正

A.3.3.1.1 仪器校正方法:打开电源和纯白色校正板,将色差仪垂直放于校正板上。选择"CAL"按钮,按一下测量按钮,听见三声响后对比色差仪上的值和标准比色板上的值。

A.3.3.1.2 当测定值与标准值差异不超过 0.1%时,则完成校正。

A.3.3.1.3 当测定值与标准值差异超过 0.1%时,检查校正板和色差计的测量面是否有污物。如有污物,用显微镜擦镜纸轻擦干净后,重复上述步骤,直至测定值与标准值差异不超过 0.1%。

A.3.3.2 肉样测定

A.3.3.2.1 将色差计的镜头垂直置于肉面上,镜口紧扣肉面(不能漏光),应避开肌内脂肪和肌内结缔组织。

A.3.3.2.2 测定并分别记录肉样的亮度值(L*)、红度值(a*)、黄度值(b*)。

A.3.3.2.3 每个样品至少测定 3 个点,取平均值。

A.3.3.2.4 当采用多波长扫描色差仪时,可按照 C.3 计算脱氧肌红蛋白、氧合肌红蛋白和高铁肌红蛋白的相对含量。

A.4 剪切力测定

A.4.1 仪器

A.4.1.1 恒温水浴锅(温度精度±0.1℃)。

A.4.1.2 热电偶测温仪(温度精度±0.1℃,探头直径不超过 3 mm)。

A.4.1.3 肉类剪切仪或物性测试仪。

A.4.2 样品制备

A.4.2.1 沿与肌肉自然走向(即肌肉的长轴)垂直的方向切取 2.54 cm 厚的肉块,如图 A.1 所示。

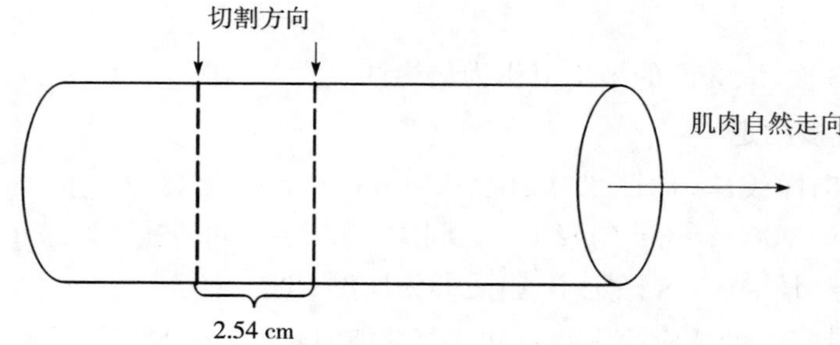

图 A.1 肉块分切方法

A.4.2.2 去除样品表面的结缔组织、脂肪和肌膜,使其表面平整。

A.4.3 样品煮制

A.4.3.1 将肉块从－1.5℃～7.0℃的冷库或冰箱中取出，放在室温下（22.0±2.0）℃平衡 0.5 h。

A.4.3.2 将肉块放入塑料蒸煮袋（一般由 3 层结构组成：外层为聚酯膜，中层为铝箔膜，内层为聚丙烯膜）中，将温度计探头由上而下插入至肉块中心，记录肉块的初始温度，将蒸煮袋口用夹子夹住。

A.4.3.3 将包装的肉块放入 72.0℃水浴中，水浴高度应以完全浸没肉块为宜，袋口不得浸入水中（通常用 U 型的金属框架放入水浴中，再将肉样袋放入金属框内）。

A.4.3.4 当肉块中心温度达到 70.0℃时，记录加热时间，并立即取出肉样。

A.4.3.5 将肉样（袋）放入流水中冷却 30 min，水不得浸入包装袋内。

A.4.3.6 将肉样（袋）放在－1.5℃～7.0℃冷库或冰箱中过夜（约 12 h）。

A.4.4 肉柱的制备

A.4.4.1 将冷却的熟肉块放在室温下平衡 0.5 h，用普通吸水纸或定性滤纸吸干表面的汁液。

A.4.4.2 用双片刀（间距 1.0 cm）沿肌纤维方向分切成多个 1.0 cm 厚的小块。

A.4.4.3 用陶瓷刀从 1.0 cm 厚的小块中分切 1.0 cm 宽的肉柱，肉柱的宽度用直尺测量（如图 A.2 所示）。

图 A.2 肉柱的形状

A.4.4.4 肉块分切过程中，应避免肉眼可见的结缔组织、血管及其他缺陷，

A.4.4.5 每个肉样分切得到的肉柱个数应不少于 5 个。

A.4.5 肉样测定

A.4.5.1 用肉类剪切仪测定剪切力时，沿肌纤维垂直方向剪切肉柱，记录剪切力值，计算平均值。

A.4.5.2 用物性测试仪测定剪切力时，选择楔形探头和 Warner bratzler shear force blade 模式。样品剪切时的速度设为 0.83 mm/s，沿肌纤维垂直方向剪切肉柱，记录剪切力值，计算平均值。

A.5 保水性测定

A.5.1 仪器

A.5.1.1 电子天平（精度±0.001 g）。

A.5.1.2 热电偶测温仪（温度精度±0.1℃）。

A.5.1.3 恒温水浴锅（温度精度±0.1℃）。

A.5.1.4 圆形钻孔取样器（直径 2.5 cm）。

A.5.1.5 无限压缩仪。

A.5.1.6 高速冷冻离心机。

A.5.2 样品制备

A.5.2.1 去除样品表面的结缔组织、脂肪和肌膜，使其表面平整。

A.5.2.2 用于汁液流失测定的肉块厚度不应低于 2.0 cm。

A.5.2.3 用于贮藏损失和蒸煮损失测定的肉块厚度不应低于 2.5 cm。

A.5.2.4 用于加压失水率测定的肉块厚度不应低于 1.0 cm。

A.5.2.5 用于离心损失测定的肉块厚度不应低于 2.0 cm。

A.5.3 肉样测定

A.5.3.1 汁液流失

A.5.3.1.1 沿肌纤维方向将肉样切成 2.0 cm×3.0 cm×5.0 cm 肉条，称重。

A.5.3.1.2 用铁钩钩住肉条一端，悬挂于聚乙烯塑料袋中，充气，扎紧袋口。肉条不应接触到包装袋（如图 A.3 所示）。

图 A.3 汁液流失测定样品吊挂的方法

A.5.3.1.3 悬挂于－1.5℃～7.0℃冷库中，吊挂 24 h。

A.5.3.1.4 取出肉条，用普通吸水纸或定性滤纸吸干肉条表面水分，再次称重。

A.5.3.1.5 吊挂前后肉条的重量损失占其原重量的百分比即为汁液流失。

A.5.3.2 贮藏损失

A.5.3.2.1 将 2.5 cm 厚的肉块称重，然后放入真空包装袋内，抽真空。

A.5.3.2.2 在－1.5℃～7.0℃下避光放置 48 h。

A.5.3.2.3 打开包装取出肉块，用普通吸水纸或定性滤纸吸干肉块表面的汁液，再次称重。

A.5.3.2.4 贮藏前后肉块的重量损失占其原重量的百分比即为贮藏损失。

A.5.3.3 蒸煮损失

按照 A.4.3 煮制肉块。肉块蒸煮前后的重量损失占其原重量的百分比即为蒸煮损失。

A.5.3.4 加压失水率

A.5.3.4.1 沿肌纤维垂直方向取 1.0 cm 厚、直径 2.5 cm 的圆形肉柱，称重。

A.5.3.4.2 用双层纱布包裹，再用上、下各 16 层普通吸水纸或定性滤纸包裹。

A.5.3.4.3 在无限压缩仪上加压 35.0 kg，并保持 5 min。

A.5.3.4.4 去除纱布、吸水纸或滤纸后，再次称重。

A.5.3.4.5 加压前后肉样的重量损失占其原重量的百分比即为加压失水率。

A.5.3.5 离心损失

A.5.3.5.1 切取 2.0 cm 厚的肉块，在肉块的几何中心部位称取 10.0 g 肉样。

A.5.3.5.2 用定性滤纸将肉样包裹好，放入 50 mL 的离心管中（内放有脱脂棉，脱脂棉高度为 5.5 cm～6.0 cm，见图 A.4）。

A.5.3.5.3 在 4.0℃下，转速 9 000 r/min 离心 10 min。

A.5.3.5.4 取出样品，剥去滤纸，再次称重。

A.5.3.5.5 离心前后肉样的重量损失占其原重量的百分比即为离心损失。

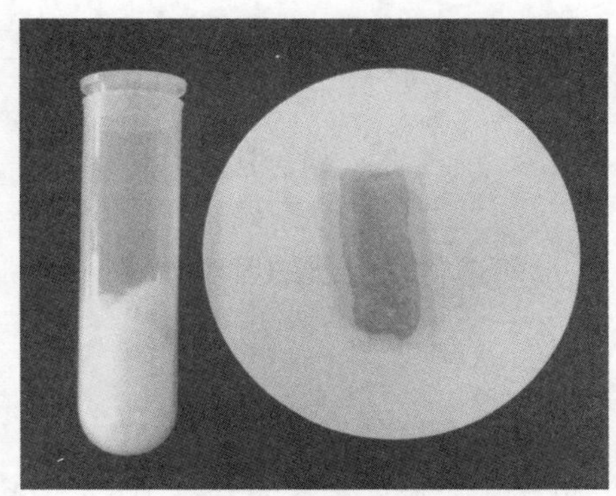

图 A.4　离心损失测定样品制备方法

附　录　B
（规范性附录）
鸡肉食用品质的客观测定

B.1　取样

B.1.1　胴体或肉样须经过充分冷却(至中心温度－1.5℃～7.0℃)，真空袋密封保存在－1.5℃～7.0℃冷库中。

B.1.2　优先推荐宰后 24 h 作为取样测定时间。

B.1.3　肉样厚度及大小应满足本标准指标测定的最低要求。

B.2　pH 测定

B.2.1　仪器

B.2.1.1　便携手持式 pH 计或台式 pH 计

B.2.1.2　高速匀浆器

B.2.2　样品制备

以鸡胸肉(胸大肌)作为取样原料，固定取样部位(图 B.1)切取肉块。使用便携式 pH 计测定时，肉块厚度不应小于 2.0 cm，直径不得小于 3.0 cm(至少要浸没 pH 计探头)。使用台式 pH 计测定时，样品的质量不应小于 10.0 g。

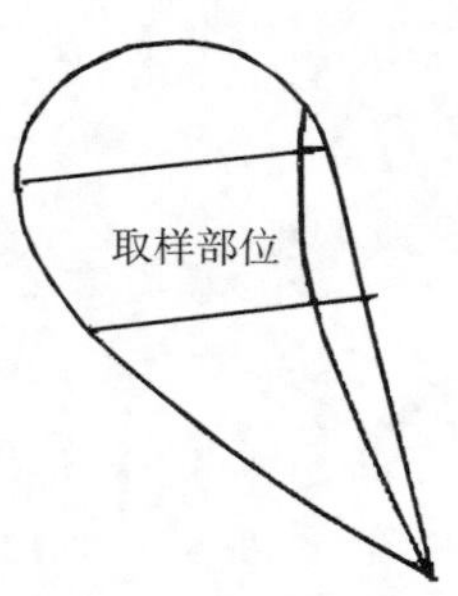

图 B.1　pH 测定的鸡胸肉取样部位

B.2.3　测定

B.2.3.1　pH 计的校准

B.2.3.1.1　采用标准溶液进行两点(pH 4.01 和 pH 7.01)或三点校准(pH 4.01、pH 7.01 和 pH 10.00)。

B.2.3.1.2　校准时，应将 pH 计设定温度与标准溶液的实际温度保持一致。

B.2.3.2　便携式 pH 计测定

B.2.3.2.1　将肉块平放在托盘上，将校准后的 pH 计玻璃电极套上金属刀头，直接插入肉块中。

B.2.3.2.2　用温度计测量肉块的实际温度，将 pH 计的温度调为肉块的实际温度，待读数稳定(15 s～20 s 稳定不变)后即为所测 pH。

B.2.3.2.3　每个样品测量 3 次，取 3 次的平均值作为其 pH。

B.2.3.3 台式 pH 计直接测定

B.2.3.3.1 取 10.0 g 肉样绞碎，称取 1.0 g，加入 9 mL 预冷匀浆缓冲液(5 mmol/L 碘乙酸钠、150 mmol/L 氯化钾，pH 7.0)，通过高速匀浆器(6 000 r/min)匀浆 15 s，间停 5 s，再相同转速匀浆 15 s，将已校准的 pH 计电极插入匀浆液中，待读数稳定(15 s～20 s 稳定不变)后即为所测 pH。

B.2.3.3.2 当 pH 计带有温度感应探头和自动调节功能时，无须另外测定温度。

B.2.3.3.3 当 pH 计没有自动测温功能，应使用温度计测定溶液温度，之后 pH 计的温度调节至溶液实测温度。

B.2.3.3.4 每个样品测量 3 次，取 3 次的平均值作为其 pH。

B.3 颜色测定

B.3.1 仪器

便携式或台式色差仪。

B.3.2 样品制备

B.3.2.1 样品测定部位：鸡胸肉靠近肋骨一侧表面的中间 1/3 面积内(图 B.2)。样品表面应平整，测量时尽量避开结缔组织、血瘀和可见脂肪。

B.3.2.2 将鸡胸肉取出，平放在白色塑料校正板(消除背景)上。采用真空包装的样品经取出后，需在 25℃的环境下避光静置 30 min。

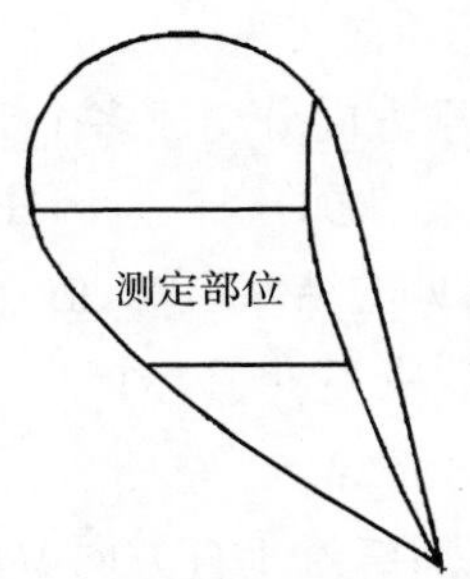

图 B.2 鸡肉样品颜色测定的部位

B.3.3 测定

B.3.3.1 仪器校正

将色差仪与其相对应的标准比色板对照，进行校正。

B.3.3.2 肉样测定

B.3.3.2.1 将色差仪的镜头垂直置于肉面上，镜口紧扣肉面(不能漏光)。尽可能避开肌内脂肪和肌内结缔组织。

B.3.3.2.2 测量并分别记录肉样的亮度值(L*)、红度值(a*)、黄度值(b*)。

B.3.3.2.3 每个样品至少测定 3 个点，取 3 个点的平均值分别作为其 L*、a*、b*。

B.4 剪切力测定

B.4.1 仪器

B.4.1.1 恒温水浴锅(温度精度±0.1℃)。

B.4.1.2 热电偶测温仪(温度精度±0.1℃，探头直径不超过 3 mm)。

B.4.1.3 肉类剪切仪或物性测试仪。

B.4.2 肉块制备

B.4.2.1 以鸡胸肉(胸大肌)作为取样原料,固定取样部位(图 B.1)。形状不规则、肌纤维走向不一致或肌肉厚度小于 2.5 cm 的鸡胸肉不适合用于剪切力的测定。

B.4.2.2 去除鸡胸肉表面的结缔组织、脂肪和肌膜,使其表面平整。

B.4.2.3 用锋利的刀具(推荐陶瓷刀)顺着鸡胸肉肌纤维的方向在取样部位将其切成厚×长×宽约为 3.0 cm×5.0 cm×5.0 cm 的肉块。

B.4.3 肉块煮制

B.4.3.1 将肉块从−1.5℃~7.0℃的冷库或冰箱中取出,放在室温下(25.0℃左右,可通过自来水或空调来调控)平衡 0.5 h。

B.4.3.2 将热电偶测温仪探头由上而下插入至肉块中心,记录肉块的初始温度。再将肉块放入塑料蒸煮袋(一般由 3 层结构组成:外层为聚酯膜,中层为铝箔膜,内层为聚丙烯膜)中,将袋口用夹子夹住。

B.4.3.3 将包装的肉块放入 72.0℃恒温水浴锅内(水浴锅内水的高度应以完全浸没肉样,袋口不得浸入水中为宜;通常将自制 U 形的金属框架放入水浴中,再将装肉块的蒸煮袋放入金属框内)。

B.4.3.4 当肉块中心温度达到 70.0℃时,记录加热时间,并立即取出装肉块的蒸煮袋。

B.4.3.5 放入流水中冷却 30 min(水不得浸入袋内)。

B.4.3.6 将肉样置于−1.5℃~7.0℃冷库或冰箱中 12 h,待分切肉柱。

B.4.4 肉柱的制备

B.4.4.1 将冷却的熟肉块从塑料蒸煮袋中取出,放在室温下平衡 0.5 h,用普通吸水纸或定性滤纸吸干表面的汁液。

B.4.4.2 用双片刀(间距 1.0 cm)沿肌纤维方向分切成多个 1.0 cm 厚的肉片,再用陶瓷刀从 1.0 cm 厚的肉片中沿肌纤维的自然走向分切出 1.0 cm 宽的肉柱。肉柱的宽度用直尺测量(图 A.2)。

B.4.4.3 肉柱制备过程中,应避免肉眼可见的结缔组织、血管及其他缺陷。

B.4.4.4 每个熟肉块分切得到的肉柱个数应不少于 3 个。

B.4.5 肉样测定

B.4.5.1 用肉类剪切仪测定剪切力时,沿肌纤维垂直方向剪切肉柱,记录剪切力值,计算平均值。

B.4.5.2 用物性测试仪测定剪切力时,选择楔形探头和 Warner Bratzler shear force blade 模式。样品剪切时的速度设为 0.83 mm/s,沿肌纤维垂直方向剪切肉柱,记录剪切力值,计算平均值。

B.5 保水性测定

B.5.1 仪器

B.5.1.1 电子天平(精度±0.001 g)。

B.5.1.2 热电偶测温仪(温度精度±0.1℃)。

B.5.1.3 恒温水浴锅(温度精度±0.1℃)。

B.5.1.4 圆形钻孔取样器(直径 2.5 cm)。

B.5.1.5 无限压缩仪。

B.5.1.6 高速冷冻离心机。

B.5.2 样品制备

B.5.2.1 样品基本要求

形状不规则、肌纤维走向不一致的鸡胸肉不适合用于保水性的测定。去除鸡胸肉表面的结缔组织、脂肪和肌膜,使其表面平整。

B.5.2.2 取样原料厚度要求

鸡胸肉取样部位同图 B.1,用于汁液流失测定的肉样厚度不得低于 2.0 cm,用于蒸煮损失测定的肉样厚度不得低于 2.5 cm,用于加压失水率测定的肉样厚度不得低于 1.0 cm,用于离心损失测定的肉样厚度不得低于 2.0 cm。

B.5.2.3 样品制备要求

B.5.2.3.1 汁液流失测定样品的制备是将肉块沿肌纤维方向切成 2.0 cm×2.0 cm×2.0 cm 大小。

B.5.2.3.2 蒸煮损失测定样品的制备同 B.4.2。

B.5.2.3.3 加压失水率测定样品的制备是用圆形钻孔取样器将肉块沿肌纤维垂直方向切取 1.0 cm 厚,直径 2.5 cm 的圆形肉柱。

B.5.2.3.4 离心损失测定样品的制备是将肉块沿肌纤维垂直方向切取 2.0 cm 厚,取肉中心部位 10.0 g左右的样品。

B.5.3 肉样测定

B.5.3.1 汁液流失

B.5.3.1.1 用电子天平将肉条称重。

B.5.3.1.2 用铁钩钩住肉条一端,悬挂于聚乙烯塑料袋中,充气,扎紧袋口。肉条不应接触到包装袋,如图 A.3 所示。

B.5.3.1.3 在−1.5℃～7.0℃下冷库中吊挂 24 h。

B.5.3.1.4 取出肉条,用普通吸水纸或定性滤纸吸干肉条表面水分,再次称重。

B.5.3.1.5 吊挂前后肉条重量的损失占其原重量的百分比即为汁液流失。

B.5.3.2 蒸煮损失

按照 B.4.3 方法煮制肉块。肉块蒸煮前后重量的损失占其原重量的百分比即为蒸煮损失。

B.5.3.3 加压失水率

B.5.3.3.1 用电子天平将肉柱称重,而后用双层纱布包裹,再用上、下各 16 层普通吸水纸或定性滤纸包裹。

B.5.3.3.2 在无限压缩仪上加压 35.0 kg,并保持 5 min。

B.5.3.3.3 去除纱布、吸水纸或滤纸后,再次称重。

B.5.3.3.4 加压前后肉样重量的损失占其原重量的百分比即为加压失水率。

B.5.3.4 离心损失

B.5.3.4.1 用电子天平将样品称重。

B.5.3.4.2 用滤纸把肉样包裹好,放入 50 mL 的离心管中(内放入脱脂棉,脱脂棉高度 5.5 cm～6.0 cm,图 A.4)。

B.5.3.4.3 用高速冷冻离心机(4.0℃,9 000 r/min)离心 10 min。

B.5.3.4.4 取出样品,剥去滤纸,再次称重。

B.5.3.4.5 离心前后肉样重量的损失占其原重量的百分比即为离心损失。

附 录 C
（资料性附录）
肌红蛋白不同形态相对含量的计算方法

C.1 不同波长下光反射值的收集

使用多波长扫描色差仪测定肉的颜色时，仪器自动获取 400 nm～700 nm 的一组光反射值（R，以 10 nm为间隔）。

C.2 反射衰减系数的计算

采用线性内插法，分别按式（C.1）～式（C.4）计算 473 nm、525 nm、572 nm、730 nm 处的反射衰减系数（A）。

$$A_{473}=\lg(\frac{100}{R_{473}})\lg\frac{100}{0.7\times R_{470}+0.3\times R_{480}} \quad \text{(C.1)}$$

$$A_{525}=\lg(\frac{100}{R_{525}})\lg\frac{100}{0.5\times R_{520}+0.5\times R_{530}} \quad \text{(C.2)}$$

$$A_{572}=\lg(\frac{100}{R_{572}})\lg\frac{100}{0.8\times R_{570}+0.2\times R_{580}} \quad \text{(C.3)}$$

$$A_{730}=\lg\frac{100}{R_{730}} \quad \text{(C.4)}$$

式中：

A——不同波长下的反射衰减系数；

R——不同波长下的光反射值。

C.3 肌红蛋白相对含量的计算

根据反射衰减系数，按照式（C.5）～式（C.7）分别计算脱氧肌红蛋白、氧合肌红蛋白和高铁肌红蛋白的百分含量。

$$\text{脱氧肌红蛋白(\%)}=100\times 2.375\times\left(1-\frac{A_{473}-A_{730}}{A_{525}-A_{730}}\right) \quad \text{(C.5)}$$

$$\text{高铁肌红蛋白(\%)}=100\times\left(1.395-\frac{A_{572}-A_{730}}{A_{525}-A_{730}}\right) \quad \text{(C.6)}$$

式中：

A——不同波长下的反射衰减系数。

$$\text{氧合肌红蛋白(\%)}=100\%-\text{脱氧肌红蛋白(\%)}-\text{高铁肌红蛋白(\%)} \quad \text{(C.7)}$$

ICS 67.120.10
X 22

中华人民共和国农业行业标准

NY/T 2797—2015

肉中脂肪无损检测方法　近红外法

Non-destructive determination of fat in meat by near infrared spectroscopy method

2015-05-21 发布　　2015-08-01 实施

中华人民共和国农业部　发布

前　言

本标准按照GB/T 1.1—2009给出的规则起草。

本标准由农业部农产品加工局提出。

本标准由农业部农产品加工标准化技术委员会归口。

本标准主要起草单位:中国农业科学院农产品加工研究所、中国农业科学院农业质量标准与检测技术研究所、内蒙古蒙都羊业食品有限公司。

本标准起草人:张德权、陈丽、张春晖、王振宇、高远、柳艳霞、汤晓艳、许录、李欣、丁楷、李猛。

肉中脂肪无损检测方法　近红外法

1　范围

本标准规定了肉中脂肪近红外无损检测方法的术语和定义、原理、仪器设备、试样制备、分析步骤、准确性和精密度、测试报告。

本标准适用于畜禽肉中脂肪含量的无损检测，不适用于仲裁检验。

2　规范性引用文件

下列文件对于本文件的应用是必不可少的。凡是注日期的引用文件，仅注日期的版本适用于本文件。凡是不注日期的引用文件，其最新版本（包括所有的修改单）适用于本文件。

GB/T 9695.7　肉与肉制品　总脂肪含量测定

GB/T 9695.19　肉与肉制品　取样方法

3　术语和定义

下列术语和定义适用于本文件。

3.1

样品集　sample set

具有代表性的、基本覆盖脂肪含量最小至最大范围、满足相关过程对样品量基本需求的不同的肉样集合。

3.2

残差　residual

样品近红外光谱法测定值与标准理化分析方法测定值的差值。

3.3

偏差　bias

残差的平均值。

3.4

定标模型　calibration model

利用化学计量学方法建立的样品近红外光谱与对应化学标准值之间关系的数学模型。

3.5

定标模型验证　calibration model validation

使用验证样品集验证定标模型准确性和重复性的过程。

3.6

定标标准差　standard error of calibration(SEC)

表示定标样品集样品近红外光谱法测定值与标准理化分析方法测定值间残差的标准差，按式(1)计算。

$$\mathrm{SEC}=\sqrt{\frac{\sum_{i=1}^{n_c}(y_i-\hat{y}_i)^2}{n_c-k-1}} \quad \cdots\cdots (1)$$

式中：

y_i ——样品 i 的标准理化分析方法测定值；

$\hat{y}_i$ ——样品 i 的近红外光谱法测定值；

n_c ——定标集样品数；

k ——回归因子数目。

3.7

校准标准差　standard error of prediction corrected for bias(SEP)

验证样品成分的近红外测定值扣除系统偏差后与其标准值之间的标准差，表示定标模型调整后的准确度。校准标准差按式(2)计算。

$$\mathrm{SEP}=\sqrt{\frac{\sum_{i=1}^{n}(\hat{y}_i-y_i-Bias)^2}{n-1}} \quad\cdots\cdots(2)$$

式中：

$\hat{y}_i$ ——验证样品 i 的近红外光谱法测定值；

y_i ——验证样品 i 的标准理化分析方法测定值；

n ——样品数；

$Bias$ ——系统偏差，即偏差之和除以样品数，$Bias=\frac{1}{n}\sum_{i=1}^{n}d_i$，其中 d_i 为验证样品 i 的近红外测定值与标准值的差，即 $d_i=\hat{y}_i-y_i$。

3.8

标准方法　standard method

测定样品组分含量标准值时所采用的国家、行业或国际标准测试方法。

3.9

决定系数　correlation coefficient square(R^2或 r^2)

近红外测定值与标准理化分析方法测定值之间相关系数的平方，定标集以 R^2 表示；验证集用 r^2 表示。决定系数计算方法按式(3)进行计算。

$$R^2(r^2)=1-\frac{\sum_{i=1}^{n}(y_i-\hat{y}_i)^2}{\sum_{i=1}^{n}(y_i-\overline{y})^2} \quad\cdots\cdots(3)$$

式中：

y_i —— 样品 i 的标准理化分析方法测定值；

$\hat{y}_i$ ——样品 i 的近红外光谱法测定值；

$\overline{y}$ ——标准参考值的平均值；

n —— 样品数，定标样品集为 n_c，验证样品集为 n_p。

3.10

马氏距离　mahalanobis distance

表示数据的协方差距离、计算两个未知样本集的相似度的方法，通常用字母 H 表示。

$$H_i=\sqrt{(t_i-\overline{T})\times M^{-1}\times(t_i-\overline{T})'} \quad\cdots\cdots(4)$$

式中：

H_i ——定标集样品 i 的马氏距离；

t_i ——定标集样品 i 的光谱得分；

$\overline{T}$ ——定标集 n_c 个样品光谱的平均得分矩阵，$\overline{T}=\frac{\sum_{i=1}^{n_c} t_i}{n_c}$；

M——定标集样品的马氏矩阵(Mahalanobis 矩阵)，$M=\frac{(T-\overline{T})'(T-\overline{T})}{n_c-1}$；

T ——定标集样品光谱得分矩阵。

3.11

马氏距离阈值　mahalanobis distance limitation value(H_L)

$$H_L=\overline{H}+3\times SD_{MD} \quad (5)$$

式中：

$\overline{H}$ ——定标集样品马氏距离的平均值；

SD_{MD}——定标集样品马氏距离的标准差。

3.12

异常样品　abnormal samples

试样的马氏距离(H)大于马氏距离阈值(H_L)，已超出了该定标模型的分析能力的样品。

4　原理

近红外光谱分析技术是利用含氢基团 XH(X=C、N、O)等化学键在 780 nm～2 526 nm 波长下的振动或转动所产生的特征谱图，用化学计量学方法建立肉中近红外光谱与脂肪含量之间的相关关系，建立肉中脂肪定量分析预测模型，可以快速、无损测定肉中的脂肪含量。

5　仪器设备

5.1　功能要求

5.1.1　随机软件具有近红外光谱数据的收集、存储分析和计算等功能，能够建立可靠的定标模型。

5.1.2　能报警异常样品。

5.2　性能基本要求

近红外分析仪的测试结果必须符合第 8 章的规定。

6　试样制备

按照 GB/T 9695.19 规定的方法进行取样，去除样品表面的可见脂肪和筋膜等。

7　分析步骤

7.1　仪器准备

测定前，按照近红外分析仪说明书的要求进行仪器预热和自检测试。如果测试结果不能满足 8.2 的要求，应停止使用，并通报仪器供应商予以调整或者维修。

7.2　定标模型的建立

7.2.1　样品集的选择

参与定标的肉样应具有代表性，同一品种的样品应包含不同性别、不同月龄、不同部位，即脂肪含量范围要涵盖未来要分析的样品特性，创建一个新的模型，至少需要收集 100 个以上的样品。

7.2.2　光谱数据采集

光谱数据采集过程中，每个样品取 3 点，每点扫描 3 次，定标时取 3 点扫描的光谱平均值。

7.2.3 预测值的标准理化分析方法

光谱采集后，按照 GB/T 9695.19 规定的方法在每个样品的不同位置上取样，按照 GB/T 9695.7 规定的方法测定每个样品的脂肪含量。

7.2.4 定标模型建立

采用建模软件，优化参数，进行光谱预处理。同时，使用改进的偏最小二乘法（modified partial least square，简称 MPLS）或马氏距离判别法，利用化学计量学原理建立定标模型。定标模型的决定系数、定标标准差参见附录 A。

7.2.5 定标模型验证

使用定标样品集之外的样品验证定标模型的准确性和重复性，选择定标集样品数量的 1/5～1/4（20 份～30 份肉样），应用 7.2.4 建立的模型进行检测，采用 7.2.3 方法测定其化学值，比较无损检测与标准理化分析方法测定值之间的偏差和校准标准偏差（SEP）等参数，脂肪含量的 SEP≤1.0。

7.3 试样的测定

测试样品的温度应控制在定标模型规定的测试温度范围内。测定结果应在近红外分析仪使用的定标模型所覆盖的成分含量范围内。按照近红外分析仪说明书的要求，取适量的样品用近红外分析仪进行测定，记录测定数据。根据试样近红外光谱，将其在各波长点处的吸光度值带入相应的定标模型，即可得到相应的检测结果。每个样品各取 2 点，每点附近扫描 2 次，2 次测定结果的绝对差应符合 8.2 的要求，取 2 次分析结果的平均值，测定结果保留小数点后一位。对于仪器报警的异常测定结果，所得数据不应作为有效测定数据。异常样品的确认和处理按 7.4 的要求执行。

7.4 异常样品的确认和处理

7.4.1 异常样品的确认

形成异常测定结果的原因，可能包括样品脂肪含量超过了该仪器定标模型的范围、定标模型错误、光谱扫描过程中样品发生了位移、样品温度超出定标模型规定的温度范围。应对造成测定结果异常的原因进行分析和排除，再进行第二次近红外测定予以确认。如仍出现报警，则确认为异常样品。

7.4.2 异常样品的处理

发现异常样品后，应按 GB/T 9695.7 规定的方法对该样品的脂肪含量进行测定，并封存样品。应将异常样品的情况进行汇总统计，以利于定标模型的升级。

8 准确性和精密度

8.1 准确性

验证样品集脂肪含量扣除系统偏差后的测定值与其标准值之间的校准标准差（SEP）应不大于 1.0。

8.2 重复性

在同一实验室，由同一操作者使用相同的仪器设备，按相同测试方法，通过重新分样和重新装样，对同一被测样品相互独立进行测试，获得的两次脂肪含量测定结果的绝对差应不大于 0.5%。

8.3 再现性

在不同实验室，由不同操作人员使用同一型号不同设备，按相同的测试方法，对相同的样品，获得的脂肪含量两个独立测定结果之间的绝对差应不大于 1.0%。

9 测试报告

测试报告应包括试样的名称及编号、试样制备方法、试样测试温度、测定结果、仪器型号、定标模型相关信息（名称、适用浓度范围、允许温度范围）、验证相关信息（样品集浓度范围、测试温度范围、验证单位及验证时间）、测试单位、测试人及测试时间等信息。出现异常样品时，应提供异常样品类型及处理的有关信息。测试报告还应包括本标准未规定的或认为是非强制性的，以及可能影响测定结果的全部细节。

附　录　A
（资料性附录）
定标模型的决定系数和定标标准差

定标模型的决定系数和定标标准差见表 A.1。

表 A.1　定标模型的决定系数和定标标准差

参数指标	含量范围，%	决定系数 R^2	定标标准差 SEC
脂肪含量	0.018～24.55	≥0.90	≤1.0

ICS 67.120
B 45

中华人民共和国农业行业标准

NY/T 2799—2015

绿色食品　畜肉

Green food—Livestock meat

2015-05-21 发布　　　　2015-08-01 实施

中华人民共和国农业部　发布

前言

本标准按照GB/T 1.1—2009给出的规则起草。

本标准由农业部农产品质量安全监管局提出。

本标准由中国绿色食品发展中心归口。

本标准起草单位:农业部肉及肉制品质量监督检验测试中心、农业部动物及动物产品卫生质量监督检验测试中心、中国绿色食品发展中心、江西省玉山县创新农业综合开发有限公司、哈尔滨大众肉联食品有限公司。

本标准主要起草人:戴廷灿、李伟红、王冬根、王玉东、张志华、胡丽芳、赖艳、罗林广、聂根新、董秋洪、魏益华、涂田华、刘珂、邵俊。

绿色食品　畜肉

1　范围

本标准规定了绿色食品畜肉的术语和定义、要求、检验规则、标签、包装、运输和贮存。

本标准适用于绿色食品畜肉(包括猪肉、牛肉、羊肉、马肉、驴肉、兔肉等)的鲜肉、冷却肉及冷冻肉;不适用于畜内脏、混合畜肉和辐照畜肉。

2　规范性引用文件

下列文件对于本文件的应用是必不可少的。凡是注日期的引用文件,仅注日期的版本适用于本文件。凡是不注日期的引用文件,其最新版本(包括所有的修改单)适用于本文件。

GB/T 191　包装储运图示标志

GB 4789.2　食品安全国家标准　食品微生物学检验　菌落总数测定

GB 4789.3　食品安全国家标准　食品微生物学检验　大肠菌群计数

GB 4789.4　食品安全国家标准　食品微生物学检验　沙门氏菌检验

GB/T 4789.6　食品卫生微生物学检验　致泻大肠埃希氏菌检验

GB/T 5009.11　食品中总砷及无机砷的测定

GB 5009.12　食品安全国家标准　食品中铅的测定

GB/T 5009.15　食品中镉的测定

GB/T 5009.17　食品中总汞及有机汞的测定

GB/T 5009.44　肉与肉制品卫生标准的分析方法

GB/T 5009.123　食品中铬的测定

GB 5749　生活饮用水卫生标准

GB 7718　预包装食品标签通则

GB 18394　畜禽肉水分限量

GB/T 19480　肉与肉制品术语

GB/T 20746　牛、猪肝脏和肌肉中卡巴氧、喹乙醇及代谢物残留量的测定　液相色谱—串联质谱法

GB/T 20756　可食动物肌肉、肝脏和水产品中氯霉素、甲砜霉素和氟苯尼考残留量的测定　液相色谱—串联质谱法

GB/T 20759　畜禽肉中十六种磺胺类药物残留量的测定　液相色谱—串联质谱法

GB/T 20762　畜禽肉中林可霉素、竹桃霉素、红霉素、替米考星、泰乐菌素、克林霉素、螺旋霉素、吉它霉素、交沙霉素残留量的测定　液相色谱—串联质谱法

GB/T 21312　动物源性食品中 14 种喹诺酮类药物残留量的测定　液相色谱—质谱/质谱法

GB/T 21317　动物源性食品中四环素类兽药残留量检测方法　液相色谱—质谱/质谱法与高效液相色谱法

GB/T 21320　动物源食品中阿维菌素类药物残留量的测定　液相色谱—串联质谱法

农业部 781 号公告—4—2006　动物源性食品中硝基呋喃类代谢物残留量的测定　高效液相色谱—串联质谱法

农业部 1025 号公告—18—2008　动物源性食品中 β-受体激动剂残留检测　液相色谱—串联质谱法

JJF 1070 定量包装商品净含量计量检验规则
NY/T 391 绿色食品 产地环境质量
NY/T 471 绿色食品 饲料和饲料添加剂
NY/T 472 绿色食品 兽药使用准则
NY/T 473 绿色食品 动物卫生准则
NY/T 658 绿色食品 包装通用准则
NY/T 1055 绿色食品 产品检验规则
NY/T 1056 绿色食品 贮存运输准则
NY/T 1892 绿色食品 畜禽饲养防疫准则
国家质量监督检验检疫总局令 2005 年第 75 号 定量包装商品计量监督管理办法

3 术语和定义

GB/T 19480 界定的以及下列术语和定义适用于本文件。

3.1

肉眼可见异物 visible foreign matter

肉品上不能食用的病变组织、胆汁、瘀血、浮毛、血污、金属、肠道内容物等。

4 要求

4.1 产地及原料要求

产地环境、活畜养殖管理以及屠宰加工用水，应分别符合 NY/T 391、NY/T 471、NY/T 472、NY/T 473、NY/T 1892 以及 GB 5749 的规定。

4.2 屠宰加工要求

4.2.1 屠宰

活畜应按照 NY/T 473 和 NY/T 1892 的规定，经检疫、检验合格后，方可进行屠宰。

4.2.2 预冷却

活畜屠宰后 24 h 内，肉的中心温度应降到 4℃以下。

4.2.3 分割

预冷却后的畜体分割时，环境温度应控制在 12℃以下。

4.2.4 冻结

需冷冻的产品，应在－28℃以下环境中，其中心温度应在 24 h～36 h 内降到－15℃以下。

4.3 感官要求

应符合表 1 的规定。

表 1 感官要求

项 目	鲜畜肉(冷却畜肉)	冻畜肉(解冻后)	检验方法
组织状态	肌肉有弹性，经指压后凹陷部位立即恢复原位	肌肉经指压后凹陷部位恢复慢，不能完全恢复原状	将样品置于洁净白色托盘中，在自然光下，目视检查组织状态、色泽，肉眼可见异物，用鼻嗅其气味
色泽	表皮和肌肉切面有光泽，具有畜种固有的色泽		
气味	具有畜种固有的气味，无异味		
肉眼可见异物	不得检出		

4.4 理化指标

应符合表 2 的规定。

表 2 理化指标

项目	指标	检验方法
水分,%	≤77	GB 18394
挥发性盐基氮,mg/100 g	≤15	GB/T 5009.44

4.5 兽药残留及限量

应符合相关食品安全国家标准及相关规定,同时应符合表 3 的规定。

表 3 兽药残留限量

单位为微克每千克

项目	指标	检验方法
氟苯尼考(florfenicol)	≤100	GB/T 20756
甲砜霉素(thiamphenicol)	≤50	GB/T 20756
氯霉素(chloramphenicol)	不得检出(<0.1)	GB/T 20756
磺胺类(以总量计)(sulfonamides)	不得检出(< 40)	GB/T 20759
泰乐菌素(tylosin)	≤200	GB/T 20762
呋喃唑酮代谢物(AOZ)	不得检出(<0.25)	农业部 781 号公告—4—2006
呋喃它酮代谢物(AMOZ)	不得检出(<0.25)	农业部 781 号公告—4—2006
呋喃妥因代谢物(AHD)	不得检出(< 0.25)	农业部 781 号公告—4—2006
呋喃西林代谢物(SEM)	不得检出(<0.25)	农业部 781 号公告—4—2006
喹诺酮类(以总量计)(quinoloncs)	不得检出(< 3)	GB/T 21312
四环素/土霉素/金霉素(单个或复合物)(tetracycline/oxytetracycline/chlortetracycline)	≤100	GB/T 21317
强力霉素(doxycycline)	≤100	GB/T 21317
喹乙醇代谢物(以 3 甲基喹恶啉-2-羧酸计)(MQCA)	不得检出(< 0.5)	GB/T 20746
伊维菌素(Ivermectin)	≤10	GB/T 21320
盐酸克伦特罗(clenbuterol)[a]	不得检出(<0.25)	农业部 1025 号公告—18—2008
莱克多巴胺(ractopamine)[a]	不得检出(< 0.25)	农业部 1025 号公告—18—2008
沙丁胺醇(salbutamol)[a]	不得检出(< 0.25)	农业部 1025 号公告—18—2008
西马特罗(cimaterol)[a]	不得检出(< 0.25)	农业部 1025 号公告—18—2008
[a] 兔肉不检测此项。		

4.6 微生物限量

应符合表 4 的规定。

表 4 微生物限量

项目	指标	检验方法
菌落总数,CFU/g	$\leqslant 1\times 10^5$	GB 4789.2
大肠菌群,MPN/g	<100	GB 4789.3
沙门氏菌	0/25 g	GB 4789.4
致泻大肠埃希氏菌	不得检出	GB/T 4789.6

4.7 净含量

应符合国家质量监督检验检疫总局令 2005 年第 75 号的规定,检验方法按 JJF 1070 执行。

5 检验规则

绿色食品申报检验应按照本标准 4.3 ~ 4.7 以及附录 A 所确定的项目进行检验。其他要求应符合 NY/T 1055 的规定。

6 标签

应符合 GB 7718 的规定。

7 包装、运输和贮存

7.1 包装

应符合 GB/T 191 和 NY/T 658 的规定。

7.2 运输和贮存

7.2.1 运输过程应符合 NY/T 1056 规定。应使用卫生并具有防雨、防晒、防尘设施的专用冷藏车船运输，运输过程中应控制运输温度，鲜肉和冷却肉为 0℃～4℃，冷冻肉为－18℃，温度变化为±1℃。

7.2.2 冻肉贮存于－18℃以下的冷冻库内，库温昼夜变化幅度不超过 1℃。

7.2.3 鲜肉和冷却肉应贮存在－2～4℃、相对湿度 85%～90%的冷却间。

附 录 A
(规范性附录)
绿色食品畜肉产品申报检验项目

表 A.1 规定了除本标准 4.3～4.7 所列项目外，依据食品安全国家标准和绿色食品生产实际情况，绿色食品申报检验还应检验的项目。

表 A.1 依据食品安全国家标准绿色食品畜肉产品申报检验必检项目

单位为毫克每千克

序号	项 目	指 标	检验方法
1	总砷(以 As 计)	≤0.5	GB/T 5009.11
2	铅(以 Pb 计)	≤0.2	GB 5009.12
3	镉(以 Cd 计)	≤0.1	GB/T 5009.15
4	总汞(以 Hg 计)	≤0.05	GB/T 5009.17
5	铬(以 Cr 计)	≤1.0	GB/T 5009.123

ICS 67.180.10
B 47

中华人民共和国农业行业标准

NY/T 2821—2015

蜂胶中咖啡酸苯乙酯的测定 液相色谱—串联质谱法

Determination of caffeic acid phenethyl ester in propolis—Liquid chromatography tandem mass spectrometry

2015-10-09 发布　　2015-12-01 实施

中华人民共和国农业部　发布

前　言

本标准按照 GB/T 1.1—2009 给出的规则起草。

本标准由农业部畜牧业司提出。

本标准由全国畜牧业标准化技术委员会(SAC/TC 274)归口。

本标准起草单位:农业部农产品及转基因产品质量安全监督检验测试中心(杭州)、杭州蜂之语蜂业股份有限公司。

本标准主要起草人:钱鸣蓉、王强、章虎、周萍、吴俐勤、王祥云、汪建妹、章征天。

蜂胶中咖啡酸苯乙酯的测定　液相色谱—串联质谱法

1　范围

本标准规定了蜂胶中咖啡酸苯乙酯的液相色谱—串联质谱测定方法。

本标准适用于蜂胶乙醇提取物及蜂胶胶囊中咖啡酸苯乙酯的测定。

本标准方法最低检出限为 3 mg/kg，定量限为 10 mg/kg。

2　规范性引用文件

下列文件对于本文件的应用是必不可少的。凡是注日期的引用文件，仅注日期的版本适用于本文件。凡是不注日期的引用文件，其最新版本(包括所有的修改单)适用于本文件。

GB/T 6682　分析实验室用水规格和试验方法

3　原理

用甲醇溶解，超声波提取蜂胶中的咖啡酸苯乙酯，液相色谱—串联质谱仪测定，外标法定量。

4　试剂和材料

除非另有说明，均使用分析纯试剂，水为 GB/T 6682 规定的一级水。

4.1　甲醇：色谱纯。

4.2　稀释液：甲醇＋水＝80＋20。

4.3　咖啡酸苯乙酯标准物质：纯度≥97％。

4.4　咖啡酸苯乙酯标准储备溶液：准确称取咖啡酸苯乙酯标准物质，用甲醇配制质量浓度为 1 000 mg/L的溶液，－18℃冰箱中保存，有效期为 12 个月。

4.5　咖啡酸苯乙酯标准中间溶液：吸取适量咖啡酸苯乙酯标准储备溶液(4.4)，用甲醇稀释配制质量浓度为 1 mg/L 的溶液，0℃～4℃保存，有效期为 1 个月。

4.6　咖啡酸苯乙酯标准工作溶液：将标准中间溶液(4.5)用稀释液(4.2)稀释成 0.000 2 mg/L、0.001 mg/L、0.01 mg/L、0.05 mg/L、0.20 mg/L 和 0.50 mg/L 多个质量浓度的标准工作溶液，绘制标准工作曲线。

4.7　滤膜：有机，0.22 μm(ϕ25 mm)。

4.8　聚丙烯离心管：50 mL。

5　仪器

5.1　液相色谱—串联质谱仪：配有电喷雾离子源。

5.2　粉碎机。

5.3　分析天平：感量 0.000 1 g。

5.4　超声波清洗器。

5.5　高速离心机：转速不低于 7 000 r/min。

6　分析步骤

6.1　试样的制备

6.1.1 蜂胶乙醇提取物的制备

从全部蜂胶样品中取出约 100 g 样品，装入洁净容器中分成 2 份，密封，并做标记。将试样于 −10℃以下保存。样品测定前，取出冷冻贮存的试样 20 g～30 g，迅速粉碎。

6.1.2 蜂胶胶囊的制备

取装量差异项下胶囊内容物 20 g～30 g，混匀。

6.2 试样处理

准确称取 0.2 g(精确到 0.1 mg)蜂胶试样，置于 150 mL 的具塞锥形瓶中，加入 85 mL 甲醇，超声 15 min，冷却至室温，转移至 100 mL 棕色容量瓶中，用甲醇冲洗具塞锥形瓶并转移至容量瓶中，用甲醇定容，混匀。吸取 10 mL 溶液至 50 mL 离心管中，以 7 000 r/min 的转速离心 10 min，吸取 1 mL 上清液至 50 mL 棕色容量瓶中，用稀释液(4.2)定容，混匀后过滤膜待测。

6.3 测定条件

6.3.1 液相色谱参考条件

a) 色谱柱：C_{18}(150 mm×2.1 mm，3 μm)或相当者；

b) 流动相：以含 0.5%甲酸的甲醇为流动相 A，以含 0.5%甲酸的 5 mmol/L 乙酸铵溶液为流动相 B，A 与 B 之间的比例为 8+2；

c) 流速：0.2 mL/min；

d) 进样量：5 μL；

e) 柱温：30℃。

6.3.2 质谱参考条件

a) 离子源：电喷雾离子源；

b) 扫描方式：负离子扫描；

c) 喷雾电压：3 000 V；

d) 毛细管温度：350℃；

e) 雾化气和气帘气为氮气，碰撞气为氩气；

f) 检测方式：多反应监测(MRM)，多反应监测条件见表 1。

表 1 咖啡酸苯乙酯的保留时间和多反应监测条件

中文名称	保留时间 min	定量离子对 m/z	定性离子对 m/z	碰撞能量 eV
咖啡酸苯乙酯	3.5	283.1/135.0	283.1/135.0;283.1/179.0	29;21

6.4 定性测定

检出的色谱峰保留时间与咖啡酸苯乙酯标准物质保留时间相对标准偏差在±2.5%以内，并且在扣除背景后所选择的两对离子对的丰度比偏差不超过表 2 的规定，则可判断样品中存在咖啡酸苯乙酯。

表 2 定性测定时相对离子丰度的最大允许偏差

相对离子丰度	>50%	20%～50%	10%～20%	≤10%
允许的相对偏差	±20%	±25%	±30%	±50%

6.5 定量

本方法采用外标法定量，将标准工作溶液(4.6)分别进样，以标准工作溶液质量浓度为横坐标，以峰面积为纵坐标，绘制标准工作曲线。用标准工作曲线对样品进行定量，试液中分析物的响应值应在仪器测定的线性范围内。如试样溶液中咖啡酸苯乙酯质量浓度值超出 0.50 mg/L，则用稀释液(4.2)稀释后测定。在上述条件下，标准溶液和蜂胶样品中咖啡酸苯乙酯的液相色谱—质谱/质谱多反应监测(MRM)色谱图参见附录 A。

7 结果计算

试样中咖啡酸苯乙酯的含量以质量分数计，数值以 ω 表示，单位为毫克每千克(mg/kg)，按式(1)计算。

$$\omega = \frac{\rho_s \times V \times f \times 1000}{m \times 1000} \qquad (1)$$

式中：

ρ_s——由回归曲线计算得到的上机试样溶液中咖啡酸苯乙酯含量，单位为毫克每升(mg/L)；

V——定容体积，单位为毫升(mL)；

f——定容后稀释的倍数；

m——试样质量，单位为克(g)。

注：计算结果需扣除空白值，测定结果用平行测定的算术平均值表示，保留三位有效数字。

8 精密度

在重复性条件下获得的两次独立测定结果的绝对差值不得超过算术平均值的15%。

附 录 A
（资料性附录）
多反应监测(MRM)色谱图

A.1 咖啡酸苯乙酯标样多反应监测(MRM)色谱图

见图 A.1。

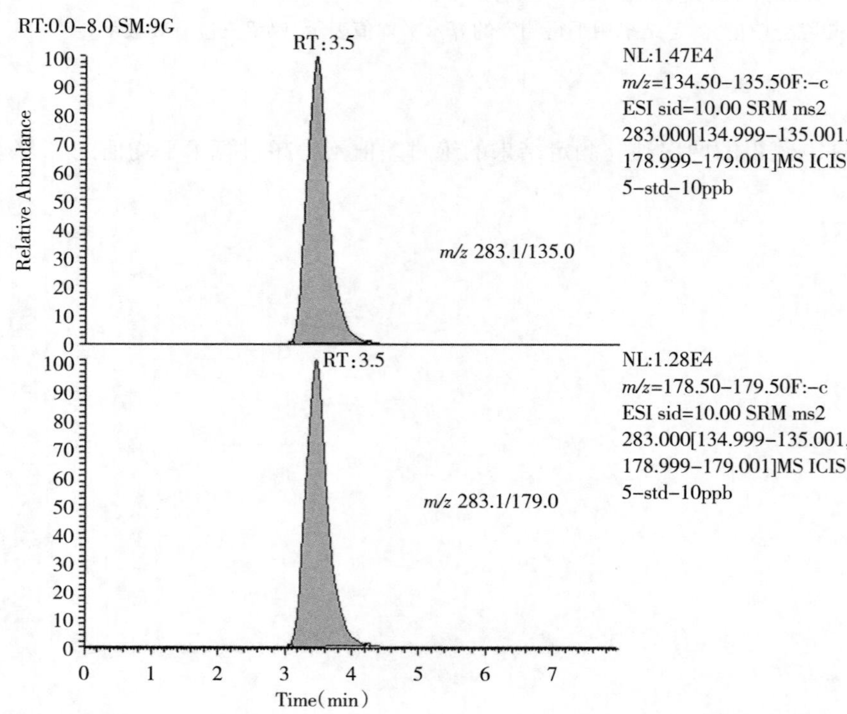

图 A.1 质量浓度为 0.01 mg/L 咖啡酸苯乙酯标样多反应监测(MRM)色谱图

A.2 蜂胶样品中咖啡酸苯乙酯的多反应监测(MRM)色谱图

见图 A.2。

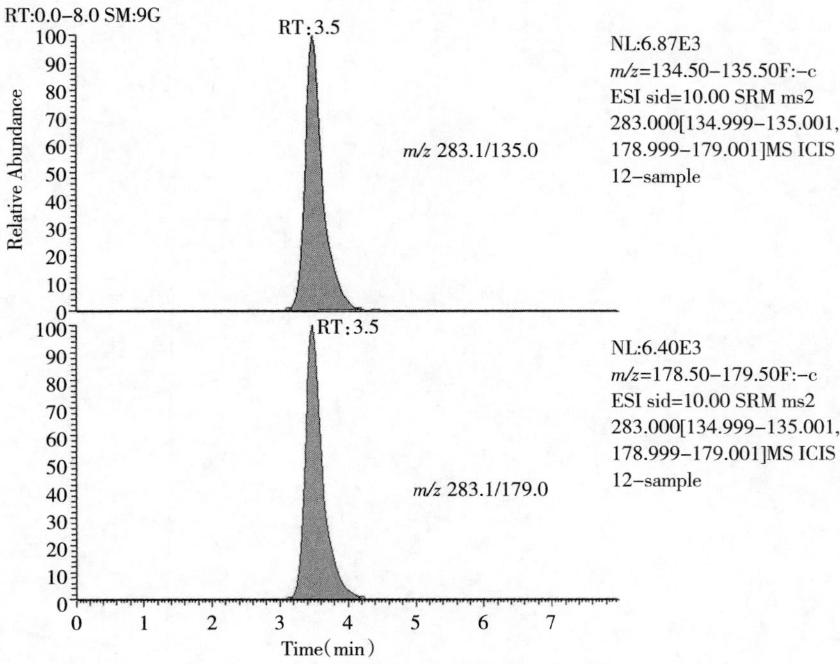

图 A.2 蜂胶样品中咖啡酸苯乙酯的多反应监测(MRM)色谱图

ICS 67.180.10
B 47

中华人民共和国农业行业标准

NY/T 2822—2015

蜂产品中砷和汞的形态分析　原子荧光法

Speciation determination of arsenic and mercury in bee products—Atomic fluorescence spectrometry

2015-10-09 发布　　2015-12-01 实施

中华人民共和国农业部　发布

前　言

本标准按照GB/T 1.1—2009给出的规则起草。

本标准由农业部畜牧业司提出。

本标准由全国畜牧业标准化技术委员会(SAC/TC 274)归口。

本标准起草单位:农业部农产品及转基因产品质量安全监督检验测试中心(杭州)。

本标准主要起草人:张永志、王钢军、叶雪珠、王强、徐丽红、王钫。

蜂产品中砷和汞的形态分析　原子荧光法

1　范围

本标准规定了采用原子荧光法测定蜂蜜、蜂花粉、蜂王浆及其冻干粉中砷和汞形态的分析方法。

本标准适用于蜂蜜、蜂花粉、蜂王浆及其冻干粉中无机砷(亚砷酸根与砷酸根的总和)、一甲基胂酸(MMA)、二甲基胂酸(DMA)、无机汞、甲基汞和乙基汞的测定。

本标准的方法检出限:无机汞、甲基汞和乙基汞分别为 2.0 μg/kg、0.80 μg/kg 和 0.10 μg/kg,无机砷、一甲基胂酸、二甲基胂酸各为 10 μg/kg。

本标准的方法定量限:无机汞、甲基汞和乙基汞分别为 6.0 μg/kg、2.40 μg/kg 和 0.30 μg/kg,无机砷、一甲基胂酸、二甲基胂酸各为 30 μg/kg。

2　规范性引用文件

下列文件对于本文件的应用是必不可少的。凡是注日期的引用文件,仅注日期的版本适用于本文件。凡是不注日期的引用文件,其最新版本(包括所有的修改单)适用于本文件。

GB/T 6682　分析实验室用水规格和试验方法

3　原理

样品中不同形态的砷或汞经过提取、净化,用液相色谱柱分离后,不同形态的砷经过氢化物反应用原子荧光光谱仪检测;不同形态的汞与氧化剂混合经紫外灯照射在线消解后,形成离子态的汞,再与还原剂作用生成原子态汞,用原子荧光光谱仪检测。通过保留时间和峰面积与标准溶液进行比较,外标法定量。

4　试剂与材料

除非另有规定,仅使用分析纯试剂。

4.1　水,GB/T 6682,一级。

4.2　氨水。

4.3　乙腈:色谱纯。

4.4　甲醇:色谱纯。

4.5　10%甲酸溶液:吸取 10 mL 甲酸于装有约 70 mL 水的 100 mL 容量瓶中,加水至 100 mL,摇匀。

4.6　7%盐酸溶液:吸取 70 mL 盐酸于装有约 700 mL 水的 1 000 mL 容量瓶中,加水至 1 000 mL,摇匀。

4.7　10%盐酸溶液:吸取 10 mL 盐酸于装有约 70 mL 水的 100 mL 容量瓶中,加水至 100 mL,摇匀。

4.8　盐酸—硫脲—氯化钾溶液:称取 1.0 g 硫脲、0.15 g 氯化钾于烧杯中,用 10%盐酸溶液(4.7)溶解后,转入 100 mL 容量瓶中并定容、摇匀。

4.9　1%硝酸溶液:吸取 1 mL 硝酸(优级纯)于装有约 70 mL 水的烧杯中,转入 100 mL 容量瓶中并定容、摇匀。

4.10　0.1%二乙氨基二硫代甲酸钠溶液:称取 0.1 g 二乙氨基二硫代甲酸钠(分析纯)于 100 mL 烧杯中,用少量水溶解后,转入 100 mL 容量瓶中并定容、摇匀。

4.11　10%乙腈溶液:吸取 10 mL 乙腈(色谱纯)于装有少量水的烧杯中,转入 100 mL 容量瓶中并定容、摇匀。

4.12 10%甲醇溶液：吸取 10 mL 甲醇(色谱纯)于装有少量水的烧杯中，转入 100 mL 容量瓶中并定容、摇匀。

4.13 0.5%氢氧化钾溶液：称取 5.0 g 氢氧化钾于烧杯中，加入少量水溶解后，转入 1 000 mL 容量瓶中并定容、摇匀。

4.14 还原剂：称取 1.5 g 硼氢化钾溶于 100 mL0.5%氢氧化钾溶液(4.13)中，混匀，现用现配。

4.15 氧化剂：称取 1.0 g 过硫酸钾溶于 100 mL 0.5%氢氧化钾溶液(4.13)中，混匀。

4.16 无机汞(Hg^{2+})标准储备液(100 mg/L)：吸取 5 mL 浓度为 1 000 mg/L 的有证标准溶液于 50 mL 容量瓶中，加入 0.5 mL 盐酸后，定容、摇匀。

4.17 甲基汞、乙基汞的混合标准储备液(100 mg/L)：分别准确称取 125.2 mg 和 132.6 mg 的氯化甲基汞和氯化乙基汞标准品于烧杯中，用少量水转入 1 000 mL 容量瓶中，定容摇匀后，4℃以下冷藏避光保存。

4.18 3 种形态汞混合标准中间液(1.0 mg/L)：准确吸取甲基汞、乙基汞的混合标准储备液(4.17)1.0 mL，无机汞(Hg^{2+})标准储备液(4.16)1.0 mL，定容至 100 mL，现配现用。

4.19 3 种形态汞混合标准工作液：吸取 0、1.00 mL、2.00 mL，3.00 mL、4.00 mL、5.00 mL 3 种形态汞混合标准中间液(4.18)，分别置于 100 mL 容量瓶中，并定容摇匀，得到 3 种形态汞的质量浓度分别为：0、10.0 ng/mL、20.0 ng/mL、30.0 ng/mL、40.0 ng/mL、50.0 ng/mL，过 0.45 μm 滤膜，备用。

4.20 4 种形态砷混合标准工作液：根据亚砷酸根(三价砷)、砷酸根(五价砷)、一甲基胂酸、二甲基胂酸有证标准物质的标示浓度值，分别用 1% 的硝酸溶液(4.9)配制成浓度约为 0、10.0 ng/mL、20.0 ng/mL、30.0 ng/mL、40.0 ng/mL、50.0 ng/mL 的混合标准工作溶液，备用。

4.21 乙腈—乙酸铵—(L-半胱氨酸)溶液：称取 2.5 g 乙酸铵(色谱纯)和 0.5 g L-半胱氨酸(含量>98.5%)于 100 mL 烧杯中，用少量水溶解后转入 500 mL 容量瓶中，加入 25 mL 乙腈(色谱纯)，加水至 500 mL。过 0.45 μm 滤膜，再超声 30 min，去除气泡，备用。

4.22 25 mmol/L 磷酸氢二铵溶液：称取 1.65 g 磷酸氢二铵溶于 500 mL 水中，用 10%甲酸(4.5)调节 pH 为 5.8，过 0.45 μm 滤膜，再超声 30 min，去除气泡，备用。

4.23 滤膜：水相，0.45 μm(ϕ50 mm、ϕ13 mm)。

4.24 注射针筒：10 mL。

4.25 微量注射器：250 μL。

4.26 氩气：纯度不低于 99.99%。

5 仪器

5.1 原子荧光形态分析仪(配备液相分离系统：高效液相色谱泵、进样装置以及紫外灯消解装置)。

5.2 高速振荡混合器：转数不低于 1 000 r/min。

5.3 高速离心机：转数不低于 8 000 r/min。

5.4 涡旋混合仪。

5.5 分析天平：感量 0.000 1 g，0.001 g。

5.6 pH 计：精度为 0.01。

5.7 超声波清洗器。

5.8 烘箱。

6 试样制备

6.1 蜂蜜

取适量无结晶的样品，搅拌均匀。对于结晶的样品，在密闭的情况下，放置于不超过60℃的水浴中溶解，称样前冷却至室温，搅拌均匀，室温保存。

6.2 蜂王浆及冻干粉

将液体、浆状、粉状的样品充分混合均匀；将低温保存的固体样品进行粉碎磨细。试样于－20 ℃冰箱中保存备用。

6.3 蜂花粉

进行粉碎磨细，室温保存。

7 分析步骤

7.1 汞形态提取

7.1.1 提取

蜂花粉和蜂王浆冻干粉称取0.2 g～1.0 g(精确到0.1 mg)，蜂王浆和蜂蜜称取1.0 g～2.0 g(精确到0.1 mg)，样品于10 mL离心管中，加入2 mL盐酸—硫脲—氯化钾溶液(4.8)，在高速振荡混合器上混旋提取15 min，离心10 min，上清液倒入10 mL离心管中，剩余的残渣再用2 mL10%盐酸＋1%硫脲＋0.15%氯化钾溶液(4.8)提取1次，合并2次上清液，加入0.5 mL氨水中和。定容到10 mL，取适量定容后的溶液离心10 min，过0.45 μm孔径滤膜，得到提取液，待测。

7.1.2 净化

颜色较深的提取液应经过净化处理后再进行测定，首先分别用4 mL纯乙腈和4 mL水将C_{18}的SPE小柱(填料为100 mg)活化，然后用4 mL 0.1% 二乙氨基二硫代甲酸钠溶液(4.10)改性，再用4 mL水冲洗，将3 mL样品提取液通过C_{18}的SPE小柱，然后用4 mL水冲洗小柱，再用5 mL 10%乙腈溶液(4.11)清洗，最后用3 mL乙腈—乙酸铵—(L-半胱氨酸)溶液(4.21)分3次洗脱，合并收集洗脱液用于测定。

7.2 砷形态提取

7.2.1 提取

蜂花粉和蜂王浆冻干粉称取0.2 g～1.0 g(精确到0.1 mg)，蜂王浆和蜂蜜称取2.0 g～5.0 g(精确到0.1 mg)，置于10 mL具塞玻璃比色管中，加入10 mL 1%硝酸溶液(4.9)，于90℃烘箱中热浸提2 h，每0.5 h振摇1 min，浸提完毕，取出冷却至室温，补加硝酸溶液(4.9)转入塑料离心管中，离心15 min，取上层清液，经0.45 μm滤膜过滤，得到提取液，待测，颜色较深的提取液应经过净化处理后再进行测定。

7.2.2 净化

先将C_{18}小柱(规格1.0 mL)进行活化：用注射针筒抽取10 mL的甲醇(4.4)通过滤膜和小柱，通过的时候保持其流速(每秒2滴)，再用10 mL的水通过滤膜和小柱，通过的时候保持其流速(每秒2滴)，最后用10 mL左右的甲醇(4.4)通过滤膜和小柱，通过时保持其流速(每秒2滴)。

颜色较深的提取液应经过净化处理后再进行测定，吸取5 mL提取液通过滤膜和C_{18}小柱(规格1.0 mL)，弃去前3 mL，收集流出液，用于测定。每净化完一个样品后依次以10 mL甲醇(4.4)、15 mL水冲洗，可用于对下一个样品提取液的净化。

7.3 液相色谱参考条件

7.3.1 测汞形态的液相色谱参考条件

7.3.1.1 色谱柱参数：C_{18}色谱柱，150 mm×4.6 mm，5 μm粒径或相当者。

7.3.1.2 流动相：乙腈—乙酸铵—(L-半胱氨酸)溶液(4.21)。

7.3.1.3 流速：1.0 mL/min。

7.3.1.4 进样量：100 μL。

7.3.2 测砷形态的液相色谱参考条件

7.3.2.1 色谱柱参数：阴离子交换柱，250 mm×4.1 mm，10 μm 粒径或相当者。

7.3.2.2 流动相：25 mmol/L 磷酸氢二铵溶液(4.22)。

7.3.2.3 流速：1.0 mL/min。

7.3.2.4 进样量：100 μL。

7.4 仪器参考条件

7.4.1 测汞仪器参考条件

灯电流：30 mA；
负高压：300 V；
紫外灯：开；
载气流量：300 mL/min；
屏蔽气流量：600 mL/min；
载流(4.6)；
还原剂(4.14)；
氧化剂(4.15)。

7.4.2 测砷仪器参考条件

灯电流：100 mA；
负高压：300 V；
载气流量：400 mL/min；
屏蔽气流量：600 mL/min；
载流(4.6)；
还原剂(4.14)。

7.5 测定

7.5.1 汞形态的测定

取混合标准工作液(4.19)和样品待测液(7.1.1 获得的提取液或者 7.1.2 净化后的洗脱液)各 100 μL 分别注入原子荧光形态分析仪的液相分离系统进行分离，原子荧光光谱仪进行检测，以其标准溶液峰的保留时间定性，峰面积定量。3 种形态汞的标准样品色谱图参见附录 A。

7.5.2 砷形态的测定

分别吸取 5 mL 混合标准工作液(4.20)和样品待测液于(7.2.1 获得的提取液或者 7.2.2 净化后的流出液)10 mL 离心管中，加入 1 滴氨水(4.2)，混匀后，经 0.45 μm 滤膜过滤后，用微量注射器分别取 100 μL 注入原子荧光形态分析仪的液相分离系统进行分离，原子荧光光谱仪进行检测，以其标准溶液峰的保留时间定性，峰面积定量。4 种形态砷标准样品色谱图参见附录 B。

8 结果计算

试样中不同形态汞或砷含量以质量分数 ω_i 计，单位以微克每千克(μg/kg)表示，按式(1)计算。

$$\omega_i = \frac{(c_i - c_{0i}) \times V \times 1000}{m \times 1000} \qquad (1)$$

式中：

c_i ——样液中不同形态的汞或者砷的质量浓度，单位为纳克每毫升(ng/mL)；
c_{0i}——试剂空白液中不同形态的汞或者砷的质量浓度，单位为纳克每毫升(ng/mL)；
V —— 试样提取上清液的总体积，单位为毫升(mL)；
m —— 试样质量，单位为克(g)。

注：$\omega_{无机砷}=\omega_{亚砷酸根}+\omega_{砷酸根}$。

计算结果保留两位有效数字。

9 精密度

在重复性条件下获得的两次独立测试结果的绝对差值不超过算术平均值的 20%。

附　录　A
（资料性附录）
3种形态汞的混合标准溶液色谱图

3种形态汞的混合标准溶液色谱图见图A.1。

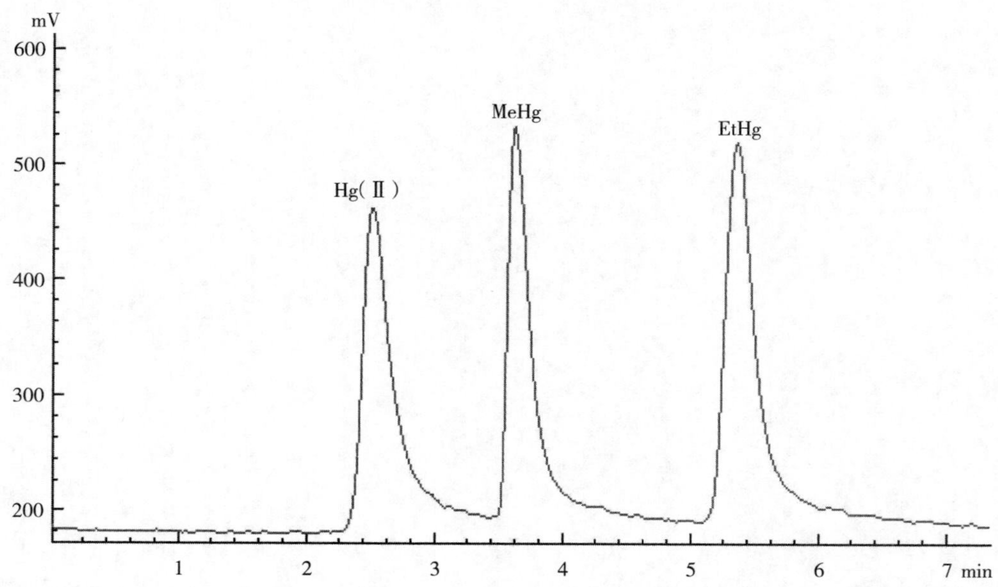

图A.1　无机汞[Hg(Ⅱ)]、甲基汞(MeHg)、乙基汞(EtHg)的混合标准溶液色谱图

附　录　B
（资料性附录）
4 种形态砷的混合标准溶液色谱图

4 种形态砷的混合标准溶液色谱图见图 B.1。

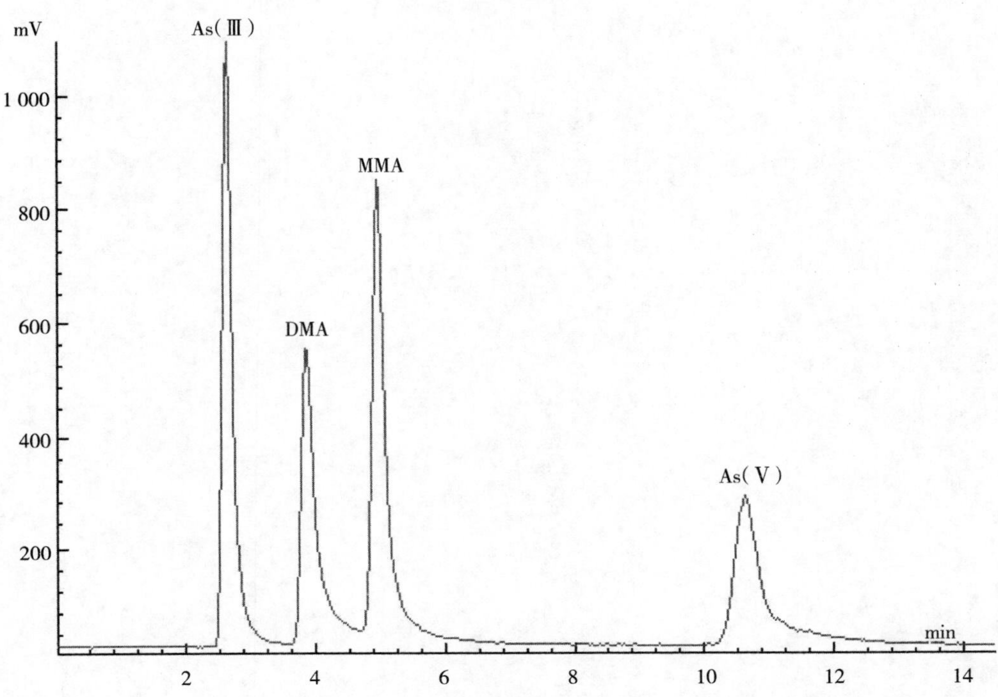

图 B.1　三价砷[As(Ⅲ)]、二甲基胂酸(DMA)、一甲基胂酸(MMA)、五价砷[As(Ⅴ)]的混合标准溶液色谱图

ICS 65.020.30
B 43

中华人民共和国农业行业标准

NY/T 2823—2015

八　眉　猪

Bamei pig

2015-10-09 发布　　　　2015-12-01 实施

中华人民共和国农业部　发布

前　言

本标准按照 GB/T 1.1—2009 给出的规则起草。

本标准由农业部畜牧业司提出。

本标准由全国畜牧业标准化技术委员会(SAC/TC 274)归口。

本标准起草单位:西北农林科技大学、甘肃农业大学、全国畜牧总站、中国农业大学。

本标准主要起草人:杨公社、滚双宝、薛明、孙世铎、姜天团、傅金銮、杨渊。

八 眉 猪

1 范围

本标准规定了八眉猪的中心产区与分布、体型外貌、生产性能、测定方法、种猪合格判定和种猪出场条件等。

本标准适用于八眉猪的品种鉴别。

2 规范性引用文件

下列文件对于本文件的应用是必不可少的。凡是注日期的引用文件，仅注日期的版本适用于本文件。凡是不注日期的引用文件，其最新版本(包括所有的修改单)适用于本文件。

GB 16567 种畜禽调运检疫技术规范

NY/T 820 种猪登记技术规范

NY/T 821 猪肌肉品质测定技术规范

NY/T 822 种猪生产性能测定规程

NY/T 825 瘦肉型猪胴体性状的测定技术规范

3 中心产区与分布

八眉猪中心产区位于陕西省泾河流域、甘肃省陇东和宁夏回族自治区固原地区，主要分布于陕西省、甘肃省、宁夏回族自治区、青海省，在内蒙古自治区和山西省邻近区域亦有分布。

4 体型外貌

4.1 外貌特征

八眉猪体型中等大小，体躯呈长方形，被毛黑色。头较狭长，额有纵行“八”字皱纹，纹细而浅。耳大下垂，耳长与嘴齐或超过鼻端。鬃毛坚硬，长 10 cm 左右。背腰窄长，腹大下垂，尻斜。腿臀欠丰满，后肢多卧系。母猪尾根低、粗尖、稍扁。有效乳头数 6 对以上。八眉猪的外貌特征参见附录 A。

4.2 体重体尺

4.2.1 成年公猪：平均体重 100 kg，平均体长 124 cm，平均体高 66 cm。

4.2.2 成年母猪：平均体重 88 kg，平均体长 119 cm，平均体高 58 cm。

5 生产性能

5.1 繁殖性能

5.1.1 母猪初情期 3 月龄～4 月龄，适配月龄 6 月龄～7 月龄；公猪 30 日龄有性行为，适配月龄 6 月龄～8 月龄。

5.1.2 初产母猪总产仔数 8 头，产活仔数 7 头；经产母猪总产仔数 12 头，产活仔数 11 头。

5.2 生长发育

后备公猪 2 月龄体重达 12 kg，6 月龄体重达 23 kg；后备母猪 2 月龄体重达 12 kg，6 月龄体重达 24 kg。

5.3 肥育性能

在可消化能 12.13 MJ/kg～13.18MJ/kg、粗蛋白 10%～12%喂养时，20 kg～90 kg 的八眉猪平均日增重为 410 g。饲料转化率为 4.1。

5.4 胴体性状与肌肉品质

育肥猪 80 kg～90 kg 时屠宰率 67%～71%，平均背膘厚 33 mm～36 mm，胴体瘦肉率 42%～45%，肌内脂肪 6.1%～6.9%。

6 测定方法

6.1 繁殖性能按照 NY/T 820 的规定进行测定。

6.2 肥育性能参照 NY/T 822 的规定进行测定。

6.3 胴体性状、肌肉品质分别参照 NY/T 825、NY/T 821 的规定进行测定。

7 种猪合格判定

符合本品种特征，健康状况良好；外生殖器发育正常，无遗传疾患和损征；来源和血缘清楚，系谱记录齐全。

8 种猪出场条件

8.1 符合种用要求。

8.2 出场年龄在 2 月龄以上，种猪来源及血缘清楚，档案系谱记录齐全。

8.3 种猪出场有合格证，并按照 GB 16567 要求出具检疫合格证，耳号清楚，档案准确齐全。

8.4 有出场鉴定人员签字。

附 录 A
(资料性附录)
八 眉 猪 图 片

A.1 种猪头部

见图 A.1。

种公猪

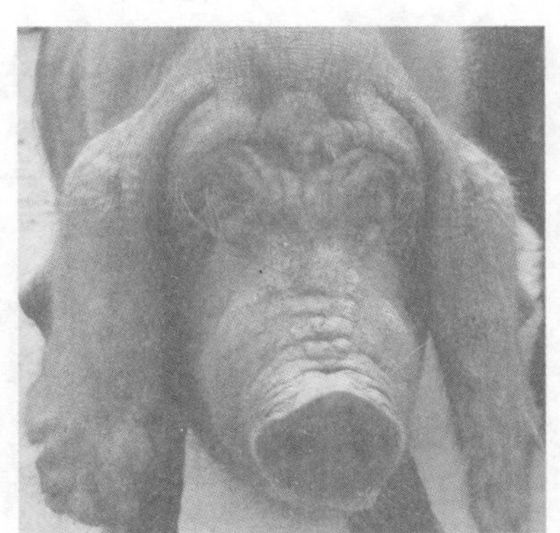
种母猪

图 A.1 种猪头部

A.2 种猪侧面

见图 A.2。

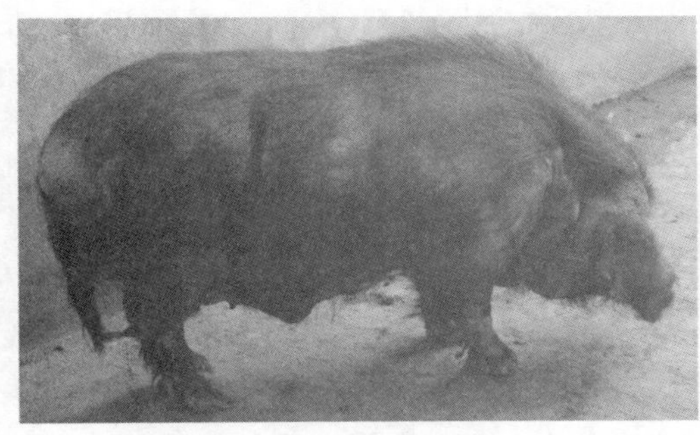
种公猪

种母猪

图 A.2 种猪侧面

A.3 种猪臀部

见图 A.3。

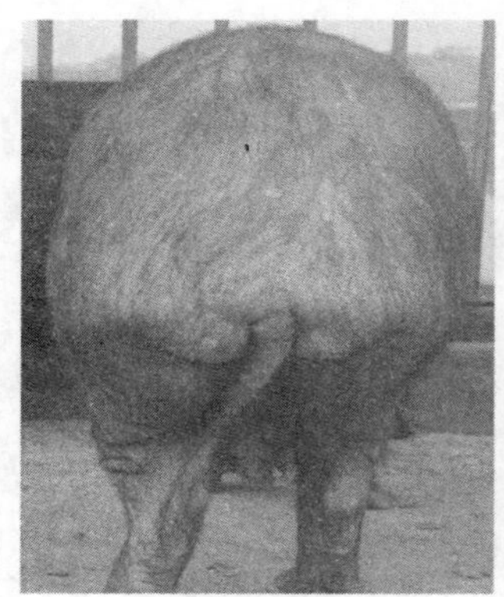

种公猪

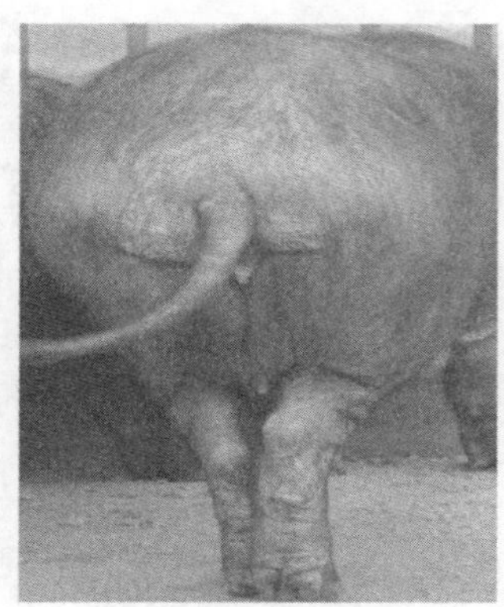
种母猪

图 A.3　种猪臀部

ICS 65.020.30
B 43

中华人民共和国农业行业标准

NY/T 2824—2015

五 指 山 猪

Wuzhishan pig

2015-10-09 发布

2015-12-01 实施

中华人民共和国农业部 发布

前　言

本标准按照 GB/T 1.1—2009 给出的规则起草。

本标准由农业部畜牧业司提出。

本标准由全国畜牧业标准化技术委员会(SAC/TC 274)归口。

本标准起草单位:中国农业科学院北京畜牧兽医研究所、海南省农业科学院畜牧兽医研究所。

本标准主要起草人:杨述林、牟玉莲、冯书堂、谭树义、李奎、王峰、辛磊磊。

五　指　山　猪

1　范围

本标准规定了五指山猪的产地与分布、体型外貌、繁殖性能、生长肥育、胴体性能、测定方法、种猪合格评定及出场要求等内容。

本标准适用于五指山猪的鉴别。

2　规范性引用文件

下列文件对于本文件的应用是必不可少的。凡是注日期的引用文件，仅注日期的版本适用于本文件。凡是不注日期的引用文件，其最新版本（包括所有的修改单）适用于本文件。

GB 16567　种畜禽调运检疫技术规范

NY/T 820　种猪登记技术规范

NY/T 822　种猪生产性能测定规程

NY/T 825　瘦肉型猪胴体性状测定技术规范

3　产地与分布

五指山猪原产于海南省中南部琼中、五指山、白沙、乐东、东方、保亭、三亚等市县黎族和苗族居住的山区，现主要分布于海南省保亭县、五指山市、海口市和北京市等地。

4　体型外貌

4.1　外貌特征

体躯上部被毛多为黑色，少为棕色，腹部和四肢为白色，额部有白三角或流星白点。头小面长，耳小而直立，嘴尖、嘴筒直或微弯。胸窄，腰背微凹。腹部略有下垂，乳头数5对～7对，四肢细短。参见附录A。

4.2　体重体尺

按附录B给出的营养条件，公猪6月龄平均体重15 kg、体高36 cm、体长56 cm；12月龄平均体重28 kg、体高41 cm、体长61 cm。母猪6月龄平均体重12 kg、体高34 cm、体长53 cm；12月龄平均体重28 kg、体高40 cm、体长62 cm。

5　繁殖性能

公猪性成熟约3月龄，初配月龄约7月龄，可利用年限5年～6年。母猪初情期约3月龄，初配月龄约6月龄，可利用年限6年～7年。初产母猪平均总产仔数5.2头、平均产活仔数5.1头、平均初生窝重2.3 kg。经产母猪平均总产仔数6.9头、平均产活仔数6.7头、平均初生窝重3.5 kg。

6　生长肥育

按附录B给出的营养条件，2月龄～12月龄生长肥育期平均日增重80 g、饲料转化率3.9：1。

7　胴体性能

12月龄时屠宰，屠宰率67％，平均背膘厚24 mm，眼肌面积13 cm^2，腿臀比例26.5％，胴体瘦肉率47％。

8 测定方法

8.1 体尺性状与繁殖性能

按照 NY/T 820 的规定执行。

8.2 生长发育

按照 NY/T 822 的规定执行。

8.3 胴体性能

按照 NY/T 825 的规定执行。

9 种猪合格评定及出场要求

9.1 体型外貌符合 4 的规定。

9.2 生殖器官发育正常。有效乳头数不少于 6 对。

9.3 无遗传缺陷、损征。健康状况良好。

9.4 来源、血缘和个体标识清楚，系谱记录齐全。

9.5 耳号清楚，档案准确齐全，有种猪合格证和质量鉴定人员签字。

9.6 按照 GB 16567 的规定出具检疫证书。

附 录 A
(资料性附录)
五指山猪体型外貌

A.1 五指山猪公猪

见图 A.1。

侧面

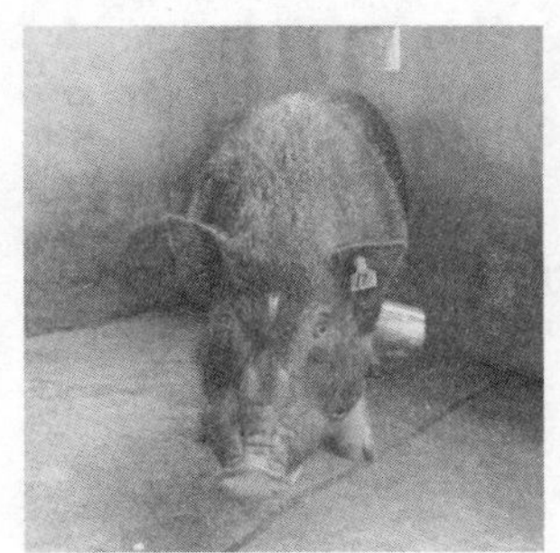

正面

后躯

图 A.1 五指山猪公猪

A.2 五指山猪母猪

见图 A.2。

侧面

正面

后躯

图 A.2 五指山猪母猪

附 录 B
(资料性附录)
五指山猪营养需要推荐表

五指山猪营养需要推荐表见表 B. 1。

表 B. 1 五指山猪营养需要推荐表

指　　标	仔猪(1 月龄～3 月龄)	生长猪(4 月龄～6 月龄)、妊娠母猪	哺乳母猪、种公猪	成年猪(7 月龄及以上)、空怀母猪
可消化能,MJ/kg	12.0～13.0	10.9～11.3	12.14～12.56	11.9～12.6
粗蛋白,%	17.0～20.0	13.0～14.0	16.0～17.0	13.0～16.0
钙,%	0.8～1.0	0.7～0.8	0.7～0.75	0.8～1.0
磷,%	0.6～0.8	0.55～0.65	0.5～0.6	0.5～0.8

ICS 65.020.30
B 43

中华人民共和国农业行业标准

NY/T 2825—2015

滇南小耳猪

Diannan small-ear pig

2015-10-09 发布　　　　2015-12-01 实施

中华人民共和国农业部　发布

前　言

本标准按照GB/T 1.1—2009给出的规则起草。

请注意本标准的某些内容可能涉及专利，本标准的发布机构不承担识别这些专利的责任。

本标准由农业部畜牧业司提出。

本标准由全国畜牧业标准化技术委员会(SAC/TC 274)归口。

本标准起草单位：全国畜牧总站、云南农业大学动物科学技术学院、云南邦格农业集团有限公司、云南省家畜改良工作站。

本标准主要起草人：于福清、苟潇、严达伟、袁跃云、鲁绍雄、孙利民、李志刚、赵桂英、李国治、杨舒黎、张宇文、何爱华。

滇南小耳猪

1 范围

本标准规定了滇南小耳猪的产地与分布、体型外貌、繁殖性能、肥育性能、胴体性能、肌肉品质、生产性能测定方法、种猪合格评定及出场要求。

本标准适用于滇南小耳猪品种鉴别。

2 规范性引用文件

下列文件对于本文件的应用是必不可少的。凡是注日期的引用文件，仅注日期的版本适用于本文件。凡是不注日期的引用文件，其最新版本（包括所有的修改单）适用于本文件。

GB 16567 种畜禽调运检疫技术规范

NY/T 820 种猪登记技术规范

NY/T 821 猪肌肉品质测定技术规范

NY/T 822 种猪生产性能测定规程

3 产地与分布

滇南小耳猪原产于云南省北纬25°以南的热带、亚热带地区，中心产区为西双版纳傣族自治州；主要分布于西双版纳傣族自治州勐腊县、勐海县、景洪市，德宏傣族景颇族自治州芒市、瑞丽市、陇川县、盈江县、梁河县，临沧市临翔区、凤庆县、云县、永德县、耿马傣族自治县、沧源佤族自治县、双江拉祜族佤族布朗族傣族自治县、镇康县，普洱市镇沅彝族哈尼族拉祜族自治县、宁洱哈尼族彝族自治县、景东彝族自治县、景谷傣族彝族自治县、墨江哈尼族自治县、澜沧拉祜族自治县、江城哈尼族彝族自治县、孟连傣族拉祜族佤族自治县、西盟佤族自治县，红河哈尼族彝族自治州红河县、元阳县、金平苗族瑶族傣族自治县、绿春县、河口瑶族自治县、屏边苗族自治县、弥勒市，文山壮族苗族自治州西畴县、麻栗坡县、马关县、文山市、砚山县、丘北县、广南县、富宁县，玉溪市元江县、新平县共7个州（市）42个县（市、区）。

4 体型外貌

4.1 外貌特征

滇南小耳猪全身被毛较稀、毛色全黑，少数有“六白”或“不完全六白”特征，即前额、尾尖、四肢系部以下为白毛；成年公、母猪均有鬃毛。头小清秀，耳小竖立。额部皱纹较少且多为纵纹，嘴筒略长，呈圆锥状。颈短粗，下有肉垂。腹大不下垂。背腰平直，少数微凹。腿臀丰满。尾根粗，尾尖细、扁，尾尖毛呈扇形。四肢细小直立，蹄小、坚实。乳头数5对～6对。滇南小耳猪外貌参见附录A。

4.2 体重和体尺

在正常饲养管理条件下，公母猪的平均体重体尺如表1所示。

表1 公母猪的体重和体尺

性别	初生重 kg	21日龄重 kg	42日龄断奶重 kg	6月龄体重 kg	成年体重 kg	体长 cm	胸围 cm	体高 cm
公	0.7	2.9	6.1	30.1	48.8	91.2	85.0	51.0
母	0.7	3.1	5.6	37.6	49.7	90.7	84.5	51.1

5 繁殖性能

公猪性成熟期 1.5 月龄～2.5 月龄，初配年龄 5 月龄～6 月龄；母猪初情期 3 月龄～5 月龄，发情周期 18 d～20 d，适配年龄 5 月龄～6 月龄；母猪初产总产仔数平均 7.3 头、产活仔数平均 6.9 头、断奶仔猪数平均 6.6 头；母猪经产总仔数平均 9.2 头、产活仔数平均 8.8 头、断奶仔猪数平均 7.3 头。

6 肥育性能

在 12.55 MJ/kg 可消化能、13%～14%粗蛋白配合饲料饲喂时，8 kg～60 kg 的生长肥育猪平均日增重 234 g，料重比 3.9：1。

7 胴体性能

在体重 50 kg～60 kg 屠宰时，平均屠宰率 67.5%、皮厚 3.8 mm、背膘厚 34 mm、腿臀比例 24.8%、眼肌面积 12.5 cm^2、瘦肉率 39.5%。

8 肌肉品质

肌肉 pH_1 6.20～6.50，pH_{24} 5.60～6.00；肉色评分(5 分制)3.0 分～4.0 分；大理石纹评分(5 分制)3.0 分～4.0 分；滴水损失平均 3.0%；平均肌内脂肪含量 6.0%。

9 测定方法

9.1 肥育性能、胴体性能测定按 NY/T 822 执行。

9.2 繁殖性能测定按 NY/T 820 执行。

9.3 肌肉品质按 NY/T 821 执行。

10 种猪合格评定及出场要求

10.1 体型外貌符合本品种特征。

10.2 生殖器官发育正常，有效乳头数不少于 5 对。

10.3 无遗传缺陷和损征。

10.4 来源、血缘和个体标识清楚，系谱记录齐全。

10.5 按照 GB 16567 的要求检疫合格。

附 录 A
（资料性附录）
滇南小耳猪图片

A.1 滇南小耳猪公猪

见图 A.1。

侧面

头部

尾部

图 A.1 滇南小耳猪公猪

A.2 滇南小耳猪母猪

见图 A.2。

侧面

头部

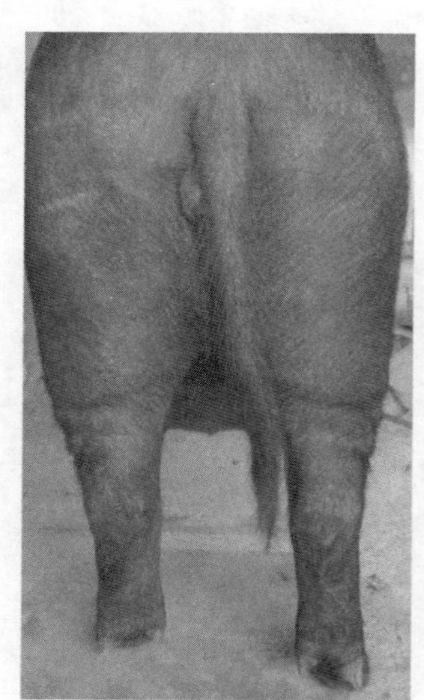

尾部

图 A.2 滇南小耳猪母猪

A.3 滇南小耳猪猪群

见图 A.3。

图 A.3 滇南小耳猪猪群

ICS 65.020.30
B 43

中华人民共和国农业行业标准

NY/T 2826—2015

沙子岭猪

Shaziling pig

2015-10-09 发布　　2015-12-01 实施

中华人民共和国农业部　发布

前　言

本标准按照 GB/T 1.1—2009 给出的规则起草。

本标准由农业部畜牧业司提出。

本标准由全国畜牧业标准化技术委员会(SAC/TC 274)归口。

本标准起草单位:湘潭市畜牧兽医水产局、全国畜牧总站、湖南农业大学、湘潭市家畜育种站、湘潭飞龙牧业有限公司。

本标准主要起草人:吴买生、刘彬、张彬、左晓红、薛立群、向拥军、刘伟、刘传芳、李朝晖、张善文。

沙 子 岭 猪

1 范围

本标准规定了沙子岭猪的品种特征特性、生产性能测定及种猪出场要求等内容。

本标准适用于沙子岭猪品种鉴别。

2 规范性引用文件

下列文件对于本文件的应用是必不可少的。凡是注日期的引用文件，仅注日期的版本适用于本文件。凡是不注日期的引用文件，其最新版本（包括所有的修改单）适用于本文件。

GB 16567 种畜禽调运检疫技术规范

NY/T 820 种猪登记技术规范

NY/T 821 猪肌肉品质测定技术规范

NY/T 822 种猪生产性能测定规程

3 产地与分布

沙子岭猪是华中两头乌猪的一个类群，原产于湖南省湘潭市。中心产区在湘潭县的云湖桥、花石、青山桥、石鼓，湘乡市的月山、白田、龙洞，韶山市的大坪、杨林、如意，雨湖区的姜畲、响塘以及衡阳县的洪市、大安、曲兰和常宁市的荫田等20多个乡（镇）。主要分布于湖南湘潭、衡阳、永州、娄底、邵阳等市的10多个县（市、区）。

4 体型外貌

4.1 外貌特征

体型有大型和小型之分，现存沙子岭猪以大型为主。被毛较粗稀，毛色为“点头墨尾”，即头部毛和臀部毛为黑色，黑白交界处有“晕”，其他部位为白色，部分猪背腰部有隐花。头短而宽，嘴筒齐，面微凹，耳中等大、蝶形，额部有皱纹。背腰较平直，腹大不拖地。腿臀欠丰满，四肢粗壮结实，后肢开张。乳头数6对～8对。沙子岭猪体型外貌参见附录A。

4.2 体重体尺

参照附录B的营养水平饲养，6月龄公猪平均体重42 kg，体长90 cm，体高45 cm；6月龄母猪平均体重45 kg，体长87 cm，体高42 cm。成年公猪平均体重130 kg，体长136 cm，体高71 cm；成年母猪平均体重145 kg，体长138 cm，体高66 cm。

5 繁殖性能

公猪性成熟期为3月龄，初配年龄为5月龄～6月龄。母猪初情期在3.5月龄，适配期为5月龄～6月龄。初产母猪平均总产仔数9头，产活仔数8.5头，平均初生个体重0.8 kg，21日龄窝重24 kg，35日龄断奶窝重32 kg；经产母猪平均总产仔数11.5头，产活仔数10.6头，平均21日龄窝重28 kg，35日龄断奶窝重45 kg。

6 肥育性能

参照附录B的营养水平饲养，15 kg～85 kg生长肥育期间平均日增重450 g，料重比4.3∶1。商品猪适宜屠宰体重为75 kg～85 kg。

7 胴体性能

肥育猪在平均体重 85 kg 屠宰时，平均屠宰率 72%，瘦肉率 41%，眼肌面积 21 cm^2，腿臀比例 25%；平均背膘厚 45 mm。

8 肌肉品质

肥育猪在平均体重 85 kg 屠宰时，肌肉 pH 6.1～6.4；肉色评分(5 分制)3 分～3.5 分；大理石纹评分(5 分制)3 分～3.5 分；滴水损失 1.6%；肌内脂肪含量 3.5%。

9 测定方法

9.1 生长发育、胴体性能测定按照 NY/T 820、NY/T 822 的规定执行。

9.2 繁殖性能测定按照 NY/T 820 的规定执行。

9.3 肌肉品质按照 NY/T 821 的规定执行。

10 种猪合格评定及出场要求

10.1 体型外貌符合本品种特征。

10.2 生殖器官发育正常。有效乳头数不少于 6 对。

10.3 无遗传疾患和损征。

10.4 来源、血缘和个体标识清楚，系谱记录齐全。

10.5 按照 GB 16567 的要求检疫合格。

附　录　A
(资料性附录)
沙子岭猪照片

A.1　沙子岭猪头部

见图 A.1。

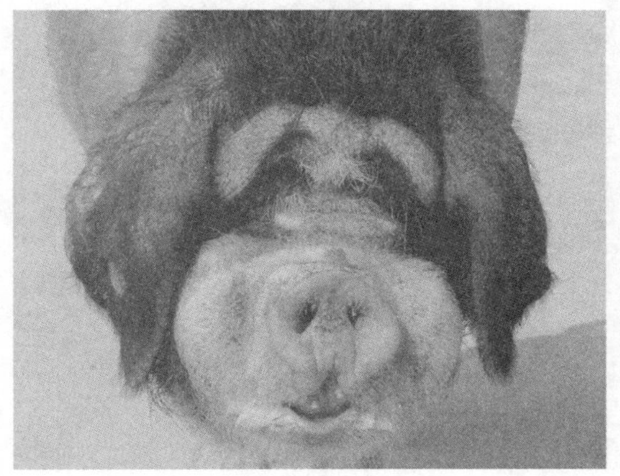
公猪

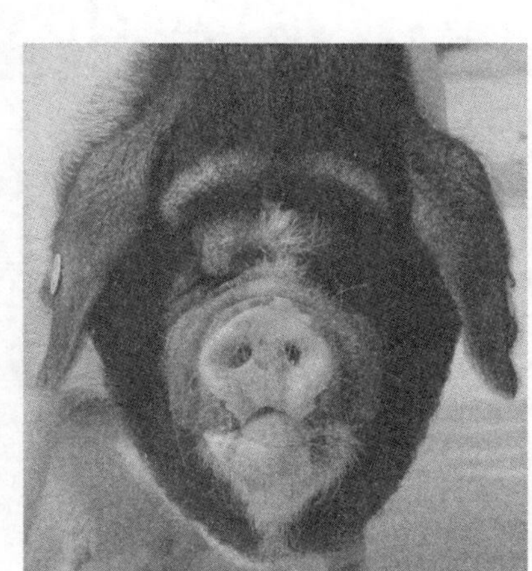
母猪

图 A.1　沙子岭猪头部

A.2　沙子岭猪侧部

见图 A.2。

公猪

母猪

图 A.2　沙子岭猪侧部

A.3　沙子岭猪后部

见图 A.3。

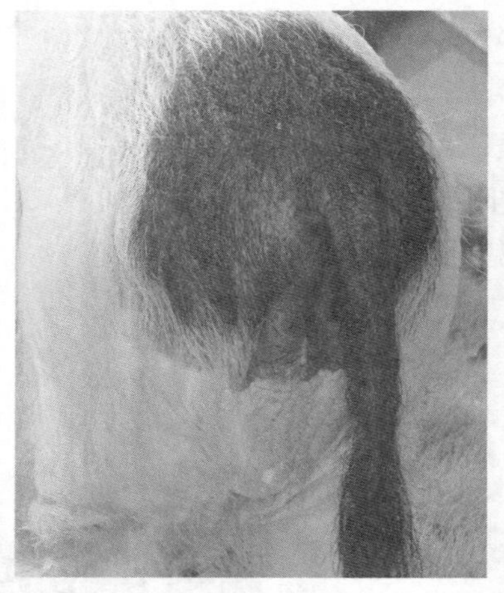
公猪

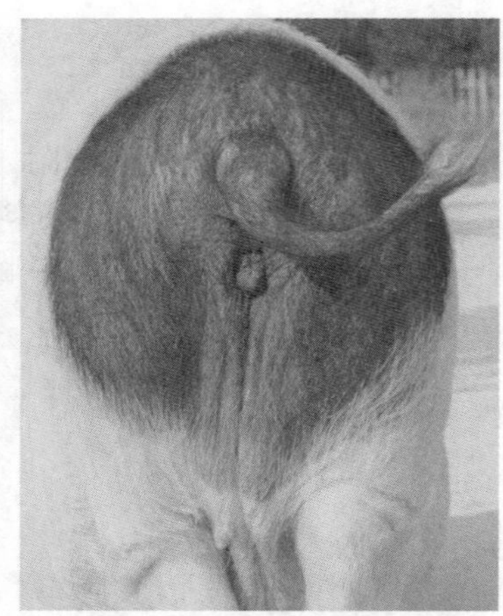
母猪

图 A.3 沙子岭猪后部

附　录　B
（资料性附录）
沙子岭猪营养需要

沙子岭猪营养需要见表 B.1。

表 B.1　沙子岭猪营养需要

类　别	阶段 kg	消化能 MJ/kg	粗蛋白 %	钙 %	磷 %	食盐 %
后备种猪	30～50	11.70	13	0.6	0.5	0.3
妊娠母猪	前期	11.29	11	0.61	0.5	0.32
	后期	11.70	13	0.61	0.5	0.32
哺乳母猪		12.54	15	0.64	0.5	0.44
种公猪		12.54	15	0.66	0.5	0.35
仔猪	5～10	13.38	20	0.7	0.6	0.25
	10～15	13.38	18	0.65	0.55	0.25
	15～30	12.54	16	0.55	0.45	0.3
生长育肥猪	30～50	12.12	14	0.55	0.45	0.3
	50 以上	12.70	12	0.5	0.4	0.3

ICS 65.020.30
B 43

中华人民共和国农业行业标准

NY/T 2827—2015

简州大耳羊

Jianzhou goat

2015-10-09 发布

2015-12-01 实施

中华人民共和国农业部 发布

前　　言

本标准按照GB/T 1.1—2009给出的规则起草。

本标准由农业部畜牧业司提出。

本标准由全国畜牧业标准化技术委员会(SAC/TC 274)归口。

本标准起草单位:四川省简阳大哥大牧业有限公司、西南民族大学、四川省畜牧科学研究院、四川农业大学、四川省畜牧总站、全国畜牧总站。

本标准主要起草人:王永、熊朝瑞、范景胜、张红平、龚华斌、傅昌秀、俄木曲者、蔡刚、邓中宝、于福清。

简州大耳羊

1 范围

本标准规定了简州大耳羊的品种来源及特性、体型外貌、生产性能、等级评定和种用要求。

本标准适用于简州大耳羊的品种鉴定和等级鉴定。

2 规范性引用文件

下列文件对于本文件的应用是必不可少的。凡是注日期的引用文件,仅注日期的版本适用于本文件。凡是不注日期的引用文件,其最新版本(包括所有的修改单)适用于本文件。

NY/T 1236 绵、山羊生产性能测定技术规范

3 品种来源及特性

简州大耳羊是由努比山羊与简阳本地山羊杂交培育形成的肉用山羊品种,原产于四川省简阳市,具有生长速度快、产肉性能优良、肉质好、繁殖率高、抗逆性强、耐粗饲等特点,对亚热带气候条件具有较好的适应性。

4 体型外貌

4.1 外貌特征

体型高大,体质结实,体躯呈长方形;被毛为黄褐色,腹部及四肢有少量黑色,从枕部沿背脊至十字部有一条宽窄不等的黑色毛带;头中等大小;耳大下垂,成年羊耳长 18 cm～23 cm;大部分有角,公羊角粗大,向后弯曲,母羊角较小,呈镰刀状;鼻梁微拱;成年公羊下颌有毛髯,少数有肉髯;颈长短适中,背腰平直,四肢粗壮,蹄质坚实。公羊体态雄壮,睾丸发育良好、匀称;母羊体形清秀,乳房发育良好,多数呈球形。公、母羊图片参见附录 A。

4.2 体重、体尺

各年龄段体重、体尺见表 1。

表 1 简州大耳羊各年龄段体重、体尺

年龄	性别	体重,kg	体高,cm	体长,cm	胸围,cm
6 月龄	公羊	26	59	62	66
	母羊	22	58	58	65
周岁	公羊	45	69	76	82
	母羊	33	65	66	73
成年	公羊	68	75	85	99
	母羊	45	66	72	82
注:成年羊指 2.5 岁以上公羊或 2 岁以上母羊。					

5 生产性能

5.1 繁殖性能

公羊性成熟 3 月龄～4 月龄,初配年龄 8 月龄～10 月龄。母羊初情期 2 月龄～3 月龄,初配年龄 6 月龄,发情周期平均(20±3)d,发情持续期平均(48±6)h,妊娠期(148±3)d;产后首次发情(28±3)d。母羊年均产羔 1.7 胎;初产母羊平均产羔率为 153%,经产母羊为 242%。

5.2 肉用性能

舍饲条件下(舍饲日粮供给参见附录B)各月龄肉用性能见表2。

表2 简州大耳羊各月龄肉用性能

指标	6月龄羯羊	周岁羯羊	成年公羊	成年母羊
胴体重,kg	12	22	35	23
屠宰率,%	48	50	52	49
净肉率,%	38	39	40	37
眼肌面积,cm^2	12	18	22	17

6 性能测定

生长发育性能、繁殖性能、肉用性能的各项指标按照NY/T 1236的规定进行。

7 等级评定

7.1 必备条件

7.1.1 体型外貌符合本品种特征。

7.1.2 生殖器官发育正常。

7.1.3 无遗传疾病,健康状况良好。

7.1.4 种羊来源清楚,档案系谱记录齐全。

7.2 评定方法

等级评定在6月龄、周岁和成年分别进行。评定内容分为个体评定(包括体型外貌、体重体尺、繁殖性能)和系谱评定。等级评定方法见附录C。

7.3 种用要求

留作种用时,公羊等级综合评定应达到二级或二级以上,母羊等级综合评定应达到三级或三级以上。

附 录 A
(资料性附录)
简州大耳羊图片

A.1 成年公羊

见图 A.1。

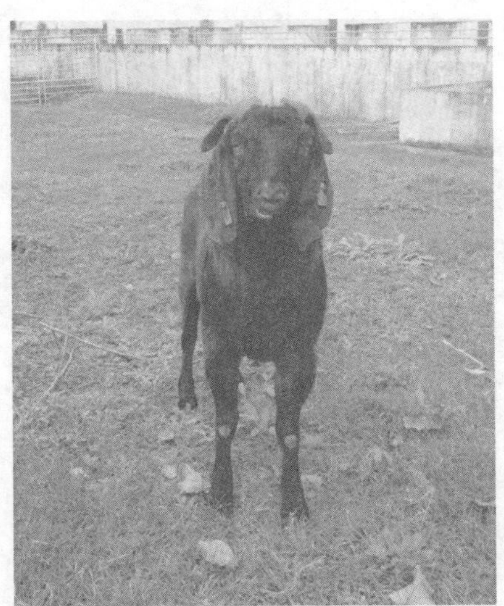

正面

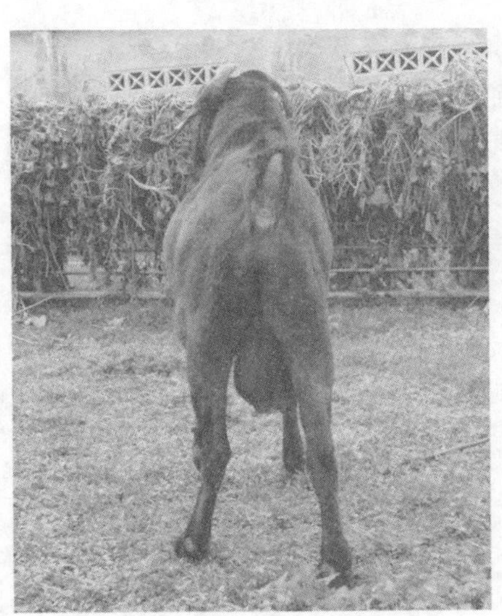

后面

侧面

图 A.1 成年公羊

A.2 成年母羊

见图A.2。

正面

后面

侧面

图A.2 成年母羊

附 录 B
（资料性附录）
简州大耳羊舍饲日粮供给

B.1 精料配方

不同类别羊群精料配方详见表 B.1。

表 B.1 简州大耳羊主产区不同类别羊群精料配方

单位为百分率

饲料名称	种公羊	种母羊	羔羊	育肥羊
玉米	50.00	53.00	50.00	50.00
大豆粕	20.00	11.00	20.00	15.00
小麦麸	20.00	22.00	20.00	18.00
菜籽饼	3.00	7.00	3.00	10.00
碳酸钙	2.50	2.50	2.50	2.50
磷酸氢钙	2.00	2.00	2.00	2.00
食盐	1.00	1.00	1.00	1.00
酵母粉	1.05	1.05	1.05	1.05
AD_3粉	0.05	0.05	0.05	0.05
含硒微量元素	0.40	0.40	0.40	0.40
合计	100.00	100.00	100.00	100.00

B.2 日粮搭配比例

不同类别羊群日粮搭配比例详见表 B.2。

表 B.2 简州大耳羊主产区不同类别羊群日粮搭配比例

单位为百分率

饲料种类	种公羊	种母羊	羔羊	育肥羊
鲜草	50.00	50.00	50.00	60.00
干草	25.00	25.00	20.00	20.00
混合精料	25.00	25.00	30.00	20.00
合计	100.00	100.00	100.00	100.00

B.3 日粮供给量

不同类别羊群日粮供给量详见表 B.3。

表 B.3 简州大耳羊主产区不同类别羊群日粮供给量

单位为千克

类别	体重阶段	鲜草	干草	混合精料
种母羊	45～50	1.8～2.0	0.5～0.75	0.4
	50～55	2.0～2.5	0.75～1.0	0.5
	55 以上	2.5～3.0	1.0～1.2	0.6

表 B.3 （续）

类别	体重阶段	鲜草	干草	混合精料
种公羊	50～60	2.0～2.5	0.7～1.0	0.5
	60～70	2.5～3.0	1.0～1.2	0.6
	70 以上	3.0～4.0	1.0～1.5	0.75
羔羊	5～10	0.4～0.5	—	0.10～0.20
	10～15	0.5～1.0	0.2～0.25	0.25～0.3
	15 以上	1.0～1.5	0.30～0.35	0.3～0.35
育肥羊	15～20	1.5～2.0	0.3～0.4	0.2
	20～30	2.0～2.5	0.4～0.5	0.3
	30 以上	2.5～3.0	0.5～0.6	0.4

附 录 C
（规范性附录）
简州大耳羊等级评定方法

C.1 外貌特征

C.1.1 评分

公、母羊体型外貌评分细则见表C.1。

表C.1 简州大耳羊体型外貌评分细则

单位为分

项目		评分细则	满分	
			公羊	母羊
外貌	外形	体型高大，体躯呈长方形，公羊雄壮，母羊清秀	10	5
	被毛	被毛为黄褐色，腹部及四肢有少量黑色，部分从枕部沿背脊至十字部有一条宽窄不等的黑色毛带	10	10
	头型	头中等大小；耳大下垂，长度18 cm～23 cm；公羊角粗大，向后弯曲并向两侧扭转，母羊角较小，呈镰刀状；鼻梁微拱；成年公羊下颌有毛髯，部分个体有肉髯	10	10
	小计		30	25
体躯	颈	颈长短适中，与肩结合良好	5	5
	前躯	前胸深广，肋骨弓张	10	10
	中躯	背腰平直	10	10
	后躯	尻部略斜，肌肉发达	10	10
	乳房	母羊乳房发育良好，呈球形，乳头大小匀称	—	10
	四肢	四肢粗壮，蹄质坚实	10	10
	小计		45	55
外生殖器		发育良好，公羊睾丸匀称，母羊外阴正常	15	10
整体结构		体质坚实，结构匀称、紧凑	10	10
合 计			100	100

C.1.2 等级划分

根据表C.1规定评出总分，再按表C.2划分等级。

表C.2 简州大耳羊体型外貌等级划分

单位为分

等级	特级	一级	二级	三级
公羊	≥95	≥90	≥80	≥75
母羊	≥95	≥85	≥75	≥65

C.2 体重、体尺

各年龄段体重、体尺等级划分见表C.3。

表 C.3 简州大耳羊体重、体尺分级指标下限

年龄	等级	公羊				母羊			
		体重,kg	体高,cm	体长,cm	胸围,cm	体重,kg	体高,cm	体长,cm	胸围,cm
6月龄	特级	31	62	66	69	27	61	63	69
	一级	26	59	62	66	22	58	58	65
	二级	24	58	60	65	20	56	55	63
	三级	21	56	58	63	18	54	53	60
周岁	特级	51	73	80	87	39	69	72	77
	一级	45	69	76	82	33	65	66	73
	二级	42	68	74	80	30	63	63	71
	三级	39	66	72	77	27	61	60	70
成年	特级	76	81	88	103	52	72	78	88
	一级	68	75	85	99	45	66	72	82
	二级	65	72	84	97	41	64	69	78
	三级	61	69	82	95	38	61	66	75
注1:成年羊指2.5岁以上公羊或2岁以上母羊。 注2:以体重指标为主要评定依据,同时参考体尺指标。									

C.3 繁殖性能

根据经产母羊的胎产羔数进行繁殖性能等级评分。胎产羔数≥3只,评为10分;胎产羔数≥2只,评为9分;胎产羔数<2只,评为8分。

C.4 个体评定

C.4.1 6月龄和周岁羊在体型外貌符合品种特性的前提下,主要以体重、体尺作为个体评定依据。

C.4.2 成年公羊主要根据体重体尺、体型外貌进行评定;成年母羊主要根据体重体尺、繁殖性能、体型外貌进行评定。

C.4.3 各性状等级评分为特级10分,一级9分,二级8分,三级7分。

C.4.4 公羊个体评定时,按经济重要性体型外貌(0.2)、体重体尺(0.8)加权计算,个体评分特级≥9.5分,一级≥8.5分,二级≥7.5分,三级≥6.5分。

C.4.5 母羊个体评定时,按经济重要性体型外貌(0.2)、体重体尺(0.4)、繁殖性能(0.4)加权计算,个体评分特级≥9.5分,一级≥8.5分,二级≥7.5分,三级≥6.5分。

C.5 系谱评定

系谱评定等级划分见表C.4。

表 C.4 简州大耳羊系谱评定等级划分

母亲等级	父亲等级			
	特级	一级	二级	三级
特级	特级	特级	一级	二级
一级	特级	一级	二级	三级
二级	特级	一级	二级	三级
三级	一级	二级	二级	三级

C.6 综合评定

种羊等级综合评定应以个体评定为主,同时参考系谱评定,按照表C.5进行等级划分。

表 C.5 简州大耳羊种羊等级综合评定

系谱评定	个体评定			
	特级	一级	二级	三级
特级	特级	特级	一级	二级
一级	特级	一级	二级	三级
二级	特级	一级	二级	三级
三级	一级	二级	二级	三级

ICS 65.020.30
B 43

中华人民共和国农业行业标准

NY/T 2828—2015

蜀 宣 花 牛

Shuxuan cattle

2015-10-09 发布 2015-12-01 实施

中华人民共和国农业部 发布

前　言

本标准按照 GB/T 1.1—2009 给出的规则起草。

本标准由农业部畜牧业司提出。

本标准由全国畜牧业标准化技术委员会(SAC/TC 274)归口。

本标准起草单位:四川省畜牧科学研究院、全国畜牧总站、四川省畜牧总站、宣汉县畜牧食品局。

本标准主要起草人:王淮、付茂忠、易军、易礼胜、林胜华、石长庚、王巍、唐慧、甘佳、王荃、李自成、赵益元。

蜀 宣 花 牛

1 范围

本标准规定了蜀宣花牛的品种来源、体型外貌、生产性能、等级评定及种用要求。

本标准适用于蜀宣花牛品种鉴别、选育、等级评定。

2 规范性引用文件

下列文件对于本文件的应用是必不可少的。凡是注日期的引用文件，仅注日期的版本适用于本文件。凡是不注日期的引用文件，其最新版本(包括所有的修改单)适用于本文件。

GB 4143 牛冷冻精液

NY/T 1450 中国荷斯坦牛生产性能测定技术规范

NY/T 2660 肉牛生产性能测定技术规范

3 品种来源

蜀宣花牛原产于四川省宣汉县，采用宣汉牛、西门塔尔牛和荷斯坦牛杂交培育而成的乳肉兼用型品种，对我国南方高温高湿气候环境具有较好的适应性。

4 体型外貌

体型中等，结构匀称，体质结实，肌肉发达。毛色有黄白花和红白花，头部白色或有花斑，尾梢、四肢和腹部为白色。头大小适中，角向前上方伸展，角、蹄蜡黄色为主，鼻镜肉色或有黑色斑点。体躯深宽，颈肩结合良好，背腰平直，后躯宽广；四肢端正，蹄质坚实。乳房发育良好、结构均匀紧凑；成年公牛略有肩峰。

公、母牛的外貌参见附录A。

5 生产性能

5.1 体重体尺

在中等饲养条件下，公牛初生重不低于27 kg，6月龄重不低于140 kg，12月龄重不低于300 kg，18月龄重不低于420 kg，成年公牛体重不低于700 kg；母牛初生重不低于24 kg，6月龄重不低于120 kg，12月龄重不低于260 kg、18月龄重不低于330 kg，成年母牛体重不低于480 kg。成年公、母牛体尺见表1。

表1 成年公、母牛体尺

单位为厘米

性别	体高	体斜长	胸围	管围
公	≥138	≥174	≥208	≥22
母	≥123	≥157	≥182	≥17

5.2 繁殖性能

公牛性成熟期在10月龄～12月龄，初配年龄为16月龄～18月龄；母牛初情期在12月龄～14月龄，适配期在16月龄～20月龄，发情周期平均21 d，妊娠期平均278 d。种公牛精液质量应符合GB 4143的规定。

5.3 产肉性能

13月龄～18月龄公牛在育肥条件下，平均日增重1.14 kg，屠宰率58.1％，净肉率48.2％，眼肌面积96.5 cm^2。

5.4 泌乳性能

在中等饲养条件下，泌乳期平均297.0 d，产奶量4 495.4 kg，乳中干物质13.1％，乳脂率4.2％，乳蛋白3.2％，非脂乳固体8.9％。

6 等级评定

6.1 必备条件

6.1.1 体型外貌应符合本品种特征。

6.1.2 生殖器官发育正常，四个乳区发育匀称，乳头分布均匀。

6.1.3 无遗传疾患，健康状况良好。

6.1.4 来源及血缘清楚，档案系谱记录齐全。

6.2 外貌等级评定

公、母牛的外貌鉴定评分见表B.1，外貌等级见表B.2。

6.3 体重等级评定

公、母牛的体重测定方法按照NY/T 2660的规定执行。各月龄公、母牛的体重等级见表2。

表2 各月龄公、母牛的体重等级

单位为千克

年龄	公			母		
	特级	一级	二级	特级	一级	二级
6月龄	≥180	≥160	≥140	≥160	≥140	≥120
12月龄	≥360	≥330	≥300	≥320	≥290	≥260
18月龄	≥500	≥460	≥420	≥370	≥350	≥330
24月龄	≥580	≥540	≥500	≥430	≥410	≥390
36月龄	≥680	≥630	≥550	≥480	≥450	≥420
48月龄	≥750	≥680	≥600	≥550	≥500	≥460
60月龄	≥800	≥750	≥700	≥580	≥530	≥480

6.4 产奶量等级评定

产奶量测定方法按照NY/T 1450的规定执行。产奶量等级见表3。

表3 产奶量等级

单位为千克

等级	母牛胎次		
	一胎	二胎	三胎和三胎以上
特级	≥4 000	≥4 300	≥4 800
一级	≥3 600	≥4 000	≥4 400
二级	≥3 000	≥3 600	≥4 000

6.5 母牛等级综合评定

根据产奶性能、体重和外貌三项等级评定结果按表4进行综合评定。产奶性能为特级且体重和外貌等级不低于一级的牛，综合评定为特级；产奶性能为特级，体重等级不低于一级，外貌为二级的牛，综合评定为一级；产奶性能为特级，体重等级为二级，外貌等级不低于二级的牛，综合评定为二级。产奶性能为一级，体重评定不低于一级，外貌评定不低于二级的牛，综合评定为一级；产奶性能为一级，体重等级为二级，外貌等级不低于二级的牛，综合评定为二级。产奶性能为二级，体重和外貌评定不低于二级的牛，综合评定为二级。

表 4　母牛的综合评定等级

产奶性能	体重	外貌	综合评定
特级	特级、一级	特级、一级	特级
一级	特级、一级	特级、一级、二级	一级
二级	特级、一级、二级	特级、一级、二级	二级

7　种用要求

7.1　体型外貌符合 4 的要求。

7.2　系谱完整。

7.3　种公牛的体重、体型外貌评定均不低于一级；种母牛的综合评定不低于二级。

附　录　A
（资料性附录）
蜀宣花牛外貌特征

A.1　公牛

见图 A.1。

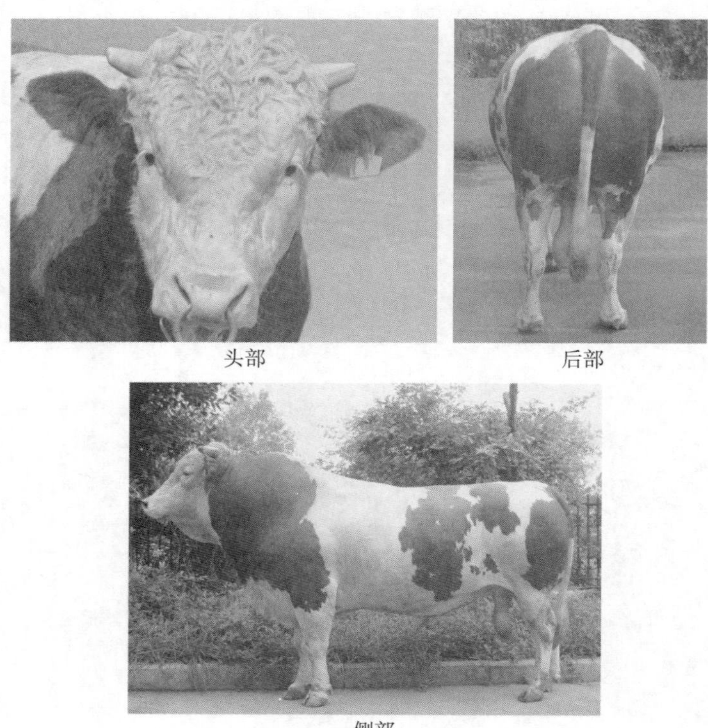

头部　　后部

侧部

图 A.1　公　牛

A.2　母牛

见图 A.2。

头部

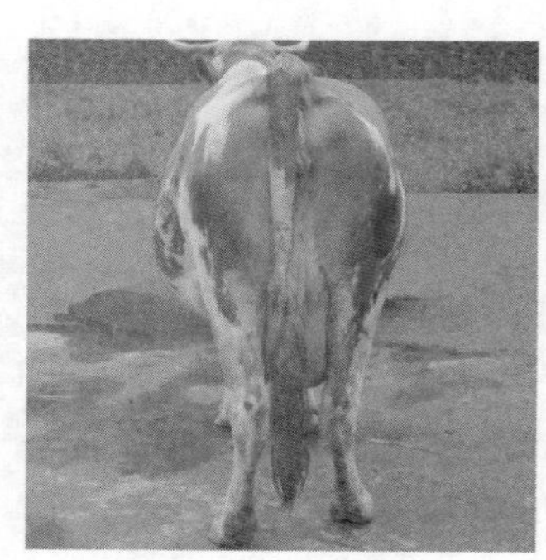

后部

侧部

图 A.2 母 牛

附　录　B
(规范性附录)
蜀宣花牛体型外貌评分及等级评定

B.1　蜀宣花牛体型外貌鉴定评分

蜀宣花牛体型外貌鉴定评分见表B.1。

表B.1　蜀宣花牛体型外貌鉴定评分

项目	明细划分及满分要求	公牛满分	母牛满分
品种特征	1. 毛色黄(红)白花，头大小适中； 2. 母牛清秀，被毛细致；公牛雄性特征明显，成年公牛略有肩峰； 3. 兼用型结构特点明显； 4. 肌肉发达	8 9 11 12	7 9 7 7
	小　计	40	30
整体结构	1. 体型中等，结构匀称，体质结实； 2. 四肢端正，蹄质坚实	15 15	10 10
	小　计	30	20
体躯容量	1. 胸部深宽，颈肩结合良好，肋骨开张良好； 2. 背腰平直，腹部粗大而不下垂； 3. 尻部长、宽、平	10 10 10	6 7 7
	小　计	30	20
乳房系统	1. 乳房附着良好，前后乳区及4个乳头分布均匀； 2. 乳房中隔韧带坚韧，柔软有弹性； 3. 乳房静脉曲张	— — —	10 10 10
	小　计	—	30

B.2　公、母牛的外貌等级

公、母牛的外貌等级见表B.2。

表B.2　公、母牛的外貌等级

单位为分

等级	公	母
特级	≥85	≥80
一级	≥80	≥75
二级	≥75	≥70

ICS 65.020.30
B 43

中华人民共和国农业行业标准

NY/T 2829—2015

甘 南 牦 牛

Gannan yak

2015-10-09 发布　　　　2015-12-01 实施

中华人民共和国农业部　发布

前　言

本标准按照 GB/T 1.1—2009 给出的规则起草。

本标准由农业部畜牧业司提出。

本标准由全国畜牧业标准化技术委员会(SAC/TC 274)归口。

本标准起草单位:中国农业科学院兰州畜牧与兽药研究所、全国畜牧总站、甘南藏族自治州畜牧科学研究所。

本标准主要起草人:梁春年、赵小丽、阎萍、杨勤、郭宪、包鹏甲、丁学智、王宏博、裴杰、褚敏、朱新书。

甘 南 牦 牛

1 范围

本标准规定了甘南牦牛的品种来源、体型外貌、生产性能、性能测定及等级评定。

本标准适用于甘南牦牛品种鉴定、等级评定。

2 规范性引用文件

下列文件对于本文件的应用是必不可少的。凡是注日期的引用文件，仅注日期的版本适用于本文件。凡是不注日期的引用文件，其最新版本(包括所有的修改单)适用于本文件。

GB 4143 牛冷冻精液

GB 16567 种畜禽调运检疫技术规范

NY/T 2766 牦牛生产性能测定技术规范

3 品种来源

甘南牦牛主要分布在甘肃省甘南藏族自治州海拔 2 800 m 以上的高寒草原地区，中心产区为玛曲县、碌曲县和夏河县。

4 体型外貌

头较大，额短而宽并稍显突起。鼻孔开张，唇薄灵活，眼圆突出有神，耳小灵活。公母牛多数有角，公牛角粗长，母牛角细长。颈短而薄，无垂皮，鬐甲较高，背腰平直，前躯发育良好。腹大，不下垂。四肢较短，粗壮有力。尾较短，尾毛长而蓬松。被毛以黑色为主，少量黑白杂色。体质结实，结构紧凑。外貌特征参见附录 A。

5 生产性能

5.1 体重体尺

在全天然放牧条件下，公牛初生重不小于 12 kg，6 月龄重不小于 70 kg，18 月龄重不小于 100 kg，48 月龄体重不小于 230 kg；母牛初生重不小于 11 kg，6 月龄重不小于 65 kg，18 月龄重不小于 95 kg，48 月龄体重不小于 170 kg。

48 月龄牦牛体尺见表 1。

表 1 48 月龄牦牛体尺

单位为厘米

性别	体高	体斜长	胸围	管围
公	116	130	170	18
母	111	128	160	16

5.2 繁殖性能

公牦牛性成熟期在 18 月龄，初配年龄为 30 月龄。母牦牛初情期在 30 月龄～36 月龄，发情季节一般在 7 月份～9 月份，一般三年二胎，少数一年一胎或二年一胎，繁殖成活率 45%～50%。种公牛精液质量应符合 GB 4143 的要求。

5.3 产肉性能

在全天然放牧条件下,成年公牦牛屠宰率不低于 49%,净肉率不低于 39%,眼肌面积不低于 38 cm^2;成年母牦牛屠宰率不低于 47%,净肉率不低于 38%,眼肌面积不低于 35 cm^2。

5.4 泌乳性能

在全天然放牧条件下,泌乳期为 150 d,泌乳量为 450 kg。

5.5 产毛、绒性能

成年公牛年平均产毛量为 1.9 kg、产绒量为 0.6 kg,成年母牛年平均产毛量为 1.4 kg、产绒量为 0.4 kg。

6 性能测定

生产性能测定按照 NY/T 2766 的规定执行。

7 等级评定

7.1 必备条件

7.1.1 体型外貌应符合本品种特征。

7.1.2 生殖器官发育正常。

7.1.3 无遗传缺陷,健康状况良好。

7.1.4 牛来源清楚,档案齐全。

7.2 体型外貌

按附录 B 评分后,再按表 2 确定体型外貌等级。牦牛初评在剪毛前,剪毛后复查并调整等级。

表 2 体型外貌等级评定

单位为分

等级	公牛	母牛
特级	≥85	≥80
一级	≥80	≥75
二级	≥75	≥70
三级	—	≥65

7.3 体重

体重按表 3 进行等级评定。

表 3 体重等级评定

单位为千克

性别	年龄或胎次	特级	一级	二级	三级
公牛	72 月龄及以上	≥460	≥400	≥340	—
	60 月龄	≥380	≥330	≥280	—
	48 月龄	≥320	≥270	≥230	—
	36 月龄	≥250	≥210	≥180	—
	18 月龄	—	≥140	≥120	≥100
	6 月龄	—	≥90	≥80	≥70
	初生	—	≥14	≥13	≥12
母牛	48 月龄及以上	≥270	≥230	≥200	≥170
	36 月龄	≥245	≥210	≥175	≥150
	18 月龄	—	≥130	≥110	≥95
	6 月龄	—	≥85	≥75	≥65
	初生	—	≥13	≥12	≥11

7.4 体高

体高等级评定按表 4 进行,评定时间在剪毛前。

表 4 体高等级评定

单位为厘米

性别	年龄或胎次	特级	一级	二级	三级
公牛	72 月龄及以上	≥136	≥130	≥125	—
	60 月龄	≥132	≥126	≥120	—
	48 月龄	≥128	≥122	≥116	—
	36 月龄	≥124	≥118	≥112	—
	18 月龄	—	≥102	≥96	≥92
	6 月龄	—	≥91	≥87	≥82
	初生	—	≥56	≥52	≥49
母牛	48 月龄及以上	≥125	≥115	≥110	≥105
	36 月龄	≥120	≥110	≥105	≥100
	18 月龄	—	≥99	≥93	≥87
	6 月龄	—	≥90	≥85	≥80
	初生	—	≥54	≥50	≥47

7.5 综合评定

以体型外貌、体重、体高 3 项均等权重进行等级评定。两项为特级、一项为一级以上,评为特级;两项为一级、一项为二级以上,评为一级。见表 5。

表 5 综合评定等级

项目	等级																	
单项等级	特 特 特	特 特 一	特 特 二	特 特 三	特 一 一	特 一 二	特 一 三	特 二 二	特 二 三	一 一 一	一 一 二	一 一 三	一 二 二	一 二 三	一 三 三	二 二 二	二 二 三	二 三 三
总评等级	特	特	一	二	一	一	二	二	三	一	一	二	二	二	三	二	二	三

8 种牛出场要求

8.1 符合 7.1 的要求。

8.2 种公牛体重、体型外貌评定应达到特级、一级;种母牛综合评定在一级以上。

8.3 有种牛合格证,耳标清楚,档案准确齐全,质量鉴定人员签字。

8.4 按照 GB 16567 的要求出具检疫证书。

附　录　A
（资料性附录）
甘南牦牛体型外貌照片

A.1　甘南牦牛侧面

见图 A.1 和图 A.2。

图 A.1　公　牛

图 A.2　母　牛

A.2　甘南牦牛头部

见图 A.3 和图 A.4。

图 A.3　公　牛

图 A.4　母　牛

A.3　甘南牦牛臀部

见图 A.5 和图 A.6。

图 A.5　公　牛

图 A.6　母　牛

附 录 B
(规范性附录)
甘南牦牛体型外貌评分表

甘南牦牛体型外貌评分见表 B.1。

表 B.1 甘南牦牛体型外貌评分表

项 目	评满分的要求	公牦牛		母牦牛	
		标准分	评分	标准分	评分
一般外貌	外貌特征明显,体质结实。结构匀称,头大小适中,眼大有神。公牦牛雄性明显,鬐甲隆起,颈粗短;母牛清秀,鬐甲稍隆起,颈长适中	30		30	
体躯	颈肩结合良好,胸宽深,肋开张,背腰平直。公牛腹部紧凑;母牛腹大,不下垂。荐尾结合良好	25		25	
生殖器官和乳房	睾丸发育正常,大小适中,匀称。乳房发育良好,附着紧凑。乳头分布匀称,大小适中	10		15	
肢、蹄	健壮结实,关节明显,肢势端正。蹄形正、质结实、行走有力	15		10	
被毛	被毛黑色,光泽好,全身被毛丰厚,背腰绒毛厚,各关节突出处、体侧及腹部毛密而长。尾毛密长,裙毛生长好	20		20	
总分		100		100	

ICS 65.020.30
B 43

中华人民共和国农业行业标准

NY/T 2830—2015

山 麻 鸭

Shanma duck

2015-10-09 发布　　2015-12-01 实施

中华人民共和国农业部 发布

前　言

本标准按照 GB/T 1.1—2009 给出的规则起草。

本标准由农业部畜牧业司提出。

本标准由全国畜牧业标准化技术委员会(SAC/TC 274)归口。

本标准起草单位:全国畜牧总站、福建省畜牧总站、江苏省家禽科学研究所、龙岩山麻鸭原种场。

本标准主要起草人:沙玉圣、苏荣茂、江宵兵、林如龙、李慧芳、宋卫涛、徐文娟、陈红萍、陶志云、宋迟、王均辉、刘宏祥。

山　　麻　　鸭

1　范围

本标准规定了山麻鸭的原产地和品种特性、体型外貌、成年体重和体尺、生产性能及测定方法。

本标准适用于山麻鸭品种的鉴别。

2　规范性引用文件

下列文件对于本文件的应用是必不可少的。凡是注日期的引用文件，仅注日期的版本适用于本文件。凡是不注日期的引用文件，其最新版本(包括所有的修改单)适用于本文件。

NY/T 823　家禽生产性能名词术语和度量统计方法

3　原产地和品种特性

山麻鸭原产于福建省龙岩市新罗区，属蛋用型地方品种。

4　体型外貌

4.1　成年山麻鸭

体型较小，喙豆黑色，虹彩褐色，躯干长方形，胫、蹼橙黄色，爪黑褐色。成年山麻鸭图片参见图A.1、图A.2和图A.3。

4.2　成年公鸭

喙青黄色，头及颈部上段羽毛呈光亮的孔雀绿；颈部有白颈圈，胸及前腹部羽毛赤棕色，后腹部羽毛部分白色，主翼羽褐麻色，部分白色。

4.3　成年母鸭

喙呈黄色，羽色为浅麻色，少数褐麻色。

4.4　雏鸭

绒毛黄色，头顶有黑斑，颈背至尾部羽毛基部有深灰色色带，尾部黑色。

5　成年体重和体尺

山麻鸭43周龄体重和体尺见表1。

表1　山麻鸭43周龄体重和体尺

项　　目	公鸭	母鸭
体重，g	1 250～1 450	1 350～1 550
体斜长，cm	18.5～20.5	19.0～21.0
胸宽，cm	7.0～7.8	7.2～7.9
胸深，cm	6.2～7.2	6.3～7.5
龙骨长，cm	10.4～11.8	10.0～11.4
髋骨宽，cm	4.6～5.5	5.2～5.8
半潜水长，cm	46.5～52.9	45.2～51.0
胫长，cm	5.3～6.1	5.2～6.0
胫围，cm	3.1～3.5	3.1～3.5

6 生产性能

6.1 生长发育性能

山麻鸭生长发育性能见表 2。

表 2 山麻鸭生长发育性能

周龄,w	体重,g	
	公鸭	母鸭
0	39～43	38～42
2	170～215	160～210
4	450～510	460～515
6	760～890	775～900
8	890～1 000	930～1 130
10	960～1 130	1 045～1 180

6.2 蛋品质性能

山麻鸭 43 周龄蛋品质性能见表 3。

表 3 山麻鸭 43 周龄蛋品质性能

项目	范围
蛋形指数	1.34～1.42
蛋壳强度,kg/cm^2	3.4～4.1
蛋壳厚度,mm	0.33～0.37
哈氏单位	81.2～87.0
蛋黄比例,%	30.5～34.8
蛋壳颜色	白色为主、部分青色

6.3 屠宰性能

山麻鸭 72 周龄屠宰性能见表 4。

表 4 山麻鸭 72 周龄屠宰性能

项目	公鸭	母鸭
体重,g	1 340～1 550	1 420～1 650
屠宰率,%	88～91	86～89
半净膛率,%	70～78	68～75
全净膛率,%	62～66	56～61

6.4 繁殖性能

山麻鸭繁殖性能见表 5。

表 5 山麻鸭繁殖性能

项目	范围
50%产蛋率日龄,d	100～120
72 周龄入舍母鸭产蛋数,个	270～300
43 周龄蛋重,g	63～68
受精率,%	88～92
受精蛋孵化率,%	90～92

7 测定方法

体重和体尺、生产性能测定按照 NY/T 823 的规定执行。

附 录 A
(资料性附录)
成年山麻鸭图片

A.1 成年山麻鸭公鸭

见图 A.1。

图 A.1 成年山麻鸭公鸭

A.2 成年山麻鸭母鸭

见图 A.2。

图 A.2 成年山麻鸭母鸭

A.3 成年山麻鸭鸭群

见图 A.3。

图 A.3 成年山麻鸭鸭群

ICS 65.020.30
B 43

中华人民共和国农业行业标准

NY/T 2831—2015

伊　梨　马

Yili horse

2015-10-09 发布　　　　2015-12-01 实施

中华人民共和国农业部　发布

前　言

本标准按照 GB/T 1.1—2009 给出的规则起草。

本标准由农业部畜牧业司提出。

本标准由全国畜牧业标准化技术委员会(SAC/TC 274)归口。

本标准起草单位:新疆农业大学、全国畜牧总站、伊犁种马场、新疆维吾尔自治区伊犁哈萨克自治州科技局、新疆畜牧科学院、新疆维吾尔自治区畜牧总站。

本标准主要起草人:姚新奎、武玉波、胡堂新、欧阳文、李家新、王相明、王思依、谭小海、刘武军、孟军、高维明。

伊 犁 马

1 范围

本标准规定了伊犁马的品种特征、生产性能、等级鉴定的基本要求。

本标准适用于伊犁马的鉴别鉴定。

2 规范性引用文件

下列文件对于本文件的应用是必不可少的。凡是注日期的引用文件,仅注日期的版本适用于本文件。凡是不注日期的引用文件,其最新版本(包括所有的修改单)适用于本文件。

GB 16567 种畜禽调运检疫技术规范

3 术语和定义

下列术语和定义适用于本文件。

3.1

鬐甲 withers

以第二至第十二胸椎的棘突为基础,与其两侧的肩胛骨软骨和肌肉、韧带构成的躯干上方的隆起部。以第三至第五胸椎棘突部为最高部分。

3.2

尻 croup

以腰角、髋结节及坐骨端构成的三角区域。

3.3

失格 disqualification

严重影响马体结构协调性和生产性能的缺点。

3.4

损征 unsoundness

马体在形态上的局部损伤或在功能上引起的障碍。

3.5

速度 speed

在草地或沙地上骑乘马匹全速奔跑一定距离(一般在 1 km 至 10 km 之间)所需要的时间。

3.6

持久力 endurance

在草地或沙地上骑乘马匹全速奔跑长距离(一般在 50 km 至 100 km 之间)所需要的时间。

4 品种构成

4.1 品种来源与产地

伊犁马为培育品种。以哈萨克马为母本,自 20 世纪初以奥尔洛夫马、顿河马、阿哈捷金马、新吉尔吉斯马、纯血马等多个引进品种为父本,经长期杂交选育而成,现为乘用型。主产于新疆维吾尔自治区伊犁哈萨克自治州,中心产区位于昭苏、特克斯、尼勒克、新源、巩留等县。

4.2 外貌特征

伊犁马体格高大,结构匀称,体质结实干燥,温顺,有悍威。头中等大,较清秀,面部血管明显,眼大,额广,鼻直,鼻孔大。颈长中等,肌肉充实,颈础较高。背腰平直,尻宽长。肋骨开张良好,胸廓发达,腹形正常。四肢干燥端正,关节明显,肌腱发育良好,蹄质坚实。毛色主要有骝毛、栗毛、黑毛、青毛。成年伊犁马(公、母)图片参见附录 A。

4.3 体尺体重

4.3.1 体尺

伊犁马成年体尺平均值见表 1。

表 1 伊犁马成年体尺平均值

性别	体高,cm	体长,cm	胸围,cm	管围,cm
公	146	150	171	18.5
母	143	146	166	18.0

4.3.2 体重

成年公马体重平均为 385 kg;成年母马体重平均为 370 kg。

5 运动性能

5.1 速度平均值

1 km 骑乘速跑用时:公马 1 min 18 s,母马 1 min 20 s;

2 km 骑乘速跑用时:公马 2 min 47 s,母马 2 min 50 s;

3 km 骑乘速跑用时:公马 4 min 42 s,母马 4 min 47 s;

5 km 骑乘速跑用时:公马 7 min 27 s,母马 7 min 31 s;

10 km 骑乘速跑用时:公马 15 min 38 s,母马 15 min 45 s。

5.2 持久力平均值

50 km 骑乘速跑用时:公马 2 h 33 min,母马 2 h 34 min;

100 km 骑乘速跑用时:公马 7 h 37 min,母马 7 h 40 min。

6 繁殖性能

公马性成熟年龄 2 岁～3 岁,初配年龄 4 岁;母马性成熟年龄 2 岁左右,初配年龄为 3 岁～4 岁,适配年龄 3 岁～15 岁。自然交配的受胎率不低于 70%。

7 测定方法

7.1 体高

用测杖测量鬐甲顶点到地面的垂直距离。

7.2 体长

用测杖测量肩胛前端至坐骨端间的直线距离。

7.3 胸围

用软尺测量鬐甲后方,沿肩胛骨后缘绕体躯 1 周之周长。

7.4 管围

用软尺测量左前肢管骨上 1/3 的周长,即管部最细处之水平周长。

7.5 体重

马在空腹时称重或用公式估算的质量。

成年马体重估算公式为:体重(kg)=[胸围(cm)×5.3]−505。

7.6 速度

在马匹负重不低于55 kg的条件下,在草地或沙地跑道上,用秒表或计时系统测定马匹全速奔跑完成规定距离所用时间。

7.7 持久力

在马匹负重不低于75 kg条件下,用秒表或计时系统测定马匹全速奔跑完成规定距离所用时间。

8 等级评定

成年马根据外貌、血统、体尺、运动性能、后裔品质5项进行等级评定 ,分为特级、一级、二级3个等级,各项评分方法见附录B。

9 出场要求

9.1 体型符合本品种特性。

9.2 出售种马需有种马登记证书。

9.3 按照GB 16567的要求出具检疫证书。

附 录 A
(资料性附录)
成年伊犁马图片

A.1 伊犁马公马

见图 A.1～图 A.3。

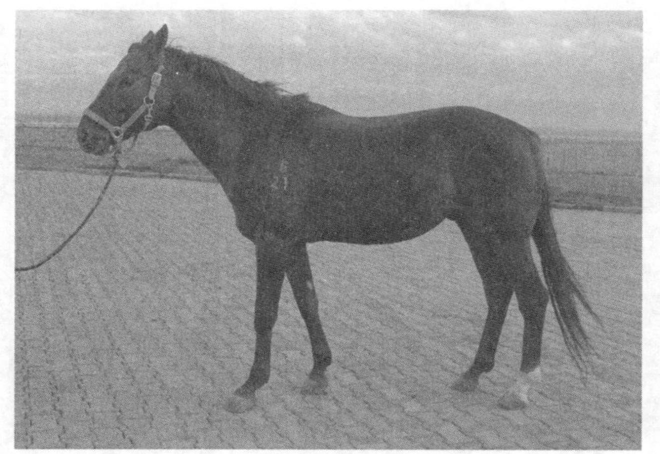

图 A.1 伊犁马公马(侧视图)

图 A.2 伊犁马公马(正视图)

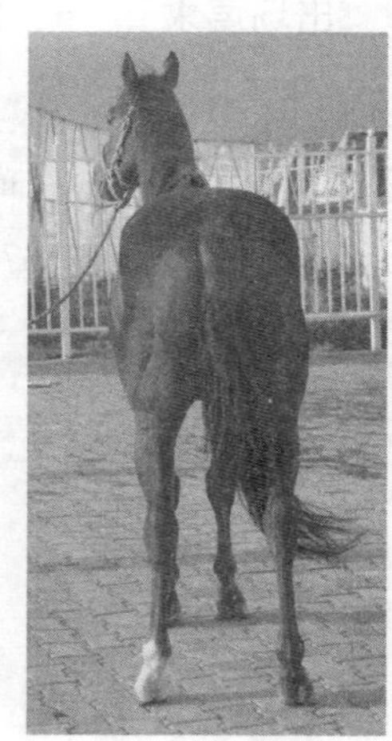

图 A.3 伊犁马公马(后视图)

A.2 伊犁马母马

见图 A.4～图 A.6。

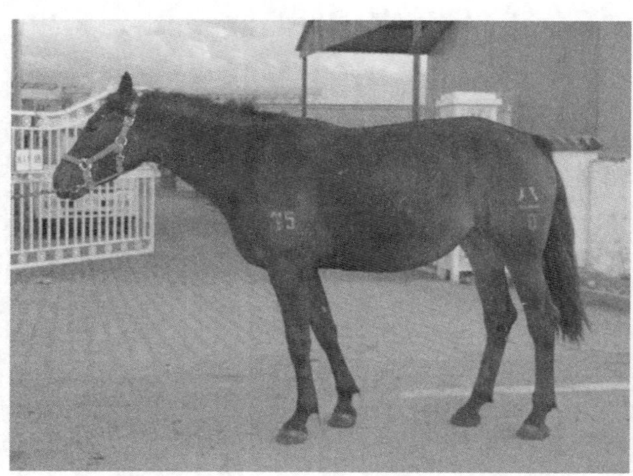

图 A.4 伊犁马母马(侧视图)

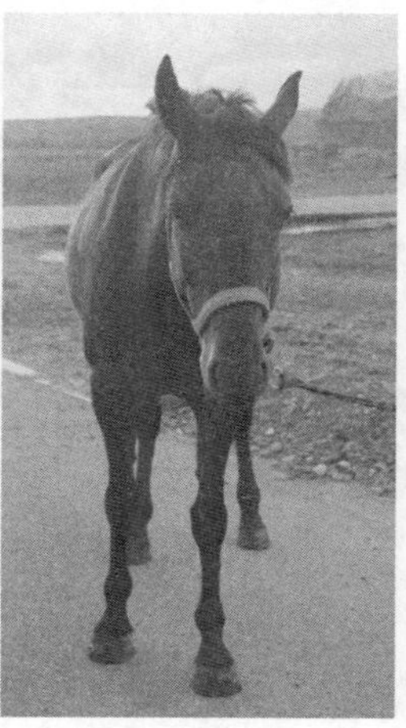

图 A.5 伊犁马母马(正视图)

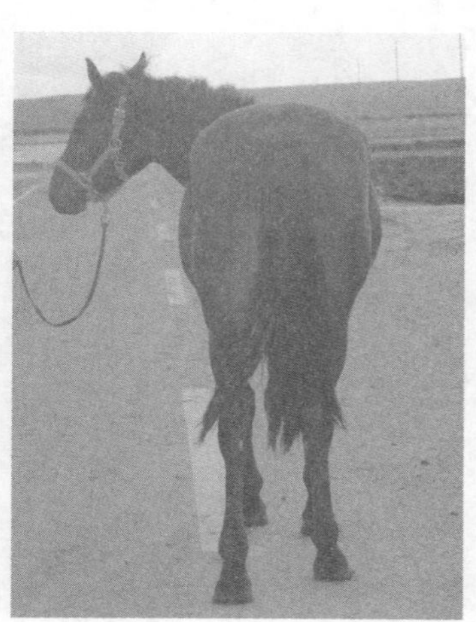

图 A.6 伊犁马母马(后视图)

附 录 B
（规范性附录）
伊犁马等级评定

B.1 单项评定

B.1.1 外貌评分

外貌评分项目分头颈躯干、四肢、体型结构与体质3组，见表B.1。

表B.1 外貌评分表

组 别	评分项目与要求					
	头颈躯干		四肢		体型结构与体质	
	表现	评分	表现	评分	表现	评分
理想型表现（满分10分）	头中等大，正头，干燥，可稍重，眼大，耳立；颈中等长，稍斜，颈础适中；鬐甲高长中等，背腰直宽，中等长；胸廓适当深广，腹型正常；尻宽适中，稍斜		肢势端正，四肢骨量充实；管及关节良好；系正，长适中，强有力；正蹄，蹄质坚实，大小适中；筋、腱、韧带坚实		结构匀称；体质结实，略显干燥；适应性强；性情温顺，有悍威；无失格损征	
评分原则	上述各部分出现一处不符合规定扣1分，各部位出现一处重大损征和失格扣2分		上述各部分出现一处不符合规定扣1分，各部位出现一处重大损征和失格扣2分		上述各部分出现一处不符合规定扣1分，各部位出现一处重大损征和失格扣2分	
平均值						

B.1.2 血统评分

血统评分应以亲代的等级记载为依据。如无记载，可依其父母表现评定等级。评分原则见表B.2。

表B.2 血统评分表

项 目	父亲特级		父亲一级		父亲二级	
	公	母	公	母	公	母
母亲特级	10	9	9	8	8	7
母亲一级	9	8	7	6	6	5
母亲二级	8	7	6	5	5	4

B.1.3 体尺评分

B.1.3.1 成年马体尺评分

成年马体尺评分见表B.3。

表B.3 成年马体尺评分

公马				母马				评分
体高 cm	体长 cm	胸围 cm	管围 cm	体高 cm	体长 cm	胸围 cm	管围 cm	
154	158	178	19.5	152	157	176	19.0	10
152	156	176	19.5	150	155	174	19.0	9

表 B.3（续）

公马				母马				评分
体高 cm	体长 cm	胸围 cm	管围 cm	体高 cm	体长 cm	胸围 cm	管围 cm	
150	154	174	19.0	148	153	172	19.0	8
148	152	172	19.0	146	150	170	18.5	7
146	150	170	18.5	144	148	168	18.5	6
144	148	168	18.5	142	146	166	18.0	5
142	146	166	18.0	140	144	164	18.0	4
140	144	164	18.0	138	142	162	18.0	3
注：表中所给体尺为对应评分的最低值，以其中最低评分为体尺评分。								

B.1.3.2 未成年马体尺评分

未成年马按表 B.4 所列指标与实测体尺相加后再按表 B.3 进行评分。

表 B.4 未成年马评分增加体尺数值表

年龄 岁	体高 cm	胸围 cm	管围 cm
4	2	4	—
3.5	3	7	0.5
3	5	11	0.5
2.5	7	15	1.0
2	9	20	1.5

B.1.4 运动性能评定

B.1.4.1 速度、持久力测定评分方法见表 B.5。

表 B.5 速度、持久力测定评分表

距离	1 km	2 km	3 km	5 km	10 km	50 km	100 km	评分
所需时间	1 min 13 s	2 min 35 s	4 min 26 s	7 min 2 s	14 min 50 s	2 h 28 min	7 h 26 min	8
	1 min 15 s	2 min 40 s	4 min 33 s	7 min 12 s	15 min 10 s	2 h 30 min	7 h 30 min	7
	1 min 17 s	2 min 45 s	4 min 40 s	7 min 22 s	15 min 30 s	2 h 32 min	7 h 34 min	6
	1 min 19 s	2 min 50 s	4 min 47 s	7 min 32 s	15 min 50 s	2 h 34 min	7 h 38 min	5
	1 min 21 s	2 min 55 s	4 min 54 s	7 min 42 s	16 min 10 s	2 h 36 min	7 h 42 min	4
	1 min 23 s	3 min 0 s	5 min 1 s	7 min 52 s	16 min 30 s	2 h 38 min	7 h 46 min	3
注：表中所给时间为对应评分的最长时间，以其中一项最好成绩进行评分。								

B.1.4.2 参加专业竞技赛马成绩可作为评分参考。

B.1.5 后裔品质评分

公马后代不少于 15 匹，母马至少有 3 匹后代。在正常饲养管理情况下，按下列原则评分：

a） 后代中主要为特、一级者评 8 分～10 分。

b） 后代中主要为一级或部分为二级者评 6 分～7 分。

c） 后代中 60％以上为二级者评 6 分～7 分。

B.2 综合评定

成年马根据血统表现、体尺、外貌、运动性能、后裔品质 5 项进行等级评定，分为特级、一级、二级 3

个等级。如运动性能和后裔品质无资料，可只按其他 3 项评定品质；公马不到一级，母马不到二级，不作种用。

表 B.6　综合评定等级

鉴定项目	特级		一级		二级	
	公	母	公	母	公	母
外貌	8	7	6	5	4	3
血统	8	7	6	5	4	3
体尺	8	7	6	5	4	3
运动性能	8	7	6	5	4	3
后裔品质	8	7	6	5	4	3

注 1：表内各项按最低一项评分确定等级。

注 2：5 项中，有 4 项符合评分原则，有一项按评分原则差 1 分时，准许加 1 分评定等级，其原分不变，并在备注栏写明。但达不到二级的马，不做这种加分评级。

B.3　鉴定工作执行

B.3.1　品种鉴定和等级评定，由鉴定组每年秋季进行。

B.3.2　每匹马鉴定 1 次～2 次，第一次 1 岁～3 岁，第二次 4 岁～6 岁。鉴定等级时，同时了解和记录后裔情况、繁殖能力、运动性能，作为调整该马等级的依据和参考。

ICS 65.020.30
B 43

中华人民共和国农业行业标准

NY/T 2832—2015

汶上芦花鸡

Wenshang barred chicken

2015-10-09 发布

2015-12-01 实施

中华人民共和国农业部 发布

前　　言

本标准按照 GB/T 1.1—2009 给出的规则起草。

本标准由农业部畜牧业司提出。

本标准由全国畜牧业标准化技术委员会(SAC/TC 274)归口。

本标准起草单位:山东省农业科学院家禽研究所、济宁市畜牧站、江苏省家禽科学研究所。

本标准主要起草人:曹顶国、逯岩、李福伟、李淑青、韩海霞、雷秋霞、周艳、李桂明、李传学、苏一军、高金波、刘玮、李惠敏。

汶 上 芦 花 鸡

1 范围

本标准规定了汶上芦花鸡的原产地和品种特性、体型外貌、成年体重和体尺、生产性能、蛋品质与测定方法。

本标准适用于汶上芦花鸡品种的鉴别。

2 规范性引用文件

下列文件对于本文件的应用是必不可少的。凡是注日期的引用文件，仅注日期的版本适用于本文件。凡是不注日期的引用文件，其最新版本(包括所有的修改单)适用于本文件。

NY/T 823　家禽生产性能名词术语和度量统计方法

3 原产地和品种特性

汶上芦花鸡原产地和中心产区为山东省汶上县，主要分布于汶上县及相邻的梁山、任城、嘉祥、兖州等县(市、区)，芦花羽，属于蛋肉兼用型地方品种。

4 体型外貌

4.1 雏鸡

绒羽以黑色为主，头顶白斑，公雏的白斑略大，面部、颈部、腹部绒羽白色或淡黄色，喙、胫、趾淡青色。图片参见附录A。

4.2 成年鸡

单冠为主，偶见复冠。冠、肉垂及耳叶红色。虹彩黄色。前躯稍窄，后躯丰满，尾羽高翘。体躯羽毛为黑白相间的芦花羽。喙浅黄色，胫、趾以白色为主，少数黄色。皮肤白色。

公鸡冠齿8个～10个，母鸡5个～7个。公鸡少数个体颈羽和鞍羽稍带红色镶边，母鸡主翼羽呈黑色或灰黑色，羽色稍深，羽毛紧密。图片参见附录B。

5 成年体重和体尺

汶上芦花鸡成年(43周龄)体重和体尺见表1。

表1　汶上芦花鸡成年(43周龄)体重和体尺

项　目	公鸡	母鸡
体重，g	1 740～2 070	1 450～1 720
体斜长，cm	20.8～21.9	18.0～19.2
胸宽，cm	6.6～7.4	6.1～6.7
胸深，cm	10.0～10.9	9.1～9.8
龙骨长，cm	12.2～13.2	10.4～11.2
胫长，cm	8.6～9.3	7.2～7.7
胫围，cm	4.0～4.3	3.4～3.7

6 生产性能

6.1 繁殖性能

汶上芦花鸡繁殖性能见表 2。

表 2　汶上芦花鸡繁殖性能

项　　目	范　　围
5%开产日龄，d	145～149
66 周龄入舍母鸡产蛋数，个	167～209
43 周龄蛋重，g	43.7～48.4
受精率，%	89～94
受精蛋孵化率，%	88～92

6.2　生长发育性能

汶上芦花鸡生产发育性能见表 3。

表 3　汶上芦花鸡生长发育性能

周龄，w	体重，g	
	公鸡	母鸡
0	30～35	30～34
2	84～105	82～98
4	180～230	170～210
6	310～390	270～360
8	470～570	400～490
10	620～780	520～640
12	830～1 020	630～800
17	1 200～1 430	920～1 090
18	1 270～1 530	950～1 170
23	1 520～1 820	1 200～1 520
43	1 740～2 070	1 450～1 720
66	1 930～2 270	1 570～1 910

6.3　屠宰性能

汶上芦花鸡屠宰性能指标见表 4。

表 4　汶上芦花鸡屠宰性能

项　　目	17 周龄		43 周龄	
	公鸡	母鸡	公鸡	母鸡
体重，g	1 200～1 430	920～1 090	1 740～2 070	1 450～1 720
屠宰率，%	87.1～90.9	86.7～90.5	88.9～92.6	89.8～94.8
半净膛率，%	80.5～85.9	79.8～85.4	83.9～87.6	76.8～82.1
全净膛率，%	64.3～71.9	64.2～72.0	69.2～73.0	62.4～66.9
胸肌率，%	12.8～16.2	14.0～16.6	13.5～16.2	15.1～17.9
腿肌率，%	22.3～25.1	21.6～24.4	26.8～30.7	18.5～23.3

7　蛋品质

43 周龄鸡蛋品质见表 5。

表 5　汶上芦花鸡 43 周龄蛋品质

项　　目	范　　围
蛋形指数	1.29～1.31
蛋壳颜色	粉色，少数浅褐色或浅粉色
蛋壳强度，kg/cm^2	3.5～4.7
蛋黄比率，%	30.4～34.1

8 测定方法

描述体型外貌特征采用目测法。

体重和体尺、生产性能的测定方法按照 NY/T 823 的规定执行。

附 录 A
(资料性附录)
汶上芦花鸡公母雏鸡羽色和胫色的区别照片

A.1 公鸡、母鸡羽色区别

见图 A.1、图 A.2。

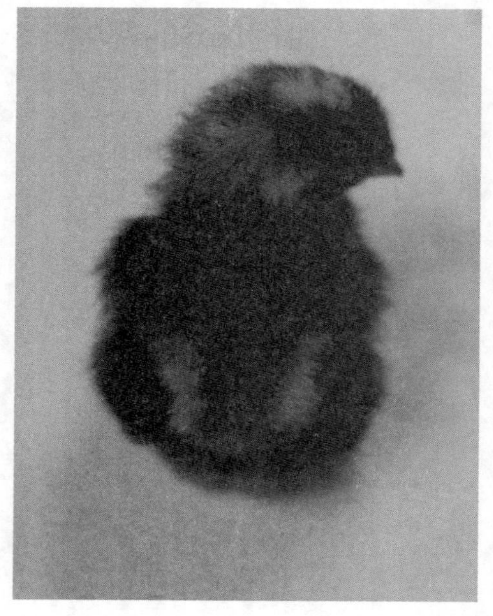

图 A.1 公 鸡

图 A.2 母 鸡

A.2 公鸡、母鸡胫色区别

见图 A.3、图 A.4。

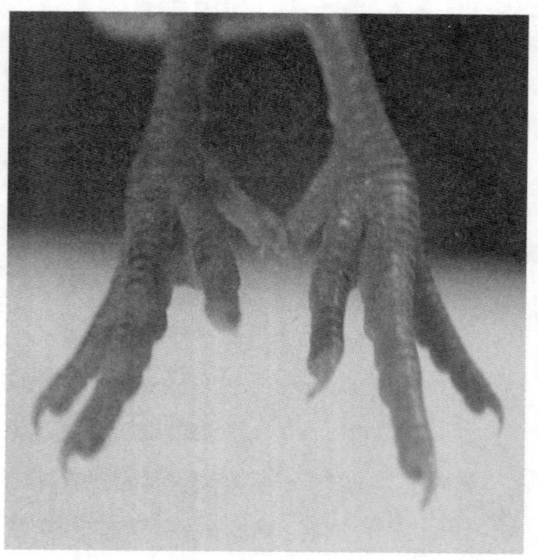

图 A.3 公 鸡

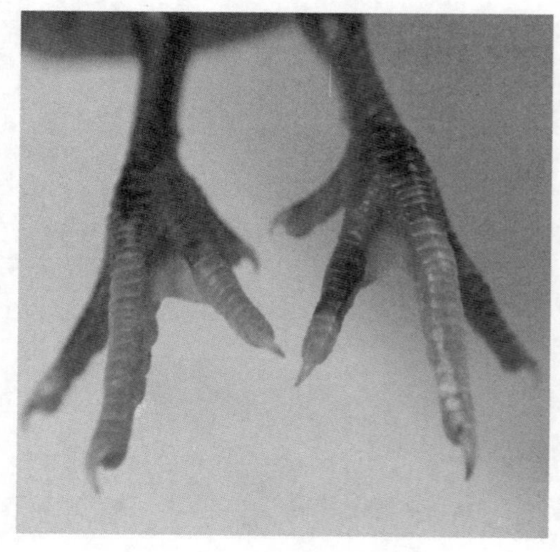

图 A.4 母 鸡

附　录　B
（资料性附录）
成年汶上芦花鸡图片

B.1　成年公鸡

见图 B.1。

图 B.1　成年公鸡

B.2　成年母鸡

见图 B.2。

图 B.2　成年母鸡

ICS 65.020.30
B 43

中华人民共和国农业行业标准

NY/T 2833—2015

陕北白绒山羊

Shanbei white cashmere goat

2015-10-09 发布 2015-12-01 实施

中华人民共和国农业部 发布

前　言

本标准按照 GB/T 1.1—2009 给出的规则起草。

本标准由农业部畜牧业司提出。

本标准由全国畜牧业标准化技术委员会(SAC/TC 274)归口。

本标准起草单位:陕西省畜牧技术推广总站、陕西省榆林市畜牧兽医局、陕西省榆林市畜牧技术研究与推广所、陕西省延安市畜牧技术推广站、榆林学院。

本标准主要起草人:童建军、原积友、郭庆宏、闫昱、安宁、闫治川、杨文广、屈雷。

陕北白绒山羊

1 范围

本标准规定了陕北白绒山羊的品种来源、品种特性、外貌特征、生产性能、等级评定和测定方法。

本标准适用于陕北白绒山羊的品种鉴定和等级评定。

2 规范性引用文件

下列文件对于本文件的应用是必不可少的。凡是注日期的引用文件,仅注日期的版本适用于本文件。凡是不注日期的引用文件,其最新版本(包括所有的修改单)适用于本文件。

GB/T 10685 羊毛纤维直径试验方法 投影显微镜法

GB 18267 山羊绒

NY/T 1236 绵、山羊生产性能测定技术规范

3 品种来源

陕北白绒山羊是以辽宁绒山羊为父本、子午岭黑山羊为母本,采用育成杂交的方式,培育而成的绒山羊品种,主要分布于陕西省的榆林市和延安市。

4 品种特性

陕北白绒山羊属绒肉兼用型培育品种,生长发育较快,绒纤维细而长,单位体重产绒量高,耐粗饲,适应性强。

5 外貌特征

全身毛绒混生,被毛洁白。体格中等,结实匀称。头小,额顶有长毛,颌下有髯。公、母羊均有角,公羊角粗大,呈螺旋式向上、向两侧伸展;母羊角小,大多呈镰刀状,略旋。颈宽厚,颈肩结合良好,背腰平直,肋骨开张。蹄质结实,肢势端正。尾小,尾尖上翘。成年公、母羊外貌特征参见附录A。

6 生产性能

6.1 产绒性能

6.1.1 产绒量

周岁公羊平均产绒量538 g,周岁母羊435 g,成年公羊796 g,成年母羊526 g。

6.1.2 绒毛品质

绒细而长,有弯曲,手感光滑细腻。绒自然长度平均64 mm。绒纤维直径母羊平均14.5 μm,公羊15.9 μm。净绒率平均65.8%。

6.2 产肉性能

周岁公羊平均体重34.6 kg,母羊31.0 kg;成年公羊平均体重49.5 kg,母羊37.2 kg。周岁羯羊平均胴体重16.5 kg,平均屠宰率47.1%。

6.3 繁殖性能

性成熟6月龄~8月龄;产羔率118%;发情期多集中在9月~11月,饲养条件良好可常年发情。

7 等级评定

7.1 评定年龄

周岁初评,2 岁定级。

7.2 评定

符合外貌特征,绒纤维直径母羊不应大于 15.0 μm,公羊不应大于 16.0 μm,方可评定等级。按产绒量和体重定级,评级指标见表 1。

表 1 评级指标

年龄	特级				一级				二级			
	产绒量,g		体重,kg		产绒量,g		体重,kg		产绒量,g		体重,kg	
	公	母	公	母	公	母	公	母	公	母	公	母
周岁	≥650	≥530	≥39	≥35	≥500	≥400	≥34	≥30	≥400	≥320	≥30	≥26
2 岁	≥950	≥650	≥55	≥42	≥750	≥500	≥49	≥37	≥600	≥420	≥45	≥33

8 测定方法

8.1 绒自然长度

按照 NY/T 1236 的规定执行。

8.2 绒纤维直径

按照 GB/T 10685 的规定执行。

8.3 产绒量

按照 NY/T 1236 的规定执行。

8.4 体重

按照 NY/T 1236 的规定执行。

8.5 净绒率

按照 GB 18267 的规定执行。

附 录 A
（资料性附录）
陕北白绒山羊外貌特征

A.1 公羊

见图 A.1。

侧面

头部

尾部

图 A.1 公 羊

A.2 母羊

见图 A.2。

侧面

头部

尾部

图 A.2 母 羊

ICS 65.120
B 25

中华人民共和国农业行业标准

NY/T 2834—2015

草品种区域试验技术规程　豆科牧草

Code of practice for regional trials of forage legume

2015-10-09 发布　　2015-12-01 实施

中华人民共和国农业部　发布

前　言

本标准按照 GB/T 1.1—2009 给出的规则起草。

本标准由农业部畜牧业司提出。

本标准由全国畜牧业标准化技术委员会(SAC/TC 274)归口。

本标准起草单位:全国畜牧总站、全国草品种审定委员会、中国农业科学院北京畜牧兽医研究所、中国热带农业科学院热带作物品种资源研究所、四川省草原工作总站、湖北省农业科学院畜牧兽医研究所。

本标准主要起草人:贠旭江、苏加楷、齐晓、邵麟惠、李聪、张新跃、张瑞珍、田宏、白昌军、马金星。

草品种区域试验技术规程　豆科牧草

1　范围

本标准规定了豆科牧草品种区域试验的试验设置、播种材料要求、田间管理、观测记载、数据整理等内容。

本标准适用于豆科牧草。

2　规范性引用文件

下列文件对于本文件的应用是必不可少的。凡是注日期的引用文件，仅注日期的版本适用于本文件。凡是不注日期的引用文件，其最新版本(包括所有的修改单)适用于本文件。

GB 6141　豆科草种子质量分级

GB/T 6432　饲料中粗蛋白测定方法

GB/T 6433　饲料中粗脂肪的测定

GB/T 6434　饲料中粗纤维的含量测定　过滤法

GB/T 6435　饲料中水分和其他挥发性物质含量的测定

GB/T 6436　饲料中钙的测定

GB/T 6437　饲料中总磷的测定　分光光度法

GB/T 6438　饲料中粗灰分的测定

GB/T 20806　饲料中中性洗涤纤维(NDF)的测定

NY/T 1459　饲料中酸性洗涤纤维的测定

3　术语和定义

下列术语和定义适用于本文件。

3.1

草品种　herbage variety

经人工选育，在形态学、生物学和经济性状上相对一致，遗传性相对稳定，适应一定的生态条件，并符合生产要求的草类群体。

3.2

区域试验　regional trial

为确定草品种适宜栽培区域而进行的多点试验。

3.3

对照品种　control variety

在品种试验中，作为参试品种的对比、参照品种。

3.4

一年生牧草　annual forage

在一年内完成生命周期的牧草。一般春、秋季播种，当年秋季或翌年夏季开花结实，随后枯死。

3.5

二年生牧草　biennial forage

从种子萌发开始，需 2 个生长周期才能完成生活周期的牧草。播种第一年仅进行营养生长，第二年开花结实，随后枯死。

3.6

多年生牧草　perennial forage

生长期限3年以上(含3年)的牧草，一次播种可多年利用。

3.7

草产量变异系数　coefficient of variation of forage yield

同品种不同重复的草产量数据标准差与其平均数比值的百分数。按式(1)计算。

$$CV = s/\bar{x} \times 100 \tag{1}$$

式中：

CV——变异系数，单位为百分率(%)；

s ——同品种不同重复的草产量数据标准差；

$\bar{x}$ ——同品种不同重复的草产量数据平均数。

4　试验设置

4.1　试验地的选择

试验地应代表所在试验地区的气候、土壤和栽培条件等。选择地势平整、土壤肥力中等且均匀、前茬作物一致、无严重土传病害、具有良好排灌条件(雨季无积水)、四周无高大建筑物或树木影响的地块。

4.2　试验设计

4.2.1　试验组

应按草种种类划分试验组，每个试验组的参试品种3个～15个，其中至少有1个对照品种。每个试验组应安排3个以上(含3个)不同地区的试验点。

4.2.2　试验周期

一年生牧草品种和二年生牧草品种应不少于2个生产周期；多年生牧草品种应不少于3个生产周年。

4.2.3　小区面积

草本牧草试验小区面积为15 m^2～20 m^2，饲用藤本或灌木试验小区面积为30 m^2～40 m^2。

4.2.4　小区设置

采用随机区组设计，重复宜为4次。同一区组试验应放在同一地块，全部试验地块四周设1 m～2 m宽的保护行。

5　播种材料

5.1　种子质量

参试种子质量应满足GB 6141规定的3级以上(含3级)种子质量要求。

5.2　种子数量

按照种子用价和实际播种面积计算用种数量，满足试验用种需求。

5.3　种子处理

5.3.1　不应对参试种子进行可能影响植株生长发育的处理(如包衣)。

5.3.2　试验地块未种植过参试的豆科牧草时，可参考供种者要求接种根瘤菌。所需根瘤菌剂及接种方法由供种者提供。

5.3.3　当种子硬实率高时，应进行破除硬实处理，提高种子发芽率。处理方法由供种者提供。

6 播种和田间管理

6.1 一般原则

一个试验组的同一项田间操作宜在同一天内完成。无法在同一天内完成时，同一区组的该项田间操作应在同一天内完成。

6.2 试验地准备

播种前应对试验地的土质和肥力状况进行调查分析，试验地应精耕细作。

6.3 播种期

应根据品种特性和当地气候及生产习惯适时播种。

6.4 播种方法

采用条播，对有特殊要求的品种另行确定。

6.5 播种量

应根据生产利用方式、不同品种的特性和参试种子的质量确定播种量。

6.6 田间管理

管理水平应与当地大田生产水平相当，及时查苗补缺、防除杂草、施肥、排灌并防治病虫害（抗病虫性鉴定的除外），以满足参试品种正常生长发育需要。

6.6.1 补种

应尽可能 1 次播种达到苗齐苗全。如出现明显的缺苗断行，应及时补种。

6.6.2 杂草防除

应人工除草或选用适当的除草剂除草。

6.6.3 施肥

应根据试验地土壤肥力状况适当施用底肥、追肥，以满足参试品种的需肥要求。

6.6.4 水分管理

应根据天气状况和土壤含水量适时适量浇水，并保证每小区均匀灌溉。遇雨水过量应及时排涝。

6.6.5 病虫害防治

以防为主，生长期间应根据田间虫害和病害的发生情况，选择高效低毒的药剂适时防治。

7 田间观测记载

应对试验的基本情况和田间观测工作进行详细记载，观测项目与记载要求见附录 A。

8 鲜草产量测定

8.1 鲜草产量包括当年第一次刈割的鲜草产量和再生鲜草产量。多年生牧草当年最后一次刈割应在其停止生长前的 15 d～30 d 内进行。测产时应除去小区两侧边行及小区两头各 50 cm 的植株，余下面积作为计产面积。因枝条缠绕而难以区分边行的可全小区刈割测产。如遇特殊情况，每小区的测产面积应不少于 4 m^2。应用感量 0.1 kg 的秤称量鲜草重量，小区测产以千克(kg)为称量单位，产量数据应保留 2 位小数。测定结果记入表 1。

8.2 再生性好、可多次刈割用于青饲的牧草，在现蕾期至初花期或株高 30 cm～50 cm 时刈割测产；再生性差、只刈割一次用于青贮或调制干草的牧草，宜在盛花期测产。留茬高度为 5 cm～10 cm。

表 1 草产量登记表

试 验 点：__________ 草种名称：__________ 测定年份：__________ 观 测 人：__________

小区编号	参试品种编号	第一次刈割							第二次刈割							年累计产量 kg/100m²	
		测产日期	生育期	株高 cm	计产面积 m²	鲜草重 kg	干鲜比 %	干草重 kg	测产日期	生育期	株高 cm	计产面积 m²	鲜草重 kg	干鲜比 %	干草重 kg	鲜草	干草
注：刈割次数超过 2 次者可续表填写。																	

9 干鲜比测定

9.1 取样

每次刈割测产后，从每小区随机取 250 g 左右完整枝条鲜草样，剪成 5 cm～10 cm 长草段。将同一品种 4 次重复的草样均匀混合，编号后称量样品鲜重。

9.2 干燥

在干燥的气候条件下，应将鲜草样装入布袋或尼龙纱袋挂置于通风避雨处晾干。干燥结束时间以相邻两次称重之差不超过 2.5 g 为准。在潮湿的气候条件下，应将鲜草样置于烘箱中干燥。在 60℃～65℃条件下烘干 12 h，取出放置于室内冷却回潮 24 h 后称重，然后再放入烘箱在 60℃～65℃条件下烘干 8 h，取出放置室内冷却回潮 24 h 后称重，比较两次称重之差。如称重之差超过 2.5 g，应再次进行烘干和回潮操作，直至相邻两次称重之差不超过 2.5 g 为止。

9.3 计算干鲜比

干鲜比按式(2)计算，样品鲜重、干重及干鲜比数据记入表 2。

$$DF = \frac{DW}{FW} \times 100 \tag{2}$$

式中：

DF ——干鲜比，单位为百分率(%)；

DW——样品干重，单位为克(g)；

FW——样品鲜重，单位为克(g)。

表 2　干鲜比测定登记表

试 验 点：________　草种名称：________

测定年份：________　测 定 人：________

参试品种编号	取样日期	刈割茬次	样品鲜重 g	样品(风)/烘干(重) g	干鲜比 %
注：取样日期以(日/月)标注。					

10　干草产量折算

干草产量按式(3)计算，结果记入表 1。

$$DY = FY \times DF \quad \cdots\cdots (3)$$

式中：

DY——样品干重，单位为千克(kg)；

FY——样品鲜重，单位为千克(kg)。

11　茎叶比测定

每年第一次刈割测产时，从每小区随机取 250 g 左右完整枝条鲜草样。将同一品种 4 次重复的草样均匀混合后，将茎和叶(含花序)分开。叶应包括叶片、叶柄及托叶三部分。按照 9.2 条款要求干燥后称重，求百分比。测定结果记入表 3。

表 3　茎叶比测定登记表

试 验 点：________　草种名称：________

测定日期：_____年__月__日　测 定 人：________

参试品种编号	茎叶总重 (风/烘干) g	茎(风/烘干)		叶(风/烘干)	
		重量 g	占茎叶总重 %	重量 g	占茎叶总重 %

12　营养成分测定

12.1　取样

将试验品种测定完干鲜比后的干草样作为该品种营养成分测定样品。

12.2　测定

样品需测定水分、粗蛋白质、粗脂肪、粗纤维、中性洗涤纤维、酸性洗涤纤维、粗灰分、钙、总磷等含量。其中，水分含量测定按照 GB/T 6435 的规定执行；粗蛋白质含量测定按照 GB/T 6432 的规定执行；粗脂肪含量测定按照 GB/T 6433 的规定执行；粗纤维含量测定按照 GB/T 6434 的规定执行；中性洗涤纤维含量测定按照 GB/T 20806 的规定执行；酸性洗涤纤维含量测定按照 NY/T 1459 的规定执行；粗灰分含量测定按照 GB/T 6438 的规定执行；钙含量测定按照 GB/T 6436 的规定执行；总磷含量测定按照 GB/T 6437 的规定执行。

13 数据整理

13.1 汇总干草产量数据，填写表4和表5，验证干草产量数据准确性。

13.2 确认干草产量数据准确无误后，应对干草产量测定结果进行方差分析，并用新复极差法进行多重比较。

表4 各区组年累计干草产量汇总表

试 验 点：＿＿＿＿＿＿＿＿ 草种名称：＿＿＿＿＿＿＿＿

测定年份：＿＿＿＿＿＿＿＿ 统 计 人：＿＿＿＿＿＿＿＿

单位为千克每百平方米

参试品种编号	区组Ⅰ	区组Ⅱ	区组Ⅲ	区组Ⅳ	平均值
注1：年累计干草产量数据精确到2位小数。 注2：每个品种各区组的年累计干草产量为各茬次产量之和，各区组的平均值即代表该品种的干草产量。					

表5 不同刈割茬次及年累计干草产量汇总表

试 验 点：＿＿＿＿＿＿＿＿ 草种名称：＿＿＿＿＿＿＿＿

测定年份：＿＿＿＿＿＿＿＿ 统 计 人：＿＿＿＿＿＿＿＿

单位为千克每百平方米

参试品种编号	第1茬	第2茬	第3茬	第4茬	第5茬	年累计产量
注：每个品种各茬次产量为4次重复的平均值。						

14 试验报废

有下列情形之一的试验组全部或部分报废：

——因不可抗拒因素(如自然灾害等)造成试验不能正常进行；

——同品种(系)缺苗率超过15%的小区有2个或2个以上；

——草产量变异系数超过20%；

——其他严重影响试验科学性情况。

15 试验报告

15.1 试验点报告

应包括草品种区域试验记载本(见附录B)、表1、表2、表3、表4、表5和表A.1、表A.2。

15.2 区域试验组织单位汇总报告

应包括试验基本情况介绍、多年多点干草产量结果与分析、其他观测项目结果与分析等。

附 录 A
(规范性附录)
豆科牧草区域试验田间观测项目与记载要求

A.1 基本情况的记载内容

A.1.1 试验地概况

主要包括地理位置、海拔、地形、坡度、坡向、土壤类型、土壤 pH、土壤养分(有机质、有效氮、有效磷、有效钾)、土壤盐分、地下水位、前茬作物、底肥及整地情况。

A.1.2 气象资料的记载内容

记载内容主要包括:试验点多年及当年的年降水量、年均温、最热月均温、最冷月均温、极端最高温度、极端最低温度、无霜期、初霜日、终霜日、年积温(≥0℃)、年活动积温(≥10℃)以及灾害天气等。

A.1.3 播种情况

播种时气温、春播时地下 5 cm 地温、播种期或移栽期、播种方法、株行距、播种量、播种深度、播种前后是否镇压等。

A.1.4 田间管理

包括查苗、补种、间苗、定苗、中耕、除草、灌溉、排水、追肥、防治病虫害等。

A.2 田间观测记载项目和标准

A.2.1 田间观测记载项目

按表 A.1 执行。

表 A.1 豆科牧草田间观测记载表

试 验 点:__________ 草种名称:__________ 观测年份:__________ 观 测 人:__________

小区编号	参试品种编号	播种期	出苗期	(返青期)	分枝期	现蕾期	现蕾期株高 cm	开花期		初花期株高 cm	结荚期	成熟期	成熟期株高 cm	生育天数 d	枯黄期	生长天数 d	越冬(夏)率 %	备注
								初花期	盛花期									
注1:刈割后的物候期观测一般不再记载,如试验有特殊要求可增加1次重复专门用于物候期观测。 注2:物候期以(日/月)标注。																		

A.2.2 田间观测记载标准

A.2.2.1 出苗期(返青期)

50%幼苗出土后为出苗期;50%的植株返青为返青期。

A.2.2.2 分枝期

50%植株长出侧枝 1 cm 以上为分枝期。

A.2.2.3 现蕾期

50%植株有花蕾出现为现蕾期。

A.2.2.4 开花期

20%植株开花为初花期,80%植株开花为盛花期。

A.2.2.5 结荚期

50%植株有荚果出现为结荚期。

A.2.2.6 成熟期

60%植株种子成熟为成熟期。

A.2.2.7 生育天数

由出苗(返青)至种子成熟的天数。

A.2.2.8 枯黄期

50%的植株枯黄时为枯黄期。

A.2.2.9 生长天数

由出苗(返青)至枯黄期的天数。

A.2.2.10 越冬(夏)率

在同一区组的小区中随机选择有代表性的样段 3 处,每段长 1 m。在越冬(夏)前后分别计数样段中植株数量,按式(A.1)计算越冬(夏)率。

$$R = \frac{A}{B} \times 100 \quad \cdots\cdots (A.1)$$

式中:

R——越冬(夏)率,单位为百分率(%);

A——越冬(夏)后样段内植株数,单位为株;

B——越冬(夏)前样段内植株数,单位为株。

A.2.2.11 抗逆性和抗病虫性

可根据小区内发生的寒、热、旱、涝、盐、碱、酸害和病虫害等具体情况加以记载。

A.2.2.12 株高

从地面至植株的最高部位(卷须除外)的绝对高度为株高。每次刈割前,在每小区随机选测 10 株样株的株高,单位为厘米(cm),保留 1 位小数,并计算平均株高,观测数据记入表 A.2。

表 A.2 株高观测记载表

试验点:______ 草种名称:______ 观测日期:____年__月__日 生育期:______ 刈割茬数:______观测人:______

小区编号	参试品种编号	观测值,cm										平均值 cm
		1	2	3	4	5	6	7	8	9	10	

A.2.2.13 根颈入土深度和直径

多年生豆科牧草的根颈上部到地表的距离为根颈入土深度，根颈最粗处的宽度为根颈直径。每年入冬前，在同一区组的每小区内随机选测10株样株的根颈入土深度和根颈直径，单位为厘米(cm)，保留1位小数，并计算平均根颈入土深度和平均根颈直径，观测数据记入表A.3。

表A.3 根颈入土深度和直径观测记载表

试验点：________ 草种名称：________ 观测日期：____年__月__日 观测人：________

小区编号	参试品种编号	观测值，cm																				平均值 cm	
		1		2		3		4		5		6		7		8		9		10			
		入土深度	直径	入土深度	直径	入土深度	直径	入土深度	直径	入土深度	直径	入土深度	直径	入土深度	直径	入土深度	直径	入土深度	直径	入土深度	直径	入土深度	直径

附　录　B
（规范性附录）
草品种区域试验记载本基本内容的格式

草品种区域试验记载本

（20　年）

试验组编号：______________________________

草种名称：______________________________

承担单位：______________________________

负 责 人：______________________________

执 行 人：______________________________

地址及邮编：______________________________

电　　话：______________________________

传　　真：______________________________

E-mail：______________________________

填表日期：______________________________

1. 试验地基本情况

地理位置__________，海拔__________ m，地形__________，

坡向坡度__________，土壤类型__________，土壤 pH __________，

土壤养分（有机质、有效氮、有效磷、有效钾）__________，

土壤盐分__________，地下水位__________，前茬作物__________，底肥__________，

整地情况__________，

备注：__________。

2. 多年气象资料记载

年降水量__________ mm，年均温__________℃，最热月均温__________℃，

最冷月均温__________℃，极端最高温度__________℃，极端最低温度__________℃，

无霜期__________ d，初霜日__________，终霜日__________，

年积温（≥0℃）__________℃，年活动积温（≥10℃）__________℃。

3. 当年气象资料记载

年降水量__________ mm，年均温__________℃，最热月均温__________℃，

最冷月均温__________℃，极端最高温度__________℃，极端最低温度__________℃，

无霜期__________ d，初霜日__________，终霜日__________，

年积温（≥0℃）__________℃，年活动积温（≥10℃）__________℃，

灾害性天气情况__________。

注：若气象资料由当地气象站提供，需注明气象站的地理位置。

经度__________，纬度__________，海拔__________。

4. 试验设计

参试品种（系）及编号__________，重复__________次，小区面积__________ m^2（ m× m）

5. 播种

播种日期：______月______日，播种方式________，日平均气温______℃，播种量：______ g/小区，

行距__________ cm，播种深度__________ cm。

中耕除草（时间、方法、选用的除草剂等）：__________。

6. 田间工作记载

施肥（时间、施肥量、肥料和施肥方法）：__________。

灌溉（时间、灌溉方式、灌溉量）__________。

病虫害防治（时间、病虫害种类、用药种类、剂量和方法）：__________。

刈割时间：__________，刈割__________次。

其他需注明的田间工作：__________。

7. 试验结果分析

8. 小区种植图（按比例绘制，并标明方向）

ICS 65.020.30
B 43

中华人民共和国农业行业标准

NY/T 2835—2015

奶山羊饲养管理技术规范

Technical specification for feeding and management of dairy goat

2015-10-09 发布　　　　2015-12-01 实施

中华人民共和国农业部　发布

前　言

本标准按照 GB/T 1.1—2009 给出的规则起草。

本标准由农业部畜牧业司提出。

本标准由全国畜牧业标准化技术委员会(SAC/TC 274)归口。

本标准起草单位:山东农业大学、山东省畜牧总站、青岛市畜牧兽医研究所、文登市畜牧兽医服务中心。

本标准主要起草人:王建民、王桂芝、曲绪仙、赵金山、程明、李培培、褚建刚、战汪涛、秦孜娟、侯磊、王存芳。

奶山羊饲养管理技术规范

1 范围

本标准规定了奶山羊的饲养管理、挤奶操作、日常管理和生产记录的基本要求。

本标准适用于奶山羊养殖场、养殖小区和养殖户。

2 规范性引用文件

下列文件对本文件的应用是必不可少的。凡是注日期的引用文件,仅注日期的版本适用于本文件。凡是不注日期的引用文件,其最新版本(包括所有的修改单)适用于本文件。

GB/T 8186 挤奶设备 结构与性能

GB 16548 病害动物和病害动物产品生物安全处理规程

GB/T 18407.5 农产品安全质量 无公害乳与乳制品产地环境要求

GB 18596 畜禽养殖业污染物排放标准

GB 19301 食品安全国家标准 生乳

GB 50039 农村防火规范

NY/T 1167 畜禽场环境质量及卫生控制规范

NY/T 2169 种羊场建设标准

NY/T 2362 生乳贮运技术规范

NY 5027 无公害食品 畜禽饮用水水质

NY 5339 无公害食品 畜禽饲养兽医防疫准则

中华人民共和国农业部公告〔2008〕第 1137 号 乳用动物健康标准

中华人民共和国农业部公告〔2009〕第 1224 号 饲料添加剂安全使用规范

中华人民共和国农业部公告〔2010〕第 1519 号 禁止在饲料和动物饮水中使用的物质

中华人民共和国农业部农牧发〔2009〕4 号 生鲜乳收购站标准化管理技术规范

3 术语和定义

下列术语和定义适用于本文件。

3.1

奶山羊 dairy goat

以生产羊奶为主要经济用途的山羊。

3.2

羔羊 kid

处于哺乳期的羊只。

3.3

哺乳期 suckling period

羔羊从出生到断奶的时间,可分为初乳期(出生到 5 d)、常乳期(6 d~60 d)和奶料过渡期(61 d~120 d)3 个阶段。

3.4

青年羊 doeling and buckling

从断奶到第一次配种的公羊和母羊。

3.5

妊娠母羊　pregnant goat

从配种妊娠到产羔分娩期间的母羊，可分为妊娠前期（约 3 个月）和妊娠后期（约 2 个月）2 个阶段。

3.6

泌乳期　lactation period

从母羊产羔后开始泌乳到停止产奶的时间，可分为初期（产后 1 d～20 d）、盛期（21 d～120 d）、中期（121 d～210 d）和末期（211 d～300 d）4 个阶段。

3.7

干奶期　dry period

母羊停止产奶到下一次分娩产羔的时间。

3.8

初乳　colostrum

母羊产羔后 5 d 以内所生产的奶。

3.9

常乳　common milk

母羊产羔后 6 d 至干奶期前所生产的奶。

3.10

全混合日粮　total mixed ration，TMR

根据奶山羊不同饲养阶段的营养需要，把切短的粗饲料、青贮饲料、精饲料以及各种饲料添加剂进行科学配比，经过饲料搅拌机充分混合后得到的全价日粮。

4　基本要求

4.1　环境控制

4.1.1　养殖场（小区）的周边环境应符合 GB/T 18407.5 的规定。

4.1.2　羊场建设应符合 NY/T 2169 的规定，并有专用通道衔接挤奶厅（站）。

4.1.3　挤奶厅（站）的卫生条件要求应符合中华人民共和国农业部农牧发〔2009〕4 号的规定。

4.1.4　饮用水水质应达到 NY 5027 的要求。

4.1.5　场内环境质量及卫生控制按照 NY/T 1167 的规定执行。

4.1.6　羊只防疫应符合 NY 5339 的规定。

4.1.7　羊场污染物排放标准应符合 GB 18596 的规定。

4.1.8　病害羊只及其产品的生物安全处理应符合 GB 16548 的规定。

4.2　饲料加工

4.2.1　储备草料应充分利用当地资源，每只奶山羊全年的草料储备量参见表 A.1。

4.2.2　原料库应与成品库分开，防止霉烂、潮湿和混入杂质，防火符合 GB 50039 的规定。

4.2.3　使用饲料添加剂应符合中华人民共和国农业部公告〔2009〕第 1224 号的规定。

4.2.4　日粮中不得使用中华人民共和国农业部公告〔2010〕第 1519 号目录中所列出的物质。

4.2.5　青粗饲料与精饲料应分开加工备用，提倡按照饲养标准加工配制全混合日粮。

5　泌乳母羊的饲养管理

5.1　泌乳初期

5.1.1　产后 3 d 之内，任母羊自由采食优质青干草，喂给少量精饲料和多汁饲料。

5.1.2 产后 4 d 以后，逐渐增加多汁饲料、精饲料、青贮饲料喂量。在精料喂量增加过程中，如发现母羊的乳房、食欲和粪便状况表现异常，应立即调整。

5.1.3 产后 5 d 以后，开始定时进行机器挤奶或手工挤奶，每天挤奶次数为 2 次。

5.1.4 产后 14 d 以后，把精饲料增加到正常喂量，达到每日每只 0.5 kg～0.7 kg，干物质采食量达到体重的 3%～4%。

5.2 泌乳盛期

5.2.1 产后 21 d 开始，随着日产奶量上升，每天每只母羊增加精饲料 50 g～80 g，达到每产 1 kg 奶的精料喂量为 0.35 kg 时，停止增料，并维持较长时间。

5.2.2 饲草料要求适口性好、种类多、质量好。应做到定时定量，保证充足饮水和食盐供给。

5.2.3 可在精饲料中添加 1% 的小苏打，防止瘤胃积食或酸中毒。

5.2.4 机器挤奶次数保持为每天 2 次，手工挤奶次数可调整为每天 3 次。

5.3 泌乳中期

5.3.1 不得随意改变饲料、饲养方法及工作日程。

5.3.2 多供给营养丰富、适口性好的青绿多汁饲料。

5.3.3 保证饮水清洁，自由饮用。每天挤奶次数为 2 次。

5.3.4 后期适当减少低产母羊的精饲料供应量。

5.4 泌乳末期

5.4.1 随着产奶量下降，应继续减少精饲料喂量，多喂给优质粗饲料。

5.4.2 及时发现发情母羊。对第一次参加配种的母羊，可利用试情公羊进行发情鉴定。

5.4.3 适时安排配种，即早上发现的发情母羊，当日下午配种；下午发现的发情母羊，次日早上配种。提倡采用重复配种法，即第一次配种后 6 h～8 h，再用同一只公羊复配。

5.4.4 按月检查母羊返情及流产情况，对经两个情期配种未孕的母羊应及时检查和治疗。

5.5 干奶期

5.5.1 高产母羊应实行逐渐干奶方法。在计划干奶前 10 d～15 d 开始变更饲料，逐渐减少多汁饲料喂量，限制精饲料和饮水，减少挤奶次数，直至终止泌乳。

5.5.2 低产母羊应实行快速干奶法。在预定干奶的当天，充分按摩乳房，将乳挤净后即可停止挤奶。同时，停喂多汁饲料，控制精料和饮水。

5.5.3 在干奶过程中，如发现乳房出现红肿、热、疼或奶中混有血液凝块时，不应停止挤乳，待恢复正常后再行干奶。

5.5.4 产前 20 d 要适当减少粗饲料给量，增加精饲料喂量。体重 60 kg 左右的母羊给精饲料 0.6 kg～0.8 kg。产前乳房肿胀严重的母羊，要控制精饲料喂量。

5.5.5 不应饮用冰冻的水，不应空腹饮水，水温以 10℃以上为宜。

6 羔羊和青年羊培育

6.1 羔羊

6.1.1 新生羔羊要擦净口、鼻周围黏液，在距脐部 3 cm 处剪断脐带，并用 5% 碘酊消毒。羔羊能站立时，擦净母羊乳房，挤去头两把奶，再辅助羔羊吃到初乳，并进行临时编号。

6.1.2 哺乳期的羔羊饲养方案参见表 A.2。

6.1.3 初乳期羔羊应保留在产房，跟随母羊自然哺乳，要做到早吃、勤吃、多吃。

6.1.4 常乳期羔羊应与母羊分开，转入羔羊舍进行人工喂奶。每天应进行 1 次～2 次驱赶运动。

6.1.5 开始喂奶时，奶温控制在38℃左右，把奶放入碗中，让羔羊做吮吸练习。待教会后，再把盛奶的器皿放到固定架上让羔羊自由饮用，每天喂奶次数和奶量参见表A.2。

6.1.6 羔羊生后10 d左右应进行去角、佩戴永久性耳标和训练吃优质青干草，生后14 d开始教吃精饲料，30 d后开始喂青绿饲料。

6.1.7 羔羊2月龄以前应饮用温开水，至断奶可自由饮用常温水。

6.1.8 羔羊2月龄以后逐步减少喂奶次数和奶量，断奶前的日粮完全过渡到饲草料。

6.2 青年羊培育

6.2.1 日粮应以优质青粗饲料为主、精饲料为辅，精饲料喂量为每日每只0.25 kg～0.45 kg。

6.2.2 公、母羊应分群饲养，每天强制运动1.5 h左右，膘情体况控制在中等以上。

6.2.3 母羊应在8月龄、体重达到30 kg以上时安排配种；公羊应在10月龄、体重达到40 kg以上参加配种。

7 种公羊饲养管理

7.1 配种期

7.1.1 合理配置日粮。混合精料中蛋白质含量应占20%左右；青粗饲料要体积小和适口性好，并保障矿物质和维生素的供给量。

7.1.2 青年羊与成年羊应分圈饲养。每天喂料2次～3次，自由饮水，运动量控制在2 h左右。

7.1.3 配种季节宜在每年8月份～11月份，应根据系谱等信息提前制订选配计划。

7.1.4 采用人工辅助交配方法，公母比例为1∶20～30。提倡采用鲜精稀释人工授精技术。

7.1.5 应控制配种强度，每天配种或采精2次，每周至少安排休息2 d。

7.1.6 配种结束后，应适当加强运动，逐渐减少精饲料喂量，直至达到非配种期饲养水平。

7.2 非配种期

7.2.1 应采用集中饲养方式。每天喂料3次～4次，自由饮水，并保持适当的运动量。

7.2.2 日粮应以优质青粗饲料为主，适量补充精饲料。

7.2.3 进入配种期前1.5个月，逐步调整为配种期日粮。

8 挤奶操作与卫生要求

8.1 基础设施

8.1.1 规模养殖场(小区)应建有挤奶厅或挤奶间，配备待挤区、储奶间、设备间、更衣室等设施。应有瓷砖墙裙，地面防渗防滑，下水道保持通畅。

8.1.2 生鲜乳收购站的建造位置、道路分区、墙壁地面、配套设施和粪污处理等均应符合中华人民共和国农业部农牧发〔2009〕4号的要求。

8.2 机械设备

8.2.1 挤奶方式分为手工挤奶和机械挤奶。规模养殖场应采用机械挤奶。挤奶设备类型主要有移动式挤奶车和固定式挤奶台。前者适于产奶母羊100只左右的羊场，后者适于产奶母羊200只以上的羊场。

8.2.2 挤奶厅应根据饲养规模、单班挤奶时间确定挤奶位数。用于收集生鲜乳的管道、储奶罐、运输罐及相关部件的材质应符合GB/T 8186的规定。

8.2.3 每天定时检查挤奶设备的真空泵、集乳器等主要部件，每年定期由专业技术工程师对设备进行一次全面检修与保养，确保正常运转。

8.3 人员要求

8.3.1 工作人员每年至少应体检一次，应有健康合格证。应建立员工健康档案。

8.3.2 羊场管理者应熟悉奶业管理相关法律法规，熟悉生鲜乳生产、收购相关专业知识。

8.3.3 挤奶人员须保持相对稳定，挤奶前应修剪指甲，穿着经过消毒的工作服、工作鞋以及工作帽，洗净双手，并经紫外线消毒。

8.4 操作规范

8.4.1 有下列情况之一的奶山羊不得入厅挤奶：

——正在使用抗菌药物治疗以及不到规定的停药期的羊；

——产羔 5 d 内的羊；

——患有乳房炎的羊；

——不符合中华人民共和国农业部公告〔2008〕第 1137 号相关规定的羊。

8.4.2 挤奶机开动后，检查机器是否正常。适宜的参数是：脉动真空度为 45 kPa～50 kPa，脉动频率为每分钟 85 次～90 次，节拍比为 60/40。

8.4.3 挤奶前，先用 35℃～45℃温水清洗乳房、乳头，再用专用药液药浴乳头 15 s～20 s，最后用专用毛巾擦干。药浴液应在每班挤奶前现用现配，并保证有效的药液浓度。

8.4.4 手工将头三把奶挤到专用容器中，检查是否有凝块、絮状物或水样物，乳样正常的羊方可上机挤奶。乳样异常时，应对羊只单独挤奶，单独存放，不得混入正常生鲜乳中。

8.4.5 应将奶杯稳妥地套在乳头上。挤奶时间为 3 min～5 min，出奶较少时应对乳房进行自上而下地按摩，防止空挤。

8.4.6 挤奶结束后，应在关闭集乳器真空 2 s～3 s 后再移去奶杯，并再次进行乳头药浴浸泡 3 s～5 s。

8.4.7 手工挤奶应采用拳握式，开始用力宜轻，速度稍慢，待排乳旺盛时，加快挤乳速度，达到每分钟 80 次～110 次，最后应注意把奶挤净。

8.4.8 挤出的生鲜乳应在 2 h 之内冷却到 0℃～4℃保存。储奶罐内生鲜乳温度应为 0℃～4℃。

8.5 质量检测

8.5.1 生鲜乳的常规检测应按 GB 19301 的规定执行。

8.5.2 生鲜乳在储奶罐的储存时间不应超过 48 h，储存和运输应符合 NY/T 2362 的要求。

9 日常管理技术

9.1 编号

9.1.1 初生羔羊可采用穿耳线等方法进行临时编号，主要信息是羔羊的出生序号。注意公羊用单数、母羊用双数，应与繁殖记录中的母羊编号相对应。

9.1.2 羔羊 10 日龄左右应采用耳标法进行永久编号。编号顺序是：前面为出生年份的后两位数，后面为当年羔羊的出生序号。

9.1.3 在给羊只进行编号标记时，要避开耳朵上的血管，固定耳标应在靠近耳根处。

9.2 刷拭

9.2.1 应坚持每天对青年羊和种羊刷拭一次体表。刷拭工具有鬃刷、草根刷和钝齿铁梳等。

9.2.2 体表的刷拭顺序是自上而下、从前往后。刷拭到乳房部位时，应小心操作。

9.2.3 挤奶时和饲喂时不得刷拭。

9.3 修蹄

9.3.1 应经常检查蹄部是否正常。修蹄最好选择在蹄部角质变软时进行。

9.3.2 舍饲羊只每隔 2 个月需要修蹄 1 次，放牧羊只在放牧期开始和结束时各修蹄 1 次。

9.4 驱虫

9.4.1 应在每年的初春和秋末各驱虫 1 次。每次驱虫后 7 d～10 d，应安排重复驱虫。

9.4.2 针对当地羊只寄生虫的种类和特点，选用广谱低毒、安全有效的驱虫药品。

9.5 药浴

9.5.1 应在每年春末和秋初各药浴 1 次。药浴要选择天气晴朗无风时进行。药浴前，要让羊只充分饮水。

9.5.2 每群羊应配置一次药液。药浴顺序为：先小羊后大羊，先健康羊后病羊。

10 生产记录档案

10.1 羊场生产记录内容

10.1.1 育种与繁殖记录应包括品种、数量、种羊系谱、配种繁殖记录和生长发育等。

10.1.2 奶羊进出场记录应包括羊只来源、进出场时间、出售去向和购羊者信息等。

10.1.3 投入品使用记录应包括饲料、饲料添加剂、兽药等物品的来源、名称、使用对象、时间和用量，以及饲草料储备、入库和使用情况。

10.1.4 生鲜乳生产记录应包括挤奶设备保养维修、个体产奶量和生鲜乳储存等。

10.1.5 卫生防疫治疗记录应包括检疫、免疫、消毒、发病、治疗、死亡和无害化处理情况。

10.2 生鲜乳销售检测记录

10.2.1 生鲜乳销售记录应载明生鲜乳装载量、装运地、运输车辆牌照及准运证明、承运人姓名、装运时间、装运时生鲜乳温度等。

10.2.2 生鲜乳检测记录应载明检测人员、检测项目、检测结果和检测时间等。

10.3 记录使用和管理

10.3.1 建立健全生产记录档案管理制度，设专人负责，妥善保管各种生产记录和生鲜乳销售检测记录。

10.3.2 定期对各种原始记录进行统计分析，查找问题，及时采取改善措施。

附 录 A
（资料性附录）
奶山羊饲草料储备和羔羊饲养方案

A.1 每只奶山羊全年各种饲草料的储备量

见表 A.1。

表 A.1 每只奶山羊全年各种饲草料的储备量

单位为千克

群别	干草	青贮料	块根类	食盐	精饲料	全奶
种公羊	350～400	900	150	4.5	300	—
种母羊	350～400	900～1 000	150	4.5	400～600	—
青年羊	250	450	50	2.5	200	—
羔羊	20～30	20	—	0.5	10	75

A.2 哺乳期羔羊饲养方案

见表 A.2。

表 A.2 哺乳期羔羊饲养方案

日龄 d	全乳		混合精料 g/(d·只)	青干草 g/(d·只)	青草或青贮 g/(d·只)
	次数	g/次			
1～5	自由				
6～10	4	220			
11～20	4	250	30	60	
21～30	4	300	45	80	50
31～40	4	350	65	100	80
41～50	4	350	90	120	100
51～60	3	300	120	150	150
61～70	3	300	150	200	200
71～80	2	250	180	240	250
81～90	1	200	220	240	300

ICS 67.120.10
B 45

中华人民共和国农业行业标准

NY/T 2836—2015

肉牛胴体分割规范

Code of practice for beef carcass cutting

2015-10-09 发布

2015-12-01 实施

中华人民共和国农业部 发布

前　言

本标准按照 GB/T 1.1—2009 给出的规则起草。

本标准由农业部畜牧业司提出。

本标准由全国畜牧业标准化技术委员会(SAC/TC 274)归口。

本标准起草单位:中国农业科学院农业质量标准与检测技术研究所、中国农业科学院北京畜牧兽医研究所、南京农业大学、江苏雨润食品产业集团有限公司。

本标准主要起草人:汤晓艳、孙宝忠、周光宏、闵成军、赵宁、刘晓晔、李海鹏、陈东宇。

肉牛胴体分割规范

1 范围

本标准规定了分割牛肉生产的胴体原料，车间布局及设施设备，人员要求，分割规范，分割肉质量要求，包装、标识与储运。

本标准适用于肉牛的胴体分割。

2 规范性引用文件

下列文件对于本文件的应用是必不可少的。凡是注日期的引用文件，仅注日期的版本适用于本文件。凡是不注日期的引用文件，其最新版本（包括所有的修改单）适用于本文件。

GB 5749 生活饮用水卫生标准

GB/T 9960 鲜、冻四分体牛肉

GB 12694 肉类加工厂卫生规范

GB/T 17237 畜类屠宰加工通用技术条件

GB/T 17238 鲜冻分割牛肉

GB 18393 牛羊屠宰产品品质检验规程

GB/T 19477 牛屠宰操作规程

GB/T 27643 牛胴体及鲜肉分割

GB/T 29392 普通肉牛上脑、眼肉、外脊、里脊等级划分

NY/T 676 牛肉等级规格

SB/T 10659 畜禽产品包装与标识

3 胴体原料

3.1 胴体来源

按 GB/T 19477 和 GB 18393 的规定进行屠宰加工和胴体检验后的分割原料。

3.2 胴体质量要求

3.2.1 胴体应在冷鲜状态下进行分割。

3.2.2 胴体感官指标、理化指标、农兽药残留和微生物指标应符合 GB/T 9960 的要求。

3.2.3 胴体质量等级应按 NY/T 676 的规定进行评定。

4 车间布局及设施设备

4.1 车间布局

4.1.1 分割车间应与屠宰车间和其他脏区间隔一定距离，应位于净区，与冷库直接相连。

4.1.2 分割车间应按四分体分割、前（后）四分体部位肉剥离、分割肉修整、包装、入库进行布局。

4.2 设施与环境

4.2.1 车间厂房与设施应符合 GB 12694 的要求。

4.2.2 分割车间地面和设施在操作后应进行净化消毒。

4.2.3 分割车间在操作过程中应通风换气，达到二氧化碳浓度小于 0.15%，氨浓度小于 5 mg/m^3，硫化氢浓度小于 2 mg/m^3，一氧化碳浓度小于 2 mg/m^{3}的要求。

4.2.4 生产用水应符合 GB 5749 的要求。

4.2.5 分割场所应避免阳光直射，车间光线强度应大于 200 lx，分割操作台面光线强度应大于 300 lx。

4.2.6 分割环境温度应控制在 12℃以下。

4.3 设备与器具

4.3.1 分割车间应按 GB 17237 的规定配备与生产能力相适应的分割设备。

4.3.2 分割设备、工具和容器，应使用无毒、无气味、不吸水、耐腐蚀的材料，表面应平滑、无凹坑和裂缝，可反复清洗与消毒。

4.3.3 分割操作人员应每人配备 2 把刀具。分割操作时，其中一把应放在 82℃热水中消毒，每隔 1 h 交替消毒一次刀具。

4.3.4 分割操作人员应每人配备钢丝护胸背心和钢丝手套，以防止被刀具割伤。

4.3.5 分割车间设备和器具操作后应清洗消毒，最后用 40℃～50℃热水冲洗。

5 人员要求

5.1 配置

分割车间除配置剔骨、分割、包装和搬运等操作人员外，还应配置分割肉质量安全检验及卫生监督人员。

5.2 卫生与健康

5.2.1 分割人员的卫生和健康应符合 GB 12694 的要求。

5.2.2 分割操作人员应每隔 1 h 对双手进行清洗消毒，每隔 2 h 应由专人对工作服表面进行清理。

5.3 岗前培训

分割操作人员在上岗前应进行胴体分割方法、操作技能和安全卫生的培训。

6 分割规范

6.1 四分体分割

将半胴体沿脊椎第 12 肋至 13 肋间横切成前、后两部分。

6.2 部位肉分割

按照肌肉解剖学部位或自然走向将四分体分割为带骨或不带骨分割肉块。分割牛肉名称及分割方法按 GB/T 27643 的规定执行。

6.3 分割肉修整

6.3.1 分割肉块应适当修整成型，修整后应保持肌膜和肉块的完整性；对于带骨分割肉，还应保持骨骼的完整性。

6.3.2 修整后的分割肉块上不得带有碎骨、血淤、血污、病变组织、浮毛及其他杂质。

7 分割肉质量要求

7.1 分割肉感官指标、理化指标、农兽药残留和微生物指标应符合 GB/T 17238 的要求。

7.2 分割肉块质量等级按 GB/T 29392 的规定执行。

8 包装、标识与储运

8.1 包装与标识

8.1.1 分割肉块经修整后应及时包装并尽快入冷库，冷却或冷冻应符合 GB/T 17238 的要求。

8.1.2 分割肉包装与标识应按 SB/T 10659 的规定执行。

8.1.3 分割肉内外包装相应部位上应标注质量等级规格标志和卫生检验标识。

8.2 储运

分割肉块储运应按 GB/T 17238 的规定执行。

ICS 65.140
B 47

中华人民共和国农业行业标准

NY/T 2837—2015

蜜蜂瓦螨鉴定方法

Identification of *Varroa* from honey bees

2015-10-09 发布　　2015-12-01 实施

中华人民共和国农业部　发布

前　言

本标准按照GB/T 1.1—2009给出的规则起草。

本标准参考了世界动物卫生组织(OIE)制定的《陆生动物诊断试验和疫苗标准手册》(2012版)。

本标准由农业部兽医局归口。

本标准起草单位:中国农业科学院蜜蜂研究所。

本标准主要起草人:周婷、王强、代平礼、吴艳艳、周玮、徐书法、王星、段俊明、黄智勇。

蜜蜂瓦螨鉴定方法

1 范围

本标准规定了蜜蜂主要体外寄生瓦螨鉴定方法。

本标准适用于蜜蜂瓦螨——狄斯瓦螨(*Varroa destructor*)、雅氏瓦螨(*V. jacobsoni*)、林氏瓦螨(*V. rindereri*)和恩氏瓦螨(*V. underwoodi*)的鉴定。

2 规范性引用文件

下列文件对于本文件的应用是必不可少的。凡是注日期的引用文件,仅注日期的版本适用于本文件。凡是不注日期的引用文件,其最新版本(包括所有的修改单)适用于本文件。

NY/T 1954 蜜蜂螨病病原检查技术规范

SN/T 1684 瓦螨病诊断方法

3 试剂、材料和仪器

见附录A。

4 瓦螨的分离方法

4.1 碎屑分离法

4.1.1 随机分离法

将包有铁纱网的薄铁板置于蜂箱底部,通常1 d~2 d内产生的碎屑中可见少量的瓦螨。

4.1.2 药物分离法

按照NY/T 1954的规定执行。

4.2 封盖子分离法

用刀割去封盖子脾的房盖,再将温水喷淋巢脾,下面放置双层网筛,抖出巢房内的大幼虫或蜂蛹,使蜜蜂大幼虫和蜂蛹留在上层粗网筛上(孔径2.2 mm),而瓦螨落在下层细网筛中(孔径1 mm)。

4.3 成年蜜蜂糖粉或面粉分离法

将蜜蜂抖落于大漏斗内,利用500 mL或1 000 mL容量的广口瓶收集大漏斗内的蜜蜂,约占瓶容量的1/3。取10 g 80目的细糖粉或面粉倒入装有蜜蜂的广口瓶中,瓶口用3 mm孔径铁纱网封严;将广口瓶横置放于平面上来回滚动3 min,使糖粉或面粉均匀黏附至每只蜜蜂体上。将广口瓶瓶口朝下剧烈振荡,使糖粉或面粉及瓦螨振落于光滑白纸上,再分离收集掉落的瓦螨。

5 瓦螨的鉴定方法

5.1 形态学鉴定

利用体视解剖镜观察并记录瓦螨的大小、形状、背板颜色、胸板、生殖腹板、肛板、腹侧板和后足板形状,刚毛对数和足等的形态特征。

5.2 分子生物学鉴定

5.2.1 样本采集

按照第4章的分离方法取得瓦螨,并将瓦螨浸于70%乙醇溶液中,−20℃保存。

5.2.2 总DNA简易提取法

单个瓦螨用无菌水洗涤，吸水纸吸干表面；将瓦螨置于1.5 mL离心管内，加入40 μL 2×WLB缓冲液（其中，蛋白酶K终浓度50 μg/mL）后进行研磨，50℃孵育1 h；100℃煮沸10 min～15 min，冷却至室温，加入40 μL超纯水，1 000 *g* 离心5 s备用。

5.2.3 PCR扩增瓦螨mtDNA CO-Ⅰ基因片段

5.2.3.1 引物序列

上游引物：5′-GGAGGAGATCCAATTCTATATCAAC-3′；

下游引物：5′-CCTGTTATAATAGCAAATAC-3′；

预期扩增产物为458 bp。

5.2.3.2 PCR扩增体系

PCR扩增体系总体积为	50 μL：
总DNA提取液	10 μL
上、下游引物	各1 μL
Taq酶	0.5 μL
10×buffer	5 μL
10×dNTP（各2.5 mmol/L）	1 μL
超纯水	31.5 μL

5.2.3.3 PCR程序

94℃	5 min	
94℃	60 s	×30个循环
50℃	75 s	
72℃	90 s	
72℃	5 min	
4℃	∞	

5.2.3.4 PCR扩增产物凝胶电泳检测

1.2%琼脂糖凝胶配制方法见附录A.1.3；5 μL扩增产物加1 μL上样缓冲液（6×DNA Loading Buffer），DNA Marker I（0.05 mg DNA/mL）用量4 μL。120 V，30 min；凝胶成像仪观察，并记录分析；阳性PCR产物送测序公司进行序列测定。

5.2.4 瓦螨mtDNA CO-Ⅰ基因限制性内切酶反应体系

5.2.4.1 *Sac* Ⅰ限制性内切酶消化体系

Buffer L	2 μL
Sac Ⅰ	1 μL
PCR产物	7 μL
超纯水	8 μL

37℃水浴2 h，1.2%琼脂糖凝胶电泳分析酶切结果，电泳及凝胶成像方法参见5.2.3.4。

5.2.4.2 *Xho* Ⅰ限制性内切酶消化体系

Buffer H	2 μL
Xho Ⅰ	1 μL
PCR产物	7 μL
超纯水	8 μL

37℃水浴2 h，1.2%琼脂糖凝胶电泳分析酶切结果，电泳及凝胶成像方法参见5.2.3.4。

6 结果判定

6.1 形态学鉴定

狄斯瓦螨形态学鉴定按照 SN/T 1684 和 NY/T 1954（见图 1）；雅氏瓦螨（体长平均 1 063.0 μm，宽 1 506.8 μm）与狄斯瓦螨（体长平均 1 167.3 μm，宽 1 708.9 μm）形态相似，但前者比后者的体型偏小，而且更接近圆形（见图 1 和图 2）；林氏瓦螨（体长平均 1 180 μm，宽 1 698 μm）与狄斯瓦螨相似，胸板上的刚毛和隙孔数目较少，气管长且弯曲度较大，须肢转节无刚毛，而其他 3 种瓦螨的相应部位均有一根刚毛（见图 1 和图 2）；恩氏瓦螨（体长平均 746.6 μm，宽 1 167.6 μm）明显小于其他 3 种瓦螨，体形较狄斯瓦螨横宽；腹面和背面构造与狄斯瓦螨十分相似，区别为背板两侧靠后缘各具 15 根～19 根向外放射的粗长刚毛（见图 1 和图 2）。

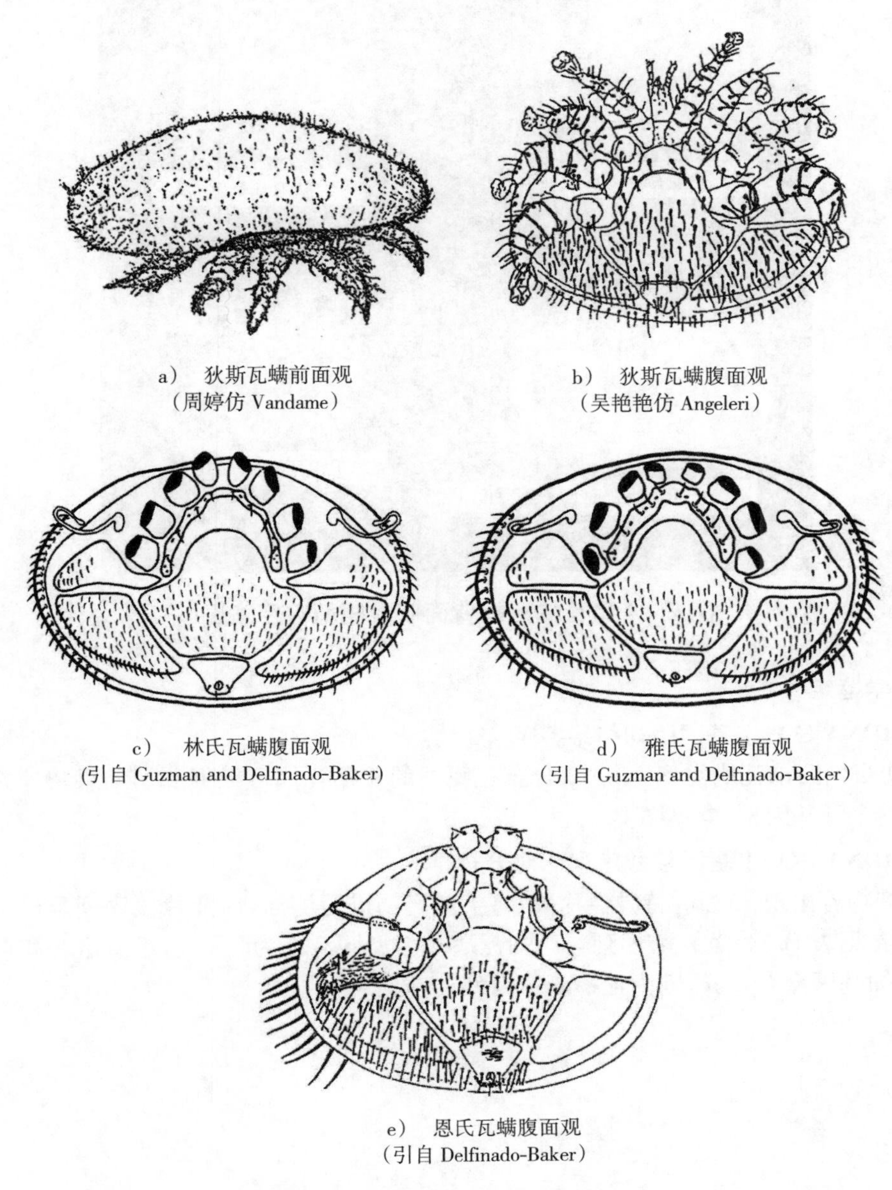

a） 狄斯瓦螨前面观
（周婷仿 Vandame）

b） 狄斯瓦螨腹面观
（吴艳艳仿 Angeleri）

c） 林氏瓦螨腹面观
（引自 Guzman and Delfinado-Baker）

d） 雅氏瓦螨腹面观
（引自 Guzman and Delfinado-Baker）

e） 恩氏瓦螨腹面观
（引自 Delfinado-Baker）

图 1 4 种瓦螨雌螨形态示意图

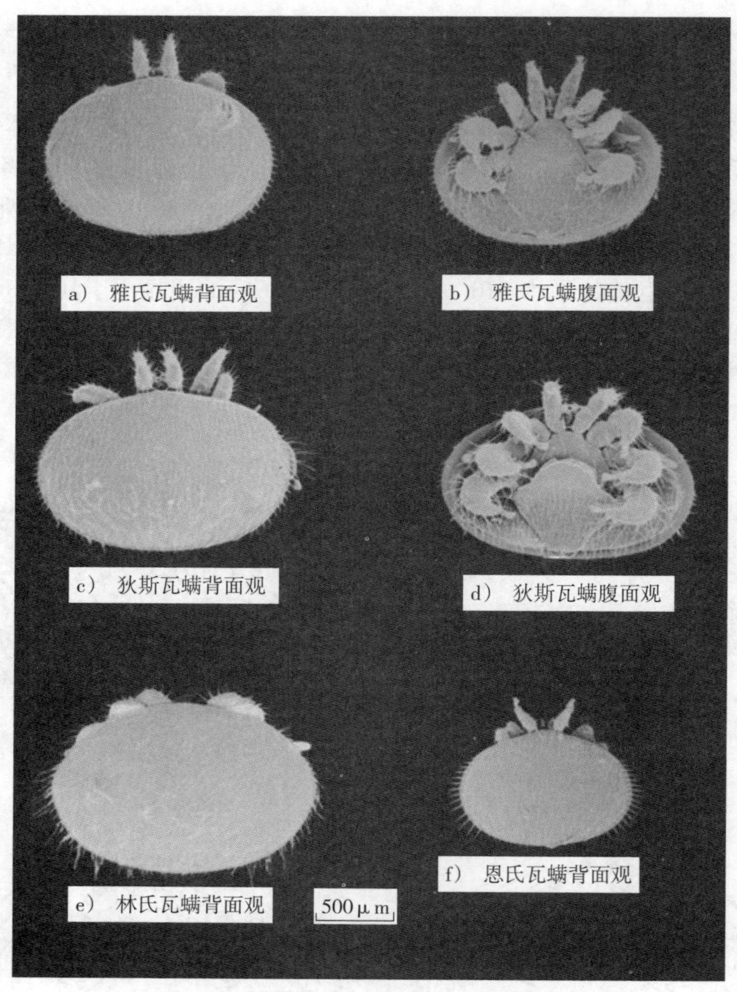

图2 4种瓦螨雌螨背面观或腹面观示意图

（引自 Anderson and Trueman）

6.2 分子生物学鉴定

6.2.1 瓦螨 mtDNA CO-Ⅰ基因酶切结果鉴定

在形态学初步判断出瓦螨类型。其中，分布在我国的狄斯瓦螨可根据酶切结果快速判定是否属于附录B中所列的3种基因型(参见图B.1)。

6.2.2 瓦螨 mtDNA CO-Ⅰ基因核酸序列比对分析

PCR扩增产物若出现458 bp特异性片段，将扩增产物进行测序，对此片段序列与已知瓦螨基因型进行比较分析(参见表B.1)；若核酸序列与已知瓦螨基因型同源性为100%，可鉴定为相应瓦螨类型及基因型；若与已知基因型有差异，则为瓦螨新基因型。

附 录 A
（规范性附录）
试剂、材料和仪器

A.1 试剂

A.1.1 蜂群中分离瓦螨的试剂

主要为氟胺氰菊酯条和双甲脒溶液(有效成分 0.05%)。

A.1.2 2×寄生虫裂解缓冲液(WLB)

1 mol/L KCl	10 mL
1 mol/L Tris	2 mL
2 mol/L $MgCl_2$	0.25 mL
Tween 20	4.5 mL
20% NP-40(乙基苯基聚乙二醇)	4.5 mL
1% 明胶	2 mL
超纯水	76.75 mL

A.1.3 1.2%琼脂糖凝胶制备

琼脂糖 1.2 g 与 0.5×TBE 电泳缓冲液混合至 100 mL,微波炉中完全融化。待冷至 50℃～60℃时,加 Goldenview 溶液 10 μL,摇匀,倒入电泳槽内,待凝固后取下梳子备用。

A.2 材料和仪器

A.2.1 蜂群中分离蜂螨所用材料

主要为铁纱网(3 mm、2.2 mm 和 1 mm 孔径)、凡士林、放大镜、广口瓶(500 mL 或 1 000 mL)、薄铁板和过 80 目的砂糖粉或面粉。

A.2.2 形态学和分子检测主要仪器

普通解剖显微镜、PCR 扩增仪、核酸电泳仪和水平电泳槽、凝胶成像仪、高速冷冻离心机、微波炉和恒温水浴锅。

附　录　B
（资料性附录）
狄斯瓦螨的 *Sac* Ⅰ 和 *Xho* Ⅰ 酶切位点情况及基因型序列信息

分布在我国的 3 种狄斯瓦螨基因型对应的 *Sac* Ⅰ 和 *Xho* Ⅰ 酶切位点见图 B.1；瓦螨相关基因型序列登录号见表 B.1。

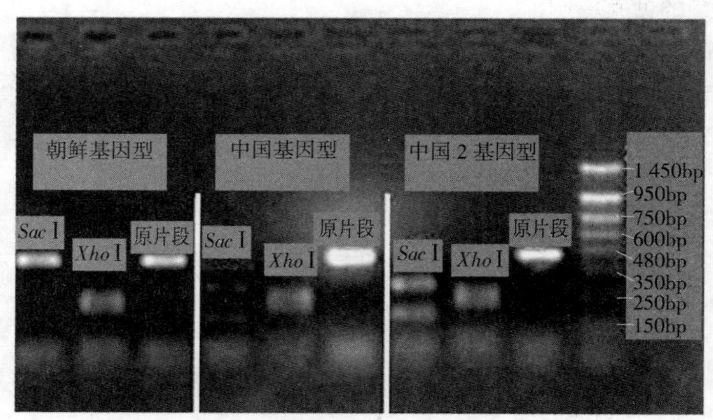

图 B.1　分布在我国的 3 种狄斯瓦螨基因型对应的 *Sac* Ⅰ 和 *Xho* Ⅰ 酶切位点情况

表 B.1　瓦螨相关基因型序列登录号

瓦螨类型	基因型	GenBank 登录号
狄斯瓦螨	朝鲜	AF106899
	日本/泰国	AF106897
	中国	AF106900
	中国 2	AY372063
	尼泊尔	AF106898
	斯里兰卡	AF106896
	越南	AF106901
雅氏瓦螨	安汶	AF106908
	巴厘岛	AF106909
	婆罗洲	AF106907
	婆罗洲 2	AY037890
	弗洛勒斯岛	AF106902
	爪哇岛	AF106910
	龙目岛	AF106904
	马来西亚	AF106906
	苏门答腊	AF106905
	松巴哇	AF106903

表 B.1（续）

瓦螨类型	基因型	GenBank 登录号
未定种	吕宋 1	AF106894
	吕宋 2	AF106895
	棉兰老岛	AF106893
林氏瓦螨	—	AF107261
恩氏瓦螨	—	AF107260

第二部分

兽 医 类 标 准

ICS 11.220
B 41

中华人民共和国农业行业标准

NY/T 538—2015
代替 NY/T 538—2002

鸡传染性鼻炎诊断技术

Diagnostic techniques for infectious coryza of chickens

2015-10-09 发布　　2015-12-01 实施

中华人民共和国农业部 发布

前　言

本标准按照GB/T 1.1—2009给出的规则起草。

本标准提供了几种诊断鸡传染性鼻炎的方法以及抗体检测方法，应根据使用单位的具体情况选择使用。

本标准代替NY/T 538—2002《鸡传染性鼻炎诊断技术》。与NY/T 538—2002相比，除编辑性修改外主要技术变化如下：

——删除了琼脂双向双扩散试验和阻断酶联免疫吸附试验(B-ELISA)两种方法(见2002年版的6和8)；

——增加了临床诊断(见2)；

——增加了血凝抑制试验(鉴定副鸡禽杆菌的血清型)(见5)；

——增加了B型副鸡禽杆菌的血凝抑制抗体的检测(见7.2.1)。

本标准由中华人民共和国农业部提出。

本标准由全国动物卫生标准化技术委员会(SAC/TC 181)归口。

本标准起草单位：北京市农林科学院畜牧兽医研究所。

本标准主要起草人：孙惠玲、陈小玲、张培君、苗得园。

本标准的历次版本发布情况为：

——NY/T 538—2002。

引　言

鸡传染性鼻炎是由副鸡禽杆菌(*Avibacterium paragallinarum*,*A. paragallinarum*)引起的一种鸡急性上呼吸道传染病。本病在世界许多地方都有发生和流行,引起蛋鸡产蛋量下降,育成鸡生长发育受阻和淘汰率增加,肉鸡肉质下降,造成很大的经济损失。

Page分型方法将副鸡禽杆菌分为A、B、C 3种血清型,我国从1980年起就有许多疑似本病的病例出现。到目前为止,3种血清型引起的发病都有报道,它们具有共同抗原和各自的型特异性抗原,可以通过检测型特异性抗原来鉴定副鸡禽杆菌的血清型。另外,鸡传染性鼻炎商品化灭活疫苗的免疫接种十分广泛,应用血清学试验可以检出各型特异性抗体,用来评价疫苗的免疫效果。

近10年来,我国的鸡传染性鼻炎疫情又有了新的变化,主要表现在两个方面:一是目前我国鸡传染性鼻炎的流行特点发生了变化,除了前些年报道的A型、C型副鸡禽杆菌之外,出现了B型副鸡禽杆菌的流行。二是原有标准在抗体的检测上提供了几种方法,但是在鉴定抗原方面提供的方法很局限,基本上没有提供能够鉴定血清型的诊断方法。为了适应我国标准化工作发展的需要,为鸡传染性鼻炎的诊断和防控提供技术依据和保障,有必要对NY/T 538—2002进行修订。

鸡传染性鼻炎诊断技术

1 范围

本标准规定了引起鸡传染性鼻炎的副鸡禽杆菌的诊断技术要求。

本标准中规定的临床诊断、细菌分离鉴定、聚合酶链式反应(PCR)技术适用于鸡传染性鼻炎的诊断，血凝抑制试验(鉴定副鸡禽杆菌的血清型)适用于鉴定菌株的血清型。血清平板凝集试验、血凝抑制试验(检测副鸡禽杆菌抗体)、间接酶联免疫吸附(ELISA)试验适用于流行病学调查和免疫鸡群抗体的检测。

2 临床诊断

鸡传染性鼻炎的一个特征是潜伏期短、发病迅速。最明显的症状是鼻腔有黏液性分泌物流出、面部水肿、结膜炎以及泪液分泌增多。公鸡有时可见肉垂肿胀。病鸡可出现腹泻、采食和饮水下降，蛋鸡产蛋下降。发病率高但死亡率低，死亡率可因其他病原继发感染或者混合感染而升高。

如果症状全部符合或者有部分符合，则可判为可疑，再进行如下的细菌分离鉴定。

3 细菌的分离鉴定

3.1 材料准备

3.1.1 无菌棉拭子、鲜血琼脂平板培养基、无菌鸡血清或牛血清、TSA(胰蛋白胨大豆琼脂，Tryptic Soya Agar)和 TSB(胰蛋白胨大豆肉汤，Tryptic Soya Broth)培养基。

3.1.2 产烟酰胺腺嘌呤二核苷酸(NAD，或还原型 NAD)表皮葡萄球菌。

3.2 操作程序

3.2.1 无菌打开可疑鸡的眶下窦，用灭菌棉拭子蘸取其中黏液或浆液。

3.2.2 用棉拭子在鲜血琼脂平板培养基上横向划线 5 条～7 条，然后用接种环取表皮葡萄球菌从横线中间划一纵线。

3.2.3 将划好的平皿置于 5%的 CO_2 培养箱中(37±1)℃培养 24 h～40 h。

3.2.4 观察菌落特点。

3.2.5 取菌落做过氧化氢酶试验，必要时通过进一步的生化反应做详细的特征鉴定。副鸡禽杆菌的生化反应特点、培养特性及过氧化氢酶试验方法见附录 A。

3.2.6 应用 PCR 方法鉴定可疑菌落，经 PCR 鉴定正确后，取可疑菌落纯培养物作为攻毒样品进行动物试验，方法见附录 B。

3.3 结果判定与表示方法

若鲜血琼脂培养基上出现"卫星样"生长的露珠状、针尖大小的小菌落，即靠近产 NAD 表皮葡萄球菌处菌落较大，直径可达 0.3 mm，离产 NAD 表皮葡萄球菌菌落越远，菌落越小，过氧化氢酶阴性，结果判为阳性，记为"+"；若无卫星现象，但有露珠状、针头大小的小菌落且过氧化氢酶阴性，则需要采用进一步 PCR 或者动物试验鉴定，以避免漏检不需要 NAD 的副鸡禽杆菌。若无上述现象，则判为阴性，记为"—"。

4 聚合酶链式反应(PCR)技术

4.1 材料准备

4.1.1 试验材料

生理盐水、去离子水、琼脂糖、TAE 电泳缓冲液、Goldview DNA 染料。阴性对照为灭菌去离子水、阳性对照为副鸡禽杆菌菌株。

4.1.2 仪器及耗材

PCR仪、微量加样器、小型高速离心机、电泳仪、水平电泳槽、紫外检测仪；1.5 mL及0.2 mL小离心管、吸头。

4.2 操作程序

4.2.1 PCR临床样品的采集

无菌打开可疑病鸡的眶下窦，用灭菌棉拭子蘸取其中黏液或者浆液，浸入含0.8 mL～1.0 mL生理盐水的1.5 mL离心管内，室温放置0.5 h后，将棉拭子在管壁上尽量挤干，然后弃至消毒液缸中。

4.2.2 PCR临床样品的处理

将浸过棉拭子的离心管以6 000×*g*离心10 min，小心弃去大部分上清液，保留20 μL左右液体(若样品中混有血液，可800×*g*离心5 min，将红细胞沉淀至管底部，将上清液转至新管中，再6 000×*g*离心10 min)。然后加入20 μL灭菌去离子水，压紧管盖，煮沸10 min，再冰浴10 min，6 000×*g*离心2 min，取出上清作为PCR样品，或者保存于－20℃。

4.2.3 PCR菌落样品的制备

挑取平皿上的可疑菌落，加到含20 μL灭菌去离子水的PCR离心管中，压紧管盖，煮沸10 min，再冰浴10 min后离心取上清作为PCR样品，或者保存于－20℃。

4.2.4 引物

上游引物：5′-TgA ggg TAg TCT TgC ACg CgA AT -3′；

下游引物：5′-CAA ggT ATC gAT CgT CTC TCT ACT -3′。

4.2.5 PCR扩增

反应体系：2×buffer 12.5 μL，Taq(5 U/μL)0.5 μL，dNTP(2.5 mmol/L)2 μL，N1(10 μmol/L)0.5 μL，R1(10 μmol/L)0.5 μL，样品4 μL，灭菌去离子水5 μL，总体积为25 μL。PCR反应程序：第一阶段，94℃ 5 min；第二阶段，94℃ 45 s，56℃ 45 s，72℃ 1 min，30个循环；第三阶段，72℃延伸10 min。

反应结束后1%琼脂糖凝胶检测，在凝胶成像系统上观察是否有目的条带出现。也可使用商品化的PCR混合试剂，按说明书操作，只需在PCR试剂中加入引物和被检样品。

4.3 结果判定

阳性对照样品出现一条0.5 kb的DNA条带，若阴性对照样品无此条带，被检样品出现与阳性对照同样大小的条带，则判为阳性。否则为阴性。如果阴、阳性对照结果不成立，则全部样品应该重做。结果判定参见附录C。

5 血凝抑制试验(鉴定副鸡禽杆菌的血清型)

5.1 材料准备

5.1.1 副鸡禽杆菌标准A型、B型、C型分型血清及血凝抑制试验A型、B型、C型标准抗原。

5.1.2 KSCN/NaCl溶液，PBS和PBSS稀释液，制备方法见附录D。

5.1.3 新鲜红细胞悬液及醛化红细胞(GA-RBC)悬液，制备方法见附录E。

5.1.4 96孔微量血凝板(V型)、微量振荡器、微量加样器及吸头。

5.2 操作程序

5.2.1 被检抗原制备

从纯培养的平板上挑取菌落，接种100 mL TSB培养基，37℃培养10 h～16 h，将100 mL培养物8 000×*g*离心10 min，其沉淀用PBS离心洗涤3次，再用20 mL～30 mL KSCN/NaCl溶液悬浮，于4℃持续搅拌2 h，再8 000×*g*离心10 min，其沉淀用PBS离心洗涤3次，然后用5 mL PBS悬浮，冰浴中超声波 300 W 裂解 5 s，间隔 5 s，共裂解 15 min，再 8 000×g 离心 10 min，其沉淀用 2 mL PBS(含有 0.01% 硫柳汞)悬浮，即为血凝抑制试验所需抗原。用于血凝试验、血凝抑制试验或者－20℃保存备用。

5.2.2 本操作最好在室温 20℃～25℃范围内进行，如室温不在此范围内也可以置于 37℃温箱中。注意加盖盖子或者封口膜以防止液体蒸发。同时用 A 型、B 型、C 型分型血清对被检抗原进行以下操作，以全面检出各型菌的感染。

5.2.3 取洁净血凝板，将抗原用 PBSS 从 2 倍开始做 2 倍梯度稀释加入 1 列～11 列孔中(即第 1 列孔为 1∶2，第 2 列孔为 1∶4，依次类推至第 11 列孔)，每孔最终液体量为 25 μL，第 12 列孔只加 25 μL PBSS作为醛化红细胞对照孔。

5.2.4 每孔再加 25 μL PBSS。

5.2.5 每孔加 PBSS 配置的 1%醛化红细胞悬液 25 μL。

5.2.6 充分振荡混合后，在室温(20℃～25℃)静置 40 min～60 min 或者 37℃静置 40 min，至对照孔(第 12 孔)红细胞完全下沉为准。

5.2.7 判定抗原的血凝价(HA 效价)，即为使红细胞发生完全凝集的抗原最大稀释倍数。检测步骤及抗原的检测结果如表 1 所示(表中，用"－"表示完全不凝集或者部分红细胞凝集，指红细胞集中在孔底中央呈圆点状或者在孔底中央有红细胞集中呈圆点状，周围有红细胞平铺于孔底；用"＋"表示红细胞完全凝集，指红细胞平铺于孔底)。

表 1 副鸡禽杆菌的血凝(HA)试验

孔号	1	2	3	4	5	6	7	8	9	10	11	12
抗原滴度(log_2)	1	2	3	4	5	6	7	8	9	10	11	
PBSS，μL	25	25	25	25	25	25	25	25	25	25	25	25
抗原，μL	25	25	25	25	25	25	25	25	25	25	25	/
												弃去 25
PBSS，μL	25	25	25	25	25	25	25	25	25	25	25	25
1%醛化红细胞，μL	25	25	25	25	25	25	25	25	25	25	25	25
混合，20℃～25℃静置 40 min～60 min 或 37 ℃静置 40 min												
被检抗原[a]	＋	＋	＋	＋	＋	＋	＋	＋	—	—	—	—
[a] 被检抗原血凝试验结果判定举例，该抗原的 HA 效价为 2^8(1∶256)。												

5.2.8 根据被检抗原数量，加上 A 型、B 型、C 型对照抗原，用 PBSS 将 A 型、B 型、C 型分型血清做 1∶100 稀释，每个抗原样品需要 1∶100 稀释的各型血清 25 μL。(例如，有 3 个被检抗原，加上 A 型、B 型、C 型对照抗原，则需要 1∶100 稀释的各型血清 150 μL)。

5.2.9 取洁净血凝板，在第 1 列～第 10 列孔中加入 25 μL PBSS。第 11 列孔中加入 50 μL PBSS。

5.2.10 在第 1 列、第 4 列、第 7 列孔分别加入 1∶100 稀释的 A 型、B 型、C 型分型血清 25 μL，依次向后两孔做 2 倍梯度稀释(即第 1 列、第 4 列、第 7 列孔为 1∶200，第 2 列、第 5 列、第 8 列孔为 1∶400，第 3 列、第 6 列、第 9 列孔为 1∶800)，每孔最终液体量为 25 μL。第 10 列加 PBSS、抗原作为抗原对照孔，第 11 列只加 PBSS 作为红细胞对照孔。

5.2.11 将抗原用 PBSS 稀释至 4 个 HA 效价单位(如 HA 效价为 1∶256，则抗原稀释至 1∶64 倍)，每孔(除了第 11 列)中加入 25 μL。

5.2.12 充分振荡混合后，在室温静置 20 min～30 min 或 37℃静置 20 min。

5.2.13 每孔加 PBSS 配置的 1%醛化红细胞 25 μL。

5.2.14 充分振荡混合后，在室温静置 40 min～60 min 或者 37℃静置 40 min(至红细胞对照孔中红细胞完全下沉为准)。

5.3 HI 结果判定

能使红细胞发生完全凝集抑制的血清最高稀释度即为该型血清的 HI 效价，如果被检抗原与一个以上型的阳性血清有凝集抑制，其与哪个型阳性血清的 HI 效价最高，则判定该抗原为这个血清型。检测步骤及 A 型、B 型、C 型抗原的检测结果如表 2 所示（表中，用“－”表示完全凝集抑制，指红细胞集中在孔底中央呈圆点状；用“＋”表示红细胞完全凝集或者部分红细胞凝集，指红细胞平铺于孔底或者在孔底中央有红细胞集中呈圆点状，周围有红细胞平铺于孔底）。

表 2　血凝抑制试验（鉴定副鸡禽杆菌的血清型）

孔号	Page A 型血清			Page B 型血清			Page C 型血清			抗原对照	醛化红细胞对照
	1	2	3	4	5	6	7	8	9	10	11
血清稀释×	200	400	800	200	400	800	200	400	800		
PBSS，μL	25	25	25	25	25	25	25	25	25	25	50
1∶100 血清，μL	25	25	25	25	25	25	25	25	25	/	/
			弃去 25			弃去 25			弃去 25		
抗原[a]，μL	25	25	25	25	25	25	25	25	25	25	/
混合，20℃～25℃ 静置 20 min～30 min 或 37℃静置 20 min											
1%醛化红细胞，μL	25	25	25	25	25	25	25	25	25	25	25
混合，20℃～25℃静置 60 min 或 37℃静置 40 min											
A 型抗原[b]	－	－	－	＋	＋	＋	－	＋	＋	＋	－
B 型抗原[c]	＋	＋	＋	－	－	－	＋	＋	＋	＋	－
C 型抗原[d]	－	＋	＋	－	－	＋	－	－	－	＋	－
[a] 为 4 个 HA 效价单位的抗原；[b,c,d] 分别为 A 型、B 型、C 型标准抗原血凝抑制结果判定举例。											

6　血清平板凝集试验

6.1　材料准备

6.1.1　鸡传染性鼻炎平板凝集试验抗原、阴、阳性对照血清，使用前与待检血清一起恢复至室温。

6.1.2　试验用玻板（也可用载玻片）、可调微量加样器一个、灭菌吸头若干、记号笔。

6.2　操作程序

6.2.1　本试验在室温（20℃～25℃）进行。

6.2.2　先在玻板背面写好编号，每个样品间至少留 20 mm 空隙，再在每个序号边加抗原 15 μL。

6.2.3　按玻板上的序号加对照或被检血清 15 μL，每个血清样品换一个吸头，将血清与抗原混匀，反应持续 3 min～5 min，在此时间内观察结果。每次试验均设阴、阳性对照。

6.2.4　在黑色背景或在灯下明亮处观察并记录结果。

6.3　结果判定

血清平板凝集试验判定标准如表 3 所示。

表 3　血清平板凝集试验判定标准

编号	反应表现	判定	记录符号	定性区分
1	有明显絮状或片状凝集片、液体清亮	强阳性	＋＋＋	＋
2	有大量针头样颗粒，量多，液体较清亮	阳性	＋＋	
3	针头样颗粒状，量较少，稍浑浊	弱阳性	＋	
4	液体无颗粒，均匀而混浊	阴性	－	－
注：出现 1 号、2 号、3 号反应者为阳性，出现 4 号反应者为阴性。				

7　血凝抑制试验（检测副鸡禽杆菌抗体）

7.1　材料准备

7.1.1　鸡传染性鼻炎血凝抑制试验抗原，阴、阳性对照血清，待检血清及生理盐水。

7.1.2 新鲜红细胞悬液及醛化红细胞(GA-RBC)悬液制备方法见附录 E。

7.1.3 96 孔微量血凝板(V 型)、微量振荡器、微量加样器及吸头若干。

7.2 操作程序

7.2.1 本操作最好在 20℃～25℃范围内进行,如室温不在此范围内也可以置于 37℃温箱中。注意加盖盖子或者封口膜以防止液体蒸发。同时用 A 型、B 型、C 型抗原分别对待检血清进行以下操作,以全面检出各型菌的感染(非免疫鸡群)或者根据需要选择型特异性抗原来评价免疫抗体水平(免疫鸡群)。

7.2.2 取洁净血凝板,将抗原用生理盐水从 2 倍开始做 2 倍梯度稀释加入 1 列～11 列孔中(即第一列孔为 1∶2,第 2 列孔为 1∶4,依次类推至第 11 列孔),每孔最终液体量为 25 μL,第 12 列孔只加 25 μL 生理盐水作为醛化红细胞对照孔。

7.2.3 每孔再加 25 μL PBSS。

7.2.4 每孔加生理盐水配置的 1%醛化红细胞(A 型抗原可用新鲜红细胞)25 μL。

7.2.5 充分振荡混合后,在室温(20℃～25℃)静置 40 min～60 min 或者 37℃静置 40 min(至红细胞对照孔中红细胞完全下沉为准)。

7.2.6 判定抗原的血凝价(HA 效价),即为使红细胞发生完全凝集的抗原最大稀释倍数。

7.2.7 待检血清及阴、阳性血清的吸收:将待检血清用 10%醛化红细胞做 1∶5 稀释,室温下作用 4 h 然后 4℃过夜,中间充分振荡不少于 5 次,然后 1 500×g 离心 5 min,取上清即为 5 倍稀释的待检血清。

7.2.8 取洁净血凝板,从第 2 列孔开始,用生理盐水将每份被检血清及阴、阳性对照血清从 5 倍开始做 2 倍梯度稀释,每行测定一份血清,每孔最终液体量为 25 μL。

7.2.9 将抗原用生理盐水稀释至浓度为 4 个 HA 效价单位(如 HA 效价为 1∶256,则抗原稀释至 1∶64 倍),每血清孔中加入 25 μL。

7.2.10 充分振荡,于室温下作用 20 min～30 min 或者 37℃静置 20 min。

7.2.11 每孔加入 1%醛化红细胞 25 μL(A 型抗原可用新鲜红细胞)。

7.2.12 充分振荡,于室温下作用 40 min～60 min 或者 37℃静置 40 min。

7.2.13 分别判定被检血清样品血凝抑制(HI)效价,即使红细胞发生完全凝集抑制的血清最高稀释度。

7.3 结果的判定

阴、阳性对照血清的结果应分别为阴性和阳性,阳性血清误差不超过 1 个滴度,试验有效。HI 效价≥5 的血清判为阳性。检测步骤及被检血清抗体的判定结果如表 4 所示(表中,用"－"表示完全凝集抑制,指红细胞集中在孔底中央呈圆点状;用"＋"表示红细胞完全凝集或者部分红细胞凝集,指红细胞平铺于孔底或者在孔底中央有红细胞集中呈圆点状,周围有红细胞平铺于孔底)。

表 4 血凝抑制试验(检测副鸡禽杆菌抗体)

孔号	1	2	3	4	5	6	7	8	9	10	11
抗体滴度	5	10	20	40	80	160	320	640	1 280	抗原对照	红细胞或醛化红细胞对照
生理盐水,μL		25	25	25	25	25	25	25	25	25	50
被检血清,μL	25	25	25	25	25	25	25	25	25	/	/
弃去 25											
抗原[a],μL	25	25	25	25	25	25	25	25	25	25	/
1%红细胞或醛化红细胞,μL	25	25	25	25	25	25	25	25	25	25	25
混合,20℃～25℃静置 60 min 或 37℃静置 40 min											
被检血清[b]	－	－	－	－	－	－	－	＋	＋	＋	－

[a] 4 个 HA 效价单位的抗原。

[b] 被检血清血凝抑制结果判定举例,该血清的 HI 效价为 1∶320。

8 间接酶联免疫吸附试验(I-ELISA)

8.1 材料准备

8.1.1 鸡传染性鼻炎 ELISA 抗原,阴、阳性对照血清,羊抗鸡 IgG 辣根过氧化物酶标抗体。

8.1.2 洗涤液、包被液、底物液及终止液配方见附录 F。

8.1.3 稀释液:成分及配制方法同 8.1.2 中洗涤液。

8.1.4 ELISA 读数仪、微量加样器(单道及多道)、37℃恒温培养箱、酶标板、吸头。

8.2 操作程序

8.2.1 抗原包被:将抗原用包被液稀释至工作浓度,加入酶标板各孔中,每孔 100 μL,置 4℃冰箱过夜。

8.2.2 洗涤:甩净孔内抗原溶液,用洗涤液加满各孔,放置 5 min,然后甩净,重复 3 次。

8.2.3 加被检血清:用稀释液将被检血清做 1∶100 稀释,每孔加入 100 μL,每次操作均设置阴性对照孔 2 个,阳性对照、空白对照孔各 1 个。分别加入同样的阴、阳血清和稀释液各 100 μL,不同的血清样品要更换吸头,37℃温箱中作用 30 min。

8.2.4 洗涤:同 8.2.2。

8.2.5 加羊抗鸡 IgG 辣根过氧化物酶标抗体:用稀释液将羊抗鸡 IgG 辣根过氧化物酶标抗体稀释至工作浓度,每孔中加入 100 μL,37℃温箱中作用 30 min。

8.2.6 洗涤:同 8.2.2。

8.2.7 显色:加入底物液 100 μL,室温避光反应 10 min～15 min(至阴性对照孔开始产生颜色时)。

8.2.8 终止及读数:每孔加入终止液 50 μL 终止显色,然后用 ELISA 读数仪读取 OD492 的吸光值。

8.3 结果判定

将样品的 OD 值代入式(1)计算。

$$S/N = \text{被检血清样品 OD 值} / \text{阴性对照平均 OD 值} \qquad (1)$$

若 $S/N \geqslant 2$ 则结果为阳性,否则为阴性。

附 录 A
（规范性附录）
副鸡禽杆菌的过氧化氢酶试验及生化和培养特性

A.1 过氧化氢酶试验

A.1.1 原理

过氧化氢酶可把过氧化氢分解为水和氧：

$2H_2O_2 \longrightarrow 2H_2O + O_2 \uparrow$

A.1.2 方法

取1滴3%过氧化氢，放在载玻片上，然后用接种环由固体培养基上取菌落1环，与玻片上过氧化氢混合，如有大量气泡者为阳性反应。

A.2 禽杆菌属生化和培养特性鉴定

见表A.1。

表 A.1 禽杆菌属生化和培养特性鉴定表

特 性	副鸡禽杆菌 *A. paragallinarum*	鸡禽杆菌 *A. gallinarum*	沃尔安禽杆菌 *A. volantium*	禽禽杆菌 *A. avium*	A种禽杆菌 *A.* sp. *A*
过氧化氢酶	－	＋	＋	＋	＋
空气中生长	V	－	＋	＋	＋
ONPG	－	V	＋	－	V
L-阿拉伯胶糖	－	－	－	－	＋
D-半乳糖	－	＋	＋	＋	＋
麦芽糖	＋	V	＋	－	V
海藻糖	－	＋	＋	＋	＋
甘露醇	＋	－	＋	－	V
山梨醇	＋	－	V	－	－
α-葡萄糖苷酶	－	＋	＋	＋	＋

注1：所有菌为革兰氏阴性，副鸡禽杆菌、沃尔安禽杆菌、禽禽杆菌、A种禽杆菌对V因子要求不定，鸡禽杆菌需要X、V因子。

注2：V为可变。

附 录 B
(规范性附录)
动 物 试 验

B.1 材料

生理盐水、1 mL 无菌注射器、离心管、棉拭子,以上材料均需灭菌处理。4 只 4 周龄以上的非免疫健康鸡或者无特定病原体(SPF)鸡。

B.2 操作程序

B.2.1 无菌打开可疑病鸡的眶下窦,用灭菌棉拭子尽量多蘸取其中黏液或者分泌物,然后将拭子浸入盛有 1 mL 生理盐水的离心管中,搅动挤压棉拭子,使其中的液体释放至盐水中,弃去棉拭子(消毒处理以避免污染),即获得临床病料液,将病料接种于培养皿中培养,挑取可疑菌落做成细菌悬液或者将菌落转接至 TSB 液体培养基培养后作为攻毒样品。

B.2.2 将上述攻毒样品经活菌计数后,用 1×10^{6} CFU/(0.2 mL·只)接种健康易感鸡或者 SPF 鸡眶下窦,并于接种后每日观察临床症状,直至一周。

B.3 结果判定

若接种鸡出现典型的传染性鼻炎症状,判为阳性。若无传染性鼻炎症状,则判为阴性。一般阳性病料在接种 24 h~48 h 后可出现典型的传染性鼻炎症状,有时会延长至 72 h。

附　录　C
（资料性附录）
副鸡禽杆菌 PCR 检测结果电泳图

副鸡禽杆菌 PCR 检测结果电泳图见图 C.1。

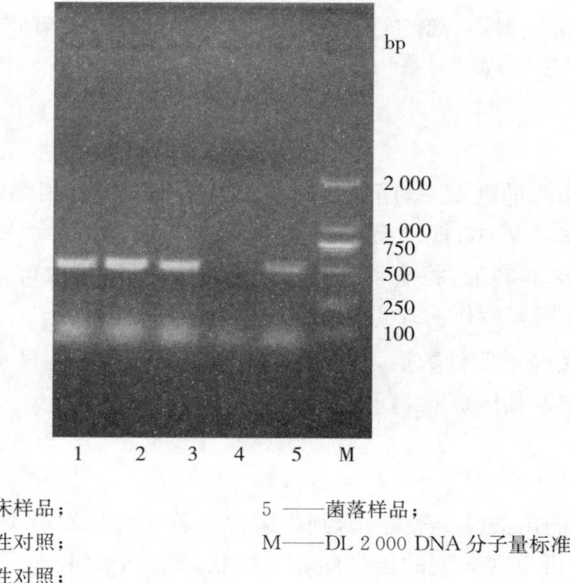

说明：

1,2——临床样品；
3　——阳性对照；
4　——阴性对照；
5　——菌落样品；
M——DL 2 000 DNA 分子量标准。

图 C.1　副鸡禽杆菌 PCR 检测结果电泳图

附 录 D
(规范性附录)
血凝抑制试验中所需溶液的制备

D.1 KSCN/NaCl 溶液

硫氰酸钾　　48.59 g

氯化钠　　24.84 g

加灭菌去离子水 900 mL 溶解,调 pH 至(6.3±0.1),然后将溶液的体积用灭菌去离子水补足 1 000 mL。

D.2 PBS 0.01 mmol/L(pH 7.2)

氯化钠　　8.00 g

氯化钾　　0.20 g

磷酸二氢钾　　0.20 g

磷酸氢二钠　　2.89 g

硫柳汞　　0.10 g

去离子水加至 1 000 mL,121℃ 20 min 灭菌,置 4℃冰箱保存备用。

D.3 明胶储存液(1 mg/mL)

明胶　　10 mg

PBS　　10 mL

D.4 PBSS 稀释液(含 0.1%BSA 和 0.001%明胶)

99 mL PBS 中加入 0.1 g BSA 和 1 mL 明胶储存液。

附 录 E
（规范性附录）
新鲜红细胞和醛化红细胞的制备

E.1 阿氏液

葡萄糖 20.50 g
柠檬酸钠 8.00 g
柠檬酸 0.55 g
氯化钠 4.20 g

去离子水加至 1 000 mL，115℃ 30 min 灭菌，置 4℃冰箱保存备用。

E.2 1%新鲜红细胞的制备

采健康非免疫鸡的红细胞与阿氏液 1∶1 混合，用生理盐水离心洗涤 5 次，每次 500×g，离心 10 min，取沉淀的红细胞，加入生理盐水配成 1%新鲜红细胞悬液。

E.3 10%醛化红细胞的制备

采健康非免疫鸡的红细胞与阿氏液 1∶1 混合，用生理盐水离心洗涤 5 次，每次 500×g，离心 10 min，将沉淀的红细胞吸起，用 0.2 mol/L pH 7.4 的磷酸盐缓冲液（PBS）配成红细胞悬液。按照 24∶1 加入戊二醛储存液（25%）迅速混合，置于 4℃持续搅拌 30 min～45 min，再用生理盐水离心洗涤 5 次，去离子水洗涤 5 次，每次 500×g，离心 10 min。最后一次将沉淀的红细胞用 PBS 配成 10%悬液，加入 0.01%硫柳汞置 4℃冰箱保存备用，一个月以内使用。

附 录 F
(规范性附录)
ELISA 常用溶液的配制

F.1 包被缓冲液(0.05 mol/L 的碳酸盐缓冲液)

无水碳酸钠	1.59 g
碳酸氢钠	2.93 g

去离子水加至 1 000 mL,调 pH 至(9.6±0.1),置 4℃冰箱保存备用。

F.2 洗涤缓冲液

氯化钠	8.00 g
磷酸二氢钾	0.20 g
磷酸氢二钠	2.90 g
氯化钾	0.20 g
吐温-20	0.5 mL

去离子水加至 1 000 mL,121℃ 20 min 灭菌,置 4℃冰箱保存备用。

F.3 底物缓冲液

磷酸氢二钠	18.40 g
柠檬酸	5.10 g

去离子水加至 1 000 mL,115℃ 30 min 灭菌,4℃保存备用。

用前每 100 mL 中加入 40 mg 邻苯二胺,溶解后加入 30%的双氧水 150 μL,混匀使用。

F.4 终止液(2 mol/L 硫酸溶液)

硫酸(95%～98%)	11.2 mL
去离子水	88.8 mL

ICS 11.220
B 41

中华人民共和国农业行业标准

NY/T 544—2015
代替 NY/T 544—2002

猪流行性腹泻诊断技术

Diagnostic techniques for porcine epidemic diarrhea

2015-05-21 发布

2015-08-01 实施

中华人民共和国农业部 发布

前　　言

本标准按照 GB/T 1.1—2009 给出的规则起草。

本标准代替 NY/T 544—2002《猪流行性腹泻诊断技术》。

本标准与 NY/T 544—2002 相比，病原检测部分增加了 RT-PCR 检测方法。

本标准由中华人民共和国农业部提出。

本标准由全国动物防疫标准化技术委员会(SAC/TC 181)归口。

本标准起草单位：中国农业科学院哈尔滨兽医研究所。

本标准主要起草人：冯力、陈建飞、时洪艳、张鑫。

本标准的历次版本发布情况为：

——NY/T 544—2002。

猪流行性腹泻诊断技术

1 范围

本标准规定了猪流行性腹泻的病原学检测和血清学检测。病原学检测包括病毒分离与鉴定、直接免疫荧光法、双抗体夹心酶联免疫吸附试验和反转录—聚合酶链式反应。血清学检测包括血清中和试验和间接酶联免疫吸附试验。

本标准适用于对猪流行性腹泻的诊断、产地检疫及流行病学调查等。

2 规范性引用文件

下列文件对于本文件的应用是必不可少的。凡是注日期的引用文件,仅注日期的版本适用于本文件。凡是不注日期的引用文件,其最新版本(包括所有的修改单)适用于本文件。

GB/T 6682 分析实验室用水规格和实验方法

GB 19489 实验室生物安全通用要求

GB/T 27401 实验室质量控制规范 动物检疫

3 术语和定义

下列术语和定义适用于本文件。

3.1

猪流行性腹泻 *porcine epidemic diarrhea*,PED

猪流行性腹泻是由尼多目(*Nidovirales*)、冠状病毒科(*Coronaviridae*)、α-冠状病毒属的猪流行性腹泻病毒(*porcine epidemic diarrhea virus*,PEDV)引起的猪的一种高度接触传染性的肠道疾病,以呕吐、腹泻、脱水和哺育仔猪高死亡率为主要特征。

4 缩略语

下列缩略语适用于本文件。

CPE:cytopathic effect 细胞病变作用。

DIA:direct immunofluorescence assay 直接免疫荧光法。

ELISA:enzyme-linked immunosorbent assay 酶联免疫吸附试验。

PBS:phosphate buffered saline 磷酸盐缓冲液。

PED:porcine epidemic diarrhea 猪流行性腹泻。

PEDV:porcine epidemic diarrhea virus 猪流行性腹泻病毒。

RT-PCR:teverse transcription-polymerase chain reaction 反转录—聚合酶链式反应。

5 临床诊断

5.1 流行特点

本病一年四季均可发生,主要发生在每年的12月到翌年的3月,有时也发生于夏季、秋季。各种年龄的猪均可感染,尤其是1周龄内的哺乳仔猪,发病率和死亡率可高达100%。病猪、带毒猪和隐性感染猪是本病的主要传染源。病毒通过粪—口途径或感染母猪的乳汁进行传播。

5.2 临床症状

病猪首先表现为呕吐,多发生在吮乳或吃食后,吐出的胃内容物呈黄色或乳白色。随后出现水样腹泻，腹泻物呈灰黄色、灰色，或呈透明水样，顺肛门流出，沾污臀部。表现脱水、眼窝下陷，行走蹒跚，精神沉郁，食欲减退或停食。症状与年龄大小有关，年龄越小症状越重。1周龄以内的仔猪在发生腹泻3 d～4 d后，常因严重脱水而死亡。断乳猪、育肥猪以及母猪症状较哺乳仔猪轻，表现精神不振、厌食，持续腹泻4 d～7 d后逐渐恢复正常，少数猪生长发育不良。成年猪表现为厌食和腹泻，个别表现为呕吐。

5.3 病理变化

肉眼可见的病理变化只限于小肠，可见小肠膨胀，肠壁变薄，外观明亮，肠管内有黄色或灰色液体或带有气体。肠系膜充血及肠系膜淋巴结肿大。组织学检查可见，小肠绒毛细胞的空泡形成和脱落，肠绒毛萎缩、变短，绒毛高度与隐窝深度从正常的7∶1降低为3∶1。超微结构的变化，主要发生在肠细胞的胞浆，可见细胞器的减少，产生电子半透明区，微绒毛终末网消失。细胞变得扁平。细胞脱落，进入肠腔。在结肠也可见到细胞变化，但未见到脱落。

6 实验室诊断

6.1 病毒分离与鉴定

6.1.1 仪器、材料与试剂

除特别说明以外，本标准所用试剂均为分析纯，水为符合GB/T 6682规定的灭菌双蒸水或超纯水。

倒置显微镜、冷冻离心机、微孔滤器、细胞培养瓶、盖玻片、温箱等。Vero细胞系、仔猪空肠内容物及小肠内容物或粪便。磷酸盐缓冲液(PBS)、细胞培养液、病毒培养液、N-2-羟乙基哌嗪-N′-2-乙烷磺酸(HEPES)液(配制方法见附录A)。

6.1.2 病毒分离

将采集的小段空肠连同肠内容物或粪便用含1 000 IU/mL青霉素、1 000 μg/mL链霉素的PBS制成5倍悬液，在4℃条件下3 000 r/min离心30 min，取上清液，经0.22 μm微孔滤膜过滤，分装，立即使用或置－20℃保存备用。将过滤液(病毒培养液的10%)接种于Vero细胞单层上，同时加过滤液量50%的病毒培养液，37℃吸附1 h。根据组织培养瓶大小添加病毒培养液至病毒培养总量，置37℃培养，逐日观察3 d～4 d，按致细胞病变作用(CPE)变化情况，可盲传2代～3代。

6.1.3 结果判定

CPE变化的特点是细胞面粗糙、颗粒增多，有多核细胞(7个～8个甚至几十个)，并可见空斑样小区，细胞逐渐脱落。这是特征性的CPE，可与猪传染性胃肠炎(TGE)病毒的CPE相区别。同时，在细胞培养瓶中加盖玻片，收毒后用直接荧光做鉴定试验。有条件时可进行电镜观察，用负染法在阳性样品中电镜观察，可见到冠状病毒粒子。

6.2 直接免疫荧光法

6.2.1 仪器、材料与试剂

除特别说明以外，本标准所用试剂均为分析纯，水为符合GB/T 6682规定的灭菌双蒸水或超纯水。

荧光显微镜、冷冻切片机、载玻片、盖玻片、温箱、滴管等。荧光抗体(FA)、急性期内(5 d～7 d)患猪空肠中段的黏膜上皮或肠段。磷酸盐缓冲液(PBS)、0.1%伊文思蓝原液、磷酸盐缓冲甘油(配制方法见附录B)。

6.2.2 标本片的制备

6.2.2.1 组织标本

采急性期内(5 d～7 d)患猪空肠中段的黏膜上皮做涂片或肠段做冷冻切片(4 μm～7 μm)，丙酮中固定10 min，置于PBS中浸泡10 min～15 min，风干或自然干燥。

6.2.2.2 细胞培养盖玻片

将分离毒细胞培养24 h～48 h的盖玻片及阳性、阴性对照片在PBS中冲洗数次，放入丙酮中固定10 min，再置于PBS中浸泡10 min～15 min，风干。

6.2.3 **FA 染色**

用 0.02%伊文思蓝原液将 FA 稀释至工作浓度(1∶8 以上合格)。4 000 r/min 离心 10 min,取上清液滴于标本上。37℃恒温恒湿染色 30 min,用 PBS 冲洗 3 次,依次为 3 min、4 min、5 min,风干,滴加磷酸盐缓冲甘油,盖玻片封固,荧光显微镜检查。

6.2.4 **结果判定**

判定标准:在荧光显微镜下检查,被检标本的细胞结构应完整清晰,并在阳性、阴性对照均成立时判定。在胞浆中见到特异性苹果绿色荧光判定为阳性,如所有细胞浆中无特异性荧光判定为阴性。

可根据细胞内荧光亮度强、弱分别做如下记录:

a) ++++:呈闪亮苹果绿色荧光;

b) +++:呈明亮苹果绿色荧光;

c) ++:呈一般苹果绿色荧光;

d) +:呈较弱绿色荧光;

e) -:呈红色。

结果为 a)~d)者均判为阳性。

6.3 **双抗体夹心 ELISA**

6.3.1 **仪器、材料与试剂**

除特别说明以外,本标准所用试剂均为分析纯,水为符合 GB/T 6682 规定的灭菌双蒸水或超纯水。

定量加液器、微量移液器及配套吸头、96 孔或 40 孔聚乙烯微量反应板、酶标测试仪。猪抗 PED-IgG、猪抗 PED-IgG-HRP(HRP 为辣根过氧化物酶)、发病仔猪粪便或肠内容物。洗液、包被稀释液、样品稀释液、酶标抗体稀释液、底物溶液、终止液(配制方法见附录 C)。

6.3.2 **操作方法**

将发病仔猪粪便或肠内容物用浓盐水 1∶5 稀释,3 000 r/min 离心 20 min,取上清液待检。

6.3.2.1 **冲洗包被板**

向各孔注入无离子水,浸泡 3 min 甩干,重复 3 次,甩干孔内残液,在滤纸上吸干。

6.3.2.2 **包被抗体**

用包被稀释液稀释猪抗 PED-IgG 至使用倍数,每孔加 100 μL,置于 4℃过夜,弃液,用洗液冲洗 3 次,每次 3 min。

6.3.2.3 **加样品**

将被检样品用样品稀释液(见附录 C.3)做 5 倍稀释,加入两孔,每孔 100 μL,每块反应板设阴性抗原、阳性抗原及稀释液对照各两孔。置于 37℃作用 2 h,弃样品,冲洗同 6.3.2.2。

6.3.2.4 **加酶标记抗体**

每孔加 100 μL 经酶标抗体稀释液稀释至使用浓度的猪抗 PED-IgG-HRP,置于 37℃ 2 h,弃液,冲洗同 6.3.2.2。

6.3.2.5 **加底物溶液**

每孔加新配置的底物溶液 100 μL,置于 37℃ 30 min。

6.3.2.6 **终止反应**

每孔加终止液 50 μL,置于室温 15 min。

6.3.3 **结果判定**

用酶标测试仪在波长 492 nm 下测定吸光度(OD)值。阳性抗原对照两孔平均 OD 值>0.8,阴性抗原对照两孔平均 OD 值≤0.2 为正常反应。按以下两个条件判定结果:P/N 值≥2,且被检抗原两孔平均 OD 值≥0.2 判为阳性,否则为阴性。

注: P 为阳性孔的 OD 值,N 为阴性对照孔的 OD 值。

6.4 RT-PCR

6.4.1 仪器、材料与试剂

除特别说明以外，本标准所用试剂均为分析纯，水为符合 GB/T 6682 规定的灭菌双蒸水或超纯水。

PCR 扩增仪、1.5 mL 离心管、0.2 mL PCR 反应管、电热恒温水槽、台式高速低温离心机、电泳仪、微量移液器及配套吸头、微波炉、紫外凝胶成像仪、冰箱。TRIzol®试剂、核糖核酸酶(RNase)抑制剂(40 U/μL)、反转录酶(M-MLV)(200 U/μL)、dNTPs 混合物(各 10 mM)、无 RNase dH_2O、EmeraldAmp™ PCR Master Mix(2×)、DL2 000 DNA Marker、10×或 6×DNA 上样缓冲液、PBS(配制方法见附录 A)、TAE 电泳缓冲液(配制方法见附录 D)、三氯甲烷、异丙醇、三羟甲基氨基甲烷(Tris 碱)、琼脂糖、乙二胺四乙酸二钠(Na_2EDTA)、冰乙酸、氯化钠、溴化乙锭、灭菌双蒸水。

6.4.2 引物

6.4.2.1 反转录引物(ORF3RL)

5′-GGTGACAAGTGAAGCACAGA-3′;

引物贮存浓度为 10 μmol/L，使用时终浓度为 500 pmol/L。

6.4.2.2 PCR 反应引物

上游引物(ORF3U):5′-CCTAGACTTCAACCTTACGA-3′;

下游引物(ORF3L):5′-CAGGAAAAAGAGTACGAAAA-3′;

引物贮存浓度为 10 μmol/L，使用时终浓度为 200 pmol/L。

6.4.3 样品制备

将小肠内容物或粪便与灭菌 PBS 按 1∶5 的重量体积比制成悬液，在涡旋混合器上混匀后 4℃ 5 000 r/min离心 10 min，取上清液于无 RNA 酶的灭菌离心管中，备用。制备的样品在 4℃保存时不应超过 24 h，长期保存应分装成小管，置于－70℃以下，避免反复冻融。

6.4.4 病毒总 RNA 提取

取 6.4.3 制备的待检样品上清 300 μL 于无 RNA 酶的灭菌离心管(1.5 mL)中，加入 500 μL RNA 提取液(TRIzol® Reagent)，充分混匀，室温静置 10 min；加入 500 μL 三氯甲烷，充分混匀，室温静置 10 min，4℃ 12 000 r/min 离心 10 min，取上清(500 μL)于新的离心管(1.5 mL)中，加入 1.0 mL 异丙醇，充分混匀，－20℃静置 30 min，4℃ 12 000 r/min 离心 10 min。小心弃上清，倒置于吸水纸上，室温自然风干。加入 20 μL 无 RNase dH_2O 溶解沉淀，瞬时离心，进行 cDNA 合成或置于－70℃以下长期保存。若条件允许，病毒总 RNA 还可用病毒 RNA 提取试剂盒提取。

6.4.5 cDNA 合成

反应在 20 μL 体系中进行。取 6.4.4 制备的总 RNA 12.5 μL 于无 RNA 酶的灭菌离心管(1.5 mL)中，加入 1 μL 反转录引物(ORF3RL)混匀，70℃保温 10 min 后迅速在冰上冷却 2 min，瞬时离心使模板 RNA/引物混合液聚集于管底；然后，依次加入 4 μL 5×M-MLV 缓冲液、1 μL dNTPs 混合物(各 10 mmol/L)、0.5 μL RNase 抑制剂、1.0 μL 反转录酶 M-MLV 混匀，42℃保温 1 h；最后，70℃保温 15 min 后冰上冷却，得到 cDNA 溶液，立即使用或置于－20℃保存。

6.4.6 PCR 反应

6.4.6.1 反应体系(25 μL)

2×EmeraldAmp™ PCR Master Mix	12.5 μL
ORF3U	0.5 μL
ORF3L	0.5 μL
模板(cDNA)	2 μL
无菌双蒸水加至	25 μL

PCR 反应时，要设立阳性对照和空白对照。阳性对照模板为猪流行性腹泻病毒 ORF3 基因重组质

粒，空白对照模板为提取的总 RNA。

6.4.6.2 **PCR 反应程序**

94℃预变性 5 min，然后 30 个循环（98℃变性 10 s、55℃退火 30 s、72℃延伸 50 s），最后 72℃延伸 7 min，4℃保存。

6.4.7 **电泳**

6.4.7.1 **制胶**

1%琼脂糖凝胶板的制备：将 1 g 琼脂糖放入 100 mL 1×TAE 电泳缓冲液中，微波炉加热融化。待温度降至 60℃左右时，加入 10 mg/mL 溴化乙锭（EB）5 μL，均匀铺板，厚度为 3 mm～5 mm。

6.4.7.2 **加样**

PCR 反应结束后，取 5 μL 扩增产物（包括被检样品、阳性对照、空白对照）、5 μL DL2 000 DNA Marker 进行琼脂糖凝胶电泳。

6.4.7.3 **电泳条件**

150 V 电泳 10 min～15 min。

6.4.7.4 **凝胶成像仪观察**

反应产物电泳结束后，用凝胶成像仪观察检测结果、拍照、记录试验结果。

6.4.8 **PCR 结果判定**

各被检样品在同一块凝胶板上电泳后，当 DNA 分子质量标准、各组对照同时成立时，被检样品电泳道出现一条 774 bp 的条带，判为阳性（+）；被检样品电泳道没有出现大小为 774 bp 的条带，判为阴性（—）。结果判定参见附录 D 图 D.1。

6.5 **血清中和试验**

6.5.1 **仪器、材料与试剂**

除特别说明以外，本标准所用试剂均为分析纯，水为符合 GB/T 6682 规定的灭菌双蒸水或超纯水。

微量移液器及配套吸头、96 孔微量平底反应板、二氧化碳培养箱或温箱、倒置显微镜、微量振荡器、小培养瓶等。Vero 细胞系、病毒抗原和标准阴性血清、阳性血清、指示毒（毒价测定后立即小量分装，—30℃冻存，避免反复冻融，使用剂量为 500 $TCID_{50}$～1 000 $TCID_{50}$）、同头份的健康（或病初）血清和康复 3 周后的双份被检血清或单份血清。稀释液、细胞培养液、病毒培养液、HEPES 液。

6.5.2 **操作方法**

用稀释液倍比稀释血清，每份血清加 4 孔，每孔 50 μL，再分别加 50 μL 指示毒。经微量振荡器震荡 1 min～2 min，置于 37℃中和 1 h。每孔加细胞悬液 100 μL（2×10^5 个细胞/mL～3×10^5 个细胞/mL），微量板置于 37℃、二氧化碳培养箱或用胶带封口置于 37℃温箱培养，72 h～96 h 判定结果。设阴性对照、阳性对照，病毒对照和细胞对照，阴性血清与待检血清同倍稀释，阳性血清做 2^{-6} 稀释。

6.5.3 **结果判定**

当病毒抗原及阴性血清对照组均出现 CPE，阳性血清及细胞对照组均无 CPE 时，试验成立。以能抑制 50%以上细胞出现 CPE 的血清最高稀释度的倒数判定为该血清 PED 抗体效价的滴度。

血清中和抗体效价 1∶8 以上为阳性反应；1∶4 为疑似反应；小于 1∶4 为阴性反应。疑似血清复检一次，仍为可疑时，则判为阴性。

发病后 3 周以上的康复血清滴度是健康（或病初）血清滴度的 4 倍或以上，判为阳性反应。

6.6 **间接 ELISA**

6.6.1 **仪器、材料与试剂**

除特别说明以外，本标准所用试剂均为分析纯，水为符合 GB/T 6682 规定的灭菌双蒸水或超纯水。

定量加液器、微量移液器及配套吸头、96 孔或 40 孔聚乙烯微量反应板、酶标测试仪等。

抗原和酶标抗体。磷酸盐缓冲液、包被稀释液、样品稀释液、酶标抗体稀释液、底物溶液及终止液。

6.6.2 操作方法

6.6.2.1 冲洗包被板

向各孔注入无离子水,浸泡 3 min,甩干,重复 3 次。甩干孔内残液,在滤纸上吸干。

6.6.2.2 抗原包被

用包被稀释液稀释抗原至使用浓度,包被量为每孔 100 μL,置于 4℃冰箱湿盒内过夜。弃掉包被液,用冲洗液洗 3 次,每次 3 min。

6.6.2.3 加被检及对照血清

将每份被检血清样品用血清稀释液做 1∶100 稀释,加入两个孔,每孔 100 μL。每块反应板设阳性、阴性血清及稀释液对照各两孔,每孔 100 μL,盖好包被板置 37℃湿盒内 1 h,冲洗同 6.6.2.2。

6.6.2.4 加酶标抗体

用酶标抗体稀释液将酶标抗体稀释至使用浓度,每孔加 100 μL,置于 37℃湿盒内 1 h,冲洗同 6.6.2.2。

6.6.2.5 加底物溶液

每孔加新配制的底物溶液 100 μL,在 37℃湿盒内反应 5 min~10 min。

6.6.2.6 终止反应

每孔加终止液 50 μL。

6.6.3 结果判定

6.6.3.1 目测法

阳性对照血清孔呈鲜明的橘黄色,阴性对照血清孔无色或基本无色,被检血清孔凡显色者即判抗体阳性。

6.6.3.2 比色法

用酶标测试仪,在波长 492 nm 下,测定各孔 OD 值。阳性对照血清的两孔平均 OD 值>0.6,阴性对照血清的两孔平均 OD 值≤0.162 为正常反应,OD 值≥0.200 为阳性;OD 值为 0.200~0.400 时判为"+";0.400~0.800 判为"++";OD 值>0.800 判为"+++";OD 值在 0.163~0.200 之间为疑似;OD 值<0.163 为"-"。对疑似样品可复检一次,复检结果如仍为疑似范围,则看 P/N 比值,P/N 比值≥2 判为阳性,P/N 比值<2 者判为阴性。

7 结果判定

只要实验室诊断中的任何一种方法的结果成立,即可判断该病为猪流行性腹泻。

附 录 A
(规范性附录)
溶 液 的 配 制

A.1 0.02 mol/L pH 7.2 磷酸盐缓冲液(PBS)的配制

A.1.1 0.2 mol/L 磷酸氢二钠溶液:称取磷酸氢二钠($Na_2HPO_4 \cdot 12H_2O$)71.64 g,先加适量无离子水溶解,最后定容至 1 000 mL,混匀。

A.1.2 0.2 mol/L 磷酸二氢钠溶液:称取磷酸二氢钠($NaH_2PO_4 \cdot 12H_2O$)31.21 g,先加适量无离子水溶解,最后定容至 1 000 mL,混匀。

A.1.3 量取 0.2 mol/L 磷酸氢二钠溶液 360 mL,0.2 mol/L 磷酸二氢钠溶液 140 mL,称取氯化钠 38 g,用无离子水溶解至稀释至 5 000 mL,4℃保存。

A.2 细胞培养液的配制

含 10%灭活犊牛血清的 1640 营养液,加 100 IU/mL 青霉素、100 μg/mL 链霉素,用 5.6%碳酸氢钠($NaHCO_3$)调 pH 至 7.2。如需换液,则血清含量为 5%。

A.3 病毒培养液的配制

1640 培养液中加下列成分,使最终浓度各达到:

1%二甲基亚砜(DMSO);

5 μg/mL~10 μg/mL 胰酶;

100 IU/mL 青霉素;

100 μg/mL 链霉素;

以 5.6%碳酸氢钠($NaHCO_3$)调节 pH 至 7.2。

A.4 HEPES 液的配制

称取 0.238 5 g HEPES 溶于 100 mL 无离子水中,用 1 mol/L 氢氧化钠(NaOH)调节 pH 至 7.0~7.2,过滤后置 4℃备用。

附　录　B
（规范性附录）
直接荧光抗体法溶液的配制

B.1　0.1%伊文斯蓝原液的配制

称取伊文斯蓝 0.1 g 溶于 100 mL 0.02 mol/L pH 7.2 的 PBS 中，4℃保存。使用时，稀释成 0.02%的浓度。

B.2　磷酸盐缓冲甘油的配制

量取丙三醇 90 mL，0.02 mol/L pH 7.2 的 PBS 10 mL，振荡混合均匀即成，4℃保存。

附 录 C
（规范性附录）
双抗体夹心 ELISA 溶液的配制

C.1 洗液的配制

量取 50 μL 吐温-20，加入 100 mL 0.02 mol/L pH7.2 磷酸盐缓冲液（见 A.1）中。

C.2 包被稀释液的配制

C.2.1 0.1 mol/L pH9.5 碳酸盐缓冲液：

0.1 mol/L 碳酸钠液：称取碳酸钠 10.6 g，加无离子水至 1 000 mL。

0.1 mol/L 碳酸氢钠液：称取碳酸氢钠 8.4 g，加无离子水至 1 000 mL。

C.2.2 量取 0.1 mol/L 碳酸钠液 200 mL，0.1 mol/L 碳酸氢钠液 700 mL，混合即成。

C.3 样品稀释液的配制

加 0.05%吐温-20，1%明胶的 0.02 mol/L pH7.2 磷酸盐缓冲液。

C.4 酶标抗体稀释液的配制

加 0.05%吐温-20，1%明胶及 5%灭活犊牛血清的 0.02 mol/L pH7.2 磷酸盐缓冲液。

C.5 底物溶液的配制

pH5.0 磷酸盐柠檬酸缓冲液（内含 0.04%邻苯二胺及 0.045%过氧化氢）。

pH5.0 磷酸盐柠檬酸缓冲液：称取柠檬酸 21.01 g，加无离子水 1 000 mL，量取 243 mL 与 0.2 mol/L 磷酸氢二钠液（见 A.1.1）257 mL 混合，于 4℃冰箱中保存不超过 1 周。

称取 40 mg 邻苯二胺，溶于 1 000 mL pH5.0 磷酸盐柠檬酸缓冲液中（用前从 4℃冰箱中取出，在室温下放置 20 min～30 min）。待溶解后，加入 150 μL 过氧化氢，根据试验需要量可按此比例增减。

C.6 终止液的配制

2 mol/L 硫酸，并取浓硫酸 4 mL 加入 32 mL 无离子水中混匀。

附 录 D
（资料性附录）
RT-PCR

D.1 TAE 电泳缓冲液(pH 8.5)的配制

50×TAE 电泳缓冲储存液：

三羟甲基氨基甲烷(Tris 碱)	242 g
乙二胺四乙酸二钠(Na_2EDTA)	37.2 g
双蒸水	800 mL

待上述混合物完全溶解后，加入 57.1 mL 的醋酸充分搅拌溶解，加双蒸水至 1 L 后，置于室温保存。应用前，用双蒸水将 50×TAE 电泳缓冲液 50 倍稀释。

D.2 样品检测结果判定图

见图 D.1。

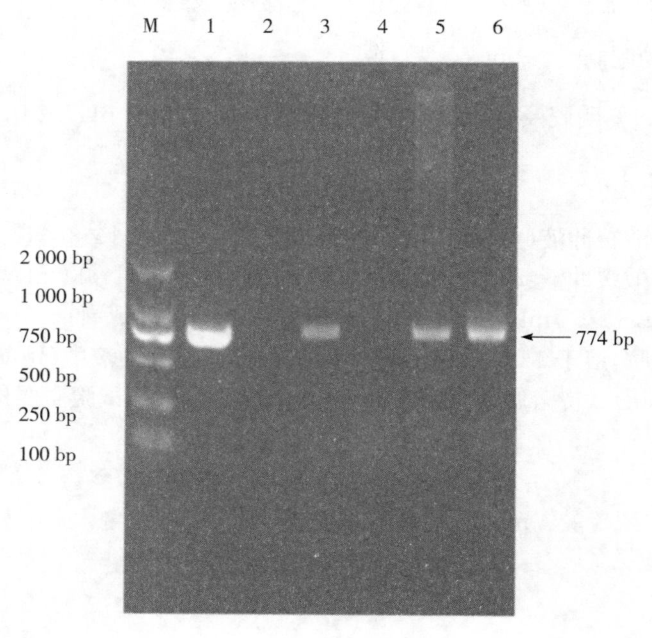

说明：

M ——DL2 000 DNA Marker；
1 ——阳性对照；
2 ——阴性对照；
3,5,6 ——阳性样品；
4 ——阴性样品。

图 D.1 样品检测结果

ICS 11.220
B 41

中华人民共和国农业行业标准

NY/T 546—2015
代替 NY/T 546—2002

猪传染性萎缩性鼻炎诊断技术

Detection of infectious atrophic rhinitis for swine

2015-05-21 发布　　　　2015-08-01 实施

中华人民共和国农业部　发布

前　言

本标准按照 GB/T 1.1—2009 给出的规则起草。

本标准代替 NY/T 546—2002《猪传染性萎缩性鼻炎诊断技术》。

本标准与 NY/T 546—2002 相比,病原部分增加了病原菌的 PCR 诊断方法。

本标准由中华人民共和国农业部提出。

本标准由全国动物防疫标准化技术委员会(SAC/TC 181)归口。

本标准起草单位:中国农业科学院哈尔滨兽医研究所。

本标准主要起草人:彭发泉、杨旭夫、苑士祥、王春来。

本标准的历次版本发布情况为:

——NY/T 546—2002。

猪传染性萎缩性鼻炎诊断技术

1 范围

本标准规定了猪传染性萎缩性鼻炎的诊断标准及技术方法。

本标准适用于猪传染性萎缩性鼻炎的诊断和检疫。

2 规范性引用文件

下列文件对于本文件的应用是必不可少的。凡是注日期的引用文件,仅注日期的版本适用于本文件。凡是不注日期的引用文件,其最新版本(包括所有的修改单)适用于本文件。

GB/T 6682 分析实验室用水规格和实验方法

GB 19489 实验室 生物安全通用要求

GB/T 27401 实验室质量控制规范 动物检疫

3 术语和定义

下列术语和定义适用于本文件。

3.1

支气管败血波氏杆菌 ***bordetella bronchiseptica***

波代杆菌属。

3.2

产毒素性多杀巴氏杆菌 **toxigenic *pasteurella multocida***

巴氏杆菌属。

4 缩略语

下列缩略语适用于本文件。

AR:atrophic rhinitis 萎缩性鼻炎。

DNA:deoxyribonucleic acid 脱氧核糖核酸。

NLHMA:新霉素洁霉素血液马丁琼脂。

HFMA:血红素呋喃唑酮改良麦康凯琼脂。

PBS:phosphate buffer solution 磷酸盐缓冲液。

PCR:polymerase chain reaction 聚合酶链式反应。

Taq 酶:Taq DNA polymerase Taq DNA 聚合酶。

5 临床诊断

5.1 流行特点

猪传染性萎缩性鼻炎是由于仔猪生后早期在鼻腔感染支气管败血波氏杆菌Ⅰ相菌或其后重复感染产毒素性多杀巴氏杆菌(主要为荚膜 D 型,也有荚膜 A 型)引起的。这两种致病菌均产生细胞内皮肤坏死毒素,在感染过程中释放,穿透被破坏的鼻黏膜屏障,作用于生长迅速的仔猪鼻甲骨及鼻中隔骨组织,引起骨吸收、骨坏死及骨再造障碍变化,并可引起全身骨骼钙代谢障碍和淋巴免疫系统抑制。致病力不同的菌株产生毒素的能力也不同;毒素的致病作用具有明显的年龄和剂量依赖性。病菌通常通过病猪和带菌猪的鼻汁,经直接或间接接触而传播。支气管败血波氏杆菌越在生后早龄感染,病变越重。1 月龄以后感染时，多为中等或轻症病例，且鼻甲骨容易再生修复；2月龄～3月龄时感染，仅呈组织学的轻症经过，不引起肉眼的鼻甲骨萎缩病变。支气管败血波氏杆菌引起的鼻甲骨萎缩，只在少数严重病例伴有鼻部变形变化。多杀巴氏杆菌的鼻腔感染在猪的日龄上晚于支气管败血波氏杆菌。产毒素性多杀巴氏杆菌菌株尽管在实验室人工感染证明在辅助刺激下可单独引起猪的萎缩性鼻炎，但至今在疫群仍发现是支气管败血波氏杆菌Ⅰ相菌的重复或继发感染病原菌。产毒素性多杀巴氏杆菌菌株与支气管败血波氏杆菌Ⅰ相菌菌株重复或继发感染，可在更年长的仔猪引起不可逆的持续的鼻甲骨萎缩病变[即所谓“进行性萎缩性鼻炎”(progressive atrophic rhinitis)]，在疫群中产生较多的鼻部变形病猪，尤以早龄感染两种菌的强毒力株时为严重。饲养管理和环境应激因素及其他继发病原，均可影响仔猪的发病程度。

5.2 临床症状

5.2.1 仔猪群

有一定数目的仔猪流鼻汁、流泪、经常喷嚏、鼻塞或咳嗽，但无热，个别鼻汁混有血液。一些仔猪发育迟滞，犬齿部位的上唇侧方肿胀。

5.2.2 育成猪群和成猪群

a) 鼻塞，不能长时间将鼻端留在粉料中采食；衄血，饲槽沿染有血液。
b) 两侧内眼角下方颊部形成“泪斑”。
c) 鼻部和颜面变形：
    1) 上颚短缩，前齿咬合不齐(评定标准：下中切齿在上中切齿之后为阴性，反之为阳性)；
    2) 鼻端向一侧弯曲或鼻部向一侧歪斜；
    3) 鼻背部横皱褶逐渐增加；
    4) 眼上缘水平上的鼻梁变平变宽。
d) 伴有生长欠佳。

5.2.3 检疫对象猪群

发现有上述征候群，可以临床上初步诊断猪群有支气管败血波氏杆菌Ⅰ相菌的传染或与产毒素性多杀巴氏杆菌的混合感染，特别是5.2.2中c)具有本病临床指征意义，需进行检菌、血清学试验及病理解剖检查，予以确诊。

5.3 病理变化

5.3.1 尸体外观检查

主要检查有无鼻部和颜面变形及发育迟顿，记录其状态和程度。对上颚短缩可以做定性，下中切齿在上中切齿之后判为“－”，反之判定为“＋”；测量上中切齿与下中切齿的离开程度，如－3 mm或＋12 mm分别判定为正常或阳性。

5.3.2 鼻部横断检查

5.3.2.1 查鼻腔是在鼻部做1个～3个横断，检查横断面。鼻部的标准横断水平在上颚第二前臼齿的前缘(此部鼻甲骨卷曲发育最充分)。先除去术部皮肉，然后用锐利的细齿手锯或钢锯以垂直方向横断鼻部。可再向前(通过上颚犬齿)或向后做第二和第三新的横断，其距离大猪为1.5 cm～2 cm，哺乳仔猪约0.5 cm。

5.3.2.2 为便于检查断面，先用脱脂棉轻轻除去锯屑。如果拍照，应将鼻道内的凝血块等填物除去，使断面构造清晰完整。必要时，可用吸水纸吸除液体。

5.3.2.3 检查鼻道内分泌物的性状和数量及黏膜的变化(水肿、发炎、出血、腐烂等)。

5.3.2.4 主要检查鼻甲骨、鼻中隔和鼻腔周围骨的对称性、完整性、形态和质地(变形、骨质软化或疏松、萎缩以至消失)以及两侧鼻腔的容积。如果需要，可以测量鼻中隔的倾斜或弯曲程度、鼻腔纵径及两侧鼻腔的最大横径。除肉眼检查外，应对鼻甲骨进行触诊，以确定卷曲及其基础部骨板的质地(正常骨板坚硬，萎缩者软化以至消失)。鼻甲骨萎缩主要发生于下鼻甲骨，特别是腹卷曲。鼻腔标准横断面的萎缩性鼻炎分级标准见附录 A。

5.3.3 肺部检查

少数病仔猪伴有波氏杆菌性支气管肺炎。肺炎区主要散在于肺前叶及后叶的腹面部分，特别是肺门部附近，也可能散在于肺的背面部分。病变呈斑块状或条状发生。急性死亡病例均为红色肺炎灶。

5.3.4 具有鼻甲骨萎缩病变的病猪

不论有或无临床鼻部弯曲等颜面变形症状，判定为萎缩性鼻炎病猪。

6 实验室诊断

6.1 仪器、材料与试剂

除特别说明以外，本标准所用试剂均为分析纯，水为符合 GB/T 6682 的灭菌双蒸水或超纯水。

6.1.1 试剂

蛋白胨、琼脂粉、氯化钠、氯化钾、葡萄糖、乳糖、三号胆盐、中性红、呋喃唑酮二甲基甲酰胺、牛或绵羊红细胞裂解液、马丁琼脂、脱纤牛血、硫酸新霉素、盐酸洁霉素、多型蛋白胨、牛肉膏、磷酸二氢钾、磷酸氢二钠、硫代硫酸钠、硫酸亚铁铵、混合指示剂、尿素、酸性品红、马铃薯、甘油、盐酸、dNTPs、Taq 酶。

6.1.2 材料

无菌棉拭子、无菌 1.5 mL 离心管、无菌试管、PCR 管、一次性培养皿。

6.2 病原分离

由猪鼻腔采取鼻黏液，同时进行支气管败血波氏杆菌Ⅰ相菌及产毒素性多杀巴氏杆菌的分离。猪群检疫以 4 周龄～16 周龄特别是 4 周龄～8 周龄猪的检菌率最高。

6.2.1 鼻黏液的采取

6.2.1.1 由两侧鼻腔采取鼻黏液，可用一根棉头拭子同时采取两侧鼻黏液，或每侧鼻黏液分别用一根棉头拭子采取。

6.2.1.2 拭子的长度和粗细视猪的大小而定，应光滑可弯曲，由竹皮等材料削成，前部钝圆，缠包脱脂棉，装入容器，高压灭菌。

6.2.1.3 小猪可仰卧保定，大猪用鼻拧子保定。用拧去多余酒精的酒精棉先将鼻孔内缘清拭，然后清拭鼻孔周围。

6.2.1.4 拭子插入鼻孔后，先通过前庭弯曲部，然后直达鼻道中部，旋转拭子将鼻分泌物取出。将拭子插入灭菌空试管中(不要贴壁推进)，用试管棉塞将拭子杆上端固定。

6.2.1.5 夏天不能立即涂抹培养基时，应将拭子试管立即放入冰箱或冰瓶内。鼻黏液应在当天最好在几小时内涂抹培养基，拭子仍保存于 4℃冰箱备复检。

6.2.1.6 采取鼻汁时病猪往往喷嚏，术者应注意消毒手，防止材料交叉污染。

6.2.1.7 解剖猪时，应采取鼻腔后部(至筛板前壁)和气管的分泌物及肺组织进行培养。鼻锯开术部及鼻锯应火焰消毒，由鼻断端插入拭子直达筛板，采取两侧鼻腔后部的分泌物。气管由声门插入拭子达气管下部，在气管壁旋转拭子取出气管上下部的分泌物。肺在肺门部采取肺组织，如有肺炎并在病变部采取组织块；也可以用拭子插入肺断面采取肺汁和碎组织。

6.2.2 分离培养

所有病料都直接涂抹在已干燥的分离平板上。分离支气管败血波氏杆菌使用血红素呋喃唑酮改良麦康凯琼脂(HFMA)平板(配方见附录 B)，分离多杀巴氏杆菌使用新霉素洁霉素血液马丁琼脂(NLH-MA)平板(配方见附录 C)。棉拭子应尽量将全部分泌物浓厚涂抹于平板表面，组织块则将各断面同样浓厚涂抹。重要的检疫，如种猪检疫对每份鼻腔病料应涂抹每种分离平板 2 个。不同种分离平板不能混涂同一拭子(因抑菌剂不同)。对伴有肠道感染(腹泻)的或环境严重污染的猪群，每份鼻腔病料可用一个平板做浓厚涂抹，另一个平板做划线接种，即先将棉拭子病料在平板的一角做浓厚涂抹，然后以铂圈做划线稀释接种。

6.2.2.1 猪支气管败血波氏杆菌的分离培养

将接种的FHMA平板于37℃培养40 h～72 h，猪支气管败血波氏杆菌集落不变红，直径为1 mm～2 mm，圆整、光滑、隆起、透明，略呈茶色。较大的集落中心较厚，呈茶黄色，对光观察呈浅蓝色。用支气管败血波氏杆菌OK抗血清做活菌平板凝集反应呈迅速的典型凝集。有些例集落黏稠或干韧，在玻片上不能做成均匀菌液，须移植一代才能正常进行活菌平板凝集试验。未发现典型集落时，对所有可疑集落，均需做活菌平板凝集试验，以防遗漏。如菌落小，可移植增菌后进行检查。如平板上有大肠杆菌类细菌（变红、粉红或不变红）或绿脓杆菌类细菌（产生或不产生绿色素但不变红）覆盖，应将冰箱保存的棉拭子再进行较稀的涂抹或划线培养检查，或重新采取鼻汁培养检查。

平板目的菌集落计数分级见附录D。

6.2.2.2 产毒素性多杀巴氏杆菌的分离培养

将接种的NLHMA平板于37℃培养18 h～24 h，根据菌落形态和荧光结构，挑取可疑集落移植鉴定。多杀巴氏杆菌集落直径约1 mm～2 mm，圆整、光滑、隆起、透明，集落或呈黏液状融合；对光观察有明显荧光；以45°折射光线于暗室内在实体显微镜下扩大约10倍观察，呈特征的橘红或灰红色光泽，结构均质，即FO虹光型或FO类似菌落。间有变异型菌落，光泽变浅或无光泽，有粗纹或结构发粗，或夹有浅色分化扇状区等。

平板目的菌集落计数分级见附录D。

6.3 分离物的特性鉴定

6.3.1 猪支气管败血波氏杆菌分离物的特性鉴定

6.3.1.1 一般特性鉴定

革兰氏阴性小杆菌，氧化和发酵（O/F）试验阴性，即非氧化非发酵严格好氧菌。具有以下生化特性（一般37℃培养3 d～5 d记录最后结果）：

a) 糖管：包括乳糖、葡萄糖、蔗糖在内的所有糖类不氧化、不发酵（不产酸、不产气），迅速分解蛋白胨明显产碱，液面有厚菌膜；
b) 不产生靛基质；
c) 不产生硫化氢或轻微产生；
d) MR试验及VP试验均阴性；
e) 还原硝酸盐；
f) 分解尿素及利用枸橼酸，均呈明显的阳性反应；
g) 不液化明胶；
h) 石蕊牛乳产碱不消化；
i) 有运动性，在半固体平板表面呈明显的膜状扩散生长，扩散膜边沿比较光滑；但0.05%～0.1%琼脂半固体高层穿刺37℃培养，只在表面或表层生长，不呈扩散生长。

6.3.1.2 菌相鉴定

将分离平板上的典型单个菌落划种于绵羊血改良鲍姜氏琼脂（配方见附录E）平板（凝结水已干燥）上，于37℃潮湿温箱中培养40 h～45 h。Ⅰ相菌落小，光滑，乳白色，不透明，边沿整齐，隆起呈半圆形或珠状，钩取时质地致密柔软，易制成均匀菌液。菌落周围有明显的β溶血环。菌体呈整齐的革兰氏阴性球杆状或球状。活菌玻片凝集定相试验，对K抗血清呈迅速的典型凝集，对O抗血清完全不凝集。Ⅰ相菌感染病例在平板上，应不出现中间相和Ⅲ相菌落。Ⅲ相菌落扁平，光滑，透明度大，呈灰白色，比Ⅰ相菌落大数倍，质地较稀软，不溶血。活菌玻片凝集定相试验，对O抗血清呈明显凝集，对K抗血清完全不凝集。中间相菌落形态在Ⅰ相及Ⅲ相之间，对K及O抗血清都凝集。中间相及Ⅲ相菌，以杆状为主。

6.3.2 产毒素性多杀巴氏杆菌分离物的特性鉴定

6.3.2.1 一般特性鉴定

6.3.2.1.1 革兰氏阴性小杆菌呈两极染色，不溶血，无运动性。具有以下生化特性：

a) 糖管：对蔗糖、葡萄糖、木糖、甘露醇及果糖产酸；对乳糖、麦芽糖、阿拉伯糖及杨苷不产酸；

b) VP、MR、尿素酶、枸橼酸盐利用、明胶液化、石蕊牛乳均为阴性；

c) 不产生硫化氢；

d) 硝酸还原及靛基质产生均为阳性。

6.3.2.1.2 对分离平板上的可疑菌落，也可先根据三糖铁脲半固体高层（配方见附录 F）小管穿刺生长特点进行筛检：

将单个集落以接种针由斜面中心直插入底层，轻轻由原位抽出，再在斜面上轻轻涂抹，37℃斜放培养 18 h。多杀巴氏杆菌生长特点：

a) 沿穿刺线呈不扩散生长，高层变橘黄色；

b) 斜面呈薄苔生长，变橘红或橘红黄色；

c) 凝结水变橘红色，轻浊生长，无菌膜；

d) 不产气、不变黑。

6.3.2.2 皮肤坏死毒素产生能力检查

体重 350 g～400 g 健康豚鼠，背部两侧注射部剪毛（注意不要损伤皮肤），使用 1 mL 注射器及 4 号～6 号针头，皮内注射分离株马丁肉汤 37℃ 36 h（或 36 h～72 h）培养物 0.1 mL。注射点距背中线 1.5 cm，各注射点相距 2 cm 以上。设阳性及阴性参考菌株和同批马丁肉汤注射点为对照。并在大腿内侧肌内注射硫酸庆大霉素 4 万 IU（1 mL）。注射后 24 h、48 h 及 72 h 观察并测量注射点皮肤红肿及坏死区的大小。坏死区直径 1.0 cm 左右为皮肤坏死毒素产生（DNT）阳性；＜0.5 cm 为可疑；无反应或仅红肿为阴性。可疑须复试。阳性株对照坏死区直径应＞1.0 cm，阴性株及马丁汤对照应均为阴性。阳性结果记为 DNT^{+}，阴性结果记为 DNT^{-}。

6.3.2.3 荚膜型简易鉴定法

6.3.2.3.1 透明质酸产生试验（改良 Carter 氏法）

在 0.2%脱纤牛血马丁琼脂平板上于中线以直径 2mm 铂圈均匀横划一条已知产生透明质酸酶的金黄色葡萄球菌（ATCC 25923）或等效的链球菌新鲜血斜培养物，将每株多杀巴氏杆菌分离物的血斜过夜培养物，与该线呈直角于两侧划线，各均匀划种一条同样宽的直线。并设荚膜 A 型及 D 型多杀巴氏杆菌参考株做对照。37℃培养 20 h，A 型株临接葡萄球菌菌苔应产生生长抑制区。此段菌苔明显薄于远端未抑制区，荧光消失，长度可达 1 cm，远端菌苔生长丰厚，特征虹光型（FO 型）不变，两段差别明显。D 型株则不产生生长抑制区，FO 型虹光不变。个别 A 型分离物不产生明显多量的透明质酸。本法及吖啶黄试验时判定为 D 型，间接血凝试验（Sawada 氏法）则判定为 A 型。

6.3.2.3.2 吖啶黄试验（改良 Carter 氏法）

分离株的 0.2%脱纤牛血马丁琼脂 18 h～24 h 培养物，刮取菌苔，均匀悬浮于 pH 7.0 0.01 mol/L 磷酸盐缓冲生理盐水中。取 0.5 mL 细菌悬液加入小试管中，与等容量 0.1%中性吖啶黄蒸馏水溶液振摇混合，室温静置。D 型菌可在 5 min 后自凝，出现大块絮状物，30 min 后絮状物下沉，上清透明。其他型菌不出现或仅有细小的颗粒沉淀，上清浑浊。

6.4 PCR 检测

6.4.1 样品处理

6.4.1.1 鼻或气管拭子

将鼻或气管拭子浸入 1 mL 0.01 mol/L PBS(pH7.4)缓冲液中（配方见附录 G），反复挤压，将混悬液作为聚合酶链式反应(PCR)的模板。

6.4.1.2 肺组织

将肺组织样品剪碎,取 1 g 加入 1 mL 0.01 mol/L PBS 缓冲液中研磨后,用双层灭菌纱布过滤。收集过滤液于 2 mL 灭菌离心管,4℃ 7 500 *g* 离心 15 min。弃上清,收集沉淀,用 0.1 mL PBS 缓冲液重悬。

6.4.2 PCR 检测

6.4.2.1 反应体系(50 μL)

10×PCR buffer(含 Mg^{2+})	5 μL
脱氧三磷酸核苷酸混合液(dNTPs,各 200 μmol/L)	4 μL
上游引物(10 μmol/L)	1 μL
下游引物(10 μmol/L)	1 μL
模板(上述制备样品)	1 μL
无菌超纯水	37.5 μL
Taq DNA 聚合酶(5 U/μL)	0.5 μL

样品检测时,同时要设阳性对照和阴性对照。阳性对照模板为细菌的基因组,阴性对照为不含模板的反应体系。检测所用引物序列见附件 H。

6.4.2.2 PCR 反应程序

所有程序均 95℃预变性 5 min,然后扩增 35 个循环,如下:

a) 鉴定支气管败血波氏杆菌:(94℃ 30 s,55℃ 30 s,72℃ 20 s)35 个循环,72℃ 5 min;
b) 鉴定多杀巴氏杆菌:(94℃ 30 s,55℃ 1 min,72℃ 30 s)35 个循环,72℃ 7 min;
c) 鉴定产毒素多杀巴氏杆菌:(94℃ 30 s,50℃ 1 min,72℃ 1 min)35 个循环,72℃ 7 min;
d) 鉴定 A、D 型多杀巴氏杆菌:(94℃ 30 s,56℃ 30 s,72℃ 1 min)35 个循环,72℃ 10 min。

6.4.2.3 电泳检测

PCR 反应结束,取扩增产物 5 μL(包括被检样品、阳性对照、阴性对照)与 1 μL 上样缓冲液混合,同时取 DL-2000 DNA 分子质量标准 5 μL,点样于 1%琼脂糖凝胶中,100 V 电泳 30 min。

6.4.3 PCR 试验结果判定

6.4.3.1 将扩增产物电泳后用凝胶成像仪观察,DNA 分子质量标准、阳性对照、阴性对照为如下结果时试验方成立,否则应重新试验。

a) DL-2000 DNA 分子质量标准电泳道,从上到下依次出现 2 000 bp、1 000 bp、750 bp、500 bp、250 bp、100 bp 共 6 条清晰的条带;
b) 阳性样品泳道出现一条约 187 bp 清晰的条带(猪支气管败血波氏杆菌),457 bp 的条带(多杀巴氏杆菌),812 bp 条带(产毒素多杀巴氏杆菌),1 050 bp(A 型多杀巴氏杆菌)或 648 bp 条带(D 型多杀巴氏杆菌);
c) 阴性对照泳道不出现条带。

6.4.3.2 被检样品结果判定

在同一块凝胶板上电泳后,当 DNA 分子质量标准、各组对照同时成立时,被检样品电泳道出现一条 187 bp 的条带,判为猪支气管败血波氏杆菌阳性(+);被检样品电泳道出现一条 457 bp 的条带,判为多杀巴氏杆菌阳性(+);被检样品电泳道出现一条 812 bp 的条带,判为产毒素多杀巴氏杆菌阳性(+);被检样品电泳道出现一条 1 050 bp 的条带,判为 A 型多杀巴氏杆菌阳性(+);被检样品电泳道出现一条 648 bp 的条带,判为 D 型多杀巴氏杆菌阳性(+);被检样品泳道没有出现以上任一条带,判为阴性(—)。阳性和阴性对照结果不成立时,应检查试剂是否过期、污染等,试验需重做。结果判定参见附录 I。

6.5　血清学检测

6.5.1　使用范围

6.5.1.1　本试验是使用猪支气管败血波氏杆菌Ⅰ相菌福尔马林死菌抗原，进行试管或平板凝集反应检测感染猪血清中的特异性K凝集抗体。其中，平板凝集反应适用于对本病进行大批量筛选试验，试管凝集反应作为定性试验。

6.5.1.2　哺乳早期感染的仔猪群，自1月龄左右逐渐出现可检出的K抗体，到5月龄～8月龄期间，阳性率可达90%以上，以后继续保持阳性。最高K抗体价可达1∶320～640或更高，3周龄以上的猪一般可在感染后10 d～14 d出现K抗体。

6.5.1.3　感染母猪通过初乳传递给仔猪的K抗体，一般在出生后1个月～2个月内消失；注射过猪支气管败血波氏杆菌菌苗的母猪生下的仔猪，则被动抗体价延缓消失。

6.5.2　试验材料

6.5.2.1　抗原按说明书要求使用。

6.5.2.2　标准阳性和阴性对照血清按说明书要求使用。

6.5.2.3　被检血清必须新鲜，无明显蛋白凝固，无溶血现象和无腐败气味。

6.5.2.4　稀释液为pH 7.0磷酸盐缓冲盐水。配方为：$Na_2HPO_4 \cdot 12H_2O$ 2.4 g(或Na_2HPO_4 1.2 g)，NaCl 6.8 g，KH_2PO_4 0.7 g，蒸馏水1 000 mL，加温溶解，两层滤纸滤过，分装，高压灭菌。

6.5.3　操作方法及结果判定

6.5.3.1　试管凝集试验

6.5.3.1.1　被检血清和阴、阳性对照血清同时置于56℃水浴箱中灭能30 min。

6.5.3.1.2　血清稀释方法：每份血清用一列小试管(口径8 mm～10 mm)，第一管加入缓冲盐水0.8 mL，以后各管均加入0.5 mL，加被检血清0.2 mL于第一管中。换另一支吸管，将第一管稀释血清充分混匀，吸取0.5 mL加入第二管，如此用同一吸管稀释，直至最后一管，取出0.5 mL弃去。每管为稀释血清0.5 mL。一般稀释到1∶80，大批检疫时可稀释到1∶40。阳性对照血清稀释到1∶160～1∶320；阴性对照血清至少稀释到1∶10。

6.5.3.1.3　向上述各管内添加工作抗原0.5 mL，振荡，使血清和抗原充分混匀。

6.5.3.1.4　放入37℃温箱18 h～20 h。然后，取出在室温静置2 h，记录每管的反应。

6.5.3.1.5　每批试验均应设有阴、阳性血清对照和抗原缓冲盐水对照(抗原加缓冲盐水0.5 mL)。

6.5.3.1.6　结果判定：

"＋＋＋＋"：表示100%菌体被凝集。液体完全透明，管底覆盖明显的伞状凝集沉淀物。

"＋＋＋"：表示75%菌体被凝集。液体略呈混浊，管底伞状凝集沉淀物明显。

"＋＋"：表示50%菌体被凝集。液体呈中等程度混浊，管底有中等量伞状凝集沉淀物。

"＋"：表示25%菌体被凝集。液体不透明或透明度不明显，有不太显著的伞状凝集沉淀物。

"－"：表示菌体无凝集。液体不透明，无任何凝集沉淀物。细菌可能沉于管底，但呈光滑圆坨状，振荡时呈均匀混浊。

当抗原缓冲盐水对照管、阴性血清对照管均呈阴性反应，阳性血清对照管反应达到原有滴度时，被检血清稀释度≥10出现"＋＋"以上，判定为猪支气管败血波氏杆菌阳性反应血清。

6.5.3.2　平板凝集试验

6.5.3.2.1　被检血清和阴、阳性对照血清均不稀释，可以不加热灭能。

6.5.3.2.2　于清洁的玻璃板或玻璃平皿上，用玻璃笔划成约2 cm^2的小方格。以1 mL吸管在格内加一小滴血清(约0.03 mL)，再充分混合一铂圈(直径8 mm)抗原原液，轻轻摇动玻璃板或玻璃平皿，于室温(20℃～25℃)放置2 min。室温在20℃以下时，适当延长至5 min。

6.5.3.2.3 每次平板试验均应设有阴、阳性血清对照和抗原缓冲盐水对照。

6.5.3.2.4 结果判定：

"＋＋＋＋"：表示100％菌体被凝集。抗原和血清混合后，2 min内液滴中出现大凝集块或颗粒状凝集物，液体完全清亮。

"＋＋＋"：表示约75％菌体被凝集。在2 min内液滴有明显凝集块，液体几乎完全透明。

"＋＋"：表示约50％菌体被凝集。液滴中有少量可见的颗粒状凝集物，出现较迟缓，液体不透明。

"＋"：表示25％以下菌体被凝集。液滴中有很少量仅仅可以看出的粒状物，出现迟缓，液体混浊。

"－"：表示菌体无任何凝集。液滴均匀混浊。

当阳性血清对照呈"＋＋＋＋"反应，阴性血清和抗原缓冲盐水对照呈"－"反应时，被检血清加抗原出现"＋＋＋"到"＋＋＋＋"反应，判定为猪支气管败血波氏杆菌阳性反应血清。"＋＋"反应判定为疑似，"＋"至"－"反应判定为阴性。

7 结果判定

对猪群的检疫应综合应用临床检查、细菌检查及血清学检查，并选择样品病猪作病理解剖检查。检疫猪群诊断有鼻漏带血、泪斑、鼻塞、喷嚏，特别有鼻部弯曲等颜面变形的临床指征病状，鼻腔检出支气管败血波氏杆菌Ⅰ相菌及/或产毒素性多杀巴氏杆菌，判定该猪群为传染性萎缩性鼻炎疫群。具有鼻甲骨萎缩病变，无论有或无鼻部弯曲等症状的猪，诊断为典型病变猪。检出支气管败血波氏杆菌Ⅰ相菌及/或产毒素性多杀巴氏杆菌的猪，诊断为病原菌感染、排菌猪。检出猪支气管败血波氏杆菌K凝集抗体的猪，判定为猪支气管败血波氏杆菌感染血清阳转猪。疫群中的检菌及血清阴性的外观健康猪，需隔离多次复检，才能做最后阴性判定。

附　录　A
（规范性附录）
鼻腔标准横断面的萎缩性鼻炎（AR）分级标准

A.1　正常（"－"）

两侧鼻甲骨对称，骨板坚硬，正常占有鼻腔容积（间腔正常），鼻中隔正直。两侧鼻腔容积对称，鼻腔纵径大于横径。

A.2　可疑（"?"）

鼻甲骨形态异常（变形）、不对称，不完全占有鼻腔容积。卷曲特别是腹卷曲疑有萎缩，但肉眼不能判定，鼻中隔或有轻度倾斜。

A.3　轻度萎缩（"＋"）

一侧或两侧卷曲主要是腹卷曲轻度或部分萎缩，相应间腔加大；或卷曲变小，卷度变短，骨板变粗，相应间腔增大。也有轻度萎缩和变粗同时存在的病例。或伴有鼻中隔轻度倾斜或弯曲。表现出两侧或背、腹卷曲及其相应间腔的轻度不对称。

A.4　中度萎缩（"＋＋"）

腹卷曲基本萎缩，背卷曲部分萎缩。

A.5　重度萎缩（"＋＋＋"）

腹卷曲完全萎缩，背卷曲大部分萎缩。

A.6　完全萎缩（"＋＋＋＋"）

背卷曲及腹卷曲均完全萎缩。

鼻甲骨中等到完全萎缩的病例，间或伴有鼻中隔不同程度的歪斜和弯曲，两侧鼻腔容积不对称或鼻腔的横径大于纵径。严重者鼻腔周围骨（鼻骨、上颚骨）可能萎缩变形。

卷曲萎缩明显以至消失者不难判定，但是腹卷曲的轻度萎缩有时难以判定，且易与发育不全混淆。卷曲往往只有变形而看不到萎缩。

鼻甲骨轻度萎缩与发育不全的鉴别：腹鼻甲骨发育不全是腹卷曲小，卷曲不全，甚至呈鱼钩状，但骨板坚硬，几乎正常占据鼻腔容积，两侧对称，其他鼻腔结构正常。如背卷曲同时变形，疑有萎缩，鼻中隔倾斜，则分级为"?"。

附 录 B
（规范性附录）
血红素呋喃唑酮改良麦康凯琼脂（HFMA）培养基配制方法

B.1 成分

B.1.1 基础琼脂（改良麦康凯琼脂）

蛋白胨［日本大五牌多型蛋白胨（Polypeptone）或 Oxoid 牌胰蛋白胨（Tryptone）］	2%
氯化钠	0.5%
琼脂粉（青岛）	1.2%
葡萄糖	1.0%
乳糖	1.0%
三号胆盐（Oxoid）	0.15%
中性红	0.003%（1%水溶液 3 mL/L）
蒸馏水加至	1 000 mL

加热溶化，分装。110℃ 20 min，pH 7.0～7.2。培养基呈淡红色。贮存室温或 4℃冰箱备用。

B.1.2 添加物

1%呋喃唑酮二甲基甲酰胺溶液	0.05 mL/100 mL（呋喃唑酮最后浓度为 5 μg/mL）
10%牛或绵羊红细胞裂解液	1 mL（最后浓度为 1∶1 000）

4℃冰箱保存备用。呋喃唑酮二甲基甲酰胺溶液临用时加热溶解。

B.2 配制方法

基础琼脂水浴加热充分溶化，凉至 55℃～60℃，加入呋喃唑酮二甲基甲酰胺溶液及红细胞裂解液，立即充分摇匀，倒平板，每个平皿 20 mL（平皿直径 90 cm）。干燥后使用，或置于 4℃冰箱 1 周内使用。防霉生长可加入两性霉素 B 10 μg/mL 或放线酮 30 μg/mL～50 μg/mL。对污染较重的鼻腔拭子，可再加入壮观霉素 5 μg/mL～10 μg/mL（活性成分）。

B.3 用途

用于鼻腔黏液分离支气管败血波氏杆菌。

附 录 C
（规范性附录）
新霉素洁霉素血液马丁琼脂(NLHMA)培养基配制方法

C.1 成分

马丁琼脂	pH 7.2～7.4
脱纤牛血	0.2%
硫酸新霉素	2 μg/mL
盐酸洁霉素（林可霉素）	1 μg/mL

C.2 配制方法

马丁琼脂水浴加热充分溶化，凉至约55℃加入脱纤牛血、新霉素及洁霉素，立即充分摇匀，倒平板，每个平皿15 mL～20 mL（平皿直径90 cm）。干燥后使用，或保存4℃冰箱1周内使用。

C.3 用途

用于鼻腔黏液分离多杀巴氏杆菌。

附 录 D
(规范性附录)
分离平板目的菌落计数分级

D.1 —目的菌落阴性。

D.2 +目的菌落 1 个～10 个。

D.3 ++目的菌落 11 个～50 个。

D.4 +++目的菌落 51 个～100 个。

D.5 ++++目的菌落 100 个以上。

D.6 目的菌落密集成片不能计数。

D.7 ×非目的菌(如大肠杆菌、绿脓杆菌、变形杆菌等)生长成片,复盖平板,不能判定有无目的菌落。

附 录 E
(规范性附录)
绵羊血改良鲍姜氏琼脂培养基的配制方法

E.1 成分

E.1.1 基础琼脂(改良鲍姜氏琼脂)

E.1.1.1 马铃薯浸出液

白皮马铃薯(去芽,去皮,切长条)500 g,甘油蒸馏水(热蒸馏水 1 000 mL,甘油 40 mL,甘油最后浓度 1%),洗净去水的马铃薯条加入甘油蒸馏水,119℃~120℃加热 30 min,不要振荡,倾出上清液使用。

E.1.1.2 琼脂液

氯化钠 16.8 g(最后浓度 0.6%),蛋白胨(大五牌多型蛋白胨或 Oxoid 牌胰蛋白胨)14 g(最后浓度 0.5%),琼脂粉(青岛)33.6 g(最后浓度 1.2%),蒸馏水加至 2 100 mL。120℃加热溶解 30 min,加入马铃薯浸出液的上清液 700 mL(即两液比例为 75%∶25%)。混合,继续加热溶化,4 层纱布滤过,分装,116℃ 30 min。不调 pH,高压灭菌后 pH 一般为 6.4~6.7,贮于 4℃冰箱或室温备用。备做斜面的基础琼脂加蛋白胨,备做平板的不加蛋白胨。

E.1.2 脱纤绵羊血

无菌新采取,支气管败血波氏杆菌 K 和 O 凝集价均<1∶10,10%。

E.2 配制方法

基础琼脂溶化后凉至 55℃,加入脱纤绵羊血,立即充分混合,勿起泡沫,制斜面管或倒平板(直径 90 cm,平皿每皿 20 mL),放 4℃冰箱约 1 周后使用为佳。

E.3 用途

用于支气管败血波氏杆菌的纯菌培养及菌相鉴定。

附 录 F
（规范性附录）
三糖铁脲半固体高层培养基配制方法

F.1 成分

成分	含量
多型蛋白胨(Polypeptone)	1.0%
牛肉膏	0.5%
氯化钠	0.3%
磷酸二氢钾(KH_2PO_4)	0.1%
琼脂粉	0.3%
硫代硫酸钠	0.03%
硫酸亚铁铵	0.03%
混合指示剂	5 mL
葡萄糖	0.1%
乳糖	1.0%
尿素	2.0%

注：混合指示剂配制：0.2% BTB水溶液(0.2 g BTB溶于50 mL酒精中，加蒸馏水50 mL)2.0 mL，0.2% TB水溶液(0.4 g TB溶于17.2 mL N/20 NaOH，加蒸馏水100 mL，再加水稀释1倍)1.0 mL，0.5%酸性品红水溶液2.0 mL。

F.2 配制方法

将前7种成分充分溶解于蒸馏水后，修正pH为6.9。再加入混合指示剂、葡萄糖、乳糖及尿素，充分溶解。每支小试管分装2 mL～2.5 mL，流动蒸气灭菌100 min，冷却放成半斜面，无菌检验，4℃冰箱保存备用。

F.3 用途

用于筛检鼻腔黏液分离平板上的可疑多杀巴氏杆菌集落。

附　录　G
（规范性附录）
0.01 mol/L PBS 缓冲液（pH 7.4）的配制

G.1　成分

NaCl	8 g
KCl	0.2 g
Na_2HPO_4	1.44 g
KH_2PO_4	0.24 g

G.2　配制方法

将以上 4 种成分溶于 800 mL 蒸馏水中，用 HCl 调节溶液的 pH 至 7.4，最后加蒸馏水定容至 1 L。115℃高压灭菌 10 min～15 min，常温保存备用。

附 录 H
(规范性附录)
引 物 序 列

H.1 检测猪支气管败血波氏杆菌的引物序列

Bb-F:5′-CAGGAACATGCCCTTTG-3′;
Bb-R:5′-TCCCAAGAGAGAAAGGCT-3′。

H.2 检测多杀巴氏杆菌的引物序列

Pm-F:5′-ATCCGCTATTTACCCAGTGG-3′;
Pm-R:5′-GCTGTAAACGAACTCGCCAC-3′。

H.3 检测产毒素多杀巴氏杆菌的引物序列

T+Pm-F:5′-CTTAGATGAGCGACAAGG-3′;
T+Pm-R:5′-ACATTGCAGCAAATTGTT-3′。

H.4 检测A型多杀巴氏杆菌的引物序列

Pm A-F:5′-TGCCAAAATCGCAGTCAG-3′;
Pm A-R:5′-TTGCCATCATTGTCAGTG-3′。

H.5 检测D型多杀巴氏杆菌的引物序列

Pm D-F:5′-TTACAAAAGAAAGACTAGGAGCCC-3′;
Pm D-R:5′-CATCTACCCACTCAACCATATCAG-3′。

附 录 I
(资料性附录)

I.1 猪支气管败血波氏杆菌 PCR 检测结果判定图见图 I.1。

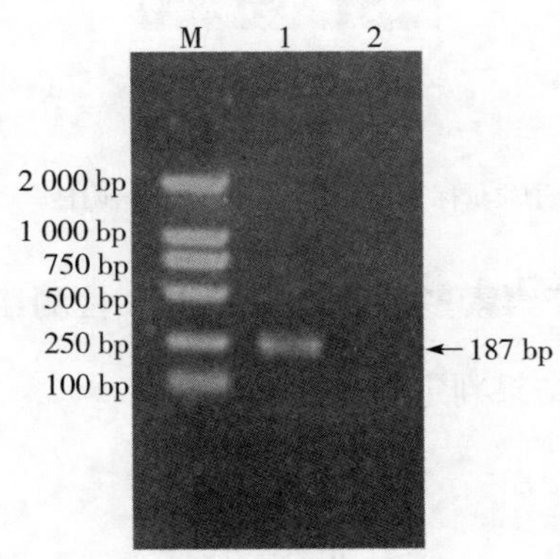

说明：

M ——DL-2 000 DNA 分子质量标准；

泳道 1——阳性；

泳道 2——阴性。

图 I.1 猪支气管败血波氏杆菌 PCR 检测结果电泳图

I.2 多杀巴氏杆菌 PCR 检测结果判定图见图 I.2。

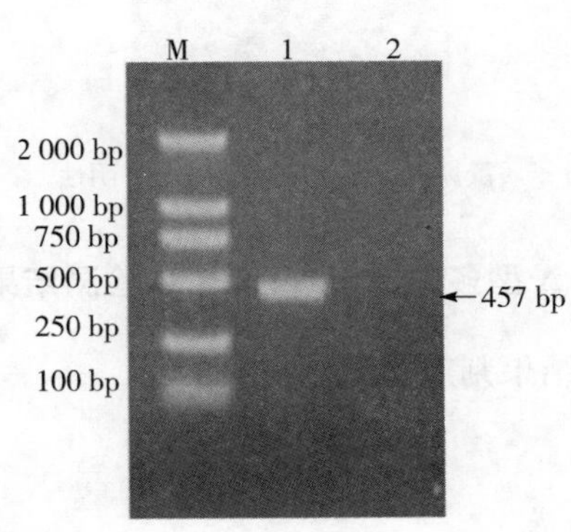

说明：

M ——DL-2 000 DNA 分子质量标准；

泳道 1——阳性；

泳道 2——阴性。

图 I.2 多杀巴氏杆菌 PCR 检测结果电泳图

I.3 产毒素多杀巴氏杆菌 PCR 检测结果判定图见图 I.3。

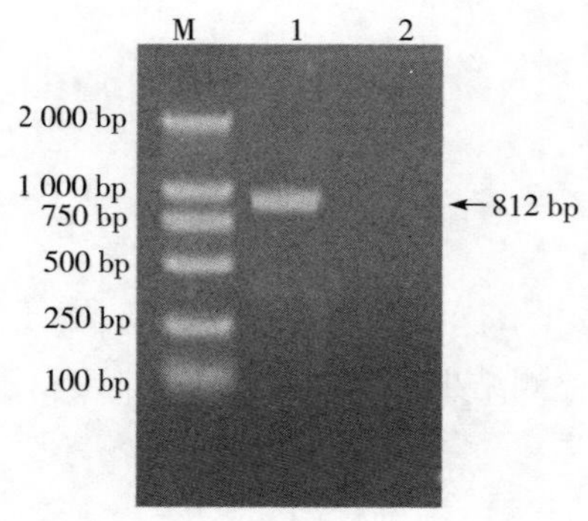

说明：

M ——DL-2 000 DNA 分子质量标准； 泳道 2——阴性。

泳道 1——阳性；

图 I.3 产毒素多杀巴氏杆菌 PCR 检测结果电泳图

I.4 A 型多杀巴氏杆菌 PCR 检测结果判定图见图 I.4。

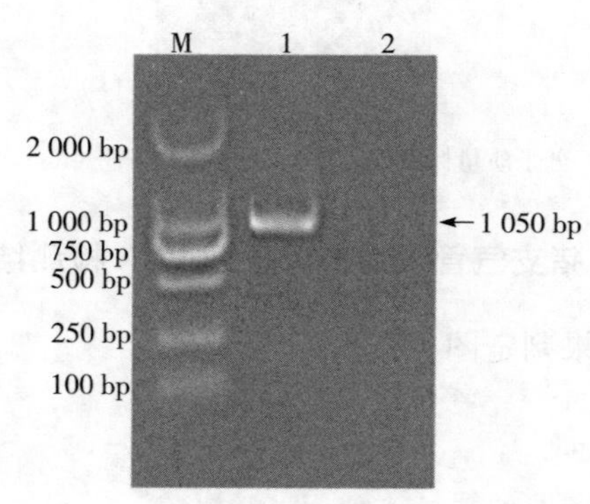

说明：

M ——DL-2 000 DNA 分子质量标准； 泳道 2——阴性。

泳道 1——阳性；

图 I.4 A 型多杀巴氏杆菌 PCR 检测结果电泳图

I.5 D 型多杀巴氏杆菌 PCR 检测结果判定图见图 I.5。

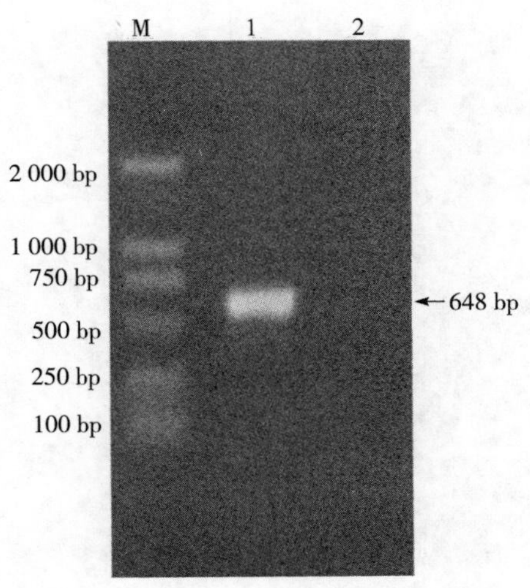

说明：

M ——DL-2 000 DNA分子质量标准；

泳道1——阳性；

泳道2——阴性。

图I.5 D型多杀巴氏杆菌PCR检测结果电泳图

ICS 11.220
B 41

中华人民共和国农业行业标准

NY/T 548—2015
代替 NY/T 548—2002

猪传染性胃肠炎诊断技术

Diagnostic techniques for transmissible gastroenteritis

2015-05-21 发布　　　　2015-08-01 实施

中华人民共和国农业部　发布

前　言

本标准按照 GB/T 1.1—2009 给出的规则起草。

本标准代替 NY/T 548—2002《猪传染性胃肠炎诊断技术》。

本标准与 NY/T 548—2002 相比，病原检测部分增加了 RT-PCR 检测方法。

本标准由中华人民共和国农业部提出。

本标准由全国动物防疫标准化技术委员会(SAC/TC 181)归口。

本标准起草单位：中国农业科学院哈尔滨兽医研究所。

本标准主要起草人：冯力、陈建飞、时洪艳、张鑫

本标准的历次版本发布情况为：

——NY/T 548—2002。

猪传染性胃肠炎诊断技术

1 范围

本标准规定了猪传染性胃肠炎的病原学检测和血清学检测。病原学检测包括病毒分离鉴定、直接免疫荧光法、双抗体夹心酶联免疫吸附试验和反转录—聚合酶链式反应。血清学检测包括血清中和试验和间接酶联免疫吸附试验。

本标准适用于对猪传染性胃肠炎的诊断、产地检疫及流行病学调查等。

2 规范性引用文件

下列文件对于本文件的应用是必不可少的。凡是注日期的引用文件，仅注日期的版本适用于本文件。凡是不注日期的引用文件，其最新版本(包括所有的修改单)适用于本文件。

GB/T 6682 分析实验室用水规格和实验方法

GB 19489 实验室生物安全通用要求

GB/T 27401 实验室质量控制规范 动物检疫

3 术语和定义

下列术语和定义适用于本文件。

3.1

猪传染性胃肠炎 *transmissible gastroenteritis*，TGE

猪传染性胃肠炎是由尼多目(*Nidovirales*)、冠状病毒科(*Coronaviridae*)、α-冠状病毒属的猪传染性胃肠炎病毒(*transmissible gastroenteritis virus*，TGEV)引起的猪的一种急性、高度接触传染性的肠道疾病，以呕吐、水样腹泻、脱水和10日龄以内仔猪的高死亡率为主要特征。

4 缩略语

下列缩略语适用于本文件。

CPE：cytopathic effect 细胞病变作用。

DIA：direct Immunofluorescence assay 直接免疫荧光法。

ELISA：enzyme-linked immunosorbent assay 酶联免疫吸附试验。

PBS：phosphate buffered saline 磷酸盐缓冲液。

PRCV：porcine respiratory coronavirus 猪呼吸道冠状病毒。

TGE：transmissible gastroenteritis 猪传染性胃肠炎。

RT-PCR：reverse transcription-polymerase chain reaction 反转录—聚合酶链式反应。

5 临床诊断

5.1 流行特点

TGE的发生和流行有暴发流行、地方流行和周期性地方流行3种形式。若感染了TGEV的变异株PRCV，则会出现不同的流行模式，从而使TGEV的流行更加复杂化。本病一年四季均可发生，一般多发生在冬季和春季，有时也发生于夏季、秋季。各种年龄的猪均可感染，尤其是10日龄以内的哺乳仔猪，发病率和死亡率可高达100%。病猪、带毒猪和隐性感染猪是本病的主要传染源。病毒通过粪—口途径、气溶胶或感染母猪的乳汁进行传播。

5.2 临床症状

本病的潜伏期较短，通常为 18 h 至 3 d。感染发生后，传播迅速，2 d～3 d 可波及整个猪群。临床表现因猪龄大小而异，新生仔猪的典型症状是呕吐、水样腹泻、脱水、体重迅速下降，导致新生仔猪高发病率和高死亡率。腹泻严重的仔猪，常出现未消化的乳凝块。粪便腥臭，病程短，症状出现后 2 d～7 d 死亡。泌乳母猪发病，则一过性体温升高、呕吐、腹泻、厌食、无乳或泌乳量急剧减少，小猪得不到足够乳汁，进一步加剧病情，营养严重失调，增加了小猪的病死率。3 周龄仔猪、生长期猪和出栏期猪感染时仅表现厌食，腹泻程度较轻，持续期相对较短，偶尔伴有呕吐，极少发生死亡。

5.3 病理变化

TGEV 引起的腹泻，尽管症状很严重，但是病理变化较轻微。肉眼可见的病理变化常局限于消化道，特别是胃和小肠。胃膨胀，胃内充满凝乳块，胃黏膜充血或出血，胃大弯部黏膜淤血。小肠壁弛缓、膨满，肠壁菲薄呈半透明。小肠内容物呈黄色、透明泡沫状的液体，含有凝乳块。空肠黏膜可见肠绒毛萎缩，哺乳仔猪肠系膜淋巴管的乳糜管消失。

组织学变化主要以空肠为主，从胃至直肠呈广范围的渗出性卡他性炎症变化。其特征是肠绒毛萎缩变短，回肠变化稍轻微。小肠变化有较明显的年龄特征，新生猪变化严重。电子显微镜观察，可见小肠上皮细胞的微绒毛、线粒体、内质网以及其他细胞质内的成分变性。在细胞质空泡内有病毒粒子存在。

6 实验室诊断

6.1 仪器、材料与试剂

除特别说明以外，本标准所用试剂均为分析纯，水为符合 GB/ T 6682 规定的灭菌双蒸水或超纯水。

倒置显微镜、冷冻离心机、微孔滤膜、滤器、细胞培养瓶、盖玻片、温箱、荧光显微镜、冷冻切片机、载玻片、滴管、定量加液器、微量吸液器及配套吸头、96 孔或 40 孔聚乙烯微量反应板、单通道、8 通道微量吸液器及配套吸头、二氧化碳培养箱、微量振荡器及小培养瓶、酶标检测仪等。仔猪肾原代细胞或 PK15、ST 细胞系。荧光抗体(FA)，猪抗 TGE - IgG 及猪抗 TGE - IgG - HRP，病毒抗原和标准阴性血清、阳性血清，抗原和酶标抗体。磷酸盐缓冲液(PBS)、细胞培养液、病毒培养液、HEPES 液、0.1%伊文斯蓝原液、磷酸盐缓冲甘油、吸液、包被稀释液、样品稀释液、酶标抗体稀释液、底物溶液、终止液(配制方法见附录 A)。

6.2 病毒分离鉴定

6.2.1 病料处理

将采集的小段空肠剪碎及肠内容物或粪便用含 10 000 IU/ mL 青霉素、10 000 μg/ mL 链霉素的磷酸盐缓冲液(PBS)(见 A.1)制成 5 倍悬液，在 4℃条件下 3 000 r/ min 离心 30 min，取上清液，经0.22 μm 微孔滤膜过滤，分装，－20℃保存备用。

6.2.2 接种及观察

将过滤液(病毒培养液的 10%)接种细胞单层上，37℃吸附 1 h 后补加病毒培养液，逐日观察细胞病变(CPE)，连续 3 d～4 d，按 CPE 变化情况可盲传 2 代～3 代。

6.2.3 病毒鉴定

CPE 变化的特点：细胞颗粒增多，圆缩，呈小堆状或葡萄串样均匀分布，细胞破损，脱落。对不同细胞培养物，CPE 可能有些差异。分离病毒用细胞瓶中加盖玻片培养，收毒时取出盖玻片(包括接毒与不接毒对照片)用直接荧光法做鉴定。鉴定方法和结果判定见 6.3。

6.3 直接免疫荧光法

6.3.1 样品

组织样本：从急性病例采取空肠(中段)或肠系膜淋巴结。

6.3.2 操作方法

6.3.2.1 标本片的制备

将组织样本制成 4 μm～7 μm 冰冻切片。或将组织样本制成涂片：肠系膜淋巴结用横断面涂抹片；空肠则刮取黏膜面做压片。标本片制好后，风干。于丙酮中固定 15 min。再置于 PBS 中浸泡 10 min～15 min，风干。

细胞培养盖玻片：将分离毒细胞培养 24 h～48 h 的盖玻片及阳性、阴性对照片在 PBS 中冲洗 3 次，风干。于丙酮中固定 15 min，再置于 PBS 中浸泡 10 min～15 min，风干。

6.3.2.2 染色

用 0.02%伊文思蓝溶液(见 A.5)将 FA 稀释至工作浓度(1∶8 以上合格)。4 000 r/ min 离心 10 min，取上清液滴于标本上，37℃恒温恒湿染色 30 min，取出后用 PBS 冲洗 3 次，依次为 3 min、4 min 和5 min，风干。

6.3.2.3 封固

滴加磷酸盐缓冲甘油(见 A.6)，用盖玻片封固。尽快做荧光显微镜检查。如当日检查不完则将荧光片置于 4℃冰箱中，不超过 48 h 内检查。

6.3.3 结果判定

被检标本的细胞结构应完整清晰，并在阳性、阴性对照均成立时判定。细胞核暗黑色、胞浆呈苹果绿色判为阳性；所有细胞浆中无特异性荧光判定为阴性。

按荧光强度划为 4 级：

a) ＋＋＋＋：胞浆内可见闪亮苹果绿色荧光；

b) ＋＋＋：胞浆内为明亮的苹果绿色荧光；

c) ＋＋：胞浆内呈一般苹果绿色荧光；

d) ＋：胞浆内可见微弱荧光，但清晰可见。

凡出现 a)～d)不同强度荧光者均判定为阳性。当无特异性荧光，细胞浆被伊文斯蓝染成红色，胞核黑红色者判为阴性。

6.4 双抗体夹心 ELISA

6.4.1 材料准备

6.4.1.1 洗液、包被稀释液、样品稀释液、酶标抗体稀释液、底物溶液、终止液配制方法见附录 A。

6.4.1.2 待检样品：取发病仔猪粪便或仔猪肠内容物，用浓盐水 1∶5 稀释，3 000 r/ min 离心 20 min，取上清液，分装，－20℃保存备用。

6.4.2 操作方法

6.4.2.1 冲洗包被板

向各孔注入洗液(见 A.7)，浸泡 3 min，甩干，再注入洗液，重复 3 次。甩去孔内残液，在滤纸上吸干。

6.4.2.2 包被抗体

用包被稀释液(见 A.8)稀释猪抗 TGE - IgG 至使用倍数，每孔加 100 μL，置于 4℃过夜，弃液，冲洗同 6.4.2.1。

6.4.2.3 加样品

将制备的被检样品用样品稀释液(见 A.9)做 5 倍稀释，加入两个孔，每孔 100 μL。每块反应板设阴性抗原、阳性抗原及稀释液对照各两孔，置于 37℃作用 2 h，弃样品，冲液，冲洗同 6.4.2.1。

6.4.2.4 加酶标记抗体

每孔加 100 μL 经酶标抗体稀释液(见 A.10)稀释至使用浓度的猪抗 TGE - IgG - HRP,置于 37 ℃ 2 h,冲洗同 6.4.2.1。

6.4.2.5 加底物溶液

每孔加新配制的底物溶液(见 A.11)100 μL,置于 37 ℃ 30 min。

6.4.2.6 终止反应

每孔加终止液(见 A.12)50 μL,置于室温 15 min。

6.4.3 结果判定

用酶标测试仪在波长 492 nm 下,测定吸光度(OD)值。阳性抗原对照两孔平均 OD 值>0.8(参考值),阴性抗原对照两孔平均 OD 值≤0.2 为正常反应。按以下两个条件判定结果:P/N(被检抗原 OD 值/标准阴性抗原 OD 值)值≥2,且被检抗原两孔平均 OD 值≥0.2 判为阳性;否则为阴性。如其中一个条件稍低于判定标准,可复检一次,最后仍按照两个条件判定结果。

6.5 **RT - PCR**

6.5.1 仪器、材料与试剂

PCR 扩增仪、1.5 mL 离心管、0.2 mL PCR 反应管、电热恒温水槽、台式高速低温离心机、电泳仪、微量移液器及配套吸头、微波炉、紫外凝胶成像仪、冰箱。TRIzol® 试剂、核糖核酸酶(RNase)抑制剂(40 U/μL)、反转录酶(M - MLV)(200 U/μL)、dNTPs 混合物(各 10 mM)、无 RNase dH_2O、EmeraldAmp™ PCR Master Mix (2×)、DL2 000 DNA Marker、10×或 6× DNA 上样缓冲液、PBS(配制方法见附录 A)、TAE 电泳缓冲液(配制方法见附录 B)、三氯甲烷、异丙醇、三羟甲基氨基甲烷(Tris 碱)、琼脂糖、乙二胺四乙酸二钠(Na_2EDTA)、冰乙酸、氯化钠、溴化乙锭、灭菌双蒸水。

6.5.2 引物

6.5.2.1 反转录引物(F_2)

5′- TTAGTTCAAACAAGGAGT - 3′;

引物贮存浓度为 10 μmol/L,使用时终浓度为 500 pmol/L。

6.5.2.2 **PCR** 反应引物

F1(上游引物):5′- ATATGCAGTAGAAGACAAT - 3′;

F2(下游引物):5′- TTAGTTCAAACAAGGAGT - 3′。

引物贮存浓度为 10 μmol/L,使用时终浓度为 20 pmol/L。

6.5.3 样品制备

将小肠内容物或粪便与灭菌 PBS 按 1∶5 的重量体积比制成悬液,在涡旋混合器上混匀后 4 ℃ 5 000 r/min离心 10 min,取上清液于无 RNA 酶的灭菌离心管中,备用。制备的样品在 4 ℃保存时不应超过 24 h,长期保存应分装成小管,置于−70℃以下,避免反复冻融。

6.5.4 病毒总 RNA 提取

取 6.5.3 制备的待检样品上清 300 μL 于无 RNA 酶的灭菌离心管(1.5 mL)中,加入 500 μL RNA 提取液(TRIzol® Reagent),充分混匀,室温静置 10 min;加入 500 μL 三氯甲烷,充分混匀,室温静置 10 min,4℃ 12 000 r/min 离心 10 min,取上清(500 μL)于新的离心管(1.5 mL)中,加入 1.0 mL 异丙醇,充分混匀,−20℃静置 30 min,4℃ 12 000 r/min 离心 10 min。小心弃上清,倒置于吸水纸上,室温自然风干。加入 20 μL 无 RNase dH_2O 溶解沉淀,瞬时离心,进行 cDNA 合成或置−70℃以下长期保存。若条件允许,病毒总 RNA 还可用病毒 RNA 提取试剂盒提取。

6.5.5 **cDNA** 合成

反应在 20 μL 体系中进行。取 6.5.4 制备的总 RNA 12.5 μL 于无 RNA 酶的灭菌离心管(1.5 mL)中,加入 1 μL 反转录引物(F2)混匀,70℃保温 10 min 后迅速在冰上冷却 2 min, 瞬时离心使模板 RNA/

引物混合液聚集于管底；然后，依次加入 4 μL 5× M-MLV 缓冲液、1 μL dNTPs 混合物（各 10 mM）、0.5 μL RNase 抑制剂、1.0 μL 反转录酶 M-MLV 混匀，42℃保温 1 h；最后，70℃保温 15 min 后冰上冷却，得到 cDNA 溶液，立即使用或置于－20℃保存。

6.5.6 **PCR 反应**

6.5.6.1 **反应体系(25 μL)**

2×EmeraldAmp™ PCR Master Mix	12.5 μL
F1	0.05 μL
F2	0.05 μL
模板(*c*DNA)	2 μL
无菌双蒸水加至	25 μL

PCR 反应时，要设立阳性对照和空白对照。阳性对照模板为猪传染性胃肠炎病毒 ORF3 基因重组质粒，空白对照模板为提取的总 RNA。

6.5.6.2 **PCR 反应程序**

94℃预变性 5 min，然后 30 个循环(98℃变性 10 s、55℃退火 30 s、72℃延伸 84 s)，最后 72℃延伸 7 min，4℃保存。

6.5.7 **电泳**

6.5.7.1 **制胶**

1%琼脂糖凝胶板的制备：将 1 g 琼脂糖放入 100 mL 1×TAE 电泳缓冲液中，微波炉加热融化。待温度降至 60℃左右时，加入 10 mg/mL 溴化乙锭(EB)5 μL，均匀铺板，厚度为 3 mm～5 mm。

6.5.7.2 **加样**

PCR 反应结束后，取 5 μL 扩增产物（包括被检样品、阳性对照、空白对照）、5 μL DL2 000 DNA Marker 进行琼脂糖凝胶电泳。

6.5.7.3 **电泳条件**

150 V 电泳 10 min～15 min。

6.5.7.4 **凝胶成像仪观察**

反应产物电泳结束后，用凝胶成像仪观察检测结果、拍照、记录试验结果。

6.5.8 **结果判定**

在同一块凝胶板上电泳后，当 DNA 分子质量标准、各组对照同时成立时，被检样品电泳道出现一条 1 400 bp 的条带，判为阳性(＋)；被检样品电泳道没有出现大小为 1 400 bp 的条带，判为阴性(－)。结果判定见附录 C。

6.6 **血清中和试验**

6.6.1 **指示病毒**

指示病毒毒价测定后立即小量分装，置于－30℃冻存，避免反复冻融，使用剂量为 500 $TCID_{50}$～1 000 $TCID_{50}$。

6.6.2 **样品**

被检血清，同一动物的健康血清（或病初）血清和康复 3 周后血清（双份），被单份血清也可以进行检测，被检样品需 56 ℃灭活 30 min。

6.6.3 **溶液配制**

稀释液、细胞培养液、病毒培养液、HEPES 液，配制方法见附录 A。

6.6.4 **操作方法**

6.6.4.1 **常量法**

用稀释液倍比稀释血清，与稀释至工作浓度的指示毒等量混合，置于 37℃感作 1 h(中间摇动 2 次)。选择长满单层的细胞瓶，每份样品接 4 个培养瓶，再置于 37℃吸附 1 h(中间摇动 2 次)。取出后，加病毒培养液，置于 37 ℃温箱培养，逐日观察细胞病变(CPE)72 h～96 h 最终判定。每批对照设标准阴性血清对照、阳性血清对照，病毒抗原和细胞对照各 2 瓶，均加工作浓度指示毒，阴性血清、阳性血清做 2^6 稀释。

6.6.4.2 微量法

用稀释液倍比稀释血清，每个稀释度加 4 孔，每孔 50 μL，再分别加入 50 μL 工作浓度指示毒，经微量振荡器振荡 1 min～2 min，置于 37℃中和 1 h 后，每孔加入细胞悬液 100 μL(1.5×10^5 个细胞/mL～2.0×10^5 个细胞/mL)，微量板置于 37℃二氧化碳培养箱，或用胶带封口置 37℃温箱培养，72 h～96 h 判定结果，对照组设置同常量法。

6.6.5 结果判定

在对照系统成立时(病毒抗原及阴性血清对照组均出现 CPE，阳性血清及细胞对照组均无 CPE)，以能保护半数接种细胞不出现细胞病变的血清稀释度作为终点，并以抑制细胞病变的最高血清稀释度的倒数来表示中和抗体滴度。

发病后 3 周以上的康复血清滴度是健康(或病初)血清滴度的 4 倍，或单份血清的中和抗体滴度达 1∶8或以上，均判为阳性。

6.7 间接 ELISA

6.7.1 操作方法

6.7.1.1 冲洗包被板

向各孔注入无离子水，浸泡 3 min，再注入洗液(见 A.7)，重复 3 次。甩干孔内残液，在滤纸上吸干。

6.7.1.2 抗原包被

用包被稀释液(见 A.8)稀释抗原至使用浓度，包被量为每孔 100 μL。置于 4℃冰箱湿盒内 24 h，弃掉包被液，用洗液冲洗 3 次，每次 3 min。

6.7.1.3 加被检及对照血清

将每份被检血清样品用血清稀释液(见 A.12)做 1∶100 稀释，加入 2 个孔，每个孔 100 μL。每块反应板设阳性血清、阴性血清及稀释液对照各 2 孔，每孔 100 μL 盖好包被板置于 37℃湿盒内 1 h，冲洗同 6.7.1.2。

6.7.1.4 加酶标抗体

用酶标抗体稀释液(见 A.10)将酶标抗体稀释至使用浓度，每孔加 100 μL，置于 37℃湿盒内 1 h，冲洗同 6.7.1.2。

6.7.1.5 加底物溶液

每孔加新配制的底物溶液 100 μL，在 37℃湿盒内反应 5 min～10 min。

6.7.1.6 终止反应

每孔加终止液 50 μL。

6.7.2 结果判定

6.7.2.1 目测法

阳性对照血清孔呈鲜明的橘黄色，阴性对照血清孔无色或基本无色。被检血清孔凡显色者即判抗体阳性。

6.7.2.2 比色法

用酶标测试仪，在波长 492 nm 下，测定各孔 OD 值。阳性对照血清的两孔平均 OD 值>0.7(参考值)，阴性对照血清的两孔平均 OD 值≤0.183 为正常反应。OD 值≥0.2 为阳性；OD 值<0.183 时为阴性；OD 值在 0.183～0.2 之间为疑似。对疑似样品可复检一次，如仍为疑似范围，则看 P/N 比值，P/N

比值≥2 判为阳性,P/N 比值<2 者判为阴性。

7 结果判定

只要实验室诊断中的任何一种方法的结果成立,即可判断该病为猪传染性胃肠炎。

附 录 A
(规范性附录)
溶液的配制

A.1 0.02 mol/L pH 7.2 磷酸盐缓冲液(PBS)的配制

A.1.1 0.2 mol/L 磷酸氢二钠溶液

磷酸氢二钠($Na_2HPO_4 \cdot 12H_2O$)71.64 g,无离子水加至 1 000 mL。

A.1.2 0.2 mol/L 磷酸二氢钠溶液

磷酸二氢钠($NaH_2PO_4 \cdot 2H_2O$)31.21 g,无离子水加至 1 000 mL。

A.1.3 0.2 mL/L 磷酸氢二钠溶液 360 mL

0.2 mol/L 磷酸二氢钠溶液 140 mL,氯化钠 38 g,无离子水加至 5 000 mL。4℃保存。

A.2 细胞培养液的配制

含 10%灭活犊牛血清的 1640 营养液,加 100 IU/mL 青霉素及 100 μg/mL 链霉素,用 5.6%碳酸氢钠($NaHCO_3$)调 pH 至 7.2。如需换液,则血清含量为 5%。

A.3 病毒培养液的配制

1640 培养液中加下列成分,使最终浓度各达到:1% HEPES,1%二甲基亚砜(DMSO),5 μg/mL～10 μg/mL 胰酶(原代肾细胞为)5 μg/mL,100 IU/mL 青霉素、100 μg/mL 链霉素,以 5.6%碳酸氢钠($NaHCO_3$)调至 pH7.2。

A.4 HEPES 液的配制

称取 0.238 5 g HEPES 溶于 100 mL 无离子水中,用 1 mol/L 氢氧化钠(NaOH)调整 pH 至 7.0～7.2,过滤后置于 4℃备用。

A.5 0.1%伊文斯蓝原液的配制

称取伊文斯蓝 0.1 g 溶于 100 mL ,0.02 mol/L pH 7.2 PBS 中,4℃保存。使用时,稀释成 0.02%浓度。

A.6 磷酸盐缓冲甘油的配制

量取丙三醇 90 mL,0.02 mol/L pH 7.2 PBS 10 mL,振荡混合均匀即成,4℃保存。

A.7 洗液的配制

量取 50 μL 吐温—20,加入 100 mL 0.02 mol/L pH7.2 磷酸盐缓冲液(见 A.1)中。

A.8 包被稀释液的配制

A.8.1 0.1 mol/L 碳酸钠液:称取碳酸钠 10.6 g,加无离子水至 1 000 mL。

A.8.2 0.1 mol/L 碳酸氢钠液:称取碳酸氢钠 8.4 g,加无离子水至 1 000 mL。

A.8.3 量取 0.1 mol/L 碳酸钠液 200 mL,0.1 mol/L 碳酸氢钠液 700 mL,混合即成。

A.9 样品稀释液的配制

加 0.05%吐温－20 及 1%明胶的 0.02 mol/L pH7.2 磷酸盐缓冲液。

A.10 酶标抗体稀释液的配制

加 0.05%吐温－20,1%明胶及 5%灭活牛血清的 0.02 mol/L pH7.2 磷酸盐缓冲液。

A.11 底物溶液的配制

A.11.1 pH5.0 磷酸盐—柠檬酸缓冲液:称取柠檬酸 21.01 g,加无离子水至 1 000 mL,量取 243 mL 与 0.2 mol/L 磷酸氢二钠液(见 A.1)257 mL 混合,于 4℃冰箱中保存不超过 1 周。

A.11.2 称取 40 mg 邻苯二胺,溶于 100 mL pH5.0 磷酸盐—柠檬酸缓冲液(用前从 4 ℃冰箱中取出,在室温下放置 20 min～30 min)。待溶解后,加入 150 μL 过氧化氢,根据试验需要量可按比例增减。

A.12 终止液的配制

2 mol/L 硫酸,量取浓硫酸 4 mL 加入 32 mL 无离子水中混匀。

附 录 B
(规范性附录)
TAE 电泳缓冲液(pH 约 8.5)的配制

50×TAE 电泳缓冲储存液:

三羟甲基氨基甲烷(Tris 碱)	242 g
乙二胺四乙酸二钠(Na_2EDTA)	37.2 g
双蒸水	800 mL

待上述混合物完全溶解后,加入 57.1 mL 的醋酸充分搅拌溶解,加双蒸水至 1 L 后,置于室温下保存。

应用前,用双蒸水将 50×TAE 电泳缓冲液 50 倍稀释。

附　录　C
（规范性附录）
样品检测结果判定图

样品检测结果判定见图 C.1。

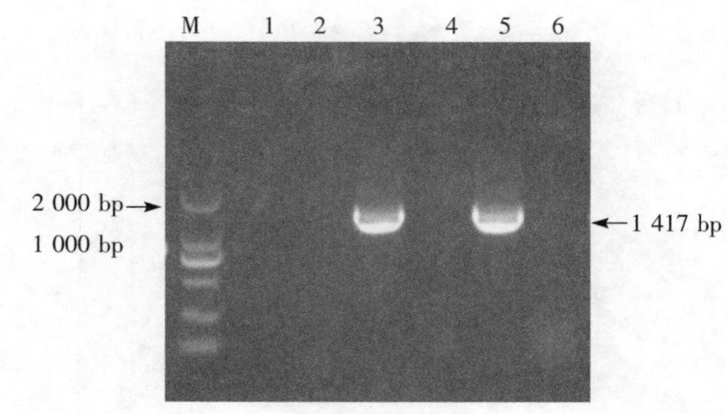

说明：

M　　——DL 2 000 DNA Marker；

1,2,4 ——阴性样品；

3　　——阳性样品；

5——阳性对照；

6——阴性对照。

图 C.1　猪传染性胃肠炎病毒 PCR 检测结果

ICS 11.220
B 41

中华人民共和国农业行业标准

NY/T 553—2015
代替 NY/T 553—2002

禽支原体PCR检测方法

Detection of avian *mycoplasmas* by polymerase chain reaction(PCR)

2015-05-21 发布 2015-08-01 实施

中华人民共和国农业部 发布

前　言

本标准按照 GB/T 1.1—2009 给出的规则起草。

本标准代替 NY/T 553—2002《禽支原体病诊断技术》。

本标准与 NY/T 553—2002 相比，删除了血清凝集实验，选取了 PCR 方法检测鸡毒支原体和滑液囊支原体。

本标准由中华人民共和国农业部提出。

本标准由全国动物防疫标准化技术委员会(SAC/TC 181)归口。

本标准起草单位：中国动物卫生与流行病学中心。

本标准主要起草人：王娟、李卫华、王玉东、黄秀梅、龚振华、郭福生。

本标准的历次版本发布情况为：

——NY/T 553—2002。

禽支原体 PCR 检测方法

1 范围

本标准规定了禽支原体 PCR(聚合酶链式反应)的检测技术要求。

本标准适用于禽支原体病的流行病学调查和辅助性诊断。

2 缩略语

下列缩略语适用于本文件。

MG:*mycoplasma gallisepticum* 鸡毒支原体。

MS:*mycoplasma synoviae* 滑液囊支原体。

PBS:*phosphate buffered solution* 磷酸盐缓冲液。

3 实验室设备要求

3.1 仪器

基因序列分析仪、台式高速冷冻离心机、电泳仪、电泳槽、冰箱、紫外凝胶成像系统、微量移液器、水浴锅、涡旋仪等。

3.2 操作区域

样品处理区要有相应的生物安全设施;配液区要求高度洁净;电泳区要与其他操作区域相互隔离。

3.3 操作者

操作者应接受过 PCR 技术培训,熟悉防止核酸污染和溴化乙锭污染的具体措施,熟悉电泳结果的判断方法。

4 相关试剂

4.1 2×Taq Master Mix

生物试剂公司生产。

4.2 1.5%琼脂糖凝胶

见 A.1。

4.3 1×TAE 缓冲液

见 A.2。

4.4 溴化乙锭(10 μg/μL)

见 A.3。

4.5 商品化的 DNA 分子量标准

要求在 100 bp~300 bp 之间有 5 条以上的指示条带。

4.6 标准菌株

S6 株、WVU1853 株购自中国兽医药品监察所。

4.7 阴性对照品

用高压灭菌的 PBS 作为阴性对照标准品。

5 操作程序

5.1 样品处理

将气管拭子、关节囊穿刺液、关节面拭子样品悬浮于 1 mL PBS 溶液中，混匀成悬浮液；气管、肺、气囊等组织器官充分研磨后，加入适量的 PBS 溶液，制成混悬液，备用；也可用分离培养后的菌液作为样品。

5.2 DNA 提取

将制成的悬浮液或悬液 2 000 r/min 离心 5 min，将离心后的上清或分离培养后的菌液置于 1.5 mL 带盖的微量离心管中，在 4℃条件下，14 000 *g* 离心 30 min。用微量加样器仔细除去上清液，并将沉淀悬浮于 25 μL 双蒸水中。将置于离心管中的内容物隔水煮沸 10 min，然后冰浴 10 min，14 000 *g* 离心 10 min，上清液为 DNA 模板，用于扩增其 16 S rDNA。

5.3 引物

5.3.1 MG 引物序列

MG-14F：5′-GAG CTA ATC TGT AAA GTT GGT C-3′；

MG-13R：5′-GCT TCC TTG CGG TTA GCA AC-3′。

5.3.2 MS 引物序列

MS-F：5′-GAG AAG CAA AAT AGT GAT ATC A-3′；

MS-R：5′-CAG TCG TCT CCG AAG TTA ACA A-3′。

5.4 PCR 反应体系

25μL PCR 反应体系包括：

ddH_2O	9.5 μL
DNA 模板	2.0 μL
2×Taq Master Mix	12.5 μL
上、下游引物混合物	1.0 μL

每次试验应设阳性对照和阴性对照。

先 94℃变性 5 min，然后按 94℃变性 30 s、55℃退火 30 s、72℃延伸 60 s 的顺序循环，共循环 35 次，最后在 72℃温度下延伸 10 min，于 4℃保存，备用。

5.5 PCR 产物电泳

PCR 反应结束后，每个 PCR 管中加入 5 μL 加样缓冲液，充分混匀，再每管取 5 μL 加入琼脂糖凝胶板的加样孔中，在位于凝胶中央的孔加入 DNA 分子量标准。加样后，按照 5 V/cm 电压，电泳 20 min～40 min(每次电泳时，每隔 10 min 观察 1 次。当加样缓冲液中溴酚蓝电泳过半至凝胶下 2/5 处时，可停止电泳)。电泳后，置于紫外凝胶成像仪下观察，用分子量标准判断 PCR 扩增产物大小。

6 结果判定

阳性对照出现相应大小的扩增条带，且阴性对照无此扩增带时，判定检测有效；否则判定检测结果无效，不能进行判断。

MG 的 PCR 产物为 185 bp。如果在阳性对照出现 185 bp 扩增带，阴性对照无带出现(引物二聚体除外)时，试验成立。被检样品出现 185 bp 扩增带为 MG 阳性，否则为阴性。

MS 的 PCR 产物为 207 bp。如果在阳性对照出现 207 bp 扩增带，阴性对照无带出现(引物二聚体除外)时，试验成立。被检样品出现 207 bp 扩增带为 MS 阳性，否则为阴性。

附　录　A
（规范性附录）
相关试剂的配制

A.1　1.5%琼脂糖凝胶的配制

琼脂糖	1.5 g
0.5×TAE 电泳缓冲液加至	100 mL

微波炉中完全融化，待冷至50℃～60℃时，加入溴化乙锭(EB)溶液5 μL，摇匀，倒入电泳板上，凝固后取下梳子，备用。

A.2　1×TAE 缓冲液的配制

A.2.1　配制0.5 mol/L 乙二胺四乙酸二钠($EDTA\text{-}Na_2$)溶液(pH 8.0)

二水乙二胺四乙酸二钠($EDTA\text{-}Na_2 \cdot 2H_2O$)	18.61 g
灭菌双蒸水	80 mL
氢氧化钠调 pH 至	8.0
灭菌双蒸水加至	100 mL

用于配制 A.2.2 中的50×TAE。

A.2.2　配制50×TAE 电泳缓冲液

羟基甲基氨基甲烷(Tris)	242 g
冰乙酸	57.1 mL
0.5 mol/L 乙二胺四乙酸二钠溶液(pH 8.0)	100 mL
灭菌双蒸水加至	1 000 mL

用于配制 A2.3 中的1×TAE。

A.2.3　配制1×TAE 缓冲液

50×TAE 电泳缓冲液	100 mL
灭菌双蒸水加至	1 000 mL

A.3　溴化乙锭(10 μL)的配制

溴化乙锭	20 mg
灭菌双蒸水加至	20 mL

A.4　10×加样缓冲液

聚蔗糖	25 g
灭菌双蒸水	100 mL
溴酚蓝	0.1 g
二甲苯青	0.1 g

附 录 B
(规范性附录)
PBS 溶液的配制

PBS 溶液的配制如下:

NaCl	3.9 g
$Na_2HPO_4 \cdot 12H_2O$	0.2 g
KH_2PO_4	0.2 g
双蒸馏水加至	1 000 mL

附 录 C
（规范性附录）
PCR 产物大小对照

PCR 产物大小对照见图 C.1。

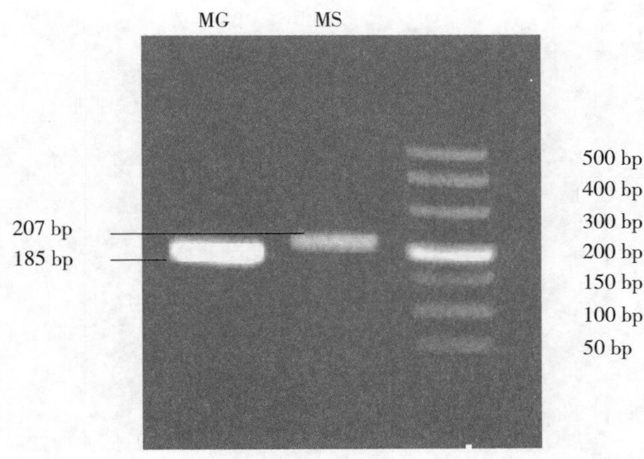

图 C.1 PCR 产物大小对照

ICS 11.220
B 41

中华人民共和国农业行业标准

NY/T 561—2015
代替 NY/T 561—2002

动物炭疽诊断技术

Diagnostic techniques for animal anthrax

2015-10-09 发布 2015-12-01 实施

中华人民共和国农业部 发布

前　言

本标准按照GB/T 1.1—2009给出的规则起草。

本标准代替NY/T 561—2002《动物炭疽诊断技术》，与NY/T 561—2002相比，主要技术变化如下：

——增加了规范性引用文件(见2)；

——增加了生物安全要求(见3)；

——增加了炭疽细菌学检查操作流程(见5)；

——增加了病料标本运输(见6.1.3)；

——增加了PCR鉴定试验(见6.6)；

——增加了陈旧动物病料和环境标本的细菌学检查(见7)；

——修改了病料标本采集(见6.1.1和6.1.2)；

——修改了细菌学检查的综合报告(见6.7)；

——修改了皮张标本取样和皮张抗原的制备方法(见8.1和8.3)；

——删除了雷比格尔氏荚膜染色法和荧光抗体染色法；

——删除了青霉素串珠试验；

——删除了非皮张类标本的沉淀试验检查。

本标准与世界动物卫生组织OIE编著《陆生动物诊断试验和疫苗手册》(2012年第7版)中有关炭疽的诊断技术基本一致。

本标准由农业部兽医局提出。

本标准由全国动物卫生标准化技术委员会(SAC/TC 181)归口。

本标准起草单位：军事医学科学院军事兽医研究所。

本标准主要起草人：冯书章、祝令伟、刘军、郭学军、孙洋、纪雪、周伟。

本标准的历次版本发布情况为：

——NY/T 561—2002。

动物炭疽诊断技术

1 范围

本标准规定了动物炭疽芽孢杆菌的分离、培养及鉴定方法。

本标准适用于动物炭疽的诊断和检疫以及环境标本中炭疽芽孢杆菌的检测。

2 规范性引用文件

下列文件对于本文件的应用是必不可少的。凡是注日期的引用文件，仅注日期的版本适用于本文件。凡是不注日期的引用文件，其最新版本(包括所有的修改单)适用于本文件。

国务院〔2004〕424 号 病原微生物实验室生物安全管理条例

农业部〔2003〕302 号 兽医实验室生物安全管理规范

农医发〔2007〕12 号 炭疽防治技术规范

3 生物安全要求

3.1 疑似炭疽病料标本的涂片、染色和镜检，以及灭活材料的 PCR 试验和沉淀试验操作应在 BSL－2 实验室进行。

3.2 病原分离培养操作应在 BSL－3 实验室进行。

3.3 采样过程中的个体防护按照农医发〔2007〕12 号的规定执行，实验过程中的操作和个体防护按照农业部〔2003〕302 号的规定执行，推荐长期从事炭疽诊断的专业人员接种炭疽疫苗。

3.4 所有可能受污染的物品应彻底灭菌处理，可能受污染的环境应消毒处理，灭菌及消毒方法按照农医发〔2007〕12 号的规定执行。

4 材料准备

4.1 器材

恒温培养箱、恒温水浴锅、高压灭菌锅、Ⅱ级生物安全柜、光学显微镜、台式离心机、CO_2 培养箱、PCR 扩增仪、电泳系统、紫外凝胶成像仪或紫外分析仪。

4.2 培养基及试剂

普通营养肉汤、普通营养琼脂平板、5%绵羊血液琼脂平板(或 5%马血液琼脂平板)、0.7%碳酸氢钠琼脂平板、PLET 琼脂平板；碱性美蓝染色液、草酸铵结晶紫染色液、革兰氏碘液、沙黄复染液、TAE 电泳缓冲液、2%琼脂糖凝胶、上样缓冲液、0.5%苯酚生理盐水。配制方法见附录 A。

4.3 诊断试剂

国家标准炭疽沉淀素血清、炭疽皮张抗原、健康皮张抗原、炭疽诊断用标准噬菌体和Ⅱ号炭疽疫苗菌株。

4.4 实验动物

体重 18 g～22 g 清洁级实验用小鼠。

5 操作流程

炭疽细菌学检查操作流程见图 1。

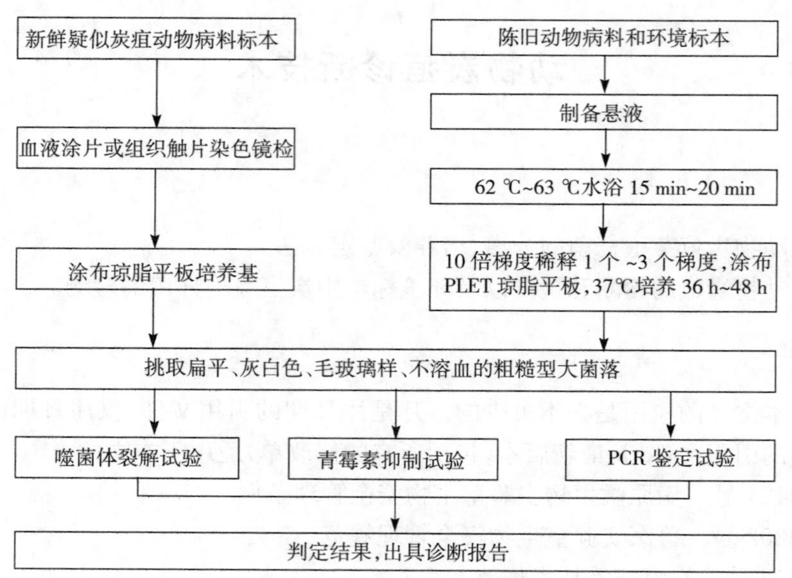

图 1　炭疽细菌学检查操作流程

6　新鲜疑似炭疽动物病料标本的细菌学检查

6.1　病料标本采集和运输

6.1.1　疑似炭疽患病动物病料标本采集

疑似炭疽患病动物，自消毒的耳部或尾根部静脉采血 1 mL～3 mL，或者抽取病变部水肿液或渗出液以及天然孔流出的血性物，放置于无菌采样管中。取少许血液或组织液直接涂于载玻片上，自然干燥后火焰固定，放置于载玻片盒中。

6.1.2　疑似炭疽死亡动物病料标本采集

疑似炭疽死亡动物，针刺鼻腔或尾根部静脉抽取血液。已经错剖的疑似炭疽动物尸体，应立即停止解剖活动，可抽取 1 mL～3 mL 血液或血性物，或者用无菌棉拭子蘸取组织切面采样，并做血液涂片或组织触片，然后立即按照农医发〔2007〕12 号的规定处理现场。

6.1.3　病料标本运输

病料标本的包装和运输应符合国务院〔2004〕424 号的要求，运输时间超过 1 h，应在 2℃～8℃条件下运输。

6.2　细菌染色法

6.2.1　碱性美蓝荚膜染色法

6.2.1.1　操作方法

滴加碱性美蓝染色液于载玻片涂抹面上，染色 2 min～3 min(如荚膜不清楚，染色时间可稍延长)，水洗、干燥、镜检。冲洗后的废水以及吸水纸经高压灭菌处理或者用 10%次氯酸钠溶液处理过夜。

6.2.1.2　结果观察

镜下观察可见，炭疽芽孢杆菌菌体粗大，呈深蓝色，菌体外围荚膜呈粉红色。病料标本染色，菌体单在、成对或呈短链条排列；培养物染色，菌体呈长链条排列。

6.2.2　革兰氏染色法

6.2.2.1　操作方法

滴加草酸铵结晶紫染色液于载玻片涂抹面上，染色 1 min，水洗。滴加革兰氏碘液，作用 1 min，水洗。滴加 95%乙醇，脱色约 30 s，水洗。滴加沙黄复染液，复染 1 min，水洗，干燥，镜检。废水以及吸水纸如 6.2.1.1 处理。

6.2.2.2 结果观察

镜下观察可见，炭疽芽孢杆菌呈蓝紫色，为革兰氏阳性的粗大杆菌，长 3 μm～5 μm，宽 0.8 μm～1.2 μm，有时可见椭圆形、小于菌体未着色的中央芽孢。病料标本染色，菌体单在、成对或呈短链条排列；培养物染色，菌体呈长链条排列，两菌接触端平直。

6.3 细菌分离培养

6.3.1 操作方法

用接种环钓取血液、水肿液、渗出液等，划线接种于琼脂平板培养基表面；棉拭子标本直接涂于琼脂平板培养基表面。置 37℃培养 18 h ～ 24 h。挑取可疑菌落，接种于普通营养肉汤中，37℃培养 4 h～5 h，涂片进行革兰氏染色镜检，并进行后续检测试验。

6.3.2 结果观察

炭疽芽孢杆菌的菌落具有如下特征。

a) 在普通营养琼脂平板上，形成扁平、灰白色、毛玻璃样、边缘不整齐、直径 3 mm～5 mm 的粗糙型大菌落。用低倍显微镜观察，菌落呈卷发状，有的菌落可见拖尾现象。
b) 在 5%绵羊或马血液琼脂平板上，形成粗糙型大菌落，菌落周围不溶血。
c) 在 PLET 琼脂平板上，生长受轻度抑制，需培养 36 h～48 h，形成较小的毛玻璃样粗糙型菌落。

6.4 噬菌体裂解试验和青霉素抑制试验

6.4.1 操作方法

吸取 100 μL 待检菌液均匀涂布于普通营养琼脂平板表面，自然干燥 15 min。用接种环钓取炭疽诊断用标准噬菌体悬液一满环，点种于平板的一侧或划一短直线；在平板的另一侧贴 1 片含 10 U 青霉素的药敏纸片。同时，以Ⅱ号炭疽疫苗菌株培养的菌液作为阳性对照。37℃培养 3 h～5 h。

6.4.2 结果观察

噬菌体悬液滴加处细菌不生长，出现明显而清亮的噬菌斑(带)，为噬菌体裂解阳性反应。青霉素纸片周围细菌不生长，出现明显的抑菌环，为青霉素敏感菌株。如在培养平板上不出现或只出现不明显的噬菌斑(带)和抑菌环，应将培养时间延长到 12 h～18 h，再观察结果如前，应判为阴性反应；如出现明显的噬菌斑(带)和抑菌环，判为阳性反应。

6.5 荚膜形成试验

6.5.1 操作方法

用接种环钓取待检菌液划线接种于 0.7%碳酸氢钠琼脂平板上，置 20%二氧化碳条件下，于 37℃培养 18 h～24 h。同时，以Ⅱ号炭疽疫苗菌株作为阳性对照。挑取菌落，涂片，碱性美蓝染色，镜检。

6.5.2 结果观察

见 6.2.1.2。

6.6 PCR 鉴定试验

6.6.1 PCR 引物

炭疽芽孢杆菌 PCR 鉴定所使用的引物参见附录 B。

6.6.2 模板制备

吸取 100 μL 待检菌液于带螺口盖的离心管中，12 000 r/min 离心 1 min，菌体沉淀用 25 μL 无菌去离子水重悬；或者用接种环钓取可疑菌落于 25 μL 无菌去离子水中混匀。95℃加热处理 20 min，冷却到 4℃后 12 000 r/min 离心 1 min 取上清作为 PCR 反应的模板 DNA。阳性对照为Ⅱ号炭疽疫苗菌株制备的模板 DNA，阴性对照为不加菌的无菌去离子水。

6.6.3 PCR 反应

6.6.3.1 **PCR 反应体系**

PCR 反应总体系 50 μL,依次加入以下试剂:

无菌去离子水	27.5 μL
不含镁离子 10×Taq 缓冲液	5 μL
15 mmol/L 氯化镁	5 μL
dNTP 混合物(各 2.5 mmol/L)	5 μL
上游引物(PAF,50 μmol/L;CAF 或 SAF,10 μmol/L)	1 μL
下游引物(PAR,50 μmol/L;CAR 或 SAR,10 μmol/L)	1 μL
Taq DNA 聚合酶(5 U/μL)	0.5 μL
模板 DNA	5 μL

6.6.3.2 **PCR 扩增条件**

95℃预变性 5 min;94℃变性 30 s,55℃退火 30 s,72℃延伸 30 s,循环 30 次;72℃再延伸 5 min,冷却至 4℃。

6.6.4 电泳

将 PCR 扩增产物与上样缓冲液(5×)混合,取 10 μL 点样于 2%琼脂糖凝胶孔中,5 V/cm 电压,电泳 30 min,紫外凝胶成像仪或紫外分析仪下观察结果。

6.6.5 结果判定

在阳性对照和阴性对照成立的条件下,被检样品出现特定的扩增带,判定为对应基因 PCR 检测阳性;被检样品未出现特定的扩增带,判定为对应基因 PCR 检测阴性。

6.7 细菌学检查的综合报告

6.7.1 无菌采集的新鲜血液涂片或组织触片标本中观察到革兰氏阳性、有荚膜的单在、成对或呈短链条排列的粗大杆菌,可初步报告为检出炭疽芽孢杆菌。

6.7.2 PCR 检测保护性抗原、荚膜和 S-层蛋白基因均为阳性;或者 PCR 检测保护性抗原、荚膜基因其中一种为阳性,可报告为检出炭疽芽孢杆菌。

6.7.3 噬菌体裂解试验阳性,可报告为检出炭疽芽孢杆菌。

6.7.4 炭疽芽孢杆菌被青霉素抑制不生长,可报告为检出炭疽芽孢杆菌青霉素敏感株。

7 陈旧动物病料和环境标本的细菌学检查

7.1 标本采集和运输

7.1.1 陈旧动物病料标本采集

肉、脏器、骨粉、皮张、鬃、毛等病料,每份采集 5 g~10 g。

7.1.2 土壤标本采集

怀疑受炭疽芽孢杆菌污染的区域(疑似炭疽疫点等),分散采集周围 50 m 内表层土壤(10 cm 内)5 份,每份 20 g~50 g。

7.1.3 水体标本采集

怀疑受炭疽芽孢杆菌污染的水源,如牲畜饮水槽、蓄水池、池塘和河流等,分散采集水样 5 份,每份 500 mL。蓄水池和池塘等,自怀疑泄污口处周围 100 m 范围内分散采样,河流自怀疑泄污口处下游 100 m~1 000 m 范围内分散采样。水深不足 1 m 时,在 1/2 水深处采样;水深超过 1 m 时,在水面下 0.5 m处采样。

7.1.4 标本运输

标本运输参照 6.1.3 执行。

7.2 细菌分离培养

7.2.1 陈旧动物病料和土壤标本剪碎或捣碎，加入2倍体积无菌去离子水充分研磨混匀。标本悬液62℃～63℃水浴15 min～20 min，1∶10或者1∶100稀释(必要时可做1∶1 000稀释，以保证PLET琼脂平板上可见到适量的单菌落)，分别涂布于3块PLET琼脂平板。每块平板加入液体200 μL，涂匀，自然干燥15 min～30 min。37℃培养36 h～48 h。

7.2.2 土壤标本需设置阳性对照，每克土加入1 000个～5 000个Ⅱ号炭疽疫苗菌株芽孢作为阳性对照。

7.2.3 水样自然沉降或者用纱布滤除大块不溶物，3 000 r/min离心30 min，弃上清，沉淀物加入2倍体积无菌去离子水，按照土壤标本方法处理，涂布于PLET琼脂平板。

7.3 细菌鉴定

挑取可疑菌落，按照6.4、6.5和6.6进行鉴定。

7.4 小鼠滤过试验

在细菌学检查未检测到炭疽芽孢杆菌的情况下，采用小鼠滤过试验。

7.4.1 按照7.2处理标本制成悬液，给3只小鼠各皮下注射62℃～63℃热处理后的悬液0.05 mL～0.1 mL。

7.4.2 小鼠死亡后(一般48 h～72 h)，从尾部采血，制作涂片，碱性美蓝染色，镜检。

7.4.3 观察到有荚膜的粗大杆菌后，接种于5%血液琼脂平板，挑取可疑菌落，按照6.4和6.6进行鉴定。

7.5 细菌学检查的报告

参照6.7的判定标准，出具细菌学检查的报告。

8 皮张标本炭疽的沉淀试验检查

8.1 标本采集和运输

8.1.1 在每张皮的腿根内侧剪取皮张标本一块约2.0 g，并做好标记。复检时，仍在第一次取样的附近部位采取标本。

8.1.2 将皮张标本装入耐高压蒸汽灭菌的加盖塑料试管(10 mL～30 mL)中，以记号笔标号。

8.1.3 皮垛的编号应与装皮张标本的试管号相一致。

8.1.4 在未收到检疫结果通知单前，取样完毕的皮张应保持原状，不得重新分类、包装、加工和移动。

8.1.5 皮张标本运输参照6.1.3执行。

8.2 灭菌

8.2.1 收到皮张标本后，应按送检单内容进行登记。

8.2.2 检查无误后，将试管放入高压蒸气灭菌器内，121℃高压灭菌30 min。

8.3 被检皮张抗原的制备

8.3.1 每份标本加入浸泡液(0.5%苯酚生理盐水)10 mL～20 mL，在10℃～25℃条件下，浸泡16 h～25 h。

8.3.2 用双层滤纸将待检标本浸泡液滤过，透明滤过液即为待检抗原，其编号应与原始标本编号相符。

8.4 操作方法

8.4.1 本试验应在15℃～25℃的条件下进行。

8.4.2 实施本试验前须按下列要求，设对照试验：

a) 炭疽沉淀素血清，与炭疽皮张抗原作用15 min，应呈阳性反应。

b） 炭疽沉淀素血清，与健康皮张抗原和0.5%苯酚生理盐水作用15 min，应呈阴性反应。

c） 阴性血清，与炭疽皮张抗原作用15 min，应呈阴性反应。

8.4.3 将最小反应管按标本的编号顺序排好，向反应管内加注炭疽沉淀素血清0.1 mL～0.2 mL。然后吸取等量的待检抗原，沿反应管壁徐徐加入，并记录加完后的时间，待判。

8.4.4 血清与抗原的接触面，界限应清晰、明显可见。界限不清者应重做。

8.4.5 如为盐皮抗原，应在炭疽沉淀素血清中加入4%氯化钠后，方能做血清反应。

8.5 结果观察

判定时，将反应管置于水槽中蘸水取出，放于眼睛平行位置，在光线充足、黑色背景下观察与判定。按下列标准记录结果，对可疑和无结果者，须重做一次。

a） 抗原与血清接触后，经15 min在两液接触面处，出现致密、清晰明显的白环为阳性反应。

b） 白环模糊，不明显者为疑似反应。

c） 两液接触面清晰，无白环者为阴性反应。

d） 两液接触面界限不清，或其他原因不能判定者为无结果。

8.6 复检

8.6.1 初检呈阳性和疑似的标本应复检。复检的方法同初检。

8.6.2 复检再呈阳性反应时，判为炭疽沉淀试验阳性。复检再呈疑似反应时，按阳性处理。

8.6.3 经确定为阳性的标本，应将对应的阳性皮张及其相邻的皮张挑出，无害化焚烧处理。

附 录 A
(规范性附录)
培养基和试剂

A.1 普通营养肉汤

A.1.1 成分

蛋白胨	20 g
牛肉膏	5 g
氯化钠	5 g
蒸馏水	1 000 mL

A.1.2 制法

将各成分加入蒸馏水中，搅混均匀，必要时加热溶解，调节 pH 至 7.2～7.4，分装，121℃高压灭菌 15 min。

A.2 普通营养琼脂平板

A.2.1 成分

蛋白胨	20 g
牛肉膏	5 g
氯化钠	5 g
琼脂	20 g
蒸馏水	1 000 mL

A.2.2 制法

将除琼脂外的各成分加入蒸馏水中，搅混均匀，加热溶解，调节 pH 至 7.2～7.4，加入琼脂粉混匀，高压灭菌 121℃，15 min，待冷至 45℃～50℃时倾注无菌培养皿平板（直径 90 mm）。

A.3 5%绵羊血液或5%马血液琼脂平板

A.3.1 成分

普通营养琼脂	100 mL
脱纤维绵羊血（或脱纤维马血）	5 mL

A.3.2 制法

将制备好的普通营养琼脂加热溶化后，冷至 45℃～50℃，加入无菌的脱纤维血，混匀，倾注无菌培养皿平板（直径 90 mm）。

A.4 0.7%碳酸氢钠琼脂平板

A.4.1 成分

普通营养琼脂	100 mL
7%碳酸氢钠溶液	10 mL
马血清或绵羊血清	7 mL

A.4.2 制法

称取配制 100 mL 普通营养琼脂所需固体成分溶于 83 mL 蒸馏水中，121℃高压灭菌 15 min。冷至 45℃～50℃，加入过滤除菌的 7%碳酸氢钠溶液 10 mL 以及血清 7 mL，混匀，倾注无菌培养皿平板(直径 90 mm)。

A.5 PLET 琼脂平板

A.5.1 成分

心浸液琼脂	1 000 mL
多黏菌素	30 000 U
溶菌酶	300 000 U
3%EDTA 溶液	10 mL
4%醋酸铊溶液	1 mL

A.5.2 制法

除心浸液琼脂外，其他成分制备成储存液，过滤除菌，分装保存。心浸液琼脂推荐使用 Difco 公司产品，按照说明书制备并高压灭菌后，冷至 45℃～50℃，加入各成分后混匀，倾注无菌培养皿平板(直径 90 mm)。

注：醋酸铊为剧毒化学品，称取时应做好个人防护，储存液应标注剧毒标识。

A.6 碱性美蓝染色液

A.6.1 成分

美蓝	0.3 g
95%乙醇	30 mL
0.01%氢氧化钾溶液	100 mL

A.6.2 制法

将 0.3 g 美蓝溶于 30 mL 95%酒精中，然后与氢氧化钾溶液充分混合均匀。

注：制备好的碱性美蓝染色液，需置于室温充分熟化达 1 年以上，方可使用。

A.7 草酸铵结晶紫染色液

A.7.1 成分

结晶紫	1 g
95%乙醇	20 mL
1%草酸铵水溶液	80 mL

A.7.2 制法

将结晶紫溶解于乙醇中，然后与草酸铵溶液混合。

A.8 革兰氏碘液

A.8.1 成分

碘	1 g
碘化钾	2 g
蒸馏水	300 mL

A.8.2 制法

将碘与碘化钾先进行混合，加入蒸馏水少许，待完全溶解后，再加蒸馏水至 300 mL。

A.9 沙黄复染液

A.9.1 成分

沙黄	0.25 g
95%乙醇	10 mL
蒸馏水	90 mL

A.9.2 制法

将沙黄溶解于乙醇中,然后用蒸馏水稀释。

A.10 TAE 电泳缓冲液(50×)

A.10.1 成分

三羟基甲基氨基甲烷(Tris)	242 g
冰乙酸	57.1 mL
0.5 mol/L EDTA 溶液(pH 8.0)	100 mL
蒸馏水	加至 1 000 mL

A.10.2 制法

称取 242 g Tris 加入 500 mL 蒸馏水中,充分溶解后加入冰乙酸和 EDTA 溶液,定容至 1 000 mL。

A.11 2%琼脂糖凝胶

A.11.1 成分

琼脂糖	4 g
TAE 电泳缓冲液(50×)	4 mL
蒸馏水	196 mL
1%溴化乙锭(EB)溶液	20 μL

A.11.2 制法

将琼脂糖和 TAE 电泳缓冲液加入蒸馏水中,微波炉中完全融化,加入 EB 溶液,混合均匀。

A.12 上样缓冲液(5×)

A.12.1 成分

溴酚蓝	0.2 g
蔗糖	50 g
蒸馏水	100 mL

A.12.2 制法

称取溴酚蓝 0.2 g,加蒸馏水 10 mL 过夜溶解。50 g 蔗糖加入 50 mL 蒸馏水中溶解后,移入已溶解的溴酚蓝溶液中,定容至 100 mL。

A.13 0.5%苯酚生理盐水

A.13.1 成分

苯酚	5 g
氯化钠	8.5 g
蒸馏水	1 000 mL

A.13.2 制法

将苯酚 50℃~70℃水浴溶解后,称取 5 g,溶解于 500 mL~800 mL 的 38℃~45℃水中,另取 8.5 g 氯化钠溶解于少量蒸馏水并加入苯酚溶液中,定容至 1 000 mL。

附 录 B
（资料性附录）
炭疽芽孢杆菌 PCR 鉴定引物

炭疽芽孢杆菌 PCR 鉴定所使用的引物见表 B.1。

表 B.1 炭疽芽孢杆菌 PCR 鉴定引物

靶基因	定位	引物名称	引物序列(5′-3′)	片段长度 bp	使用浓度 mmol/L
保护性抗原基因 (*pag*)	质粒 pXO1	PAF PAR	TCCTAACACTAACGAAGTCG GAGGTAGAAGGATATACGGT	597	1
荚膜基因 (*cap*)	质粒 pXO2	CAF CAR	CTGAGCCATTAATCGATATG TCCCACTTACGTAATCTGAG	847	0.2
S-层蛋白基因 (*sap*)	染色体	SAF SAR	CGCGTTTCTATGGCATCTCTTCT TTCTGCAGCTGGCGTTACAAAT	639	0.2

ICS 11.220
B 41

中华人民共和国农业行业标准

NY/T 562—2015
代替 NY/T 562—2002

动物衣原体病诊断技术

Diagnostic techniques for animal chlamydiosis

2015-05-21 发布　　　　2015-08-01 实施

中华人民共和国农业部 发布

前　　言

本标准按照 GB/T 1.1—2009 给出的规则起草。

本标准代替 NY/T 562—2002《动物衣原体病诊断技术》。

本标准与 NY/T 562—2002 相比，病原检测部分增加了血清学诊断技术和 PCR 诊断技术。

本标准由中华人民共和国农业部提出。

本标准由全国动物防疫标准化技术委员会(SAC/TC 181)归口。

本标准起草单位：中国农业科学院兰州兽医研究所。

本标准主要起草人：周继章、曹小安、宫晓炜、陈启伟、郑福英、李兆才、邱昌庆、殷宏。

本标准的历次版本发布情况为：

——NY/T 562—2002。

动物衣原体病诊断技术

1 范围

本标准规定了动物衣原体鸡胚分离与传代培养技术、血清学诊断技术及 PCR 诊断技术。

本标准适用于实验室动物衣原体的分离、传代培养和动物衣原体病的诊断。其中，血清学直接补体结合试验(Direct Complement Fixation Test，DCF)适用于哺乳动物(猪除外)和鹦鹉、鸽(7 岁以上老龄鸽除外)衣原体病的诊断；间接补体结合试验(Indirect Complement Fixation Test，ICF)适用于禽类(鹦鹉、鸽除外，但包括老龄鸽)和猪衣原体病的诊断；间接血凝试验(Indirect Hemagglutination Test，IHA)适用于动物衣原体病的产地检疫、疫情监测和流行病学调查；PCR 诊断技术适用于牛、羊、猪和禽衣原体病的诊断。

2 术语和定义

下列术语和定义适用于本文件。

2.1

工作量抗原 workload antigen

能发生完全反应的抗原量的单位，能与最高稀释度的血清呈现完全抑制溶血反应的最高抗原稀释度即为 1 个工作量抗原的效价。

2.2

指示血清 serum directed

与该抗原相应的哺乳动物抗血清。试验中测定的最高的标准血清稀释度即为 1 个工作量指示血清的效价。

2.3

补体结合试验 complement fixation test，CF

抗体与抗原反应形成复合物，通过激活补体而介导溶血反应，可作为反应强度的指示系统。以往多用于病毒学检测。

2.4

间接血凝试验 indirect hemagglutination test，IHA

将抗原(或抗体)包被于红细胞表面，成为致敏的载体，然后与相应的抗体(或抗原)结合，从而使红细胞拉聚在一起，出现可见的凝集反应。

3 动物衣原体的分离与培养

3.1 试验材料

疑似或确定为衣原体感染的样本、鸡胚、孵化箱、无菌操作间、生物安全柜、冰箱、照蛋设备、鸡胚气室开孔器、注射器、6 号针头、离心机、碘酊、70％酒精、链霉素、卡那霉素、生理盐水等。

3.2 材料要求

3.2.1 样本采集

采集的样本应无杂菌污染，包括肝脏、脾脏、流产胎儿胃液、胎衣、流产分泌物等，其中流产胎儿的胃液为首选样本。样品进行涂片姬姆萨染色(见附录 A)，油镜下观察疑似有衣原体染色颗粒(原生小体，EB)为紫红色，大小 0.2 μm～0.6 μm；网状体(RB)为蓝黑色，直径为 0.6 μm～1.8 μm。样本在室外或常温条件下放置时间不应超过 72 h，采集的样本应尽快放置于－20℃冰箱备用。如需较长时间保存，应置于－80℃超低温冰箱。

3.2.2 鸡胚要求

分离培养衣原体用的鸡胚最好为 SPF 受精鸡蛋孵育，或者受精鸡蛋至少应来自无衣原体抗体且不使用氨苄类抗生素、四环素类抗生素、广谱抗菌抗病毒类药物的健康鸡群。

3.2.3 环境要求

衣原体的分离培养应在实验室内进行，少量的接种分离培养在生物安全柜内操作即可。如果接种鸡胚的数量较大，生物安全柜不能满足要求，应在无菌操作间内进行。鸡胚接种前后均在孵化箱内孵育，保证相对稳定的发育温度和湿度。

3.3 试验方法

3.3.1 样本的处理

将镜检发现疑似衣原体颗粒，或确定为衣原体且无杂菌污染的液体样本用灭菌生理盐水 1∶4 稀释。如果是组织等样本，按体积大小用灭菌生理盐水 1∶4 稀释后进行研磨破碎处理，3 000 r/min 离心 20 min，在 4℃冰箱中稳定 4 h 左右备用。对疑似污染的样本研磨粉碎后，用含链霉素（1 mg/mL）和卡那霉素（1 mg/mL）的生理盐水 1∶4 稀释，3 000 r/min 离心 20 min，取其上清液以 4 000 r/min～6 000 r/min 再离心，取上清液 4℃冰箱稳定 4 h 左右备用。

3.3.2 鸡胚的准备

试验前 7 d，应将分离用的受精鸡蛋放入孵化箱孵育。弃去过大、过小、破壳、软壳、畸形壳蛋等，形成 7 日龄发育的鸡胚。接种前 1 d，应弃去发育不良及死亡胚体，选择发育良好的鸡胚，划定气室及标记发育体的位置以备用。

3.3.3 鸡胚的接种

用碘酊消毒气室部位、开孔，孔大小以注射用针头进入为宜，接种深度为 1.5 cm～2.0 cm。每个鸡胚无菌操作接种 0.4 mL 上述处理好的样本于卵黄囊内，蜡封蛋壳针孔，置于 37℃～38.5℃孵化箱内孵育。

3.3.4 鸡胚卵黄囊膜的收集

弃去接种后 72 h 内死亡的鸡胚，收集接种后 4 d～10 d 内死亡鸡胚卵黄囊膜继续传代，直至接种鸡胚规律性死亡（即接种后 4 d～7 d 内死亡）。初次接种分离时，接种后 10 d 内未死亡鸡胚，收集第 10 d 未死亡鸡胚卵黄囊膜，涂片姬姆萨染色。显微镜下观察疑似有衣原体染色颗粒，应将该卵黄囊膜继续传代 3 代～4 次。直至出现规律性死亡为止。继续传代时，将收集的鸡胚卵黄囊膜研磨破碎处理，加入生理盐水稀释（1 个卵黄囊膜加入 4 mL 生理盐水）后，3 000 r/min 离心 20 min，在 4℃冰箱中稳定 4 h 左右后，接种 7 日龄发育良好的鸡胚传代。

3.4 结果判定

初次分离时，传代鸡胚在接种后 4 d～7 d 内出现规律性死亡，可初步判定为衣原体感染，进一步的确认需要进行细菌学检测和 PCR 鉴定。初次接种分离时，接种后 10 d 内未死亡鸡胚，取卵黄囊膜涂片染色，显微镜观察疑似有衣原体染色颗粒，应继续使用鸡胚传代 3 次～4 次，仍然不死亡且显微镜检查未发现疑似衣原体颗粒者，可判为衣原体感染阴性。

4 动物衣原体病的 PCR 诊断

4.1 试验材料

4.1.1 仪器

PCR 反应仪、低温高速离心机、稳压稳流电泳仪、紫外凝胶成像仪。

4.1.2 试剂

TE buffer、Proteinase K、溶菌酶、Taq DNA 聚合酶、SDS、饱和酚、无水乙醇、酚：氯仿：异戊醇(25：24：1)、琼脂糖等。

4.1.3 引物

登录 Genbank，下载相关的基因序列，设计合成了 2 对引物。

第一对引物：

MP1：5′- ATGAAAAAACTCTTGAAATCGG - 3′；

MP2：5′- TTAGAATCTGAATTGAGCATTCAT - 3′。

第二对引物：

MP3：5′- CAGGATACTACGGAGATTATGTTT - 3′；

MP4：5′- GATTAGATTGAGCGTATTGGAA - 3′。

4.2 方法

4.2.1 衣原体基因组 DNA 的提取

取新鲜或冰冻组织块或鸡胚卵黄膜 0.3 cm^3～0.5 cm^3，剪碎、研磨。加入 400 μL TE 缓冲液，转入到 1.5 mL 的 Eppendorf 管中。以 100 μL 的 TE 缓冲液冲洗匀浆器，冲洗液一并转入 Eppendorf 管中。加入 100 μL 20%的 SDS(终浓度 1%)，混匀；加入 Proteinase K 至终浓度为 200 μg/μL，混匀后 60℃作用 30 min。振摇混匀后转入 37℃水浴 2 h，期间振摇数次。加入溶菌酶 30 μL，置于 65℃水浴 30 min。取出置沸水浴中 5 min。加入等体积的饱和酚，倒转混匀，4℃ 7 500 r/min 离心 10 min，取上层水相，重复操作一次；加入等体积的酚：氯仿：异戊醇(25：24：1)，颠倒摇匀 2 次～3 次，4℃ 7 500 r/min 离心 10 min。转移上清液于另一离心管中。加入 2.5 倍体积的预冷无水乙醇，−20℃沉淀 30 min，12 000 r/min 离心 10 min，弃去所有液相。用 1 mL 70%乙醇漂洗 2 次～3 次，每次 12 000 r/min 离心 2 min。真空或室温干燥，DNA 沉淀物用 25 μL 无菌双蒸水溶解，保存在−20℃备用。

4.2.2 PCR 反应体系及条件

4.2.2.1 推荐使用反应体系

第一次 PCR 扩增：

10×PCR buffer(含 Mg^{2+})	5 μL
dNTPs	4 μL
MP1 和 MP2 引物	各 1 μL
模板(被检样本总 DNA)	4 μL
无菌双蒸水	34.75 μL
Taq DNA 聚合酶	0.25 μL

第二次 PCR 扩增：

10×PCR buffer(含 Mg^{2+})	5 μL
dNTPs	4 μL
MP3 和 MP4 引物	各 1 μL
模板(一扩产物)	2 μL
无菌双蒸水	36.75 μL
Taq DNA 聚合酶	0.25 μL

样本检测时，同时要设阳性对照和空白对照。阳性对照模板为衣原体 MOMP 基因阳性质粒，空白对照为双蒸水，其他体系成分不变。如果是采用其他更好的反应体系时，可根据具体情况调整体系。

4.2.2.2 反应条件

一扩：首先 95℃充分变性 5 min；然后 35 个循环，分别为 94℃变性 1 min、52.5℃退火 1 min、72℃延伸 2 min；最后 72℃延伸 10 min。

二扩:35 个循环,分别为 94℃变性 30 s、51.6℃退火 1 min、72℃延伸 2 min;最后 72℃延伸 10 min。

4.3 电泳

4.3.1 制板

取 1 g 琼脂糖加入 100 mL 电泳缓冲液,摇匀,加热溶化后制作 1%琼脂糖凝胶板。

4.3.2 加样

PCR 反应结束,取二次扩增产物各 5 μL(包括被检样本、阳性对照、空白对照)、DL2 000 DNA 分子质量标准 5 μL 进行琼脂糖凝胶电泳。

4.3.3 电泳条件

小心地移去梳子,将凝胶放入电泳槽。加入电泳缓冲液,使液面高出凝胶表面 1 mm~2 mm。如加样孔内有气泡,应尽量用吸管吸出。用微量移液器将样本与上样缓冲液按 1∶5 混合,加入孔内使沉入孔底;80 V~100 V 恒压电泳,使 DNA 向阳极方向移动。

4.3.4 凝胶成像仪观察

扩增产物电泳结束后,用凝胶成像仪观察检测结果、拍照,记录试验结果。

4.4 结果判断举例

4.4.1 判定说明

将扩增产物电泳后用凝胶成像仪观察,DNA 分子质量标准、阳性对照、空白对照为如下结果时试验方成立,否则应重新试验。DL2 000 DNA 分子质量标准(Marker)电泳道从上到下依次出现 2 000 bp、1 000 bp、750 bp、500 bp、250 bp、100 bp 6 条清晰的条带。阳性对照二扩产物约为 480 bp 大小清晰的条带。在样本检测时,大多一扩反应因扩增产物量小而难以看见电泳条带。若一扩产物出现大小约 1 170 bp的条带,可直接判定为阳性。空白对照电泳道不出现任何条带。

4.4.2 样本结果判定

在同一块凝胶板上电泳后,当 DNA 分子质量标准、各组对照同时成立时:被检样本一扩产物电泳出现大小约 1 170 bp 的条带,可直接判定为阳性(+);若一扩反应产物电泳没有约 1 170 bp 条带,二扩反应产物电泳出现一条 480 bp 的条带,判为阳性(+)。被检样本一扩反应产物电泳没有约 1 170 bp 的条带,二扩反应产物电泳没有出现大小为 480 bp 的条带,判为阴性(—)。结果判定示意图见附录 B。

5 动物衣原体病血清学诊断技术

5.1 补体结合试验(CF)

5.1.1 材料准备

5.1.1.1 器材

12 mm×37 mm 试管、试管架、水浴箱、U 型 96(8×12)孔微量滴定板、生理盐水。

5.1.1.2 补体

商品补体,按说明书使用和保存,试验前对供试补体需经补体效价滴定。补体效价滴定方法见附录 C。

5.1.1.3 溶血素

试验前对供试溶血素需经效价滴定。溶血素效价滴定见附录 D。

5.1.1.4 1%绵羊红细胞悬液

制备方法见附录 E,敏化红细胞制备见 C.2。

5.1.1.5 被检血清

应无溶血、无腐败(可加入 0.01%硫柳汞或 0.01%叠氮钠防腐),试验前需灭能。不同畜禽血清灭能的温度和时间见附录 F。

5.1.1.6 标准抗原和标准阳性、阴性血清

抗原和阳性血清效价滴定的方法见附录 G。

5.1.2 操作方法

5.1.2.1 直接补体结合试验(DCF)

5.1.2.1.1 试验方法

5.1.2.1.1.1 试管法

按表 1 的程序操作。试验要同时设抗补体对照、阳性血清对照、阴性血清对照、抗原对照、溶血素对照和生理盐水对照。

表 1 直接补体结合试验(试管法)

单位为毫升

成 分	被检血清						对照					效 价
	试管						阳性血清	阴性血清	抗原	溶血素	生理盐水	
	1∶4	1∶8	1∶16	1∶32	1∶64	1∶128	2 工作量	1∶4	2 工作量			
血清	0.1	0.1	0.1	0.1	0.1	0.1	0.1	0.1				
2 工作量抗原	0.1	0.1	0.1	0.1	0.1	0.1	0.1	0.1	0.1			
2 单位补体	0.2	0.2	0.2	0.2	0.2	0.2	0.2	0.2	0.2	0.2		
生理盐水									0.1	0.2	0.4	
混匀后,4℃ 16 h~18 h 感作,取出后 37℃水浴 30 min												
敏化红细胞	0.2	0.2	0.2	0.2	0.2	0.2	0.2	0.2	0.2	0.2	0.2	
混匀,37℃水浴 30 min												
判定	++++ 全不溶血	++++ 全不溶血	+++ 25%溶血	++ 50%溶血	+ 75%溶血	— 全溶血	++++ 全不溶血	— 全溶血	— 全溶血	— 全溶血	++++ 全不溶血	1∶32

5.1.2.1.1.2 微量法

用 U 型 96 孔反应板,按表 2 的程序操作。试验同时设抗补体对照、阳性血清对照、阴性血清对照、抗原对照、溶血素对照和生理盐水对照。

表 2 直接补体结合试验(微量法)

单位为微升

成 分	被检血清						各项对照					效 价
	试验孔						阳性血清	阴性血清	抗原	溶血素	生理盐水	
	1∶4	1∶8	1∶16	1∶32	1∶64	1∶128	2 工作量	1∶4	2 工作量			
血清	25	25	25	25	25	25	25	25				
2 工作量抗原	25	25	25	25	25	25	25	25	25			
2 单位补体	50	50	50	50	50	50	50	50	50	50		
生理盐水									25	50	100	
混匀后,4℃ 16 h~18 h 感作,取出后 37℃水浴 30 min												
敏化红细胞	50	50	50	50	50	50	50	50	50	50	50	
混匀,37℃水浴 30 min												
判定	++++ 全不溶血	++++ 全不溶血	+++ 25%溶血	++ 50%溶血	+ 75%溶血	— 全溶血	++++ 全不溶血	— 全溶血	— 全溶血	— 全溶血	++++ 全不溶血	1∶32

5.1.2.1.2　结果判定举例

在最后一次37℃水浴30 min后，立即进行试验结果判定。

各组对照为如下结果时试验方能成立，否则应重复试验：

a）被检血清抗补体对照：完全溶血（－）；

b）阳性血清加抗原对照：完全抑制溶血（＋＋＋＋）；

c）阴性血清加抗原对照：完全溶血（－）；

d）抗原对照：完全溶血（－）；

e）溶血素对照：完全溶血（－）；

f）生理盐水对照：完全不溶血（＋＋＋＋）。

5.1.2.1.3　判定标准

5.1.2.1.3.1　兔血清

a）被检血清效价≥1：16（＋＋）判为阳性；

b）被检血清效价≤1：8（＋）判为阴性。

c）被检血清效价＝1：16（＋）或1：8（＋＋）判为可疑；重复试验仍为可疑，则判为阳性。

5.1.2.1.3.2　绵羊、山羊、牛、幼龄鸽、鹦鹉等血清

a）被检血清效价≥1：8（＋＋）判为阳性；

b）被检血清效价≤1：4（＋）判为阴性；

c）被检血清效价＝1：8（＋）或1：4（＋＋）判为可疑；重复试验仍为可疑，则判为阳性。

5.1.2.2　间接补体结合试验（ICF）

5.1.2.2.1　试验方法

5.1.2.2.1.1　试管法

按表3的程序操作。

表3　间接补体结合试验（试管法）

单位为毫升

成　分	被　检　血　清						间接补反对照		直接补反对照	抗原对照	效价
	试验管						阳性血清	阴性血清	指示血清		
	1：4	1：8	1：16	1：32	1：64	1：128	1工作量	1：4	1工作量		
血清	0.1	0.1	0.1	0.1	0.1	0.1	0.1	0.1			
1工作量抗原	0.1	0.1	0.1	0.1	0.1	0.1	0.1	0.1	0.1	0.1	
混匀后，4℃ 6 h～8 h感作											
1工作量指示血清	0.1	0.1	0.1	0.1	0.1	0.1	0.1	0.1	0.1		
2补体单位	0.2	0.2	0.2	0.2	0.2	0.2	0.2	0.2	0.2	0.2	
生理盐水									0.1	0.2	
混匀后，4℃过夜（或8 h～10 h），取出后37℃水浴30 min											
敏化红细胞	0.2	0.2	0.2	0.2	0.2	0.2	0.2	0.2	0.2	0.2	
混匀，37℃水浴30 min											
判定	－	－	＋	＋＋	＋＋＋	＋＋＋＋	－	＋＋＋＋	＋＋＋＋	－	1：32
	全溶血	全溶血	75%溶血	50%溶血	25%溶血	全不溶血	全溶血	全不溶血	全不溶血	全溶血	

5.1.2.2.1.2　微量法

按表4的程序操作。

表 4　间接补体结合试验(微量法)

单位为微升

成　分	被　检　血　清						间接补反对照		直接补反对照	抗原对照	效价
	试验管						阳性血清	阴性血清	指示剂血清		
	1∶4	1∶8	1∶16	1∶32	1∶64	1∶128	1工作量	1∶4	1工作量		
血清	25	25	25	25	25	25	25	25			
1工作量抗原	25	25	25	25	25	25	25	25	25	25	
混匀后,4℃ 6 h～8 h感作											
1工作量指示血清	25	25	25	25	25	25	25	25	25		
2补体单位	50	50	50	50	50	50	50	50	50	50	
生理盐水									25	50	
混匀后,4℃过夜(或8 h～10 h),取出后37℃水浴30 min											
敏化红细胞	50	50	50	50	50	50	50	50	50	50	
混匀,37℃水浴30 min											
判定	—	—	+	++	+++	++++	—	++++	++++	—	1∶32
	全溶血	全溶血	75%溶血	50%溶血	25%溶血	全不溶血	全溶血	全不溶血	全不溶血	全溶血	

5.1.2.2.2　结果判定举例

最后一次37℃水浴30 min后,立即判定。

对照试验为如下结果时试验方能成立,否则应重复试验:

a)　被检血清抗补体对照:完全溶血(—);

b)　阳性血清加抗原加指示血清:完全溶血(—);

c)　阴性血清加抗原加指示血清:完全抑制溶血(++++);

d)　抗原对照:完全溶血(—)。

5.1.2.2.3　判定标准

5.1.2.2.3.1　鸭血清

a)　被检血清效价≥1∶16(++)判为阳性;

b)　被检血清效价≤1∶8(+)判断为阴性;

c)　被检血清效价=1∶16(+)或1∶8(++)判为可疑;重检仍为可疑判为阳性。

5.1.2.2.3.2　猪、鸡、鹌鹑等血清

a)　被检血清效价≥1∶8(++)判为阳性;

b)　被检血清效价≤1∶4(+)判断为阴性;

c)　被检血清效价=1∶8(+)或1∶4(++)判为可疑;重检仍为可疑判为阳性。

5.2　间接血凝试验(IHA)

5.2.1　材料

5.2.1.1　器材

96孔(8×12)V型(110°)聚苯乙烯滴定板,25 μL、50 μL微量移液器或稀释棒,微量振荡器,水浴箱等。

5.2.1.2　敏化红细胞

为衣原体纯化灭活抗原致敏的雄性绵羊红细胞。

5.2.1.3　对照血清

标准阳性血清的血凝效价为1∶2 048～1∶4 096,标准阴性血清的血凝效价≤1∶4。

5.2.1.4 被检血清

应无溶血、无腐败。必要时,可加入硫柳汞或叠氮钠以防腐,其含量分别为 0.01% 和 0.2%。试验前灭能。

5.2.1.5 稀释液

为含 1% 灭能健康兔血清的 0.15 mol/L pH 7.2 磷酸盐缓冲液(PBS),制备方法见附录 H。

5.2.2 操作方法

5.2.2.1 稀释被检血清

每份被检血清用 8 孔,每孔滴加稀释液 50 μL;用微量移液器或稀释棒吸(蘸)取被检血清 50 μL 加入第 1 孔,充分混匀后再吸(蘸)取 50 μL 加入第 2 孔……依次做倍比连续稀释至第 8 孔(1∶2,1∶4,1∶8,…,1∶256),混匀后从第 8 孔弃去 50 μL。

5.2.2.2 加抗原

将抗原摇匀后,每孔滴加 1% 抗原敏化红细胞悬液 25 μL。

5.2.2.3 设对照

在每块 V 形滴定板上做试验,要同时设立对照,即敏化红细胞空白对照 1 孔;阳性血清(1∶64)加敏化红细胞对照 1 孔;阴性血清(1∶4)加敏化红细胞对照 1 孔。所有对照样的稀释与被检血清相同。

5.2.2.4 振荡

加致敏红细胞后将 V 形滴定板放在微量振荡器上振荡 1 min,置于室温(冬季置于 35℃温箱)2 h,判定结果。操作程序见表 5。

表 5 间接红细胞凝集试验程序及判定结果举例

单位为微升

成 分	被检血清稀释度								各项对照		
	1∶2	1∶4	1∶8	1∶16	1∶32	1∶64	1∶128	1∶256	敏化红细胞	阳性血清 1∶64	阴性血清 1∶4
稀释度	50	50	50	50	50	50	50	50	50		
被检血清	50	50	50	50	50	50	50	50	弃掉 50	50	50
敏化红细胞	25	25	25	25	25	25	25	25	25	25	25
放在微量振荡器上震荡 1 min,置于室温(冬季放于 35℃温箱)2 h											
判定结果	++++	++++	++++	++++	++++	+++	++	+	−	++++	−
注:表中所示被检血清的血凝效价为 1∶128。											

5.2.3 结果判定举例

凝集程度的标准如下:

++++:红细胞 100% 凝集,呈一均匀的膜布满整个孔底;

+++:红细胞 75% 凝集,形成的膜均匀地分布在孔底,但在孔底中心有红细胞形成的一个针尖大小点;

++:红细胞 50% 凝集,在孔底形成的薄膜边缘呈锯齿状,孔底为一红细胞圆点;

+:红细胞 25% 凝集,孔底红细胞形成的圆点较大;

±:红细胞沉于孔底,但周围不光滑或圆点中心有空斑;

−:红细胞完全沉于孔底,呈光滑的大圆点。

加抗原后所设各项对照均成立,否则应重做,正确对照的结果是:

a） 抗原敏化红细胞应无自凝(—)；

b） 阳性血清对照应100%凝集(＋＋＋＋)；

c） 阴性血清对照应无凝集(—)。

5.2.4 结果判定

5.2.4.1 哺乳动物

a） 血凝效价≥1∶64(＋＋)判为阳性；

b） 血凝效价≤1∶16(＋＋)判为阴性；

c） 血凝效价介于两者之间判为可疑。

5.2.4.2 禽类

a） 血凝效价≥1∶16(＋＋)判为阳性；

b） 血凝效价≤1∶4(＋＋)判为阴性；

c） 血凝效价介于两者之间判为可疑；

d） 可疑者复检，仍为可疑判为阳性，或用CF试验复检。

附 录 A
(规范性附录)
姬姆萨染色方法

A.1 以1 g的姬姆色素染料加入66 mL甘油,混匀,60℃保温溶解2 h,再加入66 mL甲醇混匀,即配成姬姆色素原液。此原液用前用PBS(6.8)稀释10倍左右就可以使用。

A.2 按常规方法制备血涂片,待血膜干后,用甲醇固定2 min~3 min。

A.3 将血涂片或骨髓涂片放置染色架上,滴加稀释好的染色液,使覆盖全部血膜,室温染色15 min~30 min。

A.4 用自来水缓慢从玻片一端冲洗(注意:勿先倒去染液或直接对血膜冲洗),晾干后镜检。

附 录 B
（规范性附录）
PCR 结果判定示意图

PCR 结果判定示意图见图 B.1。

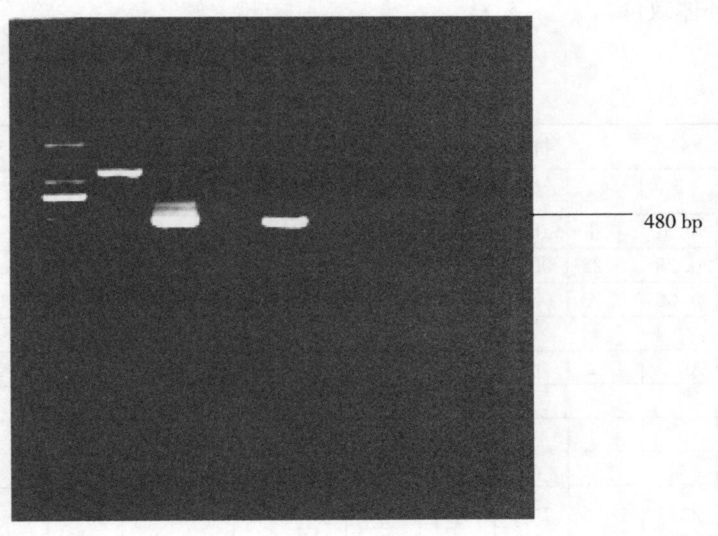

说明：

M——DL2 000™Marker，从上往下为 2 000 bp、1 000 bp、750 bp、500 bp、250 bp、100 bp；

1——条带为一扩产物；

2——条带为二扩产物；

3——阴性对照；

4——样本阳性扩增结果。

图 B.1 PCR 结果判定示意图

附　录　C
（规范性附录）
补体效价滴定

C.1　用生理盐水将补体做 1∶60 稀释。

C.2　敏化红细胞：1%红细胞悬液加等量的 2 个工作单位量的溶血素，37℃水浴 15 min。

C.3　按表 C.1 测定补体效价。

表 C.1　补体效价测定

单位为毫升

试管号	抗原							生理盐水						
	1	2	3	4	5	6	7	1	2	3	4	5	6	7
2 单位抗原	0.1	0.1	0.1	0.1	0.1	0.1	0.1	—	—	—	—	—	—	—
生理盐水	0.27	0.25	0.22	0.20	0.18	0.16	0.14	0.37	0.35	0.32	0.30	0.28	0.26	0.24
1∶60 补体	0.03	0.05	0.08	0.10	0.12	0.14	0.16	0.03	0.05	0.08	0.10	0.12	0.14	0.16
混匀，37℃水浴 30 min														
敏化红细胞	0.2	0.2	0.2	0.2	0.2	0.2	0.2	0.2	0.2	0.2	0.2	0.2	0.2	0.2
混匀，37℃水浴 30 min														
判定	++++	+++	++	+	—	—	—	++++	+++	++	+	—	—	—
	全不溶血	25%溶血	50%溶血	75%溶血	全溶血	全溶血	全溶血	全不溶血	25%溶血	50%溶血	75%溶血	全溶血	全溶血	全溶血

C.4　以能完全溶血的最小补体量为一个单位，正式试验使用两个单位。表 C.1 例中补体一个单位量为 0.12 mL，按式（C.1）计算出补体的使用稀释倍数。即

$$\text{原补体应稀释倍数}=\frac{\text{使用时每管加入量}\times\text{滴定时补体稀释倍数}}{\text{一个单位补体量}\times 2}$$

$$=\frac{0.2\times 60}{0.12\times 2}=50 \quad \cdots\cdots\cdots (C.1)$$

附　录　D
（规范性附录）
溶血素效价滴定

D.1　先将溶血素1∶100稀释（0.2 mL含甘油的溶血素加9.8 mL生理盐水），按表D.1稀释成不同倍数。

表D.1　溶血素稀释

单位为毫升

管　号	1	2	3	4	5	6	7	8	9
稀释倍数	1 000	2 000	3 000	4 000	5 000	6 000	7 000	8 000	9 000
生理盐水	9	1	2	3	4	5	6	7	8
1∶100溶血素	1								
1∶100溶血素		1	1	1	1	1	1	1	1

D.2　再按表D.2操作，测定溶血素效价。

表D.2　溶血素效价测定

单位为毫升

管　号	1	2	3	4	5	6	7	8	9	对　照		
稀释倍数	1 000	2 000	3 000	4 000	5 000	6 000	7 000	8 000	9 000	补体	1∶100溶血素	1%红细胞
稀释溶血素	0.1	0.1	0.1	0.1	0.1	0.1	0.1	0.1	0.1	0	0.1	0
生理盐水	0.2	0.2	0.2	0.2	0.2	0.2	0.2	0.2	0.2	0.3	0.2	0.5
1∶60补体	0.2	0.2	0.2	0.2	0.2	0.2	0.2	0.2	0.2	0.2	0.2	0
1%红细胞	0.1	0.1	0.1	0.1	0.1	0.1	0.1	0.1	0.1	0.1	0.1	0.1
充分摇匀，37℃水浴30 min												
判　定	—	—	—	—	—	—	—	+	++	++++	—	++++
	全溶血	全溶血	全溶血	全溶血	全溶血	全溶血	全溶血	75%溶血	50%溶血	全不溶血	全溶血	全不溶血

D.3　以完全溶血的溶血素最高稀释倍数为一个溶血素单位，表D.2所示为7 000倍。正式试验时，使用两个溶血素单位，本例为3 500倍。

附 录 E
（规范性附录）
1%绵羊红细胞悬液的制备

E.1 从成年健康公绵羊颈静脉采血于灭菌的装有玻璃珠的三角烧瓶中，均匀摇动脱去纤维蛋白，按1∶1(*V*/*V*)加入红细胞保存液，混匀后分装于灭菌链霉素瓶中(5 mL～10 mL)，4℃冰箱可保存2个月。使用时，将红细胞移入离心管，1 500 r/min～2 000 r/min离心15 min，弃上清液，在沉淀中加入生理盐水，摇匀后再离心。如此反复洗红细胞3次～4次，直至上清液无色透亮为止，弃上清。取洗涤好的红细胞泥1 mL悬浮于99 mL的生理盐水中，即成1%红细胞悬液。

E.2 红细胞保存液配方：葡萄糖20.5 g，氯化钠4.2 g，柠檬酸三钠8 g，柠檬酸0.55 g，蒸馏水加至1 000 mL，101.8 kPa高压灭菌20 min，备用。

附　录　F
(资料性附录)
各种畜禽血清灭能温度和时间

不同畜禽血清灭能温度和时间见表 F.1。未注明者，血清的灭能温度同时适应于本标准的 CF 和 IHA 试验。

表 F.1　不同畜禽血清灭能温度和时间

动物种类	灭能温度,℃	灭能时间,min
鸡	56	35
豚鼠、火鸡、鸭、鸽、鹅、鹦鹉、鹌鹑	56	30
黄牛、猪	56(CF)和 62(IHA)	30
水牛、山羊、犬(1∶2 稀释)	62	30
马、兔(1∶2 稀释)	65	30
绵羊	58～59	30
骡、驴(1∶2 稀释)	62～64	30
骆驼	54	30

附 录 G
（规范性附录）
抗原、阳性血清效价滴定方法

G.1 测定抗原、血清效价

G.1.1 取 80 支试管，排成纵横各 9 排的方阵（第 9 排缺 1 管）。

G.1.2 抗原和阳性血清分别从 1∶8～512 做倍比稀释，阴性血清做 1∶4 稀释。设抗原、血清和生理盐水对照。

G.1.3 按表 G.1 加阳性血清，每个稀释度加 7 管，每管加 0.1 mL。抗原对照组第 1 排不加血清，而用 0.1 mL 生理盐水代替。

G.1.4 按表 G.1 加抗原，每个稀释度加 7 管，每管加 0.1 mL。血清对照不加抗原，而用 0.1 mL 生理盐水代替。

G.1.5 每管中加入 2 单位补体 0.2 mL。

G.1.6 摇匀，置于 4℃冰箱感作 16 h～18 h，取出放在 37℃水浴中 30 min。

G.1.7 每管加入敏化红细胞 0.2 mL。

G.1.8 混匀，置于 37℃水浴 30 min 后，取出静置 2 h～3 h，判定结果。

G.1.9 效价判定：能与最高稀释度的阳性血清呈现完全抑制溶血（＋＋＋＋）反应的最高抗原稀释度，即为抗原效价（一个工作量）如表 G.1 所示，抗原效价为 1∶128，阳性血清效价为 1∶256（一个血清工作量）。

表 G.1 抗原和阳性血清滴定举例

抗 原	血 清							阴性血清 1∶4	抗原抗补体对照
	1∶8	1∶16	1∶32	1∶64	1∶128	1∶256	1∶512		
1∶8	＋＋＋＋	＋＋＋＋	＋＋＋＋	＋＋＋＋	＋＋＋＋	＋＋＋＋	＋＋＋	—	—
1∶16	＋＋＋＋	＋＋＋＋	＋＋＋＋	＋＋＋＋	＋＋＋＋	＋＋＋＋	＋＋＋	—	—
1∶32	＋＋＋＋	＋＋＋＋	＋＋＋＋	＋＋＋＋	＋＋＋＋	＋＋＋＋	＋＋＋	—	—
1∶64	＋＋＋＋	＋＋＋＋	＋＋＋＋	＋＋＋＋	＋＋＋＋	＋＋＋＋	＋＋	—	—
1∶128	＋＋＋＋	＋＋＋＋	＋＋＋＋	＋＋＋＋	＋＋＋＋	＋＋＋＋	＋＋	—	—
1∶256	＋＋＋＋	＋＋＋＋	＋＋＋＋	＋＋＋＋	＋＋＋＋	＋＋	＋	—	—
1∶512	＋＋＋＋	＋＋＋＋	＋＋＋＋	＋＋＋	＋＋	＋		—	—
血清抗补体对照	—	—	—	—	—	—	—	—	盐水对照 ＋＋＋＋

G.2 指示血清

间接补体结合试验所用的指示血清，即直接补体结合试验中的阳性对照血清。其效价如 G.1 中所测，间接补体结合正式试验时，采用一个血清工作量。

G.3 间接补体结合试验用阳性血清对照效价的滴定

G.3.1 先将间接补体结合试验用阳性血清对照（鸭或猪的免疫血清），用生理盐水从 1∶4 至 1∶512 做倍比稀释。抗原和指示血清均稀释成一个工作量,按表 G.2 程序进行滴定。

G.3.2 效价判定:能与一个工作量抗原呈现完全溶血(—)的最高血清稀释度为该血清效价。如表 G.2 所示 1∶32。

表 G.2 间接补体结合试验用阳性血清效价测定表

血清稀释度	1∶4	1∶8	1∶16	1∶32	1∶64	1∶128	1∶256	1∶512	1∶4	抗原对照	指示血清对照	生理盐水对照
血清加量	0.1	0.1	0.1	0.1	0.1	0.1	0.1	0.1	0.1			
1 工作量抗原	0.1	0.1	0.1	0.1	0.1	0.1	0.1	0.1		0.1	0.1	
混匀,4℃ 6 h~8 h 感作												
1 工作量指示血清	0.1	0.1	0.1	0.1	0.1	0.1	0.1	0.1			0.1	
2 单位补体	0.2	0.2	0.2	0.2	0.2	0.2	0.2	0.2	0.2	0.2	0.2	
生理盐水									0.2	0.2	0.1	0.5
混匀,4℃ 16 h~18 h 感作,取出后 37℃水浴 30 min												
敏化红细胞	0.2	0.2	0.2	0.2	0.2	0.2	0.2	0.2	0.2	0.2	0.2	0.2
混匀,37℃水浴 30 min												
判定	—	—	—	—	+	++	+++	++++	—	—	++++	++++
	全溶血	全溶血	全溶血	全溶血	75%溶血	50%溶血	25%溶血	全不溶血	全溶血	全溶血	全不溶血	全不溶血

附 录 H
（规范性附录）
含1%灭能健康兔血清0.15 mol/L pH 7.2 PBS稀释液的配制方法

H.1 0.15 mol/L pH 7.2 PBS配制

磷酸氢二钠（$Na_2HPO_4 \cdot 12H_2O$） 19.34 g
磷酸二氢钾 2.86 g
氯化钠 4.25 g
蒸馏水 加至500 mL
103.41 kPa 30 min灭菌。

H.2 健康兔血清

灭能。

H.3 含1%灭能健康兔血清0.15 mol/L pH 7.2 PBS稀释液的配制

0.15 mol/L pH 7.2 PBS 99 mL
灭能健康兔血清 1 mL
二者混合，即为含1%灭能健康血清0.15 mol/L pH 7.2 PBS稀释液。

ICS 11.220
B 41

中华人民共和国农业行业标准

NY/T 576—2015
代替 NY/T 576—2002

绵羊痘和山羊痘诊断技术

Clinical diagnostic technology for sheep pox and goat pox

2015-05-21 发布 2015-08-01 实施

中华人民共和国农业部 发布

前　言

本标准按照 GB/T 1.1—2009 给出的规则起草。

本标准代替 NY/T 576—2002《绵羊痘和山羊痘诊断技术》。

本标准与 NY/T 576—2002 相比，病原检测部分增加了 PCR 检测方法。

本标准由中华人民共和国农业部提出。

本标准由全国动物防疫标准化技术委员会(SAC/TC 181)归口。

本标准起草单位：中国兽医药品监察所。

本标准主要起草人：支海兵、薛青红、印春生、李宁、王乐元、江焕贤。

本标准的历次版本发布情况为：

——NY/T 576—2002。

绵羊痘和山羊痘诊断技术

1 范围

本标准规定了绵羊痘和山羊痘(以下简称羊痘)的诊断方法。

本标准所规定的临床检查和 PCR 试验适用于羊痘的诊断以及产地、市场、口岸的现场检疫;中和试验和 PCR 试验适用于羊痘的诊断、检疫和流行病学调查;电镜检查、包涵体检查适用于羊痘病原的检测。

2 缩略语

下列缩略语适用于本文件。

CPE:cytopathic effect 致细胞病变作用。

H. E:hematoxylin-eosinstaining 苏木精—伊红染色。

MEM:minimun essential medium 低限基础培养基。

PCR:polymerase chain reaction 聚合酶链反应。

Tris-EDTA:tris-ethylene diamine tetraacetic acid 三羟甲基氨基甲烷—乙二胺四乙酸。

3 临床检查

3.1 临床症状

羊痘的潜伏期一般为 5 d~14 d,感染初期表现为发热,体温超过 40℃,精神、食欲渐差。经 2 d~5 d 后开始出现斑点,先在体表无毛或少毛皮肤、可视黏膜上出现明显的小充血斑,随后在全身或腹股沟、腋下、会阴部出现散在或密集的痘疹,进而形成痘肿,分典型痘肿和非典型痘肿。

a) 典型痘肿:初期时,痘肿呈圆形,皮肤隆起,微红色,边缘整齐;进而发展为皮下湿润、水肿、水泡、化脓、结痂等反应。同时,痘肿的质地由软变硬;皮肤颜色由微红逐渐变为深红、紫红,严重的可成为“血痘”。患羊一般为全身发痘,并伴有全身性反应。

b) 非典型痘肿:在痘肿的发生、发展和消退过程中,皮肤无明显红色,无严重水肿,未出现水泡、化脓、结痂等反应,痘肿较小,质地较硬,有的成为“石痘”。患羊无严重的全身性反应。

随着病程的发展,有的病羊尚可见鼻炎、结膜炎、失明、体表淋巴结特别是肩胛前淋巴结肿大。病羊喜卧不起、废食、呼吸困难,严重的体温急剧下降,随后死亡。

存活病羊,可在痘肿结痂后 1 个月~2 个月,痂皮自然脱落,在皮肤上留下痘痕(疤)。

3.2 病理变化

病羊痘肿皮肤的主要病理变化表现为一系列的炎性反应,包括呼吸器官和消化器官上有大小、数量不等的痘斑、结节或溃疡;在肝脏、肾脏表面偶可见白斑;全身淋巴结肿大;细胞浸润、水肿、坏死和形成毛细血管血栓。尸体剖检,通常可见不同程度的黏膜坏死。

4 实验室诊断技术

4.1 样品采集

取活体或剖检羊的皮肤丘疹、肺部病变组织、淋巴结用于病毒分离和抗原检测;病料采集时间为临床症状出现后 1 周之内。采集病毒血症期间的组织进行病理组织学检查,病料为病变及病变周围组织,采集后迅速置于 10 倍体积的 10%福尔马林溶液中。经颈静脉无菌采集血液,分离血清,置于-20℃保存,用于血清学检测。

4.2 样品运输

福尔马林浸润的组织在运输时无特殊要求，用于病毒分离和抗原检测的样品应置于4℃或－20℃保存。如果样品在无冷藏条件下需要运送到较远的地方，应将样品置于含10%甘油的Hanks液中。用于血清学检测的样品，应置于加冰的冷藏箱内运输。

4.3 病原鉴定

4.3.1 病毒分离

4.3.1.1 材料

MEM培养液(配制方法见附录A)、待检组织绵羊羔睾丸细胞(制备方法见附录B)、胎牛血清细胞培养瓶(25 cm^2)。

4.3.1.2 方法

4.3.1.2.1 样品制备

取待检组织，无菌剪碎，用组织匀浆器研磨；按1∶10的比例加入MEM培养液制备组织悬液，4℃过夜；1 500 r/min离心10 min，取上清备用。

4.3.1.2.2 接种

取25 cm^2细胞培养瓶，待绵羊羔睾丸细胞形成90%单层后，接种1 mL病料上清液，置37℃吸附1 h。弃去瓶内液体，补足细胞维持液，置37℃、5%CO_2条件下培养。同时，设立正常细胞对照1瓶。

4.3.1.2.3 培养及观察

每日观察细胞培养物是否出现CPE，持续培养14 d，在培养期间可适时更换MEM培养液。如果14 d仍未见CPE，将细胞培养物反复冻融3次，取上清液继续接种绵羊羔睾丸细胞，一旦出现CPE，可进行包涵体染色检查。

4.3.1.3 判定

羊痘病毒感染绵羊羔睾丸细胞的特征性CPE为细胞收缩变圆，界限明显，间隙变宽，形成拉网状，细胞脱落，并形成嗜酸性包涵体。包涵体大小不等，最大的约为细胞核的一半。

4.3.2 电镜负染检查法

4.3.2.1 材料

待检组织载玻片、400目电镜甲碳网膜Tris-EDTA(pH 7.8)缓冲液、1.0%磷钨酸(pH 7.2)。

4.3.2.2 方法

4.3.2.2.1 样品制备

取待检组织，无菌剪碎，用组织匀浆器研磨，按1∶5的比例加入MEM培养液制备组织悬液。

4.3.2.2.2 制片

取一滴组织悬液置于载玻片上，将碳网膜漂浮于液滴上1 min；将Tris-EDTA(pH 7.8)缓冲液滴加到碳网膜上浸泡20 s；用滤纸吸干膜上液体，滴加1.0%磷钨酸(pH 7.2)染色10 s，用滤纸吸干膜上液体，待其自然干燥后用透射电镜观察。

4.3.2.3 病毒形态判定

在电镜下观察，病毒粒子呈卵圆形，大小为150 nm～180 nm。

4.3.3 包涵体检查

4.3.3.1 材料

组织病料(置于福尔马林溶液中或4℃保存备用)、载玻片、苏木精—伊红(H.E)染色液。

4.3.3.2 方法

取组织病料，用切片机切成薄片置于载玻片上，或直接将病料在载玻片上制成压片(触片)。经H·E染色，置于光学显微镜下观察。

4.3.3.3 判定

羊痘病毒感染细胞的细胞质内应有不定形的嗜酸性包涵体，细胞核内应有空泡。

4.3.4 中和试验

4.3.4.1 材料

MEM 培养液（配制方法见附录 A）、绵羊羔睾丸细胞（制备方法见附录 B）、羊痘抗原及阳性血清、待检羊组织。

4.3.4.2 方法

4.3.4.2.1 样品制备

按 4.3.1 的方法将待检样品接种细胞，并培养至出现 CPE 时收获冻融后的细胞悬液，备用。

4.3.4.2.2 抗原及阳性血清

阳性血清，恢复至室温备用。标定羊痘抗原滴度，并将抗原液用 Hanks 液进行系列稀释至 100 $TCID_{50}$/0.1 mL。

4.3.4.2.3 加样

取 96 孔细胞培养板，待检样品的细胞悬液、羊痘抗原（100 $TCID_{50}$/0.1 mL）各加 2 孔，每孔 0.1 mL，向其中一孔加入等量阳性血清，向另一孔内加入等量 Hanks 液；阳性血清加 1 孔，每孔 0.1 mL，再向孔内加入等量 Hanks 液，作为阳性血清对照；Hanks 液加 1 孔，每孔 0.2 mL，作为空白对照。

4.3.4.2.4 感作

将 96 孔细胞培养板摇匀后置于 37℃水浴中和 1 h，期间每 15 min 振摇 1 次。

4.3.4.2.5 培养

取生长良好的绵羊羔睾丸细胞单层 1 瓶，按常规方法消化，调整细胞浓度至 10^5 个/mL，每孔接种细胞悬液 0.1 mL。接种后，置于 37℃、5%CO_2 条件下培养。

4.3.4.2.6 观察

培养 4 d～7 d，每日观察 CPE 情况。

4.3.4.3 结果判定

当正常细胞对照孔、羊痘抗原中和对照孔、阳性血清对照孔的细胞均无 CPE，而羊痘抗原对照孔细胞有特征性 CPE，试验成立。待检样品中和试验孔细胞无 CPE，而待检样品未中和试验孔的细胞有特征性 CPE，判定该待检抗原为羊痘抗原。

注：如果羊痘抗原中和对照细胞出现 CPE，表明阳性血清不能完全中和 100 $TCID_{50}$/0.1 mL 的羊痘抗原，可对待检样品和羊痘抗原进行适当稀释或更换更高效价的阳性血清再进行中和试验。

4.3.5 PCR 试验

4.3.5.1 材料

待检样品、羊痘病毒对照、DNA 提取试剂盒、2×Taq Master Mix（商品化试剂）、1.5%琼脂糖凝胶（见附录 A）、1×TAE 缓冲液（商品化试剂）、DNA Marker I（商品化试剂）、上样缓冲液（商品化试剂）、高压灭菌的去离子水、PCR 仪、台式高速冷冻离心机、电泳仪、电泳槽、冰箱、凝胶成像系统、微量移液器、水浴锅、涡旋仪等。

4.3.5.2 方法

4.3.5.2.1 样品处理

取待检组织（皮肤或其他组织），无菌剪碎，用组织匀浆器研磨；按 1∶10 的比例加入 MEM 培养液制备组织悬液，4℃过夜；1 500 r/min 离心 10 min，取上清备用；冻融的抗凝血、精液或培养上清液等液体样品取 0.2 mL 备用。

4.3.5.2.2 DNA 提取

在 0.2 mL 血液样品中加入 2 μL 蛋白酶 K 溶液（20 mg/mL）或 0.8 mL 组织样品中加入 10 μL 蛋

白酶K溶液。按DNA提取试剂盒说明书或以下方法提取DNA。将上述样品56℃孵育2 h或过夜，再100℃加热10 h。按样品体积1∶1的比例加入等体积的苯酚、氯仿和异戊醇溶液(体积比为25∶24∶1)。振荡均匀，室温孵育10 min。将样品4℃，16 000 *g* 离心15 min。小心收集上层水相(约200 μL)，并转移到2.0 mL小管中，并加入等体积的冷乙醇和1/10体积的醋酸钠(3 mol/L，pH 5.3)。将样品置于−20℃静置1 h。将样品4℃，16 000 *g* 离心15 min，去掉上清液。用70%冷乙醇(100 μL)洗涤沉淀，并4℃，16 000 *g* 离心1 min。弃去上清液，并彻底干燥。用30 μL无RNA酶水悬浮溶解沉淀，置于−20℃保存，备用。

4.3.5.2.3 引物合成

按下列引物序列合成引物：

正向引物5′-TCC-GAG-CTC-TTT-CCT-GAT-TTT-TCT-TAC-TAT-3′；

反向引物5′-TAT-GGT-ACC-TAA-ATT-ATA-TAC-GTA-AAT-AAC-3′。

4.3.5.2.4 **PCR扩增体系**

按下列方法配制50 μL PCR扩增反应体系：

10×PCR缓冲液	5 μL
50mmol/L $MgCl_2$	1.5 μL
10mmol/L dNTP	1 μL
上游引物	1 μL
下游引物	1 μL
DNA模板(约10ng)	1 μL
Tag酶	0.5 μL
无核酸酶水	39 μL

4.3.5.2.5 **PCR扩增条件**

按下列程序进行PCR扩增：先95℃变性2 min，然后按95℃变性45 s、50℃退火50 s、72℃延伸60 s的顺序循环，共循环34次，最后在72℃温度下延伸2 min，于4℃保存，备用。

4.3.5.2.6 **PCR产物电泳**

每个样品取10 μL与上样缓冲液充分混匀，再每管取5 μL加入琼脂糖凝胶板的加样孔中，在位于凝胶中央的孔加入DNA分子量标准。加样后，按照8V/cm～10V/cm电压，电泳40 min～60 min(每次电泳时，每隔10 min观察1次。当加样缓冲液中溴酚蓝电泳过半至凝胶下2/5处时，可停止电泳)。电泳后，置于紫外凝胶成像仪下观察，用分子量标准判断PCR扩增产物大小。

4.3.5.2.7 结果判定

羊痘病毒阳性对照出现192 bp的扩增条带，且阴性对照无此扩增带时，判定检测有效；否则判定检测结果无效，不能进行判断。被检样品出现192 bp扩增带为羊痘病毒阳性，否则为阴性。

4.4 血清学试验—中和试验法

4.4.1 材料

MEM培养液(配制方法见附录A)、绵羊羔睾丸细胞(制备方法见附录B)、羊痘抗原及阳性血清、待检羊血清。

4.4.2 方法

4.4.2.1 样品处理

经颈静脉无菌采集待检羊血，按常规方法分离血清，56℃灭能30 min后备用。

4.4.2.2 抗原及阳性血清

阳性血清，恢复至室温备用。标定羊痘抗原滴度，并将抗原液用Hanks液进行系列稀释至100 $TCID_{50}$/0.1 mL。

4.4.2.3 加样

取96孔细胞培养板，待检血清、阳性血清各加2孔，每孔0.1mL，向其中一孔加入等量羊痘抗原（100 $TCID_{50}$/0.1 mL），向另一孔内加入等量Hanks液；羊痘抗原（100 $TCID_{50}$/0.1 mL）加1孔，每孔0.1 mL，再向孔内加入等量Hanks液，作为抗原对照；Hanks液加1孔，每孔0.2 mL，作为空白对照。

4.4.2.4 感作

将96孔细胞培养板摇匀后置于37℃中和1 h，期间每15 min振摇1次。

4.4.2.5 培养

取生长良好的绵羊羔睾丸细胞单层1瓶，按常规方法消化，调整细胞浓度至10^5个/mL，每孔接种细胞悬液0.1 mL。接种后，置于37℃、5%CO_2条件下培养。

4.4.2.6 观察

培养4 d～7 d，每天观察CPE情况。

4.4.3 结果判定

当正常细胞和血清毒性对照孔细胞无CPE，而接种抗原对照孔细胞有明显CPE时，试验成立。

待检血清中和后，试验孔细胞出现特征性CPE，判定该血清为羊痘病毒抗体阴性；待检血清中和后，试验孔细胞未出现CPE，判定该血清为羊痘病毒抗体阳性。

注：如果羊痘阳性血清中和细胞出现CPE，表明阳性血清不能完全中和100TCID50/0.1mL的羊痘抗原，可对羊痘抗原浓度进行适当调整再进行中和试验。

附 录 A
(规范性附录)
营养液及溶液的配制

A.1 Hanks 液(10×浓缩液)

A.1.1 成分

A.1.1.1 成分甲

氯化钠	80.0 g
氯化钾	4.0 g
氯化钙	1.4 g
硫酸镁($MgSO_4 \cdot 7H_2O$)	2.0 g

A.1.1.2 成分乙

磷酸氢二钠($Na_2HPO_4 \cdot 12H_2O$)	1.52 g
磷酸二氢钾	0.6 g
葡萄糖	10.0 g
1.0%酚红	16.0 mL

A.1.2 配制方法

按顺序将上述成分分别溶于 450 mL 注射用水中,即配成甲液和乙液;然后,将乙液缓缓加入甲液,边加边搅拌。补足注射用水至 1 000 mL,用滤纸过滤后,加入三氯甲烷 2 mL,置于 2℃~8℃保存。

A.1.3 使用

使用时,用注射用水稀释 10 倍,107.6 kPa 灭菌 15 min,置 2℃~8℃保存备用。使用前,用 7.5%碳酸氢钠溶液调 pH 至 7.2~7.4。

A.2 7.5%碳酸氢钠溶液

A.2.1 成分

碳酸氢钠	7.5 g
注射用水	100.0 mL

A.2.2 配制方法

将上述成分溶解,0.2 μm 滤器滤过除菌,分装于小瓶中,置−20℃保存。

A.3 1.0%酚红溶液

A.3.1 成分

酚红	10.0 g
1 mol/L 氢氧化钠溶液不超过	60 mL
注射用水补足至	1 000 mL

A.3.2 配制方法

1 mol/L 氢氧化钠溶液的制备:取澄清的氢氧化钠饱和液 56.0 mL,加注射用水至 1 000 mL 即可。

称酚红 10.0 g,加 1 mol/L 氢氧化钠溶液 20 mL,搅拌溶解。静置后,将已溶解的酚红溶液倒入

1 000 mL容器内。未溶解的酚红继续加入 1 mol/ L 氢氧化钠溶液 20 mL，搅拌使其溶解。如仍未完全溶解，可继续加少量 1 mol/ L 氢氧化钠溶液搅拌。如此反复，直至酚红完全溶解，但所加 1 mol/ L 氢氧化钠溶液总量不得超过 60 mL。补足注射用水至 1 000 mL，分装小瓶，107.6 kPa 灭菌 15 min 后，置 2℃～8℃保存。

A.4 0.25%胰蛋白酶溶液

A.4.1 成分

氯化钠	8.0 g
氯化钾	0.2 g
柠檬酸钠($Na_3C_6H_5O_7 \cdot 5H_2O$)	1.12 g
磷酸二氢钠($NaH_2PO_4 \cdot 2H_2O$)	0.056 g
碳酸氢钠	1.0 g
葡萄糖	1.0 g
胰蛋白酶(1∶250)	2.5 g
注射用水加至	1 000 mL

A.4.2 配制方法

待胰酶充分溶解后，0.2 μm 滤器滤过除菌，分装于小瓶中，置于－20℃保存。使用时，用 7.5%碳酸氢钠溶液调 pH 至 7.4～7.6。

A.5 EDTA -胰蛋白酶分散液(10×浓缩液)

A.5.1 成分

氯化钠	80.0 g
氯化钾	4.0 g
葡萄糖	10.0 g
碳酸氢钠	5.8 g
胰蛋白酶(1∶250)	5.0 g
乙二胺四乙酸二钠	2.0 g

按顺序溶于 900 mL 注射用水中，然后加入下列各液：

1.0%酚红溶液	2.0 mL
青霉素(10 万 IU/ mL)	10.0 mL
链霉素(10 万 μg/ mL)	10.0 mL
补足注射用水至	1 000 mL

A.5.2 配制方法

将上述成分按顺序溶解，0.2 μm 滤器滤过除菌，分装小瓶，－20℃保存。临用前，用注射用水稀释 10 倍，作为分散工作液，适量分装，置于－20℃冻存备用。分散细胞时，将工作液取出，置于 37℃水浴融化，并用 7.5%碳酸氢钠溶液调 pH 至 7.6～8.0。

A.6 抗生素溶液(1 万 IU/mL)

A.6.1 10×浓缩液

青霉素	400 万 IU
链霉素	400 万 μg
注射用水	40 mL

充分溶解后，0.2 μm 滤器滤过除菌，分装小瓶，置于−20℃保存。

A.6.2 工作溶液

取上述 10×浓缩液适量，用注射用水稀释 10 倍，分装后置于−20℃保存。

A.7 H-E 染色液

A.7.1 Harris 苏木精染液

苏木精	1.0 g
无水乙醇	10.0 mL
硫酸铝钾	20.0 g
蒸馏水	200.0 mL
氧化汞	0.5 g
冰醋酸	8.0 mL

先用无水乙醇溶解苏木精，用蒸馏水加热溶解硫酸铝钾，再将这两种液体混合后煮沸(约 1 min)。离火后，向该混合液中迅速加入氧化汞，并用玻璃棒搅拌染液直至变为紫红色，用冷水冷却至室温。然后，加入冰醋酸并混合均匀，过滤后使用。

A.7.2 伊红染液

伊红染液有水溶性和醇溶性 2 种，常用 0.5%水溶性伊红染液，配方如下：

伊红 Y	0.5 g
蒸馏水	100 mL
冰醋酸	1 滴

先用少许蒸馏水溶解伊红 Y，然后加入全部蒸馏水，用玻璃棒搅拌均匀。用冰醋酸将染液调至 pH4.5 左右，过滤后使用。

A.7.3 盐酸—乙醇分化液

浓盐酸	1.0 mL
75%乙醇	99.0 mL

A.8 MEM 培养液

A.8.1 成分

MEM 干粉培养基按说明书要求	
注射用水	1 000 mL

A.8.2 配制方法

称取适量干粉培养基，加入注射用水 500 mL，磁力搅拌使之完全溶解，根据说明书要求补加碳酸氢钠、谷氨酰胺和其他特殊物质，加水定容到终体积，调节 pH 7.4～7.6，0.22 μm 滤膜过滤除菌，无菌分装，2℃～8℃保存备用。

配制好的培养液用前加入胎牛血清，细胞培养液胎牛血清含量为 5%～10%，细胞维持液胎牛血清含量为 1%～2%。

A.9 10%福尔马林溶液

附　录　B
（规范性附录）
绵羊羔睾丸细胞的制备

B.1　原代细胞制备

选取 4 月龄以内健康雄性绵羊，以无菌手术摘取睾丸，剥弃鞘膜及白膜，剪成 1 mm～2 mm 小块，用 Hanks 液（见 A.1）清洗 3 次～4 次。按睾丸组织量的 6 倍～8 倍加入 0.25％胰酶溶液（见 A.4），置于 37℃水浴消化。待睾丸组织呈膨松状，弃去胰酶溶液，用玻璃珠振摇法分散细胞，并用 MEM 培养液稀释成每毫升含 100 万左右细胞数，分装细胞瓶，37℃静置培养，2 d～4 d 即可长成单层。

B.2　次代细胞制备

取生长良好的原代细胞，弃去生长液，加入原培养液量 1/10 的 EDTA 胰酶分散液（见 A.5），消化 2 min～5 min。待细胞层呈雪花状时，弃去胰酶分散液。加少许 MEM 培养液吹散细胞，然后按 1∶2 的分种率，补足 MEM 培养液。混匀、分装细胞瓶，置于 37℃静置培养。细胞传代应不超过 5 代。

ICS 11.220
B 41

中华人民共和国农业行业标准

NY/T 2692—2015

奶牛隐性乳房炎快速诊断技术

Rapid diagnostic techniques for subclinical mastitis in dairy cow

2015-02-09 发布 2015-05-01 实施

中华人民共和国农业部 发布

前　言

本标准按照 GB/T 1.1—2009 给出的规则起草。

本标准由中华人民共和国农业部提出。

本标准由中国动物防疫标准化技术委员会(SAC/TC 181)归口。

本标准起草单位:中国农业科学院兰州畜牧与兽药研究所。

本标准主要起草人:李新圃、罗金印、李宏胜、杨峰、李建喜、杨志强。

奶牛隐性乳房炎快速诊断技术

1 范围

本标准规定了奶牛隐性乳房炎快速诊断技术。

本标准适用于奶牛场泌乳牛的隐性乳房炎现场诊断，但不包括干奶前 2 周和分娩后 1 周的泌乳牛。

2 术语和定义

下列术语和定义适用于本文件。

2.1

隐性乳房炎 subclincial mastitis

亚临床型乳房炎(乳腺炎)。奶牛乳腺组织的一种炎症，无肉眼可见的病理变化，但乳汁理化性质已发生明显变化。由于炎症向局部组织浸润，乳汁中的体细胞数量异常升高，高于 50 万个/mL。

2.2

乳汁体细胞 somatic cells in milk

乳汁中的体细胞主要由中性粒细胞、淋巴细胞和上皮细胞组成。健康泌乳牛乳腺中的体细胞数量很少，发生乳房炎时，大量中性粒细胞以及淋巴细胞从血液向乳腺迁移，同时乳腺组织受损，加剧了上皮细胞的脱落，致使乳汁中的体细胞数量异常升高。

2.3

快速诊断技术 rapid diagnostic techniques

是一种便于现场操作及在较短时间检测出结果的技术。

3 诊断原理

以阴离子表面活性剂为主要成分的诊断液与新鲜乳汁混合，破坏乳汁中的体细胞，释放出细胞核中的 DNA，遇水形成黏度很高的 DNA 高分子水化物。乳房炎的炎症越严重，乳汁体细胞数越多，形成的高黏度 DNA 高分子水化物也越多。

4 诊断材料

4.1 诊断液

4.1.1 组成

十二烷基硫酸钠	180 g
直链烷基苯磺酸	50 g
硼酸	5 g
溴甲酚紫	0.4 g
氢氧化钠溶液	100 g/L
蒸馏水加至	1 000 mL

注：组成成分应使用化学纯试剂，当没有试剂级别时，可以使用高纯度的化工原料。

4.1.2 制备

按组成配比，将十二烷基硫酸钠、直链烷基苯磺酸、硼酸、溴甲酚紫溶解在 500 mL 蒸馏水中，用 100 g/L 氢氧化钠调至绛紫色(pH 7.0～9.0)，加蒸馏水至 1 000 mL，混匀即可。

4.2 诊断盘

为白色或乳白色聚氯乙烯(PVC)塑料材质,由1个手柄和4个检验杯组成。杯和杯之间留有10 mm左右的间隙,每个检验杯的高度在15 mm左右,内径在70 mm左右,用于采集乳样、混合乳样和诊断液、观察诊断结果。测试后,用常水冲洗干净,以便继续使用。

5 诊断方法

操作及判断:

a) 1份诊断液用4份蒸馏水或纯净水稀释备用;

b) 弃去泌乳牛头两把乳,将4个乳室的乳汁按一定顺序分别挤入诊断盘的4个检验杯中;

c) 将诊断盘倾斜60°角弃去多余乳样,使杯中保留乳汁约2 mL,加入稀释诊断液2 mL;

d) 在光线明亮处,水平同心圆旋转摇动诊断盘5 s~30 s,使诊断液与乳汁充分混合;

e) 按表1的判断标准,在60 s内判断结果。

6 成品诊断液

可直接选购成品诊断液及配套诊断盘:

a) 诊断液按产品说明书使用,判断标准应与表1相符;

b) 产品及质量标准参见附录A;

c) 包装、标志和使用说明书参见附录B。

表1 诊断液检测隐性乳房炎的判断标准

隐性乳房炎诊断结果	体细胞数(SCC)范围 万个/mL	诊断液与乳汁的混合反应
阴性(—)	SCC≤50	旋转摇动诊断盘时,混合物呈均匀的液态;倾斜诊断盘时,底部无沉淀
弱阳性(+)	50<SCC≤150	旋转摇动诊断盘时,混合物中有少量稀薄沉淀物;倾斜诊断盘时,沉淀物散布于底部有一定黏附性
阳性(++)	150<SCC≤500	旋转摇动诊断盘时,混合物中的沉淀物多而黏稠,有向中心聚集的倾向;倾斜诊断盘时,沉淀物黏附于底部流动慢
强阳性(+++)	SCC>500	旋转摇动诊断盘时,混合物中的沉淀物大部分或全部呈明显胶状,向中心聚集成团;倾斜诊断盘时,沉淀物几乎完全黏附于底部难以流动

附 录 A
(资料性附录)
诊断液的质量标准

A.1 诊断液产品

LMT、BMT、HMT、CMT 等[a]。

A.2 符合率

奶牛隐性乳房炎诊断液是一种间接乳汁体细胞计数法,与 NY/T 800—2004 规定的显微镜法和乳汁体细胞计数仪法(包括电子粒子技术体细胞仪和荧光光电计数体细胞仪)比较,其诊断符合率应符合表 A.1 的要求。

表 A.1 诊断液的符合率

诊断结果	体细胞数(SCC) 范围 万个/mL	与显微镜法比较 %	与细胞计数仪法比较 %
乳房炎阴性(—)	SCC≤50	≥90	≥90
乳房炎弱阳性(+)	50<SCC≤150	≥80	≥80
乳房炎阳性 (++)	150<SCC≤500	≥80	≥80
乳房炎强阳性 (+++)	SCC>500	≥80	≥80
乳房炎阳性 (+、++、+++)	SCC>50	≥90	≥90

A.3 特异性

诊断液不与正常乳汁成分发生反应,与乳汁中的体细胞反应具有特异性:

a) 体细胞悬液:采集健康家兔抗凝血作为体细胞悬液,其白细胞数大约在 900 万个/mL 左右,以白细胞计数结果为准;
b) 健康乳汁:采集健康泌乳牛乳汁,其体细胞数应小于 20 万个/mL,以体细胞计数结果为准;
c) 生理盐水:按常规方法配制;
d) 特异性试验:取等量体细胞悬液 2 份,同法分别用健康乳汁和生理盐水进行倍比稀释,然后同时进行诊断液检测和直接体细胞计数,2 组稀释液的诊断液检测结果与直接体细胞计数结果应一致;
e) 直接体细胞计数:按照 NY/T 800—2004 规定的方法执行。

A.4 重复性

采集隐性乳房炎一、+、++、+++的乳样若干份,使用同一批不同包装的诊断液测定,结果应一致;使用不同批次诊断液测定,结果也应一致。

---

[a] LMT、BMT、HMT、CMT 等是适合的市售产品的实例,给出这一信息是为了方便本标准的使用者,并不表示对该产品的认可,也可使用其他等效的同类产品。

A.5 稳定性

将诊断液置于密闭包装容器中，在(40±2)℃、相对湿度(75±5)%条件下放置，分别在0个月、1个月、2个月、3个月、4个月、5个月、6个月取样检测，应符合A.1～A.4的要求。产品置于棕色PET高密度聚酯瓶中密封放置，常温下可保存3年。

附　录　B
（资料性附录）
产品的包装、标志和使用说明书

B.1　外包装上至少应有下列标志

a）兽用标示；
b）产品名称；
c）预期用途；
d）包装规格；
e）储存方法；
f）生产日期和有效期；
g）生产者名称、地址和联系方式。

B.2　内包装上应有下列标志

a）兽用标示；
b）产品名称；
c）预期用途；
d）储存方式；
e）注意事项；
f）生产日期和有效期；
g）生产者名称、地址和联系方式。

B.3　使用说明书应有下列内容

a）兽用标示；
b）产品名称；
c）诊断原理；
d）预期用途；
e）操作步骤；
f）判断标准；
g）注意事项；
h）包装规格；
i）储存条件；
j）生产日期和有效期；
k）生产者名称、地址和联系方式。

参 考 文 献

[1] NY/T 800—2004 生鲜牛乳中体细胞测定方法
[2] 农医发[2010]29号 奶牛乳房炎防治技术指南(试行)
[3] GB/T 191—2008 包装储运图示标志

ICS 65.020.30
B 43

中华人民共和国农业行业标准

NY/T 2695—2015

牛遗传缺陷基因检测技术规程

Code of practice for molecular detecting for genetic defects in cattle

2015-02-09 发布　　2015-05-01 实施

中华人民共和国农业部 发布

前　言

本标准按照 GB/T 1.1—2009 给出的规则起草。

本标准由农业部畜牧业司提出。

本标准由全国畜牧业标准化技术委员会(SAC/TC 274)归口。

本标准起草单位:全国畜牧总站,中国农业科学院北京畜牧兽医研究所。

本标准主要起草人:刘丑生、刘刚、朱化彬、韩旭、王皓、冯海永、赵俊金、孟飞、邱小田。

牛遗传缺陷基因检测技术规程

1 范围

本标准规定了牛遗传缺陷基因的检测方法和结果判定。

本标准适用于奶牛和肉牛白细胞黏附缺陷症、瓜氨酸血症、牛尿苷酸合酶缺乏症、牛脊椎畸形综合征、牛凝血因子Ⅺ缺乏症、牛并趾征、牛蜘蛛腿综合征基因的检测。

2 规范性引用文件

下列文件对于本文件的应用是必不可少的。凡是注日期的引用文件，仅注日期的版本适用于本文件。凡是不注日期的引用文件，其最新版本(包括所有的修改单)适用于本文件。

GB/T 25887 奶牛脊椎畸形综合征检测 PCR-RFLP 法

GB/T 27642—2011 牛个体及亲子鉴定微卫星 DNA 法

GA/T 383 法庭科学 DNA 实验室检验规范

NY/T 1670—2008 猪雌激素受体和卵泡刺激素β亚基单倍体型检测技术规程

SN/T 1119 进口动物源性饲料中牛羊源性成分检测方法 PCR 方法

SN/T 2497.15 进出口危险化学品安全试验方法 第 15 部分:PCR-SSCP 实验

3 术语和定义

下列术语和定义适用于本文件。

3.1

遗传缺陷 genetic defects

家畜生殖细胞或受精卵中的遗传物质在结构或功能上发生了改变，从而使发育个体表现缺陷，具有垂直遗传和终生性特征。

3.2

单基因遗传缺陷 monogenic genetic defects

单个基因变异而引起的遗传缺陷，其遗传方式符合孟德尔遗传定律。

3.3

牛白细胞黏附缺陷症 bovine leukocyte adhesion deficiency, BLAD

由嗜中性粒细胞表面糖蛋白细胞黏附分子整合素的β2 亚单位基因 *CD18*(β-2 integrin subunit, also called *CD18*)第 2 外显子第 55 位碱基发生(A→G)突变引起的一种牛隐性遗传缺陷。其典型临床症状为重复性感染，鼻镜肿胀，颌下淋巴结肿大，常发生口腔、舌和肠道黏膜溃疡，并导致早期死亡。

3.4

瓜氨酸血症 citrullinemia, CN

由精氨酸琥珀酸合酶基因 *ASS*(argininosuccinate synthase)的第 5 外显子第 256 位碱基发生(C→T)突变引起的一种牛隐性遗传缺陷。其典型临床症状为犊牛第 1 d～第 2 d 出现精神沉郁、步态紊乱、惊厥、失明等。

3.5

牛脊椎畸形综合征 complex vertebral malformation, CVM

由编码 UDP-N-乙酰葡糖胺载体的基因 *SLC35A3*(solute carrier family 35 member *A3*)的第 4 外

显子第 73 位碱基突变(G→T)引起的一种牛隐性遗传缺陷。其典型临床症状表现为胚胎或胎儿死亡，或犊牛脊椎弯曲畸形、肋骨畸形、心脏畸形、颈短、两前腿筋腱缩短等。

3.6

牛尿苷酸合酶缺乏症　deficiency of uridine monophophate synthase，DUMPS

由尿苷酸合酶基因 *UMPS*(uridine monophophate synthase)的 C-末端 405 处的密码子存在一个点突变导致密码子 CGA 转变为终止子 TGA 引起的一种牛隐性遗传缺陷。其典型临床症状为胚胎或胎儿期死亡，死亡率达 100%。

3.7

牛凝血因子Ⅺ缺乏症　factor Ⅺ deficiency，F Ⅺ

由凝血因子Ⅺ基因 *F* Ⅺ(factor Ⅺ)外显子 12 上插入了一个大小为 76bp 的 DNA 片段引起的一种牛隐性遗传缺陷。其典型临床症状为 *F* Ⅺ携带者一般不表现症状，部分携带者和纯合个体表现为凝血紊乱、造成犊牛成活率降低和繁殖性能下降以及免疫力降低。

3.8

牛并趾征　syndactyly

牛骡蹄症　mulefoot，MF

由低密度脂蛋白受体结合蛋白基因 *LPR4*(low density lipoprotein receptor related protein 4)第 33 外显子发生了两个碱基的突变(C4863A，G4864T)引起一种牛遗传缺陷。其典型临床症状为在不同品种中杂合个体表现不同的外显率，缺陷个体一般一只或多只蹄子均可表现骡蹄。牛骡蹄症个体行走不稳，生产性能下降。

3.9

牛蜘蛛腿综合征　spiderleg of arachnomelia and arthrogryposis，syndrome of arachnomelia and arthrogryposis，SAA；arachnomelia syndrome，AS

在瑞士褐牛中由 *SOUX*(sulfite oxidase)基因第 4 外显子第 363 位插入一个碱基(c. 363-364insG)而引起，在西门塔尔牛中由 *MOCS1*(molybdenum cofactor synthesis step 1)基因位于第 11 外显子第 1 224～1 225 位 CA 两个碱基的缺失而引起的一种牛隐性遗传缺陷。其典型临床症状为在瑞士褐牛和西门塔尔牛中出现，AS 个体表现为犊牛先天性骨骼畸形、体重较轻，造成死胎或出生后不久死亡。

3.10

系谱　pedigree

在调查某种遗传病畜禽各个个体的发病情况后，采用特定的符号和格式绘制成反映该群体各个个体相互关系和发病情况的图解。

4　原理

4.1　牛白细胞黏附缺陷症的检测

利用 *CD*18 基因的 DNA 序列特异性引物，扩增 *CD18* 基因片段，采用 PCR-SSCP 或 PCR-RFLP 方法确定个体基因型。

4.2　瓜氨酸血症的检测

利用 *ASS* 基因的 DNA 序列特异性引物，扩增 *ASS* 基因片段，采用 PCR-SSCP 或 PCR-RFLP 方法确定个体基因型。

4.3　牛脊椎畸形综合征的检测

利用 *SLC35A3* 基因的 DNA 序列特异性引物，扩增 *SLC35A3* 基因片段，采用 PCR-SSCP 或错配 PCR 突变分析确定个体基因型。

4.4　牛尿苷酸合酶缺乏症的检测

利用尿苷酸合酶基因的DNA特异性引物，扩增尿苷酸合酶基因片段，采用PCR-RFLP方法确定个体基因型。

4.5 牛凝血因子Ⅺ缺乏症的检测

利用凝血因子Ⅺ缺乏症*F*Ⅺ基因特异性引物扩增，采用PCR检测确定个体基因型。

4.6 牛并趾征的检测

利用*LPR4*基因DNA序列设计引物进行扩增，采用测序方法确定个体基因型。

4.7 牛蜘蛛腿综合征的检测

利用*SOUX*基因或*MOCS1*基因DNA序列设计引物进行扩增，采用测序的方法确定个体基因型。

5 仪器设备及试剂

5.1 仪器设备

5.1.1 离心机，离心力10 000 *g*。

5.1.2 紫外可见分光光度计。

5.1.3 移液器，量程0.1 μL～1 000 μL。

5.1.4 PCR仪，96孔热循环。

5.1.5 水平电泳槽，长度31 cm。

5.1.6 凝胶成像系统。

5.2 试剂

5.2.1 *Ava*Ⅰ内切酶。

5.2.2 *Ava*Ⅱ内切酶。

5.2.3 *Eco47*Ⅰ内切酶。

5.2.4 *Taq*Ⅰ内切酶。

5.2.5 Taq DNA聚合酶。

5.2.6 乙醇(ethanol)，分析纯。

5.2.7 异丙醇(isopropanol)，分析纯。

5.2.8 乙二胺四乙酸二钠(EDTA)，分析纯。

5.2.9 氯化钠(NaCl)，分析纯。

5.2.10 十二烷基硫酸钠(SDS)，分析纯。

5.2.11 乙酸，分析纯。

5.2.12 溴化乙锭，分析纯。

5.2.13 三(羟基甲基)氨基甲烷(Tris Base)，分析纯。

5.2.14 琼脂糖(分析纯)。

5.2.15 Tris-HCl(pH 6.8)：将12.1 g Tris Base溶于80 mL蒸馏水中，用浓HCl将pH调至6.8，将体积调至100 mL，高压除菌，室温储存。

5.2.16 缓冲液：

a) DNA溶解缓冲液(TE)：取5 mL 1 mol/L Tris-HCl Buffer(pH=8.0)和0.5 mol/L EDTA(pH=8.0)加入400 mL蒸馏水的烧杯中，将溶液定容到500 mL后，高温高压灭菌，室温保存；

b) 电泳解缓冲液50×TAE：称取242 g Tris Base、37.2 g Na_2EDTA加入1 L烧杯中，然后加入800 mL去离子水，充分搅拌溶解，再加入57.1 mL醋酸，充分混匀定容至1 L，室温保存；

c) 10×上样缓冲液：用移液器吸取2 mL EDTA (500 mmol/L，pH 8.0)加入约40 mL蒸馏水中，

再称取 250 mg 溴酚蓝，量取 50 mL 丙三醇，定容至 100 mL，4℃保存。

5.2.17　1%～3%琼脂糖凝胶：称取 1 g～3 g 琼脂糖，加 100 mL TAE 煮沸，等降至 50℃～60℃时，加入溴化乙锭或其他燃料。

5.2.18　2%～5%琼脂糖凝胶：称取 2 g～5 g 琼脂糖，加 100 mL TAE 煮沸，等降至 50℃～60℃时，加入溴化乙锭或其他燃料。

6　检测步骤

6.1　样品制备

收集牛血液、组织(耳组织、肌肉、尾组织、皮肤等)、带毛囊的毛发或精液等材料。其中，血液用抗凝剂处理，并 4℃短期保存，−20℃及以下低温保存备用；组织、带毛囊的毛发浸入 75%的酒精、精液，−20℃及以下低温保存备用。

6.2　DNA 的提取

按 GB/T 27642—2011 中附录 B 规定的方法执行。DNA 样品操作注意事项按 SN/T 1119 中规定的方法执行。

6.3　引物配制

引物配制按 NY/T 1670—2008 中 6.2.1 条款的规定执行，引物信息参见附录 A 中 A.1。

6.4　PCR 反应

6.4.1　PCR 反应体系和程序

按附录 A 中 A.2 的要求配制 PCR 反应体系，并按 A.3 的程序进行扩增。PCR 操作中防止污染等注意事项见 GA/T 383。

6.4.2　PCR 产物电泳检测

取 5 μL～10 μL PCR 产物，上样于 1%～3%琼脂糖凝胶中进行电泳，结果与标准带(marker)比对，确定是否为预期扩增片段。如果不是预期扩增片段，重复 6.3 和 6.4 步骤，直到确定为预期扩增片段为止。

6.5　分析方法

6.5.1　错配 PCR 突变分析

利用牛基因组的特异性引物 1-3 作为内标引物扩增，重复 6.4 步骤检测 PCR 反应产物；利用致病基因的特异性扩增引物 1-4 筛查致病突变，重复 6.4 步骤检测扩增产物，若存在该条带说明被测个体携带致病基因。

6.5.2　SSCP 分析

按 SN/T 2497.15 规定的方法执行。

6.5.3　RFLP 分析

按 B.1 和 B.2 的要求配制 RFLP 反应体系，在 37℃水浴中温浴 4 h，然后酶切产物用 2.0%～5.0%琼脂糖凝胶电泳检测。观察和记录，并分析个体基因型。

6.5.4　测序分析

利用 PCR 产物测序，分析测序峰图以判定个体基因型。

6.5.5　系谱分析

先对某遗传病家畜群体的发病情况进行详细调查，再按一定方式将调查结果绘成系谱；然后，根据孟德尔定律对各个体的表现型和基因型进行分析，通过分析可以判断某种遗传学是单基因病或者是多基因病，以及确定单基因病的遗传方式。

6.6　结果判定

6.6.1 牛脊椎畸形综合征(CVM)

利用PCR-SSCP、PCR-RFLP或错配PCR突变分析(PCR-MAMA)3种方法的结果如下：

a) PCR-SSCP：

1) 引物1-1(参见附录A中表A.1)的PCR扩增产物长度为177 bp，出现2条带(AA)的判定为正常个体；出现3条带或4条带(AB)的判定为隐性基因携带个体；出现2条带(BB)的判定为患病个体。

2) 引物1-2(参见附录A中表A.1)的PCR扩增产物长度为249 bp，出现2条带(AA)的判定为正常个体；出现3条带或4条带(AB)的判定为隐性基因携带个体；出现2条带(BB)的判定为患病个体。检测结果判定参见附录C中图C.1。

b) PCR-RFLP：按GB/T 25887的规定执行。

c) 错配PCR突变分析(PCR-MAMA)：引物1-3(参见附录A中表A.1)作为内标引物，其产物长度为216 bp，引物1-4(参见附录A中表A.1)扩增致病突变，其产物长度为105 bp。扩增产物出现216 bp 1条带，判定为正常个体；扩增产物中同时出现216 bp和105 bp 2条带，判定为隐性基因携带个体；扩增产物出现105 bp 1条带，判定为患病个体。检测结果判定参见附录C中图C.2。

6.6.2 牛白细胞黏附缺陷症(BLAD)

利用PCR-SSCP或PCR-RFLP 2种方法的结果如下：

a) PCR-SSCP：引物2-1(参见附录A中表A.1)的PCR扩增产物长度为187 bp，出现2条带(AA)的判定为正常个体；出现3条带(AB)的判定为隐性基因携带个体；出现2条带(BB)的判定为患病个体。检测结果判定参见附录C中图C.3。

b) PCR-RFLP：

1) 引物2-2(参见附录A中表A.1)扩增产物为136 bp条带，出现108 bp和28 bp 2条带的为AA基因型，判定为正常个体；出现136 bp、108 bp和28 bp 3条带的为AB基因型，判定为隐性基因携带者；酶切后出现136 bp 1条带的为BB型，判定为患病个体。检测结果判定参见附录C中图C.4。

2) 引物2-3(参见附录A中表A.1)扩增产物为324 bp条带，出现193 bp和131 bp 2条带的为AA基因型，判定为正常个体，出现324 bp、193 bp和131 bp 3条带的为AB基因型，判定为隐性基因携带者；酶切后出现324 bp 1条带的为BB型，判定为患病个体。检测结果判定参见附录C中图C.5。

6.6.3 瓜氨酸血症(CN)

利用PCR-SSCP或PCR-RFLP 2种方法的结果如下：

a) PCR-SSCP：引物3-1(参见附录A中表A.1)的PCR扩增产物长度为177 bp，出现2条带(AA)的判定为正常个体；出现3条带(AB)的判定为隐性基因携带个体；出现2条带(BB)的判定为患病个体。检测结果判定参见附录C中图C.6。

b) PCR-RFLP：

1) 引物3-2(参见附录A中表A.1)扩增产物为199 bp条带，出现103 bp和82 bp 2条带的为AA基因型，判定为正常个体；出现185 bp、103 bp和82 bp 3条带的为AB基因型，判定为隐性携带个体；出现199 bp 1条带的为BB基因型，判定为患病个体。检测结果判定参见附录C中图C.7。

2) 引物3-3(参见附录A中表A.1)扩增产物为282 bp条带，出现194 bp和88 bp 2条带的为AA基因型，判定为正常个体；出现282 bp、194 bp和88 bp 3条带的为AB基因型，判定为隐性携带个体；出现282 bp 1条带的为BB型。检测结果判定参见附录C中图C.8。

6.6.4 牛尿苷酸合酶缺乏症(DUMPS)

利用 PCR-RFLP 方法的结果如下：引物 4(参见附录 A 中表 A.1)扩增产物为 108 bp 条带，出现 53 bp、36 bp 和 19 bp 3 条带的为 AA 基因型，判定为正常个体；出现 89 bp、53 bp、36 bp 和 19 bp 4 条带为 AB 基因型，判定为隐性携带个体；酶切后出现 89 bp 和 19 bp 2 条带的为 BB 型，判定为患病个体。检测结果判定参见附录 C 中图 C.9。

6.6.5 牛凝血因子Ⅺ缺乏症(FⅪ)

利用 PCR 方法的结果如下：引物 5(参见附录 A 中表 A.1)扩增产物出现 244 bp 条带，判定为正常个体；扩增产物出现 244 bp 和 320 bp 条带，判定为携带个体；扩增产物出现 320 bp 条带的为患病个体。检测结果判定参见附录 C 中图 C.10。

6.6.6 蜘蛛腿综合征(AS)

利用测序方法的结果如下：

a) 引物 6-1(参见附录 A 中表 A.1)扩增 *SOUX* 基因产物为 446 bp 条带。扩增产物经 DNA 测序，AS363 位置上(第 4 外显子上)碱基为 C，判定为正常个体；DNA 图中在 363 位置上碱基为 G/C，判定为携带杂合子个体；363 位置为碱基为 G，判定为患病个体。检测结果判定参见附录 C 中图 C.11。

b) 引物 6-2 和引物 6-3(参见附录 A 中表 A.1)在同一体系扩增 *MOSC*1 基因产物为 208 bp 条带(野生型)和 142 bp(突变型)条带。扩增产物经 DNA 测序，AS1224～1225 位置上(第 11 外显子上)碱基为 CA，则判定为正常个体；扩增产物经 DNA 测序，AS1224～1225 位置上(第 11 外显子上)碱基缺失为 C 或 A，则判定为隐性基因携带个体；扩增产物经 DNA 测序，AS1224～1225 位置上(第 11 外显子上)碱基缺失为 CA，则判定为患病个体。检测结果判定参见附录 C 中图 C.12。

6.6.7 牛并趾征(MF)

利用测序方法的结果如下：引物 7(参见附录 A 中表 A.1)扩增产物为 580 bp 条带。扩增产物经 DNA 测序，*LRP4* 基因第 33 外显子 LPR44863～4864 位置上为 CG，判定为正常个体；扩增产物为 580 bp条带。扩增产物经 DNA 测序，*LRP4* 基因第 33 外显子 LPR44863～4864 位置上为 C 或 A 和 G 或 T，判定为隐性基因携带个体；扩增产物经 DNA 测序，*LRP4* 基因第 33 外显子 LPR44863～4864 位置上为 AT，判定为患病个体。检测结果判定参见附录 C 中图 C.13，同时结合系谱分析验证测序结果，参见附录 C 中图 C.14。

附 录 A
（资料性附录）
引物信息、PCR 反应体系和反应条件

A.1 牛遗传缺陷基因引物信息

牛遗传缺陷基因引物信息见表 A.1。

表 A.1 牛遗传缺陷基因引物信息表

遗传缺陷	基因	方法	引物	引物序列	PCR 产物长度 bp	退火温度 ℃
牛脊椎畸形综合征，CVM	*SLC35A3* 基因	PCR - SSCP	1 - 1	F1 - 1：5′- TCAGTGGCCCTCAGATTCTC - 3′ R1 - 1：5′- CCAAGTTGAATGTTTCTTATCCA - 3′	177	61
			1 - 2	F1 - 2：5′- AGCTCTCCTCTGTAATCC - 3′ R1 - 2：5′- TCTCAAAGTAAACCCCAG - 3′	249	58
		PCR - MAMA	1 - 3	F1 - 3：5′- TGGAAGCAAAGAACCCCGC - 3′ R1 - 3：5′- TCGTCAGAAACCGCACACTG - 3′	216	51
			1 - 4	F1 - 4：5′- CACAATTTGTAGGTCTCAATG - 3′ R1 - 4：5′- TCCACACTGATGGTTTGGTTTCTT - 3′	105	51
牛白细胞黏附缺陷症，BLAD	*CD18* 基因	PCR - SSCP	2 - 1	F2 - 1：5′- AGTTGCGTTCAACGTGACCTTC - 3′ R2 - 1：5′- AACAGGTGCTTCCTGGGCTTTGGT - 3′	187	63
		PCR - RFLP	2 - 2	F2 - 2：5′- AGTTGCGTTCAACGTGACCTTC - 3′ R2 - 2：5′- AACAGGTGCTTCCTGGGCTTTGGT - 3′	136	63
			2 - 3	F2 - 3：5′- CCTGCATCATATCCACAG - 3′ R2 - 3：5′- GTTTCAGGGGAAGATGGAG - 3′	324	60

表 A.1（续）

遗传缺陷	基因	方法	引物	引物序列	PCR产物长度 bp	退火温度 ℃
瓜氨酸血症，CN	*ASS* 基因	PCR-SSCP	3-1	F3-1:5′-GGCCAGGGACCGTGTTCATTGAGGACATC-3′ R3-1:5′TTCCTGGGACCCCGTGAGACACATACTTG-3′	177	56
		PCR-RFLP	3-2	F3-2:5′-GGCCAGGGACCGTGTTCATTGAGGACATC-3′ R3-2:5′-TTCCTGGGACCCCGTGAGACACATACTTG-3′	199	57
			3-3	F3-3:5′-TTTTCAAGACCACCCTGTT-3′ R3-3:5′-CATACTTGGCTCCTTCTCG-3′	282	60
牛尿苷酸合酶缺乏症，DUMPS	*UMPS* 基因	PCR-RFLP	4	F4:5′-GAACATTCTGAATTTGTGATTGGT-3′ R4:5′-GCTTCTAACTGAACTCCTCGAGT-3′	108	58
牛凝血因子Ⅺ缺乏症，Factor Ⅺ	*F*Ⅺ基因	PCR	5	F5:5′-CCCACTGGCTAGGAATCGTT-3′ R5:5′-CAAGGCAATGTCATATCCAC-3′	320	65
牛蜘蛛腿综合征，AS	*SOUX* 基因（瑞士褐牛）	测序分析	6-1	F6-1:5′-CGCAGATATACCAGGGAGGA-3′ R6-1:5′-CGATAGGTGTCTGGGTCCAC-3′	446	65
	MOSC1 基因（德系西门塔尔牛）	测序分析	6-2	F6-2:5′-CCTGACATGAACAGGGGAAC-3′ R6-2:5′-CCAGGTGGGAACTGAAGTGT-3′	208	60
			6-3	F6-3:5′-TGGAGAAACTCACTCTGTGTCTC-3′ R6-3:5′-GTGTTCAGGTTCTGAGACAGAGT-3′	142	60
牛并趾征，Syndactyly	*LRP4* 基因	测序分析	7	F7:5′-AGCGTGTGGACAAGTACTCAG-3′ R7:5′-ACCTCAAGCTCAAAGCTCCTA-3′	580	66

A.2 PCR 反应体系和反应程序

A.2.1 PCR 反应体系

PCR 反应体系见表 A.2。

表 A.2 PCR 反应体系

组　分	单倍反应体系，μL
PCR Buffer(10×)	2.0
dNTPs	2.0
Taq 酶(5 U/μL)	0.5
Primer - F(10 pmol/μL)	1.0
Primer - R(10 pmol/μL)	1.0
模板 DNA(50 ng/μL～100 ng /μL)	1.0
ddH_2O	12.5
总体积	20.0
注：PCR 反应体系可以根据实际情况而调整。	

A.2.2 PCR 反应程序

PCR 反应程序见表 A.3。

表 A.3 PCR 反应程序

预变性	35 个循环			最后延伸	保存
	变 性	退 火	延 伸		
95℃ 5 min	94℃ 45 s	51℃～66℃ 45 s	72℃ 60 s	72℃ 10 min	10℃
注：具体退火温度参照表 A.1。					

附　录　B
（规范性附录）
酶切反应体系及内切酶信息

B.1　酶切反应体系

酶切反应体系见表 B.1。

表 B.1　酶切反应体系

组　　分	单倍反应体系，μL
PCR 产物	8.0
10×缓冲液	5.0
限制性酶内切酶	0.5
ddH_2O	6.5
总体积	20.0
注：酶切反应体系可以根据实际情况而调整。	

B.2　内切酶信息

引物对应内切酶见表 B.2。

表 B.2　引物对应内切酶信息

引物	内切酶
引物 2-2	*Taq* Ⅰ 酶
引物 2-3	*Taq* Ⅰ 酶
引物 3-2	*Ava* Ⅱ 酶
引物 3-3	*Eco*47 Ⅰ 酶
引物 4	*Ava* Ⅰ 酶

附　录　C
（资料性附录）
电泳结果及系谱分析模式图

C.1　CVM 结果模式图

C.1.1　CVM PCR－SSCP 结果(引物 1－2)参见图 C.1。

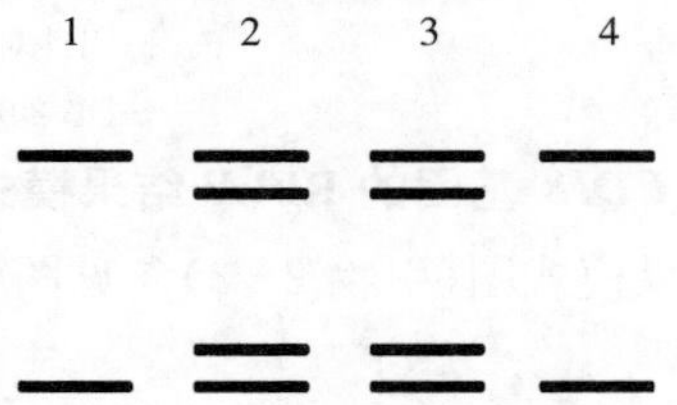

1　2　3　4　5

说明：

1,4——AA 型；

2,3——AB 型；

5——阴性对照。

图 C.1　*SLC35A3* 基因的 PCR－SSCP 结果模式图

C.1.2　CVM PCR－MAMA 结果模式图(引物 1－3)参见图 C.2。

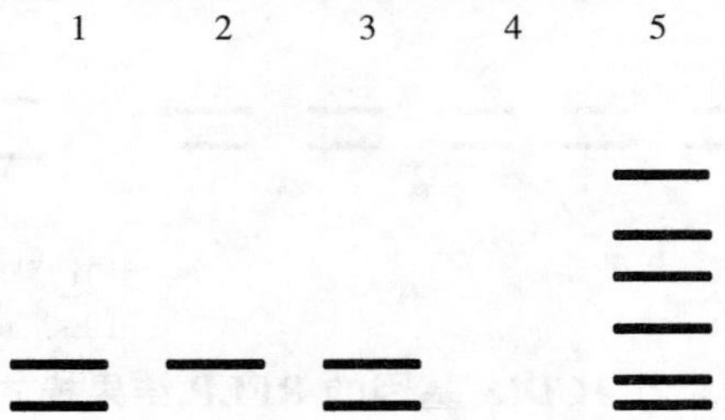

1　2　3　4　5

说明：

1,3 ——携带者；

2　——正常个体；

4——阴性对照；

5——DL 2 000 marker 。

图 C.2　*SLC35A3* 基因的 PCR－MAMA 结果模式图

C.2　BLAD 结果判定图

C.2.1　BLAD PCR－SSCP 结果模式图(引物 2－1)参见图 C.3。

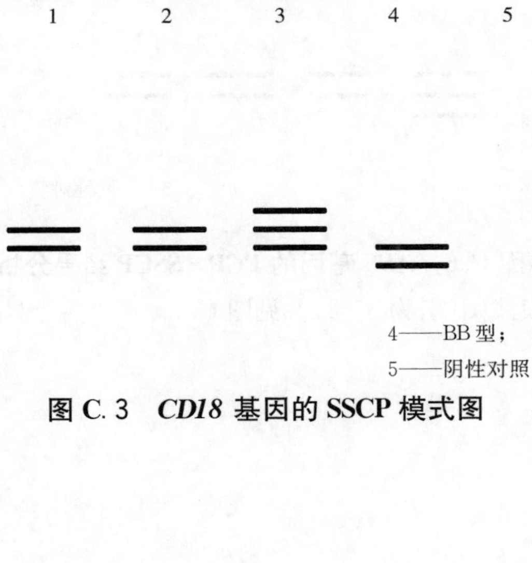

1　2　3　4　5

说明：

1,2 ——AA 型；

3　——AB 型；

4——BB 型；

5——阴性对照。

图 C.3　*CD18* 基因的 SSCP 模式图

C.2.2 BLAD *Taq* Ⅰ酶切后 RFLP 结果模式图(引物 2-2)参见图 C.4。

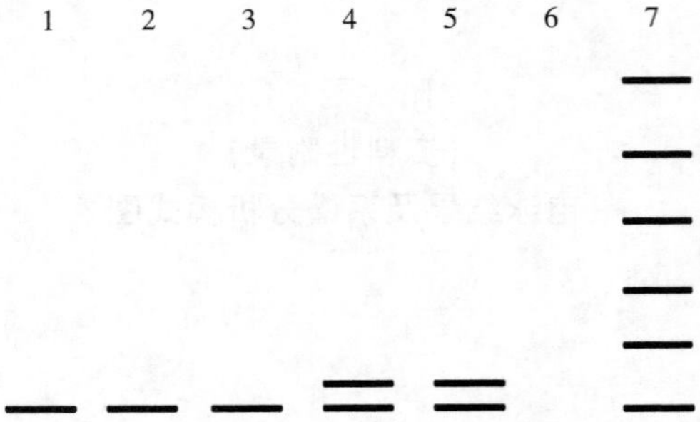

说明：
1,2,3 ——AA 型；
4,5 ——AB 型；
6——阴性对照；
7——DL 2 000 marker。

图 C.4 *CD18* 基因的 RFLP 结果模式图

C.2.3 BLAD *Taq* Ⅰ酶切后 RFLP 结果模式图(引物 2-3)参见图 C.5。

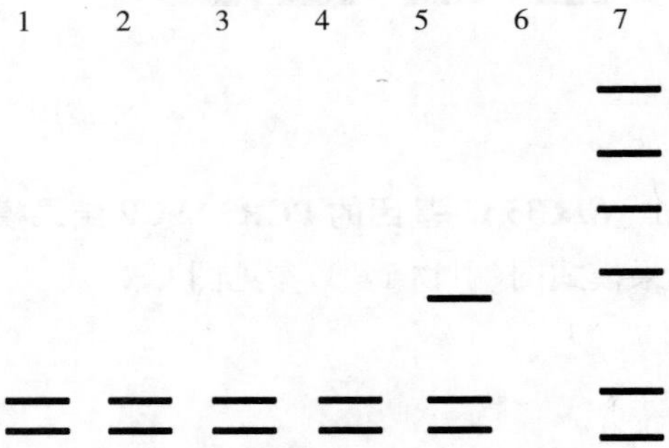

说明：
1,2,3,4 ——AA 型；
5 ——AB 型；
6——阴性对照；
7——DL 2 000 marker。

图 C.5 *CD18* 基因的 RFLP 结果模式图

C.3 CN 结果判定图

C.3.1 CN PCR-SSCP 结果(引物 3-1)参见图 C.6。

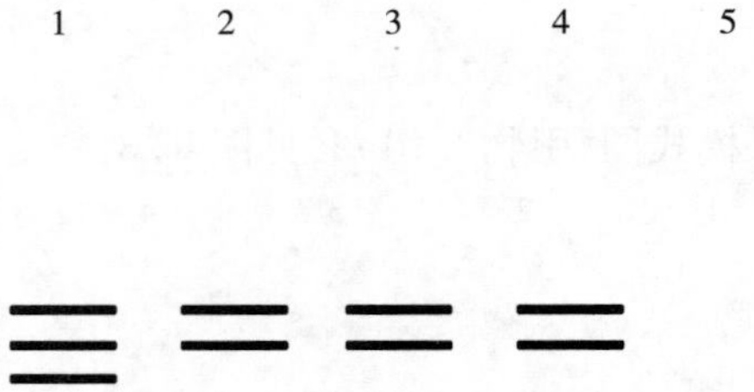

说明：
1 ——AB 型；
2,3,4——AA 型；
5——阴性对照。

图 C.6 *ASS* 基因的 PCR-SSCP 结果分析

C.3.2 CN *Ava* Ⅱ酶切结果模式图(引物 3-2)参见图 C.7。

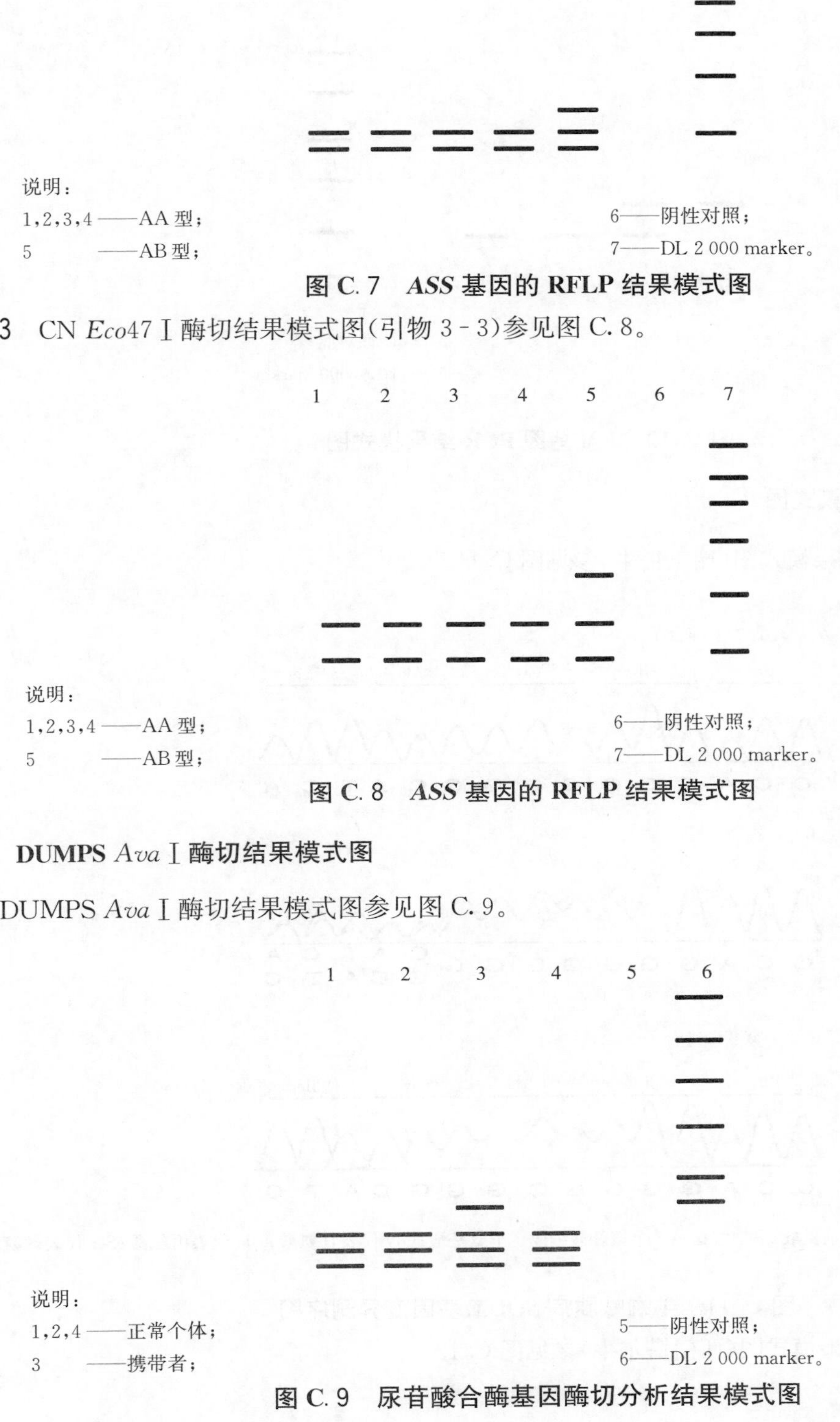

说明：

1,2,3,4——AA型；

5——AB型；

6——阴性对照；

7——DL 2 000 marker。

图 C.7 *ASS* 基因的 RFLP 结果模式图

C.3.3 CN *Eco*47Ⅰ酶切结果模式图(引物 3-3)参见图 C.8。

说明：

1,2,3,4——AA型；

5——AB型；

6——阴性对照；

7——DL 2 000 marker。

图 C.8 *ASS* 基因的 RFLP 结果模式图

C.4 DUMPS *Ava*Ⅰ酶切结果模式图

DUMPS *Ava*Ⅰ酶切结果模式图参见图 C.9。

说明：

1,2,4——正常个体；

3——携带者；

5——阴性对照；

6——DL 2 000 marker。

图 C.9 尿苷酸合酶基因酶切分析结果模式图

C.5 F Ⅺ PCR 检测结果模式图

F Ⅺ PCR 检测结果模式图参见图 C.10。

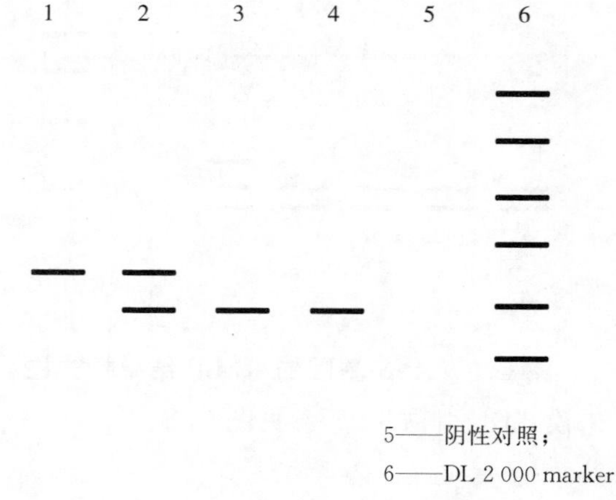

说明：

1 ——患病个体；

2 ——携带者；

3，4——正常个体；

5——阴性对照；

6——DL 2 000 marker。

图 C.10 *F*Ⅺ基因 PCR 结果模式图

C.6 AS PCR 测序结果模式图

C.6.1 AS PCR 测序结果模式图(瑞士褐牛)参见图 C.11。

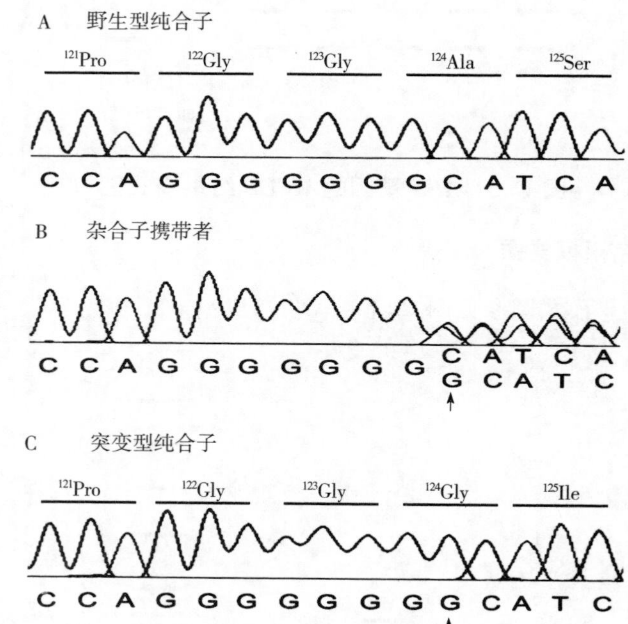

注：121Pro 代表第 121 位为脯氨酸，下划线指示 3 个核苷酸编码 1 个氨基酸；Gly 代表甘氨酸；Ala 代表丙氨酸；Ser 代表丝氨酸；Ile 代表异亮氨酸。

图 C.11 牛蜘蛛腿病 *SOUX* 基因变异测序图

C.6.2 AS PCR 测序结果模式图(西门塔尔牛)参见图 C.12。

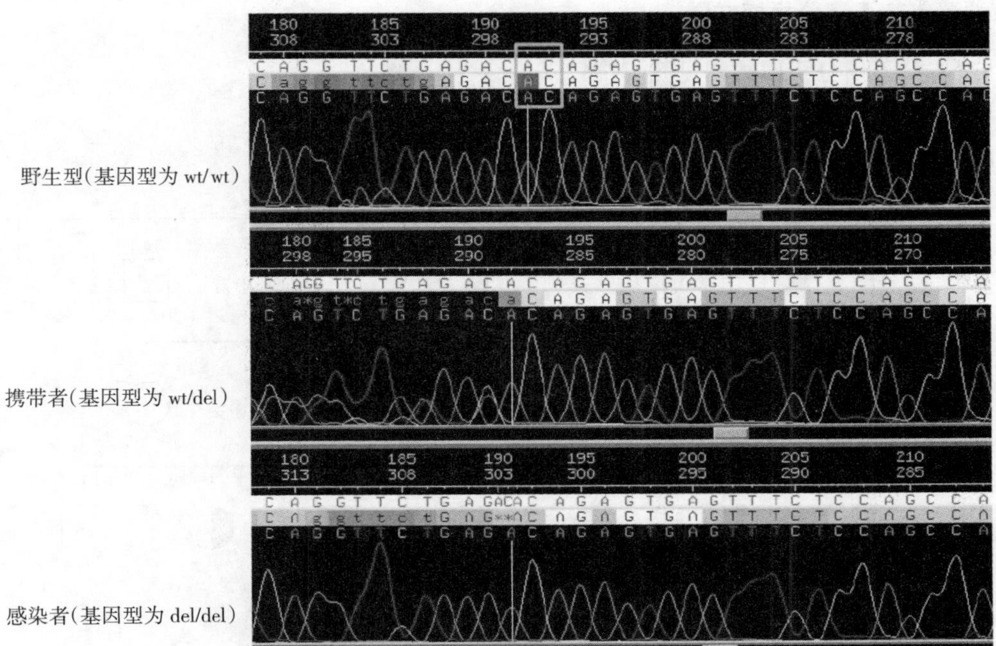

注:图中碱基上面的 3 位数字表示碱基的位数。

图 C.12　牛蜘蛛腿病 *SOUX* 基因变异测序图

C.7　AS PCR 测序结果模式图

AS PCR 测序结果模式图参见图 C.13。

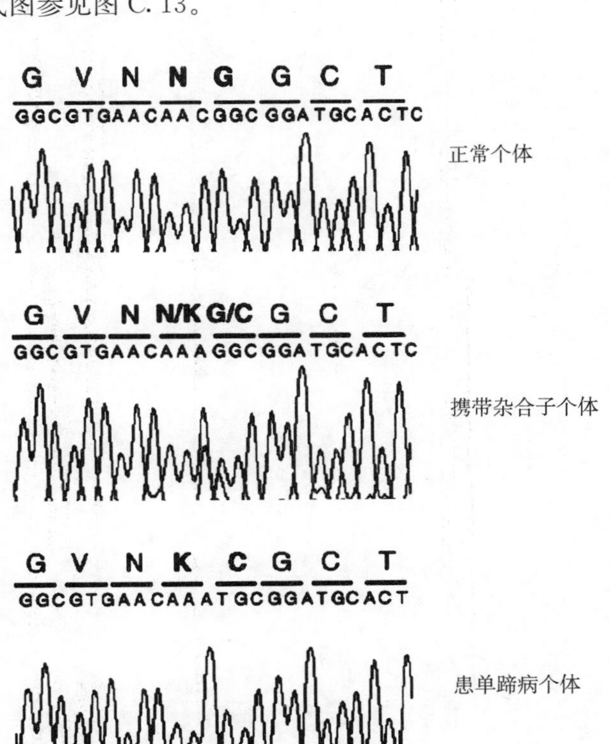

注:G 代表甘氨酸;V 代表缬氨酸;N 代表天冬酰胺;K 代表赖氨酸;C 代表半胱氨酸;T 代表苏氨酸;图中下划线指示 3 个核苷酸编码 1 个氨基酸。

图 C.13　牛单蹄病 *LRP4* 基因变异测序图

C.8 牛隐性遗传病系谱分析模式图

牛隐性遗传病系谱分析模式图见图 C.14。

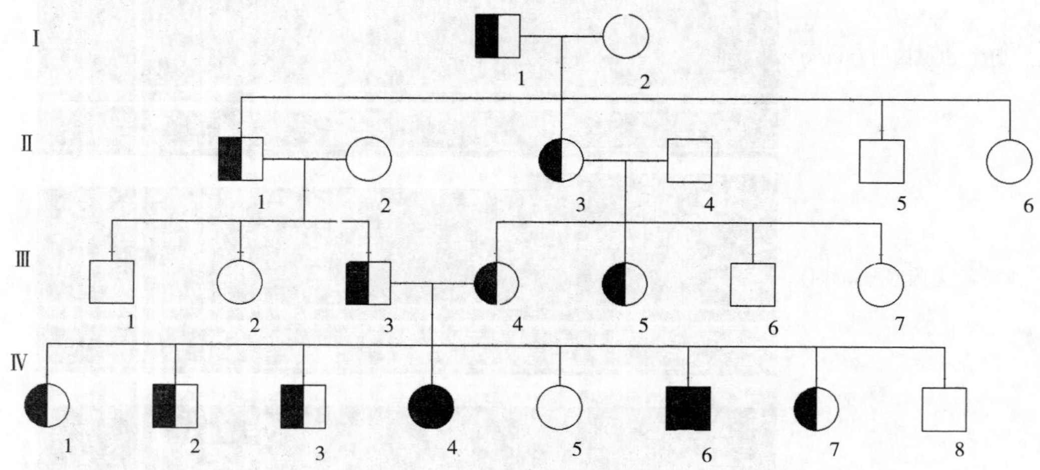

图 C.14 牛隐性遗传病系谱分析模式图

ICS 11.220
B 41

中华人民共和国农业行业标准

NY/T 2838—2015

禽沙门氏菌病诊断技术

Diagnostic techniques of avian salmonellosis

2015-10-09 发布　　2015-12-01 实施

中华人民共和国农业部　发布

前　　言

本标准按照 GB/T 1.1—2009 给出的规则起草。

本标准由中华人民共和国农业部提出。

本标准由全国动物卫生标准化技术委员会(SAC/TC 181)归口。

本标准起草单位:扬州大学、中国动物卫生与流行病学中心。

本标准主要起草人:陈素娟、魏荣、彭大新、杨林、陈继明。

禽沙门氏菌病诊断技术

1 范围

本标准规定了禽沙门氏菌病诊断技术操作规范。

本标准适用于禽沙门氏菌病的诊断和禽沙门氏菌携带者判定。

2 规范性引用文件

下列文件对于本文件的应用是必不可少的。凡是注日期的引用文件，仅注日期的版本适用于本文件。凡是不注日期的引用文件，其最新版本适用于本文件。

GB 4789.4—2010 食品微生物学检验 沙门氏菌检验

GB/T 6682 分析实验室用水规格和试验方法

SN/T 1222—2012 禽伤寒和鸡白痢检疫技术规范

世界动物卫生组织(OIE)陆生动物诊断试验和疫苗标准手册(第七版,2012)

3 缩略语

下列缩略语适用于本文件。

DMSO:dimethyl sulfoxide,二甲基亚砜

DNA:deoxyribonucleic acid,脱氧核糖核酸

dNTP:deoxynucleoside triphosphate,三磷酸脱氧核苷酸

PCR:polymerase chain reaction,聚合酶链式反应

SPF:specific pathogen free,无特定病原

TBE:trihydroxymethyl aminomethane-borecic acid-ethylene diaminetetra acetic acid,三羟甲基氨基甲烷—硼酸—乙二胺四乙酸

EB:ethidium bromide,溴化乙锭

4 培养基和试剂

本方法实验操作中所用各类培养基以及试剂如下：

a) 除另有规定，本方法实验用水应按照 GB/T 6682 中规定的二级水，所用化学试剂均为分析纯。

b) 亮绿—胱氨酸—亚硒酸氢钠增菌液、普通营养琼脂、鲜血琼脂、麦康凯琼脂、沙门—志贺菌属(SS)琼脂、去氧胆酸盐枸橼酸盐琼脂、伊红美蓝琼脂和亮绿中性红琼脂的配制，参见附录 A。

c) 缓冲蛋白胨水(BPW)、四硫磺酸钠煌绿(TTB)增菌液、亚硒酸盐胱氨酸(SC)增菌液、亚硫酸铋(BS)琼脂、Hektoen Enteric(HE)琼脂、木糖赖氨酸脱氧胆盐(XLD)琼脂、三糖铁(TSI)琼脂、蛋白胨水及靛基质试剂、尿素琼脂(pH 7.2)、氰化钾(KCN)培养基、赖氨酸脱羧酶试验培养基、糖发酵管、邻硝基酚β-D-半乳糖苷(ONPG)培养基、半固体琼脂和丙二酸钠培养基的配制，见 GB 4789.4—2010 附录 A。

d) 沙门氏菌 O 和 H 诊断血清。

e) 生化鉴定试剂盒。

f) Taq DNA 聚合酶。

g) 电泳缓冲液(TBE)。

h) DNA 分子量标准品。

i) PCR 引物。

j) 鸡白痢/鸡伤寒多价染色抗原和凝集抗原:见附录 B。

k) 阳性血清:用标准株和变异株鸡白痢沙门氏菌制成的灭活抗原分别接种 SPF 鸡,采血,分离制得血清。

l) 阴性血清:SPF 鸡采血,分离制得血清。

m) 生理盐水。

5 设备和器材

本方法实验操作中所用各种设备以及器材如下:

a) 37℃培养箱;玻璃研磨器或组织匀浆机;台式高速离心机;生物安全柜或者超净工作台;振荡混匀器;PCR 扩增仪;电泳仪;电泳槽;紫外凝胶成像系统;水浴锅;2℃～4℃冰箱;－20℃冰箱。

b) 酒精灯;玻璃板或白瓷板;剪刀;镊子;灭菌试管;试管架;滴管;一次性注射器等。可调微量移液器一套:0.5 μL～10 μL、20 μL～200 μL、100 μL～1 000 μL,12 道可调微量移液器 10 μL～100 μL,及与移液器配套的滴头。1.5 mL PE 管;0.2 mL PCR 管;96 孔 U 型微量反应板。

c) 工作服;一次性手套;口罩;帽子等。

6 临床诊断

6.1 总则

当禽出现 6.2 至 6.4 中部分或全部情形时,作为初步诊断的依据之一。

6.2 流行病学

不同种类、不同日龄的家禽均可感染沙门氏菌,鸡白痢多见于雏鸡,禽伤寒多见于青年鸡或成年鸡。病禽和带菌禽是本病主要传染源。病原随粪便排出,污染水源和饲料等,经消化道感染。本病还可通过呼吸道感染,也可经蛋垂直传播。鼠类可传播本病。本病发生无季节性,但多雨潮湿季节多发。一般呈散发性或地方流行性,应激因素可促进本病的发生。

6.3 临床症状

6.3.1 鸡白痢

6.3.1.1 雏鸡

垂直传播的雏鸡出雏后品质差、发病迅速,1 周内为死亡高峰;出壳后感染的雏鸡,2 周龄～3 周龄为死亡高峰,死亡率可高达 100%。最急性者,无临诊症状迅速死亡。稍缓者,精神不振,嗜睡,开始采食减少或废绝,嗉囊空虚,两翼下垂,绒毛松乱,腹泻,粪便呈石灰样,封肛,发出尖锐叫声,最后因呼吸困难及心力衰竭而死。引起关节炎时,胫跗关节肿胀,跛行。引起全眼球炎时,角膜混浊呈云雾状,失明。耐过鸡生长发育不良,成为慢性病例或带菌者。

6.3.1.2 成年鸡

一般无临诊症状,产蛋量与受精率有所下降。极少数病鸡下痢,产蛋下降甚至停止。有的病鸡因卵黄囊炎引起腹膜炎,腹膜增生出现“垂腹”现象。

6.3.2 禽伤寒

雏鸡和雏鸭发病症状与 6.3.1.1 相似。

青年鸡及成年鸡易感。急性型病鸡突然停食,排黄绿色稀粪,体温升高至 43℃～44℃,拉稀,迅速死亡,死亡率 10%～90%。慢性型可拖延数周,贫血,渐进性消瘦,死亡率低。

6.3.3 禽副伤寒

2 周龄以内的鸡感染呈败血症经过,突然死亡,症状与 6.3.1.1 相似。雏鸭感染后表现为颤抖、喘息及眼睑浮肿。年龄较大的幼禽常取亚急性经过,表现为精神萎靡、闭眼、翅下垂、羽毛粗乱、怕冷、扎堆、拉稀、脱水、肛门有稀粪，病死率10%～20%，严重者高达80%以上。成年禽一般无临诊症状，为隐性带菌。

6.4 病理变化

6.4.1 鸡白痢

6.4.1.1 雏鸡

急性病例肝脏呈土黄色，有大量灰白色坏死点。卵黄吸收不良，其内容物色黄如油脂状或干酪样。病程稍长者，在心肌、肺、肝、肌胃和其他脏器中可见灰白色坏死结节。有的有出血性肺炎，稍大的病雏，肺有灰黄色结节和灰色肝变。胆囊肿胀。盲肠中有干酪样渗出物堵塞肠腔，有时还混有血液，常有腹膜炎。输尿管充满尿酸盐而扩张。育成阶段的鸡肝肿大，呈暗红色至深紫色，表面可见散在或弥漫性的出血点或黄白色大小不一的坏死灶，质地脆，易破裂，常见有内出血变化，腹腔内积有大量血水，肝表面有较大的凝血块。

6.4.1.2 成年鸡

成年母鸡最常见卵子变形、变色、变质。与卵巢相连的卵子内容物色黄如油脂状或干酪样，卵黄囊增厚。有些卵子经输卵管逆行坠入腹腔，引起广泛的腹膜炎及腹腔脏器粘连。常有心包炎。成年公鸡的睾丸极度萎缩，有小脓肿，输精管管腔增大，充满稠密的均质渗出物。

6.4.2 禽伤寒

雏禽病理变化与6.4.1.1相似。

成年鸡急性型常见肝、脾、肾充血肿大。亚急性和慢性型表现肝肿大，呈青铜色。肝和心肌有灰白色粟粒状坏死灶，大小不等。脾肿大，可达正常的2倍～3倍，出血，表面有坏死点。小肠出血严重，有时可见溃疡灶。慢性型卵子及腹腔的病理变化与6.4.1.2相似。

6.4.3 禽副伤寒

6.4.3.1 雏禽

雏鸡卵黄吸收不良和脐炎。肝脏轻度肿大，病程稍长的肝脏充血并有条纹状出血和灰白色坏死灶。盲肠内有干酪样渗出物。有时有心包炎及心包粘连。肠道发生出血性、卡他性炎症。雏鸭肝脏显著肿大或呈青铜色，有灰白色坏死灶。

6.4.3.2 成年鸡

急性型肝、脾、肾充血肿胀，有出血性坏死性肠炎、心包炎，输卵管坏死增生，卵巢坏死化脓，形成腹膜炎。慢性型和带菌者一般无明显病变，有的可见肠道变性、坏死性溃疡，心脏有结节，卵子变形。

7 细菌分离培养

7.1 样品采集

无菌采集存活禽的新鲜粪便、泄殖腔棉拭样品；病死或带菌禽的肝脏、胆囊、脾脏及其他病变组织，盲肠扁桃体及肠内容物。

7.2 样品的保存

样品均放入4℃冰箱内保存，并在24 h内送到指定实验室。如果在24 h内不能送达的，应将组织块剪碎加入无菌的终浓度为50%甘油生理盐水或15%二甲基亚砜(DMSO)PBS，与样本混匀后放－20℃或－70℃冰箱保存。

7.3 培养方法

7.3.1 非污染样品

取组织器官和胆囊内容物，无菌条件下在非选择性琼脂平板(普通琼脂平板或鲜血琼脂平板)和选择性琼脂平板(麦康凯琼脂、伊红美蓝琼脂、SS琼脂、去氧胆酸钠－枸橼酸盐琼脂、HE琼脂、木糖赖氨酸脱氧胆酸钠琼脂、亚硫酸铋BS琼脂或亮绿中性红琼脂等)上使用接种环三区划线培养，同时将组织器官均浆，1∶10的体积接种缓冲蛋白胨水，37℃培养24 h，之后再按1∶10的体积转接增菌培养液(四硫磺酸钠煌绿增菌液、亚硒酸盐胱氨酸增菌液或亮绿—胱氨酸—亚硒酸氢钠增菌液)，培养24 h和48 h后，再在选择性琼脂平板传代。

7.3.2 污染样品

将泄殖腔棉拭、新鲜粪便、盲肠扁桃体、肠内容物等样品(非液体性样品先制成匀浆液)，按1∶10的体积接种缓冲蛋白胨水，37℃培养24 h，之后再按1∶10的体积转接增菌培养液(四硫磺酸钠煌绿增菌液、亚硒酸盐胱氨酸增菌液或亮绿－胱氨酸－亚硒酸氢钠增菌液)，培养24 h和48 h后，再在非选择性和选择性琼脂平板传代。

7.4 结果判定

各种培养基平板上沙门氏菌的菌落特征见表1。

表1 沙门氏菌属在不同琼脂平板上的菌落特征

培养基种类	沙门氏菌的菌落特征
普通营养琼脂	光滑型菌落，一般呈无色、透明或半透明，圆形、光滑、较扁平的菌落，菌落直径2 mm～4 mm，但鸡白痢、鸡伤寒及猪伤寒等少数菌型菌落细小、生长贫瘠
血琼脂	菌落常为灰白色、不溶血
麦康凯琼脂	菌落呈无色至浅橙色，透明或半透明，菌落中心有时为暗色。鸡白痢沙门氏菌比其他沙门氏菌小
伊红美蓝琼脂	无色至浅橙色，透明或半透明，光滑湿润的圆形菌落
SS琼脂	无色至灰白色，半透明或不透明，菌落中心有时带黑色
去氧胆酸钠枸橼酸钠琼脂(DC)	菌落呈无色至淡黄色，半透明或不透明，菌落中心有时带黑褐色。鸡白痢沙门氏菌形成很小的，稀疏的红色菌落；鸡伤寒沙门氏菌形成中间有黑点的隆起菌落
HE琼脂	蓝绿色或蓝色，多数菌落中心黑色或全黑色；有些菌株为黄色，中心黑色或几乎全黑色
亚硫酸铋(BS)琼脂	菌落为黑色有金属光泽、棕褐色或灰色，菌落周围培养基可呈现黑色或棕色，有些菌株形成灰绿色的菌落，周围培养基颜色不变
木糖赖氨酸脱氧胆酸钠琼脂(XLD)	菌落呈粉红色，带或不带黑色中心，有些菌株可呈现大的带光泽的黑色中心，或呈现全部黑色的菌落；有些菌株为黄色菌落，带或不带黑色中心
亮绿中性红琼脂	菌落粉红色，半透明。鸡白痢沙门氏菌比其他沙门氏菌小

8 细菌生化鉴定

按照GB 4789.4—2010中5.4的规定执行。

区别鸡白痢沙门氏菌和鸡伤寒沙门氏菌的生化特征见表2。

表2 鸡白痢沙门氏菌和鸡伤寒沙门氏菌的生化试验

试验	鸡白痢沙门氏菌	鸡伤寒沙门氏菌
三糖铁葡萄糖(产酸)	+	+
三糖铁葡萄糖(产气)	V	−
三糖铁乳糖	−	−
三糖铁蔗糖	−	−
三糖铁硫化氢	V	V
葡萄糖产气(Durham培养基管)	+	−
分解尿素	−	−
赖氨酸脱羧作用	+	+
鸟氨酸脱羧作用	+	−
麦芽糖发酵	−，或后+	+
卫矛醇	−	+
运动性	−	−

注：+，在1 d~2 d有90%以上为阳性；−，90%以上没有反应；V，有不同的反应。

9 细菌血清型鉴定

按照 GB 4789.4—2010 中 5.5 的规定执行。

10 鸡白痢/鸡伤寒血清学试验

按照《陆生动物诊断试验和疫苗标准手册》的要求，适用于鸡白痢沙门氏菌和鸡伤寒沙门氏菌感染鸡的抗体检测。

10.1 快速全血凝集试验

按照 SN/T 1222—2012 第 6 章中的规定执行。

10.2 快速血清凝集试验

10.2.1 血清样品的采集

以一次性注射器于家禽翅静脉采血 1 mL～2 mL，斜放凝固析出血清，分离血清，置 4℃待检。

10.2.2 操作方法

与快速全血凝集试验相同，以血清代替全血。

10.2.3 结果判定

与快速全血凝集试验相同。

10.3 试管凝集试验

10.3.1 操作方法

在试管架上依次摆放 3 支试管，吸取多价抗原 2 mL 置第 1 管，吸取各 1 mL 置第 2、第 3 管。先吸取被检血清 80 μL 注入第 1 管，充分混匀后再吸取 1 mL 移入第 2 管，充分混匀后再吸取 1 mL 移入第 3 管，混合后吸出 1 mL 舍弃。最后将试管振摇数次，使抗原血清充分混合，37℃温箱孵育 18 h～24 h 后观察结果，同时设阳性和阴性血清对照。

10.3.2 结果判定

如果阳性血清对照呈现阳性结果，而阴性血清对照呈现阴性结果，则检测结果可信。试管 1、试管 2、试管 3 的血清稀释倍数依次分别为 1∶25、1∶50 和 1∶100，凝集阳性者，抗原显著凝集于管底，上清液透明；阴性者，试管呈现均匀浑浊；可疑者，介于前两者之间。在鸡 1∶50 以上凝集者为阳性，在火鸡 1∶25 以上凝集者为阳性。

10.4 微量凝集试验

10.4.1 操作方法

使用 96 孔一次性 U 形反应板，每 1 列为 1 份样本，1 板可同时检测 12 份样本。用 12 道可调微量移液器，在 A 行各孔中加入 90 μL 0.85%生理盐水，其余各孔加入 50 μL。用单道微量移液器，将样本 10 μL 分别加入到 A 行各孔中。12 道移液器调至 50 μL，从 A 行开始，同时将 12 份样本倍比稀释到 H 行，最后 50 μL 去掉。每孔中加入 50 μL 沙门氏菌凝集抗原，轻轻震荡混匀后，加盖板，放入温箱。将反应板封好，置 37℃培养 18 h～24 h 或 48 h，同时设阳性和阴性血清对照。最终稀释度从 A 行到 H 行为 1∶20～1∶2 560。

10.4.2 结果判定

如果阳性血清对照呈现阳性结果，而阴性血清对照呈现阴性结果，则检测结果可信。阳性反应会出现明显的絮状沉淀，上清液清亮；而阴性反应则呈现纽扣状沉淀。滴度为 1∶40 通常被认为是阳性，但火鸡血清常出现假阳性反应。

11 细菌多重 PCR 鉴定

适用于临床样品中沙门氏菌和培养细菌的快速鉴定。

11.1 样品的采集

同 7.1。

11.2 基因组 DNA 的提取

在样本制备区进行，有关生物安全和防止交叉污染的措施见附录 C。

使用市售的 DNA 提取试剂盒提取组织、培养物中的 DNA，具体操作参照试剂盒说明。

11.3 多重 PCR 反应所用的混合引物

引物 hut-F、hut-R、SE-F、SE-R、SPY-F、SPY-R、SGP-F、SGP-R、SG-F、SG-R 的序列及其特异性参见附录 D。各引物浓度用灭菌双蒸水稀释为 25 μmol/L，然后等体积混合，每个引物的终浓度为 2.5 μmol/L。

11.4 对照样品

多重 PCR 试验中阳性对照样品分别为热灭活的猪霍乱沙门氏菌、鼠伤寒沙门氏菌、鸡伤寒沙门氏菌、鸡白痢沙门氏菌和肠炎沙门氏菌标准株的液体培养物。阴性对照样品为灭菌双蒸水。

11.5 多重 PCR 反应体系及反应条件

采用 25 μL 反应体系，在 PCR 管中按顺序加入以下成分：

10 × 缓冲液	2.5 μL
双蒸水	14.3 μL
10 mmol/L dNTPs	0.2 μL
25 mmol/L Mg^{2+}	1.5 μL
1 U/μL Taq DNA 聚合酶	1.5 μL
混合引物	5.0 μL
模板 DNA	2.0 μL
总体积	25.0 μL

除模板 DNA，上述组分应在反应混合物配制区进行，模板 DNA 加样在样本处理区进行。

瞬时离心后，置 PCR 扩增仪内进行扩增。同时设阳性对照、阴性对照。反应条件为：94℃预变性 4 min，94℃变性 45 s，56℃退火 30 s，72℃延伸 45 s，30 个循环，72℃延伸 10 min。

11.6 检测与结果判定

11.6.1 产物检测

使用 2%琼脂糖凝胶在 5 V/cm 的电场强度的 TBE 缓冲液中电泳 1.5 h～2 h。在紫外灯下观察结果。

11.6.2 质量控制

如阳性对照样品扩增出相应大小的片段而阴性对照未扩增出相应大小的片段，则 PCR 反应判定为有效；如阳性对照样品未扩增出相应大小的片段，或阴性对照扩增出相应大小的片段，则反应无效。

11.6.3 多重 PCR 结果判定

阳性对照样品多重 PCR 检测电泳结果参见附录 E。在 PCR 反应有效的前提下，按以下方法进行判定：如果扩增出 495 bp 和 304 bp 大小的两个特异性条带，则判断为肠炎沙门氏菌 PCR 扩增阳性；如果扩增出 495 bp 和 401 bp 大小的两个条带，则判断为鼠伤寒沙门氏菌 PCR 扩增阳性；如果扩增出 495 bp 和 252 bp 大小的两个条带，则判断为鸡白痢沙门氏菌 PCR 扩增阳性；如果扩增出 495 bp、252 bp 和 174 bp 大小的 3 个条带，则判断为鸡伤寒沙门氏菌 PCR 扩增阳性；如果扩增出 495 bp 大小的一个条带，且没有其他条带或者其他条带的大小与上述情形都不符合，则判断为其他沙门氏菌 PCR 扩增阳性；如果未扩增出 495 bp 大小的条带，则判断为沙门氏菌 PCR 扩增阴性。

12 诊断结果判定

符合 6 中规定的流行病学、临诊症状、病理变化，判定为临床疑似病例。

疑似病例按第 7、8、9 章中规定进行细菌的分离与鉴定，根据细菌鉴定结果可确诊为鸡白痢、禽伤寒或禽副伤寒。

疑似病例按第 11 章中多重 PCR 方法进行细菌鉴定，根据细菌鉴定结果可确诊为鸡白痢、禽伤寒或禽副伤寒。

无临诊症状禽，按第 7、8、9 章中规定进行细菌的分离与鉴定，或按第 11 章中多重 PCR 方法进行细菌鉴定，阳性者判为禽沙门氏菌携带者。

无临诊症状禽，按第 10 章中进行任一血清学试验，阳性者判为禽沙门氏菌携带者。

附　录　A
（资料性附录）
培养基的配方和制法

A.1　亮绿—胱氨酸—亚硒酸氢钠增菌液

A.1.1　成分

蛋白胨	5 g
乳糖	4 g
亚硒酸氢钠	4 g
磷酸氢二钠	5.5 g
磷酸二氢钠	4.58 g
L-胱氨酸	0.01 g
蒸馏水	1 000 mL
0.1%亮绿	0.33 mL

A.1.2　制法

1% L-胱氨酸—氢氧化钠溶液的配法：称取 L-胱氨酸 0.1 g（或 DL-胱氨酸 0.2 g），加 1 mol/L 氢氧化钠 1.5 mL，使溶解，再加入蒸馏水 8.5 mL 即成。

将除亚硒酸氢钠和 L-胱氨酸以外的各成分溶解于 900 mL 蒸馏水中，加热煮沸，待冷备用。另将亚硒酸氢钠溶解于 100 mL 蒸馏水中，加热煮沸，待冷，以无菌操作与上液混合。再加入 1% L-胱氨酸—氢氧化钠溶液 1 mL。分装于灭菌瓶中，每瓶 100 mL，pH 应为（7.0±0.1）。

A.2　营养琼脂（普通琼脂）

A.2.1　成分

蛋白胨	10 g
牛肉膏	3 g
氯化钠	5 g
琼脂	15 g～20 g
蒸馏水	1 000 mL

A.2.2　制法

将除琼脂以外的各成分溶解于蒸馏水内，加入 15%氢氧化钠溶液约 2 mL，调 pH 至 7.2～7.4。加入琼脂，加热煮沸，使琼脂溶化。分装，121℃高压灭菌 15 min。

A.3　鲜血琼脂

A.3.1　成分

蛋白胨	10 g
牛肉膏	3 g
氯化钠	5 g
琼脂	15 g～20 g

蒸馏水	1 000 mL
灭菌脱纤维羊血或兔血	50 mL～100 mL

A.3.2 制法

取高压好的普通营养琼脂待冷至45℃～50℃(调 pH 至 7.2～7.4),用无菌操作于每 100 mL 营养琼脂加灭菌脱纤维羊血或兔血 5 mL～10 mL,轻轻摇匀,立即倾注于平板或分装试管,制成斜面备用。

A.4 麦康凯培养基

A.4.1 成分

蛋白胨	20 g
氯化钠	5 g
乳糖	10 g
琼脂	20 g
蒸馏水	1 000 mL
1%中性红溶液	3 mL～4 mL
1%结晶紫	0.1 mL

A.4.2 制法

除去中性红水溶液外,其余各成分混合于锅内加热溶解。调 pH 至 7.0～7.2,煮沸,以脱脂棉过滤。加入 1%中性红水溶液,摇匀,121℃高压灭菌 15 min,待冷却至 50℃时,倾倒平皿。待平皿内培养基凝固后,置温箱内烤干表面水分即可用。保存于冰箱内(4℃)。现有厂家专门配制、出售麦康凯琼脂干粉剂,用时,加水溶解,灭菌后即成。

A.5 伊红美蓝琼脂

A.5.1 成分

蛋白胨	10 g
蔗糖	5 g
琼脂	15 g
0.65%美蓝溶液	10 mL
乳糖	5 g
磷酸氢二钾	2 g
20%伊红水溶液	20 mL
蒸馏水	1 000 mL

A.5.2 制法

上述成分混合溶解后,调 pH 至 7.2,加入指示剂。121℃高压灭菌 15 min 灭菌后,倾倒平皿备用。已有市售粉剂,加水溶解,灭菌,即可使用。

A.6 去氧胆酸盐枸橼酸盐琼脂

A.6.1 成分

牛肉粉	9.5 g
蛋白胨	10.0 g
乳糖	10.0 g
柠檬酸钠	20.0 g
柠檬酸铁铵	2.0 g

去氧胆酸钠	5.0 g
中性红	0.02 g
琼脂	13.0 g

A.6.2 制法

称取本品 69.52 g,加热溶解于 1 000 mL 蒸馏水中,不停搅拌,煮沸 1 min,冷却至 50℃左右时,倾入无菌平皿,无需高压灭菌。在 25℃下,pH 为 6.9～7.5。

A.7 SS 琼脂(Salmonella Shigella agar)

A.7.1 成分

蛋白胨	5 g
乳糖	10 g
胆盐	10 g
枸橼酸钠	10 g～14 g
硫代硫酸钠	8.5 g
枸橼酸铁	0.5 g
牛肉膏	5 g
琼脂	25 g～30 g
0.5%中性红	4.5 mL
0.1%亮绿	0.33 mL
蒸馏水	1 000 mL

A.7.2 制法

除中性红与亮绿溶液外,其余各成分混合,煮沸溶解。调 pH 至 7.0～7.2,加入中性红与亮绿溶液,充分混合后再加热煮沸,待冷却至 45℃左右时,制成平板。制备好的培养基应在 2 d～3 d 内用完,否则影响细菌分离效果。亮绿溶解好后置暗处,于一周内用完。

A.8 亮绿中性红琼脂培养基

A.8.1 成分

蛋白胨或酪蛋白胨	10.0 g
酵母提取物	3.0 g
氯化钠	5.0 g
乳糖	10.0 g
蔗糖	10.0 g
Agar 琼脂	20.0 g
中性红	80.0 mg
亮绿	12.5 mg
蒸馏水	1 000 mL

A.8.2 制法

称取本品 58 g,加入 1 000 mL 蒸馏水中,调 pH 至 6.7～7.1,加热煮沸溶解,分装,121℃高压灭菌 15 min 备用。

A.9 0.5×TBE 溶液

A.9.1 成分

硼酸	2.75 g
Tris 碱	5.4 g
0.5 mol/L EDTA（pH 8.0）	2 mL
蒸馏水	1 000 mL
pH	7.3±0.2

A.9.2 制法

0.5 mol/L EDTA pH8.0 的配制：在 800 mL 水中加入 186.1 g 二水乙二胺四乙酸二钠，在磁力搅拌器上剧烈搅拌，用 NaOH 调节溶液的 pH 至 8.0，然后定容至 1 L，分装后 121℃高压灭菌 15 min 备用。

称取 2.75 g 硼酸，5.4 g Tris 碱溶解在少量蒸馏水中，摇匀，再加入 2 mL 0.5 mol/L EDTA（pH 8.0）混匀到 1 000 mL，备用。

A.10 生理盐水

A.10.1 成分

氯化钠	8.5 g
蒸馏水	1 000 mL
pH	7.3±0.2

A.10.2 制法

称取 8.5 g 氯化钠，溶解在少量蒸馏水中，稀释到 1 000 mL，分装，121℃高压灭菌 15 min 备用。

附　录　B
（规范性附录）
鸡白痢/鸡伤寒多价染色抗原和多价凝集抗原的制备

B.1　鸡白痢/鸡伤寒多价染色抗原

选择鸡白痢标准菌株（O：1，9、12_3）和变异株（O：1，9、12_2）各1株，分别在琼脂斜面划线接种，置37℃培养24 h后，用无菌生理盐水洗下，接种琼脂平皿，培养48 h，此时可产生很多单个菌落，选择典型的单个菌落用含1：500吖啶黄的盐水在玻板上进行凝集试验。挑出不产生凝集反应的光滑菌落，接种琼脂斜面，培养24 h。大量培养后收获培养物，以含1%福尔马林溶液的磷酸盐缓冲液制成菌液，振摇，直至培养物成均匀悬液，静置15 min，革兰氏染色，检测细菌形态和悬液纯度。用1：2的乙醇处理，振摇混匀，静置36 h，至完全沉淀。取少许上述混合物离心去酒精，用无菌盐水稀释，然后用已知阳性和阴性血清检查标准株和变异株的凝集性，如合格，将两种菌株2 000 g离心10 min去掉上层乙醇，等量混合后加终浓度为1%的结晶紫乙醇溶液（3%）和10%的甘油磷酸盐缓冲液作用48 h后，配制成每毫升含150亿个细菌的标准抗原。密封保存于0～4℃，有效期为6个月。

B.2　鸡白痢/鸡伤寒多价凝集抗原

培养和处理过程同染色抗原，等量混合后加10%的甘油磷酸盐缓冲液制成，每毫升含菌3亿个。

附 录 C
(规范性附录)
检测过程中生物安全和防止交叉污染的措施

C.1 样品处理和核酸制备

按照《兽医系统实验室考核管理办法》中要求，样品处理过程中必须在符合要求的分子生物学检测室中进行，并且严格执行有关的生物安全要求，穿实验服，戴一次性手套、口罩和帽子，一次性手套要经常更换。提取 DNA 过程或 PCR 反应液配制过程应分别在专用的超净工作台上进行；若没有专用超净工作台时可选取一个相对洁净的专用区域。

C.2 PCR 检测过程

C.2.1 使用75%的酒精或0.1%的新洁尔灭擦拭工作台面，注意保持工作台面和环境的清洁干净。

C.2.2 使用紫外灯对超净工作台进行照射，消除 DNA 交叉污染。

C.2.3 抽样和制样工具必须清洁干净，经无菌处理，PCR 试验的器皿、离心管和 PCR 管等必须经过121℃，15 min 高压灭菌后才可使用。

C.2.4 扩增前应检查各 PCR 管盖是否盖紧，对于采用热盖加热(PCR 管中不加石蜡油)的 PCR 扩增仪除要注意检查各 PCR 管盖是否盖紧外，还要注意检查不同 PCR 管放入加热槽后高度是否一致，以保证热盖压紧所有 PCR 反应管。

C.2.5 PCR 反应混合液配制、DNA 提取、PCR 扩增、电泳和结果观察等应分区或分室进行，实验室运作应从洁净区到污染区单方向进行。

C.2.6 所有的试剂、器材、仪器都应专用，不得交叉互用。

C.3 培养物等废弃物无害化处理

将细菌培养物及相关已污染的器械用可高压灭菌袋分装，封口，贴灭菌指示带，置高压锅中121℃高压灭菌20 min，按《兽医系统实验室考核管理办法》中要求处理。

附 录 D
（资料性附录）
引物及 PCR 产物的大小

引物及 PCR 产物的大小见表 D.1。

表 D.1 引物及 PCR 产物的大小

基因	引物名称	引物序列	目的片段大小 bp	引物特异性
hut	hut - F	5′- atgttgtcctgcccctggtaagaga - 3′	495	沙门氏菌属
	hut - R	5′- actggcgttatccctttctctgctg - 3′		
Sdf Ⅰ	SE - F	5′- tgtgttttatctgatgcaagagg - 3′	304	肠炎沙门氏菌
	SE - R	5′- tgaactacgttcgttcttctgg - 3′		
SPY	SPY - F	5′- ttgttcacttttaccccctgaa - 3′	401	鼠伤寒沙门氏菌
	SPY - R	5′- ccctgacagccgttagatatt - 3′		
glgc	SGP - F	5′- cggtgtactgcccgctat - 3′	252	鸡白痢/鸡伤寒沙门氏菌
	SGP - R	5′- ctgggcattgacgcaaa - 3′		
spec	SG - F	5′- gatctgctgccagctcaa - 3′	174	鸡伤寒沙门氏菌
	SG - R	5′- gcgccctttcaaaacata - 3′		

附 录 E
(资料性附录)
沙门氏菌多重 PCR 检测阳性对照样品检测电泳图(2%琼脂糖凝胶)

E.1 沙门氏菌多重 PCR 检测阳性对照样品检测电泳图

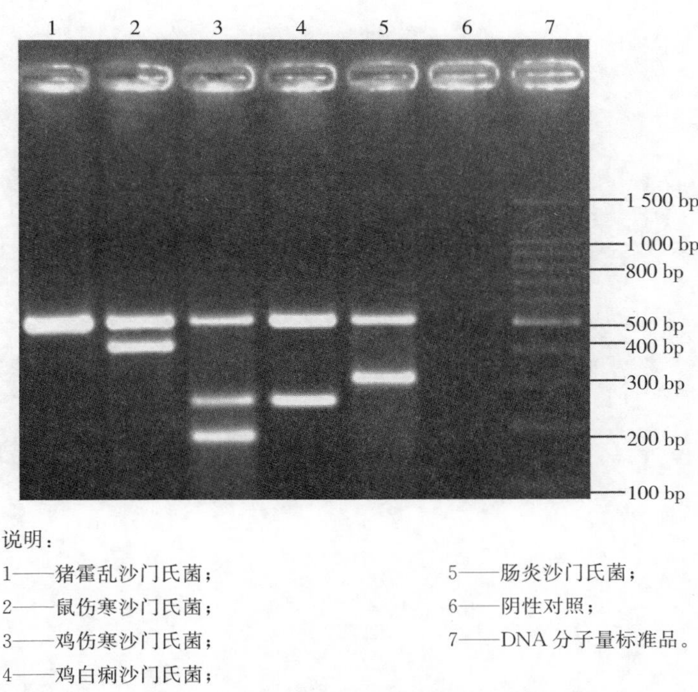

说明：

1——猪霍乱沙门氏菌；

2——鼠伤寒沙门氏菌；

3——鸡伤寒沙门氏菌；

4——鸡白痢沙门氏菌；

5——肠炎沙门氏菌；

6——阴性对照；

7——DNA 分子量标准品。

图 E.1 沙门氏菌多重 PCR 的电泳图

E.2 说明

琼脂糖凝胶的浓度为 2%。

ICS 11.220
B 41

中华人民共和国农业行业标准

NY/T 2839—2015

致仔猪黄痢大肠杆菌分离鉴定技术

Isolation and identification of *Escherichia coli* causing piglet´s yellow dysentery

2015-10-09 发布 2015-12-01 实施

中华人民共和国农业部 发布

前　言

本标准按照 GB/T 1.1—2009 给出的规则起草。

本标准由中华人民共和国农业部提出。

本标准由全国动物卫生标准化技术委员会(SAC/TC 181)归口。

本标准起草单位:中国动物卫生与流行病学中心、扬州大学、青岛易邦生物工程有限公司。

本标准主要起草人:陈义平、郭玉广、南文龙、高崧、成大荣、杜元钊、高清清、马爽、程增青。

引　言

仔猪黄痢是由致病性大肠杆菌引起的以初生仔猪下痢为特征的传染病。该病主要引起 7 日龄以内的仔猪发病，特征是排出黄色水样粪便以及渐进性死亡，病死率达 30%以上，甚至全窝死亡，是影响仔猪成活率的主要疾病之一。根据仔猪的发病日龄和临床症状可以初步做出诊断，但是确诊则需要对致病菌株进行分离鉴定。因此，进行致仔猪黄痢大肠杆菌的分离鉴定，对仔猪黄痢的防治具有重要意义。

本标准制定了致仔猪黄痢大肠杆菌的病料采集、病原菌分离及鉴定方法。

致仔猪黄痢大肠杆菌分离鉴定技术

1 范围

本标准规定了致仔猪黄痢大肠杆菌分离鉴定的操作程序和判定标准。

本标准适用于致仔猪黄痢大肠杆菌的分离鉴定。

2 规范性引用文件

下列文件对于本文件的应用是必不可少的。凡是标注日期的引用文件，仅注日期的版本适用于本文件。凡是不注日期的引用文件，其最新版本(包括所有的修改单)适用于本文件。

GB 4789.38—2012 食品安全国家标准 食品微生物学检验大肠埃希氏菌计数

GB/T 6682 分析实验室用水规格和实验方法

GB 19489 实验室生物安全通用要求

GB/T 27401 实验室质量控制规范 动物检疫

SN/T 0169—2010 进出口食品中大肠菌群、粪大肠菌群和大肠杆菌检测方法

中华人民共和国农业部公告〔2003〕第302号 兽医实验室生物安全技术管理规范

3 缩略语

下列缩略语适用于本文件：

V-P:乙酰甲基甲醇试验 Voges-Proskauer reaction

PCR:聚合酶链式反应 Polymerase chain reaction

PBS:磷酸盐缓冲液 Phosphate buffer saline

SPF:无特定病原微生物 Specefic pathogen free

DMEM:培养基 Dulbecco's Modification of Eagle's Medium

PEG:聚乙二醇 Polyethyleneglycol

HAT:含黄嘌呤(hypoxantin)、氨基蝶呤(aminopterin)和胸腺嘧啶脱氧核苷(thymidin)的 DMEM

HT:含黄嘌呤(hypoxantin)和胸腺嘧啶脱氧核苷(thymidin)的 DMEM

dNTPs:脱氧核糖核苷三磷酸 deoxyribonucleoside triphosphates

bp:碱基对 base pair

TBE:Tris-硼酸电泳缓冲液

r/min:转/分钟 rotations per minute

min:分钟 minute

h:小时 hour

4 试剂

4.1 麦康凯、大豆胨琼脂、Minca、Slanetz 等培养基：制备参见附录 A。

4.2 葡萄糖发酵、吲哚、甲基红、V-P、枸橼酸盐利用等生化试验管：制备参见附录 B。

4.3 兔抗 K88、K99、987P、F41 菌毛阳性血清及阴性对照兔血清：制备参见附录 C。

4.4 K88、K99、987P、F41 菌毛特异性单克隆抗体及阴性对照鼠血清：制备参见附录 D。

5 器材

超净工作台、恒温培养箱、酒精灯、接种环、手术刀、玻璃板或载玻片、微量移液器(10 μL、20 μL、

200 μL、1 000 μL)。

6 病料样品的处理

6.1 病料样品采集:仔猪黄痢多发于7日龄以内仔猪,发病仔猪不愿吃奶,拉黄痢,多呈黄色水样,内含凝乳小片,后肢常被粪液。发病严重的仔猪很快消瘦,最后衰竭死亡。胃肠呈卡他性炎症,病变主要表现为胃黏膜红肿,肠黏膜肿胀、充血或出血,肠系膜淋巴结肿大。

采集疑似病例的肛拭子或肠道(十二指肠、空肠、回肠)作为细菌分离用病料。

6.2 病料样品的存放与运送:病料样品置2℃～8℃条件下保存,并在3 d内进行细菌分离。如果超过3 d,应置含10%甘油的0.01 mol/L pH7.4 PBS中,－15℃以下暂时保存,并尽快进行细菌分离。运输时确保低温运送,并及时送达,以防样品腐败。按照中华人民共和国农业部公告〔2003〕第302号的规定进行样品的生物安全标识。

7 致仔猪黄痢大肠杆菌的分离鉴定方法

7.1 细菌分离与纯化:将肠道病料置超净工作台中,固定,手术刀片火焰灼烧后,烙烫肠道浆膜层消毒,无菌打开肠腔,接种环灼烧消毒,冷却后伸入肠道,刮取病变部位肠道黏膜,划线接种于麦康凯培养基。或取肛拭子直接接种于麦康凯培养基。37℃培养18 h～24 h,挑取疑似菌落(菌落呈鲜红色或粉红色,极少数呈无色,中等大小,1.0 mm～2.5 mm,圆形,边缘整齐,表面光滑),纯化后进行以下试验。

7.2 生化特性鉴定:取纯化菌落分别接种葡萄糖发酵、吲哚、甲基红、V-P、枸橼酸盐利用生化试验管,参见附录B进行,观察并记录结果。

7.3 菌毛型鉴定:以下两种方法可任选其一。

7.3.1 玻板凝集试验:取菌落分别接种于大豆胨琼脂、Minca培养基、Slanetz培养基,37℃培养18 h～24 h,取各培养基上菌苔与适量生理盐水制成均匀混悬液(浊度与麦氏比浊管第三管相当)。参见附录E方法,将菌苔混悬液分别与不同的单克隆抗体或阳性血清进行玻板凝集试验:

——大豆胨琼脂培养基上生长的菌苔制成的混悬液,与大肠杆菌K88菌毛特异性单克隆抗体或阳性血清进行玻板凝集试验,3 min～5 min后观察结果;

——Minca培养基上生长的菌苔制成的混悬液,分别与大肠杆菌K99、F41菌毛特异性单克隆抗体或阳性血清进行玻板凝集试验,3 min～5 min后观察结果;

——Slanetz培养基上生长的菌苔制成的混悬液,与大肠杆菌987P菌毛特异性单克隆抗体或阳性血清进行玻板凝集试验,3 min～5 min后观察结果;

——同时取菌苔混悬液与生理盐水以及相应的阴性对照血清分别进行玻板凝集试验,作为阴性对照,3 min～5 min后观察结果。

如果菌苔混悬液与生理盐水以及相应的阴性对照血清均不发生凝集,则试验成立。观察菌苔混悬液与特异性单克隆抗体或阳性血清的凝集情况,出现凝集,结果判为相应菌毛型阳性;如无凝集,则传代后重新检测,传代三次仍然未出现凝集,则判为相应菌毛型阴性。

7.3.2 菌毛型的PCR鉴定:挑取单个疑似菌落,重悬于100 μL灭菌去离子水中,煮沸5 min,作为样品DNA模板。分别用K88、K99、987P、F41菌毛型特异性引物进行PCR扩增,同时设立相应的阴、阳性对照。具体试验方案及操作程序参见附录F。

如作为阳性对照的大肠杆菌K88、K99、987P、F41菌毛型菌株的DNA模板经PCR扩增后,分别出现841 bp、543 bp、463 bp、682 bp大小的扩增条带,且阴性对照未出现扩增条带时,试验成立。被检样品经PCR扩增后,若出现相应的特异性条带,即判为该菌毛型阳性,否则判为该菌毛型阴性。

8 结果判定

如果完全符合下述3个条件,结果判定为致仔猪黄痢大肠杆菌阳性;如果其中任何一项不符合,结果判定为致仔猪黄痢大肠杆菌阴性：

——可在麦康凯培养基上生长，菌落颜色为红色(极少数为无色菌落)；

——可发酵葡萄糖，吲哚、甲基红试验均呈阳性反应，V－P试验、枸橼酸盐利用试验均呈阴性反应；

——能和大肠杆菌K88、K99、987P、F41特异性单克隆抗体或阳性血清中的至少一种发生凝集反应；或者大肠杆菌K88、K99、987P、F41菌毛型PCR鉴定时，至少一种为阳性。

9 废弃物与病料处理方法

废弃物处理参照中华人民共和国农业部〔2003〕第302号的规定进行。

10 注意事项

10.1 所有操作应严格遵守生物安全规定。

10.2 玻板凝集试验可以在玻璃板上进行，样品较少时也可以在载玻片上进行。

10.3 试验时，若采用商品化的培养基、生化试验鉴定管、特异性抗体等试剂，可根据说明书进行操作及结果判定。

附 录 A
(资料性附录)
培养基的配制

A.1 大豆胨琼脂培养基

胰蛋白胨	17.0 g
大豆蛋白胨	3.0 g
NaCl(分析纯)	5.0 g
KH_2PO_4(分析纯)	2.5 g
葡萄糖(分析纯)	2.5 g
琼脂粉	12.0 g

先称取除琼脂粉以外的其他试剂,加入约 800 mL 双蒸水,溶解后调 pH 至 7.4。再加入琼脂粉并加热溶解,定容至 1 000 mL,115℃高压灭菌 15 min,制成平板,置 2℃~8℃备用。

A.2 Minca 培养基

A.2.1 微量盐溶液

$MgSO_4 \cdot 7H_2O$(分析纯)	10.0 g
$MnCl_2 \cdot 2H_2O$(分析纯)	1.0 g
$FeCl_3 \cdot 6H_2O$(分析纯)	0.135 g
$CaCl_2$(分析纯)	0.4 g

加双蒸水至 1 000 mL,115℃高压灭菌 15 min,置 2℃~8℃备用。

A.2.2 Minca 培养基

KH_2PO_4(分析纯)	1.36 g
$Na_2HPO_4 \cdot 12H_2O$(分析纯)	20.3 g
酪蛋白氨基酸	1.0 g
葡萄糖(分析纯)	1.0 g
微量盐溶液	1 mL
琼脂粉	12.0 g

先称取除琼脂粉以外的其他试剂,加入约 800 mL 双蒸水,溶解后调 pH 至 7.5。再加入琼脂粉并加热溶解,定容至 1 000 mL,115℃高压灭菌 15 min,制成平板,置 2℃~8℃备用。

A.3 Slanetz 培养基

胰蛋白胨	20.0 g
葡萄糖(分析纯)	1.0 g
NaCl(分析纯)	9.0 g
琼脂粉	12.0 g

先称取除琼脂粉以外的其他试剂,加入约 800 mL 双蒸水,溶解后调 pH 至 7.6。再加入琼脂粉并加热溶解,定容至 1 000 mL,115℃高压灭菌 15 min,制成平板,置 2℃~8℃备用。

A.4 麦康凯培养基

胰蛋白胨	27.0 g
多价蛋白胨	3.0 g
乳糖(分析纯)	10.0 g
纯化胆盐(分析纯)	1.5 g
NaCl(分析纯)	5.0 g
琼脂粉	12.0 g

先称取除琼脂粉以外的其他试剂,加入约 800 mL 双蒸水,溶解后调 pH 至 7.1。然后加入琼脂粉并加热溶解,再加入 0.1%结晶紫水溶液 1 mL、1%中性红水溶液 5 mL,混匀,定容至 1 000 mL,115℃高压灭菌 15 min,制成平板,置 2℃~8℃备用。

附 录 B
(资料性附录)
生化试验培养基的制备及生化试验方法

B.1 葡萄糖发酵试验

B.1.1 培养基

胰蛋白胨	2.0 g
葡萄糖(分析纯)	10.0 g
NaCl(分析纯)	5.0 g
KH_2PO_4(分析纯)	0.3 g

加入约 800 mL 双蒸水,调 pH 至 7.2。再加入 1%溴麝香草酚蓝水溶液 3 mL,定容至 1 000 mL,按 2 mL/管分装试管,115℃高压灭菌 15 min,置 2℃～8℃备用。

B.1.2 试验方法

取少量幼龄纯培养物,每个菌株接种 2 管培养基,接种后其中 1 管液面上滴加一层(高度约 10 mm)灭菌的液体石蜡。37℃恒温培养 24 h～48 h,每天观察并记录结果。

B.1.3 结果判定

若 2 支试验管培养基均由蓝紫色变为黄色,则判定该菌株为发酵葡萄糖阳性;若仅不滴加液体石蜡的试验管培养基由蓝紫色变为黄色,或者 2 支试验管培养基均依然为蓝紫色,则判定该菌株为发酵葡萄糖阴性。

B.2 吲哚生化试验

B.2.1 培养基

胰蛋白胨	20.0 g
NaCl(分析纯)	5.0 g

加入约 800 mL 双蒸水溶解上述培养基组分,调 pH 至 7.4,定容至 1 000 mL。按 2 mL/管分装试管,115℃高压灭菌 15 min,置 2℃～8℃备用。

B.2.2 柯凡克氏试剂

对二甲氨基苯甲醛(分析纯)	5.0 g
戊醇(分析纯)	75 mL
浓盐酸(37%)	25 mL

先将对二甲氨基苯甲醛溶于戊醇中,再慢慢加入浓盐酸,混匀后置 2℃～8℃备用。

B.2.3 试验方法与结果判定

取少量幼龄纯培养物,接种 2 mL 培养基,37℃培养 24 h～48 h(必要时可培养至 120 h)。然后加入 0.2 mL 乙醚,摇动试管以提取和浓缩吲哚,待其浮于培养基表面后,再沿管壁徐徐加入柯凡克氏试剂数滴。立即在接触面呈现红色者为阳性反应,无红色反应者为阴性反应。

B.3 甲基红生化试验

B.3.1 培养基

KH_2PO_4(分析纯)	5.0 g
多价蛋白胨	7.0 g
葡萄糖(分析纯)	5.0 g

加双蒸水至 1 000 mL,调 pH 至 7.0,按 2 mL/管分装试管,115℃高压灭菌 15 min,置 2℃～8℃备用。

B.3.2 甲基红指示剂

甲基红(分析纯)	0.1 g
95%酒精	300 mL
蒸馏水	200 mL

先将甲基红用酒精溶解后,再加入蒸馏水,置 2℃～8℃备用。

B.3.3 试验方法与结果判定

取少量幼龄纯培养物,接种 3 管培养基,置 37℃培养 24 h。取 1 管培养物加入甲基红指示剂 2 滴～4 滴,立即观察结果,呈鲜红色的判为阳性反应,呈橘红色判为弱阳性,呈黄色或橙色判为阴性。若为阴性,则将其余 2 管继续培养,分别于 48 h 和 120 h 再次进行测试,120 h 培养物仍为阴性则判为阴性反应。

B.4 V-P 生化试验

B.4.1 培养基

与甲基红生化试验所用培养基相同。

B.4.2 试剂(贝立脱氏法)

甲液为 5% α-萘酚酒精溶液;乙液为 40%的 KOH 水溶液。

B.4.3 试验方法与结果判定

取少量幼龄纯培养物,接种 2 mL 培养基,37℃培养 48 h～96 h。然后,加入甲液 0.6 mL,再加乙液 0.2 mL,充分混匀,阳性反应菌即刻或在 5 min 内呈现红色,若无红色出现,可静置于室温或 37℃下 2 h 内观察结果,仍不出现红色者为阴性。

B.5 枸橼酸盐利用生化试验

B.5.1 培养基

NaCl(分析纯)	5.0 g
$MgSO_4$(分析纯)	0.2 g
K_2HPO_4(分析纯)	1.0 g
$NH_4H_2PO_4$(分析纯)	1.0 g
枸橼酸钠(分析纯)	2.0 g
琼脂粉	12.0 g

先称取除琼脂粉以外的其他试剂,加入约 800 mL 双蒸水,溶解后调 pH 至 6.8。然后加入琼脂粉并加热溶解,再加入 0.2%溴麝香草酚蓝溶液 40 mL,定容至 1 000 mL,混匀后按 5 mL/管分装试管,115℃高压灭菌 15 min,制成斜面,置 2℃～8℃备用。

B.5.2 试验方法与结果判定

将少量幼龄纯培养物,用接种环涂布于琼脂斜面上,37℃培养 96 h～168 h。其间,每天观察 1 次,在斜面上有菌苔生长,培养基由绿色变为蓝色,则结果判为阳性反应,否则判为阴性反应。

附 录 C
（资料性附录）
兔抗 K88、K99、987P、F41 菌毛阳性血清及其阴性对照血清的制备

C.1 材料和试剂

C.1.1 实验动物

体重 1.5 kg～3.0 kg 的 SPF 兔。

C.1.2 菌株

大肠杆菌 E68 株（产 K88ab 菌毛）、大肠杆菌 C83912 株（产 K99 菌毛）、大肠杆菌 C83710 株（产 987P 菌毛）、大肠杆菌 C83919 株（产 F41 菌毛）。

C.1.3 培养基

大豆胨琼脂、Minca、Slanetz 等培养基。

C.2 方法

C.2.1 兔抗 K88、K99、987P、F41 菌毛阳性血清的制备

C.2.1.1 免疫原的制备

C.2.1.1.1 菌毛化菌体的制备

将大肠杆菌 E68 株接种大豆胨琼脂培养基、大肠杆菌 C83912 株接种 Minca 培养基、大肠杆菌 C83710 株接种 Slanetz 培养基、大肠杆菌 C83919 株接种 Minca 培养基，37℃培养 18 h～24 h，用 0.01 mol/L pH7.4 PBS 洗下菌苔。4℃ 5 000 r/min 离心 5 min 洗涤 1 次，置 2℃～8℃保存。

C.2.1.1.2 菌毛纯化

将上述菌液置 60℃水浴 30 min，每隔 5 min 轻轻振摇 1 次。4℃ 10 000 r/min 离心 30 min，收集上清液。加入饱和硫酸铵至 60%饱和度，2℃～8℃放置过夜。4℃ 10 000 r/min 离心 30 min，沉淀用 0.01 mol/L pH7.4 PBS 悬浮。再经层析或密度梯度离心获得纯化的菌毛抗原，以此作为免疫原。小量分装后－20℃保存。

C.2.1.2 实验兔免疫和采血

将纯化的菌毛抗原用等体积的弗氏完全佐剂进行乳化，背部多点皮内注射免疫试验兔，抗原免疫量为 1 mg/只。首免 2 周后，取免疫原用等体积的弗氏不完全佐剂进行乳化，背部多点皮内注射免疫试验兔，抗原免疫量为 1 mg/只。免疫后兔血清与相应的菌毛型抗原的凝集效价不低于 1：512 时，心脏采血，分离血清，－20℃保存。阳性血清仅与相应的菌毛型抗原发生凝集反应，不与其他菌毛型抗原出现凝集反应。

C.2.2 阴性对照兔血清的制备

C.2.2.1 实验兔的选择

体重 1.5 kg～3.0 kg 的 SPF 兔。

C.2.2.2 采血和保存

心脏采血，分离血清，－20℃保存。作为阴性对照的兔血清应不与任何菌毛型抗原发生凝集反应。

附 录 D
（资料性附录）
K88、K99、987P、F41 菌毛特异性单克隆抗体及其阴性对照血清的制备

D.1 材料和试剂

D.1.1 实验动物

适龄 BALB/c 小鼠。

D.1.2 菌株

大肠杆菌 E68 株（产 K88ab 菌毛）、大肠杆菌 C83912 株（产 K99 菌毛）、大肠杆菌 C83710 株（产 987P 菌毛）、大肠杆菌 C83919 株（产 F41 菌毛）。

D.1.3 SP2/0 细胞

D.1.4 试剂

大豆胨琼脂培养基、Minca 培养基、Slanetz 培养基、DMEM、HAT、HT、PEG。

D.2 器材

CO_2 培养箱、倒置显微镜、离心机、超净工作台、微量移液器（20 μL～200 μL；100 μL～1 000 μL）。

D.3 方法

D.3.1 单克隆抗体的制备

D.3.1.1 免疫原的制备

分别用纯化的 K88、K99、987P、F41 菌毛作为免疫原，制备方法同 C.2.1 项。

D.3.1.2 BALB/c 小鼠免疫

将免疫原用等体积的弗氏完全佐剂乳化，皮下注射免疫 6 周龄～8 周龄的 BALB/c 小鼠，抗原免疫量为 0.5 mg/只。首免 2 周后，经尾静脉注射免疫原，抗原免疫量为 0.5 mg/只，3d 后进行细胞融合。

D.3.1.3 细胞融合

无菌摘取免疫小鼠脾脏，收集小鼠脾细胞，用无血清 DMEM 重悬，进行细胞计数。将制备的脾细胞和 SP2/0 细胞按照（5～8）∶1 的比例混合，1 000 r/min 离心 10 min，弃上清。缓慢加入 1 mL 50% PEG 1 000，再滴加 25 mL 无血清 DMEM。1 000 r/min 离心 10 min，弃上清。加入 30 mL HAT 重悬，分装到 96 孔细胞培养板中，置 CO_2 培养箱内 5 % CO_2 37℃培养。

D.3.1.4 抗体检测及筛选

细胞融合 7 d～10 d 后，从有克隆生长的细胞孔中吸取培养上清，用玻板凝集试验进行抗体检测，能与相应菌毛型抗原发生特异性凝集的克隆为阳性克隆。

D.3.1.5 亚克隆

用 HT 培养基按有限稀释法进行亚克隆。用玻板凝集试验进行抗体检测，能与相应菌毛型抗原发生特异性凝集的克隆为阳性克隆。

D.3.1.6 腹水制备

扩大培养杂交瘤细胞，将细胞浓度为（1～2）$\times 10^6$ 细胞/mL 的杂交瘤细胞经腹腔接种 10 周龄 BALB/c 小鼠（小鼠在接种杂交瘤细胞前 1 周预注液体石蜡），每只接种 0.5 mL。待腹水形成后，用注

射器抽取。收集的腹水经 5 000 r/min 离心 10 min，取上清，与相应菌毛型抗原的凝集效价应不低于 1：512，−20℃保存。4 种菌毛型的特异性单克隆抗体仅与相应的菌毛型抗原发生特异性凝集反应，与其他菌毛型及肠杆菌科其他种属的细菌均应无交叉反应。

D.3.2 阴性对照鼠血清的制备

D.3.2.1 实验鼠的选择

10 周龄的 BALB/c 小鼠。

D.3.2.2 采血和保存

采血，分离血清，−20℃保存。阴性血清应不与任何菌毛型抗原发生凝集反应。

附　录　E
（资料性附录）
玻板凝集试验

E.1　试剂

K88、K99、987P、F41菌毛特异性单克隆抗体及阴性对照鼠血清，或抗K88、K99、987P、F41菌毛阳性兔血清及阴性对照兔血清，生理盐水。

E.2　器材

玻璃板、微量移液器(100 μL)。

E.3　方法

E.3.1　待检菌苔混悬液制备

将待检菌苔刮下，用生理盐水稀释至麦氏比浊管第3管浊度。

E.3.2　玻板凝集

取一块洁净玻板，在玻板的不同位置分别用微量移液器滴加3滴待检菌苔混悬液，每滴20 μL。如果选用单克隆抗体作为凝集抗体，则分别向3滴待检菌苔混悬液中滴加相应的单克隆抗体、阴性对照鼠血清、生理盐水各20 μL；如果选用阳性兔血清作为凝集抗体，则分别向3滴待检菌苔混悬液中滴加相应的阳性兔血清、阴性对照兔血清、生理盐水各20 μL。用移液器吸头(或牙签)将血清与抗原混匀，轻柔摇动玻板3 min～5 min，判定结果。

E.4　结果判定

＋＋＋＋：出现大的凝集块，液体完全清亮透明，即100％凝集。

＋＋＋：有明显的凝集片，液体几乎完全透明，即75％凝集。

＋＋：有可见的凝集片，液体不甚透明，即50％凝集。

＋：液体混浊，有小的颗粒状物，即25％的凝集。

－：液体均匀混浊，即不凝集。

以出现“＋”以上凝集判为凝集反应阳性，以出现“－”凝集判为凝集反应阴性。

附 录 F
（资料性附录）
致仔猪黄痢大肠杆菌菌毛型的 PCR 方法鉴定

F.1 材料和试剂

F.1.1 菌株

大肠杆菌 E68 株（产 K88ab 菌毛）、大肠杆菌 C83912 株（产 K99 菌毛）、大肠杆菌 C83710 株（产 987P 菌毛）、大肠杆菌 C83919 株（产 F41 菌毛）。

F.1.2 试剂

Taq DNA 聚合酶、dNTPs、琼脂糖、核酸染料、DNA 分子量标准（DL 2 000 DNA Marker）、上样缓冲液、TBE 电泳缓冲液均为商品化试剂。

F.2 仪器

高速冷冻离心机、PCR 扩增仪、核酸电泳仪和水平电泳槽、凝胶成像系统（或紫外透射仪）、微量移液器（10 μL、20 μL、200 μL、1 000 μL）。

F.3 引物

大肠杆菌菌毛型 PCR 鉴定用引物见表 F.1。

表 F.1 大肠杆菌菌毛型 PCR 鉴定用引物

引物名称	引物序列	片段长度，bp
上游引物 K88F	5′- GATGAA AAAGAC TCTGAT TGC A - 3′	841
下游引物 K88R	5′- GAT TGC TACGTT CAG CGG AGCG - 3′	
上游引物 K99F	5′- CTGAAAAAAACACTGCTAGCTATT - 3′	543
下游引物 K99R	5′- CATATAAGTGACTAAGAAGGATGC - 3′	
上游引物 987PF	5′- GTTACTGCCAGTCTATGCCAAGTG - 3′	463
下游引物 987PR	5′- TCGGTGTACCTGCTGAACGAATAG - 3′	
上游引物 F41F	5′- GATGAAAAAGACTCTGATTGCA - 3′	682
下游引物 F41R	5′- TCTGAGGTCATCCCAATTGTGG - 3′	

F.4 操作程序

F.4.1 DNA 模板制备

挑取单个疑似菌落，重悬于 100 μL 灭菌去离子水中，煮沸 5min，作为样品 DNA 模板；按相同方法分别制备大肠杆菌 E68 株（产 K88ab 菌毛）、C83912 株（产 K99 菌毛）、C83710 株（产 987P 菌毛）、C83919 株（产 F41 菌毛）的 DNA 模板，作为大肠杆菌 K88、K99、987P、F41 菌毛型菌株的阳性对照模板。

F.4.2 PCR

分别用 K88F/K88R、K99F/K99R、987PF/987PR、F41F/F41R 4 对引物，扩增样品 DNA 模板。同时，用 K88F/K88R 引物扩增 K88 阳性对照 DNA 模板、用 K99F/K99R 引物扩增 K99 阳性对照 DNA 模板、用 987PF/987PR 引物扩增 987P 阳性对照 DNA 模板、用 F41F/F41R 扩增 F41 阳性对照 DNA

模板,作为阳性对照。用上述 4 对引物,分别对去离子水进行扩增,作为阴性对照。PCR 反应体系及反应程序如下。

F.4.2.1 PCR 反应体系

$MgCl_2$(25 mmol/L)	1.5 μL
样品模板	1.0 μL
10×*Taq*DNA 聚合酶反应缓冲液	2.5μL
dNTPs(10 mmol/L)	0.5 μL
上游引物(50 pmol/μL)	0.5 μL
下游引物(50 pmol/μL)	0.5 μL
*Taq*DNA 聚合酶(5 U/μL)	0.5 μL
灭菌去离子水	18.0 μL
总体积(Total)	25.0 μL

F.4.2.2 PCR 反应程序

94℃ 5 min;94℃ 30 s,62℃ 30 s,72℃ 1 min,32 个循环;72℃延伸 10 min,结束反应。

F.4.3 扩增产物的电泳检测

用 TBE 电泳缓冲液配制 1.0%琼脂糖凝胶,加热融化后,添加工作浓度的核酸染料,凝固备用。将 PCR 产物与上样缓冲液混合后,加入加样孔,同时加 DNA Marker 作为分子量参考。5 V/cm 恒压下电泳 30 min,紫外凝胶成像系统下观察 PCR 扩增条带及其大小。

F.5 结果判定

如果作为阳性对照的大肠杆菌 K88、K99、987P、F41 菌毛型菌株的 DNA 模板经 PCR 扩增后,分别出现 841 bp、543 bp、463 bp、682 bp 大小的扩增条带,且阴性对照未出现扩增条带时,试验成立。

被检样品经 PCR 扩增后,若出现相应的特异性条带,即判为该菌毛型阳性,否则判为该菌毛型阴性。

ICS 11.220
B 41

中华人民共和国农业行业标准

NY/T 2840—2015

猪细小病毒间接ELISA抗体检测方法

Indirect ELISA for detection of antibodies against Porcine parvovirus

2015-10-09 发布　　2015-12-01 实施

中华人民共和国农业部　发布

前　言

本标准按照 GB/T 1.1—2009 给出的规则起草。

本标准由中华人民共和国农业部提出。

本标准由全国动物卫生标准化技术委员会(SAC/TC 181)归口。

本标准起草单位:中国动物卫生与流行病学中心。

本标准主要起草人:陈义平、南文龙、周洁、陆明哲、魏荣。

猪细小病毒间接 ELISA 抗体检测方法

1 范围

本标准规定了细小病毒科细小病毒属的猪细小病毒抗体的间接 ELISA 检测方法。

本标准适用于猪细小病毒抗体监测以及流行病学调查。

2 规范性引用文件

下列文件对于本文件的应用是必不可少的。凡是注日期的引用文件，仅注日期的版本适用于本文件。凡是不注日期的引用文件，其最新版本(包括所有的修改单)适用于本文件。

GB/T 6682 分析实验室用水规格和实验方法

GB 19489 实验室生物安全通用要求

GB/T 27401 实验室质量控制规范 动物检疫

中华人民共和国农业部公告〔2003〕第 302 号 兽医实验室生物安全技术管理规范

3 缩略语

下列缩略语适用于本文件：

PPV：猪细小病毒 Porcine parvovirus

ELISA：酶联免疫吸附试验 Enzyme - linked immunosorbent assay

OD：光密度 optical density

r/min：转/分钟 rotations per minute

4 试剂

4.1 猪细小病毒 VP2 重组蛋白(re - VP2)

克隆猪细小病毒结构蛋白 VP2 抗原优势区基因，用 pET - 32a 表达载体进行原核表达，亲和层析法纯化重组蛋白。获得的重组蛋白浓度应≥1 mg/mL，纯度应≥95%。具体过程见附录 A。

4.2 阳性血清对照

选取 5 月龄健康猪 2 头，用猪细小病毒疫苗按规定剂量进行免疫，间隔 3 周免疫 2 次，第二次免疫 1 个月后开始采血分离血清，用血凝抑制试验测定其抗体效价。当抗体的血凝抑制效价达到 1 : 1 024 时采血分离血清，将血凝抑制效价为 1 : 1 024 的阳性血清用样品稀释液(参见 B. 4)进行 1 : 50 稀释，即为阳性血清对照。

4.3 阴性血清对照

采集无母源抗体、未免疫猪细小病毒疫苗的健康猪血清，经血凝抑制试验检测，结果为猪细小病毒抗体阴性，用样品稀释液(参见 B. 4)进行 1 : 50 稀释，即为阴性血清对照。

4.4 包被液、洗涤液、封闭液、样品稀释液、酶标抗体稀释液、底物显色液、终止液配制方法分别见 B. 1、B. 2、B. 3、B. 4、B. 5、B. 6、B. 7。

5 器材和设备

一次性注射器、恒温培养箱、震荡混匀仪、移液器(200 μL、1 000 μL)、多道移液器(200 μL)、酶标板、酶联免疫检测仪等。

6 血清样品的处理

6.1 血清样品的采集和处理

静脉采血，每头猪不少于 2 mL。血液凝固后分离血清，4 000 r/min 离心 10 min，用移液器吸出上层血清。

6.2 血清样品的储存和运输

血清样品置－20℃以下冷冻保存。运输时确保低温运送，并及时送达，以防血清样品腐败。按照中华人民共和国农业部〔2003〕第 302 号公告的规定进行样品的生物安全标识。

7 间接 ELISA 抗体检测操作方法

7.1 包被抗原

以纯化的猪细小病毒 VP2 重组蛋白（re-VP2）作为包被用抗原，将重组蛋白 re-VP2 用包被液稀释至 3 μg/mL，每孔加入 100 μL（每孔抗原包被量为 300 ng），37℃包被 2 h，用洗涤液洗板 3 次，每次 5 min。

7.2 封闭

每孔加入 200 μL 封闭液，37℃封闭 2 h，洗板同上。

7.3 加待检血清及阳性血清对照、阴性血清对照

将待检血清用样品稀释液进行 1∶50 稀释，每孔加入 100 μL，每板同时设置两孔阳性血清对照、两孔阴性血清对照。当待检血清样品较多时，可根据试验进度，提前进行样品稀释，再一并加样，以确保所有待检样品的反应时间准确、一致。37℃作用 1 h，洗板同上。

7.4 加酶标抗体

将兔抗猪酶标抗体用酶标抗体稀释液稀释至工作浓度，每孔加入 100 μL，37℃作用 1 h，洗板同上。

7.5 加底物显色液

每孔加入 100 μL 底物显色液，37℃避光显色作用 10 min。

7.6 加终止液

每孔加入 100 μL 终止液终止反应，10 min 之内测定 OD_{450} 值。

7.7 结果判定

在酶联免疫检测仪上读取 OD_{450} 值，计算阳性血清对照 OD_{450} 平均值 OD_P、阴性血清对照 OD_{450} 平均值 OD_N。阳性血清对照 OD_{450} 平均值 $OD_P \geqslant 0.5$，阴性血清对照 OD_{450} 平均值 $OD_N \leqslant 0.2$ 时，试验成立。待检血清样品的 $OD_{450} \geqslant 0.2 \times OD_P + 0.8 \times OD_N$ 判为阳性，反之判为阴性。

8 注意事项

8.1 相关试剂需在 2℃～8℃保存，使用前平衡至室温。

8.2 操作时，注意取样或稀释准确，并注意更换吸头。

8.3 底物溶液避光保存，避免与氧化剂接触。

8.4 终止液有腐蚀作用，使用时避免直接接触。

8.5 废弃物处理参照中华人民共和国农业部〔2003〕第 302 公告的规定进行。

附　录 A
（规范性附录）
猪细小病毒 VP2 蛋白的表达及纯化

A.1　材料和试剂

猪细小病毒 NADL－2 株；大肠杆菌 DH5a 和 BL21(DE3)感受态细胞、pMD18－T 克隆载体、pET－32a表达载体、核酸提取试剂盒、质粒提取试剂盒、限制性内切酶、蛋白纯化试剂盒、培养基均为商品化试剂。

A.2　器材和设备

恒温培养箱、高速离心机、PCR 扩增仪、核酸电泳仪和水平电泳槽、凝胶成像系统(或紫外透射仪)、恒温空气浴摇床、移液器(10 μL、200 μL、1 000 μL)、分光光度计等。

A.3　引物序列

VP2－P1：5′－AACAGGATCCCACAGTGACATTATG－3′
VP2－P2：5′－AGAAAGCTTATGCTTTGGAGCTCTTC－3′

A.4　猪细小病毒结构蛋白 VP2 抗原优势区基因序列

本标准表达的猪细小病毒结构蛋白 VP2 抗原优势区基因序列如下：

CACAGTGACATTATGTTCTACACAATAGAAAATGCAGTACCAATTCATCTTCTAAGAAC
AGGAGATGAATTCTCCACAGGAATATATCACTTTGACACAAAACCACTAAAATTAACTC
ACTCATGGCAAACAAACAGATCTCTAGGACTGCCTCCAAAACTACTAACTGAACCTAC
CACAGAAGGAGACCAACACCCAGGAACACTACCAGCAGCTAACACAAGAAAAGGTTA
TCACCAAACAATTAATAATAGCTACACAGAAGCAACAGCAATTAGGCCAGCTCAGGTA
GGATATAATACACCATACATGAATTTTGAATACTCCAATGGTGGACCATTTCTAACTCCTA
TAGTACCAACAGCAGACACACAATATAATGATGATGAACCAAATGGTGCTATAAGATTT
ACAATGGATTACCAACATGGACACTTAACCACATCTTCACAAGAGCTAGAAAGATACA
CATTCAATCCACAAAGTAAATGTGGAAGAGCTCCAAAGCAT

A.5　方法

A.5.1　VP2 抗原优势区基因的表达质粒构建

将 PPV 接种 PK15 细胞，在 5% CO_2 的条件下 37℃培养 24 h～36 h，当 70%的细胞出现细胞病变时，收集培养物，反复冻融 3 次。用核酸提取试剂盒提取病毒 DNA，然后用 VP2－P1 和 VP2－P2 引物扩增 VP2 基因,琼脂糖凝胶电泳并纯化回收相应的扩增片段,片段大小为 510 bp。纯化产物连接 pMD18－T 克隆载体,转化 DH5a 感受态细胞,筛选获得的重组阳性质粒命名为 pMD18－T－VP2。用 BamH I 和 Hind III 双酶切 pMD18－T－VP2 和 pET－32a,将 VP2 基因片段连接到 pET－32a 表达载体,转化 DH5a 感受态细胞,筛选获得的重组阳性质粒命名为 pET－32a－VP2。

A.5.2 VP2 抗原优势区基因的表达与纯化

将 pET－32a－VP2 转化 BL21(DE3)感受态细胞,筛选获得含重组质粒的阳性菌株。取重组 BL21(DE3)菌种 5 μL,接种至 5 mL 含 50 μg/mL 氨苄青霉素的 LB 培养基(蛋白胨 1%,氯化钠 1%,酵母提取物 0.5%)。37℃振摇培养至 OD_{600} 值为 0.4～0.6 时,加入终浓度为 1 mmol/L 的异丙基-β-D-硫代半乳糖苷(IPTG)进行诱导,继续 37℃振摇培养 4 h。按照蛋白纯化试剂盒说明书纯化目的蛋白(即 VP2 重组蛋白),目的蛋白大小约 39.1 kDa。

A.5.3 重组蛋白的纯度及浓度测定

取 5 μL 重组蛋白进行 SDS－PAGE 电泳,考马斯亮蓝染色,用蛋白密度扫描分析纯度,重组蛋白的纯度应≥95%;用紫外分光光度计测定重组蛋白在 280 nm 和 260 nm 波长的 OD 值,计算蛋白浓度,重组蛋白的浓度应≥1 mg/mL。将检测合格的重组蛋白,分装后－20℃保存。

附 录 B
(资料性附录)
溶 液 的 配 制

B.1 包被液(碳酸盐缓冲液,pH 9.6)

$NaHCO_3$(分析纯) 2.98 g
Na_2CO_3(分析纯) 1.5 g
加双蒸水至 1 000 mL,混匀。

B.2 洗涤液(磷酸盐缓冲液—吐温,PBST,pH 7.4)

NaCl(分析纯) 8.0 g
KH_2PO_4(分析纯) 0.2 g
$Na_2HPO_4 \cdot 12H_2O$(分析纯) 2.9 g
KCl(分析纯) 0.2 g
硫柳汞(分析纯) 0.1 g
Tween20(分析纯) 0.5 mL
加双蒸水至 1 000 mL,调至 pH 7.4。

B.3 封闭液(10%小牛血清/PBST 溶液,pH 7.4)

吸取小牛血清(优级)100 mL,加 PBST 至 1 000 mL,混匀。

B.4 样品稀释液(磷酸盐缓冲液,pH 7.4)

NaCl(分析纯) 8.0 g
KH_2PO_4(分析纯) 0.2 g
$Na_2HPO_4 \cdot 12H_2O$(分析纯) 2.9 g
KCl(分析纯) 0.2 g
硫柳汞(分析纯) 0.1 g
加双蒸水至 1 000 mL,调至 pH 7.4。

B.5 酶标抗体稀释液

同 B.3 封闭液。

B.6 底物显色液(TMB-过氧化氢尿素溶液)

B.6.1 底物液 A

TMB(分析纯)200 mg,无水乙醇(或 DMSO)100 mL,加双蒸水至 1 000 mL,混匀。

B.6.2 底物缓冲液 B

Na_2HPO_4(分析纯) 14.6 g
柠檬酸(分析纯) 9.33 g
0.75%过氧化氢尿素 6.4 mL

加双蒸水至 1 000 mL，调至 pH 5.0～5.4。

B.6.3 将底物液 A 和底物缓冲液 B 按 1∶1 混合，即成底物显色液。

B.7 终止液（2 mol/L H_2SO_4）

将 22.2 mL 浓 H_2SO_4（98%）缓慢滴加入 150 mL 双蒸水中，边加边搅拌，加双蒸水至 200 mL。

ICS 11.220
B 41

中华人民共和国农业行业标准

NY/T 2841—2015

猪传染性胃肠炎病毒RT-nPCR检测方法

Method of detecting transmissible gastroenteritis virus by RT-nPCR

2015-10-09 发布　　　　2015-12-01 实施

中华人民共和国农业部　发布

前　言

本标准按照 GB/T 1.1—2009 给出的规则起草。

本标准由中华人民共和国农业部提出。

本标准由全国动物卫生标准化技术委员会归口(SAC/TC 181)。

本标准起草单位:中国动物卫生与流行病学中心、东北农业大学、河南农业大学、河南牧业经济学院。

本标准起草人:邵卫星、魏荣、李晓成、李一经、黄耀华、魏战勇、徐耀辉、吴发兴、张志、刘爽、董亚琴、孙映雪、李卫华、王树双、黄保续。

猪传染性胃肠炎病毒 RT-nPCR 检测方法

1 范围

本标准规定了检测猪传染性胃肠炎病毒 RT-nPCR 方法的技术要求。

本标准适用于检测疑似感染猪传染性胃肠炎病毒的猪的新鲜粪便、小肠组织及肠内容物和细胞培养物中的猪传染性胃肠炎病毒的核酸,可作为猪传染性胃肠炎的辅助诊断方法和细胞培养物中猪传染性胃肠炎病毒的鉴定。

2 规范性引用文件

下列文件对于本文件的应用是必不可少的。凡是注日期的引用文件,仅注日期的版本适用于本文件。凡是不注日期的引用文件,其最新版本(包括所有的修改单)适用于本文件。

GB/T 6682 分析实验室用水规格和试验方法。

3 缩略语

下列缩略语适用于本文件:

AMV:禽成髓细胞瘤病毒 avian myeloblastosis virus

RT-nPCR:反转录—巢式聚合酶链式反应 reverse transcriptase-nested polymerase chain reaction

RNA:核糖核酸 ribonucleic acid

DEPC:焦碳酸二乙酯 diethypyrocarbonate

PBS:磷酸盐缓冲液(配方见附录 A.1) phosphate-buffered saline buffer

Taq 酶:Taq DNA 聚合酶 Taq DNA polymerase

dNTPs:脱氧核糖核苷三磷酸 deoxyribonucleoside triphosphates

bp:碱基对 base pair

4 试剂

除另有规定外,所用生化试剂均为分析纯,水为符合 GB/T 6682 的灭菌双蒸水或超纯水。提取 RNA 所用试剂均须使用无 RNA 酶水配制,分装的容器需无 RNA 酶。

4.1 磷酸盐缓冲液:配方见附录 A.1。

4.2 RNA 提取试剂:Trizol LS。

4.3 氯仿(**警告:危险**)。

4.4 异丙醇。

4.5 75%的乙醇。

4.6 DNA 分子量标准:DL2 000。

4.7 AMV 反转录酶及反应缓冲液。

4.8 dNTPs Mixture。

4.9 RNA 酶抑制剂(40 U/μL)。

4.10 rTaq mix。

4.11 反转录及 PCR 扩增引物:见附录 B。

4.12 无RNA酶超纯水。

4.13 1.5%琼脂糖:配方见A.3。

4.14 电泳缓冲液(TAE):配方见A.4。

4.15 样品处理液:配方见A.2。

4.16 阳性样品:参见C.1。

4.17 阴性样品:参见C.2。

5 仪器设备

5.1 高速冷冻离心机:要求最大离心力在12 000 ×g以上。

5.2 PCR扩增仪。

5.3 核酸电泳仪和水平电泳槽。

5.4 恒温水浴锅。

5.5 2℃~8℃ 冰箱和-18℃冰箱。

5.6 微量加样器(0.5 μL~10 μL,2 μL~20 μL,20 μL~200 μL,100 μL~1 000 μL)。

5.7 组织研磨器或研钵。

5.8 凝胶成像系统(或紫外透射仪)。

6 样品的采集、运输和处理

6.1 样品采集和运输

宜采集腹泻急性期的小肠或新鲜粪便。采集小肠(5 cm~10 cm)或新鲜粪便(5 g~10 g),置于样品密封袋中,在低温保存箱中送实验室,应确保样品到实验室时附带的冰袋未完全融化;如不能及时检测,应将样品置于低于-18℃冰箱中保存。

6.2 样品处理

6.2.1 小肠样品

取1 cm~3 cm小肠组织,用剪刀剪碎,加入10 mL的PBS。用组织研磨器研磨后反复冻融3次,经12 000 r/min离心5 min,取上清备用。

6.2.2 粪便样品

取0.5 g~1.0 g新鲜粪便,加入800 μL样品处理液。反复冻融3次,经12 000 r/min离心5 min,取上清备用。

6.2.3 细胞培养物样品

取细胞培养物300 μL~500 μL,无需任何处理,备用。

7 RNA的提取

下列方法任选其一。在提取RNA时,应设立阳性对照样品和阴性对照样品,按同样的方法提取RNA。RNA的提取宜在无RNA污染的外排式生物安全柜中进行。

a) Trizol法。按照生产厂家提供的操作说明进行,步骤如下:取250 μL上清作为待提取样品。加入750 μL Trizol,振荡混匀后,室温放置5 min。加入氯仿250 μL,振荡混匀后,室温放置5 min~15 min,4℃ 12 000 r/min离心15 min。取上层水相400 μL~500 μL,加入等体积的异丙醇,混匀,-20℃放置2 h以上或-80℃放置0.5 h,4℃ 12 000 r/min离心10 min。去上清,缓缓加入75%乙醇(用DEPC水配制)1.0 mL洗涤,4℃ 12 000 r/min离心5 min。去上清,室温干燥20 min,加入DEPC水20 μL,使充分溶解。

b) 选择市售商品化 RNA 提取试剂盒，按照试剂盒说明进行 RNA 的提取。

8 RT-nPCR 程序*

8.1 反转录(RT)

8.1.1 RT 反应体系(20 μL 体系)

参见附录 D.1。

8.1.2 RT 反应程序

室温放置 5 min，42℃ 水浴 1 h，70℃ 15 min，冰浴 5 min。取出后可以直接进行 PCR，或者放于 −20℃保存备用。试验中，同时设立阳性对照和阴性对照。

8.2 第一轮 PCR 扩增

8.2.1 PCR 体系(20 μL 体系)

参见 D.2。

8.2.2 PCR 程序

94℃预变性 5 min 后进入 PCR 循环，94℃ 变性 30 s，60℃退火 30 s，72℃延伸 90 s，20 个循环，最后 72℃终延伸 10 min，结束反应。同时，设阳性对照和阴性对照。

8.3 第二轮 PCR 扩增

8.3.1 PCR 体系(20.0 μL 体系)

参见 D.3。

8.3.2 PCR 程序

95℃预变性 5 min 后进入 PCR 循环，94℃变性 20 s，60℃退火 15 s，72℃延伸 15 s，30 个循环，最后 72℃终延伸 10 min，结束反应。

9 电泳

9.1 制备 1.5%琼脂糖凝胶板。

9.2 取第二轮 PCR 扩增产物 5.0 μL，加入琼脂糖凝胶板的加样孔中，同时加入 DNA 分子量标准作对照。

9.3 盖好电泳仪盖子，插好电极，电压为 10 V/cm～20 V/cm，时间为 30 min。

9.4 用紫外凝胶成像系统对图片拍照、存档。

9.5 与 DNA 分子量标准进行比较，判断 PCR 片段大小。

10 结果判定

10.1 试验成立的条件

阳性对照有 210 bp 的特异扩增条带，阴性对照没有相应条带，否则试验不成立。

10.2 样品检测结果判定

在阳性对照、阴性对照都成立的前提下，若检测样品有 210 bp 的条带，则判定该样品中猪传染性胃肠炎病毒阳性；若检测样品没有 210 bp 的条带，则判定该样品中猪传染性胃肠炎病毒为阴性(参见附录 E)。在需要的情况下，可对扩增的条带进行回收，克隆到 T 载体，进行测序，所得序列与 GenBank 上的猪传染性胃肠炎病毒 S 基因的序列进行同源性比较，以进一步验证 PCR 检测结果。

---

* 可以将反转录和第一轮 PCR 扩增合并在一个管中进行反应，即所谓的反转录和 PCR 一步法。反应体系可按试剂生产商提供的进行；反转录条件可按试剂生产商提供的进行，但 PCR 条件宜根据 8.2.2 PCR 程序进行。

附 录 A
(规范性附录)
溶 液 的 配 制

A.1 PBS 液(0.01 mol/L PBS,pH 7.4)

磷酸二氢钾(KH_2PO_4) 0.20 g
磷酸氢二钠($Na_2HPO_4 \cdot 12H_2O$) 2.90 g
氯化钠(NaCl) 8.00 g
氯化钾(KCl) 0.20 g
蒸馏水 加至 1 000.00 mL
溶解后,调节 pH 至 7.4,保存于 4℃备用。

A.2 样品处理液(200 mL)

氯化钠(NaCl) 1.6 g
氯化钾(KCl) 0.04 g
磷酸氢二钠($Na_2HPO_4 \cdot 12H_2O$) 0.288 g
磷酸二氢钾(KH_2PO_4) 0.048 g
乙二胺四乙酸二钠($Na_2EDTA \cdot 2H_2O$) 3.722 4 g
加去离子水定容至 200 mL,121℃ 灭菌 25 min 后备用。

A.3 1.5% 琼脂糖凝胶

琼脂糖 1.5 g
1×TAE 电泳缓冲液 加至 100 mL
微波炉中完全融化,待冷至 50℃~60℃ 时,加溴化乙锭(EB)溶液或其他替代染料 5 μL,摇匀,倒入电泳板上,凝固后取下梳子,备用。

A.4 电泳缓冲液

50×TAE 核酸电泳缓冲液 (250 mL):
Tris 60.5 g
冰醋酸 14.3 mL
乙二胺四乙酸二钠($Na_2EDTA \cdot 2H_2O$) 9.3 g
加去离子水定容至 250 mL,4 ℃ 保存备用。电泳时,用蒸馏水稀释 50 倍使用。

附 录 B
(规范性附录)
检测猪传染性胃肠炎病毒 RT - nPCR 方法的引物序列

检测猪传染性胃肠炎病毒 RT - nPCR 方法的引物序列见表 B. 1。

表 B. 1

引物名称	引物浓度	引 物 序 列
F1	10 pmol/μL	5′- GGGTAAGTTGCTCATTAGAAATAATGG - 3′
R1	10 pmol/μL	5′- CTTCTTCAAAGCTAGGGACTG - 3′
F2	10 pmol/μL	5′- GCAGGTTAAACCATAAGTTCCCTA - 3′
R2	10 pmol/μL	5′- GGTCTACAAGCGTGCCAGCG - 3′
注:第一轮 PCR 扩增片段大小为 1 006 bp;第二轮 PCR 扩增片段大小为 210 bp。		

附 录 C
（资料性附录）
猪传染性胃肠炎病毒阳性样品和阴性样品的制备

C.1 阳性样品制备

取 TGEV 细胞毒，用 100 mL 的 PBS 稀释至 1 个 TCID50，向其中加入不含 TGEV 的猪新鲜粪便 10 g，摇匀，分装，0.5 mL/管，备用。

C.2 阴性样品制备

用 PBS 按 10∶1 的比例稀释不含 TGEVV 的猪新鲜粪便，摇匀，分装，0.5 mL/管，备用。

附 录 D
(资料性附录)
反转录和 PCR 扩增体系

D.1 反转录体系

RNA 模板	2.0 μL
反转录引物 R1(见附录 B)	1.5 μL
dNTPs(2.5 mmol/L)	8.0 μL
RNA 酶抑制剂(40 U/μL)	0.5 μL
5×反应缓冲液	4.0 μL
AMV 反转录酶(5 U/μL)	1.0 μL
无 RNA 酶水	3.0 μL
总体积(Total)	20.0 μL

D.2 第一轮 PCR 体系

cDNA(反转录产物)	3.0 μL
rTaq mix	10.0 μL
上游引物 F1(见附录 B)	1.0 μL
下游引物 R1(见附录 B)	1.0 μL
DEPC 水	5.0 μL
总体积(Total)	20.0 μL

D.3 第二轮 PCR 体系

DNA (第一轮 PCR 产物)	1.0 μL
rTaq mix	10.0 μL
上游引物 F2(见附录 B)	1.0 μL
下游引物 R2(见附录 B)	1.0 μL
DEPC 水	5.0 μL
总体积(Total)	20.0 μL

附　录　E
（资料性附录）
样品中猪传染性胃肠炎病毒核酸阳性电泳例图

样品中猪传染性胃肠炎病毒核酸阳性电泳例图见图E.1。

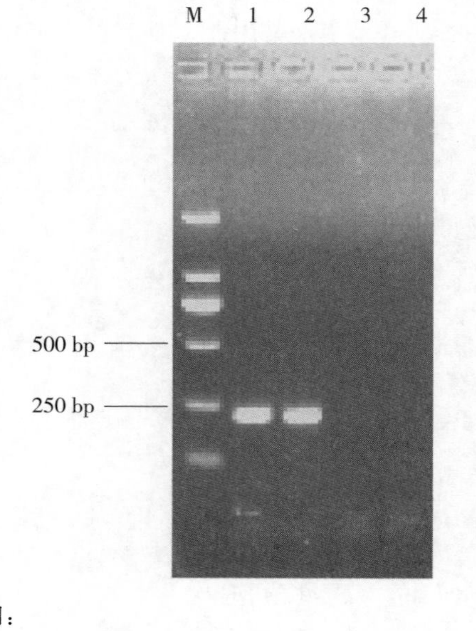

说明：

M——DNA Marker(1 000 bp Ladder)；
1——阳性对照；
2——阳性样品；
3——阴性样品；
4——阴性对照。

图E.1　样品中猪传染性胃肠炎病毒核酸阳性电泳例图

ICS 11.220
B 41

中华人民共和国农业行业标准

NY/T 2842—2015

动物隔离场所动物卫生规范

Animal health technical specifications for animal quarantine station

2015-10-09 发布　　　　2015-12-01 实施

中华人民共和国农业部 发布

前　言

本标准按照 GB/T 1.1—2009 给出的规则起草。

本标准由中华人民共和国农业部提出。

本标准由全国动物卫生标准化技术委员会(SAC/TC 181)归口。

本标准起草单位:上海市动物卫生监督所、中国动物疫病预防控制中心。

本标准主要起草人:侯佩兴、夏永高、陈炎、宋晓晖、黄优强、王安福、李钦。

动物隔离场所动物卫生规范

1 范围

本标准规定了动物隔离场所的基本要求、动物隔离检验和档案信息等内容。

本标准适用于跨省、自治区、直辖市引进乳用、种用动物或输入到无规定动物疫病区相关易感动物到达输入地后，在输入地进行隔离观察的隔离场所。

2 规范性引用文件

下列文件对于本文件的应用是必不可少的。凡是注日期的引用文件，仅注日期的版本适用于本文件。凡是不注日期的引用文件，其最新版本(包括所有的修改单)适用于本文件。

GB 5749 生活饮用水卫生标准

GB 13078 饲料卫生标准

GB 16548 病害动物和病害动物产品生物安全处理规程

GB/T 17823 集约化猪场防疫基本要求

GB/T 17824.1 规模猪场建设

GB 18596 畜禽养殖业污染物排放标准

NY/T 541 动物疫病实验室检验采样方法

SN/T 2032 进境种猪临时隔离场建设规范

3 术语和定义

下列术语和定义适用于本文件。

3.1

动物隔离场所 animal quarantine station

对跨省、自治区、直辖市引进的乳用、种用动物或输入到无规定动物疫病区的相关易感动物进行隔离观察的场所。

3.2

隔离检疫 quarantine

在动物卫生监督机构指定的隔离场所，对跨省、自治区、直辖市引进的乳用、种用动物或输入到无规定动物疫病区的相关易感动物的检疫行为。

3.3

消毒 disinfection

运用物理、化学或生物等方法消除或杀灭由传染源排放到外界环境中的病原体的过程或措施。

3.4

无害化处理 harmless processing

运用物理、化学或生物学等方法处理染疫或疑似染疫的动物、动物尸体、动物产品或其他物品的活动。

3.5

废弃物 waste

指动物排泄物、垫料、污水、病死或死因不明的动物尸体，腐败、变质或保质期的动物产品以及超过有效期的兽药、医疗废物等。

3.6

全进全出　all in all out

同一批动物同时进出同一棚舍。

3.7

净道　clean channel

指运送饲料、健康动物和人员进出的道路。

3.8

污道　dirty channel

指排泄物、垫料、病死动物或疑似染疫动物出场的道路。

4　基本要求

4.1　规划要求

动物隔离场所应符合省级兽医主管部门统一规划和环保要求。

4.2　防疫要求

动物隔离场所应符合动物防疫条件，并取得动物防疫条件合格证。

4.3　选址

4.3.1　动物隔离场应距离动物饲养场、养殖小区、种畜禽场、动物屠宰加工场所、无害化处理场所、动物诊疗场所、动物和动物产品集贸市场以及其他动物隔离场 3 000 m 以上。

4.3.2　距离城镇居民区、文化教育科研等人口集中区域及公路、铁路等主要交通干线、生活饮用水源地 500 m 以上。

4.3.3　应选择地势高燥、背风、向阳、排水方便、无污染源、供电和交通方便的地方。

4.4　布局

4.4.1　动物隔离场所应设有管理区、隔离区和辅助区。

a)　管理区设在场区常年主导风向的侧风处。

b)　隔离区分设隔离饲养区、隔离处理区、粪便污水处理区、饲料储藏区、动物无害化处理收集区等。隔离饲养区包括大、中、小动物棚舍，各区域应相对独立，设置物理隔离。应设有净道和污道，两者严格分开，道路应当固化、坚硬、平坦，便于消毒。

c)　辅助区应设在隔离区的下风向，设有兽医室、收集暂存室、污水处理系统、无害化处理间等辅助设施。

4.4.2　动物隔离场所周围应建有防疫用围墙，设置防疫沟或绿化带。按照 SN/T 2032 的要求，四周围墙必须有不低于 2.5 m 的实心围墙，与外界有效隔离，管理区、隔离区和辅助区应当以不低于 2 m 实心内围墙分隔，设置排水沟或绿化带。

4.5　设施

4.5.1　动物隔离场内应具备防鸟、防鼠、防风、防盗、供水、供电等设施以及存放、加工饲草、饲料的场所，水质符合 GB 5749 的要求。隔离区应建有日常饲养、防疫管理所需的更衣室、休息室、饲料间、维修间、卫生间、装卸设备和视频监控系统。按照 GB/T 17824.1，各棚舍间距至少 8 m。

4.5.2　隔离区的出、入口处应设消毒池、消毒通道、更衣室。更衣室内应有紫外灯，有专用衣、帽、鞋。按照 GB/T 17823 的规定，动物隔离区大门入口处设置消毒池，宽度同大门相同，长 4 m，深度 0.3 m，水泥结构，隔离舍门口设置 1 m×1 m×0.1 m 的消毒池。

4.5.3　隔离舍应选择便于冲洗消毒的建造材料，根据不同种类动物设置饲养设备。有对动物采样和处理的场地，有安全保定设施以及对患病动物隔离饲养设施。

4.5.4 有对动物排泄物、垫料、污水及其他废弃物无害化处理的设施。

4.5.5 有供动物隔离场运行及隔离观察的必要设备，包括消毒设备、熏蒸设备、样品采集和保存设备、温度调节设备、信息处理设备、封闭运输车辆等。

4.6 人员配备

4.6.1 动物隔离场所内工作人员配备包括管理人员、技术人员、饲养人员，接受官方兽医的监督检查与指导，从业人员必须持证上岗，所有员工应定期体检，无人畜共患病。

4.6.2 管理人员应具有一定的管理能力，具有畜牧、兽医相关专业中级以上职称。

4.6.3 技术人员应具有畜牧、兽医等相关专业学历。畜牧技术人员应当具有初级以上职称；兽医技术人员应当具有执业兽医资格。

4.6.4 饲养人员应经过畜牧、兽医职业技能培训合格。

4.7 管理制度

4.7.1 应建立健全工作人员岗位责任制。

4.7.2 应建立门卫制度、防火防盗安全保障制度。

4.7.3 应建立隔离场所防疫、消毒、隔离观察、采样送样、隔离检疫、应急处置、无害化处理和疫情报告、员工培训等制度。

4.8 卫生要求

4.8.1 工作人员进入隔离区前，应淋浴后穿着专用工作服、工作鞋、工作帽，每天对使用后的工作服清洗、消毒。

4.8.2 饲养人员严禁串棚，应当每天打扫棚舍，及时清除粪便，保持地面清洁，舍内定期消毒；保持料槽、饮水器、用具等常用器具的卫生。

4.8.3 定期在隔离区内开展灭鼠、灭蚊、灭蝇。

4.8.4 使用的饲料按照 GB 13078 的规定执行，无霉烂变质或未受农药或病原体污染。

4.8.5 饲养人员应认真观察动物的采食、排便、精神状态等情况，填写饲养记录，发现异常应及时报告技术人员；技术人员每天对动物进行健康检查，填写隔离观察日志，并向官方兽医报告。

4.9 消毒

4.9.1 日常消毒

定期进行场内外环境消毒、动物体表的喷洒消毒、饮水消毒、夏季灭源消毒。

4.9.2 应急消毒

发生疫病时应增加消毒次数，对排泄物、垫料应集中消毒，对隔离区内外环境进行全面消毒。

4.9.3 空棚消毒

每批动物隔离结束运出后，棚舍应清扫、冲洗和消毒，空棚时间不得少于 7 d；动物进入隔离场前，所有场地、设施、工具保持清洁，进行 2 次消毒处理，每次消毒间隔 3 d。

4.9.4 消毒药选择

选择消毒药应安全、高效、低毒、低残留；消毒药应专人保管、配置方便。

4.9.5 消毒方法

消毒方式可采用喷雾消毒、浸液消毒、熏蒸消毒、喷洒消毒、紫外线消毒等方式，对棚舍内外环境、饲养器具、受污染区域等进行消毒。

5 动物隔离检疫

5.1 接收

5.1.1 登记

5.1.1.1 技术人员应记录货主/畜主、品种、数量、规格、产地以及检疫证明、车牌号、签证单位、畜禽标识等,并与实际情况核实。

5.1.1.2 做好与移送单位及相关监管部门的移交手续,进行核对与登记。

5.1.1.3 进入隔离区的动物按批次、棚舍等进行区分并做好记录。

5.1.2 入场消毒

入场动物及车辆应经车辆专用消毒通道彻底消毒后入场,进入隔离区的人员必须淋浴后穿着专用工作服、工作鞋、工作帽,走专用通道。

5.2 隔离观察

5.2.1 饲养管理

在符合国家法律法规要求的前提下,饲养管理按照货主提出的隔离动物饲养要求进行,实行全进全出管理。

5.2.2 隔离期限

5.2.2.1 大中动物的隔离期为 45 d;小动物的隔离期为 30 d。

5.2.2.2 需要实验室检测的时间不包含在上述时间内。

5.2.3 隔离期间处置

5.2.3.1 隔离期间,按照防疫要求做好各项工作,并填写各项记录。

5.2.3.2 隔离动物采样按照 NY/T 541 的规定执行。检验检疫机构负责隔离检疫期间样品的采集、送检和保存工作。样品采集工作应当在动物进入隔离场后 7 d 内完成。样品保存时间至少为 6 个月。

5.2.3.3 隔离期间,发现动物出现群体发病或者死亡的,应按照《重大动物疫情应急条例》采取应急处理。

5.3 隔离检疫

5.3.1 达到规定的隔离期限,具备检疫条件后,实施隔离检疫。

5.3.1.1 隔离的动物经临床检查健康的,依据相应的产地检疫规程实施检疫。

5.3.1.2 隔离的动物经临床检查怀疑染疫的,依据相应的产地检疫规程进行实验室检测。

5.3.1.3 动物卫生监督机构可依据动物疫病风险评估要求,对怀疑可能存在的动物疫病进行实验室检测。

5.3.2 经隔离检疫后,合格的动物需要继续在省内运输的,应由动物卫生监督机构依法出具动物检疫合格证明,并办理解除隔离通知文书后放行。

5.3.3 经隔离检疫后,不合格的动物在动物卫生监督机构的监督下,由货主对动物进行无害化处理。

5.4 废弃物处理

5.4.1 按照 GB 18596 的规定执行,棚舍污水应经污水通道统一纳入污水处理系统,用物理、化学或生物等方法集中处理,达到环保要求。

5.4.2 排泄物、垫料采用物理、化学、生物等方法集中处理。

5.4.3 隔离过程中发现病死或死因不明的动物尸体、受到污染的垫料、饲料及粪污等废弃物,动物尸体按照 GB 16548 的规定执行。

6 档案信息

6.1 档案保存期限

隔离场所实行档案集中管理制度,档案信息必须准确、真实、完整,保存期限不少于 24 个月。隔离场所应对关键环节的视频、音频资料进行不间断记录，视频、音频资料至少保存3个月。

6.2 日常管理记录

6.2.1 人员、物品及车辆进出场记录

包含人员姓名、事由、所携物品、车辆号牌、进场时间和离场时间等。

6.2.2 饲料进出库记录

包含饲料生产厂家、数量、生产日期和使用情况、库存等记录。

6.2.3 兽药进出库记录

包含日期、兽药名称、批准文号、批号、有效期、生产单位、供药单位、数量及规格等。

6.2.4 隔离动物饲养记录

包含隔离动物品种、数量、每天饲料消耗、饲喂次数、饮水情况和饲养人员等。

6.3 防疫记录

6.3.1 日常巡查记录

包含巡查时间、巡查区域、巡查人员、有无异常情况和处置情况。

6.3.2 免疫记录

包含疫苗种类、免疫时间、剂量、批号、生产厂家、执行人和有无免疫反应等。

6.3.3 动物诊疗记录

包含发病时间、症状、预防或治疗用药经过、治疗结果和执行人等。

6.3.4 消毒记录

包含消毒方法、消毒日期、消毒对象、消毒药品名称、配比浓度和消毒人员等。

6.3.5 无害化处理记录

包含处理日期、对象、处理原因、处理方式和执行人。

6.4 隔离检疫记录

6.4.1 观察日志

按隔离动物批次每日记录来源、品种、数量、群体状况、当日免疫、用药、死亡数、死亡原因和无害化处理等。

6.4.2 采样及疫病监测记录

包含采样时间、采样地点、采样单位或人员、采样基数，疫病监测种类、监测机构和监测结果等。

6.4.3 隔离动物检疫记录

包含隔离动物来源、品种、数量、检疫时间、检疫地点、检疫人员、检疫结果和隔离检疫证明编号等。

6.5 隔离动物进出记录

6.5.1 隔离动物接收记录

包含日期、时间、品种、数量、产地、货主、运输车号、运输人、检疫证明编号、健康状况和接收人等。

6.5.2 隔离动物合格出场记录

包含日期、时间、品种、数量、产地、货主、运输车号、运输人、原检疫证明编号、隔离观察起止日期、隔离检疫证明编号、健康状况和办理人等。

ICS 11.220
B 41

中华人民共和国农业行业标准

NY/T 2843—2015

动物及动物产品运输兽医卫生规范

Norm for the veterinary sanitation of animal and animal products transport

2015-10-09 发布　　2015-12-01 实施

中华人民共和国农业部　发布

前　言

本标准按照 GB/T 1.1—2009 给出的规则起草。

本标准由中华人民共和国农业部提出。

本标准由全国动物卫生标准化技术委员会(SAC/TC 181)归口。

本标准起草单位:北京市动物卫生监督所。

本标准主要起草人:刘建华、吉鸿武、曲志娜、孙淑芳、郑川、王小军、张莉、王成玉、康金立、于鲲、仇妍虹、赵思俊、王娟。

动物及动物产品运输兽医卫生规范

1 范围

本标准规定了动物及动物产品运输前、运输中、运输后的兽医卫生要求。

本标准适用于动物及动物产品的运输。

2 规范性引用文件

下列文件对于本文件的应用是必不可少的。凡是注日期的引用文件，仅注日期的引用文件，仅注日期的版本适用于本文件。凡是不注日期的引用文件，其最新版本(包括所有的修改单)适用于本文件。

GB 1589 道路车辆外廓尺寸、轴荷及质量限值

GB/T 27882 活体动物航空运输载运

QC/T 449 保温车、冷藏车技术条件及试验方法

交通部令〔2000〕9号 国内水路货物运输规则

农医发〔2007〕3号 无规定动物疫病区管理技术规范(试行)

农医发〔2013〕34号 病死动物无害化处理技术规范

铁运〔2009〕148号 铁路鲜活货物运输规则

3 术语和定义

下列术语和定义适用于本文件。

3.1

动物 animal

指家畜和家禽。

3.2

动物产品 animal products

指动物的肉、生皮、原毛、绒、脏器、脂、血液、精液、卵、胚胎、骨、蹄、头、角、筋以及可能传播动物疫病的奶、蛋等。

3.3

冷冻动物产品 animal products

保持在－18℃以下的动物产品。

3.4

冷藏动物产品 frozen animal products

保持在0℃～4℃的动物产品。

3.5

动物卫生监督 animal health inspection

由动物卫生监督机构对有关单位和个人执行动物卫生法律规范的情况进行监督检查，纠正和处理违反动物卫生法律规范的行为，决定动物卫生行政处理、处罚。

3.6

无害化处理 harmless treatment

用物理、化学或生物学等方法处理带有染疫或疑似染疫、病死或死因不明和其他不符合国家有关规

定的动物、动物产品以及相关物品的活动，以达到生物安全和保护环境的目的。

3.7

消毒 disinfection

采用物理、化学或生物措施杀灭病原微生物。

3.8

运输 transport

指公路、铁路、航空和水路4种方式。

3.9

兽医卫生 veterinary sanitation

指为了预防、控制和扑灭动物疫病，维护公共卫生安全，政府部门所采取的一系列防疫措施。

3.10

冷藏运输设备 refrigerated transport equipment

用于运输冷冻、冷藏动物产品的运输设备，包括冷藏汽车、冷藏火车、冷藏集装箱、冷藏运输船、附带保温箱的其他运输设备和不带有制冷机及厢体用隔热材料制成的保温车等。

4 一般要求

4.1 运输工作人员

从事动物及产品运输的驾驶员、押运员应持有有效的健康证。

4.2 无规定动物疫病区的要求

与无规定动物疫病区运输有关的，需符合农医发〔2007〕3号的要求。

5 运输工具要求

5.1 运输动物的工具

5.1.1 运输工具

应当采用防滑地板或采取防滑措施，具有防震的缓冲装置、防渗漏或遗洒、隔热和通风设施、粪尿废料收集容器或区域。

5.1.2 公路运输动物的工具

5.1.2.1 运输车辆的顶部空间应充分，以便所有动物能自然站立，且上部有通风的空间。对于大中体型动物的顶部高度要求为：

a) 成年牛的顶部最少保留10 cm空间；

b) 绵羊、猪、山羊、幼龄牛的顶部最少保留5 cm空间；

c) 运输马匹的车辆每层高度应不少于1.98 m，必要时可适度加高。

5.1.2.2 车厢四周应搭建护栏，高度不低于动物自然站立的高度，护栏空隙不得使动物头部伸出护栏外。

5.1.2.3 散装动物的运输车辆应安装顶棚，防止动物跳出。

5.1.2.4 在多层车/厢中，应采取防渗漏措施，防止上层动物粪便污染渗漏。

5.1.3 铁路运输动物的工具

应符合铁运〔2009〕148号的规定。

5.1.4 航空运输动物的工具

应符合GB/T 27882的规定。

5.1.5 水路运输动物的工具

应符合交通部令〔2000〕9号的规定。

5.2 运输动物产品的工具

5.2.1 需要冷藏或保温运输的，应当采用冷藏车、保温车、冷藏集装箱或附带保温箱的运输设备。

5.2.2 冷藏车、保温车性能应符合 QC/T 449 的规定。冷藏车、保温车的外廓尺寸应符合 GB 1589 的规定。

5.2.3 冷藏车装载前，制冷装置运行正常，厢体整洁，各项设施完好。装载冷冻动物产品的，车厢内温度预冷到−10℃以下；装载冷藏动物产品的，车厢内温度预冷到 7℃以下。

5.2.4 运输设备应实行专车专用，运输动物产品不得与非食品货物混装。

6 运输前要求

6.1 动物

6.1.1 凭动物检疫合格证明托运、承运。

6.1.2 跨省调运乳用种用动物的，凭跨省引进乳用种用动物检疫审批手续和动物检疫合格证明托运、承运。

6.1.3 动物的装载数量根据动物种类、体重、生理状况和运输工具等情况确定(部分动物的装运密度参见附录 A，其他动物可参考)，确保动物有必要的活动空间；装载怀孕动物、遇到炎热天气或运输时间超过 8 h 等特殊情况，应适当降低装运密度。

6.1.4 装载时，可以将动物加以区隔、固定，不应将幼龄、怀孕、有角动物等特殊动物与其他动物混栏。

6.1.5 装载动物前，对运载工具进行消毒，并做好人员防护，主要方法如下：

a) 喷雾消毒。使用消毒剂对货箱、栏杆、车架、车轮等部位进行彻底喷雾消毒；消毒顺序为由上风向至下风向、从上到下进行喷洒或淋湿透，不留死角；喷完厢壁后向上向空中喷雾一遍，要求雾点均匀在空中悬浮。

推荐的消毒剂有：

1) 0.5%过氧乙酸或 2%的枸橼酸；
2) 4%的碳酸钠和 0.1%的硅酸钠；
3) 有效氯含量为 2 000 mg/L～5 000 mg/L 的含氯消毒剂。

b) 熏蒸消毒法。适用于封闭货箱，可选用醛类和过氧乙酸等熏蒸剂。装载前，使厢体与外界有效隔绝，要封闭所有与外界门、窗、通风孔、洞及电线通过处的缝隙等；然后，按顺序投药，投药路线应由里往外，由下风到上风；投药结束后，退出熏蒸区，关闭车门；达到密封作用时间后，戴防毒面具，开启门窗通风排气散毒；最后，将熏蒸器具撤出，人员迅速离开。

6.2 动物产品

6.2.1 凭动物检疫合格证明托运、承运。

6.2.2 跨省调运精液、胚胎、种蛋等繁殖材料的，凭跨省引进乳用种用动物检疫审批手续和动物检疫合格证明托运、承运。

6.2.3 对车辆等运载工具进行消毒，方法参照 6.1.5。

6.2.4 冷冻、冷藏动物产品出库时，应当及时装载，防止货物温度回升融化。

7 运输中要求

7.1 动物

7.1.1 由依法设立的公路、铁路、航空、水路等动物卫生监督检查站查验动物检疫合格证明和畜禽标识;检查动物有无异常,证物是否相符。

7.1.2 必要时,对运输工具进行防疫消毒。应采用喷雾消毒法对车厢、底盘、轮胎等表面均匀喷洒至湿润,消毒剂使用参照 6.1.5。

7.1.3 运输中发现动物染疫或者疑似染疫的,应当立即向当地兽医主管部门、动物卫生监督机构或者动物疫病预防控制机构报告,并采取隔离等控制措施,防止动物疫情扩散。染疫动物及其排泄物、染疫动物产品,病死或者死因不明的动物尸体,运载工具中的动物排泄物以及垫料、包装物、容器等污染物,应当按照农医发〔2013〕34 号的规定进行无害化处理。

7.1.4 运输过程中应当保持运输工具内的空气畅通,定时为动物补充饮水。超过 24 h 的运输,可提供少量食物,及时收集排泄物,并采取一定的防暑降温或防冻保温措施。

7.2 动物产品

7.2.1 由依法设立的公路、铁路、航空、水路等动物卫生监督检查站查验动物检疫合格证明和检疫标志、验讫印章;检查动物产品证物是否相符。

7.2.2 必要时,对运输工具进行防疫消毒,应采用喷雾消毒法对车厢、底盘、轮胎等表面均匀喷洒至湿润。消毒剂使用参照 6.1.5。

7.2.3 检查动物产品时的每次车厢开启时间,冷冻产品不宜超过 15 min、冷藏产品不宜超过 30 min。

7.2.4 有温度要求的,运输过程中应保持运输温度要求,全程均衡制冷。冷冻动物产品的厢体内温度应保持在−18℃以下。冷藏动物产品的厢体内温度应保持 0℃～4℃。

8 运输后要求

8.1 动物

8.1.1 运抵目的地后,应当在 24 h 内向所在地县级动物卫生监督机构报告。承运人应将动物检疫合格证明交给接受方,以备查验。

8.1.2 跨省引进乳用种用动物的,应在到达地动物卫生监督机构的指定隔离场所进行隔离观察。

8.1.3 装卸完毕,应彻底清扫运输工具内的动物排泄物、垫料、废弃物;并对运输工具内外进行彻底消毒,方法参照 6.1.5。

8.2 动物产品

8.2.1 运抵目的地后,承运人应将动物检疫合格证明交给接受方,以备查验。

8.2.2 冷冻、冷藏动物产品到达接受方时,应及时搬卸,防止货物温度回升融化。

8.2.3 装卸完毕,运输工具应及时清洁,并对运输工具内外进行彻底消毒(参照 6.1.5)。

附 录 A
（资料性附录）
动物的装运密度

A.1 牛的装运密度

见表A.1。

表A.1 牛的装运密度

类别	每头牛占用面积，m^2
重量低于55 kg的牛	0.30～0.40
重量在55 kg～110 kg的牛	0.40～0.70
重量在110 kg～200 kg的牛	0.70～0.95
重量在200 kg～325 kg的牛	0.95～1.30
重量在325 kg～550 kg的牛	1.30～1.60
重量超过700 kg的牛	超过1.60

A.2 羊（绵羊/山羊）的装运密度

见表A.2。

表A.2 羊的装运密度

类别	大约重量，kg	每只羊占用面积，m^2
26 kg及其以上的剪毛的绵羊和羔羊	<55	0.20～0.30
	>55	>0.30
未剪毛的绵羊	<55	0.30～0.40
	>55	>0.40
山羊	<35	0.20～0.30
	35～55	0.30～0.40
	>55	0.40～0.75

A.3 猪的装运密度

见表A.3。

表A.3 猪的装运密度

类别	每头猪占用面积，m^2
重量低于30 kg的猪	0.10～0.20
重量在30 kg～60 kg的猪	0.20～0.40
重量在60 kg～100 kg的猪	0.40～0.80
重量超过100 kg的猪	超过0.80

A.4 家禽的装运密度

见表A.4。

表A.4 家禽的装运密度

类 别	空 间
雏禽	21 cm^2/羽～25 cm^2/羽
重量低于1.6 kg的家禽	180 cm^2/kg～200 cm^2/kg
重量在1.6 kg～3 kg的家禽	160 cm^2/kg
重量在3 kg～5 kg的家禽	115 cm^2/kg
重量高于5 kg的家禽	105 cm^2/kg

A.5 不同动物空运时的装运密度

见表A.5。

表A.5 不同动物空运时的装运密度

动物种类	体重,kg	密度,kg/m^2	空间,m^2/动物	每10 m^2动物数量	每层动物数,头(只)	
					224 cm×274 cm	224 cm×318 cm
小牛	50	220	0.23	43	26	31
	70	246	0.28	36	22	25
牛	300	344	0.84	12	7	8
	500	393	1.27	8	5	6
	600	408	1.47	7	4	5
	700	400	1.75	6	3	4
绵羊	25	147	0.20	50	31	36
	70	196	0.40	25	15	18
猪	25	172	0.15	67	41	47
	100	196	0.51	20	12	14

第三部分

饲 料 类 标 准

ICS 65.120
B 46

中华人民共和国农业行业标准

NY/T 2694—2015

饲料添加剂氨基酸锰及蛋白锰络(螯)合强度的测定

Determination of complexation (chelation) strengths of manganese-amino acids and manganese-proteinates as feed additives

2015-02-09 发布 2015-05-01 实施

中华人民共和国农业部 发布

前　　言

本标准按照GB/T 1.1—2009给出的规则起草。

本标准由农业部畜牧业司提出。

本标准由全国饲料工业标准化技术委员会(SAC/TC 76)归口。

本标准起草单位:中国农业科学院北京畜牧兽医研究所、哈尔滨德邦鼎立生物科技有限公司、济宁和实生物科技有限公司。

本标准主要起草人:罗绪刚、张伶燕、李素芬、吕林、邓志刚、李华、刘向伟、张雪元、王彦平、张丽阳。

饲料添加剂氨基酸锰及蛋白锰络(螯)合强度的测定

1 范围

本标准规定了饲料添加剂氨基酸锰及蛋白锰络(螯)合强度的测定方法。

本标准适用于饲料添加剂氨基酸锰及蛋白锰络(螯)合强度的测定。

2 规范性引用文件

下列文件对于本文件的应用是必不可少的。凡是注日期的引用文件,仅注日期的版本适用于本文件。凡是不注日期的引用文件,其最新版本(包括所有的修改单)适用于本文件。

GB/T 6682 分析实验室用水规格和试验方法

GB/T 13885 动物饲料中钙、铜、铁、镁、锰、钾、钠和锌含量的测定 原子吸收光谱法

GB/T 14699.1 饲料 采样

GB/T 20195 动物饲料 试样的制备

3 术语和定义

下列术语和定义适用于本文件。

3.1

氨基酸锰及蛋白锰络(螯)合强度 complexation (chelation) strengths of manganese-amino acids and manganese-proteinates

锰元素与有机配位体之间形成的配位键的强度,以 Q_f(Quotient of formation)值表示,即在离子强度为 0.1 mol/L、pH=8.0 的 BES 缓冲底液中,用悬汞电极极谱仪分别测定锰浓度为 5×10^{-4} mol/L 的硫酸锰的半波电位 $E_{1/2}$ 与锰浓度为 3.5×10^{-3} mol/L 的氨基酸锰或蛋白锰的半波电位 $E_{1/2}$,以 2 个半波电位的绝对差值 $\Delta E_{1/2}$,由公式 $Q_f=10^{(2\times\Delta E_{1/2})/0.05916}$ 进行计算。

注:氨基酸锰或蛋白锰的络(螯)合强度一般分为 4 个等级,即 Q_f 在 0~10 时为弱络(螯)合强度、10~100 时为中等络(螯)合强度、100~1 000 时为强络(螯)合强度及 1 000 以上时为极强络(螯)合强度。

4 原理

硫酸锰、氨基酸锰或蛋白锰中的锰离子均可在极谱仪的悬汞电极上被还原为锰形成锰汞齐 Mn(Hg),但氨基酸锰或蛋白锰需先打开配位键释放出锰离子,锰离子与有机配位体形成的配位键的强度越大,打开配位键所需的电压就越大,即半波电位的绝对值也越大。因此,在特定条件下,通过测定氨基酸锰或蛋白锰的半波电位,利用其与硫酸锰半波电位的差值,即可计算氨基酸锰或蛋白锰的络(螯)合强度。

5 试剂和溶液

本标准方法所用试剂和水,在没有注明其他要求时,均指分析纯试剂和 GB/T 6682 规定的一级水。

5.1 N,N-双(2-羟乙基)-2-氨基乙磺酸(BES)。

5.2 氢氧化钠。

5.3 0.1 mol/L $MnSO_4$ 溶液:称取 $MnSO_4\cdot H_2O$ 1.691 g,定容于 100 mL 容量瓶中。

5.4 BES 缓冲液(离子强度为 0.1 mol/L、pH=8.0):称取 BES 24.006 g 溶于 500 mL 水中,称 NaOH 4.504 g 溶于 400 mL 水中;将上述 NaOH 溶液缓缓倒入 BES 溶液中,调节 pH 到 8.0 后,转移至

1 000 mL容量瓶中,定容至刻度。

6 仪器和设备

6.1 恒温水浴振荡器。

6.2 分析天平,感量 0.000 1 g。

6.3 实验用样品粉碎机或研钵。

6.4 悬汞电极极谱仪。

7 采样和试样制备

按 GB/T 14699.1 的规定采集试样,并按 GB/T 20195 的规定以四分法缩减分取试样,混匀装入磨口瓶中低温保存备用。

8 分析步骤

8.1 氨基酸锰及蛋白锰样品中总锰含量测定

称取氨基酸锰或蛋白锰样品 0.2 g,精确至 0.000 1 g,其他步骤按 GB/T 13885 中的规定操作,用以测定试样中的总锰含量。

8.2 锰浓度约为 0.7 mol/L 的氨基酸锰或蛋白锰过滤液制备及锰含量分析

8.2.1 氨基酸锰或蛋白锰过滤液的制备

氨基酸锰或蛋白锰样品称样量 m,数值以克(g)表示,按式(1)计算。

$$m=\frac{c\times V\times M}{\omega\times\lambda} \qquad (1)$$

式中:

c ——制备的氨基酸锰或蛋白锰过滤液锰浓度,单位为摩尔每升(mol/L)(c=0.7);

V ——过滤液的体积,单位为升(L);

M ——锰的摩尔质量,单位为克每摩尔(g/mol)(M=54.94);

ω ——氨基酸锰或蛋白锰样品的锰含量,单位为百分率(%);

λ ——氨基酸锰或蛋白锰的溶出率按 70%计算(λ=0.7)。

根据式(1)的计算结果称取氨基酸锰或蛋白锰样品,精确至 0.000 1 g,于 100 mL 锥形瓶中,加入 50 mL水,密封。将以上溶液置于 37℃恒温水浴振荡器中振荡 8 h,5 000 r/min 离心 20 min,干过滤后备用。

8.2.2 氨基酸锰或蛋白锰过滤液中锰浓度分析

准确移取过滤液 1 mL,其他步骤按 GB/T 13885 中的规定操作,用以测定过滤液中的锰含量,并换算为过滤液中的锰浓度。

8.3 极谱待测溶液的制备

8.3.1 锰浓度为 5×10^{-4} mol/L 硫酸锰极谱待测液的制备

电解槽中应加入的硫酸锰溶液的体积 V_1,数值以微升(μL)表示,按式(2)计算。

$$V_1=\frac{V_0\times c_1\times 1000}{c_2} \qquad (2)$$

式中:

V_0 ——电解槽中溶液的终体积,单位为毫升(mL);

c_1 ——电解槽中硫酸锰极谱待测液的最终锰浓度,单位为摩尔每升(mol/L)($c_1=5\times10^{-4}$);

c_2 ——硫酸锰溶液(5.3)的锰浓度,单位为摩尔每升(mol/L)(c_2=0.1)。

根据式(2)计算的体积 V_1,向电解槽中加入硫酸锰溶液(5.3),再加 BES 缓冲液(5.4)稀释至所用体积。本溶液现配现用。

8.3.2 **锰浓度为 3.5×10⁻³mol/L 的氨基酸锰或蛋白锰极谱待测溶液的制备**

电解槽中应加入的氨基酸锰或蛋白锰过滤液体积 V_2,数值以微升(μL)表示,按式(3)计算。

$$V_2 = \frac{V_0 \times C_3 \times 1000}{C_4} \quad \cdots\cdots (3)$$

式中:

V_0 ——电解槽中溶液的终体积,单位为毫升(mL);

c_3 ——电解槽中氨基酸锰或蛋白锰极谱待测液的最终锰浓度,单位为摩尔每升(mol/L)($c_3 = 3.5 \times 10^{-3}$);

c_4 ——氨基酸锰或蛋白锰过滤液(8.2.1)的实测锰浓度,单位为摩尔每升(mol/L)。

根据式(3)计算需要加入的氨基酸锰或蛋白锰样品过滤液体积,向电解槽中加入氨基酸锰或蛋白锰过滤液(8.2.1),再加 BES 缓冲液(5.4)稀释至所用体积。本溶液现配现用。

8.4 **极谱待测液半波电位的测定**

根据各自仪器性能调至最佳状态。

悬汞电极极谱仪工作参考条件:在室温 (25±1)℃ 时,用悬汞电极极谱仪测定硫酸锰及氨基酸锰或蛋白锰极谱待测液的半波电位 $E_{1/2}$。

实验技术:根据仪器选择线性扫描或脉冲扫描。

实验参数:充氮时间为 300 s。

平衡时间为 5 s。

扫描范围为−1.80 V～−1.20 V。

扫描速度为 10 mV/s。

采样间隔为 1 mV。

9 结果计算

氨基酸锰或蛋白锰的络(螯)合强度值 Q_f,按式(4)计算。

$$Q_f = 10^{(2 \times \Delta E_{1/2})/0.05916} \quad \cdots\cdots (4)$$

式中:

Q_f ——氨基酸锰或蛋白锰的络(螯)合强度值;

2 ——锰从其氧化态(Mn^{2+})到还原态(Mn)时的电子转移数目;

$\Delta E_{1/2}$ ——硫酸锰半波电位与氨基酸锰或蛋白锰半波电位的差值,单位为伏特(V);

0.05916 ——温度为 25℃时的常数。

10 结果表示

测定结果用平行测定的算术平均值表示,结果保留 3 位有效数字。

11 重复性

在重复性条件下获得的 2 次独立测定结果的绝对差值应不大于这 2 个测定值的算术平均值的 20%。

ICS 65.120
B 46

中华人民共和国农业行业标准

NY/T 2770—2015

有机铬添加剂(原粉)中有机形态铬的测定

Determination of organic forms of chromium in organic chromium additives(original powder)

2015-05-21 发布　　2015-08-01 实施

中华人民共和国农业部　发布

前　　言

本标准按照 GB/T 1.1—2009 给出的规则起草。

本标准由农业部畜牧业司提出。

本标准由全国饲料工业标准化技术委员会(SAC/TC 76)归口。

本标准起草单位:中国农业科学院北京畜牧兽医研究所、哈尔滨德邦鼎立生物科技有限公司。

本标准主要起草人:罗绪刚、吕林、张丽阳、邓志刚、苏祥、张伶燕、李晓丽。

有机铬添加剂(原粉)中有机形态铬的测定

1 范围

本标准规定了有机铬饲料添加剂(原粉)中有机形态铬的测定方法。

本标准适用于以三氯化铬为原料生产的铬含量≥9%的有机铬饲料添加剂(吡啶甲酸铬、烟酸铬和蛋氨酸铬)原粉中有机形态铬的测定。

2 规范性引用文件

下列文件对于本文件的应用是必不可少的。凡是注日期的引用文件,仅注日期的版本适用于本文件。凡是不注日期的引用文件,其最新版本(包括所有的修改单)适用于本文件。

GB/T 6682 分析实验室用水规格和试验方法

GB/T 13088—2006 饲料中铬的测定方法

GB/T 14699.1 饲料 采样

GB/T 20195 动物饲料 试样的制备

3 原理

有机铬添加剂经正丙醇处理,根据无机形态铬全溶于正丙醇,而有机形态铬不溶于正丙醇,可以将其中的无机形态铬和有机形态铬有效分离。过滤后,湿法消化分解过滤液,于电感耦合等离子体发射光谱仪或火焰原子吸收光谱仪上测定试样中无机形态铬含量。用试样中总铬含量减去无机铬含量,即可得出试样中有机形态铬含量。

4 试剂和溶液

警示:试验方法规定的一些过程可能导致危险情况,操作者应采取适当的安全和防护措施。

本标准方法所用试剂和水,在没有注明其他要求时,均指分析纯试剂和GB/T 6682规定的一级水。

4.1 硝酸:优级纯。

4.2 高氯酸:优级纯。

4.3 2%硝酸溶液:硝酸+水=2+98。

4.4 正丙醇。

4.5 铬标准储备液:将浓度为1 000 μg/mL的铬(三价)标准溶液,用硝酸溶液(4.3)稀释成铬浓度为100 μg/mL的标准储备液,于4℃冰箱保存。**有效期6个月。**

4.6 铬标准工作液:将铬标准储备液(4.5)用硝酸溶液(4.3)稀释成铬浓度为20 μg/mL的标准工作液。现配现用。

4.7 空白溶液:空白溶液为硝酸溶液(4.3)。现配现用。

5 仪器和设备

5.1 电感耦合等离子体发射光谱仪或火焰原子吸收光谱仪。

5.2 高温消解炉,温度可控制至250℃。

5.3 分析天平,感量0.000 1 g。

6 采样和试样制备

按GB/T 14699.1规定的方法采集试样，并按GB/T 20195规定以四分法缩减分取试样，混匀装入磨口瓶中低温保存备用。

7 分析步骤

7.1 试样前处理

7.1.1 总铬测定

称取试样0.5 g～1.5 g(精确至0.000 1 g)于30 mL消化管中，加硝酸(4.1)10 mL、高氯酸(4.2)0.5 mL，浸泡过夜。然后，放入消煮炉100℃消煮30 min，150℃消煮30 min，200℃～250℃消煮至澄清透明时，冷却，定量转移到100 mL容量瓶中，并用水定容至100 mL。用硝酸溶液(4.3)稀释，使待测溶液中铬的浓度在标准曲线范围内。

7.1.2 无机铬测定

称取试样0.5 g～1.5 g(精确至0.000 1 g)于锥形瓶中，准确加入正丙醇(4.4)25 mL并盖好瓶盖，在振荡器上振荡30 min，振荡频率为100 r/min。采用干过滤法过滤。准确移取10 mL过滤液于锥形瓶中，在电热板上加热煮干(操作时注意安全)。冷却后加入硝酸(4.1)10 mL，再继续逐渐加热，直到溶液蒸干时，取下冷却后准确加硝酸溶液(4.3)5 mL，在振荡器上振荡3 min，使其充分溶解。用硝酸溶液(4.3)稀释，使待测溶液中铬的浓度在标准曲线范围内。

7.2 仪器测定条件

根据各自仪器性能调至最佳状态。

7.2.1 电感耦合等离子体发射光谱仪参考条件

RF发生器功率：1 151 W。

辅助气流量：0.5 L/min。

雾化气压力：193.06 kPa。

蠕动泵转速：100 r/min。

曝光时间：短波10 s，长波5 s；曝光2次，取平均值。

7.2.2 火焰原子吸收光谱仪参考条件

同GB/T 13088—2006中3.5.2.1.1。

7.3 标准曲线绘制(火焰原子吸收光谱法)

按GB/T 13088—2006中3.5.2.2的规定执行。

7.4 试样测定

7.4.1 电感耦合等离子体发射光谱测定

分别将铬标准工作液(4.6)、空白溶液(4.7)和待测溶液注入电感耦合等离子体发射光谱仪上进行测定。

7.4.2 火焰原子吸收光谱测定

将7.3中配制的系列铬标准工作液和待测溶液导入原子吸收光谱仪中进行测定，测得其吸光值，根据标准曲线求得试样溶液中的铬含量。

7.5 空白试验

总铬含量和无机铬含量测定的空白试验除不加试样外，均按上述测定步骤进行。

8 结果计算

8.1 试样中总铬含量 X_1 以质量分数计，数值以微克每克(μg/g)表示，按式(1)计算。

$$X_1 = \frac{(C_1 - C_{1,0}) \times V_1}{m} \quad \cdots\cdots (1)$$

式中：

C_1 ——7.1.1 中所得试样溶液的铬含量，单位为微克每毫升（μg/mL）；

$C_{1,0}$ ——空白试验所得溶液的铬含量，单位为微克每毫升（μg/mL）；

V_1 ——试样稀释溶液的总体积，单位为毫升（mL）；

m ——试样质量，单位为克（g）。

8.2 试样中无机形态铬含量 X_2 以质量分数计，数值以微克每克（μg/g）表示，按式（2）计算。

$$X_2 = \frac{(C_2 - C_{2,0}) \times V_2 \times 25}{10 \times m} = \frac{(C_2 - C_{2,0}) \times V_2 \times 2.5}{m} \quad \cdots\cdots (2)$$

式中：

C_2 ——7.1.2 中所得试样溶液的铬含量，单位为微克每毫升（μg/mL）；

$C_{2,0}$ ——空白试验所得溶液的铬含量，单位为微克每毫升（μg/mL）；

V_2 ——试样稀释溶液的总体积，单位为毫升（mL）；

m ——试样质量，单位为克（g）。

8.3 试样中有机形态铬含量 X_3 以质量分数计，数值以%表示，按式（3）计算。

$$X_3 = \frac{X_1 - X_2}{10^6} \times 100 \quad \cdots\cdots (3)$$

式中：

X_1——试样中总铬含量，单位为微克每克（μg/g）；

X_2——试样中无机形态铬含量，单位为微克每克（μg/g）。

9 结果表示

测定结果用平行测定的算术平均值表示，结果保留三位有效数字。

10 重复性

在重复性条件下获得的两次独立测定结果的绝对差值应不大于这两个测定值的算术平均值的5%。

ICS 65.120
B 46

中华人民共和国国家标准

农业部2224号公告—1—2015

饲料中赛地卡霉素的测定 高效液相色谱法

**Determination of sedecamycin in feeds—
High performance liquid chromatography**

2015-01-30 发布

2015-04-01 实施

中华人民共和国农业部 发布

前　言

本标准按照 GB/T 1.1—2009 给出的规则起草。

本标准由农业部畜牧业司提出。

本标准由全国饲料工业标准化技术委员会(SAC/TC 76)归口。

本标准起草单位:中国农业科学院农业质量与标准检测技术研究所。

本标准主要起草人:陈刚、朱丹、王凯强、郑晓春、米晓霞、李思聪。

饲料中赛地卡霉素的测定　高效液相色谱法

1　范围

本标准规定了饲料中赛地卡霉素含量测定的高效液相色谱方法。

本标准适用于配合饲料、添加剂预混合饲料、浓缩饲料及精料补充料中赛地卡霉素的测定。

本方法的检出限为 0.3 mg/kg，定量限为 1 mg/kg。

2　规范性引用文件

下列文件对于本文件的应用是必不可少的。凡是注日期的引用文件，仅注日期的版本适用于本文件。凡是不注日期的引用文件，其最新版本(包括所有的修改单)适用于本文件。

GB/T 6682　分析实验室用水规格和试验方法

GB/T 14699.1　饲料　采样

GB/T 20195　动物饲料　试样的制备

3　原理

样品用乙腈提取，硅胶固相萃取柱净化，高效液相色谱仪配紫外检测器测定，外标法进行定量。

4　试剂和材料

除另有说明外，本法所用试剂均为分析纯，水符合 GB/T 6682 中一级水的规定。

4.1　乙腈：色谱纯。

4.2　赛地卡霉素对照品：纯度≥99%。

4.3　赛地卡霉素标准储备液(1 mg/mL)：称取赛地卡霉素标准品 10 mg(精确到 0.01 mg)，用乙腈(4.1)溶解并定容至 10 mL，配制成 1 mg/mL 的标准储备液。−20℃避光保存，有效期为 3 个月。

4.4　赛地卡霉素标准工作液：吸取赛地卡霉素标准储备液适量，用乙腈(4.1)稀释，配制成赛地卡霉素浓度分别为 100 μg/mL、50 μg/mL、10 μg/mL 的标准工作液，2℃～8℃避光保存。现配现用。

4.5　硅胶固相萃取柱(SI)：3 mL，500 mg 或性能相当者。

4.6　0.22 μm 微孔滤膜(有机相)。

5　仪器和设备

5.1　高效液相色谱仪：配有紫外检测器或二极管阵列检测器。

5.2　分析天平：感量 0.01 mg。

5.3　天平：感量 0.01 g。

5.4　涡旋混合器。

5.5　振荡器。

5.6　高速冷冻离心机：转速不低于 12 000 r/min，可控温范围 4℃。

5.7　氮吹仪。

5.8　固相萃取装置。

5.9　粉碎机。

6 试样的制备与保存

6.1 试样的制备

按GB/T 14699.1抽取有代表性的样品，四分法缩减取样。按GB/T 20195制备试样，粉碎过0.30 mm孔径筛，充分混匀。装入密闭容器中，置于－20℃冰柜中避光保存。

6.2 试样保存

制备好的试样装入密闭容器中，置于－20℃冰柜中避光保存。

7 测定步骤

7.1 试样的提取

称取试样5 g（精确到0.01 g），置于50 mL聚丙烯离心管中，加入乙腈（4.1）10.0 mL，充分振荡15 min，于12 000 r/min、4℃条件下离心15 min，转移上清液至25 mL容量瓶中。用乙腈（4.1）10 mL重复提取一次，合并上清液，用乙腈（4.1）定容至刻度，混匀备用。

7.2 净化

硅胶柱（4.5）用乙腈（4.1）3 mL活化，取上述备用液5.0 mL上柱，浓缩饲料和添加剂预混合饲料取上述备用液0.5 mL过柱。收集流出液，用乙腈（4.1）2 mL淋洗，收集洗脱液于离心管中，于40℃下氮气吹干，残余物用1.0 mL乙腈涡旋溶解，经0.22 μm滤膜（4.6）过滤后供高效液相色谱（5.1）分析。

7.3 标准曲线的制备

准确吸取赛地卡霉素标准工作液（4.4）适量，用乙腈稀释，配制成赛地卡霉素浓度分别为1 μg/mL、2 μg/mL、5 μg/mL、10 μg/mL、50 μg/mL、100 μg/mL的系列标准溶液。以色谱峰面积为纵坐标，对应的标准溶液浓度为横坐标，绘制标准曲线，求回归方程和相关系数。

7.4 测定

7.4.1 液相色谱条件

色谱柱：C_{18}柱，柱长250 mm，内径4.6 mm，粒径5 μm，或其相当的色谱柱。

流动相：A：乙腈，B：水。

流速：1.0 mL/min。

检测波长：254 nm。

柱温：30℃。

进样量：20 μL。

流动相梯度及洗脱程序见表1。

表1 梯度洗脱程序

时间，min	A（乙腈），%	B（水），%
0	40	60
12	40	60
13	95	5
17	95	5
17.5	40	60
23.5	40	60

7.4.2 定量测定

取试样溶液和相应的标准溶液，外标法定量。试样溶液及标准溶液中赛地卡霉素的峰面积均应在仪器检测的线性范围之内。赛地卡霉素标准品色谱图参见图A.1。

8 结果计算与表示

8.1 结果计算

单点校准试样溶液中赛地卡霉素的浓度 C_i 按式(1)计算：

$$C_i = \frac{A_i C_s}{A_s} \quad \cdots\cdots (1)$$

或标准曲线校准，由式(2)求得 a 和 b：

$$A_s = aC_s + b \quad \cdots\cdots (2)$$

则试样溶液中赛地卡霉素的浓度 C_i 按式(3)计算：

$$C_i = \frac{A_i - b}{a} \quad \cdots\cdots (3)$$

试样中赛地卡霉素含量 X 以质量分数计，单位为毫克每千克(mg/kg)，按式(4)计算。

$$X = \frac{C_i V_1 V_2}{mV_3} \quad \cdots\cdots (4)$$

式中：

C_i ——试样溶液中赛地卡霉素的浓度，单位为微克每毫升(μg/mL)；
A_i ——试样溶液中赛地卡霉素的峰面积；
C_s ——标准溶液(7.3)中赛地卡霉素浓度，单位为微克每毫升(μg/mL)；
A_s ——标准溶液(7.3)中赛地卡霉素的峰面积；
V_1 ——上机前最终定容体积，单位为毫升(mL)；
V_2 ——总提取定容液体积，单位为毫升(mL)；
V_3 ——加入 SPE 净化柱的提取液体积，单位为毫升(mL)；
m ——称取的试样质量，单位为克(g)。

8.2 结果表示

测定结果用平行测定的算术平均值表示，结果保留三位有效数字。

9 重复性

在重复性条件下获得的两次独立测定结果的绝对差值不得超过算数平均值的 10%。

附　录　A
（资料性附录）
赛地卡霉素色谱图

赛地卡霉素标准溶液色谱图见图 A.1。

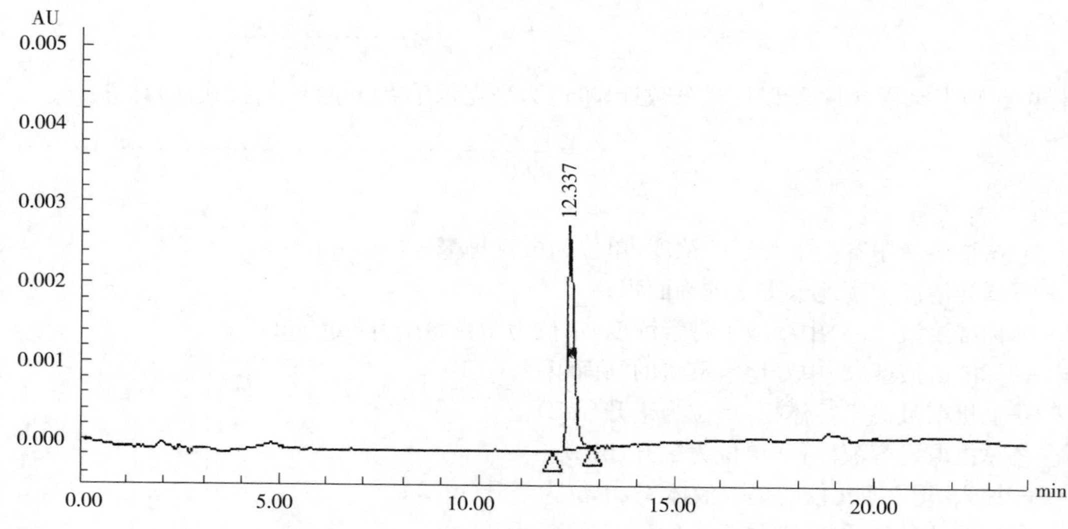

图 A.1　赛地卡霉素标准溶液色谱图(1 μg/mL)

ICS 65.120
B 46

中华人民共和国国家标准

农业部2224号公告—2—2015

饲料中炔雌醇的测定 高效液相色谱法

Determination of ethinylestradiol in feeds—High performance liquid chromatography

2015-01-30 发布　　2015-04-01 实施

中华人民共和国农业部　发布

前　言

本标准按照GB/T 1.1—2009给出的规则起草。

本标准由农业部畜牧业司提出。

本标准由全国饲料工业标准化技术委员会(SAC/TC 76)归口。

本标准起草单位:广东省农业科学院农产品公共监测中心。

本标准主要起草人:殷秋妙、何绮霞、梁琳、张展、续倩、季天荣、王英、林雪贤。

饲料中炔雌醇的测定　高效液相色谱法

1　范围

本标准规定了饲料中炔雌醇含量测定的高效液相色谱法。

本标准适用于配合饲料、浓缩饲料、精料补充料和添加剂预混合饲料中炔雌醇的测定。

本方法检出限为 0.05 mg/kg，定量限为 0.12mg/kg(添加剂预混合饲料为 0.20 mg/kg)。

2　规范性引用文件

下列文件对于本文件的应用是必不可少的。凡是注日期的引用文件，仅注日期的版本适用于本文件。凡是不注日期的引用文件，其最新版本(包括所有的修改单)适用于本文件。

GB/T 6682　分析实验室用水规格和试验方法

GB/T 14699.1　饲料　采样

GB/T 20195　动物饲料　试样的制备

3　原理

饲料中炔雌醇经磷酸乙腈混合液提取，提取液经液液萃取净化，C_{18}小柱净化，洗脱液浓缩至干，甲醇水溶液溶解、过滤膜，用高效液相色谱—荧光测定，外标法定量。

4　试剂和材料

除非另有说明，本方法所用试剂均为分析纯的试剂，实验用水符合 GB/T 6682 中一级水规定。

4.1　乙腈。

4.2　甲醇：色谱纯。

4.3　磷酸。

4.4　正己烷。

4.5　炔雌醇标准品：纯度≥98%。

4.6　50%磷酸：磷酸(4.3)与等体积水混合。

4.7　0.025%磷酸：准确吸取 50%磷酸(4.6)0.5 mL，加水稀释定容至 1 L。

4.8　混合提取液：0.025%磷酸(4.7)与乙腈(4.1)等体积混合。

4.9　正己烷乙腈饱和液：取正已烷(4.4)适量，加入其体积 20%的乙腈(4.1)，涡旋后静置直到溶液分层，上层溶液为正己烷的乙腈饱和液。

4.10　40%甲醇溶液：甲醇＋水＝40＋60。

4.11　80%甲醇溶液：甲醇＋水＝80＋20。

4.12　炔雌醇标准溶液。

4.12.1　炔雌醇标准贮备液(100 mg/L)：称取适量炔雌醇标准品(4.5)，精确至 0.1 mg，用甲醇(4.2)溶解并配制成 100 mg/L 标准贮备液。该贮备液于－18℃保存，保存期 6 个月。

4.12.2　标准中间液(10.0 mg/L)：准确量取标准贮备液(4.12.1)2.50 mL，用 80%甲醇水溶液(4.11)溶液稀释并定容至 25.00 mL，浓度为 10.0 mg/L。该溶液于 4℃保存，保存期 1 个月。

4.12.3　标准工作液：准确吸取标准中间液(4.12.2)0.125 mL、0.250 mL、0.500 mL、1.25 mL、2.50

mL、5.00 mL，用甲醇水溶液(4.11)稀释定容至 25.00 mL，即配制成浓度为 0.050 0 μg/mL、0.100 μg/mL、0.200 μg/mL、0.500 μg/mL、1.00 μg/mL、2.00 μg/mL 的标准工作液。即配即用。

4.13　固相萃取柱(SPE)：C_{18}(500 mg/6 mL，70Å)或相当者。

4.14　微孔有机滤膜：孔径 0.45 μm。

5　仪器

除实验室常用仪器设备外，还需要以下设备：

5.1　高效液相色谱仪：配荧光检测器。

5.2　旋转蒸发仪或氮吹仪。

5.3　超声波清洗器。

5.4　振荡器。

5.5　离心机：转速不低于 4 000 r/min。

5.6　固相萃取装置。

6　采样和试样制备

按照 GB/T 14699.1 抽取有代表性的饲料样品，用四分法缩减取样，按照 GB/T 20195 制备样品，粉碎后过 0.45 mm 孔径的分析筛，混匀，装入密闭容器中，备用。

7　分析步骤

7.1　试液的制备

7.1.1　提取

称取适量饲料样品于 50 mL 离心管中(配合饲料试样 5 g，精确至 0.01 g；浓缩饲料和精料补充料 3 g，添加剂预混料称取 1 g，精确至 0.001 g)，准确加入磷酸乙腈混合液(4.8)30.00 mL，振荡 5 min，超声提取 20 min，3 500 r/min(离心力 2 200 *g*)离心 10 min，静置，上清液备用。

7.1.2　净化

7.1.2.1　萃取

准确吸取上清提取液 10.00 mL，加入正己烷乙腈饱和液(4.9)8 mL，涡旋混合 30 s，静置至分层，弃去上层液后，下层液加水 10 mL，混匀，备用。

7.1.2.2　净化

预处理：SPE 柱用 6 mL 甲醇(4.2)、6 mL 40%甲醇溶液(4.10)活化。

净化：萃取液(7.1.2.1)全部通过 SPE 柱，用 40%甲醇溶液(4.10)淋洗 2 次，每次 5 mL，将 SPE 小柱抽干或挤干后，用甲醇(4.2)6 mL 洗脱，收集洗脱液置鸡心瓶中。

7.1.3　浓缩

将洗脱液于 55℃水浴减压蒸干或氮吹仪吹干，加 80%甲醇溶液(4.11)1.00 mL 复溶，超声辅助溶解，滤膜过滤，供高效液相色谱仪测定。

7.2　色谱参考条件

色谱柱：C_{18}柱，柱长 250 mm，内径 4.6 mm，粒径 5 μm；或性能相当者。

柱温：35℃。

流速：0.9 mL/min。

波长：激发波长 283 nm，发射波长 315 nm。

进样量：20 μL。

流动相:A:甲醇,B:0.025%磷酸。流动相梯度洗脱程序参见表 1。

表 1 梯度洗脱程序

时间,min	A(甲醇),%	B(0.025%磷酸),%
0	60	40
6	70	30
11.5	70	30
12	95	5
16	95	5
17	70	30
23	60	40
25	60	40

7.3 测定

取试样溶液和炔雌醇标准工作溶液上机测定,以保留时间定性,色谱峰面积定量,作单点或多点校准,外标法计算结果。炔雌醇标准溶液色谱图参见附录 A 图 A.1。阳性样品需进一步确证。

8 结果计算与表示

8.1 结果计算

8.1.1 单点校准

试样中炔雌醇的含量 w,以质量分数表示,单位为毫克每千克(mg/kg),按式(1)计算。

$$w = \frac{Cst \times V_0 \times A \times V_2}{m \times Ast \times V_1} \qquad (1)$$

式中:

w ——试样中炔雌醇含量,单位为毫克每千克(mg/kg);

Cst ——炔雌醇标准溶液的浓度,单位为微克每毫升(μg/mL);

m ——试样的质量,单位为克(g);

A ——试样溶液峰面积值;

Ast ——炔雌醇标准溶液峰面积;

V_0 ——试样提取液总体积,单位为毫升(mL);

V_1 ——提取液分取体积,单位为毫升(mL);

V_2 ——V_1净化后终复溶体积,单位为毫升(mL)。

8.1.2 多点校准

试样中炔雌醇的含量 w,以质量分数表示,单位为毫克每千克(mg/kg),按式(2)计算。

$$w = \frac{C \times V_0 \times V_2}{m \times V_1} \qquad (2)$$

式中:

w ——试样中炔雌醇含量,单位为毫克每千克(mg/kg);

C ——由标准曲线得出的试样溶液中炔雌醇的浓度,单位为微克每毫升(μg/mL);

m ——试样的质量,单位为克(g);

V_0 ——试样提取液总体积,单位为毫升(mL);

V_1 ——提取液分取体积,单位为毫升(mL);

V_2 ——V_1净化后终复溶体积,单位为毫升(mL)。

8.2 结果表示

测定结果以平行测定的算术平均值表示,保留三位有效数字。

9 重复性

在重复性条件下获得的两次独立测定结果的绝对差值不得超过算术平均值的 20%。

附　录　A
（资料性附录）
炔雌醇标准溶液色谱图

炔雌醇标准溶液色谱图见图 A. 1。

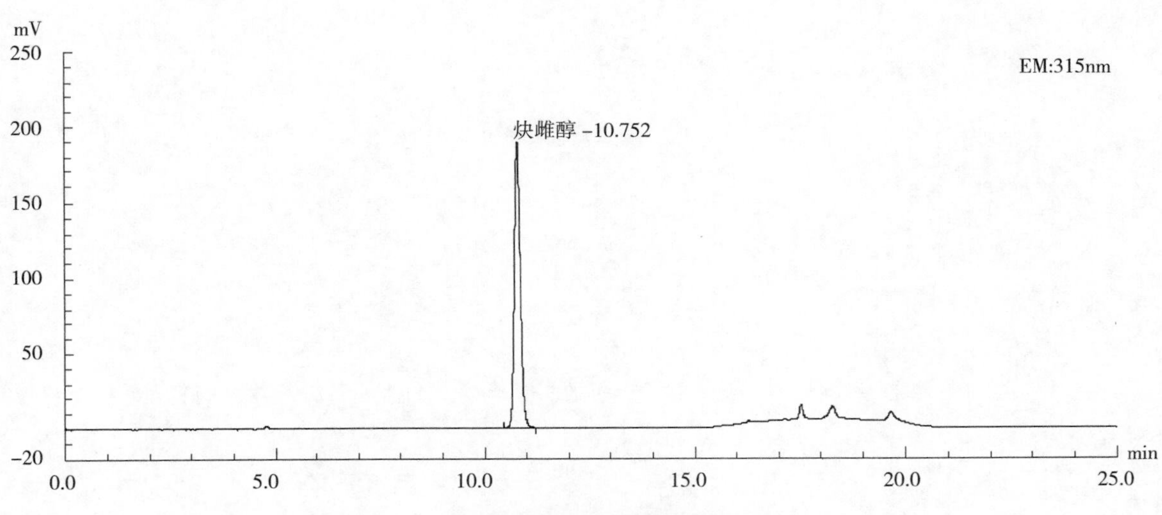

图 A. 1　炔雌醇标准溶液色谱图(2mg/L)

ICS 65.120
B 46

中华人民共和国国家标准

农业部 2224 号公告—3—2015

饲料中雌二醇的测定 液相色谱—串联质谱法

**Determination of estradiol in feeds—
Liquid chromatography tandem mass spectrometry(LC-MS/MS)**

2015-01-30 发布　　2015-04-01 实施

中华人民共和国农业部 发布

前　言

本标准按照 GB/T 1.1—2009 给出的规则起草。

本标准由农业部畜牧业司提出。

本标准由全国饲料工业标准化技术委员会(SAC/TC 76)归口。

本标准起草单位:中国农业科学院农业质量与标准检测技术研究所。

本标准主要起草人:陈刚、王凯强、朱丹、米晓霞、李思聪、郑晓春。

饲料中雌二醇的测定　液相色谱—串联质谱法

1　范围

本标准规定了饲料中雌二醇含量测定的液相色谱—串联质谱方法。

本标准适用于配合饲料、浓缩饲料、添加剂预混合饲料和精料补充料中雌二醇的测定。

本方法检出限为 1 μg/kg,定量限为 2.5 μg/kg 。适用浓度范围为 2.5 μg/kg～500 μg/kg 。

2　规范性引用文件

下列文件对于本文件的应用是必不可少的。凡是注日期的引用文件,仅注日期的版本适用于本文件。凡是不注日期的引用文件,其最新版本(包括所有的修改单)适用于本文件。

GB/T 6682　分析实验室用水规格和试验方法

GB/T 14699.1　饲料　采样

GB/T 20195　动物饲料　试样的制备

3　原理

试样经乙酸乙酯—正己烷混合溶液提取,离心后取上清液用二羟基固相萃取柱净化,高效液相色谱—串联质谱测定,内标法定量。

4　试剂和材料

除另有说明外,所用试剂均为分析纯,水符合 GB/T 6682 中一级水的规定。

4.1　甲醇:色谱纯。

4.2　氨水。

4.3　乙酸乙酯。

4.4　正己烷。

4.5　雌二醇对照品:纯度≥99%。

4.6　d_4-雌二醇对照品:纯度≥98%。

4.7　乙酸乙酯—正己烷混合溶液(50+50,*V/V*):取乙酸乙酯与正己烷各 500 mL,混匀。

4.8　0.1%氨水溶液:取氨水(4.2)1.0 mL 加水稀释至 1 000 mL。

4.9　雌二醇标准储备液(1 000 μg/mL):称取雌二醇对照品(4.5)10 mg(精确到 0.01 mg),用甲醇(4.1)溶解并定容至 10 mL,配制成 1 000 μg/mL 的标准储备液,−20℃避光保存,有效期为 3 个月。

4.10　雌二醇标准工作液:吸取雌二醇标准储备液(4.9)适量,用甲醇(4.1)逐级稀释配制成雌二醇浓度为 0.5 μg/mL 的标准工作液,现配现用。

4.11　d_4-雌二醇标准储备液(1 000 μg/mL):称取 d_4-雌二醇对照品(4.6)10 mg(精确到 0.01 mg),用甲醇(4.1)溶解并定容至 10 mL,配制成 1 000 μg/mL 的标准储备液,−20℃避光保存,有效期为 3 个月。

4.12　d_4-雌二醇标准工作液:吸取 d_4-雌二醇标准储备液(4.11)适量,用甲醇(4.1)逐级稀释配制成雌二醇浓度为 0.5 μg/mL 的标准工作液,现配现用。

4.13　0.22 μm 微孔滤膜(有机相)。

4.14　二羟基固相萃取柱:3 mL,500 mg 或性能相当者。

5 仪器和设备

5.1 高效液相色谱—串联质谱仪,配有电喷雾离子源(ESI)。

5.2 涡旋混合器。

5.3 振荡器。

5.4 分析天平:感量 0.01 mg。

5.5 天平:感量 0.01 g。

5.6 高速冷冻离心机:转速不低于 12 000 r/min,可控温范围 4℃。

5.7 氮吹仪。

5.8 固相萃取装置。

5.9 粉碎机。

6 试样的制备与保存

按 GB/T 14699.1 抽取有代表性的样品,四分法缩减取样。按 GB/T 20195 制备试样,粉碎过 0.30 mm 孔径筛,充分混匀。装入密闭容器中,置于−20℃冰柜中避光保存。

7 测定步骤

7.1 提取

称取试样 5 g(精确到 0.01 g),置于 50 mL 聚丙烯离心管中,加入 d_4-雌二醇标准工作液(4.12)100 μL,涡旋震荡 30 s,加入乙酸乙酯—正己烷混合溶液(4.7)10 mL,充分振荡 15 min,于 12 000 r/min,4℃条件下离心 15 min,转移上清液至 25 mL 容量瓶中,残余物用乙酸乙酯—正己烷混合溶液(4.7)10 mL 重复提取一次,合并上清液,用乙酸乙酯—正己烷混合溶液(4.7)定容至刻度,混匀备用。

7.2 净化

二羟基固相萃取柱(4.14)用乙酸乙酯—正己烷混合溶液(4.7)3 mL 活化。配合饲料和精料补充料取上述备用液 5.0 mL 过柱。浓缩饲料和添加剂预混合饲料取上述备用液 0.5 mL 过柱。收集上样液,用乙酸乙酯—正己烷混合溶液(4.7)3 mL 洗脱,收集洗脱液于离心管中,于 40 ℃下氮气吹干,残余物用 0.5 mL 甲醇漩涡溶解,过 0.22 μm 滤膜(4.13)供液相色谱—串联质谱仪分析。

7.3 标准曲线的制备

分别准确吸取雌二醇标准工作液(4.10)和 d_4-雌二醇标准工作液(4.12)适量,用甲醇稀释,配制成雌二醇浓度为 5 ng/mL、10 ng/mL、50 ng/mL、100 ng/mL、300 ng/mL、500 ng/mL,内标浓度均为 20 ng/mL 的系列标准溶液,供高效液相色谱—串联质谱测定。以特征离子质量色谱峰面积为纵坐标,对应的标准溶液浓度为横坐标,绘制标准曲线,求回归方程和相关系数。

7.4 测定

7.4.1 色谱条件

色谱柱:C_{18}柱,柱长 100 mm,内径 2.1 mm,粒径 3.5 μm,pH 适用范围 2~11.5 或其相当的色谱柱。

流动相:A:0.1%氨水(4.8),B:甲醇(4.1)。

流速:300 μL/min。

柱温:30℃。

进样量:5 μL。

流动相梯度及洗脱程序见表 1。

表 1　梯度洗脱程序

时间,min	A(0.1%氨水),%	B(甲醇),%
0	50	50
5	5	95
8	5	95
10	50	50
12	50	50

7.4.2　质谱条件

离子源:电喷雾离子源(ESI)。

质谱扫描方式:负离子扫描。

检测方式:多反应监测(MRM)。

脱溶剂气、锥孔气、碰撞气均为高纯氮气或其他合适气体。

喷雾电压、碰撞能等参数应优化至最优灵敏度。

监测离子参数情况见表 2。

表 2　选择离子参数设定

化合物	母离子	定量子离子	定性子离子	锥孔电压,V	碰撞能量,eV
雌二醇	271.2	145.2	145.2 183.3	180	56 54
d_4-雌二醇	275.2	147.2	147.2 187.0	180	56 56

7.4.3　定性测定

在上述条件下雌二醇及内标色谱保留时间为 5.93 min。通过试样色谱图的保留时间与相应标准品的保留时间、各色谱峰的特征离子与相应浓度标准溶液各色谱峰的特征离子相对照定性,试样与标准品保留时间的相对偏差不大于 5%;试样特征离子的相对丰度与浓度相当混合标准溶液的相对丰度一致,相对丰度偏差不超过表 3 的规定,则可判断试样中存在相应的被测物。

表 3　定性测定时相对离子丰度的最大允许偏差

相对离子丰度,%	>50	>20～50	>10～20	≤10
允许的相对偏差,%	±20	±25	±30	±50

7.4.4　定量测定

在仪器最佳工作条件下,取试样溶液和相应的标准溶液,做单点或多点校准,按内标法以峰面积比计算即得。标准溶液及试样溶液中雌二醇及其内标 d_4-雌二醇的峰面积之比均在仪器检测的线性范围之内。标准溶液定量离子色谱图参见附录 A 中图 A.1。

8　结果计算与表示

8.1　结果计算

单点校准试样中雌二醇的浓度 C_i 按式(1)计算:

$$C_i = \frac{A_i A'_{is} C_s C_{is}}{A_{is} A_s C'_{is}} \quad \cdots\cdots (1)$$

或标准曲线校准,由式(2)求得 a 和 b:

$$\frac{A_s}{A'_{is}} = a\frac{C_s}{C_{is}} + b \quad \cdots\cdots (2)$$

则试样溶液中雌二醇的浓度 C_i 按式(3)计算:

$$C_i = \frac{C_{is}}{a}(\frac{A_i}{A_{is}} - b) \quad \cdots\cdots (3)$$

试样中雌二醇含量 X 以质量分数计，单位为纳克每克(ng/g)，按式(4)计算。

$$X = \frac{C_i V_1 V_2}{m V_3} \quad \cdots\cdots (4)$$

式中：

C_i ——试样溶液中雌二醇的浓度，单位为纳克每毫升(ng/mL)；
C_{is} ——试样溶液中雌二醇内标的浓度，单位为纳克每毫升(ng/mL)；
C_s ——标准溶液中雌二醇的浓度，单位为纳克每毫升(ng/mL)；
C'_{is}——标准溶液中雌二醇内标的浓度，单位为纳克每毫升(ng/mL)；
A_i ——试样溶液中雌二醇的峰面积；
A_{is} ——试样溶液中雌二醇内标的峰面积；
A_s ——标准溶液中雌二醇的峰面积；
A'_{is}——标准溶液中雌二醇内标的峰面积；
V_1 ——上机前最终定容体积，单位为毫升(mL)；
V_2 ——总提取定容液体积，单位为毫升(mL)；
V_3 ——加入 SPE 净化柱的提取液体积，单位为毫升(mL)；
m ——称取的试样质量，单位为克(g)。

8.2 结果表示

测定结果用平行测定的算术平均值表示，结果保留三位有效数字。

9 重复性

在重复性条件下获得的两次独立测定结果的绝对差值不得超过算数平均值的 20%。

附 录 A
（资料性附录）
雌二醇和内标（d_4-雌二醇）多反应监测（MRM）定量离子色谱图

雌二醇和内标（d_4-雌二醇）混合标准溶液定量离子色谱图见图 A.1。

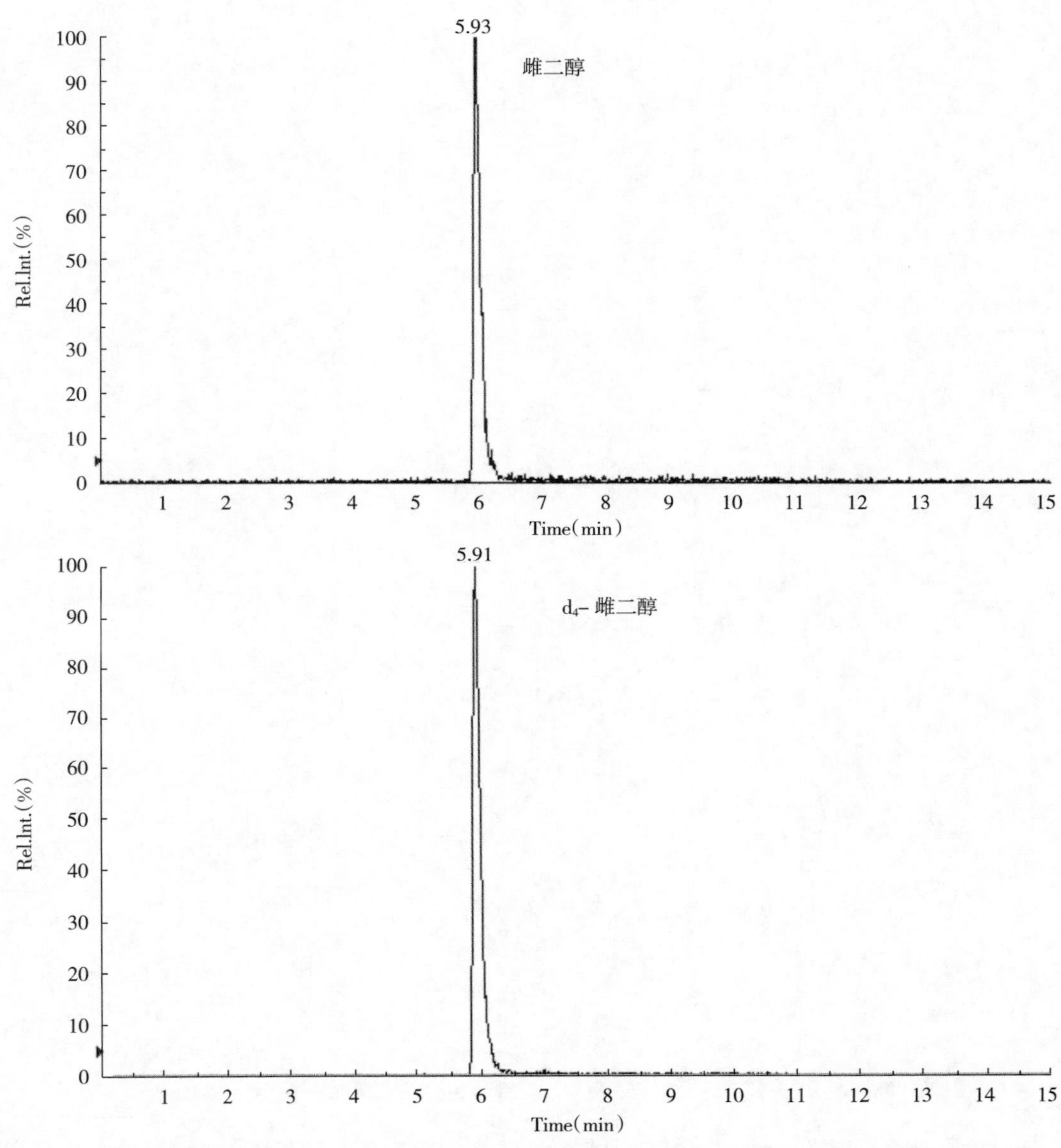

图 A.1 雌二醇（5 ng/mL）和 d_4-雌二醇（20 ng/mL）混合标准溶液定量离子色谱图

ICS 65.120
B 46

中 华 人 民 共 和 国 国 家 标 准

农业部2224号公告—4—2015

饲料中苯丙酸诺龙的测定 高效液相色谱法

Determination of nandrolone phenpropionate in feeds—High performance liquid chromatography

2015-01-30 发布　　　　2015-04-01 实施

中华人民共和国农业部　发布

前　言

本标准按照 GB/T 1.1—2009 给出的规则起草。

本标准由农业部畜牧业司提出。

本标准由全国饲料工业标准化技术委员会(SAC/TC 76)归口。

本标准起草单位:广东省农业科学院农产品公共监测中心。

本标准主要起草人:何绮霞、续倩、殷秋妙、梁琳、张展、林雪贤、季天荣。

饲料中苯丙酸诺龙的测定　高效液相色谱法

1　范围

本标准规定了饲料中苯丙酸诺龙含量测定的高效液相色谱方法。

本标准适用于配合饲料、浓缩饲料、精料补充料和添加剂预混合饲料中苯丙酸诺龙的测定。

本标准检出限为 0.1 mg/kg，定量限为 0.5 mg/kg。

2　规范性引用文件

下列文件对于本文件的应用是必不可少的。凡是注日期的引用文件，仅注日期的版本适用于本文件。凡是不注日期的引用文件，其最新版本（包括所有的修改单）适用于本文件。

GB/T 6682　分析实验室用水规格和试验方法

GB/T 14699.1　饲料　采样

GB/T 20195　动物饲料　试样的制备

3　原理

饲料中的苯丙酸诺龙经叔丁基甲醚超声提取，提取液经旋转蒸干，残渣用甲醇溶解，离心，取上清液，过孔径为 0.45 μm 微孔有机滤膜，用高效液相色谱—紫外检测器测定，外标法定量。

4　试剂

除非另有说明，本方法所用试剂均为析纯的试剂，实验用水符合 GB/T 6682 中一级水规定。

4.1　乙腈：色谱纯。

4.2　甲醇：色谱纯。

4.3　叔丁基甲醚：分析纯。

4.4　苯丙酸诺龙标准品：纯度不得低于 98%。

4.5　苯丙酸诺龙标准贮备液：准确称取苯丙酸诺龙标准品 50 mg（精确至 0.000 1 g），用甲醇溶解，转移并定容至 50 mL。该溶液中苯丙酸诺龙浓度为 1 000 μg/mL，−20℃条件下储藏，保存期 6 个月。

4.6　苯丙酸诺龙标准工作液：准确量取苯丙酸诺龙标准贮备液（4.5），置于容量瓶中，用甲醇稀释、定容至浓度分别为 0.1 μg/mL、0.5 μg/mL、2.5 μg/mL、5.0 μg/mL、10.0 μg/mL、25.0 μg/mL 的标准工作液，4℃条件下储藏，保存期 1 个月。

5　仪器和设备

除常用实验室仪器设备外，还需要以下设备：

5.1　高效液相色谱仪：配紫外检测器。

5.2　电子天平：感量为 0.000 1 g。

5.3　电子天平：感量为 0.001 g。

5.4　超声水浴锅。

5.5　离心机：转速 10 000 r/min。

5.6　涡旋混合器。

5.7　旋转蒸发仪。

5.8 微孔有机滤膜:孔径 0.45 μm。

6 试样制备

按照 GB/T 14699.1 抽取有代表性的饲料样品,用四分法缩减取样,按照 GB/T 20195 制备样品,粉碎后过 0.45 mm 孔径的分析筛,混匀,装入磨口瓶中,备用。

7 测定步骤

7.1 提取

称取一定量的试样(配合饲料、浓缩饲料和精料补充料 5 g,预混合饲料 2 g,精确至 0.001 g),置于 50 mL 离心管中,加入叔丁基甲醚 20 mL,加塞,涡旋震荡 1 min;再超声提取 20 min,其间充分摇动 2 次。取出,离心(3 500 r/min)10 min。收集上清液于 100 mL 梨形瓶中。残渣再加入叔丁基甲醚 10 mL,重复提取 1 次。合并 2 次提取液,于 45℃旋转蒸干,准确加入甲醇 3.00 mL,超声溶解。于−20℃冰箱中放置 60 min,离心(10 000 r/min)5 min,上清液过 0.45 μm 微孔有机滤膜,上机测定。

7.2 测定

7.2.1 液相色谱参考条件

色谱柱:C_{18}柱,柱长 250 mm,内径 4.6 mm,粒径 5 μm;或性能相当者。

柱温:35℃。

流速:1.0 mL/min。

检测波长:241 nm。

进样量:20 μL。

流动相:A:乙腈,B:水,梯度洗脱条件见表 1。

表 1 梯度洗脱程序

时间,min	A(乙腈),%	B(水),%
0	75	25
5	80	20
10	85	15
20	85	15

7.2.2 测定

取适量试样制备液和苯丙酸诺龙标准工作液,做单点或多点校准,以保留时间定性,色谱峰面积定量,外标法计算结果。苯丙酸诺龙标准溶液色谱图参见图 A.1。阳性样品需进一步确证。

8 结果计算与表示

8.1 结果计算

8.1.1 单点校准

试样中苯丙酸诺龙的含量 X,以质量分数表示,单位为毫克每千克(mg/kg),按式(1)计算。

$$X = \frac{A \times C_s \times V}{A_s \times m} \quad \cdots\cdots (1)$$

式中:

A ——试样溶液峰面积;

A_s ——标准溶液中苯丙酸诺龙的峰面积;

C_s ——标准溶液中苯丙酸诺龙的浓度,单位为微克每毫升(μg/mL);

V ——溶解残渣用甲醇的体积,单位为毫升(mL);

m ——试样质量,单位为克(g)。

8.1.2 多点校准

试样中苯丙酸诺龙的含量 X,以质量分数表示,单位为毫克每千克(mg/kg),按式(2)计算。

$$X = \frac{C \times V}{m} \quad \cdots\cdots (2)$$

式中:

C ——由标准曲线得出的试样溶液中苯丙酸诺龙的浓度,单位为微克每毫升(μg/mL);

V ——溶解残渣用甲醇的体积,单位为毫升(mL);

m ——试样质量,单位为克(g)。

8.2 结果表示

测定结果用平行测定的算术平均值表示,保留三位有效数字。

9 重复性

在重复性条件下获得的两次独立测定结果的绝对差值不得超过算术平均值的15%。

附　录　A
（资料性附录）
苯丙酸诺龙标准溶液色谱图

苯丙酸诺龙标准溶液色谱图见图 A.1。

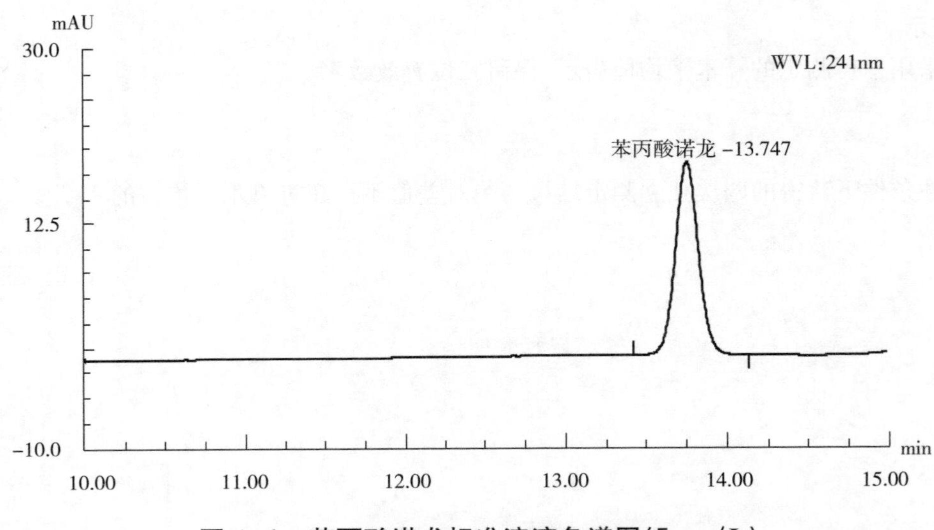

图 A.1　苯丙酸诺龙标准溶液色谱图(5 mg/L)

ICS 65.120
B 46

中华人民共和国国家标准

农业部2349号公告—1—2015

饲料中妥曲珠利的测定 高效液相色谱法

Determination of toltrazuril in feeds—High performance liquid chromatography

2015-12-29 发布　　2016-04-01 实施

中华人民共和国农业部 发布

前 言

本标准按照 GB/T 1.1—2009 给出的规则起草。

本标准由农业部畜牧业司提出。

本标准由全国饲料工业标准化技术委员会(SAC/TC 76)归口。

本标准起草单位:南京农业大学动物医学院、瑞普(天津)生物药业有限公司。

本标准主要起草人:鲍恩东、杨迪、张新晨、宗昕如、魏德宝、刘杰、唐姝、刘爱玲。

饲料中妥曲珠利的测定 高效液相色谱法

1 范围

本标准规定了饲料中妥曲珠利含量的高效液相色谱检测方法。

本方法适用于配合饲料、浓缩饲料、添加剂预混合饲料中妥曲珠利的测定。

配合饲料和浓缩饲料的检测限和定量限分别为 0.2 mg/kg 和 0.5 mg/kg；添加剂预混合饲料的检测限和定量限分别为 0.2 mg/kg 和 1.0 mg/kg。

2 规范性引用文件

下列文件对于本文件的应用是必不可少的。凡是注日期的引用文件，仅注日期的版本适用于本文件。凡是不注日期的引用文件，其最新版本(包括所有的修改单)适用于本文件。

GB/T 6682 分析实验室用水规格和试验方法

GB/T 14699.1 饲料 采样

GB/T 20195 动物饲料 试样的制备

3 原理

用乙腈提取试样中的妥曲珠利，经硅胶固相萃取净化，高效液相色谱反相柱分离测定，外标法定量。

4 试剂和材料

除非另有说明，本法所用试剂均为分析纯，水应符合 GB/T 6682 一级用水的规定。

4.1 乙腈：色谱纯。

4.2 冰乙酸。

4.3 二氯甲烷。

4.4 乙酸乙酯。

4.5 妥曲珠利标准品：妥曲珠利含量≥98.5%。

4.6 硅胶固相萃取(SPE)小柱：500 mg/6 mL。

4.7 淋洗液：分别量取 90 mL 的二氯甲烷(4.3)和 10 mL 的乙酸乙酯(4.4)，混合后备用。

4.8 洗脱液：分别量取 65 mL 的二氯甲烷(4.3)和 35 mL 的乙酸乙酯(4.4)，混合后备用。

4.9 0.2%冰乙酸溶液：取 1 mL 冰乙酸(4.2)加水定容至 500 mL。

4.10 乙腈—冰乙酸水溶液：分别量取 60 mL 的乙腈(4.1)和 40 mL 的 0.2%冰乙酸溶液(4.9)混合均匀。

4.11 妥曲珠利标准储备液：准确称取妥曲珠利标准品(4.5)100 mg，置于 100 mL 棕色容量瓶中，用乙腈(4.1)溶解，定容，配制成浓度为 1 000 μg/mL 的标准储备液，置于−20℃冰箱中保存，有效期 3 个月。

4.12 妥曲珠利标准中间液：准确吸取一定量的妥曲珠利标准储备液(4.11)，用乙腈(4.1)稀释定容，配制成浓度为 100.0 μg/mL 的标准中间液。置于 4℃冰箱中避光保存，有效期 1 个月。

4.13 妥曲珠利标准工作液：分别准确吸取一定量的妥曲珠利标准中间液(4.12)，用流动相稀释定容，配制成浓度为 0.1 μg/mL、0.5 μg/mL、1.0 μg/mL、5.0 μg/mL、10.0 μg/mL、25.0 μg/mL 的标准工作液。置于4℃冰箱中避光保存,有效期1个月。

5 仪器和设备

5.1 高效液相色谱仪:配紫外检测器。

5.2 离心机(转速不低于5 000 r/min)。

5.3 氮气吹干仪。

5.4 超声波清洗机。

5.5 涡旋混合仪。

5.6 微孔有机滤膜,孔径为0.22 μm。

5.7 分析天平,感量为0.000 1 g。

5.8 天平,感量为0.01 g。

6 采样和试样制备

6.1 采样

按GB/T 14699.1的规定抽取有代表性的饲料样品,用四分法缩减取样。

6.2 试样制备

按GB/T 20195的规定制备样品,粉碎后过0.45 mm孔径的分析筛,混匀,装入磨口瓶中,备用。

7 分析步骤

7.1 提取

称取一定量的试样(5 g配合饲料,或5 g浓缩饲料,或2 g添加剂预混合饲料),精确至0.01 g,置于50 mL具塞三角瓶中。准确加入20 mL乙腈,振荡混匀后于超声波清洗机中超声提取10 min,5 000 r/min离心10 min,准确移取1.00 mL上清液备用。

7.2 净化

准确移取离心后的上清液1.00 mL,50℃水浴中氮气吹干后加3.0 mL二氯甲烷溶解。涡旋溶解,加载到已活化的硅胶固相萃取柱(4.6)上,保持小柱湿润。用3.0 mL的淋洗液(4.7)洗涤,直至全部流尽并挤干,再移取2.0 mL的洗脱液(4.8)洗脱,收集洗脱液。50 ℃水浴中氮气吹干,准确吸取1.0 mL乙腈—冰乙酸水溶液(4.10)溶解,过0.22 μm微孔有机滤膜(5.6),上机检测。

7.3 色谱参考条件及色谱柱效能

色谱柱效能:C_{18}柱,250 mm×4.6 mm,粒径5 μm。

柱温:30℃。

流动相:乙腈(4.1)+0.2%冰乙酸溶液(4.9)=70+30。

流速:1.0 mL/min。

检测波长:240 nm。

进样量:20 μL。

7.4 定量

取适量试样溶液(7.2)和标准工作液(4.13),外标法定量。妥曲珠利标准图谱参见图A.1。

8 结果计算与表示

8.1 结果计算

试样中妥曲珠利的含量以质量分数计,单位为毫克每千克(mg/kg),按式(1)计算。

$$X_i = \frac{C_i \times V_1 \times V_3}{V_2 \times m} \quad \cdots\cdots (1)$$

式中：

X_i ——试样中妥曲珠利的含量，单位为毫克每千克(mg/kg)；

C_i ——试样溶液中妥曲珠利峰面积响应值对应的浓度，单位为微克每毫升(μg/mL)；

V_1 ——加入提取液的总体积，单位为毫升(mL)；

V_2 ——移取离心后的饲料提取液体积，单位为毫升(mL)；

V_3 ——最终定容体积，单位为毫升(mL)；

m ——试样的质量，单位为克(g)。

测定结果用平行测定的算术平均值表示，保留 3 位有效数字。

8.2 重复性

在重复条件下获得的两次独立测试结果的绝对差值不大于这两个测定值的算数平均值的 10%。

附　录　A
（资料性附录）
妥曲珠利标准图谱

妥曲珠利标准图谱见图 A.1。

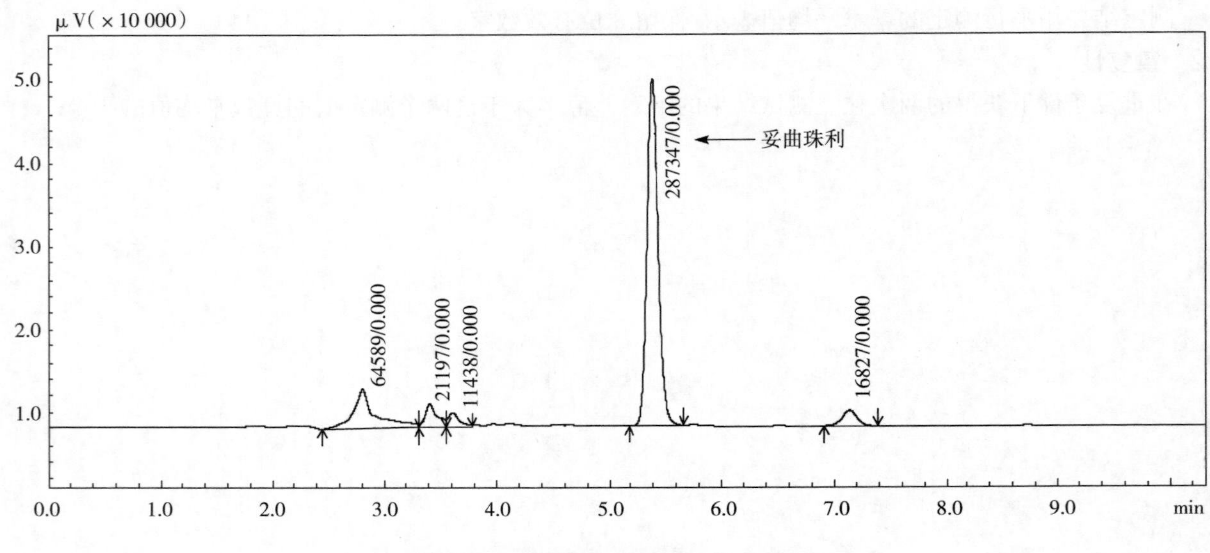

图 A.1　妥曲珠利标准图谱(10 μg/mL)

ICS 65.120
B 46

中华人民共和国国家标准

农业部2349号公告—2—2015

饲料中赛杜霉素钠的测定 柱后衍生高效液相色谱法

Determination of semduramicin sodium in feeds—High performance liquid chromatography with post-column derivatization

2015-12-29 发布 2016-04-01 实施

中华人民共和国农业部 发布

前　言

本标准按照 GB/T 1.1—2009 给出的规则起草。

本标准由农业部畜牧业司提出。

本标准由全国饲料工业标准化技术委员会(SAC/TC 76)归口。

本标准起草单位:农业部农产品质量安全监督检验测试中心(宁波)、宁波出入境检验检疫局。

本标准主要起草人:吴银良、许秀琴、孙亚米、陈若霞、张吉红、杨挺、吕燕、赵健、朱勇、王立君。

饲料中赛杜霉素钠的测定　柱后衍生高效液相色谱法

1　范围

本标准规定了饲料中赛杜霉素钠的柱后衍生高效液相色谱测定方法。

本标准适用于畜禽配合饲料、浓缩饲料和预混合饲料中赛杜霉素钠的测定。

本标准的方法检出限为 0.75 mg/kg，定量限为 2.0 mg/kg。

2　规范性引用文件

下列文件对于本文件的应用是必不可少的。凡是注日期的引用文件，仅注日期的版本适用于本文件。凡是不注日期的引用文件，其最新版本（包括所有的修改单）适用于本文件。

GB/T 6682　分析实验室用水规格和试验方法

GB/T 14699.1　饲料　采样

GB/T 20195　动物饲料　试样的制备

3　原理

用乙腈提取试样中的赛杜霉素钠，然后在强酸和无水条件下利用对—二甲氨基苯甲醛对赛杜霉素钠进行柱后衍生反应，用高效液相色谱—紫外—可见检测器或二极管矩阵检测器分离测定，外标法定量。

4　试剂和材料

除非另有说明，在分析中仅使用确认为分析纯的试剂和符合 GB/T 6682 规定的一级水。

4.1　赛杜霉素钠标准品：纯度≥98.0%，分析时以赛杜霉素计，乘以 0.975 4 系数换算成赛杜霉素的含量。

4.2　乙腈：色谱纯。

4.3　甲醇：色谱纯。

4.4　甲酸铵：色谱纯。

4.5　甲酸：色谱纯。

4.6　对—二甲氨基苯甲醛。

4.7　硫酸。

4.8　甲酸铵溶液（0.10 mol/L）：称取 6.3 g 甲酸铵（4.4）于 1 L 容量瓶中，加水溶解，用甲酸调节 pH 至 3.0 后用水定容至刻度。

4.9　衍生液：量取 97 mL 甲醇（4.3）于 250 mL 三角瓶中，置于冰水中缓缓加入 3 mL 硫酸（4.7），搅匀后加入 3 g 对—二甲氨基苯甲醛（4.6），混匀，备用。

4.10　赛杜霉素钠标准储备液：准确称取 10 mg 赛杜霉素钠标准品（4.1）于 10 mL 容量瓶中，用乙腈（4.2）溶解并定容至刻度，配制成赛杜霉素钠含量为 1 000 mg/L 的标准储备液，−18℃冰箱中保存，有效期 6 个月。

4.11　赛杜霉素钠中间液：取 1 000 mg/L 赛杜霉素钠标准储备液，用乙腈（4.2）稀释为含赛杜霉素 50.0 mg/L 的中间液，于−18℃冰箱中保存，有效期 1 个月。

4.12　赛杜霉素钠标准工作液：分别准确吸取一定量的标准中间液（4.11），置于 10 mL 容量瓶中，用甲醇(4.3)稀释、定容,配制成含赛杜霉素浓度为 0.10 mg/L、0.20 mg/L、0.50 mg/L、2.0 mg/L、5.0 mg/L和 10.0 mg/L 的系列标准工作溶液。当日配制和使用。

5 仪器和设备

5.1 高效液相色谱仪:配柱后衍生装置和紫外—可见或二极管矩阵检测器。

5.2 离心机:转速 5 000 r/min 或以上。

5.3 天平:感量为 0.01 mg 和 0.01 g 各 1 台。

5.4 涡旋混合器。

5.5 振荡器。

5.6 有机微孔滤膜(0.45 μm)。

6 采样和试样制备

6.1 采样

按照 GB/T 14699.1 的规定抽取有代表性的饲料样品,用四分法缩减取样。

6.2 试样制备

按照 GB/T 20195 的规定制备样品,粉碎后过 0.45 mm 孔径的分析筛,混匀后装入密闭容器。

7 分析步骤

7.1 提取

称取一定量的试样(10 g 配合饲料,或 5 g 浓缩饲料,或 2 g 预混合饲料,精确到 0.01 g)置于 50 mL 离心管中。其中,配合饲料、浓缩饲料试样中加入 20 mL 乙腈(4.2),预混合饲料试样中加入 10 mL 乙腈(4.2)。涡旋 1 min,震荡 30 min,再以 5 000 r/min 的速度离心 5 min,移取上清液。同样步骤再提取一次后合并上清液,混匀,取 2 mL 提取液过微孔有机滤膜作为试样溶液,供高效液相色谱分析。

7.2 测定

7.2.1 色谱参考条件

色谱柱:C_{18}柱,柱长 150 mm,柱内径 4.6 mm,粒径 5.0 μm 或相当者。

流动相:甲酸铵溶液—甲醇(5+95)。

流速:0.70 mL/min。

进样量:100 μL。

波长:578 nm。

柱温:35℃。

反应温度:92℃。

衍生液流速:0.90 mL/min。

7.2.2 定量测定

在仪器最佳工作条件下,标准工作液与试样溶液交替进样,样品中待测物质保留时间的偏差小于或等于标准溶液保留时间的±2.5%。采用外标法定量,样品溶液中待测物的响应值均应在仪器测定的线性范围内。当样品的上机液浓度超过线性范围时,需根据测定浓度,稀释后进行重新测定,直至上机液浓度在标准曲线的线性范围内。标准溶液图谱参见图 A.1。

7.3 结果计算

试样中赛杜霉素的含量 X,以质量分数表示,单位为毫克每千克(mg/kg),按式(1)计算。

$$X = \frac{A \times C_s \times V}{A_s \times m} \qquad (1)$$

式中：

X——试样中赛杜霉素的含量，单位为毫克每千克(mg/kg)；

A——试样溶液中赛杜霉素钠衍生物的峰面积；

A_s——标准工作液中赛杜霉素钠衍生物的峰面积；

C_s——标准工作液中赛杜霉素钠(以赛杜霉素计)的浓度，单位为毫克每升(mg/L)；

V——提取液体积，单位为毫升(mL)；

m——样品的质量，单位为克(g)。

测定结果用平行测定的算术平均值表示，计算结果保留 3 位有效数字。

7.4 重复性

在重复性条件下获得的两次独立测定结果的绝对差值不大于这两个测定值的算术平均值的 10%。

附 录 A
(资料性附录)
赛杜霉素钠标准溶液色谱图

赛杜霉素钠标准溶液色谱图见图 A.1。

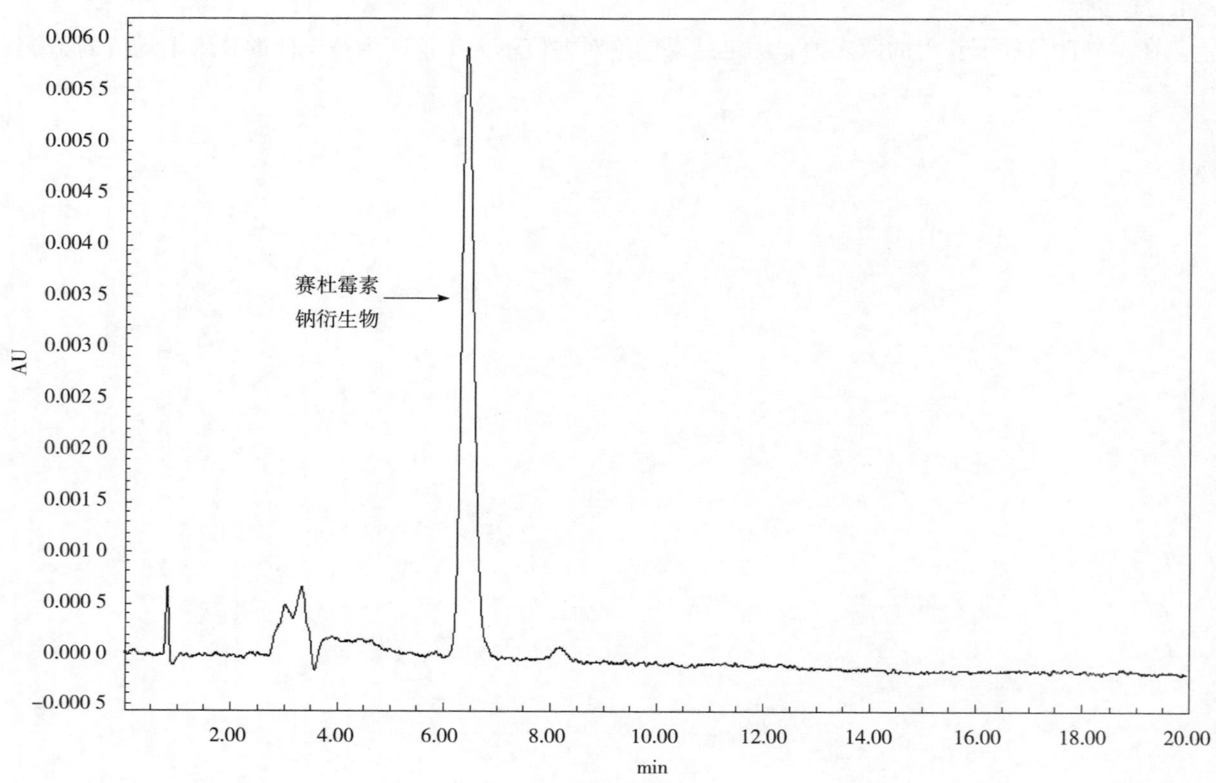

图 A.1 赛杜霉素钠标准溶液(含赛杜霉素 5.0 mg/L)色谱图

ICS 65.120
B 46

中华人民共和国国家标准

农业部2349号公告—3—2015

饲料中巴氯芬的测定
高效液相色谱法

Determination of Baclofen in feeds—
High performance liquid chromatography

2015-12-29 发布　　2016-04-01 实施

中华人民共和国农业部　发布

前　　言

本标准按照 GB/T 1.1—2009 给出的规则起草。

本标准由农业部畜牧业司提出。

本标准由全国饲料工业标准化技术委员会(SAC/TC 76)归口。

本标准起草单位:上海市兽药饲料检测所。

本标准主要起草人:顾欣、严凤、黄士新、李丹妮、张鑫、吴剑平、曹莹、张文刚、蒋音、潘娟、闵钰婷、钱晓璐。

饲料中巴氯芬的测定 高效液相色谱法

1 范围

本标准规定了饲料中巴氯芬含量测定的高效液相色谱方法。

本标准适用于配合饲料、浓缩饲料及预混合饲料中巴氯芬的测定。

本标准的检出限为 0.5 mg/kg，定量限为 1.0 mg/kg。

2 规范性引用文件

下列文件对于本文件的应用是必不可少的。凡是注日期的引用文件，仅注日期的版本适用于本文件。凡是不注日期的引用文件，其最新版本(包括所有的修改单)适用于本文件。

GB/T 603　化学试剂试验方法中所用制剂及制品的制备

GB/T 6682　分析实验室用水规格和试验方法

GB/T 14699.1　饲料　采样

GB/T 20195　动物饲料　试样的制备

农业部 1862 号公告—1—2012　饲料中巴氯芬的测定　液相色谱—串联质谱法

3 原理

试样经盐酸甲醇混合溶液提取后，用固相萃取小柱净化。洗脱液蒸干后，用含 0.1%盐酸溶液溶解，高效液相色谱法检测，外标法定量。

4 试剂和材料

除非另有说明，所有试剂均为分析纯；水应符合 GB/T 6682 中二级用水规定；溶液按照 GB/T 603 的规定配制。

4.1　甲醇：色谱纯。

4.2　甲酸：色谱纯。

4.3　乙腈：色谱纯。

4.4　盐酸。

4.5　氨水：含 NH_3 25%～28%。

4.6　0.1 mol/L 盐酸溶液：取盐酸 9 mL，用水稀释至 1 000 mL。

4.7　0.1%盐酸溶液：取盐酸 1 mL，用水稀释至 1 000 mL。

4.8　盐酸甲醇提取溶液：取 0.1 mol/L 盐酸溶液(4.6)80 mL，加入甲醇 20 mL 混匀。

4.9　5%氨水甲醇溶液：取氨水 5 mL 加甲醇 95 mL，混匀。

4.10　1 mol/L 氢氧化钠溶液：称取氢氧化钠 4 g，用水溶解并稀释至 100 mL，混匀后即得。

4.11　巴氯芬标准品：纯度≥98%。

4.12　巴氯芬标准储备液配制：准确称取巴氯芬标准品(4.11)10 mg，先加入 1 mol/L 氢氧化钠溶液(4.10)1 mL 溶解，再用甲醇定容至 10 mL，配成浓度为 1 mg/mL 的标准储备液，4℃冷藏保存，有效期 4 个月。

4.13　标准工作液:准确量取巴氯芬储备液(4.12)适量,置于棕色容量瓶中,用 0.1%盐酸溶液(4.7)稀释使巴氯芬浓度为 0.5 μg/mL、1.0 μg/mL、5.0 μg/mL、10.0 μg/mL、50.0 μg/mL 和 100 μg/mL 的系列标准工作液,现配现用。

4.14　固相萃取小柱:混合型强阳离子交换柱,60 mg/3 mL。

4.15　滤膜:0.45 μm,水系。

5　仪器和设备

5.1　高效液相色谱仪:配有二极管阵列检测器或紫外检测器。

5.2　天平:感量为 0.000 01 g 和 0.01 g 各 1 台。

5.3　离心机:最大离心力不低于 8 000 r/min。

5.4　涡旋振荡器。

5.5　固相萃取装置。

5.6　氮吹仪。

5.7　离心管:50 mL。

6　采样和试样制备

6.1　采样

按 GB/T 14699.1 的规定抽取有代表性饲料样品,用四分法缩减取样。

6.2　试样制备

按 GB/T 20195 的规定制备试样,粉碎过 0.45 mm 孔径筛,充分混匀,装入密闭容器中,备用。

7　分析步骤

7.1　提取

称取 2 g(精确至 0.01 g)试样于 50 mL 离心管中,加入盐酸甲醇提取液(4.8)10.0 mL,充分振荡 20 min,然后以 8 000 r/min 离心 10 min,上清液备用。

7.2　净化

固相萃取小柱先依次用甲醇 3 mL,水活化 3 mL。取备用液(7.1)5.0 mL 过柱,在重力作用下自然滴落,用水 5 mL 甲醇和 5 mL 淋洗,用 5%氨水甲醇溶液(4.9)5 mL 洗脱,彻底抽干,收集洗脱液,氮气吹干(50℃),用 0.1%盐酸溶液(4.7)1.0 mL 溶解,过 0.45 μm 滤膜后上机测定。

7.3　样品测定

7.3.1　液相色谱参考条件

色谱柱:C_{18} MGII,柱长 150 mm,柱内径 4.6 mm,粒径 5 μm 或其他效果等同的 C_{18} 柱;

柱温:35℃;

进样量:10 μL;

流动相:A 为 0.1%盐酸溶液(4.7);B 为乙腈,梯度洗脱程序见表 1;

流速:1.0 mL/min;

检测器:二极管阵列检测器,扫描范围 190 nm～300 nm,检测波长 220 nm;或紫外检测器,检测波长 220 nm。

7.3.2　定性测定

选择 220 nm 作为检测波长进行检测,在仪器最佳工作条件下,样品中待测物质的保留时间与对照品工作液中对应的保留时间相对偏差在±2.5%之内,且样品谱图中待测物质的紫外光谱图及最大吸收

表 1　梯度洗脱程序

时间,min	A,%	B,%
0.00	85	15
6.00	85	15
9.00	30	70
10.00	85	15
15.00	85	15

波长应与对照品中相应物质的紫外光谱图及最大吸收波长一致,则可判定为样品中存在对应的待测物。巴氯芬的二极管阵列检测器扫描图参见图 A.1。若发现疑似阳性样品,应采用农业部 1862 号公告—1—2012 确证。

7.3.3　定量测定

在仪器最佳工作条件下,对试样溶液和相应的标准对照品工作液进样,以标准工作液中被测组分峰面积为纵坐标,被测组分浓度为横坐标绘制工作曲线,用单点或工作曲线对样品进行定量。试样溶液中待测物的响应值均应在标准曲线测定的线性范围内。若试样溶液中含有的药物浓度超出线性范围须稀释,稀释使溶液中的药物浓度在线性范围内。上述色谱条件下,巴氯芬对照品的色谱图参见图 A.2。

8　计算

试样中巴氯芬的含量以质量分数 X 表示,单位为毫克每千克(mg/ kg),按标准曲线校准式(1)计算。

标准曲线校准:由 $A=a\,C_s+b$,求得 a 和 b,则

$$X = C \times \frac{V}{m} \times f \qquad (1)$$

或按单点校准式(2)计算。

$$X = \frac{C_s \times A \times V \times 1000}{A_s \times m \times 1000} \times f \qquad (2)$$

式(1)和式(2)中:

X ——试样中被测组分含量的浓度,单位为毫克每千克(mg/ kg);

C ——试样溶液中被测组分的浓度,单位为微克每升(μg/ mL);

V ——试样中最终定容体积,单位为毫升(mL);

m ——试样的称样量,单位为克(g);

f ——稀释因子;

C_s ——药物标准工作溶液浓度,单位为微克每毫升(μg/ mL);

A ——试样溶液的色谱峰面积;

A_s ——标准工作液色谱峰面积。

测定结果用平行测定的算术平均值表示,结果保留 3 位有效数字。

9　重复性

在重复性条件下获得的两次独立测定结果的绝对差值不大于这两个算术平均值的 20%。

附　录　A
（资料性附录）
巴氯芬标准工作液紫外吸收光谱图和色谱图

A.1　巴氯芬标准工作液紫外吸收光谱图

见图 A.1。

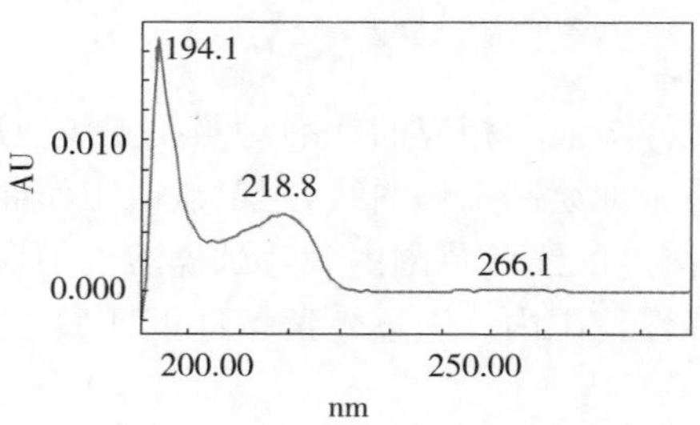

图 A.1　巴氯芬标准工作液（1 μg/mL）紫外吸收光谱图

A.2　巴氯芬标准工作液色谱图

见图 A.2。

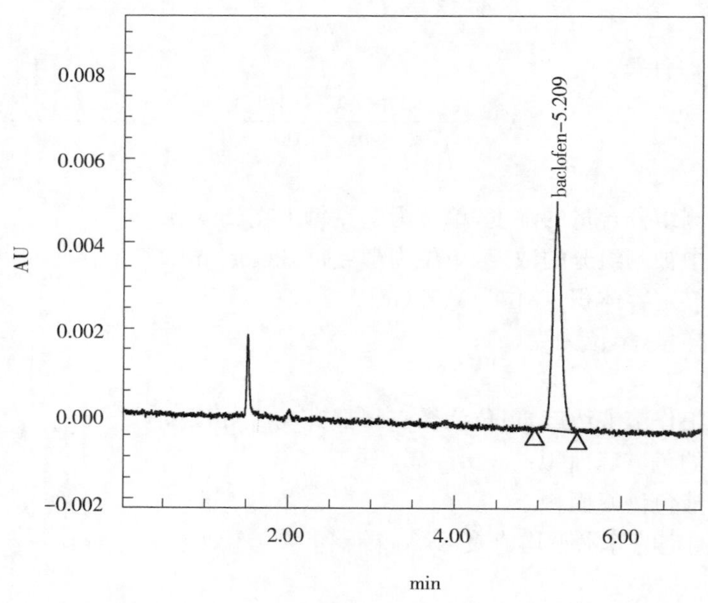

图 A.2　巴氯芬标准工作液（1 μg/mL）色谱图

ICS 65.120
B 46

中华人民共和国国家标准

农业部2349号公告—4—2015

饲料中可乐定和赛庚啶的测定 高效液相色谱法

Determination of clonidine and cyproheptadine in feeds—High performance liquid chromatography

2015-12-29 发布　　2016-04-01 实施

中华人民共和国农业部　发布

前　　言

本标准按照 GB/T 1.1—2009 给出的规则起草。

本标准由农业部畜牧业司提出。

本标准由全国饲料工业标准化技术委员会(SAC/TC 76)归口。

本标准起草单位:上海市兽药饲料检测所。

本标准主要起草人:黄士新、吴剑平、顾欣、李丹妮、严凤、张鑫、商军、黄家莺、陆淳、华贤辉、田恺、张浩然。

饲料中可乐定和赛庚啶的测定　高效液相色谱法

1　范围

本标准规定了饲料中可乐定和赛庚啶含量测定的高效液相色谱方法。

本标准适用于配合饲料、浓缩饲料及添加剂预混合饲料中可乐定和赛庚啶的测定。

本标准的检出限为 0.25 mg/kg，定量限为 0.5 mg/kg。

2　规范性引用文件

下列文件对于本文件的应用是必不可少的。凡是注日期的引用文件，仅注日期的版本适用于本文件。凡是不注日期的引用文件，其最新版本(包括所有的修改单)适用于本文件。

GB/T 603　化学试剂　实验方法中所用制剂及制品的制备

GB/T 6682　分析实验室用水规格和试验方法

GB/T 14699.1　饲料　采样

GB/T 20195　动物饲料　试样的制备

农业部 1486 号公告—2—2010　饲料中可乐定和赛庚啶的测定　液相色谱—串联质谱法

3　原理

试样经沉淀蛋白和提取，用固相萃取柱净化，高效液相色谱法检测，外标法定量。

4　试剂和材料

除非另有说明，所用试剂均为分析纯；水应符合 GB/T 6682 中一级用水规定；溶液按照 GB/T 603 的规定配制。

4.1　乙腈：色谱纯。

4.2　甲醇：色谱纯。

4.3　盐酸。

4.4　氨水：含 NH_3 25%～28%。

4.5　0.1%盐酸乙腈溶液：取盐酸(4.3)1 mL，用乙腈(4.1)稀释至 1 000 mL。

4.6　0.1% 盐酸溶液：取盐酸(4.3)1 mL，用水稀释至 1 000 mL。

4.7　10%乙腈盐酸溶液：取乙腈 100 mL 加入 900 mL 0.1%盐酸(4.6)中，混匀。

4.8　5%氨水甲醇溶液：取氨水(4.4)5 mL 加入 95 mL 甲醇(4.2)中，混匀。

4.9　盐酸赛庚啶标准品：纯度≥95.0%。

4.10　盐酸可乐定标准品：纯度≥95.0%。

4.11　赛庚啶标准储备液：准确称取盐酸赛庚啶(以赛庚啶计)10 mg，于 10 mL 容量瓶中，用甲醇(4.2)溶解并定容，配制成浓度为 1 mg/mL 的标准储备液，4℃下保存，有效期 6 个月。

4.12　可乐定标准储备液：准确称取盐酸可乐定(以可乐定计)10 mg，于 10 mL 容量瓶中，用甲醇(4.2)溶解并定容，配制成浓度为 1 mg/mL 的标准储备液，4℃下保存，有效期 6 个月。

4.13　标准工作曲线系列溶液：分别精密量取 1 mg/mL 赛庚啶标准储备液(4.11)和 1 mg/mL 可乐定标准储备液(4.12)适量，用 10%乙腈盐酸溶液(4.7)稀释成浓度为 1 μg/mL、10 μg/mL、25 μg/mL、50 μg/mL、100 μg/mL 系列混合标准工作液，供高效液相色谱测定使用。

4.14 固相萃取小柱：混合型强阳离子交换柱，60 mg/3 mL，或其他性能类似的小柱。

4.15 滤膜：0.45 μm，尼龙。

5 仪器和设备

5.1 高效液相色谱仪：配二极管阵列检测器或紫外检测器。

5.2 分析天平：感量为 0.000 01 g 和 0.01 g 各 1 台。

5.3 旋转蒸发仪。

5.4 离心机：转速不低于 8 000 r/min 或离心力不低于 8 000 g。

5.5 粉碎机。

5.6 涡旋振荡器。

5.7 固相萃取装置。

5.8 梨形瓶：50 mL。

5.9 离心管：50 mL。

6 采样和试样制备

6.1 采样

按 GB/T 14699.1 的规定抽取有代表性的样品，四分法缩减取样。

6.2 试样制备

按 GB/T 20195 的规定制备试样，粉碎，全部通过孔径为 0.45 mm 孔径筛，混匀，装入密闭容器中，备用。

7 分析步骤

7.1 提取

称取 2 g(精确至 0.01 g)试样于 50 mL 离心管中，准确加入 0.1%盐酸乙腈溶液(4.5)15 mL 充分振荡提取 10 min，8 000 r/min 离心 3 min，取上清液至梨形瓶中。加 0.1% 盐酸乙腈溶液(4.5)15 mL 重复提取一次。合并上清液，50℃减压旋转蒸发至干，加 10%乙腈盐酸溶液(4.7)5 mL 溶解残渣后备用。

7.2 净化

固相萃取小柱先用甲醇 3 mL，0.1%盐酸(4.6)3 mL 活化。取备用液全部过柱，依次用 0.1%盐酸(4.6)3 mL 和甲醇 1 mL 淋洗，用 5%氨水甲醇溶液(4.8)6 mL 洗脱，抽干，收集洗脱液，50℃减压旋转蒸发至干，加 10%乙腈盐酸溶液(4.7)1.00 mL 溶解，过 0.45 μm 滤膜后供高效液相色谱仪测定。

7.3 样品测定

7.3.1 液相色谱参考条件

色谱柱：C_{18} 柱(柱长 150 mm，柱内径 4.6 mm，粒径 5 μm)，或性能相当色谱柱；

柱温：30℃；

进样量：10 μL；

流速：1.0 mL/min；

流动相：A 为 0.1%盐酸溶液；B 为乙腈，梯度洗脱程序见表 1；

检测器：二极管阵列检测器，扫描波长 190 nm～400 nm，检测波长 210 nm；或紫外检测器检测波长 210 nm。

7.3.2 定性测定

选择 210 nm 作为检测波长进行检测，样品中待测物质的保留时间与标准品混合工作液中对应的保

表 1 梯度洗脱程序

时间,min	流动相 A,%	流动相 B,%
0.00	98	2
10.00	70	30
15.00	70	30
16.00	98	2
19.00	98	2

留时间相对偏差在±2.5%之内,且样品图谱中的待测物质的紫外光谱图及最大吸收波长应与对照品中相应物质的紫外光谱图及最大吸收波长一致,则可判定为样品中存在对应的待测物。可乐定与赛庚啶的二极管阵列检测器扫描图参见图 A.1。若发现疑似阳性样品应采用农业部 1486 号公告—2—2010 进行确证。

7.3.3 定量测定

对试样溶液和相应的标准工作液进样,以标准工作液中被测组分峰面积为纵坐标,被测组分浓度为横坐标绘制工作曲线,用单点或工作曲线对样品进行定量。试样溶液中待测物的响应值均应在仪器测定的线性范围内。若试样溶液中含有的药物浓度超出线性范围须稀释,使稀释后溶液中的药物浓度在线性范围内。上述色谱条件下,赛庚啶和可乐定标准品工作液的色谱图参见图 A.2。

8 计算

试样中可乐定或赛庚啶的含量 X,以质量分数表示,单位为毫克每千克(mg/kg)。

单点校准按式(1)计算。

$$X=\frac{1000AC_sV_s}{1000A_sm}\times f \quad \cdots\cdots(1)$$

标准曲线校准按式(2)计算:由 $A_s=aX_s+b$,

求得 a 和 b,则

$$X=\frac{1000(A-b)}{1000a}\times f \quad \cdots\cdots(2)$$

式(1)和式(2)中:

X ——试样中可乐定或赛庚啶的含量,单位为毫克每千克(mg/kg);

A ——供试试料中测得的相应待测物色谱峰面积;

C_s ——标准工作溶液中相应组分进样浓度,单位为微克每毫升(μg/mL);

V_s ——试样最终定容的体积单位为毫升(mL);

f ——稀释因子;

A_s ——标准工作液中测得的相应待测物色谱峰面积;

m ——试样的质量,单位为克(g)。

a ——标准曲线斜率;

X_s ——标准曲线中标准可乐定或寒庚啶的含量值,单位为毫克每千克(mg/kg);

b ——标准曲线截距。

测定结果用平行测定的算术平均值表示,结果保留 3 位有效数字。

9 重复性

在重复性条件下获得的两次独立测定结果的绝对差值不大于这两个测定值的算术平均值的 20%。

附 录 A
（资料性附录）
可乐定和赛庚啶紫外吸收光谱图和液相色谱图

A.1 可乐定和赛庚啶紫外吸收光谱

见图 A.1。

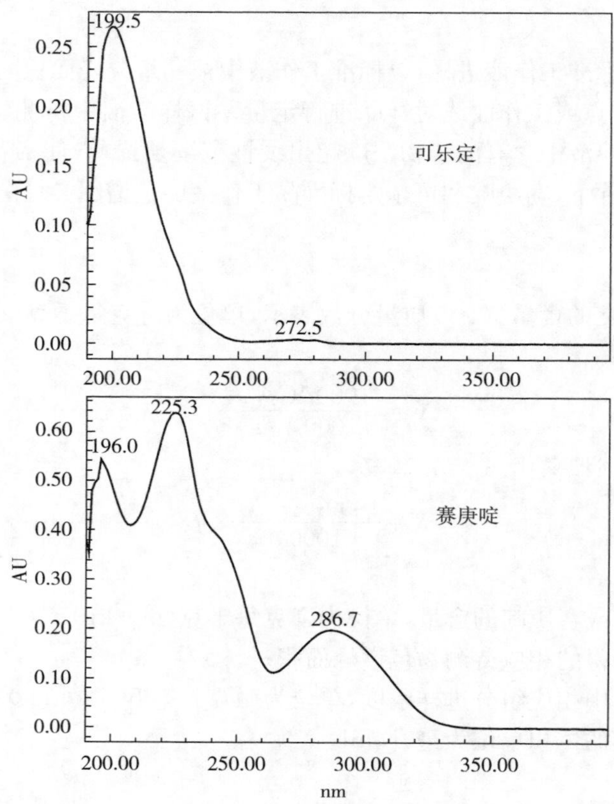

图 A.1 可乐定和赛庚啶紫外吸收光谱图

A.2　可乐定和赛庚啶标准工作液色谱图

见图 A.2。

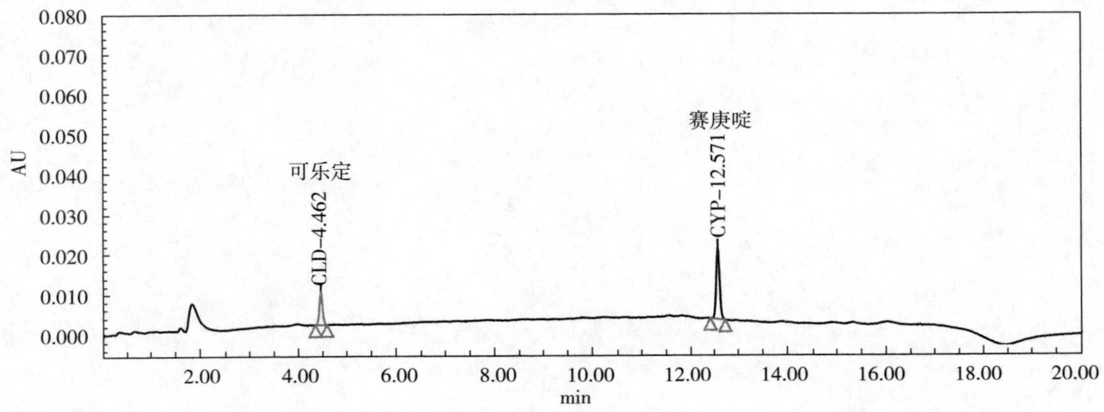

图 A.2　可乐定和赛庚啶标准工作液(1 μg/mL)色谱图

ICS 65.120
B 46

中华人民共和国国家标准

农业部2349号公告—5—2015

饲料中磺胺类和喹诺酮类药物的测定 液相色谱—串联质谱法

Determination of sulfonamides and quinolones in feeds—Liquid chromatography tandem mass spectrometry

2015-12-29 发布

2016-04-01 实施

中华人民共和国农业部 发布

前　言

本标准按照 GB/T 1.1—2009 给出的规则起草。

本标准由农业部畜牧业司提出。

本标准由全国饲料工业标准化技术委员会(SAC/TC 76)归口。

本标准起草单位:河南省兽药饲料监察所、农业部农产品质量安全监督检验测试中心(宁波)。

本标准主要起草人:班付国、吴银良、张发旺、吴宁鹏、彭丽、周红霞、宋志超、陈蕾。

饲料中磺胺类和喹诺酮类药物的测定 液相色谱—串联质谱法

1 范围

本标准规定了饲料中磺胺吡啶、磺胺嘧啶、磺胺甲噁唑、磺胺噻唑、磺胺甲嘧啶、磺胺二甲唑、磺胺间二甲氧嘧啶、磺胺邻二甲氧嘧啶、磺胺异噁唑、磺胺甲噻二唑、苯酰磺胺、磺胺二甲异嘧啶、磺胺二甲嘧啶、磺胺对甲氧嘧啶、磺胺甲氧哒嗪、磺胺间甲氧嘧啶、磺胺氯哒嗪、磺胺氯吡嗪、磺胺喹噁啉、磺胺硝苯、甲氧苄啶共 21 种磺胺类药物和萘啶酸、噁喹酸、氟甲喹、诺氟沙星、环丙沙星、培氟沙星、西诺沙星、洛美沙星、恩诺沙星、那氟沙星、氧氟沙星、沙拉沙星、二氟沙星共 13 种喹诺酮类药物含量测定的液相色谱—串联质谱方法。

本标准适用于畜禽配合饲料、浓缩饲料、添加剂预混合饲料和精料补充料中磺胺类和喹诺酮类药物的测定。

本标准检出限为 0.05 mg/kg，定量限为 0.10 mg/kg。

2 规范性引用文件

下列文件对于本文件的应用是必不可少的。凡是注日期的引用文件，仅注日期的版本适用于本文件。凡是不注日期的引用文件，其最新版本(包括所有的修改单)适用于本文件。

GB/T 6682 分析实验室用水规格和试验方法

GB/T 14699.1 饲料 采样

GB/T 20195 动物饲料 试样的制备

3 原理

用氨化乙腈和氢氧化钠溶液提取试样中的待测物，提取液浓缩后，用磷酸盐缓冲液溶解，HLB 固相萃取柱净化，液相色谱—串联质谱法测定，外标法定量。

4 试剂和材料

除非另有说明，所有试剂均为分析纯，水符合 GB/T 6682 中一级水的规定。

4.1 对照品：磺胺吡啶、磺胺嘧啶、磺胺甲噁唑、磺胺噻唑、磺胺甲嘧啶、磺胺二甲唑、磺胺间二甲氧嘧啶、磺胺邻二甲氧嘧啶、磺胺异噁唑、磺胺甲噻二唑、苯酰磺胺、磺胺二甲异嘧啶、磺胺二甲嘧啶、磺胺对甲氧嘧啶、磺胺甲氧哒嗪、磺胺间甲氧嘧啶、磺胺氯哒嗪、磺胺氯吡嗪、磺胺喹噁啉、磺胺硝苯、甲氧苄啶、萘啶酸、噁喹酸、氟甲喹、诺氟沙星、环丙沙星、培氟沙星、西诺沙星、洛美沙星、恩诺沙星、那氟沙星、氧氟沙星、沙拉沙星、二氟沙星对照品，纯度均≥95%。

4.2 乙腈：色谱纯。

4.3 甲醇：色谱纯。

4.4 甲酸：色谱纯。

4.5 乙酸乙酯。

4.6 2%氨化乙腈：取氨水 2 mL，加乙腈 98 mL，混匀。

4.7 氢氧化钠溶液(0.1 mol/L)：称取 4.0 g 氢氧化钠，用水溶解并稀释至 1 000 mL。

4.8 提取液:取 2%氨化乙腈(4.6)50 mL,加氢氧化钠溶液(4.7)50 mL,混匀。

4.9 磷酸盐缓冲液:称取 4.0 g 磷酸二氢钾和 1.0 g 磷酸氢二钾,用水溶解并稀释至 500 mL。

4.10 1%甲酸甲醇溶液:取甲酸 1 mL,加甲醇 99 mL,混匀。

4.11 0.1%甲酸水溶液:取甲酸 500 μL,用水定容至 500 mL,混匀。

4.12 乙腈—0.1%甲酸水溶液:取乙腈 20 mL,加 0.1%甲酸水溶液(4.11)80 mL,混匀。

4.13 标准储备液(1.0 mg/mL):分别精密称取磺胺类和喹诺酮类药物对照品(4.1)适量,置于容量瓶中,用少量二甲基亚砜溶解后用甲醇稀释至刻度,分别配制成 1 mg/mL 的标准储备液。于−20℃下避光保存,有效期 6 个月。

4.14 混合标准中间工作液(20.0 μg/mL):分别准确吸取标准储备液(4.13)各 1.0 mL,置于 50 mL 容量瓶中,用甲醇稀释至刻度,摇匀,配制成 20 μg/mL 的混合标准中间工作液。于 2℃~8℃避光保存,有效期 1 个月。

4.15 混合标准工作液:准确量取混合标准中间工作液(4.14)适量,用乙腈—0.1%甲酸水溶液(4.12)稀释,制得浓度为 1.0 ng/mL、2.0 ng/mL、5.0 ng/mL、10.0 ng/mL、20.0 ng/mL 和 50.0 ng/mL 的系列标准工作液,现配现用。

4.16 HLB 固相萃取柱或相当者。

5 仪器和设备

5.1 液相色谱—串联质谱仪(配电喷雾离子源)。

5.2 分析天平:感量 0.01 mg。

5.3 天平:感量 0.01 g。

5.4 离心机。

5.5 涡旋混合器。

5.6 多管涡旋振荡器。

5.7 超声波清洗器。

5.8 固相萃取装置。

5.9 氮吹仪。

6 采样和试样制备

6.1 采样

按 GB/T 14699.1 的规定抽取有代表性的饲料样品,用四分法缩减取样。

6.2 试样制备

按照 GB/T 20195 的规定制备样品,粉碎后过 0.45 mm 孔径的分析筛,混匀,装入磨口瓶中,备用。

7 分析步骤

7.1 提取

准确称取试样 2 g(精确至 0.01 g)于 50 mL 离心管中。加入提取液(4.8)10.0 mL,涡旋 30 s,振荡 10 min,超声提取 10 min,8 000 r/min 离心 5 min,移取上清液至另一离心管中。残渣加入提取液 10.0 mL,重复提取 1 次,合并上清液。移取上清液 1.0 mL 于 15 mL 离心管中,于 40℃下氮气吹干。加入磷酸盐缓冲液(4.9)5 mL 溶解残余物,涡旋 30 s,8 000 r/min 离心 5 min,取上清液备用。

7.2 净化

HLB 固相萃取柱(4.16)依次用甲醇 3 mL、磷酸盐缓冲液(4.9)3 mL 活化,移取全部备用液(7.1)

过柱，水 3 mL 淋洗，抽干。分别用 1%甲酸甲醇溶液(4.10)2 mL、乙酸乙酯 2 mL 洗脱，收集洗脱液，于 40℃下氮气吹干。加入乙腈—0.1%甲酸水溶液(4.12)1.00 mL 溶解残余物，超声 2 min，混匀后过 0.22 μm 微孔滤膜，供液相色谱—串联质谱仪测定。

注：酌情稀释后上机测定，避免造成仪器污染。

7.3 标准曲线的制备

取浓度为 1.0 ng/mL、2.0 ng/mL、5.0 ng/mL、10.0 ng/mL、20.0 ng/mL 和 50.0 ng/mL 的混合标准工作液(4.15)，0.22 μm 微孔滤膜过滤后供液相色谱—串联质谱仪测定。以特征离子质量色谱峰面积为纵坐标，混合标准工作液浓度为横坐标，绘制标准曲线。

7.4 测定

7.4.1 液相色谱参考条件

色谱柱：C_{18}柱，柱长 100 mm，柱内径 1.0 mm，粒度 1.7 μm，或相当的分析柱。

柱温：35℃。

流动相：A 相为 0.1%甲酸溶液，B 相为甲醇，梯度洗脱，梯度见表 1。

流速：0.10 mL/min。

进样量：2 μL。

表 1 流动相、流速及梯度洗脱条件

时间，min	A 相，%	B 相，%
0	95	5
1.0	95	5
3.5	70	30
9.0	40	60
10.0	0	100
10.1	95	5
12.0	95	5

7.4.2 质谱参考条件

离子源：电喷雾离子源。

扫描方式：正离子扫描。

检测方式：多反应监测(MRM)。

电离电压：1.0 kV。

源温：150℃。

雾化温度：400℃。

锥孔气流速：50 L/h。

雾化气流速：800 L/h。

定性离子对、定量离子对及对应的碰撞能量参考值见表 2。

表 2 定性、定量离子的保留时间、锥孔电压和碰撞能量

药物名称	保留时间 min	定性离子对 m/z	定量离子对 m/z	锥孔电压 V	碰撞能量 eV
磺胺吡啶	4.37	250.0>92.0	250.0>156.0	2	24
		250.0>156.0			14
磺胺嘧啶	3.81	251.0>92.0	251.0>155.9	2	24
		251.0>155.9			14
磺胺甲噁唑	5.70	254.0>92.1	254.0>155.9	32	26
		254.0>155.9			14

表 2（续）

药物名称	保留时间 min	定性离子对 m/z	定量离子对 m/z	锥孔电压 V	碰撞能量 eV
磺胺噻唑	5.24	256.0>92.0	256.0>155.9	2	24
		256.0>155.9			14
磺胺甲嘧啶	4.55	265.1>92.0	265.1>156.0	36	26
		265.1>156.0			14
磺胺二甲唑	5.05	268.0>92.0	268.0>155.9	2	24
		268.0>155.9			12
磺胺间二甲氧嘧啶	7.10	311.0>92.0	311.0>155.9	2	28
		311.0>155.9			18
磺胺邻二甲氧嘧啶	5.92	311.1>92.0	311.1>155.9	42	28
		311.1>155.9			16
磺胺异噁唑	6.00	268.0>92.0	268.0>155.9	2	24
		268.0>155.9			12
磺胺甲噻二唑	5.15	271.1>92.0	271.1>155.9	2	24
		271.1>155.9			12
苯酰磺胺	6.31	277.0>92.0	277.0>155.9	4	24
		277.0>155.9			10
磺胺二甲异嘧啶	3.99	279.0>124.0	279.0>124.0	2	20
		279.0>186.0			14
磺胺二甲嘧啶	5.12	279.0>92.0	279.0>186.0	2	28
		279.0>186.0			16
磺胺对甲氧嘧啶	5.04	281.0>92.0	281.0>155.9	2	28
		281.0>155.9			16
磺胺甲氧哒嗪	5.33	281.0>92.0	281.0>155.9	2	28
		281.0>155.9			16
磺胺间甲氧嘧啶	5.76	281.0>92.0	281.0>155.9	2	28
		281.0>155.9			16
磺胺氯哒嗪	5.56	285.0>92.0	285.0>156.0	4	26
		285.0>156.0			12
磺胺氯吡嗪	6.77	285.0>92.0	285.0>92.0	4	26
		285.0>156.0			12
磺胺喹噁啉	7.40	301.1>92.0	301.1>155.9	2	26
		301.1>155.9			14
磺胺硝苯	9.00	336.1>156.0	336.1>156.0	20	10
		336.1>294.0			10
甲氧苄啶	5.10	291.1>230.0	291.1>230.0	6	22
		291.1>261.0			24
萘啶酸	8.62	233.0>187.0	233.0>215.0	2	24
		233.0>215.0			14
噁喹酸	7.34	262.0>160.0	262.0>215.9	2	34
		262.0>215.9			28
氟甲喹	9.05	262.0>126.0	262.0>202.0	4	42
		262.0>202.0			30
诺氟沙星	5.41	320.1>233.0	320.1>276.1	14	22
		320.1>276.1			14
环丙沙星	5.52	332.1>231.0	332.1>231.0	2	30
		332.1>288.1			16

表 2（续）

药物名称	保留时间 min	定性离子对 m/z	定量离子对 m/z	锥孔电压 V	碰撞能量 eV
培氟沙星	5.29	334.1>290.1	334.1>316.1	26	16
		334.1>316.1			20
西诺沙星	4.55	263.0>189.0	263.0>189.0	4	24
		263.0>217.0			20
洛美沙星	5.71	352.1>265.1	352.1>265.1	38	20
		352.1>308.1			16
恩诺沙星	5.69	360.1>245.1	360.1>316.1	38	24
		360.1>316.1			16
那氟沙星	9.91	361.1>161.0	361.1>343.1	28	50
		361.1>343.1			20
氧氟沙星	5.28	362.1>261.1	362.1>318.1	4	24
		362.1>318.1			18
沙拉沙星	5.99	386.1>299.0	386.1>342.1	28	24
		386.1>342.1			16
二氟沙星	5.82	400.1>356.1	400.1>356.1	42	18
		400.1>382.1			20

7.4.3 定性测定

待测物选择 1 个母离子和 2 个子离子，在相同试验条件下，试样中待测物质的保留时间与混合标准工作液中对应的保留时间偏差在±2.5%之内，且试样中目标化合物两个子离子的相对丰度与浓度接近的混合标准工作液相对丰度进行比较，偏差不超过表 3 规定的范围，则可判定为试样中存在对应的待测物。

表 3　定性确证时相对离子丰度的最大允许偏差

相对离子丰度，%	>50	>20～50	>10～20	≤10
允许的最大偏差，%	±20	±25	±30	±50

7.4.4 定量测定

取试样溶液和混合标准工作液上机分析，得到色谱峰面积响应值，作单点或多点校准，用外标法定量。试样溶液中待测物的响应值均应在仪器测定的线性范围内。若试样溶液浓度超过线性范围时，稀释后重新测定。混合标准工作液的特征离子色谱图参见附录 A。

8 结果计算与表示

试样中待测物的含量 X，以质量分数表示，单位为毫克每千克(mg/kg)，按式(1)计算。

$$X = \frac{A \times C_s \times V \times V_2}{A_s \times m \times V_1} \times n \quad (1)$$

式中：

X ——试样中待测物的含量，单位为毫克每千克(mg/kg)；

A ——试样溶液中待测物的峰面积；

A_s ——混合标准工作液中待测物峰面积；

C_s ——混合标准工作液中待测物浓度，单位为微克每毫升(μg/mL)；

m ——试样的质量，单位为克(g)；

V ——溶解残余物的体积，单位为毫升(mL)；

V_1 ——过固相萃取柱的提取液体积，单位为毫升(mL)；

V_2——总提取液体积，单位为毫升(mL)；

n ——稀释倍数。

测定结果用两次平行测定的算术平均值表示，结果保留3位有效数字。

9 重复性

在重复性条件下获得的两次独立测定结果与这两个测定值算数平均值的绝对差值不大于该平均值的20%。

附 录 A
（资料性附录）
混合标准工作液特征离子色谱图

21 种磺胺类药物和 13 种喹诺酮类药物混合标准工作液的特征离子色谱图见图 A.1。

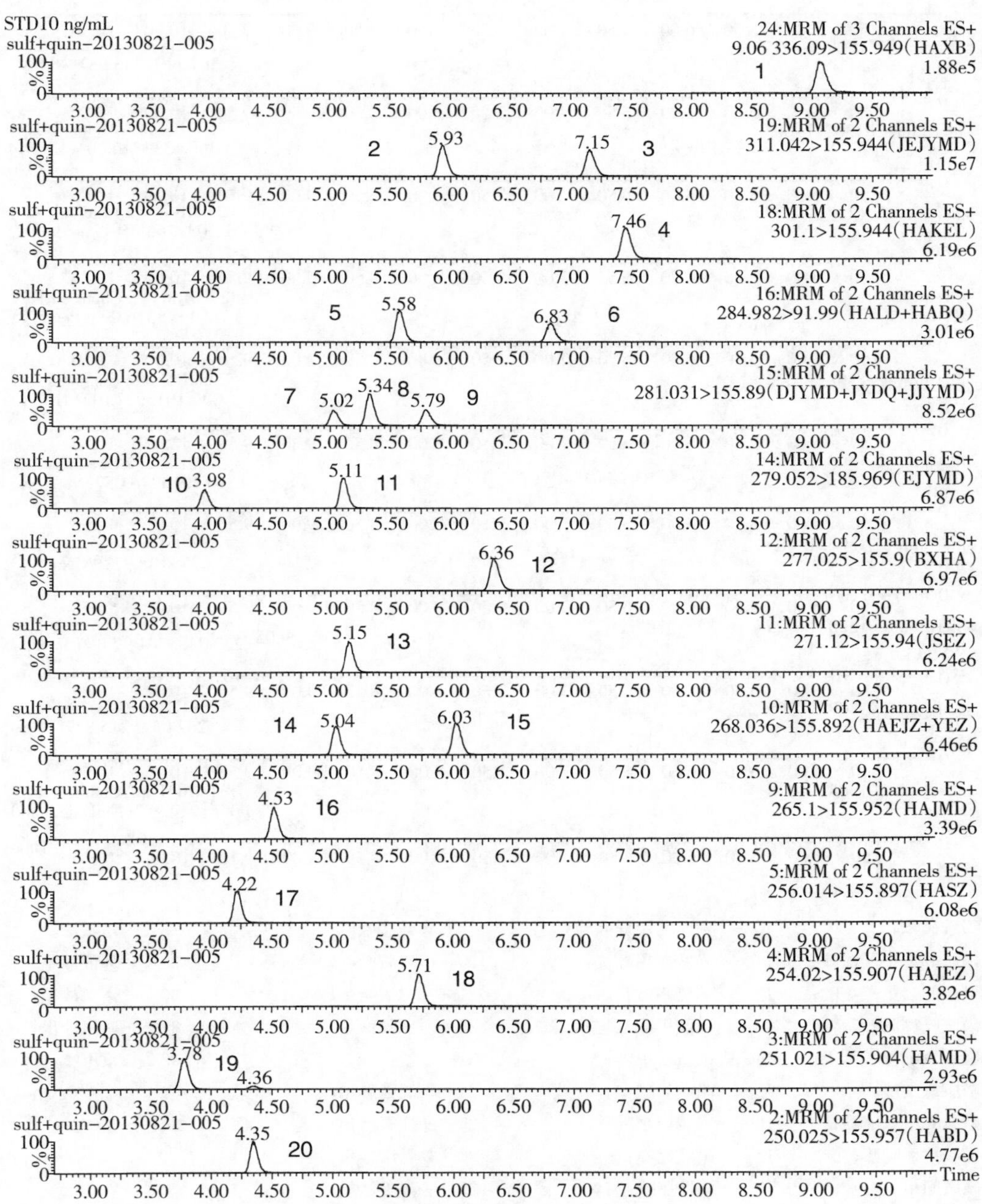

说明：

1——磺胺硝苯；
2——磺胺邻二甲氧嘧啶；
3——磺胺间二甲氧嘧啶；
4——磺胺喹噁啉；
5——磺胺氯哒嗪；
6——磺胺氯吡嗪；
7——磺胺对甲氧嘧啶；
8——磺胺甲氧哒嗪；
9——磺胺间甲氧嘧啶；
10——磺胺二甲异嘧啶；
11——磺胺二甲嘧啶；
12——苯酰磺胺；
13——磺胺甲噻二唑；
14——磺胺二甲唑；
15——磺胺异噁唑；
16——磺胺甲嘧啶；
17——磺胺噻唑；
18——磺胺甲噁唑；
19——磺胺嘧啶；
20——磺胺吡啶；
21——甲氧苄啶；
22——二氟沙星；
23——沙拉沙星；
24——氧氟沙星；
25——那氟沙星；
26——恩诺沙星；
27——洛美沙星；
28——培氟沙星；
29——环丙沙星；
30——诺氟沙星；
31——西诺沙星；
32——氟甲喹；
33——噁喹酸；
34——萘啶酸。

图 A.1　21 种磺胺类和 13 种喹诺酮类药物混合标准工作液(10 ng/mL)的特征离子色谱图

ICS 65.120
B 46

中华人民共和国国家标准

农业部 2349 号公告—6—2015

饲料中硝基咪唑类、硝基呋喃类和喹噁啉类药物的测定　液相色谱—串联质谱法

Determination of nitroimidazoles, nitrofurans and quinazolines in feeds—Liquid chromatography-tandem mass spectrometry

2015-12-29 发布　　2016-04-01 实施

中华人民共和国农业部　发布

前　　言

本标准按照 GB/T 1.1—2009 给出的规则起草。

本标准由农业部畜牧业司提出。

本标准由全国饲料工业标准化技术委员会(SAC/TC 76)归口。

本标准起草单位:河南省兽药饲料监察所。

本标准主要起草人:班付国、张发旺、吴宁鹏、孟蕾、周红霞、李慧素、彭丽、宋善道、李华岑。

饲料中硝基咪唑类、硝基呋喃类和喹噁啉类药物的测定 液相色谱—串联质谱法

1 范围

本标准规定了饲料中异丙硝唑、甲硝唑、替硝唑、塞克硝唑、卡硝唑、奥硝唑、地美硝唑、罗硝唑 8 种硝基咪唑类药物，呋喃唑酮、呋喃它酮、呋喃妥因、呋喃西林 4 种硝基呋喃类药物和卡巴氧、喹乙醇、乙酰甲喹、喹烯酮 4 种喹噁啉类药物含量测定的液相色谱—串联质谱方法。

本标准适用于畜禽配合饲料、浓缩饲料、添加剂预混合饲料和精料补充料中硝基咪唑类、硝基呋喃类和喹噁啉类药物的测定。

本标准的检出限为 0.05 mg/kg，定量限为 0.10 mg/kg。

2 规范性引用文件

下列文件对于本文件的应用是必不可少的。凡是注日期的引用文件，仅注日期的版本适用于本文件。凡是不注日期的引用文件，其最新版本(包括所有的修改单)适用于本文件。

GB/T 6682　分析实验室用水规格和试验方法

GB/T 14699.1　饲料　采样

GB/T 20195　动物饲料　试样的制备

3 原理

用甲醇：乙腈：水(3：3：4，V+V+V)溶液提取试样中的待测药物，提取液吹干后用 0.1 mol/L 磷酸二氢钠溶液溶解，HLB 固相萃取柱净化，液相色谱—串联质谱法进行测定，外标法定量。

4 试剂和材料

除特殊注明外，本法所用试剂均为分析纯，水符合 GB/T 6682 中一级水的规定。

4.1　异丙硝唑、甲硝唑、替硝唑、塞克硝唑、卡硝唑、奥硝唑、地美硝唑、罗硝唑、呋喃唑酮、呋喃它酮、呋喃妥因、呋喃西林、卡巴氧、喹乙醇、乙酰甲喹和喹烯酮对照品，纯度均≥98%。

4.2　乙腈：色谱纯。

4.3　甲醇：色谱纯。

4.4　0.1 mol/L 磷酸二氢钠溶液(pH=3.0)：称取磷酸二氢钠 7.8 g，用水溶解并稀释至 500 mL，混匀，用磷酸调节 pH 至 3.0。

4.5　提取液：取甲醇 300 mL，乙腈 300 mL，加水 400 mL，混匀。

4.6　10%甲醇溶液：取甲醇 10 mL，加水 90 mL，混匀。

4.7　60%乙腈溶液：取乙腈 60 mL，加水 40 mL，混匀。

4.8　标准储备液(1.0 mg/mL)：分别精密称取异丙硝唑、甲硝唑、替硝唑、塞克硝唑、卡硝唑、奥硝唑、地美硝唑、罗硝唑、呋喃妥因、呋喃西林、喹乙醇、乙酰甲喹、喹烯酮、呋喃唑酮、呋喃它酮、卡巴氧对照品(4.1)适量，置于 10 mL 容量瓶中，用少量二甲基亚砜溶解，乙腈稀释并定容，分别配制成 1.0 mg/mL 的标准储备液。−20℃下避光保存，有效期为 4 个月。

4.9　混合标准中间工作液(10 μg/mL)：分别准确移取标准储备液(4.8)各 1.00 mL，置于 100 mL 容量瓶中，用

乙腈稀释至刻度,混匀。配制成 10.0 μg/mL 的标准工作液。2℃~8℃下避光保存,有效期为1周。

4.10 混合标准工作液:准确吸取标准中间工作液(4.9)适量,用甲醇稀释成浓度为 1.0 ng/mL、2.0 ng/mL、5.0 ng/mL、10.0 ng/mL、20.0 ng/mL 和 50.0 ng/mL 的系列标准工作液,现配现用。

4.11 HLB 固相萃取柱或相当者。

5 仪器和设备

5.1 液相色谱—串联质谱仪(配电喷雾离子源)。

5.2 分析天平:感量 0.01 mg。

5.3 天平:感量 0.01 g。

5.4 离心机。

5.5 涡旋振荡器。

5.6 超声波清洗器。

5.7 固相萃取装置。

5.8 氮吹仪。

6 采样和试样制备

6.1 采样

按 GB/T 14699.1 的规定抽取有代表性的饲料样品,用四分法缩减取样。

6.2 试样制备

按照 GB/T 20195 的规定制备样品,粉碎后过 0.45 mm 孔径的分析筛,混匀,装入磨口瓶中,备用。

7 分析步骤

7.1 提取

称取试样 2 g(精确至 0.01 g)于 50 mL 离心管中,准确加入提取液(4.5)20.0 mL,涡旋混合后,水浴超声提取 10min,振荡 15 min。8 000 r/min 离心 5 min,取 1.00 mL 上清液于 40℃下氮气吹至近干,残余物用 0.1 mol/L 磷酸二氢钠溶液(4.4)5.0 mL 溶解,超声 10 min,备用。

7.2 净化

HLB 固相萃取柱(4.11)依次用甲醇和水各 3 mL 活化,将备用液全部过柱。依次用水、10%甲醇溶液各 3 mL 淋洗,抽干。乙酸乙酯 3 mL 洗脱,收集洗脱液,40℃下氮气吹干。准确加入 60%乙腈溶液(4.7)1.00 mL 溶解残余物,涡动混匀,超声 10 min,过 0.22 μm 微孔滤膜,供液相色谱—串联质谱仪测定。

注:操作过程中注意避光,试样上机前酌情稀释,避免造成仪器污染。

7.3 标准曲线的制备

取浓度为 1.0 ng/mL、2.0 ng/mL、5.0 ng/mL、10.0 ng/mL、20.0 ng/mL 和 50.0 ng/mL 的混合标准工作液(4.10),0.22 μm 微孔滤膜过滤后分别在正离子模式下和负离子模式下供液相色谱—串联质谱仪测定。以特征离子质量色谱峰面积为纵坐标,混合标准工作液浓度为横坐标,绘制标准曲线。

7.4 测定

7.4.1 液相色谱参考条件

色谱柱:C_{18}柱,柱长 100 mm,柱内径 1.0 mm,粒度 1.7 μm 或相当的分析柱。

柱温:40℃。

流动相:A 相为水;B 相为甲醇,梯度洗脱,梯度见表 1。

流速:0.1 mL/min。

进样量：2 μL。

表 1　梯度洗脱条件

时间，min	A 相，%	B 相，%
0.0	95	5
4.0	5	95
5.0	5	95
5.1	95	5
7.0	95	5

7.4.2　质谱参考条件

离子源：电喷雾离子源。

扫描模式：正离子扫描/负离子扫描。

检测方式：多反应监测(MRM)。

电离电压：2.8 kV。

源温：150℃。

雾化温度：500℃。

锥孔气流速：50 L/h。

雾化气流速：1 000 L/h。

定性离子对、定量离子对及对应的碰撞能量参考值见表 2。

表 2　硝基咪唑类、硝基呋喃类和喹噁啉类药物定性定量离子对的扫描方式、锥孔电压和碰撞能量

药物名称	扫描方式	定性离子对 m/z	定量离子对 m/z	锥孔电压 V	碰撞能量 eV
地美硝唑	ESI+	142.1>95.8	142.1>95.8	16	14
		142.1>81.1			18
异丙硝唑	ESI+	169.9>124.1	169.9>124.1	16	18
		169.9>109.1			22
甲硝唑	ESI+	172.1>82.0	172.1>82.0	2	20
		172.1>111.1			20
塞克硝唑	ESI+	186.1>128.1	186.1>128.1	16	12
		186.1>82.1			22
罗硝唑	ESI+	201.1>140.0	201.1>140.0	2	10
		201.1>110.1			16
奥硝唑	ESI+	220.1>128.0	220.1>128.0	2	26
		220.1>82.1			14
卡硝唑	ESI+	245.1>118.1	245.1>118.1	12	12
		245.1>75.0			32
替硝唑	ESI+	248.1>121.1	248.1>121.1	34	14
		248.1>128.1			20
呋喃它酮	ESI+	325.2>100.1	325.2>100.1	4	22
		325.2>252.1			14
呋喃唑酮	ESI+	226.1>122.1	226.1>122.1	16	22
		226.1>139.0			14
卡巴氧	ESI+	263.1>90.0	263.1>230.9	2	28
		263.1>230.9			12
喹乙醇	ESI+	264.2>143.2	264.2>143.2	36	34
		264.2>212.1			24
乙酰甲喹	ESI+	219.1>143.1	219.1>143.1	34	20
		219.1>102.1			36
喹烯酮	ESI+	307.2>102.9	307.2>131.1	40	40
		307.2>131.1			26

表 2（续）

药物名称	扫描方式	定性离子对 m/z	定量离子对 m/z	锥孔电压 V	碰撞能量 eV
呋喃妥因	ESI−	237.0>151.9	237.0>151.9	36	12
		237.0>193.9			10
呋喃西林	ESI−	197.0>149.9	197.0>149.9	8	8
		197.0>123.9			10

7.4.3 定性测定

待测药物选择 1 个母离子和 2 个特征离子，在相同实验条件下，试样中待测物质的保留时间与混合标准工作液中对应的保留时间偏差在±2.5%之内，且试样中各组分两个子离子的相对丰度与浓度接近的混合标准工作液中对应的两个子离子的相对丰度进行比较，偏差不超过表 3 规定的范围，则可判定为试样中存在对应的待测物。

表 3 定性确证时相对离子丰度的最大允许偏差

相对离子丰度，%	>50	>20～50	>10～20	≤10
允许的最大偏差，%	±20	±25	±30	±50

7.4.4 定量测定

取试样溶液和混合标准工作液上机分析，得到色谱峰面积响应值，作单点或多点校准，用外标法定量。试样溶液中待测物的响应值均应在仪器测定的线性范围内。在上述色谱和质谱条件下，混合标准工作液特征离子色谱图参见附录 A。

8 结果计算

试样中待测药物含量以质量分数 X 表示，单位为毫克每千克(mg/kg)，按式(1)计算。

$$X=\frac{A\times C_s\times V\times V_2}{A_s\times m\times V_1}\times n \quad\cdots\cdots(1)$$

式中：

X——试样中待测药物含量，单位为毫克每千克(mg/kg)；

A——试样溶液中待测药物的峰面积；

A_s——混合标准工作液中待测药物的峰面积；

C_s——混合标准工作液中待测药物浓度，单位为微克每毫升(μg/mL)；

V——溶解残余物的体积，单位为毫升(mL)；

m——试样的质量，单位为克(g)；

V_1——过固相萃取柱的提取液体积，单位为毫升(mL)；

V_2——提取液总体积，单位为毫升(mL)；

n——稀释倍数。

测定结果用平行测定的算术平均值表示，结果保留 3 位有效数字。

9 重复性

在重复性条件下获得的两次独立测定结果与这两个测定值算术平均值的绝对差值不大于该平均值的 20%。

附 录 A
（资料性附录）
混合标准工作液特征离子色谱图

硝基咪唑类、硝基呋喃类和喹噁啉类药物混合标准工作液的特征离子色谱图见图 A.1。

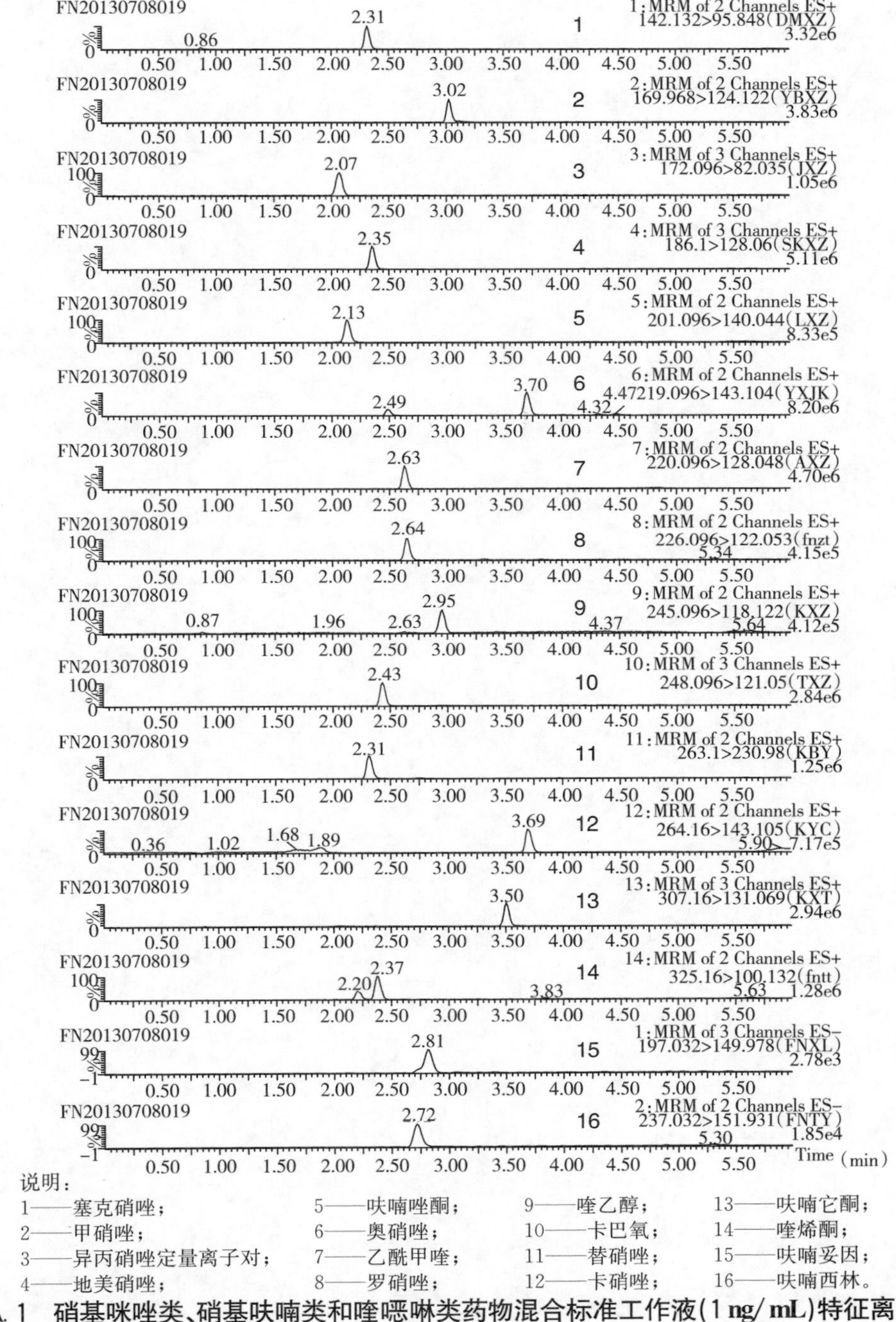

图 A.1 硝基咪唑类、硝基呋喃类和喹噁啉类药物混合标准工作液（1 ng/mL）特征离子色谱图

ICS 65.120
B 46

中华人民共和国国家标准

农业部2349号公告—7—2015

饲料中司坦唑醇的测定 液相色谱—串联质谱法

Determination of stanozolol in feeds—Liquid chromatography tandem mass spectrometry

2015-12-29 发布 2016-04-01 实施

中华人民共和国农业部 发布

前　言

本标准按照 GB/T 1.1—2009 给出的规则起草。

本标准由农业部畜牧业司提出。

本标准由全国饲料工业标准化技术委员会(SAC/TC 76)归口。

本标准起草单位:河南省兽药饲料监察所。

本标准主要起草人:班付国、张发旺、吴宁鹏、孟蕾、周红霞、李慧素、彭丽、舒畅、陈小鸽。

饲料中司坦唑醇的测定 液相色谱—串联质谱法

1 范围

本标准规定了饲料中司坦唑醇含量的测定液相色谱—串联质谱方法。

本标准适用于配合饲料、浓缩饲料、添加剂预混合饲料、精料补充料中司坦唑醇的测定。

本标准检出限为 0.02 mg/kg,定量限为 0.05 mg/kg。

2 规范性引用文件

下列文件对于本文件的应用是必不可少的。凡是注日期的引用文件,仅注日期的版本适用于本文件。凡是不注日期的引用文件,其最新版本(包括所有的修改单)适用于本文件。

GB/T 6682 分析实验室用水规格和试验方法

GB/T 14699.1 饲料 采样

GB/T 20195 动物饲料 试样的制备

3 原理

用乙醇提取试样中的司坦唑醇,提取液吹干后用甲醇和水溶解,HLB 固相萃取柱净化,液相色谱—串联质谱法测定,外标法定量。

4 试剂和材料

除非另有说明,所有试剂均为分析纯,水符合 GB/T 6682 中一级水的规定。

4.1 司坦唑醇对照品:纯度≥99.5%。

4.2 甲酸:色谱纯。

4.3 甲醇:色谱纯。

4.4 乙醇。

4.5 0.1%甲酸水溶液:取 500 μL 甲酸,加水 500 mL,混匀。

4.6 标准储备液(1.0 mg/mL):精密称取司坦唑醇对照品适量,置于 10 mL 容量瓶中,用甲醇溶解并稀释至刻度,配制成 1.0 mg/mL 的标准储备液。−20℃避光保存,有效期为 6 个月。

4.7 标准中间工作液(10.0 μg/mL):准确吸取标准储备液(4.6)100 μL,置于 10 mL 容量瓶中,用甲醇稀释至刻度,摇匀。于 2℃~8℃保存,有效期为 1 个月。

4.8 标准工作液:准确吸取标准中间工作液(4.7)适量,用甲醇稀释成浓度为 0.5 ng/mL、1.0 ng/mL、2.0 ng/mL、5.0 ng/mL、10.0 ng/mL 和 20.0 ng/mL 的系列标准工作液,现配现用。

4.9 HLB 固相萃取柱或相当者。

5 仪器和设备

5.1 液相色谱—串联质谱仪(配电喷雾离子源)。

5.2 分析天平:感量 0.01 mg。

5.3 天平:感量 0.01 g。

5.4 高速离心机。

5.5 涡旋混合器。

5.6 水平振荡器。

5.7 超声波清洗器。

5.8 固相萃取装置。

5.9 氮吹仪。

6 采样和试样制备

6.1 采样

按 GB/T 14699.1 的规定抽取有代表性的饲料样品,用四分法缩减取样。

6.2 试样制备

按照 GB/T 20195 的规定制备样品,粉碎后过 0.45 mm 孔径的分析筛,混匀,装入磨口瓶中,备用。

7 分析步骤

7.1 提取

准确称取试样 2 g(精确至 0.01 g),置于 50 mL 离心管中,加入乙醇(4.4)20.0 mL,涡旋 30 s,振荡 10 min,超声提取 10 min,其间摇动 2 次。5 000r/min 离心 10 min。取上清液 1.00 mL,于 40℃下氮吹至近干。残余物用甲醇 0.5 mL 复溶后,再加入水 4.5 mL,涡旋,备用。

7.2 净化

HLB 固相萃取柱(4.9)依次用甲醇 3 mL、水 3 mL 活化,移取全部备用液(7.1)过柱,水 3 mL 淋洗,抽干,甲醇 6 mL 洗脱。收集洗脱液,于 40℃下氮气吹干。准确加入甲醇 1.00 mL 溶解残余物,超声 2 min,涡旋混匀后过 0.22 μm 微孔滤膜,供液相色谱—串联质谱仪测定。

注:试样上机前酌情稀释,避免造成仪器污染。

7.3 基质匹配标准曲线的制备

取 6 份空白试样,按步骤 7.1～7.2 操作。洗脱液氮气吹干后,分别移取 0.5 ng/mL、1.0 ng/mL、2.0 ng/mL、5.0 ng/mL、10.0 ng/mL 和 20.0 ng/mL 的标准工作液(4.8)各 1.00 mL 溶解残余物,过滤后供液相色谱—串联质谱仪测定。以特征离子质量色谱峰面积为纵坐标,标准工作液浓度为横坐标,绘制基质匹配标准曲线。

7.4 测定

7.4.1 液相色谱参考条件

色谱柱:C_{18}柱,柱长 100 mm,柱内径 2.1 mm,粒度 1.7 μm,或相当的分析柱。

流动相:A 相为 0.1%甲酸水;B 相为甲醇。

梯度洗脱:梯度洗脱程序见表 1。

流速:0.3 mL/min。

柱温:40℃。

进样量:5 μL。

表 1 梯度洗脱程序

时间,min	A,%	B,%
/	40	60
3.0	10	90
3.5	10	90

表 1（续）

时间,min	A,%	B,%
3.6	40	60
5.0	40	60

7.4.2 质谱参考条件

离子源:电喷雾离子源。

扫描方式:正离子扫描。

检测方式:多反应监测。

电离电压:3.0 kV。

源温:150℃。

雾化温度:500℃。

锥孔气流速:150 L/h。

雾化气流速:1 000 L/h。

司坦唑醇定性、定量离子对及锥孔电压、碰撞能量见表 2。

表 2 司坦唑醇定性、定量离子对及锥孔电压、碰撞能量

药物	定性离子对 m/z	定量离子对 m/z	锥孔电压 V	碰撞能量 eV
司坦唑醇	329.2>81.0	329.2>81.0	50	42
	329.2>95.0			36

7.4.3 定性测定

目标化合物选择 1 个母离子和 2 个子离子,在相同实验条件下,试样中目标化合物的保留时间与基质标准溶液中对应的保留时间偏差在±2.5%之内,且试样中目标化合物两个子离子的相对丰度与浓度接近的基质匹配标准溶液中对应的两个子离子的相对丰度进行比较,偏差不超过表 3 规定的范围,则可判定为试样中存在对应的待测物。

表 3 定性确证时相对离子丰度的最大允许偏差

相对离子丰度,%	>50	>20～50	>10～20	≤10
允许的最大偏差,%	±20	±25	±30	±50

7.4.4 定量测定

取试样溶液和基质匹配标准溶液上机分析,得到色谱峰面积响应值,作单点或多点校准,用外标法定量。试样溶液中待测物的响应值均应在仪器测定的线性范围内。在上述色谱和质谱条件下,基质匹配标准溶液特征离子色谱图参见图 A.1。

8 结果计算

试样中司坦唑醇含量以质量分数 X 表示,单位为毫克每千克(mg/kg),按式(1)计算。

$$X = \frac{A \times C_s \times V \times V_2}{A_s \times m \times V_1} \times n \quad \cdots\cdots (1)$$

式中:

X ——试样中司坦唑醇含量,单位为毫克每千克(mg/kg);

A ——试样溶液中司坦唑醇的峰面积;

A_s ——基质匹配标准溶液中司坦唑醇峰面积;

C_s ——基质匹配标准溶液中司坦唑醇浓度,单位为微克每毫升(μg/mL);

V ——溶解残余物的体积,单位为毫升(mL);

m ——试样的质量,单位为克(g);

V_1 ——过固相萃取柱的提取液体积,单位为毫升(mL);

V_2 ——总提取液体积,单位为毫升(mL);

n ——稀释倍数。

测定结果用平行测定的算术平均值表示,结果保留 3 位有效数字。

9 重复性

在重复性条件下获得的两次独立测定结果与这两个测定值算术平均值的绝对差值不大于该平均值的 20%。

附　录　A
(资料性附录)
司坦唑醇基质匹配标准溶液特征离子色谱图

司坦唑醇基质匹配标准溶液(10 ng/mL)特征离子色谱图见图 A.1。

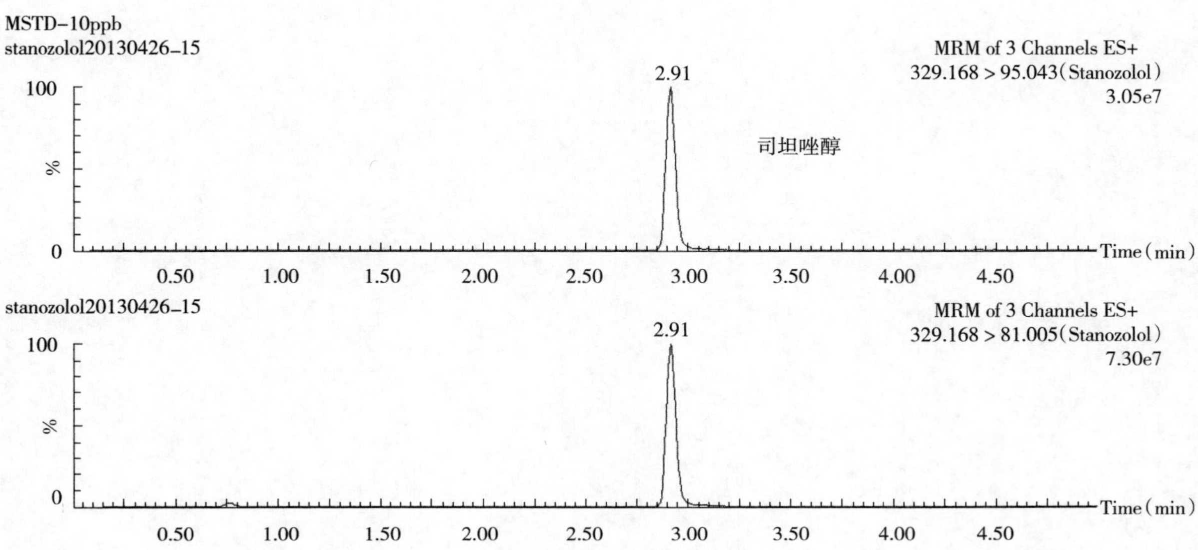

图 A.1　司坦唑醇基质匹配标准溶液(10 ng/mL)特征离子色谱图

ICS 65.120
B 46

中华人民共和国国家标准

农业部2349号公告—8—2015

饲料中二甲氧苄氨嘧啶、三甲氧苄氨嘧啶和二甲氧甲基苄氨嘧啶的测定 液相色谱—串联质谱法

Determination of diaveridine, trimethoprim and ormetoprim in feeds—Liquid chromatography-tandem mass spectrometry

2015-12-29 发布　　2016-04-01 实施

中华人民共和国农业部 发布

前　言

本标准按照 GB/T 1.1—2009 给出的规则起草。

本标准由农业部畜牧业司提出。

本标准由全国饲料工业标准化技术委员会(SAC/TC 76)归口。

本标准起草单位:中国农业科学院兰州畜牧与兽药研究所。

本标准主要起草人:李剑勇、杨亚军、刘希望、李冰。

饲料中二甲氧苄氨嘧啶、三甲氧苄氨嘧啶和二甲氧甲基苄氨嘧啶的测定　液相色谱—串联质谱法

1　范围

本标准规定了饲料中二甲氧苄氨嘧啶、三甲氧苄氨嘧啶和二甲氧甲基苄氨嘧啶含量测定的液相色谱—串联质谱法。

本标准适用于配合饲料、浓缩饲料和添加剂预混合饲料中二甲氧苄氨嘧啶、三甲氧苄氨嘧啶和二甲氧甲基苄氨嘧啶含量的测定。

本标准的检出限为 0.02 mg/kg,定量限为 0.04 mg/kg。

2　规范性引用文件

下列文件对于本文件的应用是必不可少的。凡是注日期的引用文件,仅注日期的版本适用于本文件。凡是不注日期的引用文件,其最新版本(包括所有的修改单)适用于本文件。

GB/T 6682　分析实验室用水规格和试验方法

GB/T 14699.1　饲料　采样

GB/T 20195　动物饲料　试样的制备

3　原理

用二氯甲烷—乙酸钠溶液提取试样中的二甲氧苄氨嘧啶、三甲氧苄氨嘧啶和二甲氧甲基苄氨嘧啶,经离心除去固体物及部分杂质后,取下层有机相适量,氮气吹至近干后用甲醇—0.2%甲酸溶液(20+80)复溶,用正己烷除脂,下层水相用液相色谱—串联质谱法测定,外标法定量。

4　试剂和材料

除特殊注明外,所有试剂均为分析纯,水为符合 GB/T 6682 规定的一级水。

4.1　二甲氧苄氨嘧啶、三甲氧苄氨嘧啶和二甲氧甲基苄氨嘧啶标准品:纯度≥98.0%。

4.2　甲醇:色谱纯。

4.3　甲酸:色谱纯。

4.4　二氯甲烷。

4.5　正己烷。

4.6　乙酸钠。

4.7　乙酸钠溶液(82 g/L):取 8.2 g 乙酸钠(4.6)于 100 mL 烧杯中,加水溶解,转移到 100 mL 容量瓶中,用水定容至刻度,混匀,即得。

4.8　0.2%甲酸溶液:取甲酸(4.3)2.0 mL,用水稀释至 1 000 mL,混匀,即得。

4.9　甲醇—0.2%甲酸溶液(20+80):取甲醇(4.2)20 mL,加入 0.2%甲酸溶液(4.8)80 mL,混匀,即得。

4.10　二甲氧苄氨嘧啶、三甲氧苄氨嘧啶和二甲氧甲基苄氨嘧啶的单个标准储备溶液:分别准确称取二甲氧苄氨嘧啶、三甲氧苄氨嘧啶和二甲氧甲基苄氨嘧啶标准品(4.1)0.01 g(准确至 0.01 mg)于不同的 50 mL 烧杯中,用甲醇—0.2%甲酸溶液(4.9)溶解后,转移到 10 mL 容量瓶中,用甲醇—0.2%甲酸

溶液(4.9)定容至刻度,混匀,配制成质量浓度为1 mg/mL的二甲氧苄氨嘧啶、三甲氧苄氨嘧啶和二甲氧甲基苄氨嘧啶单个标准储备溶液。4℃保存,有效期1个月。

4.11 二甲氧苄氨嘧啶、三甲氧苄氨嘧啶和二甲氧甲基苄氨嘧啶的混合标准储备溶液:分别移取含有二甲氧苄氨嘧啶、三甲氧苄氨嘧啶和二甲氧甲基苄氨嘧啶单个标准储备溶液(4.10)1 mL,置于同一100 mL容量瓶中,用甲醇—0.2%甲酸溶液(4.9)稀释并定容,配制成质量浓度为10 μg/mL的二甲氧苄氨嘧啶、三甲氧苄氨嘧啶和二甲氧甲基苄氨嘧啶的混合标准储备溶液,现配现用。

4.12 二甲氧苄氨嘧啶、三甲氧苄氨嘧啶和二甲氧甲基苄氨嘧啶的混合标准工作溶液:移取二甲氧苄氨嘧啶、三甲氧苄氨嘧啶和二甲氧甲基苄氨嘧啶的混合标准储备溶液(4.11)1 mL,于100 mL容量瓶中,用甲醇—0.2%甲酸溶液(4.9)稀释并定容,配制成质量浓度为0.1 μg/mL的二甲氧苄氨嘧啶、三甲氧苄氨嘧啶和二甲氧甲基苄氨嘧啶的混合标准工作溶液,现配现用。

5 仪器和设备

5.1 液相色谱—串联质谱仪:配电喷雾离子源(ESI)。

5.2 分析天平:感量为0.000 01 g。

5.3 天平:感量为0.001 g。

5.4 涡旋混合器。

5.5 离心机。

5.6 超声波清洗机。

5.7 氮吹仪。

5.8 具塞塑料离心管:50 mL。

5.9 针筒过滤器:0.22 μm,有机系。

6 采样和试样制备

6.1 采样

按GB/T 14699.1的规定抽取有代表性的样品,四分法缩减取样。

6.2 试样制备

按照GB/T 20195规定的方法制备样品,粉碎后过0.45 mm孔径的分析筛,混匀,装入磨口瓶中,备用。

7 分析步骤

7.1 提取

称取一定量的试样(配合饲料约2 g,浓缩饲料约1 g,添加剂预混合饲料约1 g,精确至0.001 g),置于50 mL离心管中,加入乙酸钠溶液(4.7)10 mL,涡旋混合1 min,准确加入二氯甲烷(4.4)20 mL,涡旋混合2 min,水浴超声30 min,每隔10 min涡旋混合一次,每次2 min。取出后,1 800 *g*离心15 min。

7.2 净化

用10 mL注射器吸取下层的二氯甲烷提取液8 mL于10 mL离心管中,1 800 *g*离心10 min。准确吸取再次离心过的二氯甲烷提取液2 mL于另一10 mL离心管中,40℃条件下氮气吹至近干。加入甲醇—0.2%甲酸溶液(4.9)1 mL,水浴超声使残渣完全溶解,再加入正己烷(4.5)2 mL,涡旋混合1 min,1 800 *g*离心10 min,弃去正己烷层;水相用正己烷(4.5)2 mL重复洗涤一次。经孔径为0.22 μm滤膜过滤后,进行液相色谱—串联质谱分析。

7.3 测定

7.3.1 色谱参考条件

色谱柱：C_{18}柱，内径 3.0 mm，长 100 mm，粒径 1.8 μm，或相当者。

柱温：40℃。

流动相：甲醇—0.2%甲酸溶液(4.9)，等度洗脱。

流速：0.3 mL/min。

进样量：5 μL。

7.3.2 串联质谱参考条件

离子源：电喷雾离子源(ESI)。

扫描方式：正离子。

检测方式：多离子反应监测(MRM)。

毛细管电压：+4 000 V。

喷雾器压力：35 psi。

干燥气流量(氮气)：11 L/min。

电子倍增器电压增加值：+300 V。

干燥气温度：350℃。

定性离子对、定量离子对及对应的碎裂电压、碰撞能量、驻留时间的参考值见表 1。

表 1 待测物定性离子对、定量离子对、碎裂电压、碰撞能量、驻留时间参考值

化合物	母离子 m/z	子离子 m/z	驻留时间 ms	碎裂电压 V	碰撞能量 eV
二甲氧苄氨嘧啶	261.2	245.1*	100	45	24
	261.2	123.1	100	45	26
三甲氧苄氨嘧啶	291.2	230.1*	100	42	25
	291.2	123.1	100	42	30
二甲氧甲基苄氨嘧啶	275.2	259.1*	100	42	24
	275.2	123.1	100	42	26
* 为定量离子。					

7.3.3 定性测定

每种被测组分选择 1 个母离子和 2 个特征子离子，在相同试验条件下，样品中待测物质的保留时间与浓度接近的混合标准工作溶液中对应的保留时间偏差在±2.5%之内，且样品谱图中各组分定性离子的相对离子丰度与浓度接近的混合标准工作溶液中对应的定性离子的相对离子丰度进行比较，若偏差不超过表 2 规定的范围，则可判断样品中存在对应的待测物。

表 2 液相色谱—串联质谱定性时相对离子丰度最大允许偏差

相对离子丰度，%	>50	>20～50	>10～20	≤10
允许的相对偏差，%	±20	±25	±30	±50

7.3.4 定量测定

在仪器最佳工作条件下，将混合标准工作溶液进样，以混合标准工作溶液中被测组分峰面积为纵坐标，被测组分浓度为横坐标绘制工作曲线，用单点或工作曲线对样品进行定量，样品溶液中待测物的响应值均应在标准曲线测定的线性范围内。在上述色谱和质谱条件下，二甲氧苄氨嘧啶、三甲氧苄氨嘧啶和二甲氧甲基苄氨嘧啶标准品的多离子反应监测(MRM)色谱图参见附录 A。

8 结果计算

试样中二甲氧苄氨嘧啶、三甲氧苄氨嘧啶或二甲氧甲基苄氨嘧啶的含量 X_i，以质量分数表示，单位

为毫克每千克(mg/kg),按式(1)计算。

$$X_i = \frac{C_s \times A \times V_1 \times V_2}{A_s \times m \times V_3} \times n \quad \cdots\cdots (1)$$

式中:

X_i——试样二甲氧苄氨嘧啶、三甲氧苄氨嘧啶或二甲氧甲基苄氨嘧啶的含量,单位为毫克每千克(mg/kg);

m——试样的质量,单位为克(g);

C_s——混合标准工作溶液中二甲氧苄氨嘧啶、三甲氧苄氨嘧啶或二甲氧甲基苄氨嘧啶的浓度,单位为微克每毫升(μg/mL);

A_s——混合标准工作溶液中二甲氧苄氨嘧啶、三甲氧苄氨嘧啶或二甲氧甲基苄氨嘧啶的峰面积;

A——试样溶液中二甲氧苄氨嘧啶、三甲氧苄氨嘧啶或二甲氧甲基苄氨嘧啶的峰面积;

V_1——试样中加入提取液的体积,单位为毫升(mL);

V_2——氮吹至近干后,溶解残余物所用流动相的总体积,单位为毫升(mL);

V_3——进行氮气吹干的提取液体积,单位为毫升(mL);

n——稀释倍数。

测定结果用平行测定的算术平均值表示,计算结果保留 3 位有效数字。

9 重复性

在重复性条件下获得的两次独立测定结果的绝对差值不超过这两个测定值的算术平均值的 20%。

附　录　A
（资料性附录）
二甲氧苄氨嘧啶、三甲氧苄氨嘧啶、二甲氧甲基苄氨嘧啶标准溶液的多离子反应监测(MRM)色谱图

二甲氧苄氨嘧啶、三甲氧苄氨嘧啶、二甲氧甲基苄氨嘧啶标准溶液的多离子反应监测（MRM）色谱图见图 A.1。

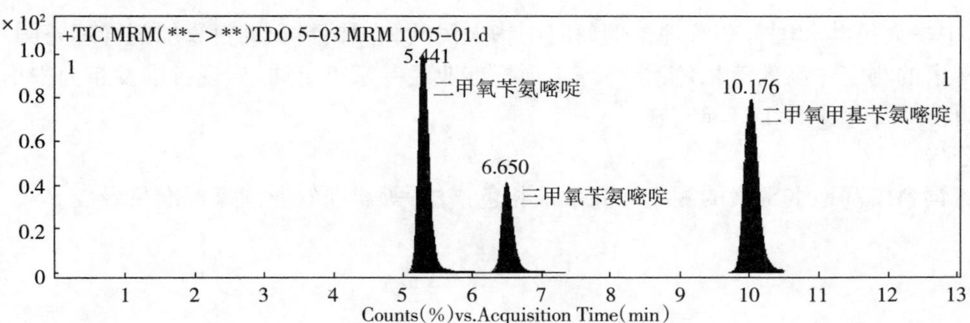

图 A.1　二甲氧苄氨嘧啶、三甲氧苄氨嘧啶、二甲氧甲基苄氨嘧啶标准品(80 ng/mL)的总离子流色谱图

附录

中华人民共和国农业部公告
第 2224 号

根据《中华人民共和国兽药管理条例》和《中华人民共和国饲料和饲料添加剂管理条例》规定，《饲料中赛地卡霉素的测定　高效液相色谱法》等 4 项标准业经专家审定通过，现批准发布为中华人民共和国国家标准，自 2015 年 4 月 1 日起实施。

特此公告。

附件：《饲料中赛地卡霉素的测定　高效液相色谱法》等 4 项农业国家标准目录

农业部

2015 年 1 月 30 日

附件：

《饲料中赛地卡霉素的测定　高效液相色谱法》等 4项农业国家标准目录

序号	标准名称	标准代号
1	饲料中赛地卡霉素的测定　高效液相色谱法	农业部2224号公告—1—2015
2	饲料中炔雌醇的测定　高效液相色谱法	农业部2224号公告—2—2015
3	饲料中雌二醇的测定　液相色谱—串联质谱法	农业部2224号公告—3—2015
4	饲料中苯丙酸诺龙的测定　高效液相色谱法	农业部2224号公告—4—2015

附　录

中华人民共和国农业部公告
第 2227 号

《尿素硝酸铵溶液》等 86 项标准业经专家审定通过，现批准发布为中华人民共和国农业行业标准，自 2015 年 5 月 1 日起实施。

特此公告。

附件：《尿素硝酸铵溶液》等 86 项农业行业标准目录

农业部

2015 年 2 月 9 日

附件：

《尿素硝酸铵溶液》等86项农业行业标准目录

序号	标准号	标准名称	代替标准号
1	NY 2670—2015	尿素硝酸铵溶液	
2	NY/T 2671—2015	甘味绞股蓝生产技术规程	
3	NY/T 2672—2015	茶粉	
4	NY/T 2673—2015	棉花术语	
5	NY/T 2674—2015	水稻机插钵形毯状育秧盘	
6	NY/T 2675—2015	棉花良好农业规范	
7	NY/T 2676—2015	棉花抗盲椿象性鉴定方法	
8	NY/T 2677—2015	农药沉积率测定方法	
9	NY/T 2678—2015	马铃薯6种病毒的检测　RT-PCR法	
10	NY/T 2679—2015	甘蔗病原菌检测规程　宿根矮化病菌　环介导等温扩增检测法	
11	NY/T 2680—2015	鱼塘专用稻种植技术规程	
12	NY/T 2681—2015	梨苗木繁育技术规程	
13	NY/T 2682—2015	酿酒葡萄生产技术规程	
14	NY/T 2683—2015	农田主要地下害虫防治技术规程	
15	NY/T 2684—2015	苹果树腐烂病防治技术规程	
16	NY/T 2685—2015	梨小食心虫综合防治技术规程	
17	NY/T 2686—2015	旱作玉米全膜覆盖技术规范	
18	NY/T 2687—2015	刺萼龙葵综合防治技术规程	
19	NY/T 2688—2015	外来入侵植物监测技术规程　长芒苋	
20	NY/T 2689—2015	外来入侵植物监测技术规程　少花蒺藜草	
21	NY/T 2690—2015	蒙古羊	
22	NY/T 2691—2015	内蒙古细毛羊	
23	NY/T 2692—2015	奶牛隐性乳房炎快速诊断技术	
24	NY/T 2693—2015	斑点叉尾鮰配合饲料	
25	NY/T 2694—2015	饲料添加剂氨基酸锰及蛋白锰络(螯)合强度的测定	
26	NY/T 2695—2015	牛遗传缺陷基因检测技术规程	
27	NY/T 2696—2015	饲草青贮技术规程　玉米	
28	NY/T 2697—2015	饲草青贮技术规程　紫花苜蓿	
29	NY/T 2698—2015	青贮设施建设技术规范　青贮窖	
30	NY/T 2699—2015	牧草机械收获技术规程　苜蓿干草	
31	NY/T 2700—2015	草地测土施肥技术规程　紫花苜蓿	
32	NY/T 2701—2015	人工草地杂草防除技术规范　紫花苜蓿	
33	NY/T 2702—2015	紫花苜蓿主要病害防治技术规程	
34	NY/T 2703—2015	紫花苜蓿种植技术规程	
35	NY/T 2704—2015	机械化起垄全铺膜作业技术规范	
36	NY/T 2705—2015	生物质燃料成型机　质量评价技术规范	
37	NY/T 2706—2015	马铃薯打秧机　质量评价技术规范	
38	NY/T 2707—2015	纸质湿帘　质量评价技术规范	
39	NY/T 2708—2015	温室透光覆盖材料安装与验收规范　玻璃	
40	NY/T 2709—2015	油菜播种机　作业质量	
41	NY/T 2710—2015	茶树良种繁育基地建设标准	
42	NY/T 2711—2015	草原监测站建设标准	
43	NY/T 2712—2015	节水农业示范区建设标准　总则	

（续）

序号	标准号	标准名称	代替标准号
44	NY/T 2713—2015	水产动物表观消化率测定方法	SC/T 1089—2006
45	NY/T 60—2015	桃小食心虫综合防治技术规程	NY/T 60—1987
46	NY/T 500—2015	秸秆粉碎还田机　作业质量	NY/T 500—2002
47	NY/T 503—2015	单粒(精密)播种机　作业质量	NY/T 503—2002
48	NY/T 509—2015	秸秆揉丝机　质量评价技术规范	NY/T 509—2002
49	NY/T 648—2015	马铃薯收获机　质量评价技术规范	NY/T 648—2002
50	NY/T 1640—2015	农业机械分类	NY/T 1640—2008
51	NY/T 5018—2015	茶叶生产技术规程	NY/T 5018—2001
52	NY/T 1151.1—2015	农药登记用卫生杀虫剂室内药效试验及评价　第1部分:防蛀剂	NY/T 1151.1—2006
53	SC/T 1123—2015	翘嘴鲌	
54	SC/T 1124—2015	黄颡鱼　亲鱼和苗种	
55	SC/T 2068—2015	凡纳滨对虾　亲虾和苗种	
56	SC/T 2072—2015	马氏珠母贝　亲贝和苗种	
57	SC/T 2079—2015	毛蚶　亲贝和苗种	
58	SC/T 3049—2015	刺参及其制品中海参多糖的测定　高效液相色谱法	
59	SC/T 3218—2015	干江蓠	
60	SC/T 3219—2015	干鲍鱼	
61	SC/T 5061—2015	人工钓饵	
62	SC/T 6055—2015	养殖水处理设备　微滤机	
63	SC/T 6056—2015	水产养殖设施　名词术语	
64	SC/T 6080—2015	渔船燃油添加剂试验评定方法	
65	SC/T 7019—2015	水生动物病原微生物实验室保存规范	
66	SC/T 7218.1—2015	指环虫病诊断规程　第1部分:小鞘指环虫病	
67	SC/T 7218.2—2015	指环虫病诊断规程　第2部分:页形指环虫病	
68	SC/T 7218.3—2015	指环虫病诊断规程　第3部分:鳙指环虫病	
69	SC/T 7218.4—2015	指环虫病诊断规程　第4部分:坏鳃指环虫病	
70	SC/T 7219.1—2015	三代虫病诊断规程　第1部分:大西洋鲑三代虫病	
71	SC/T 7219.2—2015	三代虫病诊断规程　第2部分:鲩三代虫病	
72	SC/T 7219.3—2015	三代虫病诊断规程　第3部分:鲢三代虫病	
73	SC/T 7219.4—2015	三代虫病诊断规程　第4部分:中型三代虫病	
74	SC/T 7219.5—2015	三代虫病诊断规程　第5部分:细锚三代虫病	
75	SC/T 7219.6—2015	三代虫病诊断规程　第6部分:小林三代虫病	
76	SC/T 7220—2015	中华绒螯蟹螺原体PCR检测方法	
77	SC/T 9417—2015	人工鱼礁资源养护效果评价技术规范	
78	SC/T 9418—2015	水生生物增殖放流技术规范　鲷科鱼类	
79	SC/T 9419—2015	水生生物增殖放流技术规范　中国对虾	
80	SC/T 9420—2015	水产养殖环境(水体、底泥)中多溴联苯醚的测定　气相色谱—质谱法	
81	SC/T 9421—2015	水生生物增殖放流技术规范　日本对虾	
82	SC/T 9422—2015	水生生物增殖放流技术规范　鲆鲽类	
83	SC/T 3203—2015	调味生鱼干	SC/T 3203—2001
84	SC/T 3210—2015	盐渍海蜇皮和盐渍海蜇头	SC/T 3210—2001
85	SC/T 8045—2015	渔船无线电通信设备修理、安装及调试技术要求	SC/T 8045—1994
86	SC/T 7002.6—2015	渔船用电子设备环境试验条件和方法　盐雾(Ka)	SC/T 7002.6—1992

中华人民共和国农业部公告
第 2258 号

《农产品等级规格评定技术规范　通则》等 131 项标准业经专家审定通过，现批准发布为中华人民共和国农业行业标准，自 2015 年 8 月 1 日起实施。

特此公告。

附件：《农产品等级规格评定技术规范　通则》等 131 项农业行业标准目录

农业部

2015 年 5 月 21 日

附件：

《农产品等级规格评定技术规范　通则》等 131 项农业行业标准目录

序号	标准号	标准名称	代替标准号
1	NY/T 2714—2015	农产品等级规格评定技术规范　通则	
2	NY/T 2715—2015	平菇等级规格	
3	NY/T 2716—2015	马铃薯原原种等级规格	
4	NY/T 2717—2015	樱桃良好农业规范	
5	NY/T 2718—2015	柑橘良好农业规范	
6	NY/T 2719—2015	苹果苗木脱毒技术规范	
7	NY/T 2720—2015	水稻抗纹枯病鉴定技术规范	
8	NY/T 2721—2015	柑橘商品化处理技术规程	
9	NY/T 2722—2015	秸秆腐熟菌剂腐解效果评价技术规程	
10	NY/T 2723—2015	茭白生产技术规程	
11	NY/T 2724—2015	甘蔗脱毒种苗生产技术规程	
12	NY/T 2725—2015	氯化苦土壤消毒技术规程	
13	NY/T 2726—2015	小麦蚜虫抗药性监测技术规程	
14	NY/T 2727—2015	蔬菜烟粉虱抗药性监测技术规程	
15	NY/T 2728—2015	稻田稗属杂草抗药性监测技术规程	
16	NY/T 2729—2015	李属坏死环斑病毒检测规程	
17	NY/T 2730—2015	水稻黑条矮缩病测报技术规范	
18	NY/T 2731—2015	小地老虎测报技术规范	
19	NY/T 2732—2015	农作物害虫性诱监测技术规范(螟蛾类)	
20	NY/T 2733—2015	梨小食心虫监测性诱芯应用技术规范	
21	NY/T 2734—2015	桃小食心虫监测性诱芯应用技术规范	
22	NY/T 2735—2015	稻茬小麦涝渍灾害防控与补救技术规范	
23	NY/T 2736—2015	蝗虫防治技术规范	
24	NY/T 2737.1—2015	稻纵卷叶螟和稻飞虱防治技术规程　第1部分:稻纵卷叶螟	
25	NY/T 2737.2—2015	稻纵卷叶螟和稻飞虱防治技术规程　第2部分:稻飞虱	
26	NY/T 2738.1—2015	农作物病害遥感监测技术规范　第1部分:小麦条锈病	
27	NY/T 2738.2—2015	农作物病害遥感监测技术规范　第2部分:小麦白粉病	
28	NY/T 2738.3—2015	农作物病害遥感监测技术规范　第3部分:玉米大斑病和小斑病	
29	NY/T 2739.1—2015	农作物低温冷害遥感监测技术规范　第1部分:总则	
30	NY/T 2739.2—2015	农作物低温冷害遥感监测技术规范　第2部分:北方水稻延迟型冷害	
31	NY/T 2739.3—2015	农作物低温冷害遥感监测技术规范　第3部分:北方春玉米延迟型冷害	
32	NY/T 2740—2015	农产品地理标志茶叶类质量控制技术规范编写指南	
33	NY/T 2741—2015	仁果类水果中类黄酮的测定　液相色谱法	
34	NY/T 2742—2015	水果及制品可溶性糖的测定　3,5-二硝基水杨酸比色法	
35	NY/T 2743—2015	甘蔗白色条纹病菌检验检疫技术规程　实时荧光定量 PCR 法	
36	NY/T 2744—2015	马铃薯纺锤块茎类病毒检测　核酸斑点杂交法	
37	NY/T 2745—2015	水稻品种鉴定　SNP 标记法	
38	NY/T 2746—2015	植物新品种特异性、一致性和稳定性测试指南　烟草	
39	NY/T 2747—2015	植物新品种特异性、一致性和稳定性测试指南　紫花苜蓿和杂花苜蓿	
40	NY/T 2748—2015	植物新品种特异性、一致性和稳定性测试指南　人参	

（续）

序号	标准号	标准名称	代替标准号
41	NY/T 2749—2015	植物新品种特异性、一致性和稳定性测试指南　橡胶树	
42	NY/T 2750—2015	植物新品种特异性、一致性和稳定性测试指南　凤梨属	
43	NY/T 2751—2015	植物新品种特异性、一致性和稳定性测试指南　普通洋葱	
44	NY/T 2752—2015	植物新品种特异性、一致性和稳定性测试指南　非洲凤仙	
45	NY/T 2753—2015	植物新品种特异性、一致性和稳定性测试指南　红花	
46	NY/T 2754—2015	植物新品种特异性、一致性和稳定性测试指南　华北八宝	
47	NY/T 2755—2015	植物新品种特异性、一致性和稳定性测试指南　韭	
48	NY/T 2756—2015	植物新品种特异性、一致性和稳定性测试指南　莲属	
49	NY/T 2757—2015	植物新品种特异性、一致性和稳定性测试指南　青花菜	
50	NY/T 2758—2015	植物新品种特异性、一致性和稳定性测试指南　石斛属	
51	NY/T 2759—2015	植物新品种特异性、一致性和稳定性测试指南　仙客来	
52	NY/T 2760—2015	植物新品种特异性、一致性和稳定性测试指南　香蕉	
53	NY/T 2761—2015	植物新品种特异性、一致性和稳定性测试指南　杨梅	
54	NY/T 2762—2015	植物新品种特异性、一致性和稳定性测试指南　南瓜(中国南瓜)	
55	NY/T 2763—2015	淮猪	
56	NY/T 2764—2015	金陵黄鸡配套系	
57	NY/T 2765—2015	獭兔饲养管理技术规范	
58	NY/T 2766—2015	牦牛生产性能测定技术规范	
59	NY/T 2767—2015	牧草病害调查与防治技术规程	
60	NY/T 2768—2015	草原退化监测技术导则	
61	NY/T 2769—2015	牧草中 15 种生物碱的测定　液相色谱—串联质谱法	
62	NY/T 2770—2015	有机铬添加剂(原粉)中有机形态铬的测定	
63	NY/T 2771—2015	农村秸秆青贮氨化设施建设标准	
64	NY/T 2772—2015	农业建设项目可行性研究报告编制规程	
65	NY/T 2773—2015	农业机械安全监理机构装备建设标准	
66	NY/T 2774—2015	种兔场建设标准	
67	NY/T 2775—2015	农作物生产基地建设标准　糖料甘蔗	
68	NY/T 2776—2015	蔬菜产地批发市场建设标准	
69	NY/T 2777—2015	玉米良种繁育基地建设标准	
70	NY/T 2778—2015	骨素	
71	NY/T 2779—2015	苹果脆片	
72	NY/T 2780—2015	蔬菜加工名词术语	
73	NY/T 2781—2015	羊胴体等级规格评定规范	
74	NY/T 2782—2015	风干肉加工技术规范	
75	NY/T 2783—2015	腊肉制品加工技术规范	
76	NY/T 2784—2015	红参加工技术规范	
77	NY/T 2785—2015	花生热风干燥技术规范	
78	NY/T 2786—2015	低温压榨花生油生产技术规范	
79	NY/T 2787—2015	草莓采收与贮运技术规范	
80	NY/T 2788—2015	蓝莓保鲜贮运技术规程	
81	NY/T 2789—2015	薯类贮藏技术规范	
82	NY/T 2790—2015	瓜类蔬菜采后处理与产地贮藏技术规范	
83	NY/T 2791—2015	肉制品加工中非肉类蛋白质使用导则	
84	NY/T 2792—2015	蜂产品感官评价方法	
85	NY/T 2793—2015	肉的食用品质客观评价方法	
86	NY/T 2794—2015	花生仁中氨基酸含量测定　近红外法	
87	NY/T 2795—2015	苹果中主要酚类物质的测定　高效液相色谱法	

（续）

序号	标准号	标准名称	代替标准号
88	NY/T 2796—2015	水果中有机酸的测定　离子色谱法	
89	NY/T 2797—2015	肉中脂肪无损检测方法　近红外法	
90	NY/T 2798.1—2015	无公害农产品　生产质量安全控制技术规范　第1部分:通则	
91	NY/T 2798.2—2015	无公害农产品　生产质量安全控制技术规范　第2部分:大田作物产品	
92	NY/T 2798.3—2015	无公害农产品　生产质量安全控制技术规范　第3部分:蔬菜	
93	NY/T 2798.4—2015	无公害农产品　生产质量安全控制技术规范　第4部分:水果	
94	NY/T 2798.5—2015	无公害农产品　生产质量安全控制技术规范　第5部分:食用菌	
95	NY/T 2798.6—2015	无公害农产品　生产质量安全控制技术规范　第6部分:茶叶	
96	NY/T 2798.7—2015	无公害农产品　生产质量安全控制技术规范　第7部分:家畜	
97	NY/T 2798.8—2015	无公害农产品　生产质量安全控制技术规范　第8部分:肉禽	
98	NY/T 2798.9—2015	无公害农产品　生产质量安全控制技术规范　第9部分:生鲜乳	
99	NY/T 2798.10—2015	无公害农产品　生产质量安全控制技术规范　第10部分:蜂产品	
100	NY/T 2798.11—2015	无公害农产品　生产质量安全控制技术规范　第11部分:鲜禽蛋	
101	NY/T 2798.12—2015	无公害农产品　生产质量安全控制技术规范　第12部分:畜禽屠宰	
102	NY/T 2798.13—2015	无公害农产品　生产质量安全控制技术规范　第13部分:养殖水产品	
103	NY/T 2799—2015	绿色食品　畜肉	
104	NY/T 658—2015	绿色食品　包装通用准则	NY/T 658—2002
105	NY/T 843—2015	绿色食品　畜禽肉制品	NY/T 843—2009
106	NY/T 895—2015	绿色食品　高粱	NY/T 895—2004
107	NY/T 896—2015	绿色食品　产品抽样准则	NY/T 896—2004
108	NY/T 902—2015	绿色食品　瓜籽	NY/T 902—2004, NY/T 429—2000
109	NY/T 1049—2015	绿色食品　薯芋类蔬菜	NY/T 1049—2006
110	NY/T 1055—2015	绿色食品　产品检验规则	NY/T 1055—2006
111	NY/T 1324—2015	绿色食品　芥菜类蔬菜	NY/T 1324—2007
112	NY/T 1325—2015	绿色食品　芽苗类蔬菜	NY/T 1325—2007
113	NY/T 1326—2015	绿色食品　多年生蔬菜	NY/T 1326—2007
114	NY/T 1405—2015	绿色食品　水生蔬菜	NY/T 1405—2007
115	NY/T 1506—2015	绿色食品　食用花卉	NY/T 1506—2007
116	NY/T 1511—2015	绿色食品　膨化食品	NY/T 1511—2007
117	NY/T 1714—2015	绿色食品　即食谷粉	NY/T 1714—2009
118	NY/T 5295—2015	无公害农产品　产地环境评价准则	NY/T 5295—2004
119	NY/T 544—2015	猪流行性腹泻诊断技术	NY/T 544—2002
120	NY/T 546—2015	猪传染性萎缩性鼻炎诊断技术	NY/T 546—2002
121	NY/T 548—2015	猪传染性胃肠炎诊断技术	NY/T 548—2002
122	NY/T 553—2015	禽支原体PCR检测方法	NY/T 553—2002
123	NY/T 562—2015	动物衣原体病诊断技术	NY/T 562—2002
124	NY/T 576—2015	绵羊痘和山羊痘诊断技术	NY/T 576—2002
125	NY/T 635—2015	天然草地合理载畜量的计算	NY/T 635—2002
126	NY/T 798—2015	复合微生物肥料	NY/T 798—2004
127	NY/T 983—2015	苹果采收与贮运技术规范	NY/T 983—2006
128	NY/T 1160—2015	蜜蜂饲养技术规范	NY/T 1160—2006
129	NY/T 1392—2015	猕猴桃采收与贮运技术规范	NY/T 1392—2007
130	SC/T 6074—2015	渔船用射频识别(RFID)设备技术要求	
131	SC/T 8149—2015	渔业船舶用气胀式工作救生衣	

中华人民共和国农业部公告
第 2259 号

根据《中华人民共和国农业转基因生物安全管理条例》规定,《转基因植物及其产品成分检测　基体标准物质定值技术规范》等 19 项标准业经专家审定通过,现批准发布为中华人民共和国国家标准,自 2015 年 8 月 1 日起实施。

特此公告。

附件:《转基因植物及其产品成分检测　基体标准物质定值技术规范》等 19 项农业国家标准目录

农业部

2015 年 5 月 21 日

附件：

《转基因植物及其产品成分检测　基体标准物质定值技术规范》等19项农业国家标准目录

序号	标准名称	标准代号
1	转基因植物及其产品成分检测　基体标准物质定值技术规范	农业部2259号公告—1—2015
2	转基因植物及其产品成分检测　玉米标准物质候选物繁殖与鉴定技术规范	农业部2259号公告—2—2015
3	转基因植物及其产品成分检测　棉花标准物质候选物繁殖与鉴定技术规范	农业部2259号公告—3—2015
4	转基因植物及其产品成分检测　定性PCR方法制定指南	农业部2259号公告—4—2015
5	转基因植物及其产品成分检测　实时荧光定量PCR方法制定指南	农业部2259号公告—5—2015
6	转基因植物及其产品成分检测　耐除草剂大豆MON87708及其衍生品种定性PCR方法	农业部2259号公告—6—2015
7	转基因植物及其产品成分检测　抗虫大豆MON87701及其衍生品种定性PCR方法	农业部2259号公告—7—2015
8	转基因植物及其产品成分检测　耐除草剂大豆FG72及其衍生品种定性PCR方法	农业部2259号公告—8—2015
9	转基因植物及其产品成分检测　耐除草剂油菜MON88302及其衍生品种定性PCR方法	农业部2259号公告—9—2015
10	转基因植物及其产品成分检测　抗虫玉米IE09S034及其衍生品种定性PCR方法	农业部2259号公告—10—2015
11	转基因植物及其产品成分检测　抗虫耐除草剂水稻G6H1及其衍生品种定性PCR方法	农业部2259号公告—11—2015
12	转基因植物及其产品成分检测　抗虫耐除草剂玉米双抗12-5及其衍生品种定性PCR方法	农业部2259号公告—12—2015
13	转基因植物试验安全控制措施　第1部分:通用要求	农业部2259号公告—13—2015
14	转基因植物试验安全控制措施　第2部分:药用工业用转基因植物	农业部2259号公告—14—2015
15	转基因植物及其产品环境安全检测　抗除草剂水稻　第1部分:除草剂耐受性	农业部2259号公告—15—2015
16	转基因植物及其产品环境安全检测　抗除草剂水稻　第2部分:生存竞争能力	农业部2259号公告—16—2015
17	转基因植物及其产品环境安全检测　耐除草剂油菜　第1部分:除草剂耐受性	农业部2259号公告—17—2015
18	转基因植物及其产品环境安全检测　耐除草剂油菜　第2部分:生存竞争能力	农业部2259号公告—18—2015
19	转基因生物良好实验室操作规范　第1部分:分子特征检测	农业部2259号公告—19—2015

中华人民共和国农业部公告
第 2307 号

《微耕机　安全操作规程》等 68 项标准业经专家审定通过，现批准发布为中华人民共和国农业行业标准，自 2015 年 12 月 1 日起实施。

特此公告。

附件：《微耕机　安全操作规程》等 68 项农业行业标准目录

农业部

2015 年 10 月 9 日

附件：

《微耕机　安全操作规程》等68项农业行业标准目录

序号	标准号	标准名称	代替标准号
1	NY 2800—2015	微耕机　安全操作规程	
2	NY 2801—2015	机动脱粒机　安全操作规程	
3	NY 2802—2015	谷物干燥机大气污染物排放标准	
4	NY/T 2803—2015	家禽繁殖员	
5	NY/T 2804—2015	蔬菜园艺工	
6	NY/T 2805—2015	农业职业经理人	
7	NY/T 2806—2015	饲料检验化验员	
8	NY/T 2807—2015	兽用中药检验员	
9	NY/T 2808—2015	胡椒初加工技术规程	
10	NY/T 2809—2015	澳洲坚果栽培技术规程	
11	NY/T 2810—2015	橡胶树褐根病菌鉴定方法	
12	NY/T 2811—2015	橡胶树棒孢霉落叶病病原菌分子检测技术规范	
13	NY/T 2812—2015	热带作物种质资源收集技术规程	
14	NY/T 2813—2015	热带作物种质资源描述规范　菠萝	
15	NY/T 2814—2015	热带作物种质资源抗病虫鉴定技术规程　橡胶树白粉病	
16	NY/T 2815—2015	热带作物病虫害防治技术规程　红棕象甲	
17	NY/T 2816—2015	热带作物主要病虫害防治技术规程　胡椒	
18	NY/T 2817—2015	热带作物病虫害监测技术规程　香蕉枯萎病	
19	NY/T 2818—2015	热带作物病虫害监测技术规程　红棕象甲	
20	NY/T 2819—2015	植物性食品中腈苯唑残留量的测定　气相色谱—质谱法	
21	NY/T 2820—2015	植物性食品中抑食肼、虫酰肼、甲氧虫酰肼、呋喃虫酰肼和环虫酰肼 5 种双酰肼类农药残留量的同时测定　液相色谱—质谱联用法	
22	NY/T 2821—2015	蜂胶中咖啡酸苯乙酯的测定　液相色谱—串联质谱法	
23	NY/T 2822—2015	蜂产品中砷和汞的形态分析　原子荧光法	
24	NY/T 2823—2015	八眉猪	
25	NY/T 2824—2015	五指山猪	
26	NY/T 2825—2015	滇南小耳猪	
27	NY/T 2826—2015	沙子岭猪	
28	NY/T 2827—2015	简州大耳羊	
29	NY/T 2833—2015	陕北白绒山羊	
30	NY/T 2828—2015	蜀宣花牛	
31	NY/T 2829—2015	甘南牦牛	
32	NY/T 2830—2015	山麻鸭	
33	NY/T 2831—2015	伊犁马	
34	NY/T 2832—2015	汶上芦花鸡	
35	NY/T 2834—2015	草品种区域试验技术规程　豆科牧草	
36	NY/T 2835—2015	奶山羊饲养管理技术规范	
37	NY/T 2836—2015	肉牛胴体分割规范	
38	NY/T 2837—2015	蜜蜂瓦螨鉴定方法	
39	NY/T 2838—2015	禽沙门氏菌病诊断技术	
40	NY/T 2839—2015	致仔猪黄痢大肠杆菌分离鉴定技术	
41	NY/T 2840—2015	猪细小病毒间接 ELISA 抗体检测方法	
42	NY/T 2841—2015	猪传染性胃肠炎病毒 RT - nPCR 检测方法	
43	NY/T 2842—2015	动物隔离场所动物卫生规范	
44	NY/T 2843—2015	动物及动物产品运输兽医卫生规范	

（续）

序号	标准号	标准名称	代替标准号
45	NY/T 2844—2015	双层圆筒初清筛	
46	NY/T 2845—2015	深松机　作业质量	
47	NY/T 2846—2015	农业机械适用性评价通则	
48	NY/T 2847—2015	小麦免耕播种机适用性评价方法	
49	NY/T 2848—2015	谷物联合收割机可靠性评价方法	
50	NY/T 2849—2015	风送式喷雾机施药技术规范	
51	NY/T 2850—2015	割草压扁机　质量评价技术规范	
52	NY/T 2851—2015	玉米机械化深松施肥播种作业技术规范	
53	NY/T 2852—2015	农业机械化水平评价　第5部分:果、茶、桑	
54	NY/T 2853—2015	沼气生产用原料收贮运技术规范	
55	NY/T 2854—2015	沼气工程发酵装置	
56	NY/T 2855—2015	自走式沼渣沼液抽排设备试验方法	
57	NY/T 2856—2015	非自走式沼渣沼液抽排设备试验方法	
58	NY/T 2857—2015	休闲农业术语、符号规范	
59	NY/T 2858—2015	农家乐设施与服务规范	
60	NY/T 2859—2015	主要农作物品种真实性SSR分子标记检测　普通小麦	
61	NY/T 1648—2015	荔枝等级规格	NY/T 1648—2008
62	NY/T 1089—2015	橡胶树白粉病测报技术规程	NY/T 1089—2006
63	NY/T 264—2015	剑麻加工机械　刮麻机	NY/T 264—2004
64	NY/T 1496.1—2015	户用沼气输气系统　第1部分:塑料管材	NY/T 1496.1—2007
65	NY/T 1496.2—2015	户用沼气输气系统　第2部分:塑料管件	NY/T 1496.2—2007
66	NY/T 1496.3—2015	户用沼气输气系统　第3部分:塑料开关	NY/T 1496.3—2007
67	NY/T 538—2015	鸡传染性鼻炎诊断技术	NY/T 538—2002
68	NY/T 561—2015	动物炭疽诊断技术	NY/T 561—2002

中华人民共和国农业部公告
第 2349 号

根据《中华人民共和国兽药管理条例》和《中华人民共和国饲料和饲料添加剂管理条例》规定，《饲料中妥曲珠利的测定　高效液相色谱法》等 8 项标准业经专家审定通过和我部审查批准，现批准发布为中华人民共和国国家标准，自 2016 年 4 月 1 日起实施。

特此公告。

附件：《饲料中妥曲珠利的测定　高效液相色谱法》等 8 项标准目录

农业部

2015 年 12 月 29 日

附件：

《饲料中妥曲珠利的测定　高效液相色谱法》等8项标准目录

序号	标准名称	标准代号
1	饲料中妥曲珠利的测定　高效液相色谱法	农业部2349号公告—1—2015
2	饲料中赛杜霉素钠的测定　柱后衍生高效液相色谱法	农业部2349号公告—2—2015
3	饲料中巴氯芬的测定　高效液相色谱法	农业部2349号公告—3—2015
4	饲料中可乐定和赛庚啶的测定　高效液相色谱法	农业部2349号公告—4—2015
5	饲料中磺胺类和喹诺酮类药物的测定　液相色谱—串联质谱法	农业部2349号公告—5—2015
6	饲料中硝基咪唑类、硝基呋喃类和喹噁啉类药物的测定　液相色谱—串联质谱法	农业部2349号公告—6—2015
7	饲料中司坦唑醇的测定　液相色谱—串联质谱法	农业部2349号公告—7—2015
8	饲料中二甲氧苄氨嘧啶、三甲氧苄氨嘧啶和二甲氧甲基苄氨嘧啶的测定　液相色谱—串联质谱法	农业部2349号公告—8—2015

中华人民共和国农业部公告
第 2350 号

《冬枣等级规格》等 23 项标准业经专家审定通过，现批准发布为中华人民共和国农业行业标准，自 2016 年 4 月 1 日起实施。

特此公告。

附件：《冬枣等级规格》等 23 项农业行业标准目录

农业部

2015 年 12 月 29 日

附件：

《冬枣等级规格》等23项农业行业标准目录

序号	标准号	标准名称	代替标准号
1	NY/T 2860—2015	冬枣等级规格	
2	NY/T 2861—2015	杨梅良好农业规范	
3	NY/T 2862—2015	节水抗旱稻　术语	
4	NY/T 2863—2015	节水抗旱稻抗旱性鉴定技术规范	
5	NY/T 2864—2015	葡萄溃疡病抗性鉴定技术规范	
6	NY/T 2865—2015	瓜类果斑病监测规范	
7	NY/T 2866—2015	旱作马铃薯全膜覆盖技术规范	
8	NY/T 2867—2015	西花蓟马鉴定技术规范	
9	NY/T 2868—2015	大白菜贮运技术规范	
10	NY/T 2869—2015	姜贮运技术规范	
11	NY/T 2870—2015	黄麻、红麻纤维线密度的快速检测　显微图像法	
12	NY/T 2871—2015	水稻中43种植物激素的测定　液相色谱—串联质谱法	
13	NY/T 2872—2015	耕地质量划分规范	
14	NY/T 2873—2015	农药内分泌干扰作用评价方法	
15	NY/T 2874—2015	农药每日允许摄入量	
16	NY/T 2875—2015	蚊香类产品健康风险评估指南	
17	NY/T 2876—2015	肥料和土壤调理剂　有机质分级测定	
18	NY/T 2877—2015	肥料增效剂　双氰胺含量的测定	
19	NY/T 2878—2015	水溶肥料　聚天门冬氨酸含量的测定	
20	NY/T 2879—2015	水溶肥料　钴、钛含量测定	
21	NY/T 2880—2015	生物质成型燃料工程运行管理规范	
22	NY/T 2881—2015	生物质成型燃料工程设计规范	
23	NY/T 2140—2015	绿色食品　代用茶	NY/T 2140—2012

图书在版编目（CIP）数据

最新中国农业行业标准．第十二辑．畜牧兽医分册／农业标准编辑部编．—北京：中国农业出版社，2016.11

（中国农业标准经典收藏系列）

ISBN 978-7-109-22330-1

Ⅰ.①最…　Ⅱ.①农…　Ⅲ.①农业－行业标准－汇编－中国②畜牧业－行业标准－汇编－中国③兽医－行业标准－汇编－中国　Ⅳ.①S-65②S8-65

中国版本图书馆 CIP 数据核字（2016）第 271420 号

中国农业出版社出版

（北京市朝阳区麦子店街 18 号楼）

（邮政编码 100125）

责任编辑　刘　伟　杨晓改

北京中科印刷有限公司印刷　　新华书店北京发行所发行

2017 年 1 月第 1 版　　2017 年 1 月北京第 1 次印刷

开本：880mm×1230mm 1/16　　印张：47

字数：1200 千字

定价：420.00 元